Plastizitätstheorie
und ihre Anwendung auf Festigkeitsprobleme

Ingenieurwissenschaftliche Bibliothek

Herausgegeben von István Szabó, Berlin

Plastizitätstheorie und ihre Anwendung auf Festigkeitsprobleme

Von **Karl-August Reckling**

Dr.-Ing., o. Professor für Mechanik
an der Technischen Universität Berlin

Mit 173 Abbildungen

Springer-Verlag

Berlin Heidelberg GmbH

1967

Library of Congress Catalog Card Number 67—16785

ISBN 978-3-662-12715-5   ISBN 978-3-662-12714-8 (eBook)
DOI 10.1007/978-3-662-12714-8

Titelnummer 4249

Vorwort

In den beiden letzten Jahrzehnten ist in die Festigkeitsforschung immer mehr das nichtelastische Werkstoffverhalten einbezogen worden. Die Ergebnisse dieser Forschung berücksichtigt der Ingenieur in Deutschland allerdings zur Zeit noch selten bei seinen praktischen Festigkeitsrechnungen. Über diese Erweiterung der Festigkeitslehre fehlt im deutschsprachigen Raum eine zusammenfassende Darstellung. Ich wollte mit diesem Buch dazu beitragen, diese Lücke zu schließen und das Interesse für dieses Gebiet zu fördern.

Warum ist diese Erweiterung überhaupt für den Ingenieur von Bedeutung, der durch Generationen hindurch Maschinen, Fahrzeuge und Bauwerke meist nur auf Grund von Festigkeitsrechnungen entwarf, bei denen er elastisches Werkstoffverhalten voraussetzte? Es gibt hierauf drei Antworten: Erstens kann man in der klassischen Festigkeitslehre nicht berücksichtigen, daß die im allgemeinen hochgradig statisch unbestimmten Konstruktionen weit über ihre elastische Grenzlast hinaus belastet werden können, bevor sie zusammenbrechen, und daß diese Überlastbarkeit je nach dem Einzelfall sehr verschieden ist. Die einzelnen Teile einer auf Grund von elastizitätstheoretischen Rechnungen entworfenen Konstruktion haben also ganz verschiedene Sicherheiten gegenüber dem Zusammenbruch. Der Entwurf nach der Plastizitätstheorie führt dagegen zu einer Konstruktion mit gleicher Sicherheit ihrer Teile gegenüber dem Zusammenbruch, das heißt zu einer besseren Ausnutzung des Materials. Zweitens sind die Rechnungen nach der Elastizitätstheorie insofern schon unrealistisch, als sie die Plastizierung des Werkstoffs an Stellen mit Spannungskonzentrationen nicht berücksichtigen. Drittens sind sie aufwendiger als plastizitätstheoretische Festigkeitsrechnungen.

Um eine möglichst geschlossene Darstellung geben zu können, habe ich mich auf das von Zeit und Temperatur unabhängige plastische Werkstoffverhalten beschränkt. Verwendet man für bestimmte Zeitpunkte bekannte Verzerrungs-Spannungs-Gesetze, so kann man viele Ergebnisse sinngemäß auf zeitabhängiges Werkstoffverhalten (Kriechen) übertragen.

Besonderen Wert habe ich auf eine möglichst anschauliche Darstellung des derzeitigen Standes der für den Ingenieur wichtigen physikalischen und mathematischen Grundlagen der Plastizitätstheorie gelegt. Insofern kann das Buch auch als Ausgang für die Behandlung von Problemen mit großen Verzerrungen dienen, wie sie bei den Umformvorgängen der Metallverarbeitung auftreten. In den Anwendungen habe ich mich dann auf Probleme der Festigkeitslehre beschränkt, bei denen die Verzerrungen klein sind. Dabei steht die Frage nach Verformungen, Tragfähigkeit und Stabilität der Konstruktionen oder ihrer Teile im Vordergrund.

Den derzeitigen Stand der Verfahren und die Grenzen der plastizitätstheoretischen Festigkeitsrechnung habe ich an Hand von übersichtlichen Beispielen aus den verschiedensten Bereichen dargestellt, um eine tragfähige Grundlage für die Durchführung von Entwurfsrechnungen und für wissenschaftliche Weiterarbeit zu schaffen. Dabei wird der Leser manches finden, das anders als bisher behandelt wurde oder Bekanntes ergänzt, zum Beispiel in den Abschnitten über schiefe Biegung, Energieprinzipien, Traglasttheorie zweiter Ordnung, zusammengesetzte Beanspruchung von Balken, über Turbinenscheiben und die Beulung von Rechteckplatten.

Das Buch wendet sich vorwiegend an Dozenten und Studenten des Bauingenieurwesens, Flugzeugbaus, Schiffbaus und der Technischen Mechanik an Technischen Hochschulen und Fachschulen sowie an Ingenieure, die in Konstruktion und Entwicklung auf diesen Gebieten tätig sind. Bei der Abfassung des Buches habe ich die in meinen Vorlesungen über Plastizitätstheorie gewonnenen Erfahrungen berücksichtigt. Das Buch hat aber nicht nur den Charakter eines Lehrbuches, sondern es enthält auch viele Ergebnisse, die sich unmittelbar für die praktische Festigkeitsrechnung verwenden lassen. Ich hoffe daher, daß es in manchen Bereichen zur Einführung der plastizitätstheoretischen Berechnungsverfahren in die Entwurfspraxis anregen wird.

Bei der großen Zahl von Arbeiten, die Jahr für Jahr über dieses Gebiet veröffentlicht werden, werden es mir die Autoren von nicht genannten Arbeiten nachsehen, daß ich nur verhältnismäßig wenige Arbeiten zitiert habe. Eine vollständige Dokumentation aller in diesem Zusammenhang interessierenden Literaturstellen wäre zu umfangreich geworden.

Meinem verehrten Lehrer und jetzigen Kollegen, Herrn Professor Dr.-Ing. I. Szabó, möchte ich an dieser Stelle dafür danken, daß er mich zur Arbeit auf dem Gebiet der Plastizitätstheorie angeregt und zur Abfassung dieses Buches aufgefordert hat.

Meinen Mitarbeitern, insbesondere meinem Oberingenieur, Herrn Dr.-Ing. K.-H. Schrader und den Herren Dr.-Ing. J. Myszkowski,

Dipl.-Ing. K. Burth, Dipl.-Ing. P. Gummert und Dipl.-Ing. Chr. Hars habe ich dafür zu danken, daß sie mich durch viele zu Abänderungen, Ergänzungen und Verbesserungen führende Diskussionen sowie bei der Kontrolle der Rechnungen wirksam unterstützten. Dem Springer-Verlag danke ich für die gute Ausstattung des Buches und für die Berücksichtigung meiner Wünsche.

Berlin, im Frühjahr 1967

Karl-August Reckling

Inhaltsverzeichnis

I. Allgemeine Grundlagen

II. Einachsige Spannungszustände

Inhaltsverzeichnis IX

III. Mehrachsige Spannungszustände

I. Allgemeine Grundlagen

§ 1. Einführung

1.1 Plastisches Werkstoffverhalten

In der Plastizitätslehre wollen wir das Verhalten fester Körper untersuchen, für deren Werkstoff der Zusammenhang zwischen Spannungen und Verzerrungen nicht durch ein elastisches Gesetz ausgedrückt werden kann, sondern in denen nach völliger Entlastung Verformungen zurückbleiben. Solches Verhalten nennen wir *plastisch*. Bleibende Verzerrungen treten in Wirklichkeit zwar in jedem Werkstoff schon bei geringen Belastungen auf, sie sind dann aber meist so klein, daß man sie vernachlässigen darf, solange die Spannung einen bestimmten Wert nicht überschreitet. Diese Spannung nennen wir im eindimensionalen Fall (z. B. im Zugversuch) *Fließspannung* σ_F oder Spannung an der Elastizitätsgrenze. *Jedes* Abweichen vom elastischen Verhalten kennzeichnen wir im folgenden stets durch die Spannung σ_F.

Die Festsetzung von σ_F ist Sache der Konvention, da ihre Größe von den Anforderungen an die Meßgenauigkeit abhängt: Man idealisiert das Werkstoffverhalten meist dadurch, daß man das lineare (HOOKEsche) Spannungs-Dehnungsgesetz $\sigma = E\varepsilon$ bis zum Erreichen einer zur bleibenden Dehnung von beispielsweise $\varepsilon = 0{,}2^0/_{00}$ zugehörigen Spannung als gültig voraussetzt; diese bezeichnet man dann mit $\sigma_{0,2}$. Wir werden diese Normierung nicht benutzen, sondern wollen von

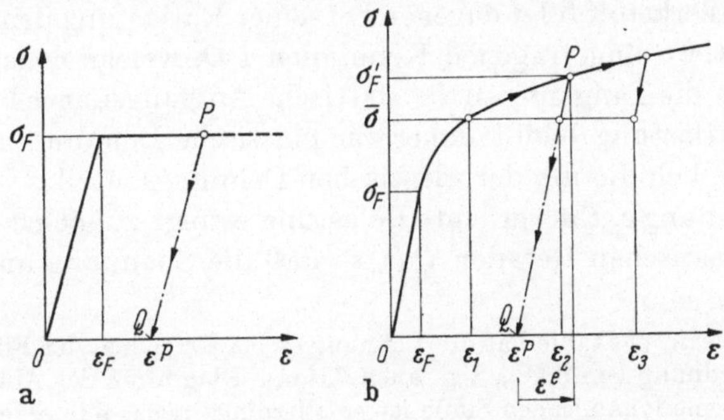

Abb. 1.1a u. b. Zwei Typen plastischen Werkstoffverhaltens: a idealplastisch, b verfestigend.

vornherein ein bestimmtes idealisiertes Spannungs-Verformungs-Verhalten zugrunde legen. Abb. 1.1 zeigt zwei hierfür typische, aus Zugversuchen gewonnene Spannungs-Dehnungs-Diagramme (vgl. 3.5).

Der Werkstoff nach Abb. 1.1a beginnt bei Erreichen der Spannung σ_F im eigentlichen Sinne zu fließen, wobei seine Dehnung bei gleichbleibender Spannung unbeschränkt zunimmt. Durch dieses Diagramm läßt sich das Verhalten unlegierter Konstruktionsstähle genau genug beschreiben, wenn man die sog. obere Fließgrenze unberücksichtigt läßt und sich auf Dehnungen bis etwa 1,5% beschränkt, da sich der Stahl bei größeren Dehnungen „verfestigt". Dieses sog. *elastisch-idealplastische Werkstoffverhalten* — hinfort einfach *idealplastisches Verhalten* genannt — legt man bei der Behandlung von Problemen der Plastizitätslehre oft zugrunde, da es zu den einfachsten möglichen Lösungen führt und z. B. für unlegierte Stahlsorten recht genau in einem Verformungsbereich gilt, der im Betrieb von Maschinen und Ingenieurbauwerken auch in Ausnahmefällen nicht überschritten werden sollte[1].

Beim Werkstoff nach Abb. 1.1b nimmt dagegen die Spannung oberhalb von σ_F meist nach einer nichtlinearen Spannungs-Dehnungs-Kurve zu, deren Anstieg monoton abnimmt. Diese sog. *Verfestigung* tritt z. B. bei vergüteten Stählen und Leichtmetallegierungen auf. Nichtmetallische Werkstoffe verhalten sich häufig schon bei kleinen Belastungen nichtlinear, so daß man für sie das HOOKEsche Gesetz nicht verwenden darf.

Das plastische Werkstoffverhalten ist *nicht-reversibel hinsichtlich der Verformungen*. Hat beispielsweise der Werkstoff eines Zugstabes den Spannungs-Dehnungs-Punkt P von Abb. 1.1b erreicht, so zeigt sich erst bei der Entlastung, ob er plastisch oder elastisch ist. Der elastische Werkstoff verhält sich reversibel hinsichtlich der Verformungen, d. h. nach Entlastung bleibt keine Verformung zurück[2]. Der plastische Werkstoff folgt dagegen bei seiner Entlastung den in Abb. 1.1 strichpunktiert eingetragenen Kennlinien PQ, welche meist denselben Anstieg wie die Tangente an die elastische Ausgangskurve haben. Nach völliger Entlastung bleibt daher die plastische Dehnung $\varepsilon^p = \varepsilon - \varepsilon^e$ zurück, nämlich die um den elastischen Dehnungsanteil ε^e verminderte Gesamtdehnung ε. Eine erneute Belastung erfolgt zunächst wieder entlang der elastischen Geraden QP, so daß die Spannung an der Fließ-

---

[1] Für unlegierte Stähle hat die Dehnung ε_F bei Erreichen der Fließspannung die Größenordnung von 0,1%. Vgl. auch das σ, ε-Diagramm der Abb. 3.8.

[2] Im thermodynamischen Sinne ist er allerdings meist nur reversibel, wenn außerdem das HOOKEsche Gesetz gilt, während bei nichtlinearem elastischen Verhalten bei Entlastung im allgemeinen Verformungsenergie verlorengeht.

grenze von Werkstoffen des Typs der Abb. 1.1b durch den Belastungszyklus $OPQP$ von σ_F auf σ'_F erhöht, das Material also verfestigt wird. Auf gewisse Abweichungen von diesem Verhalten werden wir im Abschn. 3.6 eingehen.

Schließlich besteht bei plastisch verformten Stoffen *kein eindeutiger Zusammenhang zwischen Spannungen und Verzerrungen*. So sind beispielsweise der Spannung $\bar{\sigma}$ in Abb. 1.1b je nach der *Belastungsvorgeschichte* verschiedene Dehnungen ε_1, ε_2, ε_3 usw. zugeordnet.

1.2 Voraussetzungen und Zielsetzung

Probleme mit einachsigen Spannungszuständen lassen sich mit Hilfe von empirisch aus Zugversuchen gewonnenen Spannungs-Dehnungs-Diagrammen nach Abb. 1.1 lösen, ohne daß weitere Hypothesen nötig sind. Wir werden uns im Kapitel II mit solchen Problemen befassen, zu denen beispielsweise Stab- und Fachwerke, Balken und Rahmentragwerke gehören.

Am eindimensionalen Fall werden wir auch das sog. *Traglastverfahren* studieren, das als Konstruktionsgrundlage für statisch unbestimmte Bauwerke aus unlegierten Konstruktionsstählen dienen kann. Wir werden dabei auch die Erscheinung des sog. *Einspielens* eines Tragwerkes bei wiederholter Be- und Entlastung kennenlernen. Man spricht von Einspielen, wenn die plastische Dissipationsarbeit in allen Teilen eines Tragwerkes unter Einwirkung alternierender Lasten begrenzt bleibt. Andernfalls ist die Tragfähigkeit meist nach wenigen Lastwechseln erschöpft, wie ein einfaches Experiment mit einem hin- und hergebogenen Draht zeigt. Diese plastische Ermüdung ist nicht mit dem elastischen Dauerbruch zu verwechseln, bei dem die Zahl der Lastwechsel bis zum Bruch um mehrere Zehnerpotenzen größer ist.

Diese meist mit einfachen mathematischen Mitteln lösbaren eindimensionalen Probleme geben einen guten Überblick über die typischen Fragestellungen der Plastizitätslehre kleiner Verformungen. Sie bereiten gleichzeitig auf die entsprechenden Probleme der allgemeinen Plastizitätslehre mehrachsiger Spannungszustände vor. Hier beginnen erst die eigentlichen Schwierigkeiten, da man im Gegensatz zur Elastizitätslehre noch *zwei zusätzliche Hypothesen* braucht, um das aus einem Zug- oder Druckversuch gewonnene Materialgesetz auf den mehrdimensionalen Spannungszustand übertragen zu können[1]:

a) Die sog. *Fließbedingung*, d. h. eine Beziehung zwischen dem allgemeinen Spannungszustand und der aus einem Zugversuch gewonne-

---

[1] In der Elastizitätslehre läßt sich dagegen das einachsige HOOKEsche Gesetz leicht auf den mehrdimensionalen Fall mit Hilfe der Querkontraktionszahl übertragen.

1*

nen einachsigen Fließspannung σ_F bzw. das *Verfestigungsgesetz* zwischen dem allgemeinen Spannungszustand und der sog. *Vergleichsspannung* σ_V bei verfestigendem Werkstoff,

b) ein *Spannungs-Verzerrungsgesetz* für den Fließ- bzw. Verfestigungsbereich.

Wir wollen im folgenden nur solche Hypothesen verwenden, die zu möglichst einfachen Lösungen führen und experimentell hinreichend gesichert sind. Überhaupt spielt das Experiment in der Plastizitätslehre eine ungleich größere Rolle als in der Elastizitätslehre; denn mit seiner Hilfe werden hier nicht nur die Berechnungen selbst, sondern auch noch deren Grundlagen — nämlich die beiden genannten Hypothesen — überprüft.

Als Beispiele für die Anwendung der allgemeinen Plastizitätslehre auf mehrachsige Spannungszustände werden wir die Balkenbiegung mit Berücksichtigung von Querkräften, die Torsion, sowie rotationssymmetrische Probleme und die Biegung und Beulung von Platten behandeln.

Wir legen unseren Untersuchungen außer den erwähnten, unter 1.3 und 1.4 näher behandelten Hypothesen noch folgende *Voraussetzungen* zugrunde:

1. Die plastischen Verzerrungen sollen so klein sein, daß sie die Größenordnung der elastischen nicht wesentlich überschreiten. Die bei der bildsamen Formgebung von Metallen — beim Walzen, Schmieden, Tiefziehen usw. — auftretenden Probleme werden wir also nicht untersuchen, obwohl die allgemeinen Grundlagen der Plastizitätstheorie auch für sie anwendbar sind.

2. Wir wollen den Einfluß der Änderung der Geometrie des belasteten Systems nur dann berücksichtigen, wenn das — wie bei der Traglastberechnung von Rahmentragwerken oder bei den Stabilitätsfragen — für die Genauigkeit der Ergebnisse erwünscht oder für die Lösung eines Problems unumgänglich nötig ist.

3. Wir setzen voraus, daß das Werkstoffverhalten nicht von Zeit und Temperatur abhängt; dementsprechend werden wir die Erscheinungen des Kriechens und der Relaxation nicht behandeln[1].

---

[1] Das *Kriechen*, d. h. die zeitabhängige Verformung unter konstanter Belastung, braucht bei den meisten Werkstoffen erst bei höherer Temperatur berücksichtigt zu werden, darf dagegen bei anderen (z. B. bei Beton) schon bei Zimmertemperatur nicht mehr vernachlässigt werden. Ähnliches gilt auch für die *Relaxation*, d. h. die allmähliche Spannungsabnahme bei konstanter Deformation auf einen bestimmten Endwert oder auf Null. Über die hiermit zusammenhängenden Fragen kann sich der Leser z. B. in der Monographie von ODQUIST und HULT [*31*] näher informieren.

4. Den Werkstoff wollen wir meist als isotropes Kontinuum annehmen, das im plastischen Bereich inkompressibel ist. Die Annahme der Inkompressibilität wird durch Versuchsergebnisse bestätigt.

Wir fassen zusammen und nennen einen Werkstoff plastisch, wenn sich der Deformationszustand eines aus ihm hergestellten Körpers bei konstantem Spannungszustand mit der Zeit nicht ändert — und umgekehrt — und wenn außerdem nach der Entlastung ein zeitlich unveränderter Deformationszustand übrigbleibt. In Abb. 1.2 ist das angedeutet, wobei σ bzw. ε jeweils eine charakteristische Spannung bzw. Verzerrung des gesamten Körpers darstellt. Diese Definition gilt im allgemeinen auch für den aus idealplastischem Werkstoff hergestellten Körper; falls in ihm der Spannungszustand allerdings homogen ist wie beispielsweise beim Zugstab, bei dem die Fließspannung σ_F in *allen* Teilen des Körpers zu derselben Zeit erreicht wird, bleibt der Deformationszustand unbestimmt.

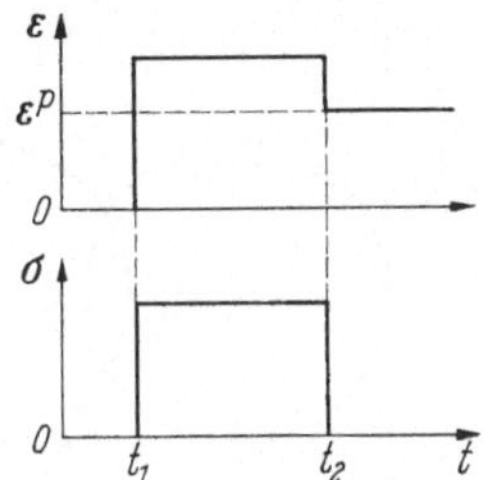

Abb. 1.2. Zur Definition des plastischen Werkstoffverhaltens.

1.3 Geschichtliche Entwicklung und Literatur

Die Plastizitätstheorie, ein Spezialgebiet der angewandten Mechanik, hat sich in den letzten vier Jahrzehnten außerordentlich schnell entwickelt. Diese Entwicklung ist noch in vollem Gange, wie die kaum mehr übersehbare Fülle der Arbeiten zeigt, die im In- und Ausland, besonders in den angelsächsischen und östlichen Ländern, über dieses Gebiet neu erscheinen. Obwohl in ihnen manche sich einander oft widersprechende neue Ansichten und Theorien veröffentlicht werden, sind doch die Fundamente der Plastizitätslehre heute durch Theorie und Versuch so ausreichend gesichert, daß sie der Ingenieur seinen Berechnungen zugrunde legen darf. Über ihre Entwicklung soll nun kurz berichtet werden, wobei schon einige der später noch eingehender zu begründenden Grundgesetze vorweggenommen werden müssen.

Man kann mit einiger Berechtigung den französischen Ingenieur Tresca [82] als Begründer der Plastizitätstheorie nennen, da er im Jahre 1864 auf Grund von Experimenten eine Hypothese veröffentlichte, nach welcher Metalle zu fließen beginnen, wenn die größte Schubspannung einen kritischen Wert erreicht.

Diese sog. Tresca-*Fließbedingung* läßt sich für den allgemeinen Hauptspannungszustand $\sigma_I \geq \sigma_{II} \geq \sigma_{III}$ durch

$$\tau_{\max} = \frac{1}{2}\left(\sigma_I - \sigma_{III}\right) = \frac{1}{2}\sigma_F \tag{1.1}$$

ausdrücken und graphisch in der τ, σ-Ebene entsprechend Abb. 1.3 durch zwei im Abstand $\sigma_F/2$ zur σ-Achse parallele Geraden darstellen, die die Einhüllenden aller MOHRschen Spannungskreise sind. Der Werkstoff beginnt zu fließen, wenn der Spannungsbildpunkt auf einer dieser Geraden liegt. σ_F ist dabei die Fließspannung bei einachsigem Zug (gestrichelter Kreis in Abb. 1.2). Bemerkenswert ist, daß das Fließen nach diesem Gesetz unabhängig von der mittleren Hauptspannung σ_{II} ist.

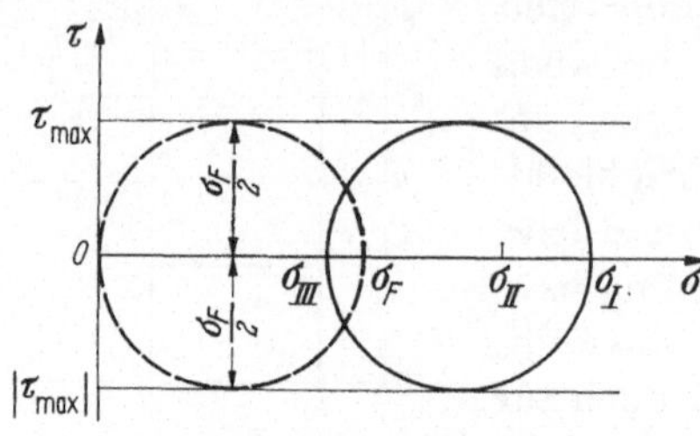

Abb. 1.3. TRESCA-Fließgesetz (1.1) und MOHRsche Spannungskreise.

Ein Gesetz für den Zusammenhang zwischen Spannungen und Verzerrungen beim Fließen fehlte damals noch. Das hat der für die Entwicklung der Elastizitätstheorie maßgebliche Physiker DE SAINT VENANT [75b] im Jahre 1870 zum ersten Mal für den zweidimensionalen Fall postuliert, indem er an Stelle des HOOKEschen Gesetzes der Proportionalität zwischen Spannungen und Verzerrungen eine Beziehung zwischen Verzerrungsänderungen und Spannungen einführte, die im gleichen Jahr sein Schüler LÉVY [61] auf den dreidimensionalen Fall erweiterte. In der heutigen Schreibweise sind das — ausgedrückt in den Hauptspannungen σ_I, σ_{II}, σ_{III} — drei nur für die Belastung gültige Werkstoffgesetze[1] vom Typ

$$d\varepsilon_I = \frac{2}{3}\left[\sigma_I - \frac{1}{2}(\sigma_{II} + \sigma_{III})\right]d\lambda. \tag{1.2}$$

Da in ihnen die gesamten Verzerrungen auftreten, gelten sie nur für den fiktiven, sog. starr-plastischen Werkstoff mit vernachlässigten elastischen Verzerrungen. Auf Probleme mit kleinen Verzerrungen, mit denen wir uns nach Voraussetzung 1 befassen wollen, sind sie daher nicht anwendbar und müssen dafür noch erweitert werden [s. Gl. (1.4)].

Das Gesetz (1.2) ist eine differentielle Beziehung zwischen Verzerrungen und Spannungen im Gegensatz zum HOOKEschen Gesetz, das eine endliche — finite — Beziehung zwischen diesen Größen darstellt. Es läßt sich im allgemeinen nicht durch Integration in ein finites Gesetz überführen, da der Proportionalitätsfaktor $d\lambda$ vom Hauptspannungszustand abhängt. Diese Integration ist vielmehr nur möglich, wenn die Hauptspannungen bei Belastungsänderungen zueinander in

---

[1] In der Einleitung wird nur jeweils eine Gleichung für eine Koordinatenrichtung hingeschrieben. Die beiden anderen ergeben sich durch zyklische Vertauschung. Später werden die Verzerrungs-Spannungsgleichungen in Tensorform zusammengefaßt (vgl. (9.59)).

konstantem Verhältnis bzw. wenn die Hauptspannungsrichtungen ungeändert bleiben. Wir begründen das im Anhang (A 1).

Mit der Fließbedingung (1.1) und dem Verzerrungs-Spannungsgesetz (1.2) standen die beiden notwendigen zusätzlichen Hypothesen zur Verfügung, um Probleme für starr-plastisches Werkstoffverhalten lösen zu können. Obwohl DE SAINT VENANT sie selbst auf einige einfache Beispiele — Torsion kreiszylindrischer Wellen, Balkenbiegung und dickwandige Rohre unter Innendruck — angewendet hatte, blieben diese Anfänge der Plastizitätstheorie doch lange Zeit unbeachtet.

Den Anstoß zur Weiterentwicklung der allgemeinen Theorie hat der deutsche Mathematiker VON MISES [64] mit einer im Jahre 1913 veröffentlichten Arbeit gegeben, in der er unabhängig von DE SAINT VENANT und LÉVY dasselbe Gesetz (1.2) postulierte, das man daher auch ST. VENANT-LÉVY-MISES-*Gesetz* nennt. Außerdem hat er in derselben Arbeit nur auf Grund von mathematischen Überlegungen eine neue Fließbedingung

$$(\sigma_{\mathrm{I}} - \sigma_{\mathrm{II}})^2 + (\sigma_{\mathrm{II}} - \sigma_{\mathrm{III}})^2 + (\sigma_{\mathrm{III}} - \sigma_{\mathrm{I}})^2 = 2\sigma_F^2 \qquad (1.3)$$

aufgestellt, die als MISES-*Bedingung*[1] bekannt ist und der man heute vielfach den Vorzug vor der TRESCA-Bedingung (1.1) gibt, da sie besser mit Versuchen übereinstimmt. Anders als in der TRESCA-Bedingung beeinflußt nach der MISES-Bedingung auch die mittlere Hauptspannung das Fließen.

Beide Fließbedingungen (1.1) und (1.3) verwendet man auch für verfestigende Werkstoffe, indem man an Stelle von σ_F auf der rechten Seite die einachsige Vergleichspannung σ_V einführt.

Im Jahre 1924 hat PRANDTL [72b] das Verzerrungs-Spannungsgesetz (1.2) erweitert, indem er auch elastische Verzerrungen berücksichtigte. Er beschränkte sich dabei noch auf den ebenen Zustand. REUSZ [74] hat dann 1930 die Verzerrungs-Spannungsgesetze für den dreidimensionalen Fall verallgemeinert. Indem man zu den elastischen — HOOKEschen — Verzerrungen $d\varepsilon^e$ die plastischen Verzerrungen $d\varepsilon^p$ nach dem ST. VENANT-LÉVYschen Gesetz (1.2) hinzufügt, ergeben sich als PRANDTL-REUSZ-*Gesetze* drei differentielle Gesetze vom Typ

$$d\varepsilon_{\mathrm{I}} = d\varepsilon_{\mathrm{I}}^e + d\varepsilon_{\mathrm{I}}^p = \frac{1}{E}\left[d\sigma_{\mathrm{I}} - \nu(d\sigma_{\mathrm{II}} + d\sigma_{\mathrm{III}})\right] + \frac{2}{3}\left[\sigma_{\mathrm{I}} - \frac{1}{2}(\sigma_{\mathrm{II}} + \sigma_{\mathrm{III}})\right]d\lambda$$

$$(1.4)$$

für die Belastung oberhalb σ_F, während für die Entlastung das HOOKEsche Gesetz gilt. Sie können ebenso wie die Gesetze (1.2) nur für kon-

---

[1] Unabhängig davon wurde die Bedingung (1.3) schon in einer im Jahre 1904 von HUBER [55] veröffentlichten Arbeit aufgestellt.

stant bleibendes Hauptspannungsverhältnis integriert werden (s. Anhang A 1); der elastische Anteil ist dagegen stets integrierbar.

Für den *einachsigen sog. Vergleichszustand* mit einem — beispielsweise aus einem Zugversuch bekannten und in Abb. 1.4 aufgetragenen — Spannungs-Dehnungs-Gesetz $\sigma_V(\varepsilon_V)$ gehen die Gesetze (1.4) mit $\sigma_{\mathrm{I}} = \sigma_V$, $\varepsilon_{\mathrm{I}} = \varepsilon_V$ und $\sigma_{\mathrm{II}} = \sigma_{\mathrm{III}} = 0$ über in

$$d\varepsilon_V = d\varepsilon_V^e + d\varepsilon_V^p = \frac{1}{E}\, d\sigma_V + \frac{2}{3}\,\sigma_V d\lambda\,. \tag{1.5}$$

In 9.4.1.2 wird gezeigt, daß $d\lambda = f(\sigma_V)\, d\sigma_V$ ist; vgl. (9.55).

In den zwanziger Jahren bestand die ganze, heute weitverzweigte Plastizitätstheorie aus den genannten Grundhypothesen und wenigen, in verschiedenen Zeitschriften verstreuten Arbeiten, die sich mit der Anwendung dieser Hypothesen auf konkrete Aufgaben befaßten. Von einer allgemein bekannten, geschweige denn in der Ingenieurpraxis angewendeten Theorie konnte damals noch keine Rede sein. In den Jahren zwischen den beiden Weltkriegen wurde die Plastizitätstheorie hauptsächlich in Deutschland durch PRANDTL und seine Schüler NADAI, VON KÁRMÁN und PRAGER weiterentwickelt. NADAI [5a] hat 1927 zum ersten Male eine zusammenfassende Darstellung der Plastizitätstheorie gegeben, die im Jahre 1950

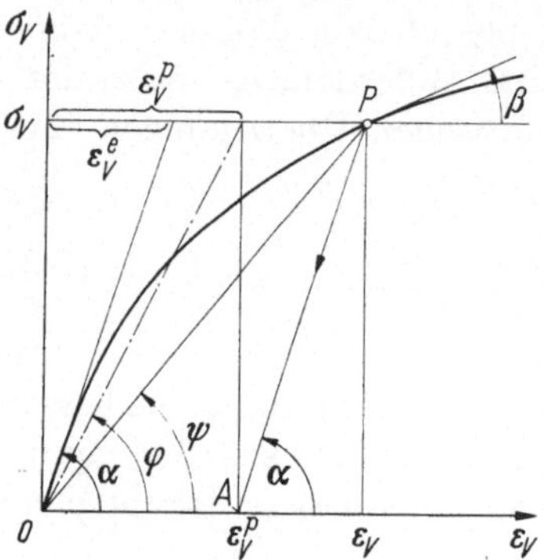

Abb. 1.4. Einachsiger Vergleichszustand $\sigma_V(\varepsilon_V)$ ($E = \tan\alpha = $ Elastizitätsmodul; $\Phi = \tan\varphi = $ Plastizitätsmodul; $\Psi = \tan\psi = $ Sekantenmodul; $T = \tan\beta = $ Tangentenmodul).

in einer umgearbeiteten und erweiterten Fassung [5b] neu erschien. Außerdem haben in jener Zeit neben v. MISES noch HENCKY, HILDA GEIRINGER und REUSZ Wesentliches zur Fortentwicklung der Plastizitätstheorie beigetragen.

Bemerkenswert ist noch aus dieser Zeit eine von HENCKY [50] im Jahre 1924 veröffentlichte Arbeit, in der er an Stelle der differentiellen Gesetze (1.4) drei *finite Gesetze* von der Form

$$\varepsilon_{\mathrm{I}} = \varepsilon_{\mathrm{I}}^e + \varepsilon_{\mathrm{I}}^p = \frac{1}{E}\left[\sigma_{\mathrm{I}} - \nu(\sigma_{\mathrm{II}} + \sigma_{\mathrm{III}})\right] + \frac{1}{\Phi}\left[\sigma_{\mathrm{I}} - \frac{1}{2}(\sigma_{\mathrm{II}} + \sigma_{\mathrm{III}})\right] \tag{1.6}$$

für den Zusammenhang zwischen Spannungen und Verzerrungen postulierte. Für den einachsigen Vergleichszustand $\sigma_V = \sigma_V(\varepsilon_V)$ geht (1.6) über in

$$\varepsilon_V = \varepsilon_V^e + \varepsilon_V^p = \left(\frac{1}{E} + \frac{1}{\Phi}\right)\sigma_V = \left(\frac{1}{\tan\alpha} + \frac{1}{\tan\varphi}\right)\sigma_V = \frac{\sigma_V}{\Psi} = \frac{\sigma_V}{\tan\psi} \tag{1.7}$$

mit $E = \tan \alpha$, $\Phi = \tan \varphi$, $\Psi = \tan \psi$. Die Bedeutung der einzelnen Anteile ist leicht aus Abb. 1.4 abzulesen. Man bezeichnet Φ auch als Plastizitätsmodul und Ψ als Gesamtmodul oder Sekantenmodul. Im Gegensatz zum Elastizitätsmodul nehmen beide Moduln Φ und Ψ mit der Belastung bzw. mit zunehmender plastischer Dehnung monoton ab. Schließlich spielt für viele Untersuchungen der Tangentenmodul $T = d\sigma_V/d\varepsilon_V = \tan \beta$ eine wichtige Rolle, z. B. für Stabilitätsprobleme.

Seit dem zweiten Weltkrieg tragen die angelsächsischen Länder und die Sowjetunion am aktivsten zur Weiterentwicklung der Plastizitätstheorie bei. Die überaus intensive Arbeit der vierziger Jahre fand ihren Niederschlag in fünf Werken, die alle im Jahre 1950 erschienen sind. Neben dem schon erwähnten Buch von A. NADAI [5b] sind das die Bücher von FREUDENTHAL [10], HILL [1], PRAGER und HODGE [7] sowie SOKOLOVSKIJ [8]. Das Jahr 1950 stellt einen Markstein in der Entwicklung der Plastizitätstheorie dar; denn seitdem kann man mit gewisser Berechtigung von einer klassischen Theorie sprechen. Allerdings ist diese auch heute noch nicht so einheitlich fundiert wie beispielsweise die Elastizitätstheorie, da man sich noch nicht allgemein auf die ausschließliche Anwendung normativer Grundhypothesen festgelegt hat. Wegen des sehr unterschiedlichen Werkstoffverhaltens sowie der verschiedenen Ansprüche an die Genauigkeit der Ergebnisse wird es dazu vermutlich sowieso nicht kommen. Überdies ist die Entwicklung in den einzelnen Ländern meist auf verschiedenen Wegen fortgeschritten und hat sich oft gegenseitig nur wenig beeinflußt: In den angelsächsischen Ländern legt man den Rechnungen meist die PRANDTL-REUSZ-Gesetze zugrunde und überprüft die Ergebnisse gern durch Versuche; in der Sowjetunion geht man dagegen vorzugsweise von den finiten HENCKY-Gesetzen aus und legt auf Experimente weniger Wert.

Im letzten Jahrzehnt ist die Flut der veröffentlichten Aufsätze und Bücher derart angeschwollen, daß man kaum noch eine Zusammenstellung geben kann, ohne mit Sicherheit Wichtiges auszulassen. Auch auf diese Gefahr hin seien doch — in der Reihenfolge ihres Erscheinens — die Bücher von HOFFMANN and SACHS [3], PRAGER [22], PHILLIPS [6], SZABÓ [13], FREUDENTHAL und GEIRINGER [16], HODGE [17a] und [2], JOHNSON and MELLOR [4], der im Jahre 1963 erschienene zweite Band des Werkes von NADAI [5c] sowie FORD [9] genannt.

Über die Entwicklung der Plastizitätstheorie in den letzten drei Jahrzehnten soll an dieser Stelle nicht mehr im einzelnen berichtet werden, da im folgenden eine zusammenfassende Darstellung dieser Entwicklung enthalten ist.

1.4 Differentielle oder finite Verzerrungs-Spannungs-Gesetze ?

Soll man in der Plastizitätstheorie die finiten HENCKY-Gesetze (1.6) mit ihrer eindeutigen Zuordnung von Spannungs- und Verzerrungszustand oder die differentiellen PRANDTL-REUSZ-Gesetze (1.4) zugrunde legen, nach denen solch eine Zuordnung nicht besteht ? Über diese Frage hat es derart viele Auseinandersetzungen gegeben, daß man je nach den verwendeten Verzerrungs-Spannungsgesetzen von zwei Richtungen in der Plastizitätstheorie sprechen kann. Die HENCKY-Gesetze führen zwar im allgemeinen zu mathematisch erheblich einfacheren Lösungen, sie stimmen jedoch mit den PRANDTL-REUSZ-Gesetzen nur bei unverändert bleibendem Verhältnis der Hauptspannungen überein; das wird im Anhang (A 1) gezeigt, wo letztere für diesen speziellen Fall integriert und damit in die finite Form der HENCKY-Gesetze überführt werden. Im Anhang (A 2) wird auch noch die Übereinstimmung der entsprechenden Werkstoffgesetze (1.5) und (1.7) für den einachsigen Vergleichszustand unmittelbar veranschaulicht.

Ändert sich dagegen bei Belastungsänderungen das Verhältnis der Hauptspannungen, dann dürfen die HENCKY-Gesetze nicht mehr verwendet werden, wie später allgemein begründet werden soll (s.9.4.1.3). Daß ihre Anwendung dann zu Widersprüchen führt, läßt sich auch schon an folgendem einfachen *Beispiel* veranschaulichen:

Eine Scheibe sei durch den in ihrer Ebene wirkenden zweiachsigen Zugspannungszustand (1) mit $\sigma_\mathrm{I}^{(1)} = \alpha_1^{(1)}\sigma$, $\sigma_\mathrm{II}^{(1)} = \alpha_2^{(1)}\sigma$ plastisch verformt worden; $\sigma < \sigma_V$ sei eine konstante positive Bezugsspannung. Nach dem v. MISES-Gesetz (1.3) ist hierfür die Vergleichsspannung[1]

$$\sigma_V = (\sigma_\mathrm{I}^2 - \sigma_\mathrm{I}\sigma_\mathrm{II} + \sigma_\mathrm{II}^2)^{1/2} = \sigma(\alpha_1^{(1)2} - \alpha_1^{(1)}\alpha_2^{(1)} + \alpha_2^{(1)2})^{1/2}. \tag{a}$$

In einem entsprechenden $\sigma_V(\varepsilon_V)$-Diagramm nach Abb. 1.4 wurde dabei der Spannungspunkt P mit der bleibenden Vergleichsdehnung ε_V^p erreicht.

Der Spannungszustand (1) soll anschließend durch langsame Belastungsumlagerung so geändert werden, daß der einachsige Vergleichszustand erhalten bleibt und schließlich der Spannungszustand (2) mit $\sigma_\mathrm{I}^{(2)} = \alpha_1^{(2)}\sigma$, $\sigma_\mathrm{II}^{(2)} = \alpha_2^{(2)}\sigma$ erreicht wird. Für eine derartige *Spannungsumlagerung* (auch „*neutrale Spannungsänderung*" genannt) gilt definitionsgemäß $d\sigma_V = d\varepsilon_V^p = 0$ und damit nach (1.5) auch $d\lambda = 0$. In unserem speziellen Beispiel müssen also die Belastungswerte α bei jedem Schritt der Spannungsumlagerung der Bedingung $\alpha_1^2 - \alpha_1\alpha_2 + \alpha_2^2$

---

[1] Nach der TRESCA-Bedingung (1.1) wäre $\sigma_V = \sigma_\mathrm{I}^{(1)} - \sigma_\mathrm{III} = \sigma_\mathrm{I}^{(1)}$ oder $\sigma_V = \sigma_\mathrm{II}^{(1)}$, je nachdem ob $\sigma_\mathrm{I}^{(1)}$ oder $\sigma_\mathrm{II}^{(1)}$ die größte Hauptspannung ist.

= const genügen, so daß die Zustände (1) und (2) durch

$$\alpha_1^{(1)^2} - \alpha_1^{(1)}\alpha_2^{(1)} + \alpha_2^{(1)^2} = \alpha_1^{(2)^2} - \alpha_1^{(2)}\alpha_2^{(2)} + \alpha_2^{(2)^2} \tag{b}$$

miteinander verknüpft sind.

Sofern (b) erfüllt ist, bleiben nach dem PRANDTL-REUSZ-Gesetz (1.4) die durch den Spannungszustand (1) erzeugten plastischen Dehnungen $\varepsilon_{\mathrm{I}}^{(1)p}$ und $\varepsilon_{\mathrm{II}}^{(1)p}$ bei der Spannungsumlagerung wegen $d\lambda = 0$ erhalten. Das ist einleuchtend, weil auch die Vergleichsdehnung ε_V^p erhalten bleibt, also keine plastische Dissipationsarbeit geleistet wird. Wir können uns das auch anders vorstellen: Wenn wir uns die Scheibe nach Erreichen des Zustandes (1) vollständig entlastet und anschließend mit dem Zustand (2) belastet denken, läuft dieser Belastungszyklus ganz im elastischen Bereich ab, da für alle Belastungsstufen $\sigma_{\mathrm{I}}^2 - \sigma_{\mathrm{I}}\sigma_{\mathrm{II}} + \sigma_{\mathrm{II}}^2 \leq \sigma_V$ ist; im einachsigen Vergleichszustand gehört hierzu die Entlastung entlang PA und Wiederbelastung entlang AP von Abb. 1.4. Die plastischen Dehnungen können durch diesen elastischen Belastungszyklus nicht verändert werden. Bringt man umgekehrt zuerst den Spannungszustand (2) an, so erhält man die plastischen Dehnungsanteile $\varepsilon_{\mathrm{I}}^{(2)p}$ und $\varepsilon_{\mathrm{II}}^{(2)p}$, die wiederum bei einer Spannungsumlagerung zum Zustand (1) hin ungeändert bleiben, sich jedoch (bei gleichem ε_V^p) von den bleibenden Dehnungen $\varepsilon_{\mathrm{I}}^{(1)p}$ und $\varepsilon_{\mathrm{II}}^{(1)p}$ unterscheiden, die entstehen, wenn der Zustand (1) als erster angebracht wird. Die Reihenfolge der Anbringung der Belastungszustände ist also entscheidend für die bleibenden Dehnungen.

Nach dem HENCKY-Gesetz (1.6) würde der Spannungszustand (1) die bleibenden Dehnungen

$$\varepsilon_{\mathrm{I}}^{(1)p} = \frac{\sigma}{\Phi}\left(\alpha_1^{(1)} - \frac{1}{2}\alpha_2^{(1)}\right), \qquad \varepsilon_{\mathrm{II}}^{(1)p} = \frac{\sigma}{\Phi}\left(\alpha_2^{(1)} - \frac{1}{2}\alpha_1^{(1)}\right)$$

erzeugen. Eine Spannungsumlagerung zum Zustand (2) hin, welche der Bedingung (b) genügt und damit den einachsigen Vergleichszustand nicht verändert ($\Phi = $ const, $d\sigma_V = d\varepsilon_V^p = 0$), ändert hier trotzdem die plastischen Dehnungen völlig in

$$\varepsilon_{\mathrm{I}}^{(2)p} = \frac{\sigma}{\Phi}\left(\alpha_1^{(2)} - \frac{1}{2}\alpha_2^{(2)}\right), \qquad \varepsilon_{\mathrm{II}}^{(2)p} = \frac{\sigma}{\Phi}\left(\alpha_2^{(2)} - \frac{1}{2}\alpha_1^{(2)}\right).$$

Das kann aber nicht sein; denn es käme auf dasselbe hinaus, als wenn der entsprechende vollständig im elastischen Bereich ablaufende Belastungszyklus „Entlastung vom Zustand (1) aus und Wiederbelastung mit Zustand (2)" mit einer Änderung der bleibenden Dehnungen verbunden wäre, was absurd ist[1]. Auch geht hierbei die Reihenfolge der

---

[1] Für $\sigma_{\mathrm{I}}^{(1)} = 2\sigma$, $\sigma_{\mathrm{II}}^{(1)} = \sigma$ und $\sigma_{\mathrm{I}}^{(2)} = \sigma$, $\sigma_{\mathrm{II}}^{(2)} = 2\sigma$ ergäbe sich beispielsweise $\varepsilon_{\mathrm{I}}^{(1)p} = \dfrac{3\sigma}{2\Phi}$, $\varepsilon_{\mathrm{II}}^{(1)p} = 0$ und $\varepsilon_{\mathrm{I}}^{(2)p} = 0$, $\varepsilon_{\mathrm{II}}^{(2)p} = \dfrac{3\sigma}{2\Phi}$. Die Dehnungen bei der zweiten Belastung sind also so als ob die erste Belastung überhaupt nicht stattgefunden hätte.

Anbringung der Belastungszustände nicht mit ein: Eine Belastung mit dem Zustand (2) würde dieselben Dehnungen wie eine Belastung mit dem Zustand (1) und anschließender Umlagerung zum Zustand (2) hin hervorrufen. Mit den HENCKY-Gesetzen läßt sich also eine Spannungsumlagerung nicht beschreiben.

Ändert sich das Verhältnis der Hauptspannungen nur wenig, dann führen die finiten HENCKY-Gesetze zu brauchbaren Näherungen. Diese allgemeinen Überlegungen über die Anwendbarkeit der finiten Gesetze werden auch durch Versuche bestätigt, nach denen das Werkstoffverhalten im allgemeinen besser durch die PRANDTL-REUSZ-Gesetze beschrieben wird als durch die HENCKY-Gesetze (vgl. auch 3.4).

§ 2. Physikalische Grundlagen

2.1 Die Kristallstruktur der Materie

Vom physikalischen Standpunkt aus sind die im vorigen Abschnitt erwähnten Gesetze insofern unbefriedigend als sie das Verhalten der Werkstoffe unter dem Einfluß von Belastungen nur beschreiben, aber nicht erklären. Wir werden später unseren Untersuchungen zwar immer solche phänomenologischen Werkstoffgesetze zugrunde legen müssen, wobei wir die Materie als isotropes — oder gelegentlich auch als anisotropes — homogenes *Kontinuum* auffassen, doch wollen wir zunächst noch die Frage nach der Ursache der bleibenden Verformungen behandeln; dazu müssen wir uns mit der Mikrostruktur der Materie befassen. Dieser kurze Einblick in die Kristallphysik erhebt keinen Anspruch auf gründliche Darstellung, sondern wird nur in einer Übersicht über diejenigen Erkenntnisse der Kristallphysik berichten, mit denen man heute die Ursachen des plastischen Verhaltens erklärt. Für ein vertieftes Studium wird auf verschiedene zusammenfassende Artikel im Handbuch der Physik [26] sowie auf ein Buch von KRÖNER [28] hingewiesen. Dort findet man weitere umfangreiche Literaturhinweise.

Wir können uns auf Stoffe beschränken, deren atomare Feinstruktur durch eine dreidimensionale, kristalline, sich periodisch wiederholende Anordnung der Atome in sog. Gittern gekennzeichnet ist; denn das makroskopisch beobachtete, in Abschn. 1 beschriebene plastische Verhalten tritt vorzugsweise bei solchen Stoffen auf und läßt sich durch die Baufehler ihrer ausgesprochen inhomogenen kristallinen Struktur erklären. Die amorphen Körper mit ungeordneter Feinstruktur zeigen demgegenüber ein ganz anderes, wesentlich von Zeit und Temperatur abhängiges Deformationsverhalten; auch kristalline Stoffe verhalten sich unter gewissen Bedingungen ähnlich. Mit solchen Erscheinungen wollen wir uns jedoch nicht befassen.

Den Schlüssel für das Verständnis plastischer Verformungen bieten die sog. *Versetzungen*, über die unter 2.2 näher berichtet werden soll. Hier sei vorab erwähnt, daß in den letzten drei Jahrzehnten eine zunächst wenig beachtete mathematische Theorie solcher Fehlstellen im Kristallgitter aufgebaut wurde, ohne daß man eine einzige direkte experimentelle Bestätigung für die Existenz solcher Versetzungen besaß, die sogar von manchen Forschern überhaupt bestritten wurde. Vor zehn Jahren ist es dank immer weiter verfeinerter Untersuchungsmethoden erstmals gelungen, die Existenz von Versetzungen direkt nachzuweisen. Später hat man weitere Ergebnisse der Versetzungstheorie experimentell bestätigen können. Dies hat in jüngster Zeit zu einem starken Anwachsen der Forschungstätigkeit auf diesem Gebiet geführt. Wenn es heute auch noch nicht möglich ist, das plastische Verhalten der Werkstoffe mit Hilfe der Versetzungstheorie quantitativ zu beschreiben, so stellt sie doch ein Bindeglied zwischen der atomistischen und der phänomenologisch-makroskopischen Plastizitätstheorie dar, und es ist zu hoffen, daß sich durch sie die heute noch zwischen diesen beiden Betrachtungsweisen bestehende Kluft vielleicht eines Tages ganz überbrücken läßt.

Durch die räumliche Anordnung der Atome in der Gitterstruktur werden die Eigenschaften der Einzelkristalle und der aus ihnen aufgebauten polykristallinen Werkstoffe bestimmt. Entsprechend der großen Zahl von Möglichkeiten für gegenseitige Bindungen und Anordnungen der Atome gibt es sehr viele verschiedene kristalline Stoffe, deren Zahl noch durch Legierungen vermehrt wird, bei denen Atome verschiedener Elemente in „Mischkristallen" miteinander gebunden sind. Je enger die Atome „gepackt" sind, desto größer sind im allgemeinen die Bindungskräfte zwischen ihnen und um so fester ist der Werkstoff.

Wir wollen mit Hilfe einer einfachen „*Mechanik der Gitterstruktur*" qualitative Aussagen über diese Kräfte zu machen versuchen. Dabei kommt es uns nicht auf den Aufbau der Atome an, sondern nur auf deren Anordnung und Wechselwirkung untereinander. Diese Wechselwirkung läßt sich zwar durch die Quantenmechanik beschreiben, uns genügt jedoch eine ganz grobe Modellvorstellung, bei der wir uns die Atome als kleine starre Teilchen — etwa als Kugeln — denken, deren Radius von der Größenordnung $3 \text{ Å} = 3 \cdot 10^{-8}$ cm durch die äußere Grenze der statistischen Verteilung der Elektronen gegeben ist. Die Bindungen dieser Teilchen mit ihren Nachbarn denken wir uns durch nichtlineare „Federn" oder durch Potentialfelder zustande gekommen. Die Entstehungsursachen solcher Felder werden wir dabei nicht erörtern.

Grundsätzlichen qualitativen Überlegungen könnte man die einfachste mögliche Anordnung der Atome in den Würfelecken des kubisch-primitiven Gitters des Idealkristalls zugrunde legen, die sich über viele tausend Atomabstände fortsetzt, bis sie in einem polykristallinen Stoff an einen Bereich mit anderer Orientierung grenzt. Diese Struktur kommt in der Natur allerdings nicht vor. Die wichtigsten Metalle haben vielmehr eine der folgenden Anordnungen:

1. *Kubisch-flächenzentriertes Gitter*, bei dem wie in Abb. 2.1a außer den durch Vollkreise angedeuteten Eckplätzen der Würfel auch deren

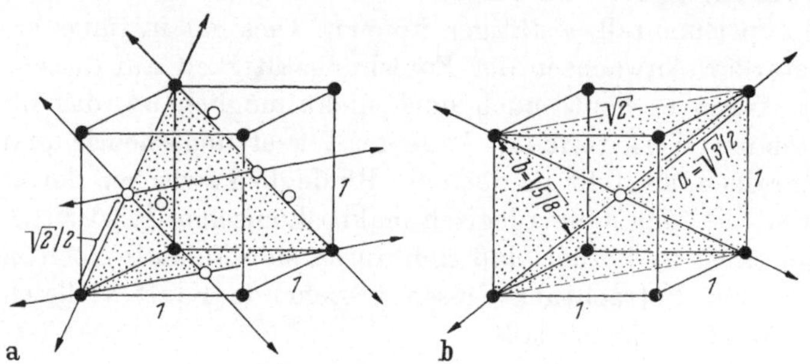

Abb. 2.1a u. b. Zwei wichtige Gitterstrukturen:
a kubisch-flächenzentriert, b kubisch-raumzentriert

Oberflächen (angedeutet durch offene Kreise) mit je einem Atom besetzt sind. Diese Struktur haben z. B. Kupfer, Aluminium, Blei, Nickel, Gold und Silber. Sie ergibt die dichteste Packung von kubisch angeordneten Kugeln.

2. *Kubisch-raumzentriertes Gitter*, bei dem wie in Abb. 2.1b außer den Ecken der Würfel auch deren Mitten mit Atomen (angedeutet durch einen offenen Kreis) besetzt sind. Diese Struktur tritt z. B. bei α-Eisen, Chrom, Titan und anderen hochfesten Metallen auf.

3. *Hexagonal dicht gepacktes Gitter*, bei dem die Atome in den Eckplätzen und der Mitte von Sechsecken sitzen und die Gitterebenen so angeordnet sind, daß sich die dichteste Kugelpackung ergibt. Diese Struktur kommt z. B. bei Magnesium und Zink vor.

Die in solchen periodischen Anordnungen aufgebauten Raumbereiche, die sog. *Kristallite*, haben Größenordnungen von 10^{-3} bis 10^{-2} cm. Man kann sogar Einkristalle mit regelmäßiger Struktur von mehreren cm Größe „züchten". In Wirklichkeit ist die periodische Regelmäßigkeit dieser Anordnung durch viele „Gitterfehlstellen" gestört, die allerdings die Orientierung des Gitters im Raum nicht beeinflussen. Näheres darüber folgt im Abschn. 2.2.

Ein unstetiger Übergang zu einer anderen Orientierung des Raumgitters tritt erst an den *„Korngrenzen"* ein, wo die sich aus den einzelnen Kristallkeimen bei der Abkühlung aus der Schmelze mit zufallsbedingter Orientierung bildenden Kristallite aneinandergrenzen. So entsteht ein in Abb. 2.2 schematisch dargestelltes „Gefüge" eines polykristallinen Stoffes mit Mosaikstruktur, dessen Aussehen und Eigenschaften von vielen Faktoren abhängen, beispielsweise von den Legierungsbestandteilen, der Wärmebehandlung, der Dauer des Kristallisationsvorganges und der mechanischen Bearbeitung. Sehr wichtig für die mechanischen Eigenschaften des Werkstoffes sind auch die vielfach in den Korngrenzen

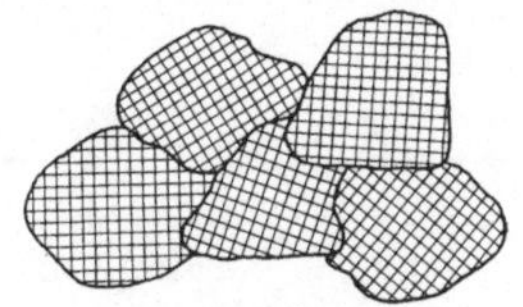

Abb. 2.2. Mosaikstruktur des Gefüges, schematisch.

abgelagerten dünnen Schichten von Fremdatomen, die eine Art von tragendem Gerüst bilden. Die unterschiedliche Orientierung der Gitter der einzelnen Kristallite und die Eigenschaften des Korngrenzengerüstes haben zur Folge, daß die Festigkeit vielkristalliner Stoffe auf das Vielfache der Festigkeit des entsprechenden Einkristalls anwächst.

Man kann zeigen, daß es eine bestimmte Zahl von möglichen Raumkonfigurationen für die Kristallgitter gibt. Sie sind alle anisotrop. Von besonderer Bedeutung für die bleibende Verformung sind die für jede Gitterstruktur typischen Ebenen, in denen die Atome am dichtesten gepackt sind, und in diesen wiederum die Linien größter Atomdichte, d. h. größter Anzahl von Gitterplätzen pro cm. Bleibende Gitterverformungen entstehen dadurch, daß die Atome in Gleitebenen um eine ganze Anzahl von Atomabständen spontan verschoben werden, wobei die kürzesten möglichen Verformungsschritte bevorzugt werden, weil dafür die geringste Energie aufzuwenden ist. In Abb. 2.1 ist je eine Ebene dichtester Atompackung für das kubisch-flächenzentrierte und das kubisch-raumzentrierte Gitter besonders hervorgehoben, und in ihnen sind die möglichen Gleitrichtungen als Linien dichtester linearer Atompackung durch Pfeile gekennzeichnet; im ersten Fall sind es die Flächendiagonalen und die dazu parallelen Linien, im zweiten die Raumdiagonalen des Gitterwürfels.

Das Zustandekommen dieser Verformungsschritte um ganze Atomabstände können wir qualitativ erklären, wenn wir für die Wechselwirkung zwischen zwei benachbarten Atomen — ohne auf die verschiedenen Bindungsarten eingehen zu müssen — ein Potentialfeld annehmen, aus dem sich die Kräfte zwischen den beiden Atomen als Zentralkräfte ableiten lassen. Mit dem Abstand r zwischen den Atomen und $k > 1$ setzen wir allgemein $U(r) = C r^{-k}$ für die Potentialfunktion an. Dieser Ausdruck stellt eine Verallgemeinerung des Gravitationspotentials dar, für das bekanntlich $k = 1$ ist.

Da für einen bestimmten Abstand $r = r_0$ Gleichgewicht herrschen, also die Zentralkraft $K(r_0) = \dfrac{dU}{dr}\Big|_{r_0} = 0$ sein muß (vgl. Abb. 2.3), reicht aber *ein* Glied für den Ansatz nicht aus. Wir nehmen daher als Potentialfunktion

$$U(r) = U_1(r) + U_2(r) = C_1 r^{-n} - C_2 r^{-m}$$

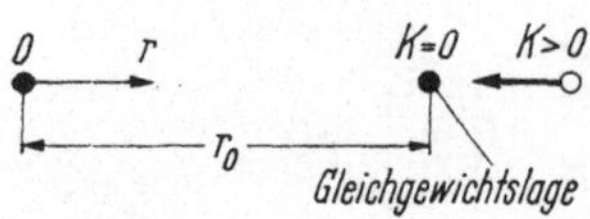

Abb. 2.3. Zur Definition der Zentralkraft $K(r)$ zwischen zwei Atomen.

mit einem Teil U_1, aus dem eine Abstoßungskraft und einem Teil U_2, aus dem eine Anziehungskraft zwischen beiden Atomen abzuleiten ist, so daß als gesamte Zentralkraft

$$K(r) = \frac{dU}{dr} = -nC_1 r^{-(1+n)} + mC_2 r^{-(1+m)}$$

resultiert[1]. Die Bedingung $K(r_0) = 0$ liefert bei vorgegebenen Exponenten n und m die Beziehung

$$C_1 = \frac{m}{n}\, r_0^{n-m}\, C_2$$

zwischen den Konstanten C_1 und C_2, so daß wir für das Potential

$$U(r) = C_2 r^{-n}\left(\frac{m}{n}\, r_0^{n-m} - r^{n-m}\right)$$

und für die Zentralkraft

$$K(r) = mC_2 r^{-(1+n)}\left(r^{n-m} - r_0^{n-m}\right)$$

erhalten. Für $r = r_0$ muß das Gleichgewicht stabil, die potentielle Energie also ein Minimum, d. h.

$$\frac{d^2U}{dr^2}\Big|_{r_0} = mC_2(n-m)\, r_0^{-(2+m)} > 0$$

sein, was zu der zusätzlichen Bedingung $n > m$ und $m > 0$ für die Exponenten führt.

Wir führen zur Abkürzung

$$A = C_2 r_0^{-m}, \quad B = mC_2 r_0^{-(1+m)}, \quad \varrho = \frac{r}{r_0}$$

ein und erhalten nach kurzer Zwischenrechnung als Potential

$$U(\varrho) = A\varrho^{-n}\left(\frac{m}{n} - \varrho^{n-m}\right) \tag{2.1}$$

und als Zentralkraft

$$K(\varrho) = B\varrho^{-(1+n)}\left(\varrho^{n-m} - 1\right). \tag{2.2}$$

---

[1] Dabei rechnen wir K abweichend von der üblichen Vorzeichenfestsetzung positiv, wenn es entgegen der positiven r-Richtung, also als Anziehungskraft wirkt, was für $r > r_0$ eintreten muß.

Dieser Ansatz erfüllt alle Forderungen: Für $\varrho = 1$ herrscht Gleichgewicht. Aus (2.2) folgt $\lim\limits_{\varrho \to 0} K(\varrho) = -\infty$, so daß dann die unendlich große Abstoßungskraft verhindert, daß die Materie „zusammenstürzt". Für $\varrho > 1$ nimmt die Rückstellkraft $K > 0$ je nach Größe der Exponenten zunächst zu und schließlich mehr oder weniger schnell ab, so daß die Wechselwirkung sich im wesentlichen auf die nächsten Nachbaratome beschränkt. Als Beispiel sind die Kurven $U(\varrho)/A$ und $K(\varrho)/B$ für $m = 7$, $n = 8$ in Abb. 2.4 dargestellt.

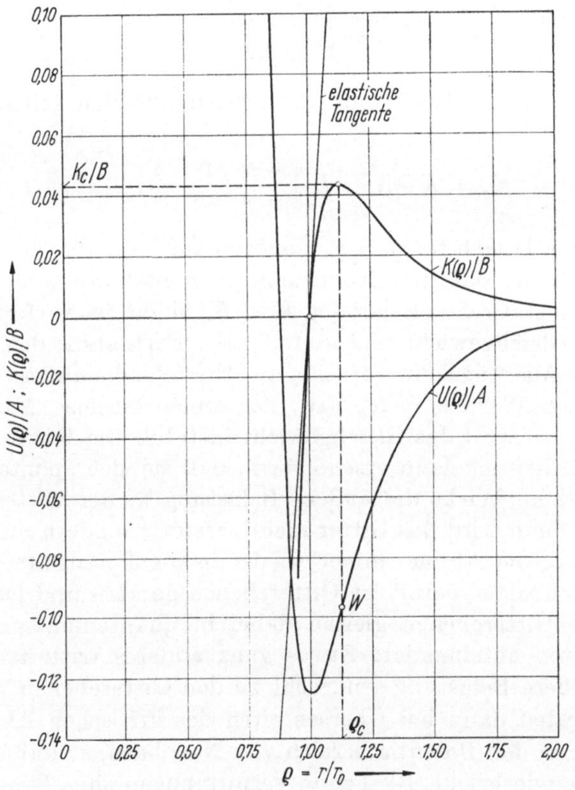

Abb. 2.4. Potentialfunktion $U(\varrho)/A$ nach (2.1) und Zentralkraft $K(\varrho)/B$ nach (2.2) für $m = 7$, $n = 8$.

Der Anstieg $B(n - m)$ der $K(\varrho)$-Kurve in der Gleichgewichtslage $\varrho = 1$ ist die Federkonstante der — bei hinreichend kleiner Auslenkung $\Delta\varrho \ll 1$ aus der Gleichgewichtslage — linear-elastischen Bindung beider Atome. Tatsächlich ergibt sich aus (2.2) mit $\varrho = 1 + \Delta\varrho$ bei Vernachlässigung quadratischer und höherer Binomialkoeffizienten das Elastizitätsgesetz

$$K(\Delta\varrho) = B\,[(1 + \Delta\varrho)^{-(1+m)} - (1 + \Delta\varrho)^{-(1+n)}] \approx B\,(n - m)\,\Delta\varrho\,.$$

Während $K(\varrho)$ für $\varrho < 1$ mit ϱ monoton abnimmt, folgt aus

$$\frac{dK}{d\varrho} = B\,[(1 + n)\,\varrho^{-(2+n)} - (1 + m)\,\varrho^{-(2+m)}] = 0$$

der kritische dimensionslose Atomabstand

$$\varrho_c = \left(\frac{1 + n}{1 + m}\right)^{\frac{1}{n-m}},$$

bei dem die positive Rückstellkraft ihren maximalen kritischen Wert

$$K_c = K(\varrho_c) = B\,\frac{n - m}{1 + m}\left(\frac{1 + n}{1 + m}\right)^{-\frac{1+n}{n-m}}$$

annimmt, um danach für $\varrho > \varrho_c$ monoton auf Null abzunehmen.

Die Kraft K_c hat die Bedeutung einer Stabilitätsgrenze: Unter einer äußeren statischen Belastung $K < K_c$ bleibt das verformte Gitter im stabilen Gleichgewicht und nimmt nach Fortnahme der Belastung wieder seine Ausgangskonfiguration an. Erreicht die äußere Belastung den kritischen Wert $K = K_c$ bzw. der dimensionslose Atomabstand den Wert ϱ_c, so wird das Gleichgewicht instabil. Die Kohäsionsfestigkeit der Teilchen ist dann erschöpft, so daß sie sich spontan voneinander entfernen. Wirkt die äußere Belastung in der Gitterebene als Schubkraft, dann wird das Gitter nicht zerstört, sondern nur bleibend deformiert, da die Atome immer wieder in die Potentialbereiche der Atome benachbarter paralleler Gitterebenen geraten und festgehalten werden. Die Gitterebenen gleiten dabei in quantenmäßigen Verformungsschritten aufeinander. Etwas ganz anderes tritt dagegen ein, wenn die äußere Belastung senkrecht zu den Gitterebenen wirkt: Die Teilchen geraten dann bei Überschreiten des kritischen Abstandes ϱ_c nicht wieder in den Potentialbereich von Nachbarn, so daß das Gitter völlig auseinanderbricht. Bleibende Verformungen ohne Bruch können daher nur von Schubspannungen herrühren.

Diese statische Betrachtungsweise müßte eigentlich durch Hinzunehmen der thermischen Energie der Materie bzw. im Modell durch Annahme von Schwingungen der Teilchen um die Gleichgewichtslage $\varrho = 1$ ergänzt werden, die bei ausreichender Größe ihrer Amplituden auch zu spontanen Lageänderungen der Teilchen bzw. zu bleibenden Verformungen führen können. Für die Erklärung der plastischen Formänderungen kommen wir jedoch mit dem statischen Modell aus.

Die Schubspannung, die in einer Gitterebene wirken muß, um diese insgesamt parallel zur Nachbarebene zu verschieben, läßt sich einfach abschätzen: Abb. 2.5a zeigt oben eine um die Strecke u in x-Richtung verschobene Gitterebene der Strukturen nach Abb. 2.1 mit den Gitterkonstanten a und b. Die offenen Kreise deuten die Gitterplätze vor der Deformation an. Um jedes Teilchen statisch um die Strecke u zu verschieben, muß an ihm in Gleitrichtung eine Schubkraft $T(u) = \sum\limits_{n=1}^{N} K_{nx}$ angreifen, die mit der Summe der Horizontalkomponenten der Zentralkräfte im Gleichgewicht steht, welche durch die Änderung der Abstände zwischen dem betreffenden Teilchen und seinen N nächsten Nachbarn in der Parallelschicht nach (2.2) entstehen. Da $T(u) = T(u + a)$ eine periodische Funktion von u mit der Periode a sein muß, läßt sich — beim Übergang zur kontinuumstheoretischen

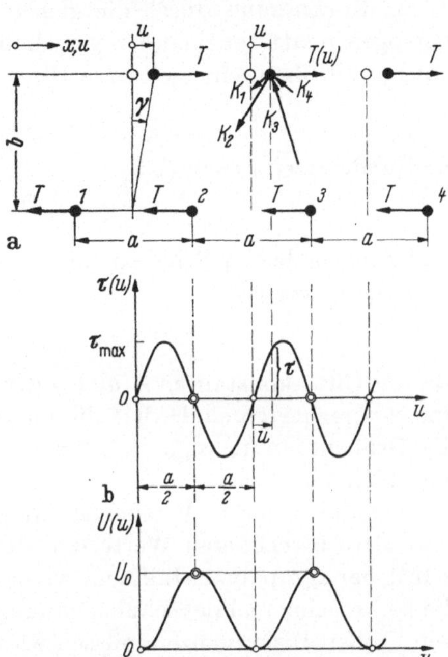

Abb. 2.5a–c. Parallelverschiebung der ganzen Gitterebenen um u.

a Schubkraft $T(u)$ und Zentralkräfte $K_n(u)$ im Gleichgewicht am Atom, b Schubspannung $\tau(u)$, c Potential der Schubkraft $U(u)$.

Betrachtungsweise — die entsprechende Schubspannung für ein Gitter von der Dicke „eins" mit für die qualitative Abschätzung hinreichender Genauigkeit durch das erste Glied einer Fourierreihe

$$\tau(u) = \frac{T(u)}{a} = \tau_{\max} \sin \frac{2\pi u}{a} \tag{2.3}$$

approximieren (vgl. Abb. 2.5b). Das Potential der Schubkraft

$$U(u) = \int T(u)\,du + C = \frac{1}{2} U_0 \left(1 - \cos\frac{2\pi u}{a}\right)$$

ist dann gleichfalls periodisch (vgl. Abb. 2.5c). Gleichgewicht herrscht jeweils nach den Verschiebungsschritten $u = ka/2$ (mit $k = 0, 1, 2, \ldots$). Für $k = 0$ und gerade k, also in der Ausgangslage und nach Verschiebungen um ganze Atomabstände, ist das Gleichgewicht stabil, für ungerade k, also auf den Zwischenplätzen, ist es instabil, da das Potential dort ein Maximum hat.

2*

Eine Beziehung zum makroskopisch gemessenen Gleitwinkel stellen wir her, indem wir annehmen, daß die Schubspannung am Rande eines größeren, regelmäßigen Gitterbereiches wirkt, so daß alle Gitterebenen dieses Kontinuums durch die gleiche Schubkraft um dasselbe Maß u homogen relativ zueinander verschoben werden. Für kleine Verschiebungen gilt dann einerseits das HOOKEsche Gesetz

$$\gamma = \frac{u}{b} = \frac{\tau}{G}$$

und andererseits nach (2.3)

$$\tau \approx \frac{2\pi u}{a}\,\tau_{\max}.$$

Gleichsetzen beider Schubspannungen liefert $\tau_{\max}$, also nach (2.3) das *Schubspannungsgesetz*

$$\tau(u) = \frac{G}{2\pi}\,\frac{a}{b}\,\sin\frac{2\pi u}{a}. \tag{2.4}$$

Da die Gitterkonstanten a und b der Metallstrukturen wenig voneinander verschieden sind[1], hat die maximale Schubspannung nach (2.4) die Größenordnung $\tau_{\max} \approx G/2\pi$, und die maximale Gleitung wird $\gamma = 1/2\pi$.

Gegenüber den in Versuchen mit Einkristallen gemessenen Werten sind diese berechneten Werte um etwa drei Zehnerpotenzen zu groß. Selbst bei den polykristallinen, wesentlich härteren Werkstoffen wäre die so berechnete Fließschubspannung noch viel zu groß[2]. Aus diesen sehr großen Diskrepanzen müssen wir schließen, daß der Verformungsmechanismus nicht, wie angenommen, im Abgleiten ganzer Schichten bestehen kann, sondern daß es noch andere Gleitmechanismen geben muß, die unter Einwirkung von wesentlich kleineren Schubspannungen ausgelöst werden und zu bleibenden Verformungen führen. Solche Mechanismen sind die Versetzungen.

2.2 Versetzungen und Eigenspannungen

Der regelmäßige Aufbau der Idealkristalle ist in Wirklichkeit immer in verschiedener Weise gestört. Solche Störungen, die sog. *Kristallbaufehler* oder *Gitterfehlstellen* sind teils von vornherein im Realkristall enthalten, teils bilden sie sich erst unter Belastungen aus. Von den vielen möglichen Baufehlertypen sind nur die sog. *Versetzungen* (engl. dislocations) für die Erklärung des plastischen Verhaltens bedeutsam.

---

[1] Zum Beispiel ist für das kubisch-flächenzentrierte Gitter nach Abb. 2.1a $a/b = 2/\sqrt{3} \approx 1{,}155$, und für das kubisch-raumzentrierte Gitter ist nach Abb. 2.1b $a/b = \sqrt{6/5} \approx 1{,}1$.

[2] Für hochfeste Aluminiumlegierungen hat z. B. das Verhältnis τ_F/G die Größenordnung 1/100, beträgt also nur etwa 1/15 des entsprechenden Wertes für den Idealkristall.

Der Begriff der Versetzung wurde zuerst im Jahre 1928 — in einem Gedankenmodell in noch etwas vager Form — von PRANDTL [*72c*] und im Jahre 1934 — in der noch heute gültigen Konzeption einer linienförmigen Unstetigkeit im Kristallgitteraufbau — unabhängig voneinander durch TAYLOR [*80*] in England und durch POLANYI [*69*] und OROWAN [*68*] in Deutschland eingeführt.

Es gibt je nach der Zuordnung der Versetzungslinien zur Gleitrichtung zwei verschiedene Versetzungstypen: Stufenversetzungen und Schraubenversetzungen. Abb. 2.6a zeigt eine *Stufenversetzung* in einem kubisch-primitiven Gitter, in dem der regelmäßige Kristallaufbau durch

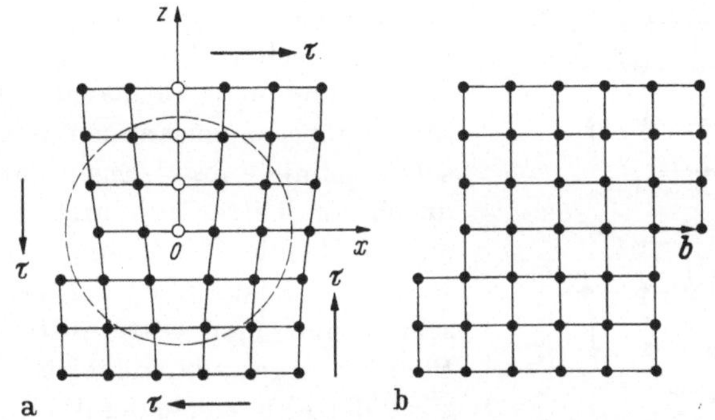

Abb. 2.6a u. b. a Überzählige Ebene mit Stufenversetzung bei 0, b Stufenversetzung (Vektor **b**) ist aus Gitter herausgetreten.

eine überzählige, im gezeichneten Bereich bei 0 begrenzte Gitterebene — die y, z-Ebene mit den durch offene Kreise angedeuteten Gitterplätzen — gestört ist. Ihre in der x, y-Ebene liegende, die Zeichenebene im Ursprung 0 durchdringende Randlinie nennt man *Stufenversetzungslinie*. In ihrer unmittelbaren Umgebung — angedeutet durch den gestrichelten Kreis — werden die Gitterabstände so verändert, daß dadurch ein *Eigenspannungszustand* im Gitter entsteht. In und oberhalb der x, y-Ebene herrschen Druckspannungen, unterhalb Zugspannungen, wie unmittelbar nach Abb. 2.6a einleuchtet.

Unter der Einwirkung einer von außen angebrachten Schubspannung τ von bestimmter kritischer Größe wandert die Versetzungslinie durch den Gitterbereich hindurch, bis sie entsprechend Abb. 2.6b aus ihm ausgetreten ist und damit die gleiche bleibende Verformung — gekennzeichnet durch den sog. BURGERS-Vektor **b** — erzeugt hat wie bei der gleichzeitigen Verschiebung aller Atome des ganzen oberhalb der x, y-Ebene liegenden Bereiches gegenüber dem unteren um einen Atomabstand. Nach dem Austreten der Versetzungslinie aus dem Gitterbereich ist die ideale Gitterstruktur völlig wiederhergestellt. Obwohl der Verformungseffekt bei beiden Mechanismen derselbe ist, erfolgt die Verformung im ersten Fall spontan, im zweiten allmählich durch Ausbreiten der Versetzungslinien. Die Ausbreitungsgeschwindigkeit der Versetzungslinien wächst mit der angelegten Spannung und kann die Schallgeschwindigkeit erreichen.

Während zum Ingangsetzen des Abgleitens ganzer Schichten gleichzeitig *alle* Atome einer Netzebene aus ihren für die Verschiebung energetisch ungünstigsten Lagen, den „Potentialmulden" der Abb. 2.5c, gewissermaßen „herausgehoben" werden müßten, wozu — wie wir sahen — beträchtliche Schubkräfte erforderlich wären, reichen zum Verschieben einer Versetzungslinie sehr viel kleinere Schubkräfte aus. Das kann man sich schon durch folgende einfache Überlegung plausibel machen: Die Schubkräfte müssen zusammen mit der Versetzungslinie das Eigenspannungsfeld durch das Gitter hindurchbewegen, um eine bleibende Verformung zu erzeugen. In Abb. 2.7 ist ein solcher Verformungsschritt um einen Gitterabstand in drei Phasen dargestellt; dabei ist die Ebene $z = 0$ der Abb. 2.6, in der die Versetzungslinie sich nach rechts bewegt, gezeichnet sowie die darunterliegende Netzebene. In allen drei Phasen herrscht Symmetrie bezüglich der strichpunktierten Linien und damit Gleichgewicht im Eigenspannungsfeld. Nur zum Übergang von einer Phase zur anderen und zu der damit verbundenen Verschiebung der Atome aus ihren Symmetrielagen sind äußere Schubspannungen erforderlich. Anders als bei der gleichzeitigen Verschiebung aller Atome einer Gitterebene kompensieren sich dabei einmal Verkleinerungen und Vergrößerungen der Atomabstände, also auch die ihnen entsprechenden Zentralkraftkomponenten in x-Richtung zum großen Teil; andererseits wirken diese nur in unmittelbarer Umgebung der Versetzungslinie, während der überwiegende Teil des Gitters im ungestörten Gleichgewicht bleibt[1]. Es ist einleuchtend, daß aus diesen Gründen die zur Weiterbewegung der Versetzungslinie erforderliche kritische Schubspannung wesentlich kleiner ist als die für das gleichzeitige Abgleiten ganzer Schichten aufzubringende.

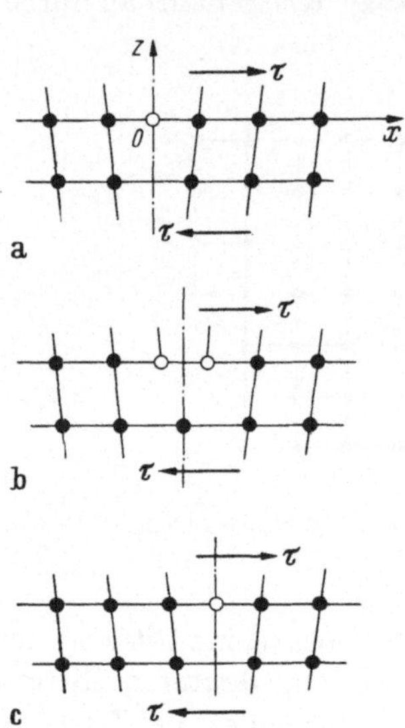

Abb. 2.7a—c. a Versetzung bei Beginn, b auf der Hälfte, c am Ende der Verschiebung um *b*.

---

[1] Vgl. dazu die in diesem Abschnitt später folgende Abschätzung.

Während der die Gleitrichtung anzeigende Vektor b bei einer Stufenversetzung senkrecht zur Versetzungslinie gerichtet ist, liegt er bei einer *Schraubenversetzung* nach Abb. 2.8 in Richtung der Versetzungslinie. Die Bezeichnung „Schraubenversetzung" rührt daher, daß die in Abb. 2.8 durch offene Kreise gekennzeichneten Nachbaratome der Versetzungslinie so um diese angeordnet sind, daß sie bei einem Umlauf eine Schraubenfläche mit der Ganghöhe b bilden. Ähnlich wie die Stufenversetzung ist auch die Schraubenversetzung von einem Eigenspannungsfeld umgeben.

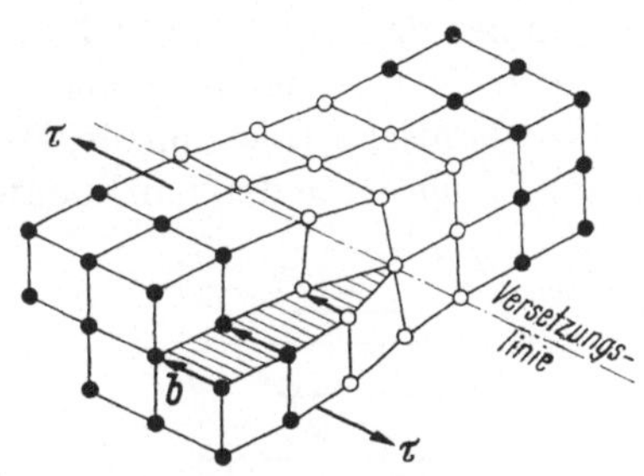

Abb. 2.8. Schraubenversetzung infolge der Schubspannung τ.

Stufen- und Schraubenversetzungen treten im allgemeinen gemeinsam auf. In Abb. 2.9 sei der schraffierte Bereich der x, y-Ebene gegenüber der darunterliegenden Gitterebene um den Vektor b verschoben worden, während der übrige Bereich noch ungestört ist. Die Gitterebenen sind die Ebenen $x =$ const und $y =$ const. Die Randkurve des schraffierten Bereiches ist die Versetzungslinie. Diese Unstetigkeitslinie der Gitterstruktur ist also im allgemeinen *nicht* mit den Gitterlinien identisch! Das Koordinatensystem wurde so gelegt, daß im Punkt $\{a; 0\}$ sowie in seiner unmittelbaren Nachbarschaft eine reine Stufenversetzung und in $\{0; c\}$ eine reine Schraubenversetzung auftritt, während sich überall anderswo auf der Kurve $\mathfrak{C}$ — mit Ausnahme von zwei Punkten im dritten Quadranten — die gesamte Versetzung aus beiden Typen zusammensetzt. In Abb. 2.10

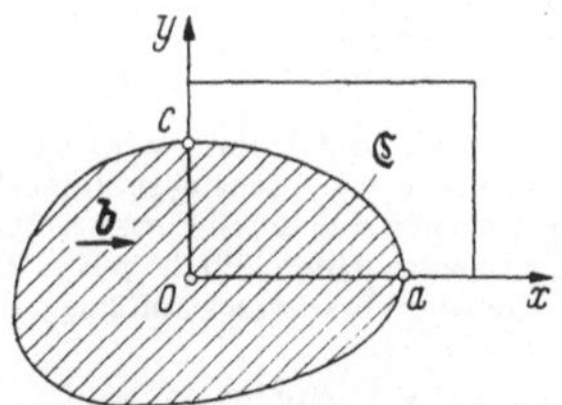

Abb. 2.9. Bereich der Verschiebung zweier Gitterebenen um b

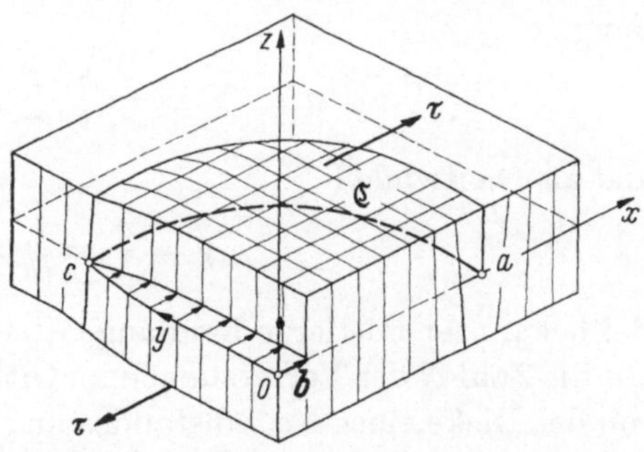

Abb. 2.10. Die Verschiebung b kommt durch Kombination aus Stufen- und Schraubenversetzungen zustande.

ist der im ersten Quadranten der Abb. 2.9 abgegrenzte Rechteckbereich zur besseren Veranschaulichung noch einmal perspektivisch dargestellt. Man erkennt deutlich, wie der durch die Versetzungslinie $\mathfrak{C}$ in der x, y-Ebene begrenzte Bereich um den Vektor b abgeglitten ist und wie diese Verformung in der Umgebung des Punktes a durch eine reine Stufenversetzung und bei c durch eine reine Schraubenversetzung zustande gekommen ist. Die Versetzungslinie wandert bei fortschreitender Deformation durch das ganze Gebiet hindurch, bis sie schließlich aus ihm austritt, so daß dann die ganze obere Schicht gegenüber der unteren um b verschoben ist.

Abb. 2.11 vermittelt eine Vorstellung davon, wie man sich die makroskopische Gleitung im Mittel aus einzelnen Stufenversetzungen zusammengesetzt denken könnte. Es kommt dabei auf die *Lauflänge der Versetzung* an, d. h. auf diejenige Strecke l_i, welche die i-te Versetzung in dem betrachteten Bereich in x-Richtung durchwandert hat. So trägt eine gerade in den Bereich eingetretene Versetzung (z. B. die mit 1 in Abb. 2.11 bezeichnete) sicherlich nicht zur Gesamtgleitung bei, während eine aus dem Bereich ausgetretene Versetzung (z. B. die mit 2 bezeichnete) mit einem vollen Netzabstand b an ihr beteiligt ist. Wenn wir annehmen, daß der Beitrag u_i einer Versetzungslinie zur relativen Verschiebung u zweier im Abstand h voneinander entfernter Gitterebenen proportional dem Verhältnis ihrer Lauflänge l_i zur Länge l des Bereiches, also $u_i = b\, l_i/l$ ist, ergibt sich aus den N Einzelverschiebungen als Gesamtverschiebung

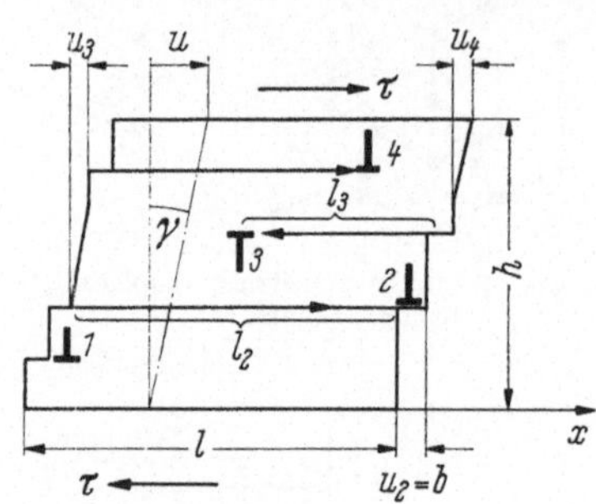

Abb. 2.11. Entstehung der makroskopischen Gleitung γ, schematisch (zusätzliche Netzebenen sind durch kurzen senkrechten Strich angedeutet; Pfeile geben Richtungen der Versetzungslauflängen l_i an).

$$u = \sum_{i=1}^{N} u_i = \frac{b}{l} \sum_{i=1}^{N} l_i = \frac{b}{l}\, N\, l_{\mathrm{mi}}$$

und als Gleitwinkel

$$\gamma = \frac{u}{h} = \frac{b}{l\,h}\, N\, l_{\mathrm{mi}}\,.$$

Bei bekannter mittlerer Lauflänge l_{mi} der Versetzungen läßt sich hiermit die Zahl N der Versetzungen im Gitter abschätzen: In einer Schicht von der Dicke eines Netzabstandes und der Ausdehnung $l = h = 1$ mm sind

$$N_s = \frac{\gamma}{b\, l_{\mathrm{mi}}}$$

Versetzungen pro mm² enthalten. Für $l_{\mathrm{mi}} = 1$ mm und $b = 3 \cdot 10^{-7}$ mm beträgt beispielsweise die zur Erzeugung einer bleibenden Gleitung $\gamma = u/h = 0{,}01$ notwendige Flächendichte der Versetzungen $N_s \approx 3{,}3 \cdot 10^4/\mathrm{mm}^2$ bzw. deren lineare Dichte $\sqrt{N_s} \approx 183/\mathrm{mm}$. Die Störungen der Gitterstruktur treten in diesem Fall in einer mittleren Entfernung von $5,5\ \mu$ voneinander oder in etwa $2 \cdot 10^4$ Atomabständen auf[1]. Trotz der großen Zahl der Versetzungen sind diese also doch so weit voneinander entfernt, daß der weitaus größte Teil des Gitters bei bleibenden Verformungen von den sie verursachenden Störungen nicht beeinflußt wird und seinen regelmäßigen Aufbau behält, da die Störung selbst sich nur über wenige Atomabstände auswirkt. Dieses Phänomen hat man unmittelbar durch Röntgenuntersuchungen bestätigen können.

Wenn die linearen Abmessungen des Kristalls wesentlich kleiner sind als die mittlere Entfernung der Versetzungen, kann er nur wenige Versetzungen enthalten, so daß seine bleibende Verformung nicht durch Versetzungen, sondern nur durch Gleiten ganzer Schichten zustande kommen kann. In jüngster Zeit ist es gelungen, sehr dünne Kristallfäden von etwa $1\ \mu$ Stärke (sog. whiskers = Bärte) zu „züchten“. Nach unserer obigen Abschätzung sind sie wesentlich dünner als die Versetzungsabstände, so daß sie kaum noch Versetzungen enthalten dürften. Tatsächlich hat man in Versuchen mit solchen Einkristallen kritische Schubspannungen von der Größenordnung der unter 2.1 errechneten theoretischen Werte erreicht. Das ist eine weitere Bestätigung der Versetzungstheorie.

Bei Zugversuchen mit Einkristallen beobachtet man stets eine erhebliche *Verfestigung*, die im allgemeinen in drei Phasen entsprechend der schematischen Verfestigungskurve nach Abb. 2.12 erfolgt; die charakteristische Verformungsgröße ist dabei der bleibende Gleitwinkel γ. Unterhalb der kritischen Schubspannung τ_1 verhält sich der Kristall elastisch. In der Phase I „fließt“ er unter konstanter oder nahezu konstanter Schubspannung τ_1, in der Phase II verfestigt er sich linear, in der Phase III unterlinear. Das Phänomen der Verfestigung erklärt man heute damit, daß die bei zunehmender Verformung neu gebildeten Versetzungen mit ihren Eigenspannungsfeldern das Durchwandern anderer Versetzungslinien erschweren, so daß diese gewissermaßen steckenbleiben und nur durch eine Spannungserhöhung weiterbewegt werden können. Auch durch die Verfestigung wird der regelmäßige Kristallaufbau kaum gestört.

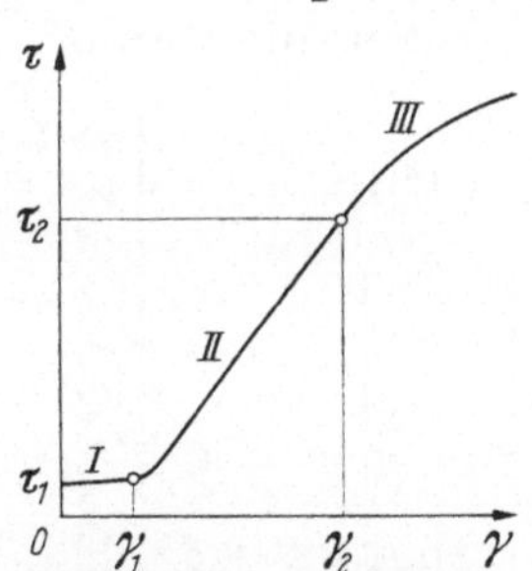

Abb. 2.12. Verfestigung von Einkristallen. (*I* Fließbereich, *II* linearer, *III* unterlinearer Verfestigungsbereich).

Den in Abb. 2.11 schematisch dargestellten Gleitvorgang kann man an der Kristalloberfläche unmittelbar beobachten. Dank des großen

---

[1] Der für l_{m1} gewählte Wert entspricht etwa den Versuchsergebnissen.

Auflösungsvermögens moderner Elektronenmikroskope weiß man heute folgendes: Im allgemeinen wandern mehrere Versetzungen durch eine oder durch unmittelbar benachbarte Gitterebenen. Wann das eine oder das andere eintritt, ist allerdings heute noch ungewiß. Die Spur dieser sog. Gleitebenen mit der Kristalloberfläche nennt man *Gleitlinien* (vgl.

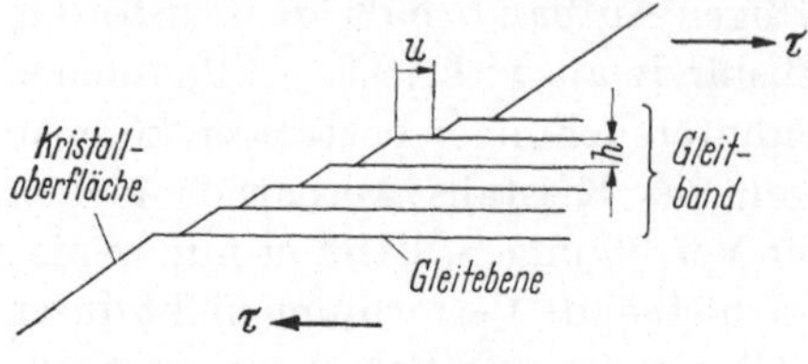

Abb. 2.13. Gleitvorgang im Kristall.

Abb. 2.13). Man kann sie nur mit dem Elektronenmikroskop sichtbar machen. Die sich mit zunehmender Verfestigung vergrößernde Verschiebung u in jeder Gleitebene beträgt je nach Verfestigungszustand und Material 10—100 Atomabstände; ebenso viele Versetzungen sind pro Gleitebene aus dem Kristall ausgetreten. Zwischen den einzelnen Gleitebenen liegen ungestörte Gebiete, die eine Breite von der Größenordnung $h = 0{,}1\,\mu$ haben. Aus mehreren solchen „Lamellen" — in Abb. 2.13 sind es fünf — sind Gleitbänder aufgebaut, die man auch mit dem Lichtmikroskop erkennen kann. Im Handbuchartikel von SEEGER [*34*] findet man zahlreiche eindrucksvolle licht- und elektronenmikroskopische Bilder solcher Gleitsysteme.

In vielen Fällen konzentrieren sich die Gleitbänder zu Gleitbandpaketen, die man oft mit bloßem Auge auf der Oberfläche von Einkristallen beobachten kann. In Abb. 2.14

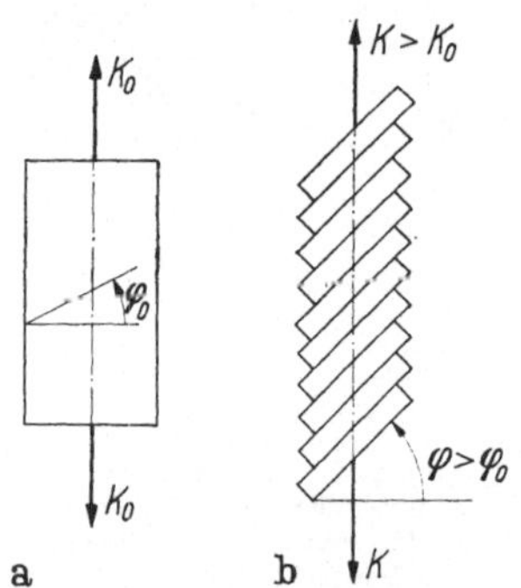

Abb. 2.14a u. b. Zugversuch am Einkristall, schematisch: a Beginn des Gleitens in Ebene φ_0, b fortgeschrittener Gleitzustand.

ist das schematisch für einen Zugversuch dargestellt. Beim Gleiten drehen sich die Gleitebenen um den Winkel $\Delta\varphi = \varphi - \varphi_0$, wobei φ_0 diejenige Gleitebene bezeichnet, in der zum ersten Male Gleiten stattgefunden hat. Das ist im allgemeinen nicht die Ebene $\varphi = \pi/4$ der maximalen Schubspannung, da diese nur ausnahmsweise mit der günstigsten Gleitebene des Kristallgitters übereinstimmen wird. Es kommt dabei auf die Orientierung des Gitters der Probe zur Zugrichtung an. Im allgemeinen wird der Gleitvorgang in den günstigsten Gleitebenen bei kritischen Schubspannungen erfolgen, die kleiner als $\tau_{\max}$ sind. Der kreisförmige Querschnitt eines Einkristalls würde dabei in eine Ellipse übergehen.

Dieser kurze Einblick in die Kristallphysik reicht für unsere Zwecke aus. Wir brauchen im einzelnen nicht auf die mathematische Theorie und die Frage der Entstehung und Vermehrung der Versetzungen unter Belastungen sowie auf deren direkte Beobachtung einzugehen. Daraus könnten wir doch nicht die quantitativen Aussagen über das Verhalten der Werkstoffe ableiten, die wir später brauchen. Wir wollen hier nur folgende, mit gewissen Einschränkungen auch auf polykristalline Stoffe übertragbare Erkenntnisse zusammenfassend festhalten:

1. Die Kristallstruktur wird durch bleibende Verformungen praktisch nicht verändert. Bei Entlastung und Wiederbelastung bis zur ursprünglichen Last verhält sich das Gitter daher elastisch und bleibt unbeeinflußt vom vorhergehenden Gleitvorgang. Das ist beliebig oft wiederholbar. Genau das beobachtet man auch im Zugversuch mit polykristallinen Werkstoffen (vgl. Abb. 1.1).

2. Bleibende Verformungen entstehen dadurch, daß sich unter der Einwirkung von Schubspannungen, die in kristallographisch günstigen Ebenen wirken, Versetzungen durch den Kristall hindurchbewegen oder auch neu bilden.

3. Das Gleiten läßt sich an der Oberfläche von Einkristallen als ausgesprochen heterogener, sich in Gleitlinien und -bändern darstellender Vorgang beobachten.

§ 3. Phänomenologie des plastischen Werkstoffverhaltens

3.1 Die Struktur polykristalliner Werkstoffe

Lassen sich die für Einkristalle gewonnenen Erkenntnisse auf reale Werkstoffe übertragen, die aus sehr vielen kleinen Kristalliten mit willkürlich orientierten Gittern aufgebaut sind, welche durch Korngrenzen mit eingelagerten ungeordneten Atomen und Fremdstoffen voneinander getrennt sind? Der eigentliche Gleitmechanismus im Gitter bleibt zwar der gleiche wie beim Einkristall, doch lassen sich die in Experimenten mit diesen gewonnenen quantitativen Ergebnisse nicht unmittelbar auf reale Werkstoffe anwenden; denn wegen ihrer zufallsbedingten Orientierung haben in ihnen nur wenige Kristallite dieselben für das Gleiten bevorzugten Ebenen. Bei makroskopisch isotropem Verhalten gibt es daher für den aus vielen Kristallen aufgebauten Körper im Gegensatz zum Einkristall keine bestimmte günstigste Gleitrichtung, so daß zunächst eine Tendenz zum Gleiten in Ebenen maximaler Schubspannungen besteht. Für die Ausbildung des Verformungsvorganges spielt dann die Beschaffenheit der Korngrenzen eine ausschlaggebende Rolle. Hier haben wir zu unterscheiden:

Korngrenzen mit sehr festem Gerüst, wie sie die meisten in der Technik verwendeten metallischen Werkstoffe haben, blockieren im Anfang der Belastung den Gleitvorgang in den Kristalliten vollständig, da keine Versetzungen an den sehr festen Korngrenzen aus dem Kristallgitter austreten können; die Festigkeit ist bei solchen Werkstoffen wesentlich durch die Eigenschaften des Korngrenzengerüstes bestimmt. Zunächst ist in diesem Fall die Verformung rein elastisch, bis bei Erreichen einer bestimmten kritischen Schubspannung — die bis zu zehnmal so groß sein kann wie beim entsprechenden Einkristall — die Korngrenzengerüste entweder spontan[1] oder allmählich nachgeben und das Gleiten zunächst in denjenigen Kristalliten beginnt, deren günstigste Gleitebene gerade mit der Ebene maximaler Schubspannung übereinstimmt; die meisten Kristallite mit weniger günstig liegenden Gleitebenen bleiben dabei vorerst noch elastisch. Bei der weiteren Verformung tritt eine Verfestigung ein. Sie hat zwei Ursachen: Die anfangs in Gang gesetzten Versetzungen werden erstens wie beim Einkristall durch neugebildete Versetzungen mit ihren Eigenspannungsfeldern und zweitens durch die Korngrenzen an der Bewegung gehindert, so daß die Spannungen vergrößert werden müssen, um den Gleitvorgang aufrechtzuerhalten. Dadurch erreicht wiederum die Schubspannung in den ursprünglich für das Gleiten nicht so günstig orientierten Kristalliten ihren kritischen Wert und bringt in ihnen Versetzungen in Bewegung. Schließlich werden die Gleitebenen — ähnlich wie in Abb. 2.14 — bei zunehmender Verformung immer mehr in die Richtung der maximalen Schubspannung gedreht, so daß man eine mittlere, mit der Richtung der maximalen Schubspannung übereinstimmende Gleitrichtung feststellen kann, von der die Gleitrichtungen der einzelnen Kristallite je nach Verformungszustand mehr oder weniger stark abweichen.

Korngrenzen mit weniger festem Gerüst können die Versetzungen in den Kristalliten auch bei kleinen Belastungen nicht vollständig blokkieren, sondern nur ablenken, so daß diese in den Nachbarkristall austreten können und von Anfang an bleibende Verformungen hervorrufen. Solche Werkstoffe, bei denen die Festigkeit im wesentlichen durch die Kristallstruktur selbst bestimmt ist, verhalten sich ähnlich wie Einkristalle. Nur verfestigen sie sich stärker als diese und haben im allgemeinen den Fließbereich I der Abb. 2.12 nicht. Das liegt daran, daß auch hier an den Korngrenzen ein Teil der Versetzungen blockiert wird. Für solche Werkstoffe — z. B. Kupfer — erhält man eine Spannungs-Dehnungs-Kurve etwa nach Abb. 1.4.

Der im unbelasteten Zustand wegen der willkürlichen Orientierung der sehr kleinen Kristallite makroskopisch als *isotrop* und homogen anzusehende Werkstoff wird bei großen einsinnigen Verformungen *anisotrop*, da die Gleitrichtung der Kristallite in die Richtung maximalen

---

[1] Beispielsweise gibt das tragfähigere Perlit-Gerüst im α-Eisen-Gitter von unlegiertem, niedriggekohltem Stahl in dieser Weise nach, so daß die bekannte, scharf ausgeprägte Fließgrenze entsteht.

Schubes gedreht wird. Außerdem wird er inhomogen, da sich die Verformung in einzelnen Gleitbändern konzentriert. In Werkstoffen, die bei ihrer Bearbeitung durch Walzen, Schmieden, Ziehen usw. stark verformt wurden, haben die Kristallite im Mittel eine bestimmte Orientierung erhalten, so daß man bei ihnen eine ausgeprägte makroskopische Anisotropie feststellt.

3.2 Fließlinien

Auf der Oberfläche von stark plastisch verformten Bauteilen oder Probekörpern können die Spuren der Gleitebenen bei bestimmten Werkstoffen und Versuchsanordnungen manchmal schon für das bloße Auge sichtbar gemacht werden. Vor allem gilt das für Werkstoffe mit ausgeprägter Fließzone, bei denen Gleitbänder und damit bleibende Verformungen auf einen bestimmten Kristallbereich, die sog. LÜDERSschen Linien oder *Fließlinien* beschränkt bleiben; man nennt sie auch *Gleitlinien*, obwohl sie nicht mit den Gleitlinien der Gitterstruktur verwechselt werden dürfen. Da sie in Richtung der maximalen Schubspannung liegen, ist das Fließlinienfeld mit dem Feld der Hauptschubspannungstrajektorien identisch.

In Abb. 3.1 sind Fließlinien für Zug, reine Biegung und Torsion schematisch dargestellt. Bei homogener, d. h. über den ganzen Querschnitt gleichmäßig verteilter Spannung — wie beim Zug — entstehen die Fließlinien spontan über den ganzen Querschnitt, und zwar mit wachsender Spannung nacheinander. Bei nicht homogener Spannungsverteilung — wie bei reiner Biegung und Torsion — breiten sie sich, ausgehend von den hochbeanspruchten Bereichen, mit fortschreitender Plastizierung immer mehr ins Innere des Körpers aus, bis dessen Tragfähigkeit erschöpft ist. In

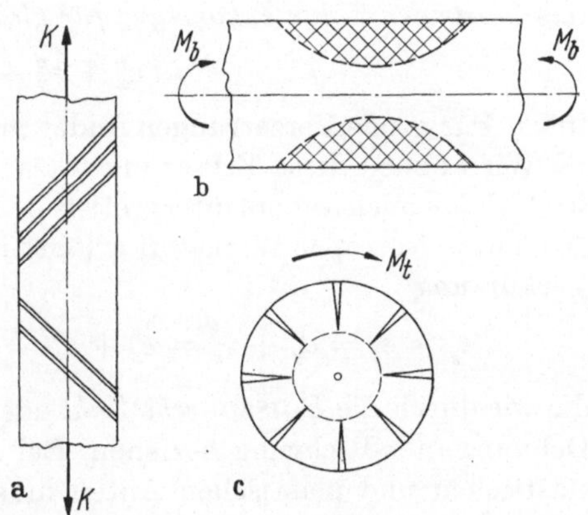

Abb. 3.1a—c. Fließlinien bei a Zug, b reiner Biegung, c Torsion.

Abb. 3.1b und c sind die plastizierten von den elastisch gebliebenen Bereichen durch gestrichelte Linien abgetrennt. Bei Zug und reiner Biegung stimmen Fließlinienrichtung und Richtung maximaler Schubspannung überein, bei der Torsion zeigen sich die zu den Richtungen der maximalen, im Querschnitt wirkenden Schubspannungen senkrechten Linien im Schliffbild als Fließlinien. Sie sind die Spuren der Gleitbänder, welche die zugeordneten Schubspannungen in Richtung der Stabachse hervorrufen.

3.3 Volumendilatation und Querkontraktion

Unter allseitig gleichem, sog. *hydrostatischem Druck* stellt man eine geringe *Abnahme des Volumens* fester Körper fest. Wie Versuche gezeigt haben, ist diese Abnahme mit sehr guter Näherung völlig reversibel; das heißt, sie ist eine *elastische Eigenschaft*[1]. Das ist unmittelbar einleuchtend, da wir in 2.2 feststellten, daß bleibende Verformungen nur durch Schubspannungen hervorgerufen werden und die kristallinen Eigenschaften praktisch ungeändert lassen.

Um dieses Phänomen für kleine Verzerrungen mathematisch beschreiben zu können, führen wir die Änderung der Kantenlängen eines Parallelepipeds $dV = dx\,dx\,dz$ auf das $(1 + \varepsilon_x)$-fache usw. ihrer ursprünglichen Längen ein, so daß sich die Volumenänderung durch

$$[(1 + \varepsilon_x)\,(1 + \varepsilon_y)\,(1 + \varepsilon_z) - 1]\,dx\,dy\,dz = e\,dx\,dx\,dz$$

mit der *Volumendilatation*

$$e = e^e + e^p = (1 + \varepsilon_x)\,(1 + \varepsilon_y)\,(1 + \varepsilon_z) - 1 \approx \varepsilon_x + \varepsilon_y + \varepsilon_z \quad (3.1)$$

ausdrücken läßt. Deren plastischer Anteil muß verschwinden, was auf das *Gesetz der Volumenkonstanz für kleine plastische Verzerrungen*

$$e^p \approx \varepsilon_x^p + \varepsilon_y^p + \varepsilon_z^p = 0 \tag{3.2}$$

führt. Für große Verzerrungen findet man das Gesetz im Anhang (A 3).

Wir können diese Erfahrungstatsache durch Einführung der *Querkontraktion* auch anders interpretieren: Ein beispielsweise in x-Richtung gedehnter isotroper Werkstoff erfährt in y- und z-Richtung die gleiche Verkürzung

$$\varepsilon_y = \varepsilon_z = \varepsilon_y^e + \varepsilon_y^p = \varepsilon_z^e + \varepsilon_z^p = -\nu\varepsilon_x = -\nu_e\varepsilon_x^e - \nu_p\varepsilon_x^p, \quad (3.3)$$

die wir durch die POISSON*sche Zahl* oder *Querkontraktionszahl* ν auf die Dehnung in x-Richtung beziehen. Bei der Aufteilung der Dehnung in elastischen und plastischen Anteil müssen wir *zwei Querkontraktionszahlen* ν_e und ν_p einführen; denn das Gesetz (3.2) der Volumenkonstanz, nämlich $\varepsilon_x^p(1 - 2\nu_p) = 0$, ist gleichbedeutend mit der *plastischen Querkontraktionszahl*

$$\nu_p = \frac{1}{2}, \tag{3.4}$$

---

[1] Nur unter außerordentlich hohen Drücken, wie sie in der technischen Praxis kaum vorkommen, ist eine plastische Volumenabnahme meßbar. (Vgl. hierzu zum Beispiel die bei NADAI [5 b] besprochenen Versuche von BRIDGMAN.)

während andererseits erfahrungsgemäß $\nu_e < 1/2$, beispielsweise für Metalle etwa $\nu_e \approx 0{,}3$ ist. Aus (3.3) folgt mit (3.4) als *gesamte Querkontraktionszahl*

$$\nu = \frac{\nu_e \varepsilon_x^e + \nu_p \varepsilon_x^p}{\varepsilon_x^e + \varepsilon_x^p} = \frac{2\nu_e + \varepsilon_x^p/\varepsilon_x^e}{2\left(1 + \varepsilon_x^p/\varepsilon_x^e\right)} . \tag{3.5}$$

In Abb. 3.2 ist ν in Abhängigkeit vom Verhältnis $\varepsilon_x^p/\varepsilon_x^e$ für verschiedene ν_e als Parameter aufgetragen. Erst für ziemlich große Dehnungen nähert sich die gesamte Querkontraktionszahl der plastischen.

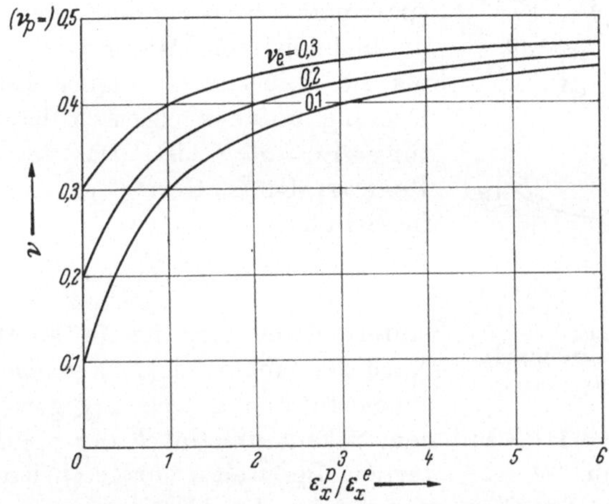

Abb. 3.2. Gesamte Querkontraktionszahl ν nach (3.5) (ν_e als Parameter).

3.4 Verformung infolge allgemeiner Spannungszustände

Es gibt verschiedene experimentelle Methoden zur Untersuchung des plastischen Werkstoffverhaltens unter mehrachsigen Spannungszuständen. Wir wollen uns mit diesen Erfahrungen hier nicht befassen. Für die Anwendungen werden wir uns später sowieso auf die einfachsten möglichen Gesetze beschränken müssen, die wir aus rein mathematischen Überlegungen gewinnen können (vgl. Abschn. 9).

Eine zunächst überraschende, aber experimentell vielfach erhärtete Tatsache soll hier jedoch erwähnt werden, da sie für die Gültigkeit differentieller Spannungs-Verzerrungs-Gesetze spricht (vgl. auch 1.3 und 1.4): Wird einem konstant gehaltenen Grundspannungszustand, der das Bauteil oder die Probe bereits plastisch verformt hat, ein zusätzlicher Spannungszustand überlagert, der die Orientierung der Hauptspannungsrichtungen ändert, dann gilt das HOOKEsche Gesetz für die beginnende Verformung durch den Zusatzspannungszustand.

Beispiel: Die dünne Wand eines durch Innendruck p_i und Längskraft K belasteten zylindrischen Druckgefäßes nach Abb. 3.3 sei durch einen Hauptspannungszustand σ_l, σ_t plastiziert worden, der sich durch diese Versuchsanordnung in jeder beliebigen Kombination erzeugen läßt. Bringt man nun durch Hinzufügen eines kleinen Torsionsmomentes ΔM_T den Zusatzspannungszustand $\Delta\tau$ an, so daß der in Abb. 3.3 an einem Element der Wand eingezeichnete Spannungszustand mit verdrehten Hauptspannungsachsen entsteht, dann stellt man unabhängig vom Hauptspannungsverhältnis im Experiment immer fest, daß die Drillung anfangs elastisch bzw. die Gleitung $\Delta\gamma = \Delta\tau/G$ ist. Das sagt auch das PRANDTL-REUSZ-Gesetz aus, das analog (1.4) für Schub

$$dy = \frac{d\tau}{G} + \tau\, d\lambda$$

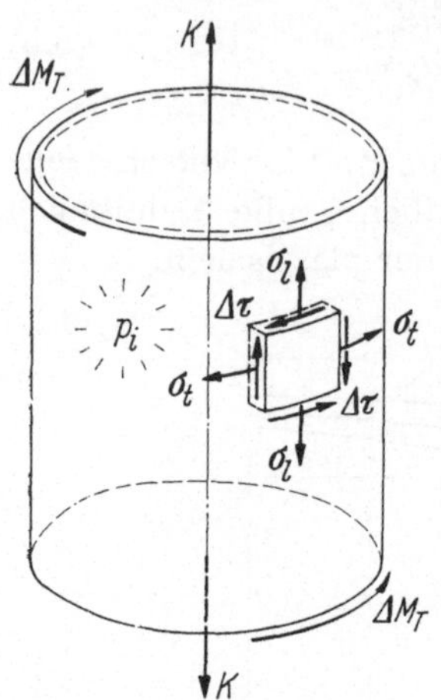

Abb. 3.3. Ein Zusatzspannungszustand $\Delta\tau$ zum plastischen Grundspannungszustand σ_l, σ_t bewirkt eine elastische Gleitung $\Delta\gamma = \Delta\tau/G$.

lautet; denn hier ist ja anfangs $\tau = 0$. Nach dem analog zu (1.6) gültigen HENCKY-Gesetz für Schub wäre dagegen anfangs die Gleitung $\Delta\gamma = \Delta\tau/\Psi$ mit dem Sekantenmodul Ψ der τ, γ-Kurve entsprechend Abb. 1.4 zu erwarten. Bei weiter fortgeschrittener Plastizierung durch den Grundzustand ist der Unterschied zwischen den Werten nach PRANDTL-REUSZ und HENCKY, bzw. zwischen G und Ψ so groß, daß die Messungen eine einwandfreie Entscheidung zulassen.

3.5 Zug- und Druckversuche

Man wählt sie als grundlegende phänomenologische Gesetze für die Beurteilung des plastischen Werkstoffverhaltens, insbesondere für die Herstellung eines Vergleichs zwischen einachsigem und mehrachsigem Spannungszustand. Man könnte einwenden, daß es nach den im Abschn. 2 gewonnenen Erkenntnissen eigentlich inkonsequent sei, hierfür einen Längsspannungsversuch zu nehmen; ein Scherversuch entspräche viel besser dem physikalischen Tatbestand. Wenn wir aber bedenken, daß im Zugversuch die plastischen Deformationen ebenso durch Schubspannungen hervorgerufen werden wie im Scherversuch, dann ist dieser Einwand gleich entkräftet. Da ein Zugversuch andererseits am einfachsten durchzuführen ist, wählt man ihn gern als Standardversuch und verwendet das gewohnte $\sigma(\varepsilon)$-Diagramm. Eine Umrechnung auf Schubspannungen ist, falls gewünscht, leicht vorzunehmen, zum Beispiel mit Hilfe des Gesetzes (1.1) von TRESCA.

Je nach Größe der Dehnungen gibt es zwei Möglichkeiten, um Dehnungen und Spannungen aus den Versuchswerten zu definieren: Bei der Definition der *konventionellen Dehnung*

$$\varepsilon = \frac{l_1 - l_0}{l_0} = \frac{\Delta l}{l_0} \qquad (3.6)$$

berücksichtigt man nicht, daß die Stablänge in jedem Zwischenstadium des Versuches verschieden ist, sondern verwendet nur seine Anfangs-länge l_0 und Endlänge l_1 (vgl. Abb. 3.4). Wie im Anhang (A 3) begründet wird, definiert man die Dehnung anders, wenn sie größere Werte annimmt. Für den einachsigen Fall hat es sich als zweckmäßig erwiesen, die

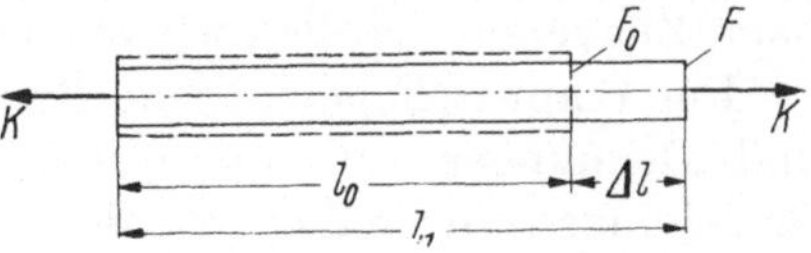

Abb. 3.4. Bezeichnungen für Zugversuch.

Definition der *natürlichen oder logarithmischen Dehnung*

$$\varepsilon_n = \int\limits_{l_0}^{l_1} \frac{dl}{l} = \ln \frac{l_1}{l_0} = \ln\left(1 + \frac{\Delta l}{l_0}\right) = \ln(1 + \varepsilon) \qquad (3.7)$$

als Integral der momentanen Dehnungen dl/l über die Gesamtverlänge-rung $\Delta l = l_1 - l_0$ einzuführen.

Für die Definition der Spannung $\sigma_0 = K/F_0$ wählt man vielfach die Ausgangsquerschnittsfläche F_0 des unbelasteten Stabes nach Abb. 3.4 als Bezugsfläche; σ_0 stellt, strenggenommen, überhaupt keine Span-nung im physikalischen Sinne dar, sondern ist nur eine Näherung für sie, deren Güte wegen der Querschnittsverkleinerung mit wachsender Dehnung abnimmt. Es empfiehlt sich daher, im allgemeinen mit der auf die Querschnittsfläche F des jeweiligen Versuchsstadiums bezo-genen „*natürlichen Spannung*" $\sigma = K/F$ zu rechnen. Da der Unter-schied zwischen beiden Spannungen erst für größere Dehnungen wesent-lich wird, für diese aber der plastische Dehnungsanteil überwiegt, kann man das Gesetz der Volumenkonstanz näherungsweise auf die Gesamt-dehnung anwenden und erhält mit $F_0 l_0 = F l_1$ und $F_0/F = 1 + \varepsilon$ nach (3.7) die Beziehung

$$\sigma = \frac{K}{F} = \frac{K(1 + \varepsilon)}{F_0} = \sigma_0 (1 + \varepsilon) \qquad (3.8)$$

zwischen beiden Spannungswerten.

Beide Definitionen liefern für kleine Verformungen jeweils fast die-selben Werte für Dehnungen und Spannungen, so daß wir für unsere

Zwecke mit den konventionellen Definitionen auskommen[1]. Die Unterschiede erhalten erst Bedeutung für die Formgebungsverfahren mit ihren großen Verzerrungen.

Bei den Definitionen (3.7) und (3.8) für natürliche Dehnungen und Spannungen müssen wir voraussetzen, daß sich der Querschnitt über die Stablänge nicht ändert, bzw. daß die Spannung längs des Stabes homogen verteilt ist. Bei sehr großen Dehnungen trifft das nicht mehr zu, da sich dann der Stab unter örtlich sehr starker, plötzlicher Querschnittsabnahme „einschnürt". Mit dieser Instabilitätserscheinung beim Zugversuch wollen wir uns hier nicht befassen.

Der empirisch gewonnene Zusammenhang zwischen Spannungen und Dehnungen soll nun durch möglichst einfache mathematische Beziehungen angenähert werden, die sich in unseren späteren Rechnungen verwenden lassen. Entsprechend der Einteilung der Werkstoffe in solche mit sehr festem und mit nachgiebigem Korngrenzengerüst haben wir zu unterscheiden zwischen elastisch-verfestigender und von vornherein nichtlinearer Spannungs-Dehnungs-Linie:

a) Elastisch-verfestigende Spannungs-Dehnungs-Kurven lassen sich im allgemeinen recht gut durch einen der folgenden Näherungsausdrücke approximieren[2]:

$$\sigma = E\varepsilon \qquad\qquad\qquad \text{für} \quad -\varepsilon_F^* \leq \varepsilon \leq \varepsilon_F^*,$$
$$\sigma = \sigma^* \operatorname{sgn}\varepsilon + \varepsilon \tan\alpha^* \qquad \text{für} \quad |\varepsilon| \geq \varepsilon_F^*, \tag{3.9}$$

$$\sigma = E\varepsilon \qquad\qquad\qquad \text{für} \quad -\bar\varepsilon_F \leq \varepsilon \leq \bar\varepsilon_F,$$
$$\sigma = A\,|\varepsilon|^k \operatorname{sgn}\varepsilon \quad (0 \leq k \leq 1) \ \text{für} \quad |\varepsilon| \geq \bar\varepsilon_F, \tag{3.10}$$

$$\sigma = \sigma_F' \tanh\frac{E\varepsilon}{\sigma_F'} \qquad\qquad \text{für alle } \varepsilon, \tag{3.11}$$

$$\varepsilon = \frac{\sigma}{E} + B\left(\frac{|\sigma|}{E}\right)^n \operatorname{sgn}\sigma \quad (n \geq 1) \ \text{für alle } \sigma. \tag{3.12}$$

Um eine Vorstellung vom Typ dieser Näherungen zu vermitteln, sind sie in Abb. 3.5 schematisch dargestellt, und zwar der Deutlichkeit wegen so, daß sie *verschiedene* Versuchskurven annähern sollen. Die Bedeutung der Konstanten ergibt sich teils unmittelbar aus Abb. 3.5, teils aus der Anpassung an die Versuchswerte (vgl. weiter unten).

---

[1] Für einen Versuchsstab aus Stahl, dessen bleibende Dehnung die Größenordnung der Dehnung an der Fließgrenze erreicht hat, sei beispielsweise $\varepsilon = 2\cdot 10^{-3}$ gemessen worden. Dieser Wert ist nur um $1^0/_{00}$ kleiner als die natürliche Dehnung $\varepsilon_n = \ln 1{,}002 = 2{,}002\cdot 10^{-3}$. Genauso klein ist der Unterschied in den Spannungswerten.

[2] Dabei ist der Index 0 der auf die Ausgangsquerschnittsfläche F_0 bezogenen Spannung fortgelassen. Alle mit Index oder anders ausgezeichneten Größen sind positive Konstanten.

Um zu erreichen, daß die Formeln auch für den Druckbereich ($\varepsilon < 0$) gelten, wurde die sgn-Funktion eingeführt[1]. Für die Exponenten $k = 1/3, 1/5, \ldots$ läßt sich (3.10) einfacher durch $\sigma = A\,\varepsilon^k$ darstellen und gilt dann auch für $\varepsilon < 0$. Die Spannungs-Dehnungsbeziehungen sind hiernach ungerade Funktionen $\sigma(-\varepsilon) = -\sigma(\varepsilon)$. Für Werkstoffe, für die das nicht zutrifft, muß im Druckbereich eine zusätzliche Gleichung mit anderen Konstanten verwendet werden.

Nach den beiden ersten Näherungsausdrücken gilt jeweils das HOOKEsche Gesetz bis zu einer bestimmten Dehnung, die im allgemeinen nicht mit der Dehnung ε_F an der Fließgrenze übereinstimmt, und anschließend ein Verfestigungsgesetz, dessen Tangentenmodul entweder konstant ist ($T = \tan \alpha^*$ nach (3.9)) oder mit wachsendem ε monoton abnimmt $\left(T = \left|\dfrac{d\sigma}{d\varepsilon}\right| = kA\,|\varepsilon|^{-(1-k)} \text{ nach (3.10)}\right)$. Der Nachteil, daß diese Näherungskurven aus mehreren Ästen bestehen, wird bei den Gesetzen (3.11) und (3.12) vermieden. Allerdings stellen diese wiederum das linear-elastische Verhalten nicht genau dar, wenn auch ihr Anstieg im Ursprung gleich dem Elastizitätsmodul E ist und besonders das Gesetz (3.12) mit geeignet gewählten Konstanten das HOOKEsche Verhalten sehr gut angenähert.

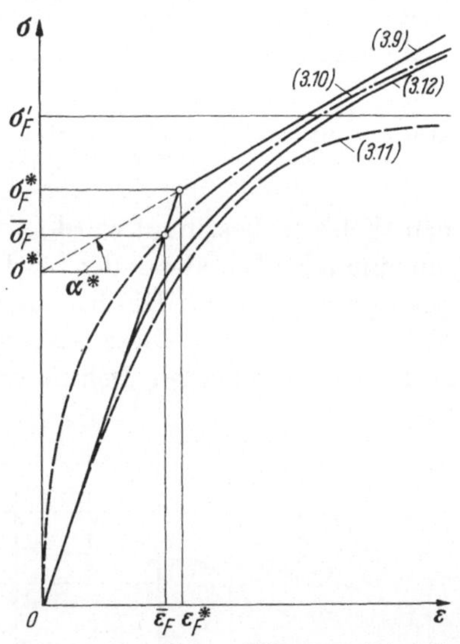

Abb. 3.5. Verschiedene Näherungsgesetze für Zugversuche mit verfestigendem Material.

Die Konstanten σ^* und α^* von (3.9) liest man am einfachsten nach Einzeichnen der Verfestigungsgeraden aus dem Versuchsdiagramm ab. Die Konstanten σ'_F in (3.11) sowie B und n in (3.12) errechnet man aus geeignet gewählten Punkten der Versuchskurve.

Um den Exponenten k in (3.10) so zu bestimmen, daß die Versuchswerte möglichst gut angenähert werden, empfiehlt es sich, die Potenzfunktion mit $A = \bar\sigma_F\,(\bar\varepsilon_F)^{-k}$ und $\bar\sigma_F = E\,\bar\varepsilon_F$ umzuformen in

$$|\sigma| = E\,\bar\varepsilon_F^{(1-k)}\,|\varepsilon|^k$$

und weiter in

$$\log \frac{E}{|\sigma|} = \log \bar\varepsilon_F^{(k-1)} - k \log |\varepsilon|.$$

---

[1] Bekanntlich bedeutet sgn $\varepsilon = +1$ für $\varepsilon > 0$ und sgn $\varepsilon = -1$ für $\varepsilon < 0$.

3*

Man approximiert nun — wie in Abb. 3.6 gezeigt wird — die auf doppelt logarithmisch geteiltem Papier aufgetragenen Versuchswerte durch eine Gerade, deren Neigungswinkel unmittelbar den Exponenten $k = \tan \chi > 0$ liefert. Weiter läßt sich

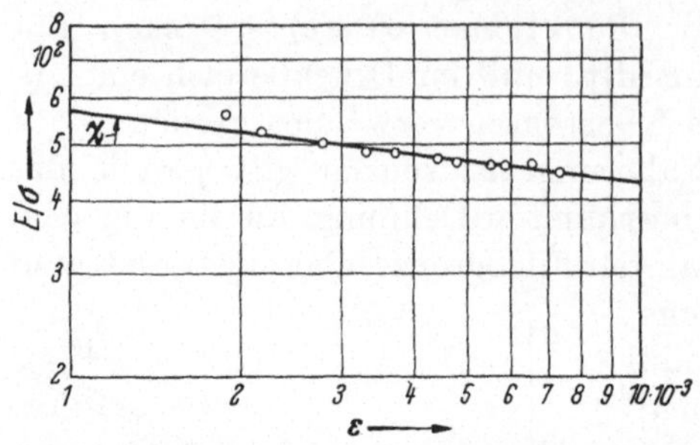

$$\bar{\varepsilon}_F = \left(\frac{|\sigma|}{E \, |\varepsilon|^k} \right)^{\frac{1}{1-k}}$$

leicht mit irgendeinem Wertepaar E/σ, ε dieser Geraden errechnen.

In Abb. 3.7 sind als Beispiel spezielle Näherungskurven (3.10) und (3.12) aufgetragen, deren Konstanten in der beschriebenen Weise so bestimmt wurden, daß sie die Meßwerte eines Versuches mit einem Probestab aus der Leichtmetall-Legierung AlMgSi 1 möglichst gut approximieren. Die Konstanten für (3.10) wurden mit Hilfe von Abb. 3.6 berechnet. Diese Näherungen sind in dem für unsere Zwecke in Frage kommenden Dehnungsbereich zufriedenstellend. Besonders

Abb. 3.6. Bestimmung des Exponenten $k = \tan \chi$ = 0,126 im Gesetz (3.10) für Versuch nach Abb. 3.7.

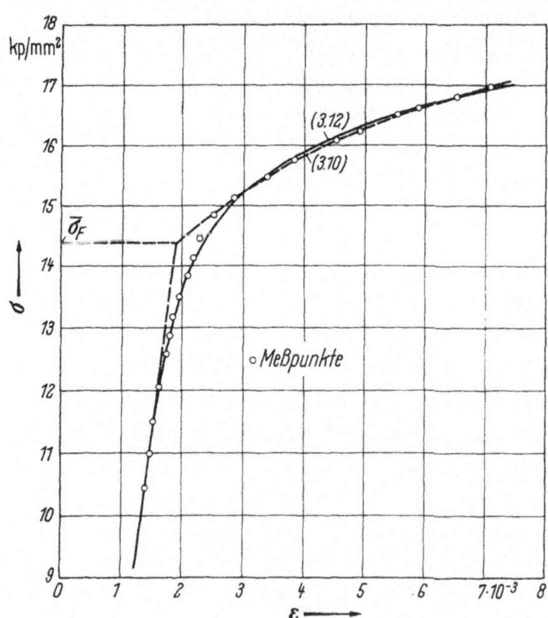

Abb. 3.7. Spezielle Näherungskurven für einen Versuch mit AlMgSi 1 nach (3.10): $\sigma = 31{,}8 \cdot \varepsilon^{0,126}$ und (3.12): $\varepsilon \cdot 10^3 = \dfrac{\sigma}{7{,}6} + 4{,}886 \cdot 10^{-5} \left(\dfrac{\sigma}{7{,}6} \right)^{14,32}$ mit $E = 7{,}6 \cdot 10^3$ kp/mm².

das Gesetz (3.12) gibt den Übergang vom elastischen zum plastischen Bereich sehr gut wieder. Die Abweichung vom elastischen Verhalten liegt im Bereich der Meßgenauigkeit. Die beiden anderen Näherungsgesetze sind in diesem speziellen Fall weniger geeignet. ·

b) Spannungs-Dehnungskurven für unlegierte Konstruktionsstähle kann man in erster Näherung durch (3.9) mit $\alpha^* = 0$, d. h. durch das Gesetz

$$\sigma = E\varepsilon \qquad \text{für} \quad -\varepsilon_F \leq \varepsilon \leq \varepsilon_F,$$
$$\sigma = \sigma_F \operatorname{sgn} \varepsilon \qquad \text{für} \quad |\varepsilon| \geq \varepsilon_F \tag{3.13}$$

des idealplastischen Verhaltens approximieren. Diese Näherung ist von großer Bedeutung für den praktisch tätigen Ingenieur, da sie eine denkbar einfache Anwendung der Plastizitätstheorie zur Bestimmung der Tragfähigkeit von Konstruktionsteilen und Bauwerken erlaubt. Wir werden sie sehr häufig verwenden.

Andererseits weist das wirkliche Verhalten dieses wichtigsten Konstruktionswerkstoffes die bekannten, in Abb. 3.8 schematisch dargestellten Besonderheiten auf, die es notwendig machen zu überprüfen, ob und wann die Näherung (3.13) für unlegierten Stahl geeignet ist. Der Stahl verhält sich elastisch bis zur Proportionalitätsgrenze σ_P und danach verfestigend (I. Verfestigungsbereich[1]). Wenn die sog. „obere Fließgrenze" σ_{Fo} erreicht ist, wird dieser Verfestigungsvorgang abrupt unterbrochen, da sich der Werkstoff unter der Spannung σ_{Fo} in einem labilen Gleichgewichtszustand befindet. Das hat zur Folge, daß

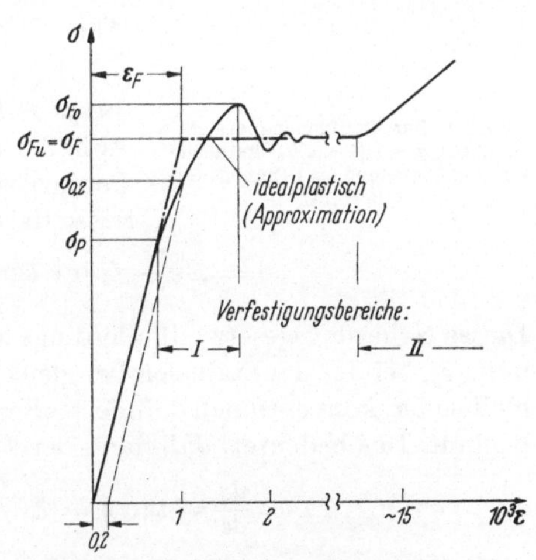

Abb. 3.8. Spannungs-Dehnungs-Kurve für unlegierten Stahl.

die Spannung auf den Wert σ_{Fu} an der sog. „unteren Fließgrenze" absinkt. Näheres über die Werkstoffstabilität lese man unter 4.6 nach.

Nach Erreichen von σ_{Fu} nimmt die Dehnung zunächst ohne Spannungserhöhung zu (indifferentes Werkstoffverhalten), bis schließlich die Spannung im II. Verfestigungsbereich wieder wächst. Die an der

---

[1] Im I. Verfestigungsbereich ist die $\sigma_{0,2}$-Spannung eingetragen, die man in der Praxis als Grenze für das elastische Verhalten des Werkstoffes verwendet.

Abszissenachse angeschriebenen Dehnungswerte sollen einen Begriff
von der Größenordnung der verschiedenen Bereiche vermitteln.

In Abb. 3.8 ist die Näherung (3.13) als strichpunktierte Kurve eingezeichnet. Man wählt dabei die untere Fließgrenze σ_{Fu} als maßgebende Fließspannung σ_F. Das hat seinen Grund darin, daß erstens
der Werkstoff bei σ_{Fu} im eigentlichen Sinne zu fließen beginnt und daß
zweitens die Größe von σ_{Fo} noch von der Belastungsgeschwindigkeit
abhängt und daher für die Praxis keine eindeutig definierbare Werk-
stoffkonstante darstellt. Außerdem bleibt man so mit der Rechnung
auf der „sicheren Seite".

Wir können aus Abb. 3.8 entnehmen, daß die Näherung (3.13) für
viele Zwecke durchaus geeignet sein wird, da die Abweichungen von

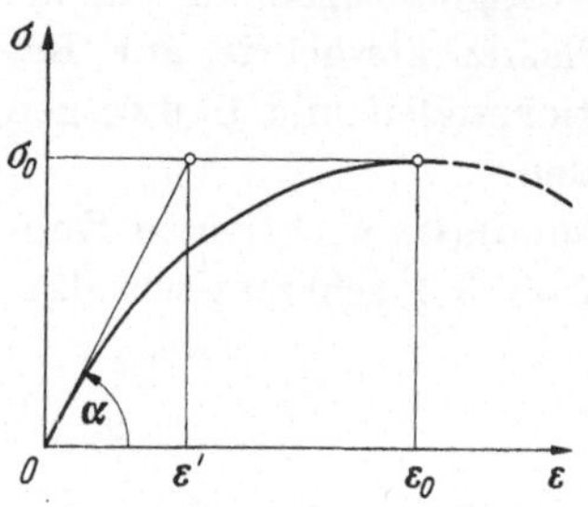

Abb. 3.9. Zur Bestimmung des Ex-
ponenten $q = 1/(1 - \varepsilon'/\varepsilon_0)$ im nichtlinearen Zugspannungs-Dehnungs-Ge-
setz (3.14).

der elastischen Kurve bis zum Erreichen
von σ_F in der Größenordnung der zur
Signierung von $\sigma_{0,2}$ benutzten Dehnung
liegen. Nur bei der Behandlung von
Stabilitätsproblemen müssen wir den
I. Verfestigungsbereich berücksichtigen
(vgl. hierzu Abschn. 14).

*c) Von vornherein nichtlineare Span-
nungs-Dehnungs-Kurven* vom Typ der
Abb. 3.9 lassen sich am besten durch ein
Potenzgesetz approximieren, beispielsweise durch (3.12) oder durch

$$\sigma = E\varepsilon - C\,|\varepsilon|^q\,\mathrm{sgn}\,\varepsilon \quad (q > 1). \tag{3.14}$$

Dieses Näherungsgesetz gilt allerdings höchstens bis zu derjenigen Dehnung ε_0, bei der der Stab sich bei gleichbleibender Last bzw. bci gleichbleibender, konventioncll definierter Spannung $\sigma = P/F_0$ einzuschnüren
beginnt. Das bedeutet, daß dann der Tangentenmodul

$$T = \frac{d\sigma}{d\varepsilon} = \tan\beta = E - qC\,|\varepsilon|^{q-1} = 0$$

bzw. — speziell für Zug — $C = \dfrac{E}{q}\,\varepsilon_0^{1-q}$ und weiter mit (3.14)

$$\sigma_0 = E\varepsilon_0\left(1 - \frac{1}{q}\right)$$

wird. Mit $\sigma_0/E = \varepsilon'$ läßt sich damit der Exponent von (3.14)

$$q = \frac{1}{1 - \varepsilon'/\varepsilon_0}$$

leicht aus der Versuchskurve bestimmen. Wenn $\varepsilon_0 \gg \varepsilon'$ ist, wird man
den Exponenten besser so ermitteln, daß man eine möglichst gute

Approximation im Bereich kleinerer Dehnungen auf Kosten einer evtl. Verletzung der Bedingung $T = 0$ für den Instabilitätspunkt erreicht.

3.6 Elastische Hysteresis und Bauschinger-Effekt

Bei der Entlastung und anschließenden Wiederbelastung im gleichen oder umgekehrten Sinne der Anfangsbelastung beobachtet man folgende Abweichungen vom bisher beschriebenen Verhalten:

Bei einem Werkstoff, der nach Abb. 3.10 bis zum Lastpunkt P belastet, anschließend bis Q völlig entlastet und danach wieder belastet wird, weicht die Spannungs-Dehnungs-Linie etwas von der Parallelen zur elastischen Geraden ab und bildet eine sog. *elastische Hysteresis-Schleife* oder *Hysterese* (vom griech. „Zurückbleiben"). Vom Punkt P' an — bzw. von der gegenüber σ_F erhöhten Fließgrenze σ_F' an — verläuft die σ, ε-Kurve etwa so weiter, als hätte keine Zwischenentlastung stattgefunden. Bei weiteren Lastwechseln beobachtet man dasselbe (z. B. die Schleife STS'). Man kann dieses Phänomen physikalisch mit der Wirkung der Eigenspannungsfelder von Versetzungen erklären, die sich erst bei der Entlastung bemerkbar machen.

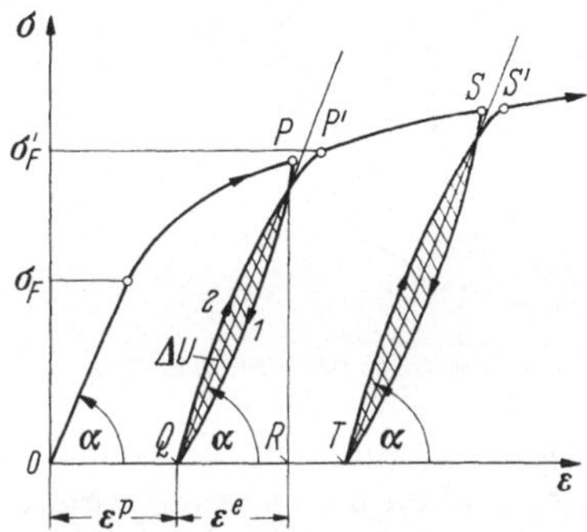

Abb. 3.10.   Elastische Hysteresisschleifen (schraffierte Flächen = Energieverluste).

Das Durchlaufen des Belastungsweges PQP' ist mit einem Energieverlust ΔU verbunden (schraffierte Flächen in Abb. 3.10). Dieser ist gleich der Differenz zwischen der für die erneute Belastung bis zum Erreichen der zu P gehörigen Gesamtdehnung $\varepsilon = \varepsilon^e + \varepsilon^p$ aufzuwendenden Arbeit (Fläche $PRQ\,2P$) und der Arbeit (Fläche $PRQ\,1P$), die bei der Entlastung längs $P1Q$ von der ursprünglich zum Erreichen von P aufgewendeten Arbeit (Fläche $0PR0$) zurückgewonnen wurde. ΔU ist in Wirklichkeit sehr viel kleiner als in Abb. 3.10, so daß man in den meisten Fällen PQP' usw. hinreichend genau durch Geraden mit dem Anstieg $E = \tan \alpha$ annähern kann. Die Hysterese kann in das Druckgebiet hineinreichen. Sie tritt immer, auch bei rein elastischem Verhalten ohne vorherige Plastizierung, auf und verursacht beispielsweise die Werkstoffdämpfung bei Schwingungen.

Mit diesem Phänomen verwandt und physikalisch ebenso durch die Einwirkung von Eigenspannungen erklärbar ist der sog. BAUSCHINGER-Effekt, genannt nach BAUSCHINGER, dem Begründer der ersten Materialprüfungsanstalt in Deutschland. BAUSCHINGER [37] beobachtete mit für damalige Verhältnisse sehr genauen, von ihm selbst entwickelten Dehnungs-Meßmethoden in Versuchen mit alternierenden Belastungen, die jeweils plastische Verformungen verursachten, das in Abb. 3.11 skizzierte Werkstoffverhalten, über das er im Jahre 1886 berichtete: Nach Entlastung von P aus und anschließender Wiederbelastung mit umgekehrter Belastungsrichtung ist der Betrag der Spannung σ_F' an der Druck-Fließgrenze merklich gegenüber der Spannung σ_F an der Zug-Fließgrenze herabgesetzt bzw. verschwindet sogar ganz. Dafür ist der Verfestigungsbereich bei Druck erheblich größer als bei Zug. Wird die Belastungsrichtung — etwa in P' oder P'' — wieder umgekehrt, so wiederholt sich alles entsprechend, jedoch nun mit einer im Zugbereich stark herabgesetzten Fließgrenze

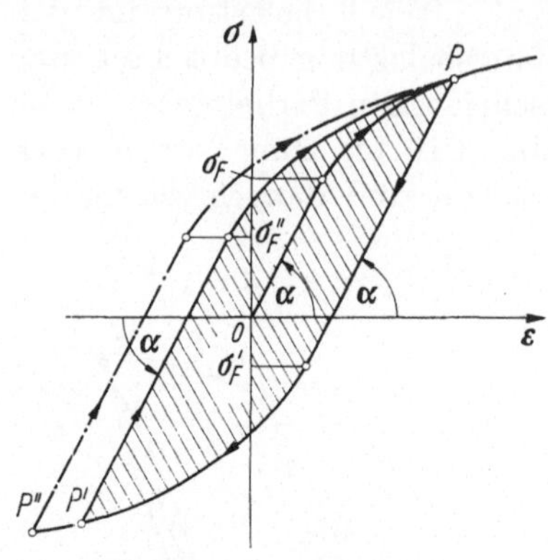

Abb. 3.11. BAUSCHINGER-Effekt.

$\sigma_F'' < \sigma_F$, bis bei Erreichen von P ein voller Zyklus durchlaufen ist. Es kommt dabei eine Schleife vom gleichen Typ wie die elastische Hysterese zustande, die jedoch eine ganz andere Größenordnung hat. Wir können dieses Phänomen auch als *plastische Hysterese* bezeichnen. Die schraffierte Fläche stellt wieder den Energieverlust dar, der hier um mehrere Zehnerpotenzen größer ist als bei der nur mit sehr genauen Methoden meßbaren elastischen Hysterese. Die Folge ist, daß alternierende Plastizierung sehr schnell zum Bruch führt, während die Anzahl der elastischen Belastungszyklen, die immer von elastischer Hysterese begleitet sind, im allgemeinen sehr groß ist, bis ein Dauerbruch eintritt[1].

§ 4. Die Energie- und Extremalprinzipien in der Plastizitätslehre

In der Elastizitätslehre kann man bekanntlich mit Hilfe der Extremalprinzipien und der auf ihrer Grundlage eingeführten Energiemethoden in vielen Fällen gute Näherungslösungen gewinnen. Entsprechend erweiterte und ergänzte Prinzipien spielen auch in der Plastizitätstheorie eine Rolle. Um uns später dieser Hilfsmittel bedienen zu können, wollen wir sie eingangs behandeln. Wir verwenden zur Vereinfachung der Schreibweise generalisierte Größen: Die Kraftgrößen K_i bzw. Q_j stellen äußere Lasten bzw. Schnittlasten (z. B. Längskräfte

---

[1] Der Leser sei auf das Modell nach 5.1 verwiesen, das eine anschauliche qualitative Begründung für den BAUSCHINGER-Effekt liefert.

und Biegemomente) oder Spannungen, die Verformungsgrößen u_i bzw. q_j stellen die ihnen zugeordneten Verschiebungen oder Verzerrungen dar, die jeweils so zu definieren sind, daß sich bei Multiplikation der beiden zugeordneten Größen die Dimension der Arbeit oder der spezifischen Arbeit ergibt. Durch diese Verallgemeinerung ist die folgende Darstellung nicht auf einachsige Spannungszustände beschränkt, sondern gilt ganz allgemein. Zum besseren Verständnis dieses Abschnittes wird der Leser auf die geometrische Deutung einiger Extremalprinzipien für einfach statisch unbestimmte Systeme im Abschn. 5.1.4 hingewiesen. Bei der Herleitung der Prinzipien geht man aus vom

4.1 Prinzip der virtuellen Arbeiten,

das an die Stelle der Gleichgewichtsbedingungen für das deformierbare System tritt. Über die Grundlagen dieses Prinzips und seine Anwendung in der Elastizitätslehre lese man z. B. bei MARGUERRE [*30*] oder SZABÓ [*13*] nach. Für die Verwendung in der Plastizitätslehre eignen sich zwei verschiedene Fassungen:

4.1.1 Prinzip der virtuellen Verschiebungen. An einem deformierbaren Körper oder Körpersystem wirke eine Gruppe eingeprägter äußerer Kräfte, die sich aus Einzelkräften[1] $K_i = \{K_{ix}; K_{iy}; K_{iz}\}$, aus verteilten Belastungen $p = \{p_x; p_y; p_z\}$, die über bestimmte ausgedehnte Bereiche der Oberfläche des Systems wirken, sowie aus volumenhaft verteilten Kräften $k = \{X; Y; Z\}$ zusammensetzen. Die Gesamtheit dieser äußeren eingeprägten Kräfte nennen wir symbolisch einfach K_i. Sie haben innere eingeprägte Kräfte, nämlich Spannungen bzw. Schnittlasten zur Folge, für die wir abgekürzt Q_j schreiben wollen[2]. Unter der Einwirkung beider Kräftegruppen soll das System im Gleichgewicht sein.

Wir erteilen ihm einen virtuellen Verschiebungszustand, der durch die in Richtung der K_i fallenden virtuellen Verschiebungskomponenten δu_i und durch die den Q_j zugeordneten Deformationskomponenten δq_j (Verschiebungen oder Verzerrungen in Richtung der Q_j) gekennzeichnet ist. Die δu_i und δq_j sollen infinitesimal klein und mit den geometrischen Bedingungen verträglich sein, d. h. sie sollen im Inneren des Systems stückweise stetige Funktionen des Ortes sein und auf dessen Oberfläche die gleichen Bedingungen erfüllen, die für die wirklichen Verschiebun-

---

[1] „Einzelkraft" nennen wir das statische Äquivalent einer auf einem sehr kleinen Bereich der Oberfläche des Systems wirkenden verteilten Belastung.

[2] Im folgenden werden die äußeren Kräfte immer mit i, die inneren mit j indiziert.

gen vorgeschrieben sind. An einem unverschieblichen Auflager ist demnach $\delta u_i = 0$ zu setzen[1].

Die beim virtuellen Verschiebungszustand am System geleistete innere Arbeit setzt sich aus den von den einzelnen Systemteilen herrührenden negativen Anteilen $- Q_j \, \delta q_j$ zusammen. Wir machen uns

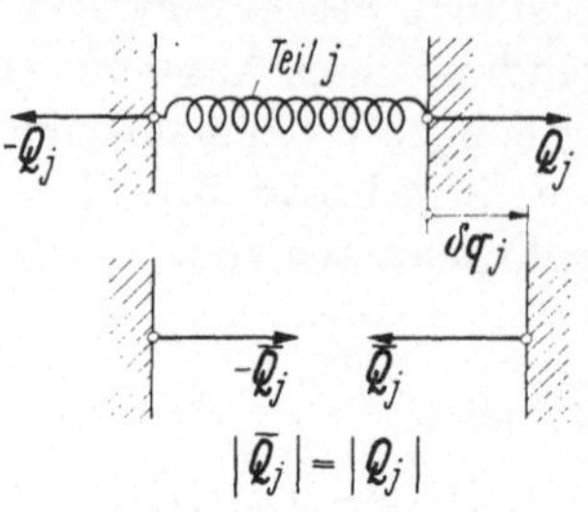

Abb. 4.1. Zur Definition der inneren Arbeit $- Q_j \, \delta q_j$.

das an einem Modell nach Abb. 4.1 plausibel, wo der Teil j des Systems durch eine Feder repräsentiert wird, die sich in einem bestimmten — elastischen oder plastischen — Verformungszustand befindet; der dabei rechts am Teil j (als äußere Kraft) wirkende Schnittlastvektor sei Q_j (Abb. 4.1 oben). Nun denken wir uns die virtuelle Verschiebung δq_j angebracht und die Feder entfernt (Abb. 4.1 unten). Um den Zusammenhang des Materials sicherzustellen, muß hierbei $\overline{Q}_j = - Q_j$ als *innere* Kraft am Rest des Systems (schraffiert) wirken, so daß das skalare Produkt $\overline{Q}_j \cdot \delta q_j < 0$ wird bzw. der Arbeitsanteil der inneren Kräfte für das System *negativ* zu rechnen ist. An Stelle der Feder treten beim homogenen System die Volumenelemente und beim Fachwerk die Stäbe.

Die notwendige und hinreichende Bedingung für das Gleichgewicht des Systems ist das Verschwinden der virtuellen Arbeit $\delta A_{(e)}$ der eingeprägten Kräfte, die sich aus der Arbeit $\delta A_{(a)}$ der äußeren und der Arbeit $\delta A_{(i)}$ der inneren eingeprägten Kräfte zusammensetzt. In abgekürzter Schreibweise schreibt das *Prinzip der virtuellen Verschiebungen* als Bedingung für das Gleichgewicht vor:

$$\delta A_{(e)} = \delta A_{(a)} + \delta A_{(i)} = S \, K_i \, \delta u_i - S \, Q_j \, \delta q_j = 0. \qquad (4.1)$$

Durch das Summierungszeichen S soll vorgeschrieben werden, daß im ersten Anteil über Einzelkräfte, verteilte Belastungen auf der Oberfläche und über volumenhaft verteilte Kräfte im Innern des Systems zu summieren ist; S umfaßt also Einzelsummen sowie Oberflächen- und Raumintegrale. Die zweite Summe wird über Schnittgrößen im Innern des Körpers erstreckt; für homogene Körper stehen dort Volumenintegrale über die Produkte aus Spannungen und zugeordneten virtuellen Verzerrungen, doch läßt sich dieser Anteil auch durch

---

[1] Wenn man die Auflagerkräfte mit erfassen will, kann man sie nach dem LAGRANGEschen Befreiungsprinzip zu eingeprägten Kräften machen, indem man die Bindungen an den gewünschten Stellen entfernt und dort virtuelle Verschiebungen δu_i zuläßt.

endliche Summen aus Produkten von Schnittlasten und zugehörigen virtuellen Verschiebungen darstellen[1].

Man kann das Prinzip auch in der Form

$$\delta A_{(a)} = S\, Q_j\, \delta q_j = \delta U = \delta(U^e + U^p) \tag{4.2}$$

schreiben, wo U die innere Energie darstellt, die sich im allgemeinen aus der wiedergewinnbaren elastischen Formänderungsenergie U^e und der irreversibel in Wärme abgeführten Energie U^p zusammensetzt.

4.1.2 Prinzip der virtuellen Kräfte. Wir gehen von einem durch die Gruppe der äußeren Kräfte K_i im System erzeugten Schnittlastzustand Q_j aus. Diesen Zustand variieren wir, indem wir die K_i um δK_i ändern. Dadurch ändern sich auch die Q_j um δQ_j. Die Kraftänderungen δK_i und δQ_j sollen nun „virtuell" sein in dem Sinne, daß sie differentiell klein und außerdem „*statisch möglich*" sind, d. h. die Gleichgewichtsbedingungen erfüllen. Im übrigen dürfen sie beliebig gewählt werden. Die geometrischen Verträglichkeitsbedingungen für die Deformationen brauchen dabei zunächst nicht erfüllt zu sein. Sie lassen sich dadurch befriedigen, daß man sich den virtuellen Kräftezustand *allein* an den *tatsächlichen* Verschiebungen u_i, q_j wirkend denkt. Wir können dann unter der Voraussetzung, daß auch die u_i und q_j klein im Sinne von virtuellen Verschiebungen sind. das Prinzip (4.1) durch das *Prinzip der virtuellen Kräfte*

$$\delta A^*_{(e)} = \delta A^*_{(a)} + \delta A^*_{(i)} = S\, u_i\, \delta K_i - S\, q_j\, \delta Q_j = 0 \tag{4.3}$$

bzw. die Form (4.2) durch

$$\delta A^*_{(a)} = S\, q_j\, \delta Q_j = \delta U^* \tag{4.4}$$

ersetzen.

---

[1] An Stelle der abgekürzten Form (4.1) müßte man für das Prinzip der virtuellen Verschiebungen ausführlicher

$$\sum_{i=1}^{N} \boldsymbol{K}_i \cdot \delta \boldsymbol{u}_i + \int_{(0)} \boldsymbol{p} \cdot \delta \boldsymbol{u}\, d0 + \int_{(V)} \boldsymbol{k} \cdot \delta \boldsymbol{u}\, dV - \int_{(V)} \sigma_{mn}\, \delta \varepsilon_{mn}\, dV = 0 \tag{4.1a}$$

schreiben. Die drei ersten Glieder rühren von den äußeren eingeprägten Kräften $\boldsymbol{K}_i$, $\boldsymbol{p}$ und $\boldsymbol{k}$ her. Im letzten Volumenintegral für $\delta A_{(i)}$ mit dem Spannungstensor σ_{mn} und dem Verzerrungstensor ε_{mn} (vgl. § 9) ist die EINSTEINsche Summationskonvention (vgl. Anhang (A 6)) für $m, n = 1, 2, 3$ anzuwenden. An Stelle dieses Integrals würde man beispielsweise bei Stab-Fachwerken die endliche Summe

$$\sum_{j=1}^{R} S_j\, \delta l_j$$

setzen können, in der S_j die Stabkräfte und δl_j die zugeordneten virtuellen Verlängerungen bezeichnen.

Man nennt U^* *innere Ergänzungsenergie* (engl. ,,complementary energy''), die allerdings keine Energie im physikalischen Sinne ist. Dieser Ausdruck läßt sich an Hand der im allgemeinen nichtlinearen Schnittlast-Verschiebungskurve (bzw. Spannungs-Dehnungskurve) $Q_j = Q_j(q_j)$ erklären, die in Abb. 4.2 für den Teil j des Systems dargestellt ist. Für die übrigen Teile des Systems mögen ähnliche Kurven gelten, und zwar alle unter der Voraussetzung, daß die Schnittlasten von Null monoton auf ihren jeweiligen Endwert Q_j angewachsen sind. Offenbar ist dann

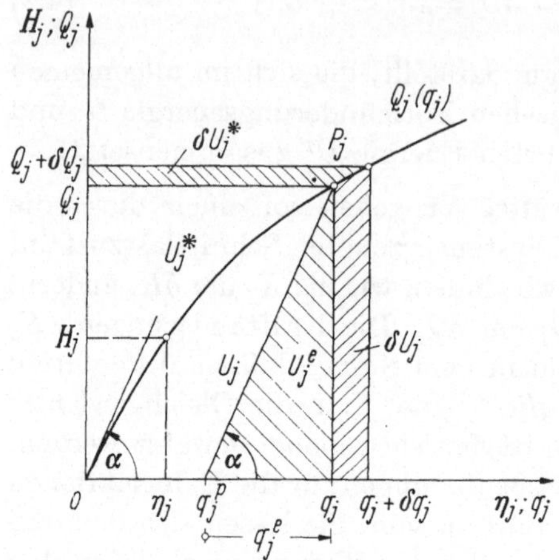

Abb. 4.2. Zum Prinzip der virtuellen Kräfte und zu den Energiesätzen.

$$U_j^* = \int_{H_j=0}^{Q_j} q_j(H_j)\, dH_j = q_j Q_j -$$

$$- \int_{\eta_j=0}^{q_j} Q_j(\eta_j)\, d\eta_j = q_j Q_j - U_j$$

diejenige ,,Energie'', die U_j zum Rechteck $q_j Q_j$ ergänzt. Für das ganze Körpersystem erhält man unter den angegebenen Voraussetzungen einfach durch Summierung über dessen Teile

$$U^* = S\, q_j Q_j - U. \tag{4.5}$$

Speziell für den linear-elastischen HOOKEschen Körper mit $Q_j = c_j q_j$ und den Elastizitätskonstanten c_j wird die *Ergänzungsarbeit*

$$U^* = U = \frac{1}{2}\, S\, q_j Q_j = \frac{1}{2}\, S\, c_j\, q_j^2 = \frac{1}{2}\, S\, \frac{Q_j^2}{c_j} \tag{4.6}$$

gleich der Formänderungsarbeit U.

Das Prinzip (4.4) läßt sich in eine speziellere Fassung bringen, wenn man nur die inneren Kräfte Q_j variiert. Das ist zulässig, falls die δQ_j so gewählt werden, daß sie für sich allein ein Gleichgewichtssystem bilden. Dann wird $\delta A_{(a)} = 0$ und

$$\delta U^* = S\, q_j\, \delta Q_j = 0. \tag{4.7}$$

In dieser Form ist das Prinzip allerdings mit Vorteil nur zur Herstellung von Näherungslösungen für innerlich statisch unbestimmte Systeme zu verwenden; denn für das statisch bestimmte System gibt es ja nur *einen* einzigen statisch möglichen Zustand der δQ_j, so daß sich dann die Verwendung von (4.7) erübrigt.

Schließlich sei noch erwähnt, daß man die beiden Prinzipien (4.2) und (4.4) einfacher schreiben kann, wenn die K_i bzw. u_i aus Potentialen ableitbar sind, wenn also

$$\delta A_{(a)} = S\, K_i\, \delta u_i = -\,\delta \Pi_a \qquad \text{bzw.} \qquad \delta A^*_{(a)} = S\, u_i\, \delta K_i = -\,\delta \Pi_a^*$$

gilt. Dann wird

$$\delta \Pi = \delta(U + \Pi_a) = 0, \tag{4.8}$$

$$\delta \Pi^* = \delta(U^* + \Pi_a^*) = 0 \tag{4.9}$$

im Gleichgewichtsfall. Die Funktionen Π und Π^* werden speziell im Fall des stabilen Gleichgewichts zum Minimum, wie sich nachweisen läßt. Sie haben hier allgemein nur die Bedeutung von Zustandsfunktionen in dem Sinne, daß durch sie der statische Zustand eindeutig definiert wird. Sie sagen jedoch nichts über die Wiedergewinnbarkeit der inneren Energie bei Entlastung aus.

4.2 Spezielle Sätze für monoton wachsende Zustandsfunktionen

Wir setzen voraus, daß nirgends im Körpersystem eine Entlastung stattgefunden hat und daß alle seine Teile anfangs spannungslos waren, so daß der Schnittlasten- bzw. Spannungszustand in jedem Teil eindeutig durch einen Punkt P_j einer Schnittlast-Verformungskurve ähnlich Abb. 4.2 dargestellt wird. Der statische Zustand des Gesamtsystems läßt sich dann eindeutig beschreiben, beispielsweise durch Angabe von je einer Koordinate (q_j *oder* Q_j) aller Schnittlastpunkte P_j bzw. durch Angabe von *Zustandsfunktionen* $U_j(q_j)$ oder $U_j^*(Q_j)$ für jeden einzelnen Teil. Diese lassen sich für das ganze System zusammenfassen in eine einzige Funktion

$$U(q_1, \dots, q_j, \dots) = S\, U_j \qquad \text{oder} \qquad U^*(Q_1, \dots, Q_j, \dots) = S\, U_j^*,$$

die mit Zunehmen der Deformation bzw. Belastung monoton anwächst. Auf andere Möglichkeiten für die Wahl von Zustandsfunktionen gehen wir weiter unten ein. Daß die an einem Volumenelement wirkenden Spannungen noch untereinander durch die Gleichgewichtsbedingungen verknüpft sind, interessiert hier nicht.

Wenn die äußeren Lasten auf die Größen K_i angewachsen sind, ohne daß dabei irgendein Teil des Körpersystems entlastet wurde, lassen sich die Zustandsfunktionen $U = U(u_1, \dots, u_i, \dots)$ und $U^* = U^*(K_1, \dots, K_i, \dots)$ auch durch die Endwerte der äußeren Lasten K_i oder deren Verschiebungen u_i eindeutig ausdrücken; denn die Arbeit der äußeren eingeprägten Kräfte

$$A_{(a)} = S \int_{\xi_i=0}^{u_i} K_i(\xi_i)\, d\xi_i = A_{(a)}(u_1, \dots, u_i, \dots) = U(u_1, \dots, u_i, \dots)$$

ist einerseits, falls keine Entlastung stattfand und daher ein eindeutiger Zusammenhang zwischen den K_i und u_i besteht, nur von den Endwerten u_i der Verschiebungen abhängig, und andererseits ist sie gleich der inneren Energie U des Systems. Wegen des eindeutigen Zusammenhanges (4.5) zwischen U und U^* ist auch $U^*(K_1, \ldots, K_i, \ldots)$ eine Zustandsfunktion.

Wir ersetzen nun die äußeren Belastungen durch eine endliche Zahl diskreter Einzelkräfte K_i und bilden die Variationen von U und U^* im Sinne von totalen Differentialen. Aus dem Vergleich mit (4.1) bzw. (4.3) folgt dann

$$\delta U = S\,\frac{\partial U}{\partial u_i}\,\delta u_i = S\,K_i\,\delta u_i$$

und daraus — weil die δu_i beliebig sind — der *zweite Satz von* CASTIGLIANO [*39*]

$$\frac{\partial U}{\partial u_i} = K_i \tag{4.10}$$

bzw.

$$\delta U^* = S\,\frac{\partial U^*}{\partial K_i}\,\delta K_i = S\,u_i\,\delta K_i$$

und daraus — weil die δK_i beliebig sind — der *Satz von* ENGESSER [*46a*]

$$\frac{\partial U^*}{\partial K_i} = u_i, \tag{4.11}$$

nach dem die Verschiebungen der Angriffspunkte der äußeren Kräfte aus den partiellen Ableitungen der inneren Ergänzungsenergie nach den Kräften errechnet werden.

Für die Behandlung statisch unbestimmter Systeme drücken wir $U^* = U^*(Q_j)$ durch die Schnittlasten aus und erhalten, falls wir nur die Q_j variieren und die K_i ungeändert lassen, aus dem Vergleich mit (4.7)

$$\delta U^* = S\,\frac{\partial U^*}{\partial Q_j}\,\delta Q_j = S\,q_j\,\delta Q_j = 0$$

d. h. den *Satz vom Extremum der inneren Ergänzungsenergie*

$$\frac{\partial U^*}{\partial Q_j} = 0. \tag{4.12}$$

Für stabiles Gleichgewicht wird U^* zum Minimum.

Für HOOKEsches Material gehen die beiden vorstehenden Sätze wegen $U^* = U$ nach (4.6) über in den *ersten Satz von* CASTIGLIANO

$$\frac{\partial U}{\partial K_i} = u_i \tag{4.13}$$

bzw. in den *Satz vom Extremum der Formänderungsarbeit*[1]

$$\frac{\partial U}{\partial Q_j} = 0. \tag{4.14}$$

Man leitet die Sätze (4.13) und (4.14) auch direkt aus dem MAXWELL-schen Reziprozitätsprinzip ab (vgl. z. B. SZABÓ [*13*]).

Der statische Zustand eines Körpersystems aus plastischem Werkstoff, das nicht zwischendurch entlastet wurde, läßt sich noch auf andere Weise eindeutig beschreiben. Man erhält dann weitere Extremalprinzipien:

Als Zustandsfunktion wählen wir den *elastischen, wiedergewinnbaren Anteil* U^e der gesamten inneren Energie U, für den wir durch Summierung über das ganze System

$$U^e(q_1, \ldots, q_j, \ldots) = S\, U_j^e = S \int_0^{q_j^e} c_j q_j\, dq_j = \frac{1}{2} S\, c_j (q_j^e)^2 = \frac{1}{2} S\, c_j (q_j - q_j^p)^2$$

erhalten. U_j^e ist in Abb. 4.2 durch das schraffierte Dreieck dargestellt. Unter der Voraussetzung, daß keine Zwischenentlastungen im System stattgefunden haben, läßt sich dessen statischer Zustand durch die Gesamtheit aller $U_j^e = \varkappa_j U_j^*$, bzw. durch

$$U^e = \varkappa\, U^* \quad \text{mit} \quad \varkappa \leq 1$$

als Bruchteil der inneren Ergänzungsenergie eindeutig beschreiben[2]. Der Faktor $\varkappa$ hängt zwar vom erreichten Belastungszustand ab, ändert sich aber bei dessen virtueller Veränderung praktisch nicht, so daß auch

$$\delta U^e = \varkappa\, \delta U^*$$

gilt. Variiert man nur die inneren Kräfte Q_j, dann folgt wegen (4.7) der *Satz von* HAAR *und* v. KÁRMÁN [*48*]

$$\delta U^e = 0, \tag{4.15}$$

nach dem die für den wirklich auftretenden Schnittlasten- bzw. Spannungszustand errechnete elastische Formänderungsarbeit im Gleichgewichtsfall einen Extremwert annimmt.

Der statische Zustand eines deformierten Systems läßt sich schließlich auch durch die *fiktiven Restschnittlasten* bzw. *-spannungen* R_j beschreiben, die im statisch unbestimmten System nach Entfernung aller äußeren Lasten zurückbleiben würden, weil sich die einzelnen Teile des Systems gegenseitig infolge der vorhergegangenen, verschiedenen

---

[1] Zuerst hat MÉNABRÉA [*63*] diesen Satz zur Bestimmung der Stabkräfte in statisch unbestimmten Fachwerken aufgestellt, ohne jedoch einen strengen Beweis gegeben zu haben.

[2] Für idealplastischen Werkstoff ist $\varkappa = 1$.

plastischen Verformungen verspannen und in ihnen Restdeformationen r_j gegenüber dem völlig entspannten Zustand übrigbleiben. Als Zustandsfunktion wählen wir jetzt die *elastische Formänderungsarbeit der Schnittlasten* $R_j = c_j r_j$, also

$$U_R^e = S \int R_j\, dr_j = S \int_{\varrho_j=0}^{r_j} c_j \varrho_j\, d\varrho_j = \frac{1}{2} S\, c_j r_j^2.$$

Durch Vergleich mit dem Prinzip der virtuellen Kräfte (4.7)

$$S\, r_j\, \delta R_j = S\, r_j c_j\, \delta r_j = 0,$$

in dem wir allein die Restschnittlasten variierten, folgt der *Satz von* Prager *und* Symonds [*71*]

$$\delta U_R^e = 0, \tag{4.16}$$

wonach die elastische Formänderungsarbeit der in einem System nach vollständiger Entfernung der äußeren Kräfte zurückbleibenden fiktiven Restkräfte zum Extremum, und zwar wegen

$$\delta^2 U_R^e = S\, c_j (\delta r_j)^2 > 0$$

zum Minimum, wird. Bei dieser fiktiven Entlastung darf allerdings nirgendwo im System wieder eine Zwischenbelastung stattgefunden haben.

Es sei nochmals betont, daß alle vorstehenden Sätze, mit Ausnahme von (4.13) und (4.14), unter der Voraussetzung, daß in keinem Teil des Systems Zwischenentlastungen stattgefunden haben, sowohl für nichtlinear-elastisches als auch für plastisches Werkstoffverhalten gelten.

4.3 Erweiterte Energiesätze unter Berücksichtigung eines Restspannungszustandes

Die Voraussetzung, daß keine Zwischenentlastung stattgefunden haben darf, um mit diesen Sätzen Lösungen herstellen zu können, ist sehr einschneidend und bei vielen statisch unbestimmten Problemen nicht erfüllt. Man kann sich zum Teil von ihr freimachen, wenn man die Energiesätze auf solche Fälle erweitert, in denen ein von einer vorhergehenden plastischen Verformung nach gänzlicher Entfernung der äußeren Lasten im System zurückgebliebener *Restschnittlasten- bzw. Restspannungszustand R_j mit dem zugehörigen Restverformungszustand r_j als bekannt* vorgegeben ist. Dieser Restzustand ist von dem für den Satz (4.16) von Prager und Symonds maßgebenden fiktiven Restzustand zu unterscheiden. Hier wird das Körpersystem anschließend wieder belastet, und zwar im allgemeinen in den nichtlinearen Bereich hinein. Alle übrigen Voraussetzungen werden beibehalten, das heißt

die Belastungskräfte sollen von Null an monoton bis auf ihre Endwerte K_i anwachsen, so daß der zugehörige statische Endzustand durch
die Werte Q_j und q_j gekennzeichnet ist. Zwischenentlastungen werden
nicht zugelassen. Für den Teil j des Systems ist der zugehörige Belastungsweg $P_{jR} \cdots P_j$ in Abb. 4.3 stark ausgezogen gezeichnet. Der
statische Endzustand des Systems läßt sich dann durch Zustandsfunktionen

$$U_0(\ldots, q_j, \ldots, r_j, \ldots, R_j, \ldots) = S\, U_{j0}\,(q_j, r_j, R_j) = S \int\limits_{\eta_j = r_j}^{q_j} Q_j(\eta_j, r_j, R_j)\, d\eta_j$$

oder   (4.17)

$$U_0^*(\ldots, Q_j, \ldots, r_j, \ldots, R_j, \ldots) = S\, U_{j0}^*\,(Q_j, r_j, R_j) = S \int\limits_{H_j = R_j}^{Q_j} q_j(H_j, r_j, R_j)\, dH_j$$

beschreiben, die jetzt außer
von den Koordinaten aller
Punkte P_j der Endzustände
auch noch von denen der
vorgegebenen Restschnitt-
lastenpunkte P_{jR} im $Q_j(q_j)$-
Diagramm abhängen. Sie
sind in Abb. 4.3 als schraffierte Flächen dargestellt.

Die innere Energie U_0
läßt sich aber auch allein
durch die am Ende der Be-
lastung erreichten Verschiebungen u_i der Angriffspunkte der K_i ausdrücken;
denn sie ist derjenige Anteil
an der inneren Gesamt-
energie

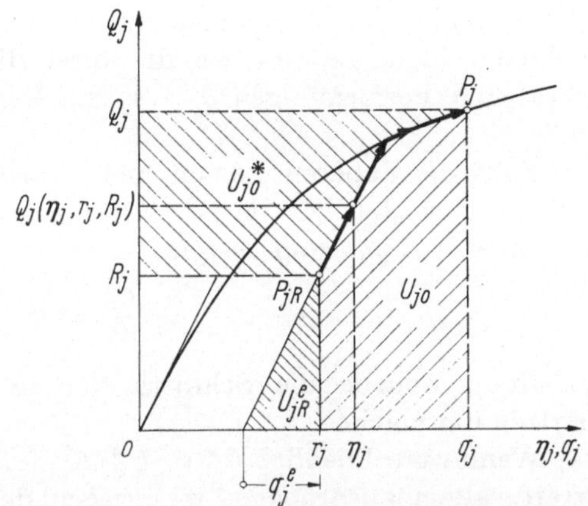

Abb. 4.3. Zu den erweiterten Energiesätzen (4.18) bis
(4.20): Belastung von einem Restschnittlastenzustand
R_j aus.

$$U_{\text{ges}} = U_0 + U_R^e = U_0 + \frac{1}{2} S\, c_j (q_j^e)^2$$

des Systems, der allein von der Arbeit der Belastungskräfte

$$A_{(a)} = S \int\limits_{\xi_i = 0}^{u_i} K_i(\xi_i)\, d\xi_i = A_{(a)}(u_1, \ldots, u_i, \ldots) = U_0$$

herrührt.

Wir bilden die totale Variation der gesamten inneren Energie U_{ges}
und erhalten mit (4.17), und da wegen $r_j = konst$ nach Abb. 4.3 $\delta q_j^e = 0$
ist,

$$\delta U_{\text{ges}} = \delta U_0 + \delta U_R^e = S\, Q_j\, \delta q_j + S\, c_j q_j^e\, \delta q_j^e = \delta U_0.$$

Mit dem Prinzip (4.1) der virtuellen Verschiebungen gilt dann

$$\delta U_0 = S \frac{\partial U_0}{\partial u_i}\, \delta u_i = S K_i \delta u_i$$

und damit folgt als *Erweiterung des zweiten Satzes von* CASTIGLIANO

$$\frac{\partial U_0}{\partial u_i} = K_i \tag{4.18}$$

für Einzelkräfte K_i.

Bilden wir die totale Variation der Zustandsfunktion $U_0^*(\ldots, Q_j, \ldots, r_j, \ldots, R_j, \ldots)$ und beachten dabei, daß alle δr_j und δR_j Null werden, da der Restspannungszustand konstant ist, so folgt mit (4.17) und dem Prinzip (4.4) der virtuellen Kräfte zunächst

$$\delta U_0^* = S \frac{\partial U_0^*}{\partial Q_j}\, \delta Q_j = S q_j \delta Q_j = \delta U^*.$$

Als virtuelle Verschiebungen dürfen wir die Gesamtverformungen q_j nehmen, da sie genauso wie die durch die äußeren Kräfte K_i hervorgerufenen Verformungen $q_j - r_j$ die Verträglichkeitsbedingungen erfüllen.

Falls die äußeren Lasten nicht variiert werden, wird nach (4.7) $\delta U^* = 0$, so daß wir als *Erweiterung des Satzes* (4.12) *vom Extremum der inneren Ergänzungsenergie*

$$\frac{\partial U_0^*}{\partial Q_j} = 0 \tag{4.19}$$

erhalten, wonach die Schnittlasten die Zustandsfunktion U_0^* zum Extremum machen.

Wenn wir schließlich $U_0^* = U_0^*(K_1, \ldots, K_i, \ldots)$ durch äußere Einzelkräfte allein ausdrücken, was wegen der bei Belastung eindeutigen Zusammenhänge zwischen

$$U_0^* = S q_j Q_j - S r_j R_j - U_0$$

und U_0 sowie zwischen K_i und u_i statthaft ist, dann ergibt sich mit (4.17) und dem Prinzip der virtuellen Kräfte (4.3)

$$\delta U_0^* = S \frac{\partial U_0^*}{\partial K_i}\, \delta K_i = S q_j \delta Q_j = S u_i \delta K_i$$

und daraus die *Erweiterung des Satzes von* ENGESSER für Einzelkräfte K_i

$$\frac{\partial U_0^*}{\partial K_i} = u_i. \tag{4.20}$$

4.4 Allgemeine Sätze für plastisches Werkstoffverhalten

Im allgemeinen Fall kommen Entlastungen vor, so daß dann der Zusammenhang zwischen Kräften und Verformungen von der Belastungsvorgeschichte abhängt und es keine Zustandsfunktion gibt. Allgemein gültige Energiesätze können dann nur in differentieller Form ausgesprochen werden.

In einem speziellen Fall kann man aber eine Zustandsfunktion einführen: Der Verformungszustand eines teilweise entlasteten Systems läßt sich durch Angabe der nach der Teilentlastung noch übriggebliebenen, bekannten Gesamtverformungen $q_j = q_j^e + q_j^p$ aller seiner Teile bzw. durch die sog. *fiktive elastische Formänderungsenergie*

$$\overline{U} = S \int_{\eta_j=0}^{q_j} \overline{Q}_j(\eta_j)\, d\eta_j = S \int_{\eta_j=0}^{q_j} c_j \eta_j\, d\eta_j = \frac{1}{2} S \frac{\overline{Q}_j^2}{c_j}$$

eindeutig beschreiben. Die Zustandsfunktion $\overline{U}$ läßt keine physikalische Interpretation zu. Sie ist eine reine Rechengröße, die so gebildet wird, als ob die Verformung q_j rein elastisch bei Gültigkeit des HOOKEschen Gesetzes $\overline{Q}_j = c_j q_j$ für die fiktiven Schnittlasten $\overline{Q}_j$ zustande gekommen wäre. Wir bilden die totale Variation

$$\delta\overline{U} = S \frac{\partial\overline{U}}{\partial\overline{Q}_j}\,\delta\overline{Q}_j = S \frac{\overline{Q}_j}{c_j}\,\delta\overline{Q}_j = S\,q_j\,\delta\overline{Q}_j = S\,u_i\,\delta K_i$$

und wenden das Prinzip der virtuellen Kräfte (4.3) an, wobei wir als Verschiebungs- und Verformungszustand den tatsächlich eingetretenen Zustand nehmen dürfen, ohne uns darum kümmern zu müssen, wie er entstanden ist; denn er erfüllt alle Verträglichkeitsbedingungen und soll klein im Sinne einer virtuellen Verschiebung sein. Wenn wir nur die Schnittlasten variieren, so daß alle $\delta K_i = 0$ werden, erhalten wir den *Satz von* COLONNETTI [*42*]

$$\frac{\partial\overline{U}}{\partial\overline{Q}_j} = 0, \tag{4.21}$$

nach dem — in Analogie zum Satz (4.12) vom Extremum der inneren Ergänzungsenergie — die tatsächlichen Schnittlasten bzw. Spannungen die fiktive elastische Formänderungsarbeit, welche den Gesamtverformungen zugeordnet ist, zum Extremum, und zwar wegen

$$\delta^2\overline{U} = S \frac{(\delta\overline{Q}_j)^2}{c_j} > 0$$

zum Minimum, machen.

Da die Verformungen des untersuchten Zustandes bekannt sein müssen, um den Satz von COLONNETTI anwenden zu können, ist die Lösung eines allgemeinen Problems nur durch sukzessive Berechnung für die einzelnen Be- und Entlastungsphasen möglich. Die Belastungsgeschichte muß also im einzelnen berücksichtigt werden. Dasselbe gilt auch für die allgemeineren Sätze von GREENBERG [*47*], in denen Span-

4*

nungs- und Verformungsänderungen an Stelle der finiten Größen auftreten. Außerdem gehen die allgemeinen Fließ- bzw. Verfestigungsgesetze in sie ein. Von ihrer Behandlung soll hier Abstand genommen werden. Der Leser sei für ein Studium dieser und weiterer Extremalprinzipien auf die Abhandlungen von PRAGER und HODGE [7], HILL [1], DRUCKER [45a], HODGE [17a] und KOITER [19] verwiesen.

4.5 Sätze zur Berechnung der Traglast statisch unbestimmter Tragwerke

Diese Sätze werden wir zur Bestimmung derjenigen konstanten Belastung eines *Tragwerkes aus idealplastischem Werkstoff* benötigen, unter der das Tragwerk zusammenbricht. Unter Belastung sei hierbei die Gruppe aller auf das Tragwerk einwirkenden äußeren Kräfte (z. B. Gewichte und Oberflächenkräfte) verstanden, von denen vorläufig vorausgesetzt wird, daß sie proportional zueinander anwachsen sollen, so daß die Angabe irgendeiner beliebigen Kraft K_i genügt, um den Belastungszustand eindeutig zu beschreiben. Ihren größten, beim Zusammenbruch des gesamten Tragwerkes oder einiger seiner Teile erreichten Wert nennen wir *Traglast T_i*, die Gesamtheit aller Kräfte beim Zusammenbruch sei Gruppe der Traglasten genannt. Tragwerk heißt ein Körpersystem, das wir uns aus Stäben, Balken, Platten, Schalen usw. aufgebaut denken können.

Die ersten Ansätze zur Berechnung von Traglasten wurden vor 50 Jahren von KAZINCZY [58] in Ungarn und von KIST [59] in Holland gemacht. Heute wird das sog. „Traglastverfahren" schon an vielen Stellen in der Konstruktionspraxis des Ingenieurs verwendet. Nachdem in den vierziger Jahren eine Reihe von speziellen Beiträgen zu diesem Verfahren erschienen waren, wurden die allgemeinen Traglastsätze für das Kontinuum erstmalig im Jahre 1952 von DRUCKER, PRAGER and GREENBERG [44] formuliert.

Die Bücher von PHILLIPS [6], HODGE [2] und PRAGER [22] enthalten viele Beispiele für die Anwendung der Traglastsätze auf spezielle Bauteile. Über die Anwendung auf Balken- und Rahmentragwerke im Stahlbau findet man ausführliche Darstellungen bei BAKER, HORNE und HEYMAN [14], NEAL [20] und BEEDLE [15]. Schließlich sind noch zu nennen die Monographien von SAWCZUK und JAEGER [23] über die Berechnung der Traglasten von Platten und von HODGE [17b] über das Traglastverfahren für rotationssymmetrische Platten und Schalen.

Für ein statisch bestimmtes System braucht man keine besonderen Sätze zur Bestimmung der Traglast: Für einen Zugstab ergibt sie sich aus der Spannung σ_F an der Fließgrenze.

Ein an seinen Enden momentenfrei gelagerter Biegebalken ist schon ein einfaches Beispiel für ein innerlich statisch unbestimmtes System; er bricht noch nicht zusammen, wenn die Fließspannung σ_F in seinen Randfasern erreicht ist. Das durch ihn übertragene Biegemoment kann weiter gesteigert werden, da die inneren Balkenfasern die äußeren zunächst noch am unbeschränkten Fließen hindern. Schließlich wird das Biegemoment an irgendeiner, durch die Art der Belastung bestimmten Stelle seinen oberen Grenzwert, das sog. *Traglastmoment* M_T, erreichen, bei dem in allen Längsfasern die Spannung σ_F herrscht. An dieser Stelle bildet sich ein sog. *Fließgelenk* aus, so daß dort unter konstantem Moment M_T die Krümmung und damit die Durchbiegung unbeschränkt zunehmen; der Balken ist ,,*kinematisch bestimmt*'' geworden und hat einen Freiheitsgrad erhalten. Einzelheiten zur Berechnung von M_T und kritische Bemerkungen zu den vereinfachenden Annahmen folgen unter 6.3, 6.4, 7.1 und 8.

Ähnlich ist die Tragfähigkeit eines mehrfach statisch unbestimmten Tragwerkes aus idealplastischem Werkstoff erst erschöpft, wenn an hinreichend vielen Stellen die Fließspannung σ_F erreicht ist, so daß bei gleichbleibender äußerer Belastung durch die Traglastgruppe die Deformation des ganzen Tragwerkes oder einiger seiner Teile unbeschränkt zunimmt (im engl. ,,unrestricted flow''). Vorher haben die noch elastischen Teile, ähnlich wie beim Biegebalken, das unbeschränkte Fließen der schon plastizierten Teile verhindert (im engl. ,,constrained flow''). Zum Beispiel werden sich bei einem Rahmentragwerk an mehreren Stellen, deren Zahl vom Aufbau und vom Grad der statischen Unbestimmtheit abhängt, Fließgelenke bilden, bis eine sog. kinematisch bestimmte ,,*Gelenkkette*'' oder ein ,,*Mechanismus*'' mit einem Freiheitsgrad entstanden ist, was den Zusammenbruch bedeutet. Bei einer Platte bilden sich keine diskreten Fließgelenke, sondern ganze Bereiche oder diskrete *Fließgelenklinien* aus, in denen das Traglastmoment erreicht ist.

Bei proportionaler Laststeigerung wird der Belastungszustand eindeutig durch eine einzige typische Kraft K_i beschrieben. Ähnlich kann auch der kinematisch bestimmte Deformationszustand beim Zusammenbruch durch Angabe einer einzigen Verschiebung δu_i eindeutig festgelegt werden. Für ein statisch unbestimmtes System ergibt sich beispielsweise eine Kraft-Verschiebungskurve nach Abb. 4.4, die nach Überschreiten der Kraft K_i^e, bei der der schwächste Teil des Tragwerkes plastiziert wurde, je nach dem speziellen Problem und dem Grade seiner statischen Unbestimmtheit verschieden stark ansteigt, bis schließlich die Traglast T_i bei der zugehörigen Verschiebung u_{iT} erreicht ist. Danach nimmt die Verschiebung bei konstant bleibender Traglast zunächst unbeschränkt zu, bis schließlich bei der Verschiebung u_i' — entweder infolge von Materialverfestigung oder durch wesentliche Änderung der geometrischen Eigenschaften des Systems — zur Vergrößerung der Verschiebung meist wieder eine Belastungssteigerung notwendig wird. Dann ist aber das System normalerweise bereits unbrauchbar geworden.

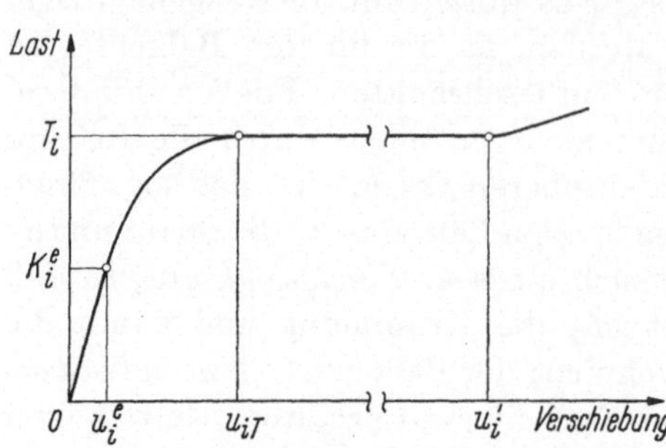

Abb. 4.4. Last-Verschiebungskurve für ein statisch unbestimmtes System.

Dies gilt alles nur für idealplastischen Werkstoff. Tragwerke aus verfestigendem Werkstoff haben keine Traglast in diesem Sinne; für die Beurteilung ihrer Tragfähigkeit muß man noch zulässige Deformationen festsetzen.

Der Bruchmechanismus des bei Erreichen der Traglast kinematisch bestimmt gewordenen Tragwerkes läßt sich nur in einfachen Fällen von vornherein angeben oder leicht ermitteln. Zur Behandlung schwierigerer Fälle dienen die sog. *Traglastsätze*. Wir fassen die für ihre Anwendung gültigen *Voraussetzungen* zusammen:

a) Alle äußeren Lasten sollen langsam und proportional zueinander anwachsen.

b) Der Werkstoff sei idealplastisch.

c) Es bilden sich Fließstellen (z. B. Gelenke oder Gelenklinien) von begrenzter Anzahl oder ausgedehnte Bereiche aus, wo die Schnittlasten bei Steigerung der äußeren Lasten konstant bleiben.

d) Der Zusammenbruch tritt unter der Gruppe der konstant bleibenden Traglasten T_i ein, wenn die Zahl der Fließstellen hinreicht, um das Tragwerk zu einem Mechanismus zu machen, der durch Angabe einer einzigen Verschiebung kinematisch bestimmt ist.

e) Die Deformationen sollen so klein sein, daß geometrische Änderungen des Tragwerkes unberücksichtigt bleiben (Theorie erster Ordnung[1]).

f) Instabilitätserscheinungen sind gesondert zu untersuchen (s. § 14 und § 15).

Man kann einen Eindeutigkeitssatz beweisen, nach dem es nur einen einzigen Bruchmechanismus gibt, für den Gleichgewichts- und Fließbedingungen erfüllt sind (vgl. z. B. SAWCZUK [23]).

---

[1] Über die Traglasttheorie 2. Ordnung für Balken- und Rahmentragwerke lese man unter 8.4 nach.

Wir wenden auf den wirklich eintretenden Bruchmechanismus das Prinzip der virtuellen Verschiebungen (4.1) an, in das als äußere Kräfte die Traglasten T_i und als δq_j nur die plastischen Verformungen an den Fließstellen eingehen, die für sich allein mit der geometrischen Konfiguration verträglich sind. Unmittelbar vor Eintreten des Mechanismus ist das Tragwerk nach Ausbildung einer hinreichenden Zahl von Fließstellen statisch bestimmt geworden. Durch die sich dann noch ausbildende Fließstelle wird es kinematisch bestimmt. Sämtliche δq_j sind daher voneinander abhängig bis auf eine einzige, die den ganzen Verschiebungszustand des Tragwerkes beschreibt[1]. Die elastischen Verformungen treten in diesem Ansatz nicht auf. Mit den Schnittlasten Q_{jF} an der Fließgrenze gilt also

$$\delta A_{(e)} = \delta A_{(a)} + \delta A_{(i)} = S\,T_i\,\delta u_i - S\,Q_{jF}\,\delta q_j = 0. \qquad (4.22)$$

Nun definieren wir:

1. Eine Gruppe von Schnittlasten Q_j heiße *statisch möglich*, wenn die Q_j untereinander und mit äußeren Lasten S_i im Gleichgewicht stehen. Sie heiße außerdem *sicher* $(Q_j^{(s)})$, wenn keine Schnittlast dieser Gruppe die Fließschnittlast Q_{jF} erreicht, wenn also alle $Q_j^{(s)} < Q_{jF}$ sind. Sie heiße dagegen *statisch zulässig*, wenn die Schnittlasten Q_j die Fließschnittlasten Q_{jF} an einigen Stellen des Systems erreichen, sie jedoch nirgends überschreiten. Die Verträglichkeitsbedingungen für die Verformungen brauchen nicht erfüllt zu sein.

2. Ein Bruchmechanismus heiße *kinematisch möglich*, wenn die geometrischen Bedingungen des Systems erfüllt sind, und außerdem *statisch unzulässig*, wenn die Fließbedingungen mindestens in einigen Stellen des Systems verletzt sind, so daß dort $Q_j^{(u)} > Q_{jF}$ gilt. Die Gleichgewichtsbedingungen brauchen hierbei nicht erfüllt zu sein.

Nach diesen Vorbereitungen sprechen wir die beiden *Hauptsätze der Traglasttheorie* aus:

Satz 1: Die zu einer statisch möglichen, sicheren Schnittlastengruppe $Q_j^{(s)}$ gehörige Gruppe der äußeren Lasten S_i ist kleiner als die Traglastgruppe T_i.

Satz 2: Die zu einem kinematisch möglichen, statisch unzulässigen Bruchmechanismus gehörige Gruppe der äußeren Lasten V_i ist größer als die Traglastgruppe T_i.

Satz 2 läßt sich auch in energetischer Fassung darstellen: Wegen $V_i > T_i$ folgt nämlich aus (4.22)

$$S\,V_i\,\delta u_i > S\,Q_{jF}\,\delta q_j,$$

---

[1] Es gibt auch Sonderfälle, in denen der Verschiebungszustand mehrere Freiheitsgrade haben kann (vgl. das Beispiel 2 von 8.2.4).

d. h. die virtuelle Arbeit der äußeren Kräfte ist für einen statisch unzulässigen Bruchmechanismus größer als die virtuelle Arbeit der tatsächlich auftretenden Fließschnittlasten.

Beide Sätze können wir zusammenfassend durch die Ungleichung

$$S_i < T_i < V_i \tag{4.23}$$

ausdrücken. Eine Gruppe von äußeren Kräften S_i liefert also eine untere Schranke, eine Gruppe von Kräften V_i liefert eine obere Schranke für die Traglast. Die Sätze beweisen wir im Anhang (A 4).

Als *Folgesatz* gilt:

Die zu einem statisch zulässigen **und** *kinematisch möglichen Bruchmechanismus gehörige Gruppe der äußeren Kräfte ist die Traglastgruppe.*

Nochmals: Ein Tragwerk bricht nicht zusammen, solange es noch einen statisch möglichen, sicheren Schnittlastenzustand gibt; es bricht zusammen unter einem Schnittlastenzustand, der einen Mechanismus erzeugt.

Aus den beiden Sätzen sind praktische Näherungsverfahren entwickelt worden, mit denen man die Traglast durch zweckmäßige Annahme von statisch möglichen, sicheren Schnittlastenverteilungen und von Bruchmechanismen eingrenzen kann. Man kann dabei einen Kunstgriff anwenden: Dividiert man die unter Annahme eines statisch unzulässigen Bruchmechanismus berechnete obere Schranke der Traglast durch den größten Überschreitungsfaktor der Fließschnittlast, so erhält man einen statisch möglichen, sicheren Schnittlastenzustand bzw. eine untere Schranke, ohne nochmals eine statisch mögliche Schnittlastenverteilung annehmen und für sie die Rechnung wiederholen zu müssen.

4.6 Sätze für stabiles Werkstoffverhalten

Der Begriff der Werkstoffstabilität — insbesondere der Stabilität „im Kleinen" — ist für die Behandlung des sog. Einspielvorganges von Tragwerken (vgl. 4.7) sowie für die Formulierung der Spannungs-Verzerrungs-Gleichungen der Plastizitätstheorie (vgl. 9.4) von grundlegender Bedeutung. DRUCKER [45b] hat diesen Begriff in einer 1951 erschienenen Arbeit zum ersten Male in sinngemäßer Abwandlung des energetischen Stabilitätskriteriums der klassischen Mechanik geprägt.

Das Kriterium für die Stabilität des Gleichgewichts eines beliebigen mechanischen Systems läßt sich ganz allgemein in energetischer Form folgendermaßen aussprechen: Um eine Störung der Gleichgewichtslage des Systems wirklich herbeizuführen, sind Störkräfte zusätzlich zu den Kräften, die das System im Gleichgewicht halten, anzubringen. Sind diese Störkräfte überwiegend mit den entsprechenden Störverschiebungen gleichgerichtet, leisten sie also in ihrer Gesamtheit positive Arbeit, dann ist das System stabil; im umgekehrten Falle — wenn überwiegend „Haltekräfte" nötig sind, um den Zusammenbruch zu verhindern — ist es labil. Ein System, das ohne Störkräfte in benachbarte Gleichgewichtslagen überführt werden kann, ist indifferent. Oder kürzer: Aus einem stabilen mechanischen System läßt sich bei einer Störung seiner Gleichgewichtslage keine Energie gewinnen. Es kommt hierbei also nur auf die Arbeit an, die die Störkräfte leisten.

Nach DRUCKER wird dieses Kriterium auf das Verhalten des Werkstoffes in einem durch äußere Kräfte K_i belasteten, im Gleichgewicht stehenden Tragwerk übertragen. Es bezieht sich im allgemeinen auf einen Teil bzw. ein Volumenelement j des Tragwerkes mit dem durch die Gruppe der K_i verursachten Schnittlasten- bzw. Spannungszustand Q_{j0} und Verformungszustand q_{j0}; nur für homogenen Werkstoff unter einem homogenen Spannungszustand gilt es auch für den ganzen Bereich des Tragwerkes[1].

Um das Kriterium aus der allgemeinen Form — keine Energieentnahme aus einem stabilen Werkstoff — in eine für das Folgende brauchbarere Form zu überführen, denkt man sich eine Gruppe zusätzlicher äußerer Lasten angebracht, die den Ausgangszustand (Index 0) des Teiles j langsam (unter Aufrechterhaltung des Gleichgewichtes) derart verändern, daß zunächst die Schnittlasten Q_{j1} und Verformungen q_{j1} und schließlich —

gen q_{j1} und schließlich — durch Belastungsumkehr — wieder die Ausgangsschnittlasten Q_{j0} erreicht werden. In Abb. 4.5 ist dieser Belastungszyklus $P_0 P_1 P_2$ für den einachsigen Fall eines Werkstoffes mit Entlastung parallel zur Anfangssteigung der $Q_j(q_j)$-Kurve dargestellt. Die Verformungen q_{j2} im Endzustand des Belastungszyklus werden nur bei elastischem Werkstoffverhalten wieder gleich den q_{j0}. Auch werden die äußeren Zusatzlasten im Endzu-

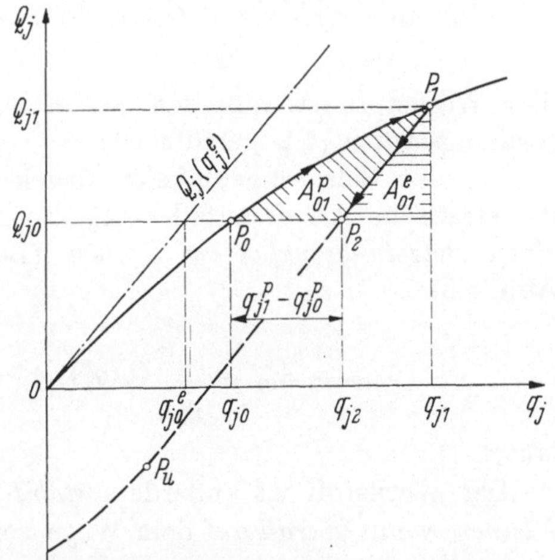

Abb. 4.5. Zum Kriterium der Stabilität eines verfestigenden Werkstoffes.

---

[1] Zur Abkürzung wird hier wieder die symbolische Schreibweise Q_j bzw. q_j für die Gesamtheit aller Spannungen bzw. Verformungen am Element j (Spannungstensor σ_{mn} bzw. Verzerrungstensor ε_{mn}) verwendet; vgl. auch 9.1 und 9.2.

stand im allgemeinen nicht wieder zu Null, sondern nur im homogenen Fall.

Maßgebend für die Werkstoffstabilität ist die Arbeit, die die äußeren Zusatzlasten zu leisten haben, um die Verformung q_j des Teiles j zu ändern. Wir drücken sie durch die Arbeit aus, die die Zusatzspannungen dQ_j an den Verformungsänderungen dq_j leisten. Zunächst gilt dann als *allgemeine Bedingung für die Stabilität des Werkstoffes „im Kleinen"* für jeden Belastungszustand des Teiles j eines Tragwerkes

$$dQ_j\, dq_j > 0. \tag{4.24}$$

Wir wollen hieraus Folgerungen für die Stabilität im Großen (d. h. für endlich große Spannungs- und Verformungsänderungen) und für Belastungszyklen ableiten:

Für die Belastungsänderung von Q_{j0} auf Q_{j1} (z. B. entsprechend dem Belastungsweg $P_0 P_1$ in Abb. 4.5) gilt mit $q_j = q_j^e + q_j^p$ und $Q_j(q_j^e) = c_j q_j^e$ als notwendiges und hinreichendes *Kriterium für die Stabilität im Großen*

$$A_{01} = \int\limits_{q_{j0}}^{q_{j1}} [Q_j(q_j) - Q_{j0}]\,dq_j = \int\limits_{q_{j0}^e}^{q_{j1}^e} [Q_j(q_j^e) - Q_{j0}]\,dq_j^e + \int\limits_{q_{j0}^p}^{q_{j1}^p} [Q_j(q_j^p) - Q_{j0}]\,dq_j^p$$

$$\tag{4.25}$$

$$= \frac{c_j}{2}(q_{j1}^e - q_{j0}^e)^2 + \int\limits_{q_{j0}^p}^{q_{j1}^p} Q_j(q_j^p)\,dq_j^p - Q_{j0}(q_{j1}^p - q_{j0}^p) = A_{01}^e + A_{01}^p > 0.$$

Der Werkstoff ist außerdem stabil im Kleinen, wenn für alle Verformungsstufen (4.24) erfüllt ist.

Bei der Belastungsumkehr zurück zur Ausgangsspannung Q_{j0} ist der elastische Arbeitsanteil $-A_{01}^e$, so daß das *Stabilitätskriterium für einen Belastungszyklus im Großen* (Belastungsweg z. B. $P_0 P_1 P_2$ in Abb. 4.5)

$$A_{012} = A_{01}^p = \int\limits_{q_{j0}^p}^{q_{j1}^p} Q_j(q_j^p)\,dq_j^p - Q_{j0}(q_{j1}^p - q_{j0}^p) \geq 0 \tag{4.26}$$

lautet.

Der Werkstoff ist außerdem *stabil für einen Belastungszyklus im Kleinen*, wenn *überall* auf dem Wege von P_0 bis P_1

$$dQ_j\, dq_j^p \geq 0 \tag{4.27}$$

gilt. In (4.26) und (4.27) steht das Gleichheitszeichen für den linear oder nichtlinear elastischen Werkstoff, für den bei einem Belastungszyklus keine Verformungsenergie aufzuwenden ist.

Wir fassen (4.24) bis (4.27) zusammen zum

Stabilitätskriterium von DRUCKER: *Ein Werkstoff wird als stabil postuliert, wenn die von äußeren Zusatzlasten zur einsinnigen Verformung des Elementes erforderliche Arbeit positiv und die im Verlaufe eines Belastungszyklus geleistete Arbeit nichtnegativ ist. Das gilt sowohl „im Kleinen"* — (4.24) *und* (4.27) — *als auch „im Großen"* — (4.25) *und* (4.26).

Das Stabilitätskriterium ordnet die Werkstoffe in zwei Gruppen ein. Es hat nichts mit dem Stabilitätskriterium für das tragende System selbst zu tun, bei dem die Änderung der Geometrie des Systems in die Rechnung eingeht.

Wir untersuchen einige typische Werkstoffe auf ihr Stabilitätsverhalten: Der *verfestigende Werkstoff* nach Abb. 4.5 erfüllt alle Forderungen des Stabilitätskriteriums von DRUCKER. Der *idealplastische Werkstoff* ist für Belastungszyklen, die von $Q_{j0} < Q_{jF}$ ausgehen, wegen (4.26) stabil im Großen, jedoch nach Erreichen der Fließspannung Q_{jF} wegen $dQ_j = 0$ nach (4.24) indifferent im Kleinen, da beliebig große q_j^p ohne zusätzliche Störkräfte erreichbar sind (vgl. Abb. 4.6).

Für einen *elastisch-verfestigenden Werkstoff bei beginnender plastischer Verformung,* der von $Q_{j0} < Q_{jF}$ ausgehend bis kurz über die Fließgrenze Q_{jF} hinaus, also

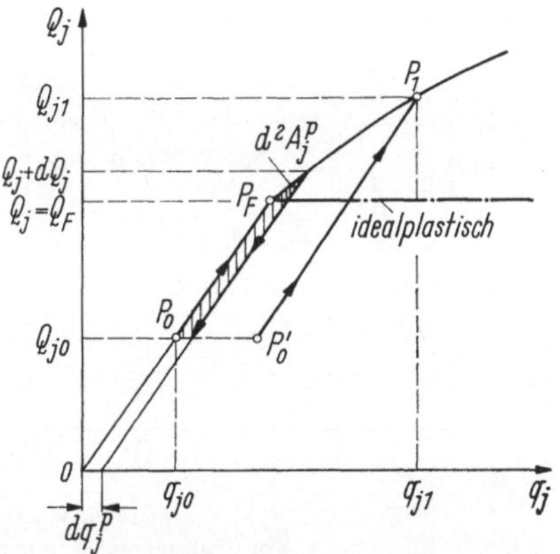

Abb. 4.6. Zum Kriterium der Werkstoffstabilität bei beginnender plastischer Verformung.

bis auf $Q_{jF} + dQ_j$ belastet und wieder bis auf Q_{j0} entlastet wird (Abb. 4.6), vereinfacht sich (4.26) zum *Stabilitätskriterium bei beginnender plastischer Verformung*

$$(Q_j - Q_{j0})\, dq_j^p + d^2 A_j^p > 0$$

und weiter — da der zweite Term gegenüber dem ersten klein von höherer Ordnung ist — zu

$$(Q_j - Q_{j0})\, dq_j^p > 0. \tag{4.28}$$

Das gilt auch für idealplastischen Werkstoff, für den sowieso wegen $dQ_j = 0$ auch $d^2 A_j^p = 0$ ist. Ebenso gilt es, wenn vorher eine Zwischenentlastung stattgefunden hat (z. B. im Punkte P_1 der Spannungs-Verformungs-Kurve der Abb. 4.6 im Anschluß an den Belastungszyklus $P_1 P_0' P_1$).

Man bezeichnet (4.28) wohl auch als *Satz vom Maximum der plastischen Arbeit*

$$Q_j\, dq_j^p > Q_{j0}\, dq_j^p \qquad \text{bzw.} \qquad dA_j^p > dA_{j0}^p. \tag{4.29}$$

Der bei der wirklich auftretenden plastischen Verformung dq_j^p insgesamt geleistete plastische Arbeitsanteil ist größer als die durch irgendeinen Spannungszustand $Q_{j0} < Q_{jF}$ unterhalb der Fließgrenze an denselben Verformungen dq_j^p geleistete Arbeit, was wegen $Q_j > Q_{j0}$ evident ist.

In Abb. 4.7 sind zwei *Beispiele für labiles Werkstoffverhalten* dargestellt. Am bekanntesten ist die Kennlinie für unlegierten Konstruktionsstahl nach Abb. 4.7a — vgl. auch Abb. 3.8 —, dessen Stabilitäts-

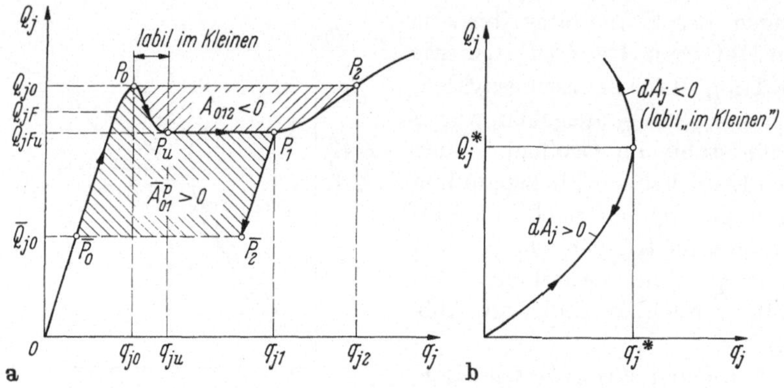

Abb. 4.7a u. b. Beispiele für bereichsweise instabiles Werkstoffverhalten:
a Konstruktionsstahl, b nichtlinear-elastischer Werkstoff.

verhalten recht komplex ist: Bis zum Erreichen der „oberen Fließgrenze" P_0 verhält er sich als elastisch-verfestigender Werkstoff stabil. Danach *vergrößert sich die Verformung bei abnehmender Belastung* bis auf q_{ju}, d. h. bis die „untere Fließgrenze" Q_{jFu} bei P_u erreicht ist; in diesem Bereich ist der Werkstoff wegen $dQ_j\, dq_j < 0$ nach (4.24) labil im Kleinen. Im Bereich zwischen P_u und P_1 verhält er sich annähernd wie ein idealplastischer Werkstoff (indifferent im Kleinen) und schließlich nach Überschreiten der Verformung q_{j1} wieder wie ein verfestigender Werkstoff (stabil im Kleinen). Für die Feststellung der Stabilität im Großen ist hier die Wahl des Ausgangsspannungszustandes maßgebend. Für alle $\overline{Q}_{j0} < Q_{jFu}$ ist (z. B. für den Belastungszyklus $\overline{P}_0 P_0 P_1 \overline{P}_2$) $\overline{A}_{01}^p > 0$, nach (4.26) liegt also Stabilität im Großen vor. Wählen wir dagegen die obere Fließgrenze Q_{j0} als Ausgangsspannung, so wird $A_{012} < 0$, d. h. der Werkstoff wäre dann im Bereich zwischen P_0 und P_2 labil im Großen.

Abb. 4.7b zeigt schließlich einen nichtlinear-elastischen Werkstoff, für den es eine bestimmte Spannung Q_j^* geben möge (hypothetischer Fall), oberhalb der die Verformung wieder zurückgeht. Für alle $Q_j > Q_j^*$ würde er wegen $dq_j < 0$ nach (4.24) labil im Kleinen sein, obwohl er für alle Belastungsstufen (auch für $Q_j > Q_j^*$) stabil im Großen wäre.

4.7 Satz für das ⟨Einspielen⟩ (shake-down) von Tragwerken

Allen bisher abgeleiteten Sätzen lag die Voraussetzung zugrunde, daß die Belastungen proportional zueinander und monoton bis auf ihre Endwerte anwachsen. Für die technische Praxis sind nun aber häufig gerade auch diejenigen Fälle von Bedeutung, bei denen sich die Belastungen zwischen bestimmten Grenzen zeitlich beliebig ändern können, wobei im allgemeinen Entlastungen und Wiederbelastungen auftreten, letztere im gleichen oder umgekehrten Sinne wie beim vorhergegangenen Lastspiel. Solange alle wechselnden Belastungen für jeden Teil des Tragwerkes — auch nach dessen evtl. vorhergegangener bleibender Verformung — schließlich auf elastischen Geraden (z. B. $P_u P_1$ nach Abb. 4.5) bleiben, ist sicherlich die gesamte bleibende Verformung des Tragwerkes begrenzt. Seine Belastbarkeit ist danach durch die elastische Dauerfestigkeit bestimmt.

Nimmt dagegen bei jedem Belastungszyklus entweder die bleibende Verformung in mindestens einem Teil des Tragwerkes einsinnig zu oder werden Hysteresisschleifen, z. B. nach Abb. 3.11, durchlaufen, so wird das Tragwerk entweder durch progressive oder durch alternierende Plastizierung nach verhältnismäßig wenigen Belastungszyklen unbrauchbar oder gänzlich zerstört, da in beiden Fällen ein monoton wachsender Betrag an plastischer Dissipationsarbeit geleistet wird. Damit dies nicht eintritt, fordern wir, daß die Belastungen sich nur in solchen Grenzen ändern sollen, daß die plastische Dissipationsenergie begrenzt ist. Wir sprechen dann vom „Einspielen" (engl. shake-down) des Tragwerkes in einen Endzustand, in dem keine plastischen Deformationen mehr auftreten.

In speziellen Fällen mit vorgegebener Belastungsgeschichte läßt sich ausrechnen, ob das Tragwerk sich einspielt oder nicht. Im allgemeinen sind jedoch von den einzelnen Lastanteilen nur die Grenzwerte bekannt, zwischen denen die Lasten K_i sich in Größe und Reihenfolge völlig willkürlich ändern können. Dann kann man einen allgemeinen Satz für das Einspielen zugrunde legen. Dieser Satz gilt für *stabiles Werkstoffverhalten* (vgl. 4.6), das wir im folgenden stets voraussetzen.

Die notwendige Bedingung für das Einspielen eines Tragwerkes aus idealplastischem Werkstoff ist zunächst sicherlich, daß jede mögliche

Kombination äußerer Lasten unterhalb der Traglastgruppe liegt. Sie reicht jedoch nicht aus. Die hinreichende Bedingung dafür, daß die plastische Dissipationsenergie begrenzt bleibt, gibt erst der im Jahre 1938 von MELAN [62] aufgestellte

Einspielsatz: Einspielen tritt ein, falls es für alle Systemteile bzw. Volumenelemente fiktive, konstante Selbstspannungs- bzw. Restzustände R_j gibt, von denen ausgehend **alle** *möglichen Kombinationen von äußeren Lastzuständen K_i nur elastische Zusatzschnittlasten bzw. -spannungen Q_j^e zur Folge haben,* so daß sich dann — im Sinne von 4.5 — sichere Schnittlastverteilungen

$$R_j + Q_j^e = Q_j^{(s)} \tag{4.30}$$

ergeben, die kein Fließen hervorrufen. *Wir nennen den Restzustand R_j fiktiv, weil er im allgemeinen weder mit dem Restzustand nach dem Einspielen noch mit dem Restzustand übereinstimmt, der sich nach der Entlastung von irgendeinem Zustand K_i aus einstellt.*

Der Beweis für diesen Satz wird im Anhang (A 5) gegeben. Im Verlauf dieses Beweises wird sich herausstellen, daß stabiles Werkstoffverhalten vorausgesetzt werden muß, damit überhaupt Einspielen erfolgen kann.

Über die Größe der beim Einspielvorgang tatsächlich auftretenden gesamten plastischen Deformation sagt der Satz allerdings nichts aus. Das müßte im Einzelfall untersucht werden.

Die praktische Bedeutung dieser Frage sollte man allerdings nicht überschätzen, da man es nur in Ausnahmefällen mit Belastungen zu tun haben wird, unter deren Einfluß die Elastizitätsgrenze überschritten wird. (Vgl. auch die eingehenderen Erörterungen zu dieser Frage am Ende von 8.3.2.)

II. Einachsige Spannungszustände

§ 5. Einfache Systeme und Fachwerke

5.1 Modell für einfach statisch unbestimmte Systeme

Am Beispiel eines symmetrischen Systems, das nach Abb. 5.1 aus einem Rohr (1) mit hineingestecktem Stab (2) besteht, die beide an ihren Enden starr miteinander verbunden und durch die Längskraft K belastet sind, läßt sich einiges vom vorstehend allgemein Erörterten sehr anschaulich darstellen. Diese Ergebnisse kann man sinngemäß auf andere einfach statisch unbestimmte Systeme übertragen.

Wir setzen zunächst *idealplastisches Werkstoffverhalten* der Systemteile voraus, die die

$$\text{Steifigkeiten}\quad c_1 = E_1 F_1 / \lambda l$$

$$\text{und}\quad c_2 = E_2 F_2 / l$$

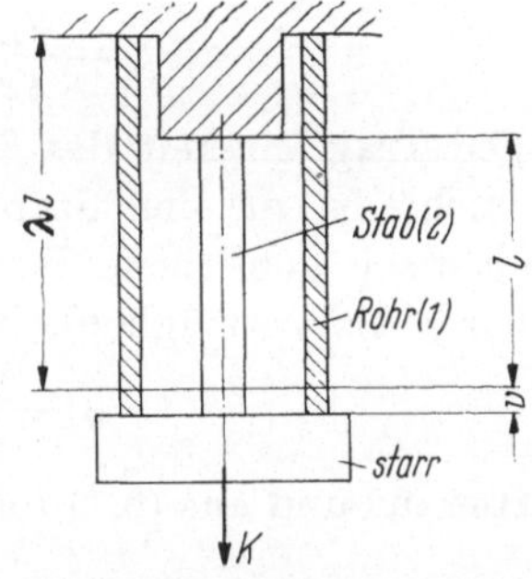

Abb. 5.1. Modell für ein einfach statisch unbestimmtes System.

bzw. das *Steifigkeitsverhältnis* $\varkappa = c_1/c_2$ haben. Die Längskräfte bei Fließbeginn im Rohr $S_{1F} = \sigma_{1F} F_1$ und im Stab $S_{2F} = \sigma_{2F} F_2$ seien bekannt.

Unabhängig vom Verformungszustand gilt stets als *Gleichgewichtsbedingung* für die Längskräfte

$$S_1 + S_2 = K. \tag{5.1}$$

Solange beide Systemteile noch im elastischen Bereich sind, gilt als *Verträglichkeitsbedingung* für die Verlängerung $v = S_1/c_1 = S_2/c_2$ bzw.

$$S_1 = \varkappa S_2. \tag{5.2}$$

Das mit (5.1) kombiniert, gibt

$$K = (1 + \varkappa)\, S_2 \tag{5.3}$$

für das elastische System.

5.1.1 Das Modell mit einsinniger Belastung. Jetzt kommt es darauf an, welcher Systemteil zuerst fließt: Wegen der auch noch bei Fließbeginn eines Systemteils geltenden Gl. (5.2) kann man zusätzlich folgendes aussagen: Falls die Systemkonstanten derart sind, daß

$$\frac{S_{1F}}{S_{2F}} \begin{cases} > \varkappa \text{ ist, fließt Teil 2 zuerst } (S_1 < S_{1F};\ S_2 = S_{2F}), \\ = \varkappa \text{ ist, fließen Teil 1 und 2 gleichzeitig,} \\ < \varkappa \text{ ist, fließt Teil 1 zuerst } (S_1 = S_{1F};\ S_2 < S_{2F}). \end{cases} \tag{5.4}$$

Wir nehmen an — ohne damit die Allgemeinheit einzuschränken —, der Stab (2) beginne zuerst zu fließen. Aus (5.3) folgt dafür die *elastische Grenzlast*

$$K_e = (1 + \varkappa)\, S_{2F} \tag{5.5}$$

mit der zugehörigen *elastischen Grenzverlängerung*

$$v_e = \frac{S_{2F}}{c_2} = \frac{\sigma_{2F}\, l}{E_2} = \frac{K_e}{(1 + \varkappa) c_2} = \frac{K_e}{c_1 + c_2}. \tag{5.6}$$

Die Tragfähigkeit des Systems ist bei Erreichen von K_e noch nicht erschöpft, da der Stab (2) bei weiterer Laststeigerung durch das elastisch gebliebene Rohr (1) am unbeschränkten Fließen gehindert wird. Als Verträglichkeitsbedingung gilt für $K > K_e$

$$v = \frac{S_1}{c_1} = v_e + v_2^p = \frac{S_{2F}}{c_2} + v_2^p. \tag{5.7}$$

Hieraus und aus (5.1) folgt mit $S_2 = S_{2F}$ nach (5.6)

$$K = v c_1 + \frac{K_e}{1 + \varkappa} = (1 + \varkappa)\, S_{2F} + v_2^p c_1. \tag{5.8}$$

Diese Belastung kann nun noch so weit gesteigert werden, bis auch die Zugkraft im Rohr die Fließgrenze S_{1F} erreicht hat, bis also mit (5.6) die *Traglast*

$$T = S_{1F} + S_{2F} = \frac{K_e}{1 + \varkappa}\left(1 + \frac{S_{1F}}{S_{2F}}\right) \tag{5.9}$$

bei einer zugehörigen Verlängerung von

$$v_T = \frac{S_{1F}}{c_1} = \frac{1}{\varkappa}\,\frac{S_{1F}}{S_{2F}}\, v_e \tag{5.10}$$

erreicht ist.

Die *Sicherheit* gegenüber dem völligen Zusammenbruch ist

$$n_T = \frac{T}{K} = n_e\,\frac{1 + S_{1F}/S_{2F}}{1 + \varkappa},$$

wobei $n_e = K_e/K$ die Sicherheit gegenüber dem Fließbeginn im schwächsten Systemteil bedeutet. Anders ausgedrückt: Die *prozentuale Tragfähigkeitsreserve* gegenüber der elastischen Grenzlast beträgt

$$100\,\frac{T - K_e}{K_e} = \frac{100}{1 + \varkappa}\left(\frac{S_{1F}}{S_{2F}} - \varkappa\right).$$

Falls beide Teile gleichzeitig fließen ($S_{1F} = \varkappa S_{2F}$), wird sie natürlich Null. Für $S_{1F} = 5 S_{2F}/4$ und $\varkappa = 1/2$ beträgt sie beispielsweise 50%, bis das System nach (5.10) bei einer Verlängerung vom 2,5fachen der elastischen Grenzverlängerung v_e zusammenbricht. Diese speziellen Ergebnisse sind in Abb. 5.2 dargestellt.

Vielfach kann man sich mit der Bestimmung der Traglast begnügen, die hier besonders einfach wird, da der statisch mögliche Bruchmechanismus von vornherein bekannt ist: Ohne die Verträglichkeits-

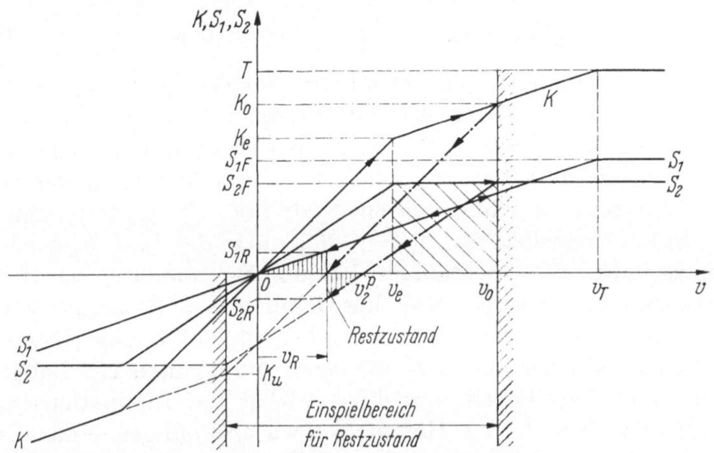

Abb. 5.2. Belastung K und Schnittlasten S_1 und S_2 für einen speziellen Fall ($S_{1F} = 1{,}25\ S_{2F}$; $\varkappa = 1/2$) des Modells nach Abb. 5.1.

bedingung heranziehen zu müssen, läßt sich mit den vorgegebenen Werten sofort der erste Teil von (5.9) hinschreiben. Die Tragfähigkeitsreserve gegenüber dem Fließbeginn im schwächsten Systemteil kann man allerdings nur mit einer ins einzelne gehenden Rechnung ermitteln.

5.1.2 Das Modell mit wechselnder Belastung. In Abb. 5.2 sind die Belastungen und Schnittlastenkennlinien für einen speziellen Fall des Modells dargestellt. Wird das System nach Erreichen der Kraft $K_0 < T$ längs der in Abb. 5.2 strichpunktiert eingezeichneten Kennlinien völlig entlastet, so bleibt die Verformung v_R zusammen mit einem *Restschnittlastenzustand* übrig, den wir nun bestimmen wollen.

Aus Abb. 5.2 entnehmen wir die allgemein gültige Beziehung

$$\frac{K_0}{v_0 - v_R} = \frac{K_e}{v_e}$$

und daraus mit (5.6)

$$v_R = v_0 - v_e \frac{K_0}{K_e} = v_0 - \frac{K_0 \varkappa}{(1 + \varkappa) c_1}.$$

Aus der Verträglichkeitsbedingung [entsprechend (5.8)] setzen wir hierin

$$v_0 = \frac{1}{c_1}\left(K_0 - \frac{K_e}{1+\varkappa}\right)$$

ein und erhalten schließlich die bleibende Verformung

$$v_R = \frac{K_0 - K_e}{(1+\varkappa)c_1} \tag{5.11}$$

sowie mit $K = S_{1R} + S_{2R} = 0$ die Restschnittlasten

$$S_{1R} = v_R c_1 = \frac{K_0 - K_e}{1+\varkappa} = -S_{2R}. \tag{5.12}$$

Diesem Restzustand ist eine elastische Restenergie zugeordnet, die gleich der in Abb. 5.2 senkrecht schraffierten Fläche ist.

Was geschieht nun bei einer erneuten Belastung mit umgekehrten Vorzeichen? Die Kraftpunkte wandern dann weiter längs der gestrichelten Geraden, bis schließlich ein Systemteil (im vorliegenden Fall der Stab) bei Erreichen von $S_2 = -S_{2F}$ unter der Last K_u wieder zu fließen beginnt. Bei abermaliger Lastumkehr wandern Kraft- und Schnittlastenpunkte längs elastischer Geraden — z. B. längs der durch den Nullpunkt gehenden Geraden —, bis schließlich eine Hystereseschleife mit endlicher Dissipationsenergie durchlaufen ist. Bei jedem weiteren ähnlichen Belastungszyklus wächst die Dissipationsenergie um einen endlichen Betrag. Hier treffen wir also auf genau das gleiche Phänomen der *alternierenden Plastizierung* wie beim BAUSCHINGER-*Effekt* (vgl. 3.6 mit Abb. 3.11), die wir unter allen Umständen vermeiden müssen, da sie schnell zur Zerstörung des tragenden Systems führt. Die Bedingung hierfür — der Einspielsatz von MELAN (vgl. 4.6) — ist im vorliegenden Fall sehr einfach und nach Abb. 5.2 eigentlich selbstverständlich: Die nach Erreichen der Restverformung v_R neu aufgebrachten Belastungen K dürfen nur elastische Schnittlasten hervorrufen, müssen also in dem in Abb. 5.2 besonders gekennzeichneten Einspielbereich

$$K_u = K_0 - 2K_e = K_0 - 2(1+\varkappa)S_{2F} \leq K \leq K_0$$

liegen, damit das System sich auf einen Zustand begrenzter Dissipationsenergie einspielen kann.

5.1.3 Normierte Darstellung nach Prager für das Verhalten des Modells. Das Verhalten eines einfach statisch unbestimmten Systems läßt sich besonders anschaulich durch eine — in ähnlicher Weise zuerst von PRAGER [22] verwendete — Transformation der Kraft- und Verformungsgrößen darstellen, durch die diese Größen in dieselbe Dimension $\sqrt{\text{kpcm}}$ überführt werden. Wir wollen diese Transformation auf unser Modell anwenden und gehen aus von der Gleichgewichtsbedingung (5.1) $S_1 + S_2 = K$ und einer der Bedingung (5.7) entsprechenden allgemeinen Verträglichkeitsbedingung

$$v = \frac{S_1}{c_1} + v_1^p = \frac{S_2}{c_2} + v_2^p , \tag{5.13}$$

die für *beide* Systemteile bleibende Verformungen enthält. Um diese beiden Beziehungen in einem Koordinatensystem mit gleichen Dimensionen für beide Koordinaten darstellen zu können, führen wir die bezogenen Kraftgrößen mit der Dimension $\sqrt{\text{kpcm}}$

$$s_1 = \frac{1}{\sqrt{c_1}}\, S_1 = \frac{1}{\sqrt{\varkappa c_2}}\, S_1, \quad s_2 = \frac{1}{\sqrt{c_2}}\, S_2, \tag{5.14}$$

die bezogenen Gesamt-Verschiebungsgrößen, gleichfalls mit der Dimension $\sqrt{\text{kpcm}}$,

$$\psi_1 = \sqrt{c_1}\, v = \sqrt{\varkappa c_2}\, v, \quad \psi_2 = \sqrt{c_2}\, v \tag{5.15}$$

und die bezogenen bleibenden Verschiebungsgrößen

$$\left.\begin{aligned}
\psi_1^p &= \sqrt{c_1}\, v_1^p = \sqrt{\varkappa c_2}\, v_1^p = -\xi_1, \\
\psi_2^p &= \sqrt{c_2}\, v_2^p = -\xi_2
\end{aligned}\right\} \tag{5.16}$$

ein. Damit geht (5.1) über in die *transformierte Gleichgewichtsbedingung*

$$\sqrt{\varkappa}\, s_1 + s_2 = \frac{K}{\sqrt{c_2}} . \tag{5.17}$$

Für die beiden Anteile von (5.13) erhält man zunächst

$$\psi_1 = \frac{1}{\sqrt{c_1}}\, S_1 + \sqrt{c_1}\, v_1^p = s_1 - \xi_1,$$

$$\psi_2 = \frac{1}{\sqrt{c_2}}\, S_2 + \sqrt{c_2}\, v_2^p = s_2 - \xi_2$$

und hieraus mit (5.15)

$$\frac{\psi_1}{\psi_2} = \sqrt{\varkappa} = \frac{s_1 - \xi_1}{s_2 - \xi_2},$$

d. h. die *transformierte Verträglichkeitsbedingung*

$$s_1 - \xi_1 - \sqrt{\varkappa}(s_2 - \xi_2) = 0. \tag{5.18}$$

Wir stellen fest, daß die beiden Geradenscharen (5.17) und (5.18) im (s_1, s_2)-Koordinatensystem aufeinander senkrecht stehen; denn für den Anstieg aller „Kraftgeraden" (5.17) gilt

$$\tan \alpha_1 = \frac{d}{ds_1}\left(\frac{K}{\sqrt{c_2}} - \sqrt{\varkappa}\, s_1\right) = -\sqrt{\varkappa}$$

und für den Anstieg der „Verträglichkeitsgeraden" (5.18) gilt

$$\tan \alpha_2 = \frac{d}{ds_1}\left(\frac{s_1 - \xi_1}{\sqrt{\varkappa}} + \xi_2\right) = \frac{1}{\sqrt{\varkappa}} = -\frac{1}{\tan \alpha_1} .$$

5*

Da immer beide Geradengleichungen erfüllt sein müssen, lassen sich die möglichen mechanischen Zustände eines einfach statisch unbestimmten Systems durch diejenigen Schnittpunkte der für die speziellen Zustände gültigen Geraden eindeutig beschreiben, die innerhalb der Fließgrenzen der Systemteile liegen, also innerhalb eines Rechtecks im (s_1, s_2)-Koordinatensystem nach Abb. 5.3 mit den Achsabschnitten $\pm\, s_{1F} = S_{1F}/\sqrt{c_1}$ und $\pm\, s_{2F} = S_{2F}/\sqrt{c_2}$. Abb. 5.3 gilt für dieselben speziellen Systemkonstanten wie Abb. 5.2 und entspricht dieser auch in den Bezeichnungen für die Kraftgrößen und Belastungswege.

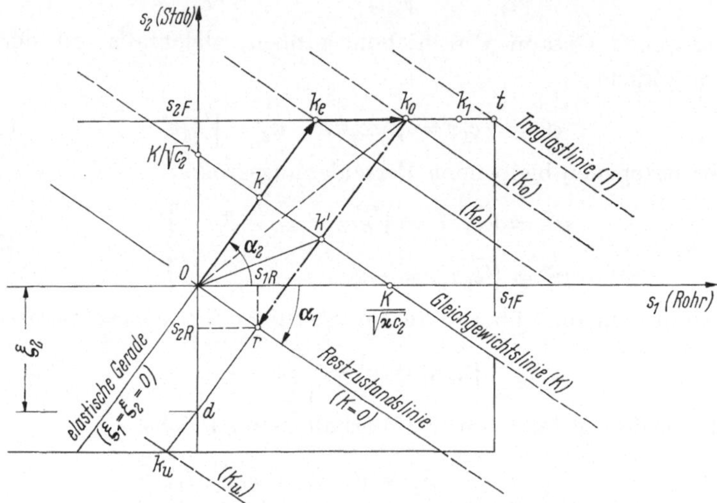

Abb. 5.3. Mechanisches Verhalten des Modells nach Abb. 5.1.

Für den vollständig elastischen Zustand beider Systemteile ist die Verträglichkeitslinie (5.18) wegen $\xi_1 = \xi_2 = 0$ eine Gerade

$$s_1 = \sqrt{\varkappa}\, s_2$$

durch den Nullpunkt unter dem Neigungswinkel $\alpha_2 = \arctan \dfrac{1}{\sqrt{\varkappa}}$ gegenüber der s_1-Achse. Der mechanische Zustand wird bei einer Steigerung der Last K von Null beginnend so lange durch die Schnittpunkte k mit den Gleichgewichtsgeraden (5.17) beschrieben, bis K die elastische Grenzlast K_e bzw. bis der Schnittlastpunkt k die Lage k_e erreicht hat; dort beginnt der Stab (2) wegen $s_2 = s_{2F}$ zu fließen. Bei weiterer Laststeigerung wandert der Schnittlastpunkt nach rechts, da die Schnittlastgröße s_1 wächst, bis schließlich im Punkt t auch das Rohr zu fließen beginnt und damit die Traglast T erreicht ist.

Wird das System noch vor Erreichen der Traglast, z. B. vom Punkte k_0 aus, entlang der Verträglichkeitsgeraden (5.18), die hier mit $\xi_1 = 0$

$$s_1 - \sqrt{\varkappa}\,(s_2 - \xi_2) = 0$$

lautet, vollständig entlastet, dann gibt der Schnittpunkt r mit der Gleichgewichtsgeraden für $K = 0$ die Schnittlastkoordinaten s_{1R} und s_{2R} des Restzustandes an.

Für einzelne Belastungsstufen sind in Abb. 5.3 die zugehörigen, zueinander parallelen Gleichgewichtsgeraden mit den an ihnen in Klammern vermerkten äußeren Lasten eingetragen; außerhalb ihres Gültigkeitsbereiches sind sie gestrichelt. Jeder äußeren Belastung K sind je nach der Belastungsvorgeschichte beliebig viele Schnittlastpunkte k' zugeordnet. Nur auf der Traglastlinie gibt es nicht mehr als einen möglichen Schnittlastpunkt t. Die Traglast ist daher unabhängig von der Belastungsvorgeschichte, also auch von evtl. vorhandenen elastischen Restschnittlasten. Wenn man sich diese geometrischen Betrachtungen auf ein n-fach statisch unbestimmtes System in einem $n - 1$ dimensionalen Raum verallgemeinert denkt, folgt auch für den ganz allgemeinen Fall die *Unabhängigkeit der Traglast von der Belastungsvorgeschichte*. Diese Tatsache ist für die Anwendung des Traglastverfahrens von entscheidender Bedeutung.

5.1.4 Anwendung der Extremalprinzipien auf das Modell. Die Darstellung des mechanischen Zustandes in Abb. 5.3, die zunächst nur als bloße Transformation der Darstellung nach Abb. 5.2 erscheint, gewinnt dadurch an Bedeutung, daß jede quadrierte Strecke in der (s_1, s_2)-Ebene die Dimension der Energie hat. Damit lassen sich die in § 4 allgemein abgeleiteten Extremalprinzipien besonders anschaulich darstellen und plausibel machen. Wir stellen mit Hilfe der Abb. 5.3 folgendes fest:

1. Für einen durch den Schnittlastpunkt k_0 gekennzeichneten Zustand, bei dem die Lasten monoton von Null beginnend angewachsen sind, stellt die Größe

$$\frac{1}{2}\,\overline{0\,k}_0^2 = \frac{1}{2}\,(s_1^2 + s_{2F}^2) = \frac{1}{2}\left(\frac{S_1^2}{c_1} + \frac{S_{2F}^2}{c_2}\right)$$
$$= \frac{1}{2}\,v_0 S_1 + \frac{1}{2}\,v_e S_{2F} = U^e = U^* \tag{5.19}$$

den elastischen Teil U^e der inneren Energie dar, der für elastisch-idealplastisches Material auch gleich der inneren Ergänzungsenergie U^* ist. (Man beachte dabei die Definitionen des Abschn. 4.2, die Gln. (5.7), (5.14) und Abb. 5.2.) Gegenüber jedem anderen Schnittlastenzustand, der mit der Belastung K_0 im Gleichgewicht ist, dessen Lastpunkt also auf der K_0-Gleichgewichtslinie innerhalb des Fließrechtecks liegen müßte, macht der tatsächlich eintretende Zustand die Strecke $\overline{0k_0}$ und damit auch die Ergänzungsenergie und die elastische Energie zum Minimum, wie man aus Abb. 5.3 unmittelbar entnimmt. Das ist die Aussage der Sätze (4.12) vom Extremum der inneren Ergänzungsenergie und (4.15) von HAAR und v. KÁRMÁN.

2. Den Zustand k_0 könnte man auch durch denjenigen fiktiven Restzustand r beschreiben, der nach völliger Entlastung von k_0 aus übrigbleiben würde. Die Strecke $\overline{0r}$ und damit auch die elastische Energie $\overline{0r}^2/2$ dieses Restzustandes wird nach Abb. 5.3 zum Minimum im Vergleich mit allen anderen fiktiven Restzuständen, die bei der Entlastung von anderen, auf der Gleichgewichtslinie k_0 liegenden Schnittlastpunkten aus entstehen könnten; denn solche Zustände würden auf der Restzustandslinie rechts von r liegen. Dasselbe sagt der Satz (4.16) von PRAGER und SYMONDS aus.

3. Die Entfernung $\overline{rk_1}$ und damit auch die innere Ergänzungsenergie $\overline{rk_1}^2/2$, die einer vom Restzustand r bis zum Schnittlastpunkt k_1 monoton angewachsenen Belastung zugeordnet ist, wird zum Minimum im Vergleich mit allen anderen, auf der Gleichgewichtslinie K_1 liegenden Zuständen. Das ist die Aussage des erweiterten Satzes (4.19) vom Extremum der inneren Ergänzungsenergie.

4. Die bleibende Verformung kann ganz allgemein durch einen Deformationspunkt $d(\xi_1, \xi_2)$ im (s_1, s_2)-System mit den Koordinaten ξ_1 und ξ_2 beschrieben werden. Wir definieren nun unter Beachtung von (5.15) usw. den Ausdruck

$$\overline{U} = \frac{1}{2}\left[(s_1 - \xi_1)^2 + (s_2 - \xi_2)^2\right] = \frac{1}{2}\left(\psi_1^2 + \psi_2^2\right) = \frac{1}{2}\, v^2(c_1 + c_2)$$

$$= \frac{1}{2}\left(\frac{\overline{S}_1^2}{c_1} + \frac{\overline{S}_2^2}{c_2}\right)$$

als fiktive elastische Energie, die so mit der Gesamtverschiebung berechnet wurde, als ob diese — mit den fiktiven Schnittlasten $\overline{S}_1 = vc_1$ und $\overline{S}_2 = vc_2$ — im elastischen Bereich zustande gekommen wäre. Im vorliegenden speziellen Falle der Abb. 5.3 liegt der Deformationspunkt $d(0, \xi_2)$ auf der s_2-Achse, so daß hier für irgendeinen Schnittlastpunkt k'

$$\overline{U} = \frac{1}{2}\left[s_1^2 + (s_2 - \xi_2)^2\right] = \frac{1}{2}\,\overline{dk'}^2$$

gilt. Für eine vorgegebene Gleichgewichtslinie K und eine durch den Deformationspunkt d vorgeschriebene bleibende Verformung erhält man den Schnittlastpunkt k', indem man das Lot von d auf die K-

Linie fällt. Die Strecke $\overline{dk'}$ und damit auch die fiktive elastische Formänderungsarbeit $\overline{U}$ wird dabei durch den wirklichen Schnittlastenzustand zum Minimum gemacht. Das ist der Satz (4.21) von COLONNETTI.

5. Nun noch eine Bemerkung zur Energiebilanz: Bei der Verformung bis zum Schnittlastpunkt k_0 wurde die gesamte innere Energie

$$U_{ges} = U^e + U^p = \frac{1}{2}\,\overline{0\,k}_0^2 + S_{2F}(v_0 - v_e)$$

geleistet. Ihr plastischer Anteil — dargestellt durch die schraffierte Rechteckfläche in Abb. 5.2 — geht dabei verloren. Bei vollständiger Entlastung von k_0 aus wird nach Abb. 5.3 nur der Anteil $\overline{k_0\,r}^2/2$ wiedergewonnen, während mit (5.12) die innere elastische Energie des Restzustandes

$$U_R = \frac{1}{2}\,\overline{0\,r}^2 = \frac{1}{2}\,(s_{1R}^2 + s_{2R}^2) = \frac{1}{2c_1}\,(S_{1R}^2 + \varkappa S_{2R}^2) = \frac{(K_0 - K_e)^2}{2c_1(1 + \varkappa)},$$

die auch gleich der Summe der in Abb. 5.2 senkrecht schraffierten Dreiecksflächen ist, im System gespeichert bleibt und nur auf einem längs einer Hystereseschleife schließlich zum Punkt 0 zurückführenden Belastungsweg wiedergewonnen werden könnte.

5.2 Das Modell aus verfestigendem Werkstoff

Für diesen Fall läßt sich keine Traglast im bisherigen Sinne mehr definieren, unter der uneingeschränktes plastisches Fließen eintritt, sondern man wird hier als Kriterium für die Tragfähigkeit am zweckmäßigsten eine Grenzverformung gleich einem Vielfachen der elastischen Grenzverformung festsetzen, die nicht überschritten werden darf.

Wir wählen als einfaches *Beispiel* wieder das Modell nach Abb. 5.1, dessen beide Teile aus gleichem Werkstoff mit einer Kennlinie nach (3.12) bestehen. Die Verträglichkeitsbedingung

$$v = \varepsilon_1 \lambda l = \varepsilon_2 l$$

geht mit (3.12) für den Zugbereich über in

$$\lambda\left[\frac{\sigma_1}{E} + B\left(\frac{\sigma_1}{E}\right)^n\right] = \frac{\sigma_2}{E} + B\left(\frac{\sigma_2}{E}\right)^n$$

und schließlich mit der Gleichgewichtsbedingung (5.1) nach Umordnung in die Gleichung

$$\frac{1}{BE}\left(\frac{\lambda S_1}{F_1} + \frac{S_1 - K}{F_2}\right) = \left(\frac{K - S_1}{EF_2}\right)^n - \lambda\left(\frac{S_1}{EF_1}\right)^n,$$

aus der die Schnittlasten S_1 und $S_2 = K - S_1$ durch numerische Rechnung bestimmt werden können. In Abb. 5.4 ist das Ergebnis einer solchen Rechnung für einen Werkstoff mit den speziellen Daten der

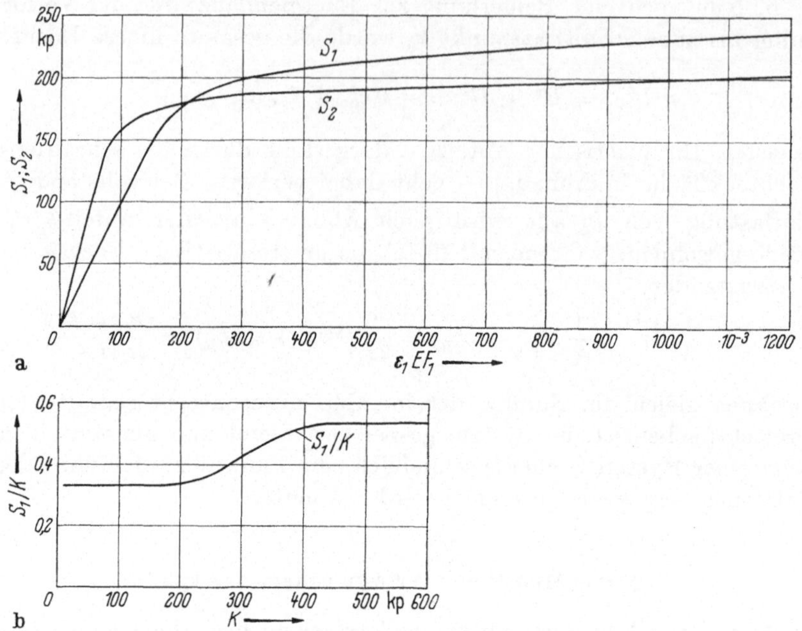

Abb. 5.4a u. b. Verhalten des Modells nach Abb. 5.1 mit Verfestigungs-Kennlinie nach Abb. 3.7: a Schnittlasten, b Umlagerung der Schnittlasten.

Kennlinie von Abb. 3.7 dargestellt. Für kleine Werte von K kann die rechte Seite gegenüber der linken vernachlässigt werden, so daß für die Schnittlasten die elastischen Werte

$$S_1 = \frac{K}{1 + \lambda F_2/F_1}, \qquad S_2 = \frac{K}{1 + F_1/\lambda F_2}$$

gelten, während für große K der elastische Anteil gegenüber der rechten Seite vernachlässigbar klein wird und dann näherungsweise

$$S_1 = \frac{K}{1 + \lambda^{1/n} \cdot F_2/F_1}, \qquad S_2 = \frac{K}{1 + \lambda^{-1/n} \cdot F_1/F_2}$$

wird.

Um die Ergebnisse besser mit denen für idealplastischen Werkstoff vergleichen zu können, wurden außerdem dieselben Systemkonstanten wie für das Beispiel der Abb. 5.2 gewählt. Dafür war hier wegen des gleichen Werkstoffs für Stab und Rohr $F_1 = 5\,F_2/4$ sowie $\varkappa = F_1/\lambda F_2 = 1/2$, also $\lambda = 5/2$ zu setzen. Ferner wurde für die Zahlenrechnung $EF_1 = 100\,\text{kp}$ angenommen. Die Schnittlasten sind in Abb. 5.4a über der Verformungsgröße

$$\varepsilon_1 EF_1 = [S_1 + B S_1^n (EF_1)^{1-n}]\,10^{-3}$$

aufgetragen. Man beachte die Ähnlichkeit mit dem Fall nach Abb. 5.2: Auch hier tritt eine Umlagerung der Schnittlasten in dem Sinne ein, daß die Schnittlast im zuerst in den Verfestigungsbereich geratenen Systemteil (2) bei weiterer Belastungssteigerung weniger stark ansteigt als die im Teil (1), welcher einen immer größeren Anteil der Gesamtlast übernimmt; beim speziellen Zahlenbeispiel steigt S_1 von $0{,}33\,K$ bis auf $0{,}54\,K$ (vgl. Abb. 5.4b).

<h3 style="text-align:center">5.3 Einfach statisch unbestimmtes Tragwerk
mit mehreren veränderlichen Lasten</h3>

Solange alle Teile des Tragwerks elastisch sind, bietet dieser Fall keine Besonderheiten, da man stets das Superpositionsprinzip zu seiner Lösung heranziehen kann. Anders hingegen für Tragwerke im Zustande des eingeschränkten Fließens:

Wir können das Grundsätzliche am besten an einem möglichst einfachen Beispiel für ein statisch unbestimmtes System aus ideal-plastischem Werkstoff erörtern. Abb. 5.5 zeigt ein solches Tragwerk aus drei, durch eine starre Traverse verbundenen Stäben, das durch die beiden Kräfte K und $P = \alpha K$ belastet ist. Der Einfachheit wegen nehmen wir positives Lastverhältnis $\alpha > 0$ sowie für alle drei Stäbe gleichen Werkstoff und gleiche Querschnittsflächen an. Für kon-

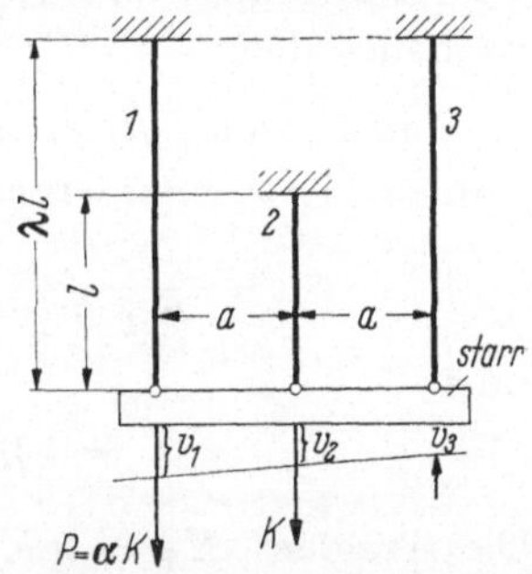

Abb. 5.5. Einfach statisch unbestimmtes Tragwerk mit veränderlichen Lasten.

stante α ist der Belastungszustand durch K allein eindeutig bestimmt. Die Gleichgewichtsbedingungen für die starre Traverse lauten

$$S_1 + S_2 + S_3 = K(1 + \alpha), \qquad S_2 + 2S_3 = K.$$

Wir fassen sie zusammen zu

$$2S_1 + S_2 = K(1 + 2\alpha). \tag{5.20}$$

Als Verträglichkeitsbedingung haben wir hier

$$v_1 - 2v_2 + v_3 = 0. \tag{5.21}$$

Beide Gleichungen gelten unabhängig davon, ob alle Stäbe noch elastisch sind oder ob die Schnittlast schon in einem von ihnen den Fließwert S_F überschritten hat. Wir wollen jetzt unterscheiden:

5.3.1 Proportionale Belastung mit $\alpha = $ konst. Sind noch alle Stäbe im elastischen Bereich, dann geht die Verträglichkeitsbedingung (5.21) mit

$$c_1 = \frac{S_1}{v_1} = \frac{S_3}{v_3}, \qquad c_2 = \frac{S_2}{v_2}, \qquad \varkappa = \frac{2c_1}{c_2}$$

über in

$$S_1 = \varkappa S_2 - S_3, \checkmark$$

so daß wir für die *elastischen Stabkräfte*

$$S_1 = \frac{\varkappa + \alpha(1 + 2\varkappa)}{2(1 + \varkappa)} K, \quad S_2 = \frac{1 + \alpha}{1 + \varkappa} K, \quad S_3 = \frac{\varkappa - \alpha}{2(1 + \varkappa)} K \qquad (5.22)$$

erhalten. Da für alle Stäbe dasselbe S_F gelten soll, fließt derjenige Stab zuerst, für den der vor K stehende Faktor am größten wird. Man erkennt sofort, daß Stab 3 für alle Werte von $\varkappa$ und $\alpha > 0$ elastisch bleibt. Je nachdem, ob

$$\alpha \gtrless \frac{2 - \varkappa}{2\varkappa - 1}$$

ist, fließt Stab 1 bzw. Stab 2 zuerst. Wir behandeln diese beiden Fälle nacheinander:

Fall 1. Stab 1 fließt zuerst; es ist $(2\varkappa - 1)\alpha > 2 - \varkappa$.
Für die elastischen Grenzbelastungen gilt dann nach (5.22)

oder
$$K_{el} = \frac{2(1 + \varkappa)}{\varkappa + \alpha(1 + 2\varkappa)} S_F, \quad P_{el} = \alpha K_{el}$$

$$(1 + 2\varkappa) P_{el} + \varkappa K_{el} = 2(1 + \varkappa) S_F. \qquad (5.23)$$

Die Traglast $K_T = t_1 K_{el}$ ist in diesem Falle erreicht, wenn auch Stab 2 zu fließen beginnt; denn eine weitere Belastungssteigerung ist nicht mehr möglich, da sich danach die Traverse ungehindert um das Gelenk am Stab 3 drehen kann und das System zum Mechanismus wird. Wir erhalten aus (5.20)

$$3 S_F = K_T (1 + 2\alpha) = t_1 K_{el} (1 + 2\alpha)$$

und daraus mit (5.23) den *Überlastungsfaktor*

$$t_1 = \frac{K_T}{K_{el}} = \frac{3\varkappa + 3\alpha(1 + 2\varkappa)}{2(1 + \varkappa)(1 + 2\alpha)} \qquad (5.24)$$

sowie die *Traglasten*

$$K_T = \frac{3 S_F}{1 + 2\alpha} \quad \text{und} \quad P_T = \frac{3 S_F \alpha}{1 + 2\alpha} \qquad (5.25)$$

und die *Gesamttragfähigkeit*

$$T = K_T (1 + \alpha) = 3 S_F \frac{1 + \alpha}{1 + 2\alpha}. \qquad (5.26)$$

Fall 2. Stab 2 fließt zuerst; es ist $(2\varkappa - 1)\,\alpha < 2 - \varkappa$.
Für die elastischen Grenzbelastungen gilt

$$K_{e2} = \frac{1 + \varkappa}{1 + \alpha}\,S_F, \qquad P_{e2} = \alpha K_{e2}$$

oder

$$P_{e2} + K_{e2} = (1 + \varkappa)\,S_F, \tag{5.27}$$

und hieraus folgt mit (5.20) der Überlastungsfaktor

$$t_2 = \frac{K_T}{K_{e2}} = \frac{3(1 + \alpha)}{(1 + \varkappa)\,(1 + 2\alpha)}. \tag{5.28}$$

Traglasten bzw. Gesamttragfähigkeit ergeben sich für diesen Fall genauso aus (5.25) bzw. (5.26) wie für den ersten Fall.

Durch Eliminieren von α aus (5.25) erhalten wir, wenn wir auch negative Belastungen zulassen, die beiden Geraden

$$K_T \pm 2P_T = \pm 3 S_F \tag{5.29}$$

mit jeweils demselben Vorzeichen im ersten und dritten Quadranten als *Grenzkurven für die Traglasten*. Sie sind in Abb. 5.6 in dimensionsloser Form aufgetragen.

Liegt der Lastpunkt (K, P) innerhalb des durch sie begrenzten Bereiches, dann ist die Tragfähigkeit noch nicht erreicht. Die innerhalb dieses Bereiches liegenden Geraden (5.23) bzw. (5.27) geben die elastischen Grenzlasten für verschiedene Steifigkeitsverhältnisse $\varkappa$ an. Sie sind in Abb. 5.6 für den speziellen Fall $\varkappa = 1$ gestrichelt eingetragen. Durch die Gerade $\alpha = 1$ werden hier die Gültigkeitsgebiete für die

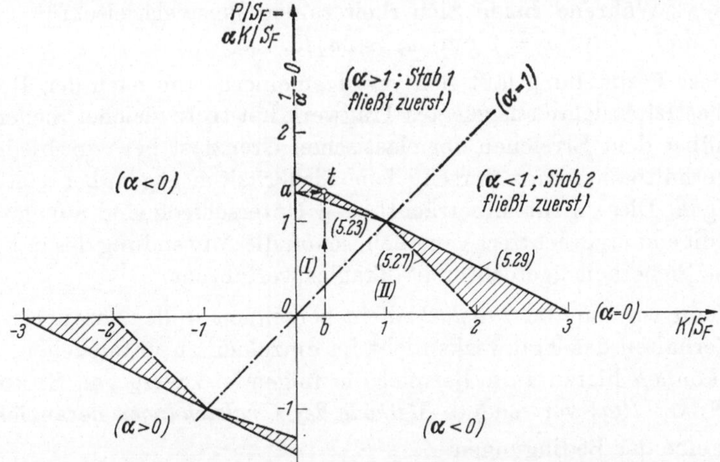

Abb. 5.6. Mechanisches Verhalten des Tragwerks nach Abb. 5.5 für verschiedene $\alpha > 0$ (——— Traglastlinie (5.29), – – – elastische Grenzlastlinien).

beiden Fälle unterteilt. Im schraffierten Bereich tritt Fließen in einem Teil des Tragwerks ein.

Das Vorstehende läßt sich nicht unmittelbar auf negative Lastverhältnisse übertragen. Zwar gelten auch noch für $\alpha < 0$ die elastischen Gln. (5.22), jedoch gilt nicht mehr das Weitere, da jetzt auch *Stab 3* für bestimmte Systemkonstanten als erster oder zweiter Stab fließen kann. Wir hätten in diesem Fall die ganze Rechnung zu wiederholen.

An Hand dieses Beispiels läßt sich ein guter Vergleich über die Möglichkeiten zur *Beurteilung der Sicherheit des Tragwerkes* gewinnen. Wir definieren wie in 5.1 n_e bzw. n_T als Sicherheiten gegenüber dem Erreichen der elastischen Grenzlast bzw. der Traglast. Da je nach Größe von α Stab 1 oder 2 zuerst fließt, haben wir auch jetzt die beiden Fälle zu unterscheiden. Für $\varkappa = 1$ erhalten wir folgende Übersicht über die Sicherheitszahlen:

Lastpunkt im Gebiet der Abb. 5.6	Bereich von α	n_e Gln. (5.23), (5.27)	$n_T = \dfrac{K_T}{K}$ Gl. (5.25)	n_e/n_T Gl. (5.24), (5.28)
I	$1 \leq \alpha < \infty$	$\dfrac{K_{e1}}{K} = \dfrac{4}{1+3\alpha}\dfrac{S_F}{K}$	$\left.\dfrac{3}{1+2\alpha}\dfrac{S_F}{K}\right.$	$\dfrac{1}{t_1} = \dfrac{4(1+2\alpha)}{3(1+3\alpha)}$
II	$0 \leq \alpha \leq 1$	$\dfrac{K_{e2}}{K} = \dfrac{2}{1+\alpha}\dfrac{S_F}{K}$		$\dfrac{1}{t_2} = \dfrac{2(1+2\alpha)}{3(1+\alpha)}$

Auffallend ist die im Verhältnis n_e/n_T zum Ausdruck kommende verschiedene Beurteilung der Sicherheit je nach Größe des Lastverhältnisses α. Während beide Sicherheitszahlen beispielsweise für $\alpha = 1$ gleich sind, ist für $\alpha = 0$ nur $n_e = 2n_T/3$.

Diese Feststellung läßt sich verallgemeinern: Ein nach den Regeln der Elastizitätslehre ausgelegtes Tragwerk hat trotz gleicher Sicherheit gegenüber dem Erreichen der elastischen Grenzlast bei verschiedenen Lastverhältnissen ganz verschiedene Sicherheiten gegenüber völligem Versagen. Diese nicht unbeträchtlichen Unterschiede sind äußerst unbefriedigend und rechtfertigen allein schon die Anwendung des in bezug auf die Sicherheit „gerechteren" Traglastverfahrens.

Wenn wir nur die *Traglast* allein berechnen wollen, brauchen wir das Verhalten des Tragwerks nicht im einzelnen zu untersuchen, sondern können hierzu zum Beispiel die folgende, zuerst von SYMONDS und NEAL [79a] verwendete *Methode der Ungleichungen* heranziehen:

In eine der Bedingungen

$$-S_F \leq S_1 \leq S_F, \quad -S_F \leq S_2 \leq S_F, \quad -S_F \leq S_3 \leq S_F,$$

welche die statisch möglichen Schnittlasten angeben, die die Fließlasten nicht überschreiten dürfen, setzen wir die Gleichgewichtsbedingung (5.20) ein. Zum Beispiel lautet die erste Ungleichung

$$-2S_F + K(1 + 2\alpha) \leq S_2 \leq 2S_F + K(1 + 2\alpha).$$

Wir eliminieren S_2, indem wir sie mit der zweiten Ungleichung zu

$$-3S_F \leq K(1 + 2\alpha) \leq 3S_F$$

zusammenfassen. Mit $\alpha = P/K$ und den Gleichheitszeichen sind dieses
schon die Gln. (5.29) der Grenzgeraden für die Traglasten. Die dritte
Ungleichung haben wir für den speziellen Fall $\alpha > 0$ nicht heranzuziehen brauchen, da wir hier von vornherein den richtigen Bruchmechanismus kennen, der nach den Traglastsätzen die Traglast liefert
(vgl. 4.5). Im allgemeinen Fall kann man so vorgehen, daß man aus
allen zur Verfügung stehenden Ungleichungen die Schnittlasten sukzessive eliminiert, um die größte statisch zulässige Belastung als Traglast zu ermitteln.

Man erkennt an diesem Beispiel, wie einfach die Traglastberechnung ist. Obwohl sich die Methode der Ungleichungen zur Anwendung
auf hochgradig statisch unbestimmte Systeme weniger eignet, da die
Rechnungen dann recht unübersichtlich werden, ändert sich am
Grundsätzlichen nichts. Man hat für solche Fälle noch andere Verfahren
zur Verfügung, mit denen sich die Traglasten einfacher errechnen
lassen und die wir noch besprechen werden (vgl. § 8).

5.3.2 Variables Lastverhältnis α ohne Entlastung. Wir stellen sofort
an Hand von Abb. 5.6 fest, daß *Traglast und zugehörige Verformungen
unabhängig von der Reihenfolge der Lastaufbringung sind*: Beispielsweise
kann man den Traglastpunkt t auf den Belastungswegen $0\,a\,t$ oder $0\,b\,t$
oder auf jedem beliebigen anderen, zwischen diesen beiden Grenzen
liegenden Wege — mit beliebig veränderlichen $\alpha > 0$ — erreichen. Da
in allen Fällen Stab 3 elastisch bleibt und auch Stab 2 beim Zusammenbruch gerade seine vom Belastungsweg unabhängige elastische Grenzverlängerung erreicht hat, hängt wegen (5.21) die Verformung sämtlicher Stäbe bei Erreichen des Traglastpunktes t nicht von der Reihenfolge der Lastaufbringung ab. Diese Feststellungen lassen sich auf
mehrfach statisch unbestimmte Systeme verallgemeinern.

**5.3.3 Variables Lastverhältnis α mit Entlastung. Progressive Plasti-
zierung bzw. Einspielen.** Der Fall der alternierenden Plastizierung, der
bei Entlastung und anschließend mit umgekehrtem Vorzeichen erfol-
gender Wiederbelastung auftreten kann, läßt sich sinngemäß wie unter
5.2 behandeln.

Es gibt aber noch weitere, bisher nicht behandelte Belastungszyklen, die zum Zusammenbruch durch progressive Plastizierung führen können, ohne daß dabei die Traglastlinie jemals erreicht wird. Dieser Fall tritt beispielsweise für das Tragwerk nach Abb. 5.5 ein, wenn dieses *abwechselnd* mit den beiden Lastkombinationen

$$\left.\begin{aligned} \text{I} \quad & K = k S_F; \; P = 0 \; (\alpha = 0) \quad \text{mit} \; \frac{3}{2} < k < 3, \\ \text{II} \quad & K = 0; \; P = p S_F \left(\frac{1}{\alpha} = 0\right) \; \text{mit} \; 1 < p < \frac{3}{2} \end{aligned}\right\} \tag{5.30}$$

belastet und anschließend jedesmal wieder entlastet wird, wobei jeweils mindestens *eine* Kraft auf eine innerhalb des schraffierten Bereiches der Abb. 5.6 liegende Größe gebracht wird. Wir wollen zunächst das Verhalten des Tragwerkes bei den ersten Belastungszyklen nacheinander untersuchen und wählen zur Abkürzung der Rechnung speziell wieder $\varkappa = 1$.

1. Zyklus. Da die Lastkombination I symmetrisch ist, erhalten wir ähnlich wie unter 5.2 als elastischen *Restzustand 1 nach völliger Entlastung* für $k > 2$

$$S_{1R} = -\frac{1}{2} S_{2R} = S_{3R} = \frac{1}{4} (k - 2) S_F,$$

$$v_{1R} = v_{2R} = v_{3R} = \frac{1}{4} (k - 2) \frac{S_F}{c_1}.$$

Für $3/2 < k < 2$ bleibt nach dem ersten Zyklus kein Restzustand. Die Rechnung beginnt dann erst mit dem 2. Zyklus, verläuft weiter ganz analog und führt schließlich zum gleichen Ergebnis (5.32).

2. Zyklus. Wir haben verschiedene Laststufen zu unterscheiden: Für die unsymmetrische Belastung II gelten die Gln. (5.22) mit $1/\alpha = 0$, also

$$S_1 = \frac{3}{4} P; \; S_2 = -2 S_3 = \frac{P}{2},$$

so lange, bis $S_1 = S_F$ geworden ist. Dann sind

$$\Delta S_1 = S_F - S_{1R} = \frac{1}{4} (6 - k) S_F = \frac{3}{4} P_e,$$

$$\Delta S_2 = \frac{P_e}{2} = \frac{1}{6} (6 - k) S_F = -2 \Delta S_3,$$

$$\Delta v_1 = \frac{\Delta S_1}{c_1} = \frac{1}{4} (6 - k) \frac{S_F}{c_1},$$

$$\Delta v_2 = \frac{\Delta S_2}{2 c_1} = \frac{1}{12} (6 - k) \frac{S_F}{c_1} = -\Delta v_3$$

die Differenzen von Schnittkräften und Verlängerungen zwischen dem Restzustand des 1. Zyklus und dem Zustand, in dem sich das Tragwerk bei Erreichen der elastischen Grenzlast $S_{1e} = S_F$ im 2. Zyklus befindet. Hierzu addieren wir Restzustand 1, so daß *bei Erreichen des elastischen Grenzzustandes* 2

$$S_{1e} = S_F, \quad S_{2e} = \frac{1}{3}(6 - 2k) S_F = -2 S_{3e},$$

$$v_{1e} = \frac{S_F}{c_1}, \quad v_{2e} = \frac{k}{6}\frac{S_F}{c_1}, \quad v_{3e} = -\frac{1}{3}(3 - k)\frac{S_F}{c_1}$$

gilt. Das Tragwerk wird nun im zweiten Belastungsschritt zusätzlich mit

$$\Delta P = p S_F - P_e = \frac{1}{3}(k + 3p - 6) S_F > 0$$

belastet, bis $P = p S_F$ erreicht ist. Sofern allerdings die Belastungen derart sind, daß

$$k + 3p < 6 \tag{5.31}$$

gilt, wird der elastische Grenzzustand 2 überhaupt nicht erreicht, so daß sich dann das Tragwerk schon nach den ersten bleibenden Verformungen des Restzustandes 1 „eingespielt" hat und sich weiterhin völlig elastisch verhält. Wenn die Lastfaktoren k und p dagegen innerhalb der durch (5.30) *und* $k + 3p > 6$ angegebenen Grenzen liegen, entstehen weitere bleibende Verformungen.

Die Zusatzbelastung ΔP muß mit den durch sie verursachten Differenzschnittkräften im Gleichgewicht sein, was nach (5.20) mit $\Delta K = 0$ und mit der Verträglichkeitsbedingung (5.21)

$$\Delta S_1 = 0, \quad \Delta S_2 = 2\Delta P = \frac{2}{3}(k + 3p - 6) S_F = -2\Delta S_3,$$

$$\Delta v_2 = \frac{1}{3}(k + 3p - 6)\frac{S_F}{c_1} = -\Delta v_3,$$

$$\Delta v_1 = 2\Delta v_2 - \Delta v_3 = 3\Delta v_2 = (k + 3p - 6)\frac{S_F}{c_1}$$

liefert, so daß am Ende der zweiten Belastung der Zustand

$$S_1 = S_F, \quad S_2 = 2(p - 1) S_F = -2 S_3,$$

$$v_1 = (k + 3p - 5)\frac{S_F}{c_1}, \quad v_2 = \frac{1}{2}(k + 2p - 4)\frac{S_F}{c_1}, \quad v_3 = -(p - 1)\frac{S_F}{c_1}$$

herrscht. Nach dem dritten Schritt des zweiten Zyklus, der Entlastung, das heißt nach Hinzufügen des elastischen Zustandes $\Delta P = -p S_F$

unter Berücksichtigung von (5.22), entsteht am Ende des 2. Zyklus der *Restzustand* 2

$$S_{1R} = -\frac{1}{2}\,S_{2R} = S_{3R} = \frac{1}{4}\,(4 - 3p)\,S_F,$$

$$v_{1R} = \frac{1}{4}\,(4k + 9p - 20)\frac{S_F}{c_1}, \quad v_{2R} = \frac{1}{4}\,(2k + 3p - 8)\frac{S_F}{c_1},$$

$$v_{3R} = \frac{1}{4}\,(4 - 3p)\frac{S_F}{c_1}.$$

3. Zyklus. Nun wiederholt man die Rechnung sinngemäß wie beim 2. Zyklus: Der Differenzzustand, der sich für die symmetrische Lastkombination I zwischen dem Restzustand 2 und der elastischen Grenzlast $S_{2e} = S_F$ unter Berücksichtigung von (5.22) ergibt, wird zum Restzustand 2 addiert, was den *elastischen Grenzzustand* 2

$$S_{1e} = S_{3e} = \frac{1}{2}\,(5 - 3p)\,S_F, \quad S_{2e} = S_F,$$

$$v_{1e} = \frac{1}{2}\,(2k + 3p - 7)\frac{S_F}{c_1}, \quad v_{2e} = \frac{1}{2}\,(k - 1)\frac{S_F}{c_1}, \quad v_{3e} = \frac{1}{2}\,(5 - 3p)\frac{S_F}{c_1}$$

liefert, sofern nicht (5.31) gilt. Nun wird noch die Zusatzbelastung

$$\varDelta K = K - K_e = (k + 3p - 6)\,S_F$$

hinzugefügt, für die mit $\varDelta P = \varDelta S_2 = 0$ aus (5.20) und (5.21) der Zustand

$$S_1 = S_3 = \frac{1}{2}\,(k - 1)\,S_F, \quad S_2 = S_F,$$

$$v_1 = \frac{1}{2}\,(3k + 6p - 13)\frac{S_F}{c_1}, \quad v_2 = \frac{1}{2}\,(2k + 3p - 7)\frac{S_F}{c_1},$$

$$v_3 = \frac{1}{2}\,(k - 1)\frac{S_F}{c_1}$$

und schließlich nach vollständiger Entlastung, das heißt nach Hinzufügen von $\varDelta K = -kS_F$ der *Restzustand* 3

$$S_{1R} = -\frac{1}{2}\,S_{2R} = S_{3R} = \frac{1}{4}\,(k - 2)\,S_F,$$

$$v_{1R} = \frac{1}{4}\,(5k + 12p - 26)\frac{S_F}{c_1}, \quad v_{2R} = \frac{1}{4}\,(3k + 6p - 14)\frac{S_F}{c_1},$$

$$v_{3R} = \frac{1}{4}\,(k - 2)\frac{S_F}{c_1}$$

übrigbleibt.

Durch Vergleich mit dem Restzustand 1 stellen wir fest, daß die Schnittkräfte wieder dieselben Werte angenommen haben, während sich die bleibenden Verlängerungen der Stäbe 1 und 2 um

$$\varDelta v_{1R} = (k + 3p - 6)\frac{S_F}{c_1} = 2\varDelta v_{2R} \tag{5.32}$$

vergrößert haben. Der Stab 3 hat natürlich als stets nur elastisch deformierter Stab seine ursprüngliche Länge wieder angenommen. Das ganze System würde sich elastisch verhalten, falls (5.31) gälte.

Wir können hier die Rechnung abbrechen, da sich bei weiteren Belastungszyklen alles genauso wiederholt, so daß nach dem 1. Zyklus und weiteren s Doppelzyklen mit abwechselnder Be- und Entlastung die bleibende Verformung des Stabes 1

$$v_1 = \frac{1}{4}\left[k\left(1 + 4s\right) + 12ps - 2\left(1 + 12s\right)\right]\frac{S_F}{c_1} \qquad (5.33)$$

beträgt.

Zusammenfassend stellen wir fest: Sobald die Lasten so groß sind, daß die Lastfaktoren innerhalb der durch

$$\frac{3}{2} < k < 3, \quad 1 < p < \frac{3}{2}, \quad k + 3p > 6$$

gegebenen Grenzen liegen, tritt progressive Plastizierung ein. Dabei braucht nur *eine* Belastung in den schraffierten Bereich von Abb. 5.6 zu kommen.

Um eine Vorstellung von der Auswirkung der progressiven Plastizierung an Hand eines *Zahlenbeispiels* zu bekommen, setzen wir in (5.33) $k = K/S_F = 8/3$ ein. Mit dem Lastfaktor $p_e = P_e/S_F = 2 - k/3$ $= 10/9$ würde sich das Tragwerk gerade einspielen. Nun werde der Lastfaktor um $e\%$ auf $p = p_e(1 + e/100)$ erhöht. Aus (5.33) folgt dann das Verhältnis

$$\frac{v_1}{v_{1e}} = \frac{1}{6}\left(1 + \frac{e}{5}\,s\right)$$

der bleibenden Verformung v_1 zur elastischen Grenzverformung $v_{1e} = S_F/c_1$. Beispielsweise hat die bleibende Verformung bei einer Überschreitung des Lastfaktors p_e um nur 1% bereits nach $s = 25$ Doppelzyklen die Größe von v_{1e} erreicht. Dabei liegt p selbst noch weit im elastischen Gebiet.

Dieses Ergebnis läßt sich verallgemeinern: Bei Lastprogrammen mit größerer Frequenz s, die zur progressiven Plastizierung führen können, dürfen die Einspielbedingungen unter keinen Umständen verletzt werden, da sonst stets die bleibenden Verformungen zu groß würden. Eine geringere Zahl selbst von größeren Überschreitungen dürfte dagegen vielfach — wenigstens hinsichtlich der Verformungen — nicht so bedenklich sein.

Wenn wir nur die *Bedingung für das Einspielen* und nicht die bleibenden Verformungen ermitteln wollen, können wir direkt vom Einspielsatz (4.30) ausgehen: Dazu berechnen wir die elastischen Zusatzschnittlasten S_j^e für die beiden Lastkombinationen (5.30) aus den

Gln. (5.22) mit den zunächst noch unbekannten Lasten $K = k S_F$ und $P = \frac{p}{k} K$. Wir erhalten für die Belastungen

I mit K allein $(\alpha = 0)$ $\quad S_1^e = \frac{K}{4}$, $\qquad S_2^e = \frac{K}{2}$, $\qquad S_3^e = \frac{K}{4}$,

II mit P allein $\left(\frac{1}{\alpha} = 0\right)$ $\quad S_1^e = \frac{3}{4} \frac{p}{k} K$, $\; S_2^e = \frac{1}{2} \frac{p}{k} K$, $\; S_3^e = -\frac{1}{4} \frac{p}{k} K$.

Einspielen tritt ein, wenn es einen Restschnittlastenzustand S_{jR} gibt, der mit diesen Zusatzschnittlasten zusammen zu einem statisch zulässigen Zustand führt. Da wir nur die Zugfließgrenze zu berücksichtigen brauchen, stehen uns als Bedingungen hierfür mit den jeweils größten Zusatzschnittlasten — unter Beachtung der durch (5.30) angegebenen Grenzen für p und k — die Ungleichungen

$$S_{1R} + \frac{3}{4} \frac{p}{k} K \leq S_F, \quad S_{2R} + \frac{K}{2} \leq S_F, \quad S_{3R} + \frac{K}{4} \leq S_F$$

zur Verfügung. Für den Restzustand gilt außerdem die Gleichgewichtsbedingung (5.20) für verschwindende äußere Kräfte

$$2 S_{1R} + S_{2R} = 0.$$

Wenn wir sie in die beiden ersten Ungleichungen einsetzen, folgt unmittelbar die Einspielbedingung (5.31). Der Restzustand selbst interessiert uns hierbei überhaupt nicht.

Da man nicht von vornherein wissen kann, ob man damit schon die schärfste Bedingung erhalten hat, bleibt noch die dritte Ungleichung zu berücksichtigen. Man kann das tun, indem man alle drei Gleichungen addiert und die Gleichgewichtsbedingung

$$S_{1R} + S_{2R} + S_{3R} = 0$$

für die Restschnittlasten einführt. Dann bleibt die Bedingung

$$p + k - 4 \leq 0,$$

die wegen $p > 1$ nicht so scharf ist wie die Bedingung (5.31), so daß diese damit als Einspielbedingung bestätigt ist.

Im vorliegenden Beispiel führt die *abwechselnde* Lastaufbringung zur Gefährdung des Tragwerkes durch progressive Plastizierung. Bei Lastzyklen mit *gleichzeitiger* Aufbringung beider Lasten und jeweils anschließender Entlastung spielt sich das Tragwerk jedoch für jeden beliebigen Lastpunkt im schraffierten Bereich der Abb. 5.6 schon beim ersten Zyklus ein; in diesen Fällen würde das Versagen immer durch Erreichen der Traglast eintreten.

Bei Erfüllung der Einspielbedingung (5.31) würde sich das Tragwerk auf die bleibenden Verformungen des 1. Zyklus einspielen. Häufiger sind dagegen solche Fälle, bei denen es zu einer Akkumulation der bleibenden Verformungen kommt, so daß sie mit wachsendem s bei begrenzter Dissipationsenergie gegen einen festen Endwert gehen. Die Belastung, die diesen Einspielfall vom Fall des progressiven Versagens trennt, liegt stets unterhalb der Traglast. (Vgl. hierzu 8.3.)

5.4 Traglast und optimale Ausnutzung von Gelenkfachwerken

Der Berechnung der Traglast von statisch unbestimmten Fachwerken mit gelenkigen Knoten legen wir die unter 4.5 genannten Voraussetzungen zugrunde (proportionale Belastung, idealplastisches Werkstoffverhalten usw.). Statisch bestimmte Tragwerke brauchen wir nicht zu behandeln, da deren Traglast mit den Methoden der Elastizitätslehre berechnet werden kann: Sobald die Spannung in dem am stärksten beanspruchten Stab die Fließgrenze erreicht hat, wird das statisch bestimmte Fachwerk zu einem Mechanismus.

Ein n-fach statisch unbestimmtes Fachwerk wird zu einem kinematisch möglichen Mechanismus, wenn die Fließlast S_{iF} in $n + 1$ Fachwerkstäben erreicht ist. Dies ist aber nur eine hinreichende, keine notwendige Bedingung für das Auftreten eines Bruchmechanismus. Die Traglast könnte nämlich auch schon erreicht sein, wenn weniger als $n + 1$ Stäbe fließen (vgl. dazu Mechanismus a vom Beispiel 5.4.2) oder wenn Stäbe ausknicken (vgl. dazu § 14).

Wir wollen die mit Hilfe des Prinzips der virtuellen Verschiebungen vorgenommene Berechnung der Traglast an einfachen Beispielen erläutern:

5.4.1 Symmetrischer Gelenkrahmen nach Abb. 5.7. Der Rahmen soll so ausgelegt werden, daß in allen Stäben die Fließlasten gleich-

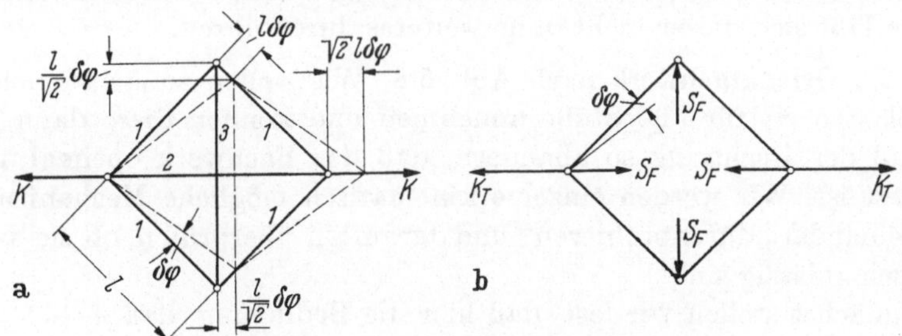

Abb. 5.7 a u. b. Fließen eines Gelenkrahmens.

zeitig erreicht werden. Die Mittelstäbe 2 und 3 sollen gleiche Fließlasten S_F haben. Wir nehmen den in Abb. 5.7a gestrichelt eingezeichneten kinematisch möglichen Mechanismus an, bei dem die beiden Mittelstäbe fließen. Um den vorhergegangenen elastischen Zustand brauchen wir uns nicht zu kümmern, sondern setzen das Prinzip der

6*

virtuellen Verschiebungen für den Mechanismus nach Abb. 5.7b mit den eingeprägten Kräften K und S_F und der virtuellen Verschiebung $\delta\varphi$ an. Unter Beachtung der kinematischen Zusammenhänge nach Abb. 5.7a erhalten wir sofort

$$\delta A^{(e)} = K\sqrt{2}\, l\, \delta\varphi - S_F \sqrt{2}\, l\, \delta\varphi - 2 S_F \frac{l}{\sqrt{2}}\, \delta\varphi = 0$$

und daraus

$$K = 2 S_F.$$

Damit liefert die Gleichgewichtsbedingung für die Knoten, in denen K angreift, die Kräfte $S_1 = S_F/\sqrt{2}$ in den Seitenstäben 1, so daß der angenommene Mechanismus auch statisch zulässig ist und nach den Traglastsätzen in 4.5 den wirklichen Bruchmechanismus mit der Traglast $K_T = 2 S_F$ darstellt, sofern $S_1 \leq S_{F1}$ in den Seitenstäben ist. Wenn wir $S_{1F} = S_F/\sqrt{2}$ bzw. bei gleichen Fließspannungen σ_F in allen Stäben das Verhältnis der Querschnittsflächen $F_2/F_1 = \sqrt{2}$ wählen, ist der Rahmen optimal ausgenutzt, da dann alle sechs Stäbe gleichzeitig fließen.

Diese Rechnung ist nicht nur wesentlich einfacher als für vollkommen elastisches Verhalten, für das man zum Beispiel bei gleichem Elastizitätsmodul aller Stäbe und mit $F_2 = F_3$ die elastischen Stabkräfte

$$S_1 = \frac{1}{\sqrt{2}}\, S_3 = \frac{K}{2\sqrt{2} + 2 F_2/F_1}, \qquad S_2 = \frac{1 + \sqrt{2}\, F_2/F_1}{2 + \sqrt{2}\, F_2/F_1}\, K$$

errechnet, sondern sie bietet auch eine hervorragende Grundlage für einen optimalen Entwurf. Mit den Gleichungen für die elastischen Stabkräfte läßt sich dieser nicht ohne weiteres durchführen.

5.4.2 Gelenkfachwerk nach Abb. 5.8. Wir wollen zunächst gleiche Fließlasten S_F für alle Stäbe annehmen und können diese dann am Schluß der Rechnung so abändern, daß das Fachwerk optimal ausgenutzt ist. Wir werden einzelne kinematisch mögliche Mechanismen nacheinander „durchprobieren" und daraufhin überprüfen, ob sie auch statisch zulässig sind.

Zunächst stellen wir fest, daß hier die Bedingung, daß $n + 1 = 2$ Stäbe zur Erzeugung eines Bruchmechanismus fließen müssen, nicht notwendig ist. Schon das Fließen des Stabes 4 allein reicht aus, um den rechten Fachwerkteil mit den Stäben 4 und 7 in den in Abb. 5.8a gestrichelt gezeichneten *sog. unvollständigen Mechanismus a* zu überführen. Für diesen liefert das Prinzip der virtuellen Verschiebungen

$$\delta A^{(e)} = K_a l\, \delta\varphi - S_F \frac{l}{\sqrt{2}}\, \delta\varphi = 0, \quad \text{also} \quad K_a = \frac{1}{\sqrt{2}}\, S_F = 0{,}707 S_F.$$

Da das Gleichgewicht für Knoten III $S_7 = -S_F/\sqrt{2}$ ergibt, ist der zugehörige Mechanismus wohl für den rechten Fachwerkteil statisch zulässig, nicht dagegen für das ganze Fachwerk. Für dieses liefert das

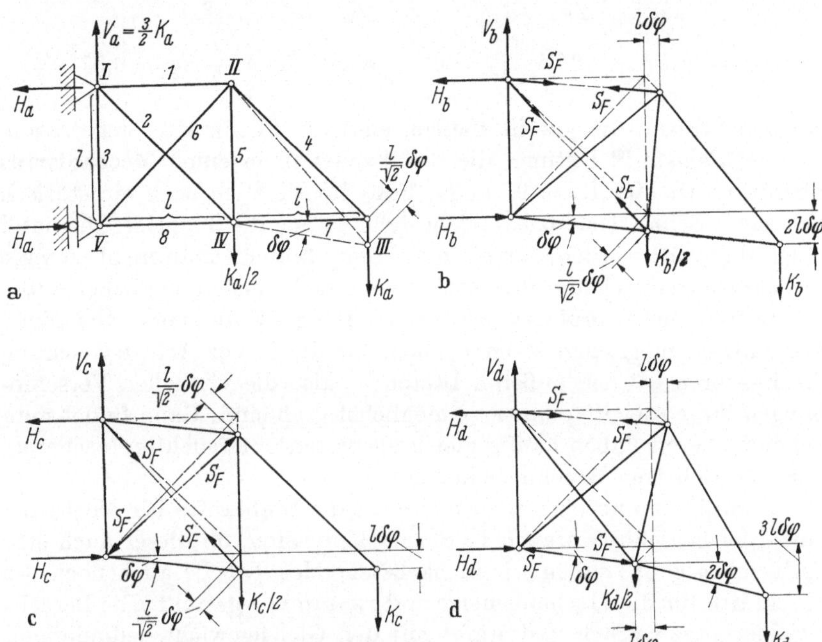

Abb. 5.8a–d. Kinematisch mögliche Bruchmechanismen eines Gelenkfachwerkes: a bis c sind statisch unzulässig, d tritt wirklich ein.

Momentengleichgewicht um I nämlich die Horizontalauflagerkraft $H_a = 5\,K_a/2 = \dfrac{5}{2\,\sqrt{2}}\,\sigma_F$ im Knoten I, die dort nicht von den Stäben 1 und 2 übernommen werden kann; denn selbst wenn diese beiden Stäbe fließen, können sie nur die Horizontalkraft $\left(1 + \dfrac{1}{\sqrt{2}}\right) S_F < H_a$ aufnehmen. Die Gruppe der K_a ist also größer als die Traglastgruppe.

Für den *Mechanismus b*, bei dem Zugstäbe 1 und 2 fließen, liefert das Prinzip der virtuellen Verschiebungen mit den aus Abb. 5.8b zu entnehmenden Verschiebungen

$$\frac{5}{2}\,K_b\,l\,\delta\varphi - \left(1 + \frac{1}{\sqrt{2}}\right) S_F\,l\,\delta\varphi = 0, \text{ also } K_b = \frac{1}{5}\left(2 + \sqrt{2}\right) S_F = 0{,}683\,S_F.$$

Dasselbe ergibt sich für einen Mechanismus, bei dem die Druckstäbe 6 und 8 fließen.

Ganz entsprechend erhalten wir mit Abb. 5.8c bzw. d für die *Mechanismen* c bzw. d

$$\left(2 + \frac{1}{2}\right) K_c\, l\, \delta\varphi - \frac{2}{\sqrt{2}}\, l\, \delta\varphi\, S_F = 0, \quad \text{also} \quad K_c = \frac{2\sqrt{2}}{3} S_F = 0{,}942\, S_F,$$

$$\left(3 + \frac{1}{2}\right) K_d\, l\, \delta\varphi - 2l\, \delta\varphi\, S_F = 0, \quad \text{also} \quad K_d = \frac{4}{7} S_F = 0{,}571\, S_F.$$

An den Stäben, die jeweils fließen, sind die Fließkräfte eingetragen.

Die kleinste Belastung, die das Fachwerk in einen Mechanismus überführt, ist hier $K_d = 0{,}571\, S_F$. Falls für sie auch noch ein statisch zulässiger Schnittlastenzustand besteht, ist sie die Traglast. Das muß noch überprüft werden. Bei einiger Übung braucht man nicht so viele Mechanismen durchzuprobieren: Da man die kleinsten möglichen äußeren Lasten sucht, probiert man zweckmäßigerweise zuerst diejenigen kinematisch möglichen Mechanismen, für die in der Arbeitsgleichung die Faktoren bei den äußeren Lasten — also die virtuellen Verschiebungen ihrer Angriffspunkte — möglichst groß sind. Dann findet man bei einfacheren Fällen häufig gleich als ersten untersuchten Mechanismus den richtigen Bruchmechanismus.

Obwohl wir nun eigentlich nur noch die Stabkräfte für Mechanismus d zu berechnen brauchen, um nachzuprüfen, ob dieser auch statisch zulässig ist, haben wir in nachstehender Tabelle auch noch die Stabkräfte für die Mechanismen b und c zusammengestellt. Die Berechnung ist ganz einfach und ergibt mit den Gleichgewichtsbedingungen für die einzelnen Knoten der jeweils in Frage kommenden Abb. 5.8:

Stab $j =$		1	2	3	4	5	6	7	8
S_j/S_F für Mechanismus	b	1,0	1,0	0,317	0,965	$-0{,}366$	$-0{,}448$	$-0{,}683$	$-1{,}391$
	c	1,65	1,0	0,707	1,333	$0{,}236$	$-1{,}0$	$-0{,}942$	$-1{,}65$
	d	1,0	0,607	0,428	0,807	$-0{,}143$	$-0{,}607$	$-0{,}571$	$-1{,}0$

Wir stellen an Hand dieser Tabelle fest, daß Mechanismus d in der Tat der richtige Bruchmechanismus mit der Traglast $K_T = K_d = 4S_F/7$ ist, da er kinematisch möglich und statisch zulässig ist. Die beiden anderen Mechanismen sind statisch nicht zulässig, da die Kräfte in jeweils mindestens einem Stab die Fließlast überschreiten.

Falls wir als ersten Mechanismus einen statisch unzulässigen untersuchten, können wir ihn in einen statisch zulässigen umwandeln, indem wir durch den größten vorkommenden Faktor $|S_j/S_F| > 1$ dividieren. Für Fall b erhalten wir dann zum Beispiel die „sichere" Kraft $K = K_b/1{,}391 = 0{,}492\, S_F$, die eine untere Schranke für die Traglast darstellt, da zu K kein kinematisch möglicher Mechanismus gehört.

Mit der zum kinematisch möglichen, aber statisch unzulässigen Mechanismus gehörigen oberen Schranke K_b können wir so die Traglast durch $0{,}492\,S_F < K_T < 0{,}683\,S_F$ eingrenzen. Der willkürlich genommene mittlere Wert $0{,}587\,S_F$ stimmt hier zufällig nahezu mit der richtigen Traglast überein.

Verfahren wir entsprechend mit Mechanismus c, so erhalten wir wieder den Mechanismus d mit der Traglast K_T. Das Verfahren läßt sich unmittelbar für Entwurfszwecke ausnutzen. Wir brauchen nur die Stabquerschnitte für Fall d mit den Faktoren $|S_j/S_F|$ zu multiplizieren, um ein optimal ausgenutztes Fachwerk zu erhalten, in dem alle Stäbe bei Erreichen der Traglast fließen. Als Gesamtgewicht des Fachwerks ergibt sich dann mit der Sicherheit $n_T = K_T/K$ gegen Erreichen der Traglast und dem spezifischen Gewicht γ

$$\frac{\gamma\,K_d}{0{,}571\,\sigma_F} \sum_{j=1}^{8} l_j \left|\frac{S_j}{S_F}\right| = 10{,}5\,l\,\gamma\,n_T\,K/\sigma_F.$$

Im gleichen Gelenkfachwerk sei nun nach Abb. 5.9 ein zusätzlicher Stab 9 zwischen den Knoten I und III eingesetzt, so daß das Fachwerk zweifach statisch unbe-

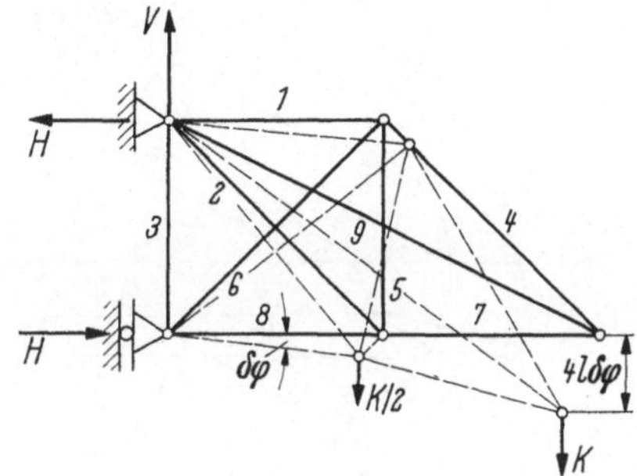

Abb. 5.9. Zweifach statisch unbestimmtes Gelenkfachwerk.

stimmt wird. Wir wählen den gestrichelt eingezeichneten Mechanismus, bei dem die Ober- bzw. Untergurte fließen und die Kraftangriffspunkte sich in vertikaler Richtung am meisten verschieben. Eine gesonderte geometrische Betrachtung liefert als Gesamtverschiebung des Angriffspunktes von K die Strecke $4l\,\delta\varphi$, so daß das Prinzip der virtuellen Verschiebungen

$$\left(4 + \frac{1}{2}\right) Kl\,\delta\varphi - 3\,S_F\,l\,\delta\varphi = 0, \quad \text{also} \quad K = \frac{2}{3}\,S_F$$

liefert. Wir stellen die hiermit errechneten Stabkräfte zusammen und ersehen aus der Tabelle,

Stab $j =$	1	2	3	4	5	6	7	8	9
$S_j/S_F =$	1,0	0	0,667	0,471	0,333	$-0{,}942$	$-1{,}0$	$-1{,}0$	0,746

daß der untersuchte Mechanismus auch statisch zulässig und damit die Traglast $K_T = 2\,S_F/3$ gefunden ist. Wir bestimmen noch das Gesamtgewicht des Fachwerks zu

$$11{,}5\,l\,\gamma\,n_T\,K/\sigma_F.$$

Durch Vergleich mit Beispiel 2 erkennen wir, daß die erste Konstruktion ohne zusätzlichen Stab günstiger ist.

§ 6. Biegung gerader Balken. Das Spannungsproblem

6.1 Voraussetzungen

Die bisherigen Betrachtungen lassen sich sinngemäß auf den allgemeinen Fall der Biegung eines Balkens nach Abb. 6.1 übertragen,

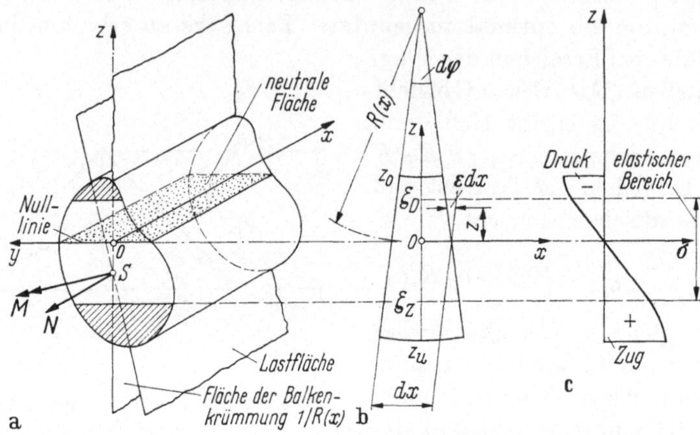

Abb. 6.1.a−c Biegung eines Balkens mit unsymmetrischem Querschnitt: a Schnittlasten, b zur Geometrie der Deformation, c Spannungsverteilung.

wenn wir neben den Voraussetzungen vom Abschn. 1.2 noch folgendes annehmen:

1. Als Schnittlasten sollen in jedem Balkenquerschnitt nur ein Biegemoment M und eine Längskraft N übertragen werden. Diese Schnittlastengruppe sei auf den Querschnittsschwerpunkt S reduziert.

2. Wir wollen vorläufig allein den Längsspannungszustand σ berücksichtigen, so daß sich die einzelnen Balkenfasern nicht gegenseitig beeinflussen.

3. Die aus der Elastizitätslehre bekannte BERNOULLI-NAVIERsche Hypothese vom Ebenbleiben der Querschnitte — bzw. das Geradliniengesetz für die Dehnungen der Balkenlängsfasern — soll auch in plastizierten bzw. verfestigenden Querschnittsbereichen gelten. Es gibt eine Gerade als *Spannungsnullinie* (y-Achse der Abb. 6.1), die die Spur der neutralen Fläche mit der Querschnittsebene ist. Die den Krümmungsradius R enthaltende Fläche steht senkrecht zur neutralen Fläche; beide sind im allgemeinen keine Ebenen.

4. Für alle Querschnittsbereiche gelte dieselbe Querkontraktionszahl.

5. Als Spannungs-Dehnungsgesetz sei eines der Gesetze von 3.5 mit im allgemeinen verschiedenem Verhalten im Zug- und Druckbereich zugrunde gelegt.

6. Die Querschnittsabmessungen seien klein im Vergleich zur Balkenlänge.

Zunächst einige *kritische Bemerkungen zu diesen Voraussetzungen*:

Zu 1. und 2.: Die Theorie bleibt in vielen Fällen als Näherung für die Biegung mit Querkräften verwendbar, falls diese im Schubmittelpunkt wirken. Allerdings ist es dabei nicht mehr wie in der Elastizitätslehre statthaft, die von den Querkräften herrührenden Schubspannungen τ_{xz} gesondert zu berechnen und nachträglich den Normalspannungen zu superponieren, sondern man muß die allgemeinen Gleichungen der Plastizitätslehre heranziehen; wir kommen darauf wieder in § 10 zurück. Hier sei schon angemerkt, daß dem Einfluß der Querkraftschubspannungen bei teilweise plastiziertem Balkenquerschnitt unter Umständen <u>größere Bedeutung</u> als im elastischen Fall zukommen kann.

Zu 2. bis 4.: Die beiden Annahmen 2. und 3. sind für Balkenquerschnitte mit elastischen und plastischen Bereichen auch dann nicht untereinander widerspruchsfrei, wenn wir die von den Querkräften herrührenden Schubspannungen nicht berücksichtigen: Zur Erläuterung betrachten wir zwei Längsfasern in unmittelbarer Nachbarschaft der Grenzfläche $z = \zeta_Z < 0$ zwischen elastischem und plastischem Bereich auf der Zugseite und nehmen idealplastisches Werkstoffverhalten an. Bei Belastungssteigerung nimmt die Längsdehnung beider Fasern um $d\varepsilon$ zu. Die Querdehnung ändert sich auf der elastischen Seite der Grenzfläche um $-\nu_e\,d\varepsilon$, auf der plastischen dagegen um $-\nu_P\,d\varepsilon$, da dort $d\varepsilon^e = 0$ ist. Da nach (3.4) $\nu_P = 1/2 \neq \nu_e$ ist, ändert sich die Dehnung zweier dicht benachbarter Querfasern diskontinuierlich. Eine solche Diskontinuität ist physikalisch unmöglich und könnte nur durch einen sekundären Spannungszustand σ_y, τ_{yz} in der (y, z)-Ebene beseitigt werden; dieser hätte wiederum zur Folge, daß die Grenzlinien zwischen elastischen und plastischen Querschnittsbereichen keine Geraden mehr wären und die Querschnittsflächen sich verwölbten. In voller Allgemeinheit ist das Biegeproblem bis heute noch nicht streng gelöst. Wir helfen uns mit der Näherungsannahme (4), nach der $\nu_p = \nu_e$ sein soll, und umgehen damit die eben dargestellte Schwierigkeit. Zwar geht diese Annahme nicht explizit mit in die Rechnungen ein, ist jedoch implizit in ihnen enthalten; ohne sie hätte die Näherungstheorie keine richtige physikalische Grundlage.

6.2 Grundgleichungen des Biegeproblems

Der Querschnitt des Biegebalkens der Abb. 6.1 ist in Abb. 6.2a noch einmal größer herausgezeichnet. Als Koordinatenursprung 0 wählen wir denjenigen Punkt auf der Nullinie $z = 0$, der den kürzesten Abstand z_S vom Schwerpunkt S hat. Der Momentenvektor M und der Winkel φ, den er mit der Achse des größten Hauptträgheitsmomentes I_1 einschließt, seien vorgegeben. Für ein nach Abb. 6.2b vorgegebenes

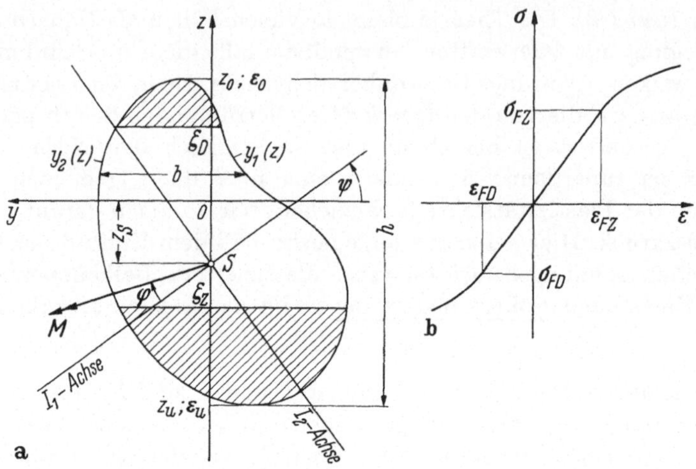

Abb. 6.2a u. b. Zu den Grundgleichungen des Biegeproblems.

Spannungs-Dehnungsgesetz mit im allgemeinen unterschiedlichem Verlauf im Zug- und Druckbereich suchen wir die Spannungsverteilung über den Querschnitt und die Krümmung $1/R$ der Balkenachse. Dabei müssen auch die Koordinate z_S des Schwerpunktes im y, z-System und dessen Orientierungswinkel ψ gegenüber dem Hauptzentralachsensystem bestimmt werden.

In Abb. 6.1 und 6.2 ist der Zustand des Balkens dargestellt, bei dem schon in beiden Randfasern die elastischen Grenzspannungen σ_{FZ} bzw. σ_{FD} dem Betrage nach überschritten sind, so daß der Werkstoff in den schraffiert gezeichneten Bereichen plastiziert ist. Das Folgende gilt genauso für den Beginn der plastischen Verformung, wenn noch eine der beiden Randfasern elastisch ist.

Mit der Bernoulli-Hypothese (Voraussetzung 3. von 6.1) folgt nach Abb. 6.1b aus der Geometrie der Deformation einer Scheibe des Balkens von der Länge dx die für den ganzen Querschnitt gültige Beziehung

$$-\frac{1}{R} = \frac{\varepsilon}{z} = \frac{\varepsilon_u}{z_u} = \frac{\varepsilon_0}{z_0} = \frac{\varepsilon_{FZ}}{\zeta_Z} = \frac{\varepsilon_{FD}}{\zeta_D}. \tag{6.1}$$

Dabei geben die Indizes u bzw. o den unteren bzw. oberen Querschnittsrand, die Ordinaten $z = \zeta_Z$ bzw. $z = \zeta_D$ die Lagen der Grenzflächen zwischen elastischem Bereich und den Verfestigungsbereichen an.

Die Bedingungen der Äquivalenz der statischen Wirkung von Schnittlasten und Spannungen

$$\int \sigma \, dF = N, \quad \int \sigma z \, dF = -M_y + N z_S, \quad \int \sigma y \, dF = M_Z \qquad (6.2)$$

liefern mit (6.1) und

$$\sigma = f(\varepsilon), \quad dF = b(z, \psi)\, dz = -b(-\varepsilon R, \psi)\, R \, d\varepsilon,$$
$$\varepsilon_0 = -\frac{z_0}{R} = -\frac{h + z_u}{R} = \varepsilon_u - \frac{h}{R} \qquad (6.3)$$

die *drei Grundgleichungen des Biegeproblems*

$$N = -R \int\limits_{\varepsilon_u}^{\varepsilon_u - h/R} f(\varepsilon)\, b(-\varepsilon R, \psi)\, d\varepsilon, \qquad (6.4)$$

$$M \cos(\psi - \varphi) - N z_S = -R^2 \int\limits_{\varepsilon_u}^{\varepsilon_u - h/R} f(\varepsilon)\, b(-\varepsilon R, \psi)\, \varepsilon \, d\varepsilon, \qquad (6.5)$$

$$M \sin(\psi - \varphi) = R \int\limits_{\varepsilon_u}^{\varepsilon_u - h/R} \left(\int\limits_{y_1(-\varepsilon R)}^{y_2(-\varepsilon R)} f(\varepsilon)\, y \, dy \right) d\varepsilon. \qquad (6.6)$$

Hierin lassen sich die Funktionen b, h und z_S durch den Umriß des Querschnitts und seine Lage im y, z-System ausdrücken. Das Gleichungssystem reicht aus, um den Krümmungsradius R der Balkenachse, die Lage des Querschnitts im y, z-System, d. h. $z_u = -\varepsilon_u R$, und ψ zu bestimmen. Damit sind dann auch die Lagen der Grenzflächen zwischen elastischem Bereich und den Verfestigungsbereichen nach (6.1) und die Spannungsverteilung im Querschnitt nach Abb. 6.2b bekannt.

Während die Spannungsverteilung im voll elastischen Fall leicht explizit angegeben werden kann und sich die Lage der Nullinie mit steigender Belastung nicht ändert, ist das hier anders. Im allgemeinen muß man zur Berechnung der Spannung recht mühselige Integrationen ausführen, wobei sich nicht nur R, sondern auch ψ und z_u mit steigender Belastung ändern.

Wenn sich der *Werkstoff idealplastisch* verhält, sind sämtliche Längsfasern dort, wo das sog. *Traglastmoment* M_T im Balken erreicht ist, vollständig plastiziert. Dort verteilen sich dann die Spannungen über den Querschnitt, so wie es z. B. die Abb. 6.12c, 6.14c usw. zeigen. Da die zugehörigen Dehnungen beliebig sind, können sich die beiden an diesen Querschnitt angrenzenden Balkenabschnitte ohne weitere Laststeigerung um beliebige Winkel gegeneinander verdrehen, sofern sie daran nicht durch die angrenzenden Teile eines Tragwerks gehindert werden. An dieser Stelle bildet sich dabei ein sog. *Fließgelenk* aus. (Vgl. hierzu auch 8.1.1.)

Wenn man diese Rechnungen als Näherung für die *Biegung mit Querkräften* zuläßt (vgl. dazu 6.1), werden alle Größen Funktionen von x. Die Querschnittsfläche bleibt bei Belastung nicht mehr eben wie bei konstantem Biegemoment. Die *Durchbiegung* $w(x)$ läßt sich dann — wenigstens grundsätzlich — aus der Differentialgleichung

$$\frac{d^2w}{dx^2} \approx \frac{1}{R(x)} \tag{6.7}$$

mit dem aus dem Gleichungssystem (6.4) bis (6.6) folgenden $R(x)$ errechnen.

Das Gleichungssystem vereinfacht sich für den *Spezialfall der symmetrischen Belastung eines symmetrischen Querschnitts*: Der Biegemomentenvektor fällt dann mit einer Hauptträgheitsachse zusammen ($\varphi = 0$), zu der wir die y-Achse parallel wählen können ($\psi = 0$); Gl. (6.6) wird dadurch identisch erfüllt, da auch die linke Seite wegen der Symmetrie des Querschnitts verschwindet. Es bleiben nur die beiden Gln. (6.4) und (6.5) mit $\varphi = \psi = 0$, aus denen wir R und die Lage $z_u = -\varepsilon_u R$ der Nullinie bestimmen können. Selbst für $N = 0$ liegt in diesem Fall der Schwerpunkt S im allgemeinen nicht — wie bei der rein elastischen Biegung ohne Längskräfte — in der neutralen Fläche, sondern nur dann, wenn außerdem der Querschnitt doppeltsymmetrisch, d. h. wenn $b(-\varepsilon R) = b(\varepsilon R)$ ist, *und* wenn $f(\varepsilon) = -f(-\varepsilon)$ eine ungerade Funktion von ε, ist. Die rechte Seite von (6.4) wird hierfür gerade Null, wenn S im Koordinatenursprung liegt.

An einigen Beispielen soll jetzt die Auflösung des Gleichungssystems (6.4) bis (6.6) veranschaulicht werden:

6.3 Schiefe Biegung von Balken mit doppeltsymmetrischem Querschnitt

Der Werkstoff soll sich idealplastisch verhalten, es gelte also die ungerade Spannungs-Dehnungs-Funktion (3.13), d. h.

$$f(\varepsilon) = \begin{cases} \sigma_F & \text{für} \quad \varepsilon \geq \varepsilon_{FZ}, \\ E\varepsilon & \text{für} \quad \varepsilon_{FD} \leq \varepsilon \leq \varepsilon_{FZ}, \\ -\sigma_F & \text{für} \quad \varepsilon \leq \varepsilon_{FD}. \end{cases} \tag{6.8}$$

Wir berücksichtigen hierbei zunächst die Längskräfte noch nicht. Ihren Einfluß werden wir in 6.4.2.2 und 8.4 gesondert behandeln. Nach den am Ende von 6.2 gemachten Bemerkungen liegt der Schwerpunkt in diesem Falle in der neutralen Fläche und fällt mit 0 zusammen. Wir untersuchen zwei spezielle Querschnitte:

6.3.1 Rechteckquerschnitt (Abb. 6.3a). Die Grenzen zwischen elastischen und plastischen Bereichen sind symmetrisch zur y-Achse und um $\zeta > 0$ von ihr entfernt[1]. Der Winkel φ soll hinreichend groß sein, so daß die Nullinie die Schmalseiten des Rechtecks schneidet.

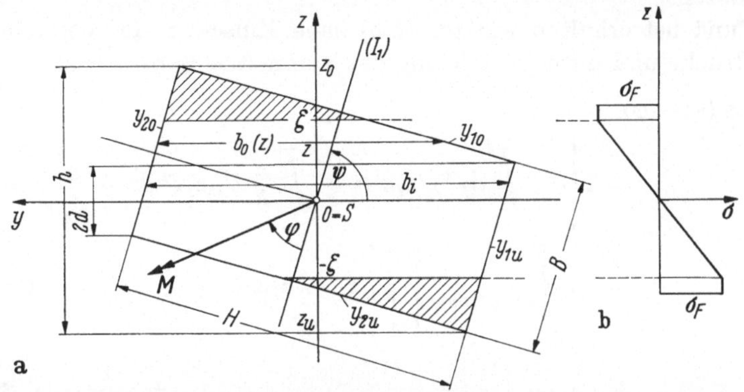

Abb. 6.3a u. b: a Schiefe Biegung ohne Längskraft, b Spannungsverteilung in der Linie $y = 0$.

Während die Rechnung für den vollkommen elastischen Querschnitt einfach ist und das elastische Grenzmoment, bei dem die Randfasern zu fließen beginnen,

$$M_{e\varphi} = \frac{1}{6}\,(BH)^2\,\frac{\sigma_F}{H\sin\varphi + B\cos\varphi} \tag{6.9}$$

mit dem zugehörigen Winkel der Nullinie gegenüber der I_1-Hauptachse

$$\psi_e = \arctan\left(\frac{I_1}{I_2}\tan\varphi\right) \tag{6.10}$$

liefert, ergeben sich für den teilweise plastizierten Querschnitt recht mühselige Rechnungen.

Bei Ausführung der Integrationen in (6.5) und (6.6) haben wir in der Zug- und Druckzone je drei Bereiche zu unterscheiden: In den Außenbereichen für $|z| > \zeta$ mit der Breite

$$b_u(z) = \frac{z - z_u}{\sin\psi\,\cos\psi} \quad \text{bzw.} \quad b_o(z) = \frac{z_o - z}{\sin\psi\,\cos\psi}$$

herrschen die Spannungen σ_F bzw. $-\sigma_F$. Für die elastische Zone gelten dieselben Ausdrücke für die Breiten im Bereich $d \le |z| \le \zeta$; im Innenbereich ist dagegen die konstante Breite $b_i = H/\sin\psi$ zu setzen. Ferner gelten die Beziehungen

$$h = 2z_o = -2z_u = B\sin\psi + H\cos\psi, \quad d = \frac{1}{2}\,(B\sin\psi - H\cos\psi). \tag{6.11}$$

---

[1] Mit $\zeta = \zeta_z = -\zeta_D$ wird hier der — stets positiv gerechnete — Abstand der Grenzfläche von der y-Achse bezeichnet.

Nach diesen Vorbereitungen lassen sich die Quadraturen mit (6.1), d. h. mit

$$\varepsilon = -\frac{z}{R}, \quad \varepsilon\, d\varepsilon = \frac{z\, dz}{R^2}, \quad \frac{E}{R} = \frac{\sigma_F}{\zeta} \tag{6.12}$$

ausführen.

Zunächst erhalten wir aus (6.5) nach Einsetzen der vorstehenden Ausdrücke und unter Beachtung der Symmetrie zur y-Achse

$$M \cos(\psi - \varphi)$$

$$= 2\left\{ -\int_{z_u}^{-\zeta} \sigma_F b_u(z) z\, dz + \int_{-\zeta}^{-d} \frac{E}{R} b_u(z) z^2\, dz + \int_{-d}^{0} \frac{E}{R} b_i z^2\, dz \right\}$$

$$= 2\sigma_F\left\{ \frac{1}{\sin\psi \cos\psi}\left[\int_{z_u}^{-\zeta} (z_u - z) z\, dz + \frac{1}{\zeta} \int_{-\zeta}^{-d} (z - z_u) z^2\, dz \right] \right.$$

$$\left. + \frac{H}{\zeta \sin\psi} \int_{-d}^{0} z^2\, dz \right\}.$$

Die Quadraturen liefern

$$\frac{3}{\sigma_F} M \cos(\psi - \varphi) = \frac{1}{\sin\psi}\left\{ \frac{1}{\cos\psi}\left[z_u \zeta^2 - z_u^3 + \frac{\zeta^3}{2} + \frac{6 d^3}{\zeta}\left(\frac{z_u}{3} + \frac{d}{4}\right) \right] + \frac{2 H d^3}{\zeta} \right\}$$

$$= f_1(\zeta, \psi). \tag{6.13}$$

Diese Gleichung gilt für $\zeta > d$. Rücken die Grenzlinien zwischen elastischen und plastischen Bereichen weiter ins Innere des Querschnitts, dann müßten wir die Integrationen für andere Bereichsgrenzen wiederholen. Davon wollen wir hier absehen.

Für die im Doppelintegral (6.6) vorkommenden Funktionen $y_1(z)$ und $y_2(z)$ sind hier jeweils zwei Ausdrücke zu unterscheiden, nämlich

$$y_{1u}(z) = \frac{1}{2}(B \cos\psi - H \sin\psi) - \frac{z - z_u}{\tan\psi} \qquad \text{für} \quad z_u \leq z \leq d,$$

$$y_{1o}(z) = z \tan\psi - \frac{B}{2\cos\psi} \qquad\qquad \text{für} \quad d \leq z \leq z_0,$$

$$y_{2u}(z) = \frac{1}{2}(B \cos\psi - H \sin\psi) + (z - z_u)\tan\psi \quad \text{für} \quad z_u \leq z \leq -d,$$

$$y_{2o}(z) = \frac{H}{2\sin\psi} - \frac{z}{\tan\psi} \qquad\qquad \text{für} \quad -d \leq z \leq z_0.$$

Damit und mit (6.12) geht (6.6) über in

$$-\frac{M}{\sigma_F}\sin(\psi - \varphi) = \int_{z_u}^{-\zeta} \int_{y_{1u}(z)}^{y_{2u}(z)} y\, dy\, dz - \frac{1}{\zeta}\int_{-\zeta}^{-d} \int_{y_{1u}(z)}^{y_{2u}(z)} y z\, dy\, dz$$

$$-\frac{1}{\zeta}\int_{-d}^{+d} \int_{y_{1u}(z)}^{y_{2o}(z)} y z\, dy\, dz - \frac{1}{\zeta}\int_{d}^{\zeta} \int_{y_{1o}(z)}^{y_{2o}(z)} y z\, dy\, dz - \int_{\zeta}^{z_0} \int_{y_{1o}(z)}^{y_{2o}(z)} y\, dy\, dz.$$

Die Ausführung der Quadraturen ist elementar und liefert schließlich
nach einigen Umformungen

$$-\frac{12M}{\sigma_F}\sin(\psi-\varphi)=\left(\frac{B}{\sin\psi}-\frac{H}{\cos\psi}\right)\left(\zeta^2+3\zeta z_u+3z_u^2+2\frac{d^3}{\zeta}+3\frac{d^2z_u}{\zeta}\right)$$

$$-\left(\tan^2\psi-\frac{1}{\tan^2\psi}\right)\left(\zeta^3+2\zeta^2z_u+3\zeta z_u^2+4z_u^3+3\frac{d^4}{\zeta}+\frac{4d^3z_u}{\zeta}+\frac{3d^2z_u^2}{\zeta}\right)$$

$$+\left(\frac{H^2}{\sin^2\psi}-\frac{B^2}{\cos^2\psi}\right)\left(\frac{3d^2}{4\zeta}+\frac{3\zeta}{4}+\frac{3z_u}{2}\right)$$

$$+\left(\frac{B\tan\psi}{\cos\psi}-\frac{H}{\sin\psi\tan\psi}\right)\left(2\frac{d^3}{\zeta}+\zeta^2-3z_u^2\right)+\frac{4Hd^3}{\zeta\tan\psi\sin\psi}-$$

$$-\frac{4d^3}{\zeta\tan\psi}(B\cos\psi-H\sin\psi)-\frac{8d^3z_u}{\zeta\tan^2\psi}=f_2(\zeta,\psi).\qquad(6.14)$$

Die beiden Gln. (6.13) und (6.14) reichen aus, um ζ und ψ in Abhängigkeit vom Biegemonent M zu berechnen, wenn wir noch $d(\psi)$ und $z_u(\psi)$
aus (6.11) einsetzen. Dabei ist aber der Bereich des Momentes M unbe-
kannt, für den $d\leq\zeta\leq z_0$ ist. Es ist daher zweckmäßig, (6.14) durch
(6.13) zu teilen. Wir erhalten so die Gleichung

$$-4\tan(\psi-\varphi)=\frac{f_2(\zeta,\psi)}{f_1(\zeta,\psi)}=F(\zeta,\psi),$$

in der das Biegemoment M nicht mehr enthalten ist, und können daher
auf numerischem Wege ζ als Funktion von ψ berechnen. Weiter läßt
sich dann das Moment M, das eine solche Plastizierung hervorruft,
für bestimmte Werte von ζ und die zugehörigen ψ aus (6.13) errechnen.

Die Rechnung wurde für den Spezialfall
$\varphi=30°$; $H=2B$ durchgeführt. Der Querschnitt beginnt bei $\psi_e=66{,}6°$ und dem zugehörigen $\zeta=z_0=0{,}856B$ plastisch zu
werden (Abb. 6.4 und 6.5). Im Verlauf der
Plastizierung dreht sich dann die Nullinie
und damit die Biegeebene geringfügig, bis
$\psi=65{,}2°$ und $\zeta=d=0{,}05B$ erreicht ist.
Dabei wächst das Moment M auf fast den
doppelten Wert des elastischen Grenzmomentes $M_{e\varphi}$. Bei weiterer Belastungssteigerung gelten die vorstehenden Formeln nicht
mehr. In Abb. 6.4 ist das Momentenverhält-
nis $M/M_{e\varphi}$ über der Höhe der plastizierten
Schicht $2\zeta/B$ aufgetragen.

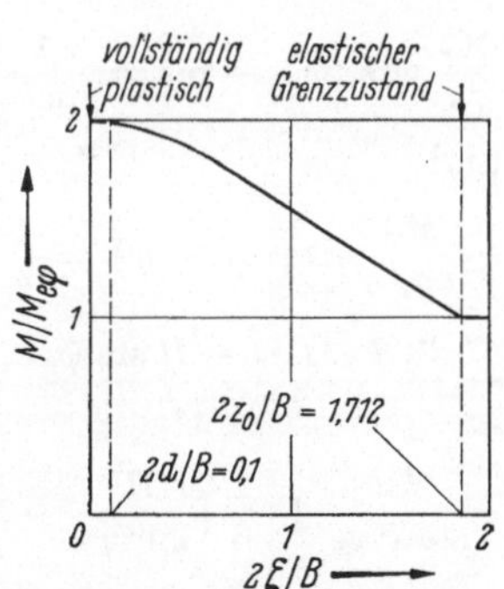

Abb. 6.4. Zunahme der Biegemomente bei schiefer Biegung
($\varphi=30°$) eines Rechteckquerschnitts mit $H/B=2$.

Das Traglastmoment M_T wird für $\zeta=0$ erreicht. Wir könnten es
durch Extrapolation nach Abb. 6.4 abschätzen, wollen es aber im folgenden genau berechnen: Um es in Abhängigkeit von φ zu ermitteln,
müssen wir die Rechnungen mit den Spannungen σ_F bzw. $-\sigma_F$ im

gesamten Bereich unterhalb bzw. oberhalb der Nullinie wiederholen. Ein Grenzübergang $\zeta \to 0$ aus (6.13) und (6.14) ist hier nämlich nicht

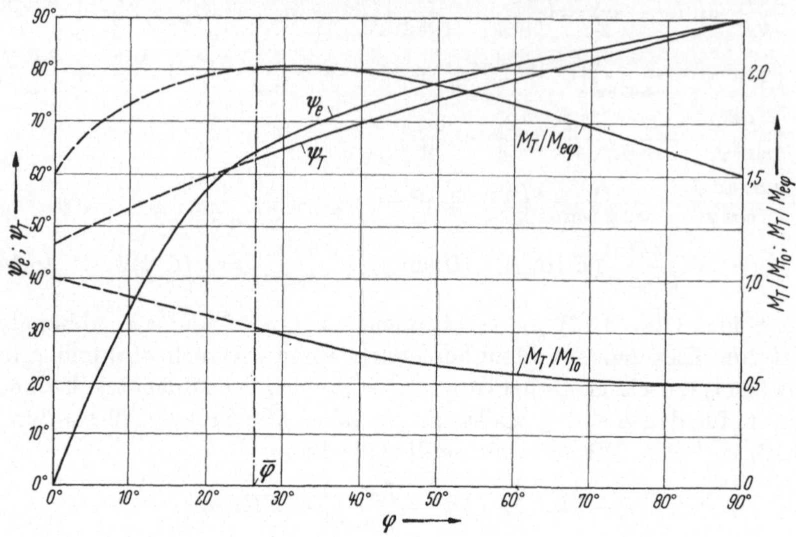

Abb. 6.5. Schiefe Biegung eines Rechteckquerschnitts mit $H/B = 2$: Lage der Nullinien für elastischen Grenzzustand (ψ_e) und vollständige Plastizierung (ψ_T); Traglastmoment M_T.

möglich, da diese Gleichungen für $\zeta < d$ nicht mehr gelten. Aus einer solchen Rechnung kommen die beiden Gleichungen

$$\frac{M_T}{\sigma_F} \cos(\psi_T - \varphi) = \frac{1}{\sin \psi_T}\left[\frac{1}{3 \cos \psi_T}(2d^3 + 3z_u d^2 - z_u^3) + Hd^2\right] \quad (6.15)$$

und

$$-\frac{M_T}{\sigma_F} \sin(\psi_T - \varphi) = \frac{1}{4}\left(\frac{B}{\sin \psi_T} - \frac{H}{\cos \psi_T}\right)(d + z_u)^2 + \frac{H(d^2 + z_u^2)}{4 \sin \psi_T \tan \psi_T}$$

$$-\frac{d^2(B \cos \psi_T - H \sin \psi_T)}{2 \tan \psi_T} - \left(\tan^2 \psi_T - \frac{1}{\tan^2 \psi_T}\right)\left(\frac{d^3}{3} + \frac{d^2 z_u}{2} + \frac{dz_u^2}{2} + \frac{z_u^3}{3}\right)$$

$$-\frac{d^2 z_u}{\tan^2 \psi_T} + \frac{1}{8}\left(\frac{H^2}{\sin^2 \psi_T} - \frac{B^2}{\cos^2 \psi_T}\right)(z_u + d) + \frac{B \tan \psi_T}{4 \cos \psi_T}(d^2 - z_u^2). \quad (6.16)$$

Sie reichen zur Berechnung von M_T und ψ_T an der Grenze der Tragfähigkeit aus, wenn wir noch $d(\psi_T)$ und $z_u(\psi_T)$ aus (6.11) einsetzen. Durch Eliminieren von M_T aus (6.15) und (6.16) ergibt sich eine transzendente Gleichung für den Winkel ψ_T, der von B, H und φ abhängt. Anschließend läßt sich M_T aus (6.15) berechnen.

Die Ergebnisse der für $H = 2B$ durchgeführten Rechnungen sind in Abb. 6.5 in Abhängigkeit von φ in dimensionsloser Form aufgetragen. Dabei ist zu beachten, daß alle vorstehenden Gleichungen unter der

Voraussetzung abgeleitet wurden, daß die Nullinie die Schmalseiten des Rechtecks schneidet, daß also $d > 0$ ist. Bei $d = 0$ oder nach (6.11) bei $\tan \psi_e = H/B = 2$, oder andererseits nach (6.10) bei

$$\bar{\varphi} = \arctan\left(\frac{I_2}{I_1}\tan\psi_e\right) = \arctan\frac{B}{H} = \arctan\frac{1}{2}$$

hört die Gültigkeit der Rechnung auf. In Abb. 6.5 ist das durch eine strichpunktierte Ordinate und durch Strichelung der in den Bereich $\varphi < \bar{\varphi} = 26{,}5°$ hinein extrapolierten Kurven gekennzeichnet.

Das Traglastmoment M_T ist einmal auf das elastische Grenzmoment $M_{e\varphi}$ für den jeweiligen Winkel φ und zum anderen auf das Traglastmoment M_{T0} für den symmetrischen Fall $\varphi = 0$ bezogen. Obwohl die Tragfähigkeitsreserve $M_T/M_{e\varphi}$ gegenüber dem Erreichen der jeweiligen elastischen Grenzlast zunächst mit φ wächst, nimmt doch M_T gegenüber dem Traglastmoment M_{T0} mit φ monoton ab. Zum Vergleich wurden auch die Winkel ψ_e nach (6.10) eingetragen, die im unteren Winkelbereich beträchtlich von den Winkeln ψ_T abweichen.

6.3.2 Tragfähigkeit eines idealisierten Sandwich-Querschnitts, nach Abb. 6.6, dessen Steg praktisch keine Biegesteifigkeit hat, jedoch hinreichend stark sein soll, um Schubspannungen übertragen und den Abstand der Gurte voneinander aufrechterhalten zu können. Die Ergebnisse dieser zur Vereinfachung der Rechnung eingeführten Idealisierung lassen sich als Näherungen für die schiefe Biegung von I-Trägern verwenden.

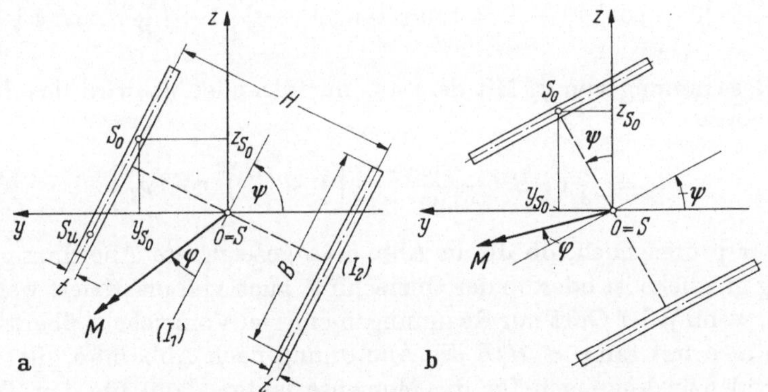

Abb. 6.6a u. b. Schiefe Biegung eines Sandwich-Querschnitts: a Lage bei vollständiger Plastizierung; b diese Lage ist für vollständige Plastizierung nicht möglich.

Mit den Teilquerschnittsflächen des linken Gurtes oberhalb bzw. unterhalb der Nullinie

$$\left.\begin{array}{c}F_o\\F_u\end{array}\right\} = \frac{t}{2}\,(B \pm H \cot\psi)$$

und mit den Koordinaten

$$\left.\begin{array}{c} y_{S_o} \\ y_{S_u} \end{array}\right\} = \frac{H}{2}\left(\sin\psi + \frac{1}{2}\frac{\cos\psi}{\tan\psi}\right) \mp \frac{B}{4}\cos\psi,$$

$$\left.\begin{array}{c} z_{S_o} \\ z_{S_u} \end{array}\right\} = \frac{1}{4}\left(H\cos\psi \pm B\sin\psi\right)$$

ihrer Schwerpunkte S_o bzw. S_u im y, z-System erhalten wir unter Beachtung der Symmetrieeigenschaften aus den beiden Äquivalenzbedingungen zwischen den Komponenten des Traglastmomentes und den Momenten der Spannungen für den Fall des voll plastizierten Querschnitts, in dem überall σ_F für $z < 0$ und $-\sigma_F$ für $z > 0$ herrscht,

$$M_T\sin(\psi - \varphi) = 2\sigma_F\left(F_o y_{S_o} - F_u y_{S_u}\right)$$

$$= \frac{1}{2}\sigma_F B^2 t\cos\psi\left[\left(\frac{H}{B}\right)^2(2 + \cot^2\psi) - 1\right],$$

$$M_T\cos(\psi - \varphi) = 2\sigma_F\left(F_o z_{S_o} - F_u z_{S_u}\right)$$

$$= \frac{1}{2}\sigma_F B^2 t\sin\psi\left[1 + \left(\frac{H}{B}\right)^2\cot^2\psi\right].$$

Nach Eliminieren von M_T gibt das die transzendente Gleichung

$$\left(\frac{H}{B}\right)^2(2 + \cot^2\psi) - 1 = \tan\psi\tan(\psi - \varphi)\left[1 + \left(\frac{H}{B}\right)^2\cot^2\psi\right]$$

zur Bestimmung von ψ. Mit dem aus ihr folgenden ψ_T wird das *Traglastmoment*

$$M_T = \frac{1}{2}\sigma_F B^2 t\frac{\sin\psi_T}{\cos(\psi_T - \varphi)}\left[1 + \left(\frac{H}{B}\right)^2\cot^2\psi_T\right]. \tag{6.17}$$

Wir prüfen noch, ob die in Abb. 6.6a gezeichnete Anordnung die einzig mögliche ist oder ob der Querschnitt auch voll plastiziert werden kann, wenn jeder Gurt nur Spannungen einerlei Vorzeichens überträgt, wenn also mit $\tan\psi < H/B$ die Anordnung nach Abb. 6.6b gilt: Die Äquivalenzbedingungen für die Momente lauten dann für den Traglastfall

$$M\cos(\psi - \varphi) = 2\sigma_F Bt z_{S_o} = \sigma_F BHt\cos\psi,$$

$$M\sin(\psi - \varphi) = 2\sigma_F Bt y_{S_o} = \sigma_F BHt\sin\psi$$

oder

$$\tan(\psi - \varphi) = \tan\psi.$$

Da das nur für den Symmetriefall ($\varphi = 0$) erfüllbar ist, ist die Anordnung nach Abb. 6.6b für den voll plastizierten Fall nicht möglich. Daher ist der Neigungswinkel ψ_T der Nullinie und damit auch der Biegefläche gegenüber dem Hauptachsensystem für beliebige φ bei Erreichen der Traglast größer als arctan H/B.

Der Winkel ψ_T weicht je nach dem Grade der Unsymmetrie mehr oder weniger vom Winkel

$$\psi_e = \arctan\left(\frac{I_1}{I_2}\tan\varphi\right) = \arctan\left(3\,\frac{H^2}{B^2}\tan\varphi\right) \tag{6.18}$$

bei Erreichen des elastischen Grenzmomentes

$$M_{e\varphi} = \sigma_F\left(\frac{\sin\varphi}{I_2}\frac{B}{2} + \frac{\cos\varphi}{I_1}\frac{H}{2}\right)^{-1} = \sigma_F\,B^2 t\left(3\sin\varphi + \frac{B}{H}\cos\varphi\right)^{-1} \tag{6.19}$$

ab. Für kleine φ sind die Unterschiede am größten, da für $\varphi \to 0$ auch $\psi_e \to 0$ geht, während $\psi_T > $ arctan H/B bleibt. Die Nullinie dreht sich bei fortschreitender Plastizierung immer weiter, bis im Traglastfall $\psi = \psi_T$ erreicht ist.

Zur Veranschaulichung wurde die Rechnung für den speziellen Fall $H = 2B$ durchgeführt. Die Auftragung der Ergebnisse in Abb. 6.7

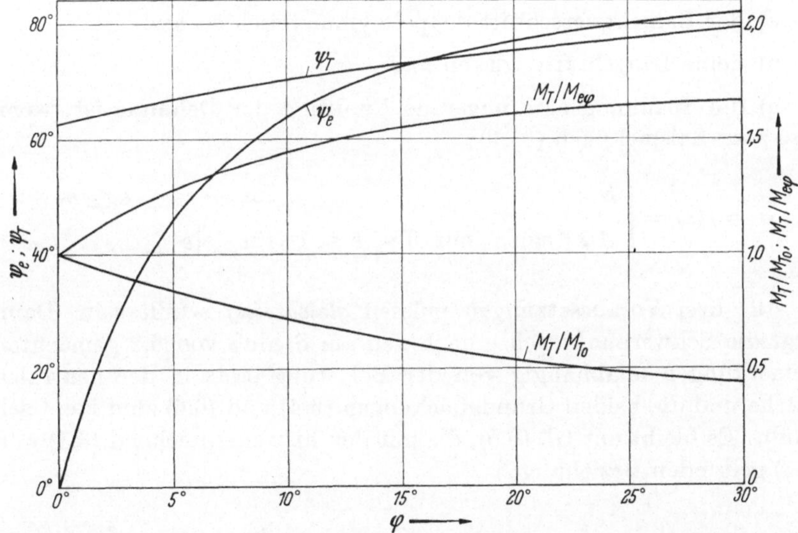

Abb. 6.7. Schiefe Biegung eines Sandwich-Querschnitts mit $H/B = 2$: Lage der Nullinien für elastischen Grenzzustand (ψ_e) und vollständige Plastizierung (ψ_T); Traglastmoment M_T.

zeigt ähnlich wie Abb. 6.5 für den Rechteckquerschnitt, daß die beiden Winkel ψ_e und ψ_T im Bereich kleiner Winkel φ sehr stark voneinander

7*

abweichen. So dreht sich beispielsweise für $\varphi = 2°$ die Nullinie und damit auch die Biegeebene, ausgehend von $\psi_e = 23°$, bei fortschreitender Plastizierung immer mehr in Richtung der I_2-Achse, bis schließlich bei voller Plastizierung $\psi_T = 65°$ erreicht ist. Für $\varphi > 10°$ ändert sich dagegen die Lage der Nullinie kaum noch mit zunehmender Plastizierung.

Bemerkenswert ist hier wieder der recht starke Abfall des Traglastmomentes M_T schon bei kleinen Winkeln φ im Vergleich zum Moment M_{T0} für den symmetrischen Fall $\varphi = 0$[1]. Das ist bei der Beurteilung der Tragfähigkeit von I-Trägern zu beachten. Dagegen hat der schief belastete Träger noch eine beträchtliche Tragfähigkeitsreserve $M_T/M_{e\varphi}$ gegenüber dem Erreichen des jeweiligen elastischen Grenzmomentes $M_{e\varphi}$.

6.4. Momentenbelastung in einer Längssymmetrieebene
des Querschnitts

Wir unterscheiden zwischen doppeltsymmetrischen und einfachsymmetrischen Fällen.

6.4.1 Doppeltsymmetrischer Fall. Dieser Fall liegt vor, wenn

a) der Balkenquerschnitt doppeltsymmetrisch ist *und*

b) keine Längskräfte wirken *und*

c) die Spannung eine ungerade Funktion der Dehnung ist, wenn also zum Beispiel nach (3.10)

$$\sigma = f(\varepsilon) = \begin{cases} E\varepsilon & \text{für } -\varepsilon_F \leq \varepsilon \leq \varepsilon_F, \\ A|\varepsilon|^k \operatorname{sgn}\varepsilon \quad \text{mit } 0 \leq k \leq 1 \quad \text{für} \quad |\varepsilon| \geq \varepsilon_F \end{cases}$$

gilt.

Alle drei Voraussetzungen müssen *gleichzeitig* erfüllt sein. Dann liegt die Schwerpunktsachse nach den am Schluß von 6.2 gemachten Bemerkungen unabhängig von der Belastung stets in der neutralen Fläche und die beiden Grundgleichungen (6.4) und (6.6) sind identisch erfüllt. Es bleibt nur Gl. (6.5), die mit den hier entsprechend (6.1) und (6.3) geltenden Beziehungen

$$\zeta_D = |\zeta_Z| = \zeta, \quad \varepsilon_o = \varepsilon_u - \frac{h}{R} = -\varepsilon_u \quad \text{bzw.} \quad \varepsilon_u = \frac{h}{2R},$$

$$z_o = -z_u = \frac{h}{2}$$

---

[1] So ist beispielsweise für $\varphi = 2°$ nur noch $M_T \approx 0{,}93\,M_{T0}$.

und unter Beachtung der Symmetrieeigenschaften in

$$M = 2\,R^2 \left[A \int\limits_{\varepsilon_F}^{\varepsilon_u = h/2R} \varepsilon^{k+1} b\,(-\varepsilon R)\,d\varepsilon + E \int\limits_{0}^{\varepsilon_F} \varepsilon^2 b\,(-\varepsilon R)\,d\varepsilon \right] \qquad (6.20)$$

übergeht. Wir behandeln zwei Sonderfälle:

6.4.1.1 Rechteckquerschnitt. Aus (6.20) erhalten wir mit $z = -\varepsilon R$ und $E/R = \sigma_F/\zeta$

$$
\begin{aligned}
M(\zeta) &= -\frac{2\,RAb}{R^{k+1}} \int\limits_{-\zeta}^{-h/2} (-z)^{k+1}\,dz - \frac{2\sigma_F b}{\zeta} \int\limits_{0}^{-\zeta} z^2\,dz \\[2mm]
&= \frac{2Ab}{R^k(k+2)} \left[\left(\frac{h}{2}\right)^{k+2} - \zeta^{k+2} \right] + \frac{2}{3}\,\sigma_F b \zeta^2 \\[2mm]
&= \frac{2}{3}\,\sigma_F b \zeta^2 \left\{ \frac{3\,A\,\sigma_F^{k-1}}{(k+2)\,E^k} \left[\left(\frac{2\zeta}{h}\right)^{-(k+2)} - 1 \right] + 1 \right\}
\end{aligned}
$$

als Beziehung zwischen dem Biegemoment und der Dicke 2ζ der noch elastisch gebliebenen Zone, welche nach Multiplikation mit dem Faktor $E/2\sigma_F = 1/2\varepsilon_F$ gleich dem Krümmungsradius R ist.

Wenn wir $M(\zeta)$ auf das *elastische Grenzmoment*

$$M_e = M\left(\frac{h}{2}\right) = \frac{1}{6}\,\sigma_F b h^2$$

beziehen, folgt hieraus der sog. *Überlastungsfaktor*

$$m(\zeta) = \frac{M(\zeta)}{M_e} = \left(\frac{2\zeta}{h}\right)^2 \left\{ 1 + \frac{3\,A\,\sigma_F^{k-1}}{(k+2)\,E^k} \left[\left(\frac{2\zeta}{h}\right)^{-(k+2)} - 1 \right] \right\}, \qquad (6.21)$$

welcher angibt, um wieviel M_e bei einem bestimmten, durch ζ angegebenen Plastizierungszustand überschritten ist.

Für $k = 0$ und $A = \sigma_F$, d. h. für *idealplastischen Werkstoff* wird

$$m(\zeta) = \frac{M(\zeta)}{M_e} = \left(\frac{2\zeta}{h}\right)^2 \left\{ 1 + \frac{3}{2} \left[\left(\frac{2\zeta}{h}\right)^{-2} - 1 \right] \right\} = \frac{3}{2} - \frac{1}{2}\left(\frac{2\zeta}{h}\right)^2. \qquad (6.22)$$

Die beiden Überlastungsfaktoren wurden für ein *Zahlenbeispiel*, und zwar für verfestigenden Werkstoff mit der Kennlinie nach (3.10) mit $\sigma_F = 14{,}4\,\text{kp/mm}^2$, $E = 7{,}6\cdot10^3\,\text{kp/mm}^2$, $k = 0{,}126$, $A = 31{,}8\,\text{kp/mm}^2$, sowie zum Vergleich für idealplastischen Werkstoff mit denselben Werten von E und σ_F berechnet. In Abb. 6.8 sind sie in Abhängigkeit von der Verformungsgröße $2\zeta/h = R/R_e$ aufgetragen, die den Plastizierungszustand bzw. den Krümmungsradius R im Verhältnis zum Krümmungsradius R_e im elastischen Grenzzustand angibt.

Dieses Diagramm ist insofern besonders instruktiv, als es erkennen läßt, daß sich die bleibenden Verformungen von zwei Balken aus Werkstoffen mit recht unterschiedlichen Kennlinien, jedoch gleichem σ_F

und E, im Bereich der Größenordnung der elastischen Grenzverformungen, und zwar hier speziell etwa für $R_e < R < 3\,R_e$, nicht nennenswert voneinander unterscheiden. Erst bei weiterem Fortschreiten der Plastizierung wirkt sich die Verfestigung merklich aus. Da für Festigkeitsuntersuchungen normalerweise der Bereich größerer bleibender Verformungen gar nicht interessiert, erhellt hieraus die Berechtigung für die Annahme idealplastischen Werkstoffes, welche auch dann noch zu brauchbaren Näherungen führt, wenn sich der Werkstoff in Wirklichkeit recht erheblich verfestigt.

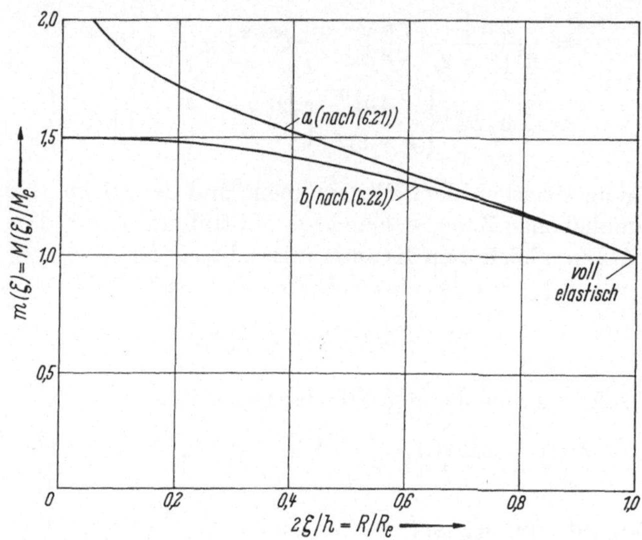

Abb. 6.8. Überlastungsfaktor $m(\zeta)$ eines Rechteckquerschnitts: a für verfestigenden Werkstoff nach Abb. 3.6,　b für idealplastischen Werkstoff.

6.4.1.2 Beliebige doppeltsymmetrische Querschnitte und idealplastischer Werkstoff. Aus (6.20) erhalten wir mit $k = 0$ und $A = \sigma_F = E\varepsilon_F = E\zeta/R$ das Biegemoment

$$M = 2\,R^2\sigma_F\left[\int\limits_{\varepsilon_F}^{h/2R} b(-\varepsilon R)\varepsilon\,d\varepsilon + \frac{1}{\varepsilon_F}\int\limits_0^{\varepsilon_F} b(-\varepsilon R)\varepsilon^2\,d\varepsilon\right]$$

oder nach Einführung von $z = -\varepsilon R$

$$M(\zeta) = \frac{2\sigma_F}{\zeta}\left[\zeta\int\limits_\zeta^{h/2} b(z)z\,dz + \int\limits_0^\zeta b(z)z^2\,dz\right]$$

$$= \frac{2\sigma_F}{\zeta}\left[\zeta S(\zeta) + I(\zeta)\right] = \frac{\sigma_F I_p(\zeta)}{\zeta} = \frac{E I_p(\zeta)}{R}. \tag{6.23}$$

Darin kommen folgende Flächenmomente 1. bzw. 2. Grades von oberhalb der Nullinie liegenden Querschnittssteilflächen vor:

$$
\left.\begin{aligned}
S(\zeta) &= \int_{\zeta}^{h/2} b(z)\,z\,dz && = \text{statisches Moment des} \\
&&& \quad \text{plastizierten Flächenteils} \\
&&& \quad \text{oberhalb der Nullinie,} \\[2ex]
I(\zeta) &= \int_{0}^{\zeta} b(z)\,z^2\,dz && = \text{axiales Trägheitsmoment} \\
&&& \quad \text{des elastischen Flächen-} \\
&&& \quad \text{teils oberhalb der Nullinie,} \\[2ex]
I_p(\zeta) &= 2\,[\zeta\,S(\zeta) + I(\zeta)] && = \text{für den elastisch-plasti-} \\
&&& \quad \text{schen Zustand maßgeb-} \\
&&& \quad \text{liches gesamtes Flächen-} \\
&&& \quad \text{moment 2. Grades.}
\end{aligned}\right\} \quad (6.24)
$$

Für die näherungsweise Anwendung auf die Biegung mit Querkräften läßt sich aus (6.23) bei bekanntem Momentenverlauf $M(x)$ die elastisch-plastische Grenzfläche $\zeta(x)$ gewinnen, womit die Differentialgleichung (6.7) der elastischen Linie übergeht in

$$
\frac{d^2w}{dx^2} \approx \frac{1}{R(x)} = \frac{\sigma_F}{E\,\zeta(x)} = \frac{M(x)}{E\,I_p(\zeta(x))}\,. \tag{6.25}
$$

Beispiele für ihre Integration folgen im Abschn. 7. Wir stellen hier schon fest, daß (6.25) in eine Form gebracht werden kann, die der Differentialgleichung für den elastischen Fall analog ist.

Als spezielle Werte von (6.23) haben wir *das elastische Grenzmoment*

$$
M_e = M\!\left(\frac{h}{2}\right) = \frac{4\sigma_F}{h} \int_0^{h/2} b(z)\,z^2\,dz = \frac{2\sigma_F\,I_y}{h} = \frac{E\,I_y}{R_e} \tag{6.26}
$$

mit dem Trägheitsmoment $I_y = 2\,I\!\left(\dfrac{h}{2}\right)$ des gesamten Querschnitts bezogen auf die Nullinie und dem elastischen Grenzkrümmungsradius R_e, sowie *das Traglastmoment* oder *Fließmoment*

$$
M_T = \lim_{\zeta \to 0} M(\zeta) = 2\sigma_F \lim_{\zeta \to 0} S(\zeta) = 2\sigma_F \int_0^{h/2} b(z)\,z\,dz, \tag{6.27}
$$

bei dem es keinen elastischen Bereich mehr gibt und überall die Fließspannung σ_F bzw. $-\sigma_F$ erreicht ist, so daß sich ein Fließgelenk ausbilden kann.

Hiermit erhalten wir den *Überlastungsfaktor*

$$
m(\zeta) = \frac{M(\zeta)}{M_e} = \frac{R_e}{R}\,\frac{I_p(\zeta)}{I_y} = \frac{h}{2\zeta}\,\frac{I_p(\zeta)}{I_y} = \frac{h}{\zeta}\,\frac{\zeta\,S(\zeta) + I(\zeta)}{I_y}\,, \tag{6.28}
$$

der also im wesentlichen durch $I_p(\zeta)$ gegeben ist, und den sog. *plastischen Formfaktor*

$$m_T = \lim_{\zeta \to 0} m(\zeta) = \frac{M_T}{M_e} = \lim_{\zeta \to 0} \frac{S(\zeta)h}{I_y}, \tag{6.29}$$

der von grundlegender Bedeutung für die Durchführung von Traglastverfahren bei Balken- und Rahmentragwerken ist. m_T gibt als „Tragfähigkeitsreserve" an, um wieviel das Biegemoment M_T bei völligem Versagen des Trägers größer ist als das Biegemoment M_e bei Beginn der plastischen Verformung[1].

Nun zur *Auswertung von (6.23) für einige Querschnitte:*

a) Bei einem *Kreisquerschnitt* werden die Integrale (6.24) durch die Transformation

$$b(z) = 2a \cos \varphi, \quad z = a \sin \varphi$$

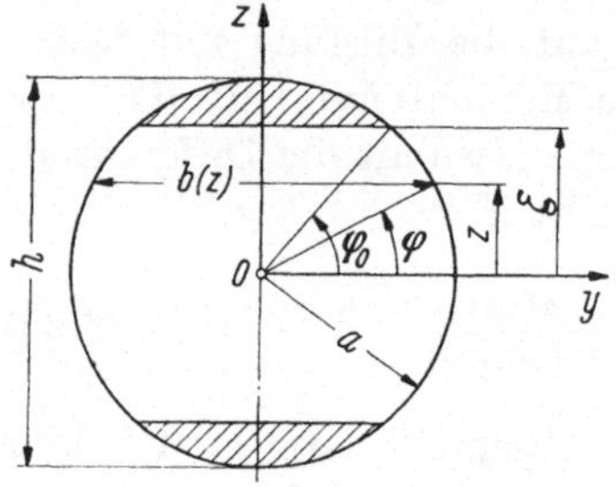

Abb. 6.9. Kreisquerschnitt teilweise plastiziert.

von dem zur Breite $b(\zeta)$ der Grenzfläche gehörigen Winkel φ_0 abhängig (vgl. Abb. 6.9). Die Quadraturen liefern

$$S(\varphi_0) = 2a^3 \int_{\varphi_0}^{\pi/2} \sin \varphi \cos^2 \varphi \, d\varphi$$

$$= \frac{2}{3} a^3 \cos^3 \varphi_0,$$

$$I(\varphi_0) = 2a^4 \int_{0}^{\varphi_0} \sin^2 \varphi \cos^2 \varphi \, d\varphi$$

$$= \frac{a^4}{2} \left[\sin \varphi_0 \cos \varphi_0 \left(\sin^2 \varphi_0 - \frac{1}{2} \right) + \frac{\varphi_0}{2} \right].$$

Nun transformieren wir wieder auf ζ zurück, so daß wir mit $\sin \varphi_0 = \zeta/a$ usw. zunächst

$$I_p(\zeta) = \zeta a^3 \sqrt{1 - \left(\frac{\zeta}{a} \right)^2} \left(\frac{5}{6} - \frac{\zeta^2}{3a^2} \right) + \frac{a^4}{2} \arcsin \frac{\zeta}{a}$$

---

[1] m_T ist nicht nur der größte Wert, sondern der Extremalwert von $m(\zeta)$; denn aus (6.28) folgt

$$\frac{dm}{d\zeta}\bigg|_{\zeta=0} = \frac{h}{I_y} \left(\frac{dS}{d\zeta} + \frac{1}{\zeta} \frac{dI}{d\zeta} - \frac{1}{\zeta^2} I \right) = 0,$$

weil die beiden ersten Glieder bei der Differentiation der Integrale (6.24) unter Anwendung der erweiterten Leibniz-Regel $\mp b(\zeta) \zeta$ ergeben, sich also gegenseitig fortheben und auch das letzte Glied wegen

$$\lim_{\zeta \to 0} \frac{1}{\zeta^2} I(\zeta) = \lim_{\zeta \to 0} \frac{\frac{dI}{d\zeta}}{2\zeta} = \lim_{\zeta \to 0} \frac{b(\zeta)\zeta}{2} = 0$$

für $\zeta = 0$ verschwindet.

und schließlich nach (6.28) mit $I_y = 2I\left(\dfrac{\pi}{2}\right) = \dfrac{\pi a^4}{4}$ den Überlastungsfaktor

$$m(\zeta) = \frac{h}{2\zeta}\,\frac{I_p(\zeta)}{I_y} = \frac{2}{3\pi}\left[\sqrt{1-\left(\frac{\zeta}{a}\right)^2}\left(5 - 2\frac{\zeta^2}{a^2}\right) + \frac{3a}{\zeta}\,\arcsin\frac{\zeta}{a}\right] \qquad (6.30)$$

und nach (6.29) unter Anwendung der BERNOULLI-L'HOSPITALschen Regel den plastischen Formfaktor

$$m_T = \lim_{\zeta\to 0} m(\zeta) = \frac{2}{3\pi}\left(5 + \lim_{\zeta\to 0}\frac{3}{\sqrt{1-\left(\frac{\zeta}{a}\right)^2}}\right) = \frac{16}{3\pi} = 1{,}69 \qquad (6.31)$$

erhalten.

b) Für den *Kreisrohrquerschnitt mit kleiner Wandstärke* $t \ll a$ und dem Halbmesser a folgt mit $dF = at\,d\varphi$ und $z = a\sin\varphi$

$$S(\varphi_0) = 2a^2t \int_{\varphi_0}^{\pi/2} \sin\varphi\,d\varphi = 2a^2t\cos\varphi_0,$$

$$I(\varphi_0) = 2a^3t \int_0^{\varphi_0} \sin^2\varphi\,d\varphi = a^3t(\varphi_0 - \sin\varphi_0\cos\varphi_0)$$

und damit nach (6.24) wegen $\sin\varphi_0 = \zeta/a$

$$I_p(\zeta) = 2a^2t\left[\zeta\,\sqrt{1-\left(\frac{\zeta}{a}\right)^2} + a\,\arcsin\frac{\zeta}{a}\right]$$

und weiter nach (6.28)

$$m(\zeta) = \frac{h}{2\zeta}\,\frac{I_p}{I_y} = \frac{2}{\pi}\left[\sqrt{1-\left(\frac{\zeta}{a}\right)^2} + \frac{a}{\zeta}\,\arcsin\frac{\zeta}{a}\right] \qquad (6.32)$$

sowie

$$m_T = \frac{2}{\pi}\left(1 + \lim_{\zeta\to 0}\frac{1}{\sqrt{1-\left(\frac{\zeta}{a}\right)^2}}\right) = \frac{4}{\pi} = 1{,}273. \qquad (6.33)$$

c) Für einen I-*Querschnitt* nach Abb. 6.10, der schon soweit plastiziert wurde, daß die Grenzfläche im Steg liegt, finden wir nach einfacher Rechnung den Überlastungsfaktor

$$m(\zeta) = \frac{3\left[\left(1-\frac{2a}{h}\right)^2 + \frac{4B}{b}\frac{a}{h}\left(1-\frac{a}{h}\right)\right] - \left(\frac{2\zeta}{h}\right)^2}{2\left[\left(1-\frac{2a}{h}\right)^3 + 6\frac{B}{b}\frac{a}{h}\left(1-\frac{2a}{h}+\frac{4a^2}{3h^2}\right)\right]}. \qquad (6.34)$$

Für *Normalprofile* ist im Mittel etwa $a/h = 0{,}054$ und $B/b = 10{,}55$, so daß

$$m(\zeta) \approx 1{,}175 - 0{,}1325\left(\frac{2\zeta}{h}\right)^2 \qquad (6.35)$$

wird.

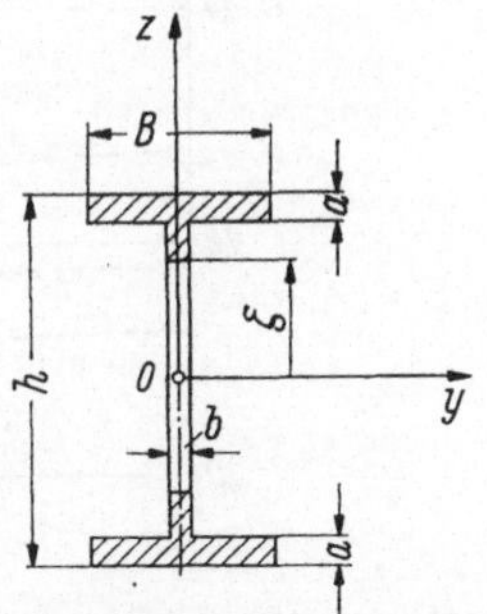

Abb. 6.10. I-Querschnitt mit Grenzflächen zwischen elastischen und plastischen Bereichen im Steg.

Für *Breitflanschprofile* bis etwa $h = 400$ mm können wir im Mittel $Ba/bh \approx 1{,}5$ und $a/h \approx 0{,}07$ setzen und die Formel

$$m(\zeta) \approx 1{,}123 - 0{,}0592 \left(\frac{2\zeta}{h}\right)^2 \tag{6.36}$$

verwenden.

Alles gilt nur für $\zeta \leq \dfrac{h}{2} - a$ bzw. $\dfrac{2\zeta}{h} \leq 1 - \dfrac{2a}{h}$. Liegt die elastisch-plastische Grenzfläche noch im Gurt, so müßte die Rechnung für $\zeta > h/2 - a$ wiederholt werden. Da es jedoch auf den genauen Verlauf der Kurve $m(\zeta)$ in der Nähe von $\zeta = h/2$ nicht ankommt, wollen wir auf diese Rechnung verzichten.

Für einen *Kastenquerschnitt* bleibt (6.34) verwendbar, wenn wir für b die gesamte Dicke beider Stege einsetzen. Beispielsweise erhalten wir für einen quadratischen Kastenquerschnitt mit gleicher, sehr kleiner Wandstärke $a = b/2 \ll h = B$ den Überlastungsfaktor

$$m(\zeta) \approx 1{,}123 - 0{,}125 \left(\frac{2\zeta}{h}\right)^2. \tag{6.37}$$

In Abb. 6.11 sind die Ergebnisse dieser Rechnungen zusammengestellt[1]. Der Überlastungsfaktor wird um so kleiner, je weiter von der

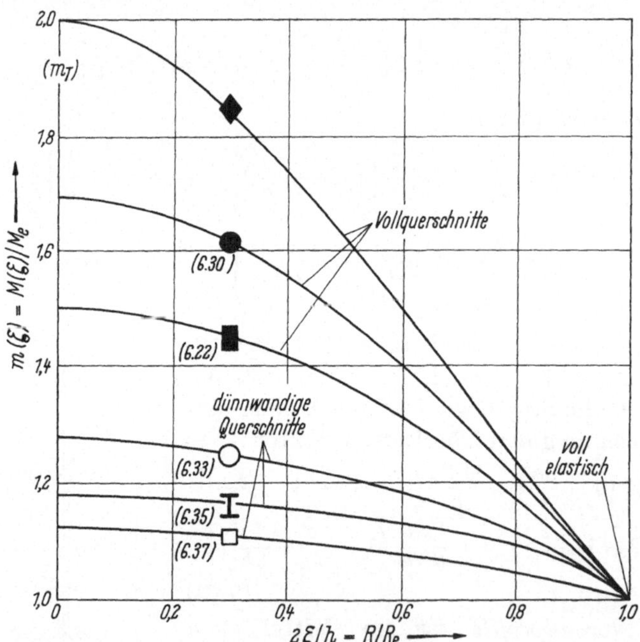

Abb. 6.11. Überlastungsfaktoren $m(\zeta)$ für doppeltsymmetrische Querschnitte aus idealplastischem Werkstoff.

---

[1] Versuche haben diese theoretischen Ergebnisse recht gut bestätigt (vgl. z. B. BAKER et al. [*14*] und weitere dort angegebene Autoren).

Nullinie entfernt der Werkstoff an den Querschnittsrändern konzentriert ist. Für dünnwandige Querschnitte ist er daher wesentlich kleiner als für Vollquerschnitte; das Breitflanschprofil nähert sich sogar stark dem idealisierten Sandwich-Querschnitt an, für den $m(\zeta) = 1$ ist.

Je größer der Überlastungsfaktor ist, um so größer ist die zusätzliche Tragfähigkeitsreserve, die der Träger noch bei Erreichen der elastischen Grenzlast besitzt. Dieser Umstand kann bei der Berechnung nach der Elastizitätslehre naturgemäß nicht berücksichtigt werden.

Der praktischen Traglastberechnung von statisch unbestimmten Balken- und Rahmentragwerken sollte man nicht den vollen plastischen Formfaktor $m_T = m(0)$ zugrunde legen, sondern besser einen etwas kleineren, für nicht zu kleines R/R_e gültigen Wert. Wie wir aus Abb. 6.11 entnehmen, läßt sich nämlich durch sehr weitgehende Plastizierung, bzw. kleine elastische Restzone, nur noch wenig an Tragfähigkeit gewinnen. Beispielsweise ist für $\zeta = h/10$, d. h. $R/R_e = 0{,}2$, der Formfaktor schon nahezu erreicht. Auch im Hinblick auf die Werte der Krümmungen ist es unzweckmäßig, mit noch kleineren Werten zu rechnen (vgl. dazu auch 7.1).

Bei der praktischen Traglastberechnung muß man außerdem gegebenenfalls die Herabsetzung des Formfaktors durch den Einfluß von Längskräften, Querkräften und Torsion berücksichtigen, worüber man unter 6.4.2.2 und 8.4 sowie in den Abschn. 10 und 11 nähere Ausführungen findet.

6.4.2 Einfachsymmetrischer Fall. Dieser Fall liegt vor, wenn

im Fall a) der Querschnitt nur *eine* Symmetrieebene hat, die gleichzeitig Lastfläche ist, *oder* wenn

im Fall b) Längskräfte wirken, *oder* wenn

im Fall c) das Spannungs-Dehnungs-Gesetz keine ungerade Funktion von ε ist.

Es können auch zwei oder drei dieser Möglichkeiten gleichzeitig vorkommen. Dann ist immer nur die dritte Grundgleichung (6.6) identisch erfüllt. Die beiden übrig bleibenden Gln. (6.4) und (6.5) reichen zur Bestimmung des Krümmungsradius R und der Höhenlage $z_u = -\varepsilon_u R$ der Nullinie aus.

Wir können hier nicht alle vorkommenden Fälle, sondern nur einige typische Beispiele behandeln, für die wir der Einfachheit halber die Möglichkeit c) ausschalten und idealplastischen Werkstoff mit $\sigma_{-F} = -\sigma_F$ annehmen.

6.4.2.1 Alleiniger Einfluß der Unsymmetrie des Querschnitts [Fall a)]. Als Beispiel diene der bezüglich der y-Achse unsymmetrische *Trapezquerschnitt* nach Abb. 6.12.

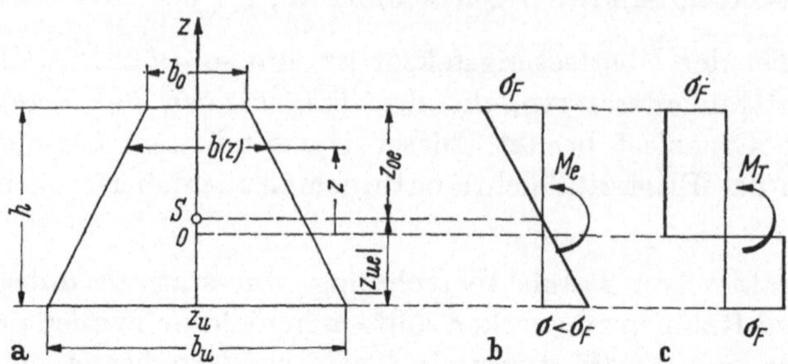

Abb. 6.12a—c. Trapezquerschnitt: b im elastischen Grenzzustand, c im vollplastizierten Zustand.

Das elastische Grenzmoment ergibt sich aus der Bedingung, daß die Schwerpunktsachse in der neutralen Fläche liegt. Wir führen das Verhältnis der Parallelseiten $\beta = b_0/b_u$ ein und erhalten mit

$$z_{ue} = z_{oe} - h = -h \frac{1 + 2\beta}{3(1 + \beta)} \quad \text{und} \quad I_y = \frac{b_u h^3}{36} \frac{1 + 4\beta + \beta^2}{1 + \beta}$$

das elastische Grenzmoment

$$M_e = \frac{I_y \sigma_F}{z_{oe}} = \frac{\sigma_F b_u h^2}{12} \frac{1 + 4\beta + \beta^2}{2 + \beta},$$

das erreicht wird, wenn die Spannung in der oberen Balkenfaser gleich der Fließspannung $-\sigma_F$ wird (Abb. 6.12 b).

Das Fortschreiten der Plastizierung wollen wir hier nicht im einzelnen untersuchen, sondern gleich den Zustand vollständiger Plastizierung nach Abb. 6.12 c annehmen: Mit

$$b(z) = b_u \left[1 - \frac{1}{h} (1 - \beta)(z - z_u) \right]$$

erhalten wir dann aus (6.4) mit $N = 0$, d. h. aus

$$\int_{z_u}^{0} \left[1 - \frac{1}{h} (1 - \beta)(z - z_u) \right] dz - \int_{0}^{z_u+h} \left[1 - \frac{1}{h} (1 - \beta)(z - z_u) \right] dz = 0$$

nach Ausführung der Quadraturen die quadratische Gleichung für z_u

$$z_u^2 + \frac{2h}{1 - \beta} z_u + \frac{(1 + \beta)h^2}{2(1 - \beta)} = 0$$

mit der Lösung

$$z_u = - \frac{1 - \left[\frac{1}{2}(1 + \beta^2) \right]^{1/2}}{1 - \beta} h.$$

Die Momentengleichung (6.5) liefert das Traglastmoment

$$M_T = -\sigma_F b_u \left\{ \int\limits_{z_u}^{0} \left[1 - \frac{1}{h}(1-\beta)(z-z_u) \right] z\,dz \right.$$

$$\left. - \int\limits_{0}^{z_u+h} \left[1 - \frac{1}{h}(1-\beta)(z-z_u) \right] z\,dz \right\}$$

$$= \sigma_F b_u \left[z_u^2 + \frac{1}{3h}(1-\beta)z_u^3 + \frac{h}{2}(1+\beta)z_u + \frac{h^2}{6}(1+2\beta) \right].$$

Nach Einsetzen von z_u und M_e sowie nach einigen Umformungen ergibt sich der plastische Formfaktor

$$m_T = \frac{M_T}{M_e} = 4\,\frac{(2+\beta)\left[1 + \beta^3 - \dfrac{1}{\sqrt{2}}(1+\beta^2)^{3/2} \right]}{(1-\beta)^2(1+4\beta+\beta^2)}.$$

Die Lagen der Nullinie — gekennzeichnet durch die Beträge von z_{ue}/h und z_u/h — sowie der plastische Formfaktor m_T sind in Abb. 6.13 in Abhängigkeit vom Seitenverhältnis β aufgetragen. Mit zunehmender

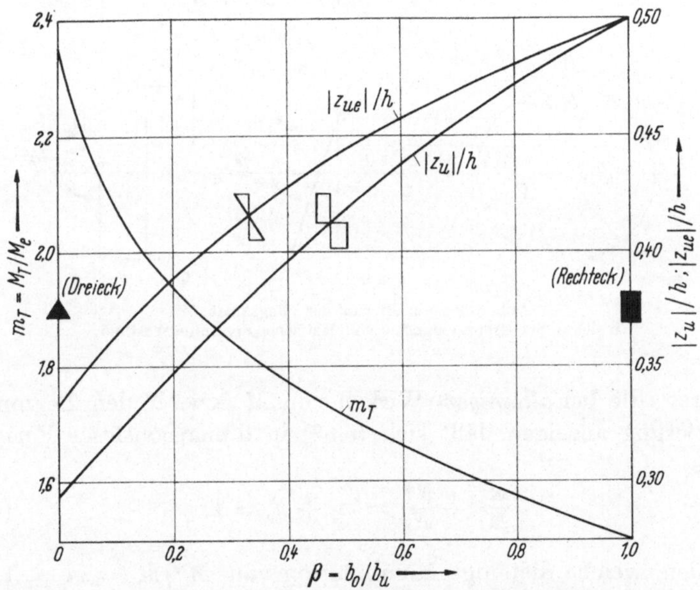

Abb. 6.13. Lage der Nullinien und plastischer Formfaktor m_T in Abhängigkeit vom Seitenverhältnis β für Trapezquerschnitt.

Unsymmetrie des Querschnitts, d. h. mit abnehmendem β, nimmt die Tragfähigkeitsreserve gegenüber dem Erreichen der elastischen Grenzlast monoton zu, während die Nullinie dabei immer weiter zum unteren

Querschnittsrand hin rückt. Die Verschiebung der Nullinie im Verlauf der Plastizierung ist hier nicht allzu groß.

6.4.2.2 Einfluß der Längskräfte [Fall b) von 6.4.2]. Wir setzen voraus, daß die Belastung sich proportional ändert, daß also $M/N = $ konst bleibt. Die Längskräfte sollen ferner keine nennenswerten zusätzlichen Biegemomente an den Durchbiegungen hervorrufen (vgl. hierzu 8.4.1). Der Einfluß der Längskräfte auf das elastische Grenzmoment und das Traglastmoment läßt sich am besten an einigen Beispielen erläutern.

Beispiel 1. Doppeltsymmetrische Querschnitte. Für diese gilt bei Erreichen der *elastischen Grenzbelastung*

$$\sigma_F = \frac{M^* h}{2 I_y} + \frac{N^*}{F} \tag{6.38}$$

für jedes beliebige Verhältnis von M^* zu N^* sowie für jede beliebige Kombination ihrer Vorzeichen. Abb. 6.14 zeigt den speziellen Fall, daß die Fließspannung bei positiven M^* und N^* zuerst in der unteren Faser erreicht ist. Wenn wir diejenigen elastischen Grenzschnittlasten

$$M_e = \frac{2 I_y}{h} \sigma_F \quad \text{bzw.} \quad N_e = \sigma_F F$$

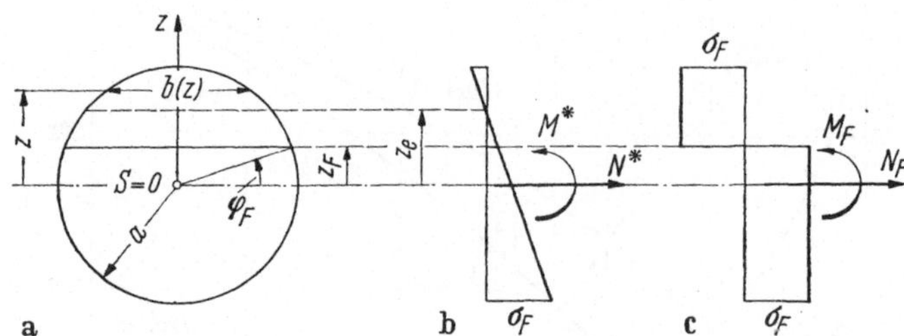

Abb. 6.14a -c. Einfluß der Längskraft:
b elastischer Grenzzustand, c vollplastischer Spannungszustand.

einführen, die bei *alleinigem* Wirken von M bzw. N den Beginn der Plastizierung anzeigen, läßt sich (6.38) in dimensionsloser Form als Gerade

$$\frac{M^*}{M_e} + \frac{N^*}{N_e} = m_e + n_e = 1 \tag{6.39}$$

darstellen, welche diejenige Kombination von $M^*/M_e = m_e \leq 1$ und $N^*/N_e = n_e \leq 1$ angibt, bei der eine der Randfasern zu fließen beginnt. Die Gerade (d) in Abb. 6.15 gilt für alle doppeltsymmetrischen Querschnitte.

Die Höhenlage der Nullinie folgt damit aus

$$z_e = \frac{N^*}{M^*} \frac{I_y}{F} = \frac{n_e}{m_e} \frac{h}{2} . \tag{6.40}$$

Als *Rechenbeispiel* für die Bestimmung der entsprechenden Beziehung zwischen m_F und n_F bei Erreichen der vollen Plastizierung für idealplastischen Werkstoff diene der *Kreisquerschnitt* nach Abb. 6.14. Bezeichnet z_F bzw. φ_F die Lage der Nullinie bei voller Plastizierung, dann liefert (6.4)

$$N_F = \int\limits_{-a}^{z_F} \sigma_F b(z)\, dz - \int\limits_{z_F}^{a} \sigma_F b(z)\, dz$$

$$= 2\sigma_F a^2 \left[\int\limits_{-\pi/2}^{\varphi_F} \cos^2\varphi\, d\varphi - \int\limits_{\varphi_F}^{\pi/2} \cos^2\varphi\, d\varphi \right] = 2\sigma_F a^2 \left(\varphi_F + \frac{1}{2}\sin 2\varphi_F \right)$$

und aus der Äquivalenzbedingung für die Momente[1] folgt

$$M_F = -\int\limits_{-a}^{z_F} \sigma_F b(z)\, z\, dz + \int\limits_{z_F}^{a} \sigma_F b(z)\, z\, dz = 2 \int\limits_{z_F}^{a} \sigma_F b(z)\, z\, dz$$

$$= 4\sigma_F a^3 \int\limits_{\varphi_F}^{\pi/2} \cos^2\varphi \sin\varphi\, d\varphi = \frac{4}{3}\sigma_F a^3 \cos^3\varphi_F.$$

Aus der zweiten Gleichung setzen wir

$$\varphi_F = \arccos\left[\frac{1}{a}\left(\frac{3M_F}{4\sigma_F} \right)^{1/3} \right]$$

in die erste ein, was mit den dimensionslos gemachten Schnittlastenwerten

$$n_F = \frac{N_F}{N_e} = \frac{N_F}{\sigma_F \pi a^2} \quad \text{und} \quad m_F = \frac{M_F}{M_e} = \frac{4M_F}{\sigma_F \pi a^3}$$

die Beziehung

$$n_F = \frac{2}{\pi}\left(\varphi_F + \frac{1}{2}\sin 2\varphi_F \right)$$

$$= \frac{2}{\pi}\left[\arccos\left(\frac{3}{16}\pi m_F \right)^{1/3} + \frac{1}{2}\sin 2 \arccos\left(\frac{3}{16}\pi m_F \right)^{1/3} \right]$$

liefert, die den Einfluß der Längskraft auf die Tragfähigkeit angibt. Für $n_F = 0$ wird $\varphi_F = 0$ und $M_F(0) = \frac{4}{3}\sigma_F a^3 = M_T$; $m_F(0) = \frac{16}{3\pi} = m_T$ ist der plastische Formfaktor.

Während die Nullinie im elastischen Grenzfall entsprechend (6.40) je nach Größe von n_e/m_e beliebig weit außerhalb des Querschnitts liegen kann, rückt sie im voll plastizierten Zustand wegen

$$z_F = a \sin\left[\arccos\left(\frac{3}{16}\pi m_F \right)^{1/3} \right] \leq a$$

stets in den Querschnitt hinein.

Die Kurve $m_F = m_F(n_F)$ in Abb. 6.15 ist die Fließkurve bzw. Traglastkurve für den betreffenden, durch Biegemoment und Längskraft belasteten Querschnitt. Alle Schnittlastenkombinationen, die durch

---

[1] Wir haben hier aus Zweckmäßigkeitsgründen den Koordinatenursprung im Schwerpunkt angenommen und nicht — wie bei (6.5) — auf der Nullinie.

außerhalb dieser Kurve liegende Punkte gekennzeichnet sind, sind statisch unzulässig, alle innerhalb liegenden sind sicher im Sinne der Definitionen von 4.5.

Aus der Auftragung der in ähnlicher Weise für verschiedene doppeltsymmetrische Querschnitte errechneten Ergebnisse in Abb. 6.15 entnehmen wir eine für diese Querschnitte weitere auffällige Abweichung vom elastischen Verhalten: In allen Fällen ist der Einfluß kleiner Längskräfte bis etwa $n = 0,1$ auf den plastischen Formfaktor $m_T = m_F(0)$ so klein, daß er für praktische Rechnungen nicht berücksichtigt zu werden braucht. Dagegen beeinflußt schon eine kleine Längskraft das elastische Grenzmoment merklich. Insofern ist die Rechnung nach der Plastizitätstheorie in vielen Fällen einfacher als bei Annahme elastischen Werkstoffverhaltens. Für negative Werte von N bzw. M sind die Kurven der Abb. 6.15 einfach an den n- bzw. m-Achsen zu spiegeln[1].

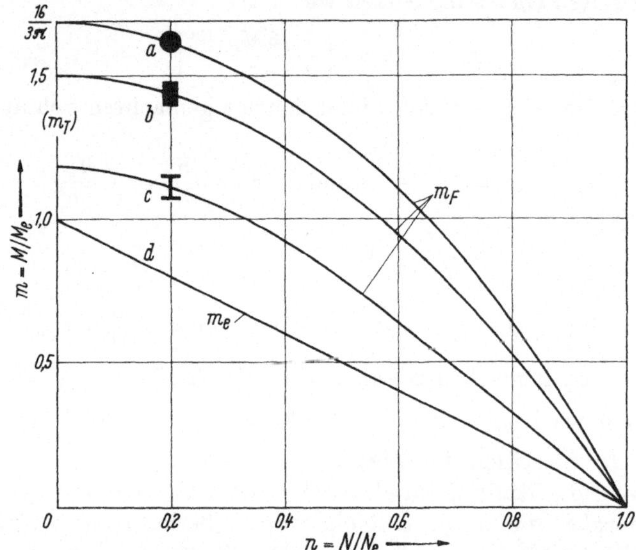

Abb. 6.15. Gegenseitige Beeinflussung von Längskraft N und Biegemoment M: Fließkurven a bis c für volle Plastizierung, d Fließbeginn in allen Querschnitten.

---

[1] Alle in Abb. 6.15 aufgetragenen Fließkurven $m_F = m_F(n_F)$ sind stetige Kurven mit stetigen ersten Ableitungen. Das gilt überraschenderweise auch für den I-Querschnitt, obwohl für ihn die beiden Kurven $m_F = m_F(z_F)$ und $n_F = n_F(z_F)$ an der Übergangsstelle zwischen Gurt und Steg (bei $z_F = 9$) einen Knick haben. Man kann aber nachweisen, daß die Fließkurve für den I-Querschnitt aus zwei Parabelästen besteht, die bei $n_F = 0,4737$ tangential ineinander übergehen.

Beispiel 2. Kreisring mit Rechteckquerschnitt. Der mit einer Einzellast K nach Abb. 6.16 belastete Kreisring mit dem Querschnitt bh und $h \ll R$ ist ein besonders anschauliches Beispiel für einen Fall mit

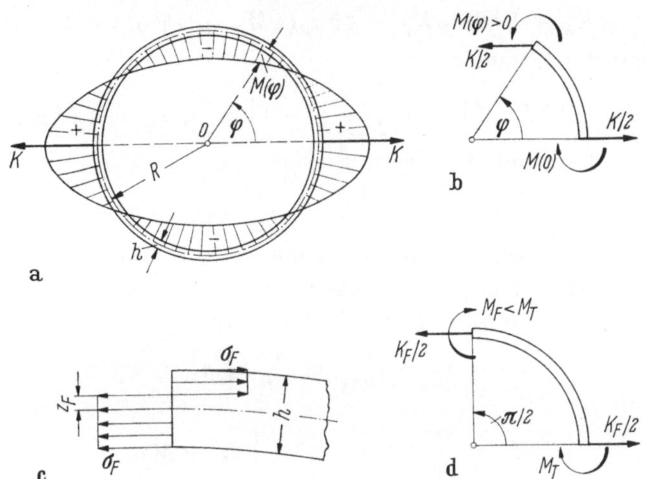

Abb. 6.16a–d. Kreisring mit Einzellasten K:
a und b elastische Momentenverteilung, c und d Bruchzustand.

geringem Einfluß der Längskräfte auf die Tragfähigkeit. Für den noch vollständig elastischen Zustand berechnet man den Momentenverlauf

$$M(\varphi) = KR\left(\frac{1}{\pi} - \frac{1}{2}\sin\varphi\right)$$

(vgl. Abb. 6.16a und b). Die Plastizierung beginnt in den Außenfasern an der Stelle des Lastangriffs ($\varphi = 0$) unter der Belastung

$$K_e = \frac{M_e\,\pi}{R} = \frac{bh^2\sigma_F\,\pi}{6R} = 0{,}523\,\frac{bh^2}{R}\,\sigma_F .$$

Bei Steigerung der Belastung werden weitere Bereiche des Ringes in der Umgebung des Lastangriffs und schließlich auch in der Umgebung der Stelle $\varphi = \pi/2$ plastiziert, auf deren Form es hier nicht ankommt. Es genügt, den Bruchzustand (Abb. 6.16c und d) zu betrachten, bei dem schließlich auch der Querschnitt $\varphi = \pi/2$ vollständig plastiziert ist, so daß sich die vier Quadranten des Ringes, die durch vier Fließgelenke miteinander verbunden sind, als starre Gebilde gegeneinander verdrehen können.

Die Äquivalenzbedingungen zwischen Schnittlasten (Abb. 6.16d) und Spannungen (Abb. 6.16c) liefern zwei Gleichungen

$$\frac{K_F}{2} = 2bz_F\sigma_F; \quad M_F = \frac{K_F R}{2} - M_T = b\left(\frac{h^2}{4} - z_F^2\right)\sigma_F$$

zur Bestimmung von z_F und $M_F < M_T$. Wegen des Einflusses der Längskraft wird das Traglastmoment M_T im Querschnitt nicht ganz erreicht. Wir eliminieren z_F und erhalten die quadratische Gleichung

$$K_F^2 + 8\,b\,R\,\sigma_F K_F - 4\,b\,\sigma_F(4\,M_T + b\,h^2\,\sigma_F) = 0$$

für K_F mit der Lösung

$$K_F = 4\,b\,R\,\sigma_F\left(\sqrt{1 + \frac{1}{2}\left(\frac{h}{R}\right)^2} - 1\right) \approx \frac{b\,h^2}{R}\,\sigma_F = 1{,}91\,K_e.$$

Für $h/R \ll 1$ stimmt sie näherungsweise mit dem Wert

$$K_T = \frac{4\,M_T}{R} = \frac{b\,h^2}{R}\,\sigma_F$$

überein, den wir erhalten hätten, wenn wir von vornherein den Einfluß der Längskraft unberücksichtigt gelassen und M_T im Querschnitt $\varphi = \pi/2$ angesetzt hätten. In der Tat wird für $h/R \ll 1$

$$z_F = \frac{K_F}{4\,b\,\sigma_F} \approx \frac{h^2}{4\,R} \ll h$$

und damit

$$M_F \approx \frac{b\,h^2}{4}\left[1 - \frac{1}{4}\left(\frac{h}{R}\right)^2\right]\sigma_F \approx M_T.$$

Gegenüber dem Beginn der Plastizierung an der Stelle des Lastangriffs kann die Belastung noch um 91% gesteigert werden, bevor der Ring vollständig versagt.

Diese Rechnung gilt nur näherungsweise für hinreichend kleine $h/R \ll 1$. Eine genaue Rechnung müßte die Anfangskrümmung des Ringes berücksichtigen.

Beispiel 3. Einfachsymmetrische Querschnitte. Für die Kombination der Fälle a) und b) von 6.4.2 hängt es vom Verhältnis N/M ab, welche Randfaser zuerst fließt: Bei kleinen Längskräften wird diejenige Randfaser zuerst plastisch, die am weitesten von der Nullinie entfernt ist.

Als *Rechenbeispiel* wählen wir einen $\perp$-*Querschnitt* nach Abb. 6.17[1] mit

$$F = 8t^2; \qquad I_s = \frac{109}{6}\,t^4.$$

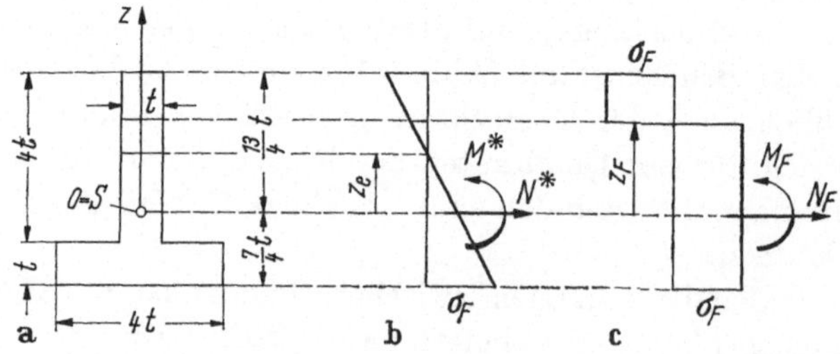

Abb. 6.17a—c. $\perp$-Querschnitt mit Längskraft und Biegemoment: b Fließbeginn, c Tragbelastung.

---

[1] Der Koordinatenursprung liege im Querschnittsschwerpunkt.

Für kleine positive oder negative N^* fließt die obere Faser zuerst, so daß aus

$$\sigma(z_0) = -\frac{M^*}{I_s}\frac{13}{4}t + \frac{N^*}{F} = -\frac{39}{218}\frac{M^*}{t^3} + \frac{N^*}{8t^2} = -\sigma_F$$

mit

$$N_e = \sigma_F F = 8t^2\sigma_F \quad \text{und} \quad M_e = \sigma_F\frac{4I_s}{13t} = \frac{218}{39}t^3\sigma_F$$

die Einflußgerade

$$\frac{M^*}{M_e} - \frac{N^*}{N_e} = m_e - n_e = 1$$

für den Fließbeginn in der oberen Faser folgt. Die Nullinie liegt also um

$$z_e = \frac{I_s}{F}\frac{N^*}{M^*} = \frac{109}{48}\frac{N^*}{M^*}t^2$$

oberhalb des Schwerpunktes. Falls die untere Faser bei hinreichend großem N zuerst fließt, folgt aus

$$\sigma(z_u) = \frac{M^*}{I_s}\frac{7t}{4} + \frac{N^*}{F} = \frac{21}{218}\frac{M^*}{t^3} + \frac{N^*}{8t^2} = \sigma_F$$

die Einflußgerade

$$\frac{7}{13}m_e + n_e = 1.$$

Als Gültigkeitsgrenze zwischen beiden Bereichen ergibt sich nach Gleichsetzen beider Geradengleichungen $n_e = 0,3$. In Abb. 6.18 sind beide Geradenpaare für ihren Gültigkeitsbereich ausgezogen eingetragen.

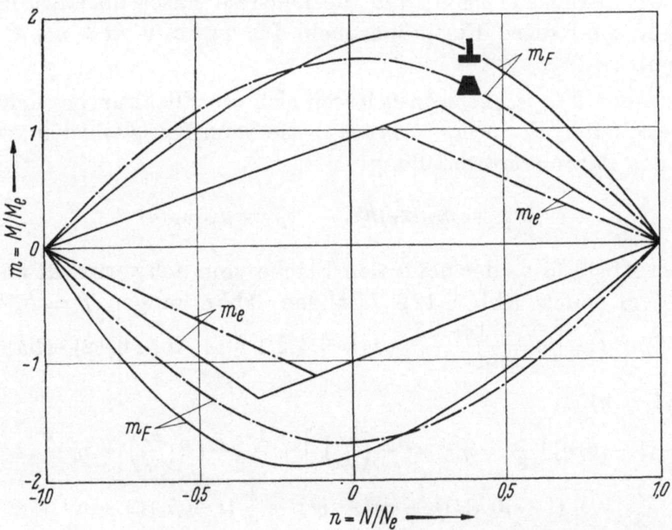

Abb. 6.18. Einflußkurven zwischen Längskraft N und Biegemoment M für Fließbeginn (m_e) und Tragbelastung (m_F).
(——— ⊥-Querschnitt; —·—·— Trapezquerschnitt mit $\beta = b_o/b_u = 0,5$).

8*

Wenn wir den Einfluß der Längskraft auf das Traglastmoment bestimmen wollen, müssen wir für verschiedene Vorzeichen von N getrennte Rechnungen durchführen. Für $M > 0$ *und* $N > 0$ liefern die Äquivalenzbedingungen

$$N_F = \sigma_F \left[4t^2 + \left(z_F + \frac{3}{4} t \right) t - \left(\frac{13}{4} t - z_F \right) t \right] = \sigma_F \left(\frac{3}{2} t^2 + 2 z_F t \right),$$

$$M_F = \sigma_F \left[4t^2 \frac{5}{4} t + \frac{3}{4} t^2 \frac{3t}{8} - \frac{t}{2} z_F^2 + \left(\frac{13}{4} t - z_F \right) t \left(\frac{z_F}{2} + \frac{13}{8} t \right) \right]$$

$$= \sigma_F \left(\frac{169}{16} t^3 - t z_F^2 \right).$$

Wir setzen $z_F = \dfrac{N_F}{2 t \sigma_F} - \dfrac{3t}{4}$ aus der ersten in die zweite Gleichung und erhalten

$$M_F = \sigma_F \left(10 t^3 - \frac{N_F^2}{4 t \sigma_F^2} + \frac{3 N_F t}{4 \sigma_F} \right)$$

oder in dimensionsloser Form mit $\quad n_F = \dfrac{N_F}{N_e} = \dfrac{N_F}{8 t^2 \sigma_F}$

$$m_F = \frac{M_F}{M_e} = \frac{1}{109} (195 + 117 n_F - 312 n_F^2) \qquad \text{für } n_F \geq 0$$

als Einflußkurve für die Abhängigkeit zwischen N_F und M_F. Eine entsprechende Rechnung liefert

$$m_F = \frac{1}{109} (195 + 117 n_F - 78 n_F^2) \qquad \text{für } n_F \leq 0,$$

wobei wir berücksichtigen, daß die neutrale Faser im Gurt liegt. In Abb. 6.18 sind diese Einflußparabeln für $m_F > 0$ und $m_F < 0$ eingetragen.

Für einen *Trapezquerschnitt* lassen sich die Fließkurven nicht mehr in der expliziten Form $m_F = m_F(n_F)$ wie beim Kreis angeben, sondern nur in der Parameterdarstellung

$$m_F = m_F(z_F/h), \qquad n_F = n_F(z_F/h)$$

mit dem Abstand z_F der neutralen Fläche vom Schwerpunkt als Parameter (vgl. auch Abb. 6.17). Mit den Abkürzungen $\beta = b_o/b_u$ und $\eta = \eta(\beta) = |z_{ue}|/h = \dfrac{1 + 2\beta}{3(1 + \beta)}$ (vgl. 6.4.2.1 und Abb. 6.12) erhalten wir

$$m_F = (1 - \eta)$$

$$\times \frac{[1 - (1 - \beta)\eta] \left[\frac{1}{2} - \eta + \eta^2 - \left(\frac{z_F}{h} \right)^2 \right] + \frac{1 - \beta}{3} \left[2 \left(\frac{z_F}{h} \right)^3 + \eta^3 - (1 - \eta)^3 \right]}{\frac{1}{3} [1 - (1 - \beta)\eta] [(1 - \eta)^3 + \eta^3] - \frac{1}{4} (1 - \beta) [(1 - \eta)^4 - \eta^4]},$$

$$n_F = 2 \frac{\beta - 1}{\beta + 1} \left(\frac{z_F}{h} \right)^2 + 4 \frac{1 - (1 - \beta)\eta}{1 + \beta} \left(\frac{z_F}{h} \right) + \frac{4\eta - 2\eta^2(1 - \beta)}{1 + \beta} - 1.$$

Die sich aus diesen beiden Gleichungen für $\beta = 0{,}5$ ergebende Einflußkurve ist in Abb. 6.18 eingetragen.

Die Einflußkurven nach Abb. 6.18 lassen sich für negative N und M im Gegensatz zu den entsprechenden Kurven der Abb. 6.15 nicht mehr aus den Kurven der ersten Quadranten durch Spiegelung an den Koordinatenachsen gewinnen.

6.5 Restspannungen

Nach vollständiger Entlastung eines Balkens, der vorher plastisch verformt wurde, bleiben Restspannungen übrig, die wir einfach berechnen können, wenn wir von den Voraussetzungen ausgehen, daß

a) die Entlastung rein elastisch erfolgt,

b) keine Längskräfte wirken und

c) die Momentenbelastung in einer Längssymmetrieebene des Querschnitts wirkt.

Der plastische Zustand kann nach den vorstehenden Untersuchungen als bekannt angenommen werden; im allgemeinen ist er durch eine Spannungsverteilung $\sigma_P(z)$ nach Abb. 6.19 mit dem Biegemoment M_y gekennzeichnet. Die vollständige Entlastung wird unter den genannten Voraussetzungen erreicht, wenn wir diesem Zustand einen elastischen Spannungszustand mit dem Moment M_{el} überlagern, für den

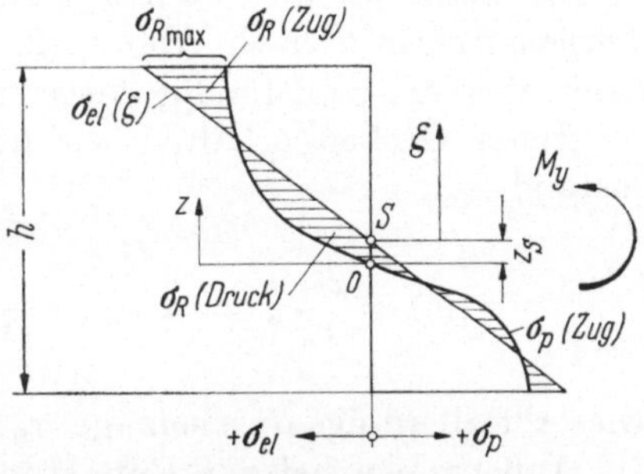

$$M_y + M_{el} = M_y + \frac{E\,I_\eta}{R_e} = 0$$

bzw.

$$\sigma_{el}(\zeta) = -\frac{E}{R_e}\,\zeta = \frac{M_y}{I_\eta}\,\zeta \qquad (6.40)$$

gilt[1].

Abb. 6.19. Restspannungszustand $\sigma_R = \sigma_P + \sigma_{el}$ (schraffiert).

Als Restspannung bleibt nach vollständiger Entlastung mit (6.40) und $\zeta = z - z_S$

$$\sigma_R(z) = \sigma_P(z) + \frac{M_y}{I_\eta}\,(z - z_S) \qquad (6.41)$$

---

[1] Man beachte, daß der Koordinatenursprung $\zeta = 0$ zufolge der Voraussetzungen a) und b) im Schwerpunkt S liegt und im allgemeinen nicht mit der Spannungsnullinie ($z = 0$) des plastischen Spannungszustandes zusammenfällt, sondern nur im doppeltsymmetrischen Fall. M_{el} ist nicht mit dem elastischen Grenzmoment M_e zu verwechseln; stets ist $|M_{el}| > M_e$. Das Trägheitsmoment wird hier sinngemäß mit I_η bezeichnet.

übrig, sofern nicht hierbei an irgendeiner Querschnittsstelle wieder plastische Verformungen auftreten, so daß dort $|\sigma_{R_{\max}}| > \sigma_F$ wird (vgl. Abb. 6.19); in diesem Falle müßte die vorstehende Rechnung ergänzt werden, worauf wir nicht eingehen wollen.

Bei der anschließenden Wiederbelastung des Balkens im selben Sinne wie beim ersten Mal wird eine elastische Spannungsverteilung $-\sigma_{\mathrm{el}}(\zeta)$ superponiert, bis wieder M_P erreicht ist und nur $\sigma_P(z)$ übrigbleibt. Erst bei weiterer Belastungssteigerung wird der Balken weiter plastisch verformt. Die durch die erste Belastung hervorgerufenen Restspannungen haben also gewissermaßen die ursprünglichen elastischen Eigenschaften des Balkens verbessert, sofern die Belastungsrichtung nicht umgekehrt wurde. Dieses Phänomen ist uns schon bei der Behandlung des einfach statisch unbestimmten Modells nach 5.1 begegnet: Aus Abb. 5.2 entnehmen wir, daß das vom Restzustand aus im Sinne positiver K erneut belastete Modell länger elastisch bleibt als im Ursprungszustand. Wird dagegen das Modell — oder auch der Balken — im umgekehrten Sinne wiederbelastet, so macht sich der Restspannungszustand insofern ungünstig bemerkbar, als die erneute plastische Verformung schon bei geringeren Momentenbelastungen einsetzt als im Ursprungszustand[1].

Als *Rechenbeispiel* wählen wir den bereits in 6.4.2.1 behandelten *Trapezquerschnitt* nach Abb. 6.12, der nach Erreichen des Traglastmomentes M_T vollständig entlastet werden soll. Mit den früher abgeleiteten Größen erhalten wir hierfür als elastischen Entlastungszustand

$$\sigma_{\mathrm{el}}(\zeta) = \frac{M_T}{I_\eta}\,\zeta = 12\,\frac{(1+\beta)\left[1+\beta^3 - \dfrac{1}{\sqrt{2}}\,(1+\beta^2)^{3/2}\right]\sigma_F\zeta}{(1-\beta)^2\,(1+4\beta+\beta^2)h}.$$

Dies gilt allerdings nur, solange $\sigma_{\mathrm{el}}(h/2) \le 2\sigma_F$ ist; denn sonst würden die Außenzonen bei der Entlastung wieder plastiziert werden. Beim Dreieck ($\beta = 0$) würde z. B. die Entlastungsspannung an der Spitze ($\zeta = 2h/3$) nach dieser Formel gleich $2{,}33\,\sigma_F$ werden, was dort einen nicht möglichen Restspannungszustand $\sigma_R = 1{,}33\,\sigma_F$ ergeben würde.

Indem wir links $2\sigma_F$ und rechts den Abstand der Oberkante vom Schwerpunkt $\zeta = \dfrac{2+\beta}{3(1+\beta)}\,h$ einsetzen, erhalten wir eine transzendente Gleichung, die $\beta = b_o/b_u = 0{,}15$ als dasjenige Verhältnis der Parallelseiten liefert, außerhalb dessen unsere Rechnung nicht mehr gilt, sondern durch Einbeziehung des bei der Entlastung plastizierten Gebietes an der Oberseite des Querschnitts modifiziert werden müßte.

---

[1] Vergleiche auch die Behandlung der Restspannungen bei Torsion in 11.5.

Außerdem tritt für alle β dadurch eine geringe Abweichung der wirklichen von der berechneten Restspannungsverteilung ein, daß der Schwerpunkt S nicht genau mit dem Punkt 0 übereinstimmt: Abb. 6.20 zeigt die errechnete Restspannungsverteilung für einen Trapezquerschnitt mit $\beta = 0,4$. Zwischen den Punkten 0 und S muß sie — da ihr Betrag größer als σ_F wird — so korrigiert werden, daß dort $|\sigma_R| = \sigma_F$ wird.

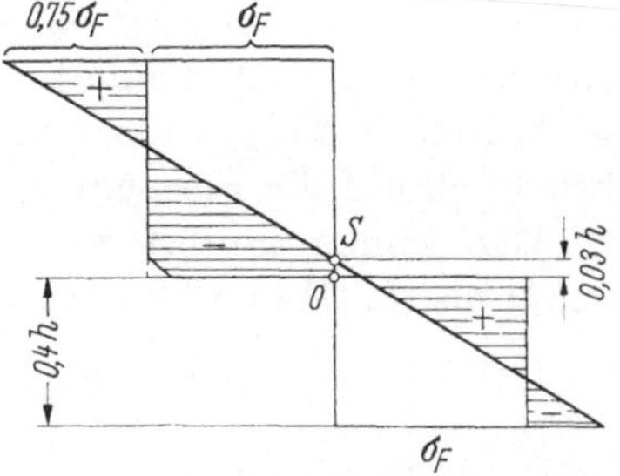

Abb. 6.20. Restspannungszustand (schraffiert) für Trapezquerschnitt mit $\beta = b_o/b_u = 0,4$ nach Entlastung aus vollplastiziertem Zustand.

Für einen *Rechteckquerschnitt* ($\beta = 1$) liefert ein Grenzübergang mit zweimaliger Verwendung der BERNOULLI-L'HOSPITALschen Regel

$$\sigma_{\text{el}}(\zeta) = 3\sigma_F \frac{z}{h} = 3\sigma_F \frac{\zeta}{h}.$$

Die Restspannung erreicht also in den Außenfasern des Rechteckquerschnitts ($z = \zeta = \pm h/2$) den Betrag $0,5\sigma_F$ und wird in der Nulllinie σ_F.

§ 7. Durchbiegung von Balken

7.1 Integration der Differentialgleichung der Biegelinie

Wir wollen uns hier auf die für den doppeltsymmetrischen Fall und idealplastischen Werkstoff gültige Differentialgleichung (6.25), also auf

$$w''(x) = \frac{\sigma_F}{E\,\zeta(x)} = \frac{M(x)}{E\,I_p(\zeta(x))} \tag{7.1}$$

beschränken, da eine geschlossene Integration der Gl. (6.7) im allgemeinen nicht möglich ist. Es ist uns hier vor allem darum zu tun, uns durch einige einfache Beispiele einen Überblick über die Größenordnung der Durchbiegungen von plastisch verformten Balken zu verschaffen, der für die Abschätzung anderer, nicht mehr geschlossen lösbarer Fälle und für den Vergleich mit den rein elastischen Durchbiegungen von Nutzen sein wird.

Auch die geschlossene Integration der Differentialgleichung (7.1) ist nur für wenige Sonderfälle möglich: Obwohl sie sich formal nicht von der Differentialgleichung der elastischen Linie unterscheidet, ist ihre rechte Seite doch im allgemeinen nicht als explizite Funktion von x vorgegeben wie bei dieser. Vielmehr kennen wir nach den Untersuchungen von 6.4 für einen bestimmten Querschnitt zunächst nur den Überlastungsfaktor $m(\zeta)$ bzw. das Biegemoment $M(\zeta(x)) = M_e m(\zeta(x))$. Wenn wir es mit der für den speziellen Belastungsfall gültigen Momentenfunktion $M(x)$ gleichsetzen, läßt sich anschließend $\zeta(x)$ nur in Ausnahmefällen als explizite Funktion von x ausdrücken, so daß meist die geschlossene Integration von (7.1) nicht möglich ist. Ein Blick auf die Formeln (6.28), (6.30) oder (6.32) bestätigt das.

Wir wollen hinfort unserer Rechnung entsprechend (6.22) und (6.34) bis (6.37) den Überlastungsfaktor

$$m(x) = 1 + c\left[1 - \left(\frac{2\zeta(x)}{h}\right)^2\right] = \frac{M(x)}{M_e} \tag{7.2}$$

zugrunde legen, aus dem

$$\zeta(x) = \pm\frac{h}{2}\left(1 + \frac{1}{c} - \frac{M(x)}{cM_e}\right)^{1/2} \tag{7.3}$$

bei vorgegebenen $M(x)$ als explizite Funktion von x ausgerechnet werden kann. c ist ein konstanter Zahlenfaktor, der nach (6.22) für Rechteckquerschnitte $c = 0{,}5$ beträgt und näherungsweise für Normal-Profile[1] $c = 0{,}175$ sowie für Breitflanschprofile $c = 0{,}123$ gesetzt werden kann. In (7.1) mit (7.3) ist das für den speziellen Belastungsfall gültige $M(x)$ einzuführen. Wir wollen das jetzt an Hand von Beispielen weiterführen:

7.1.1 Balken mit gleichmäßiger Belastung (Abb. 7.1). Mit $M(x) = -\frac{1}{2}q(l - x)^2$, $M_e = -\sigma_F W_y$ und $\xi = x/l$ werden die Grenzkurven[2] zwischen dem elastischen und den plastischen Bereichen nach (7.3)

$$\zeta_1(\xi) = \pm\frac{h}{2}\left[1 + \frac{1}{c} - \frac{ql^2}{2c\sigma_F W_y}(1 - \xi)^2\right]^{1/2}. \tag{7.4}$$

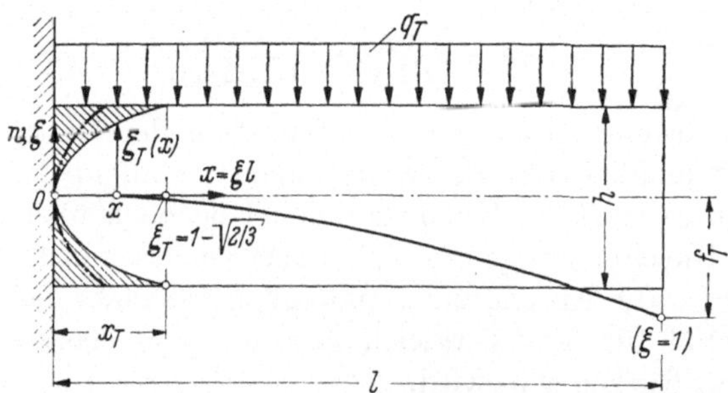

Abb. 7.1. Grenzlinie $\zeta_T(x)$ zwischen elastischem und plastischem Gebiet (schraffiert) bei Erreichen der Traglast q_T für ———— Rechteckquerschnitt, —·—·— Normal-Profil.

---

[1] Nach den unter 6.4.1.2 gemachten Bemerkungen ist es zwar nicht streng richtig, für ein Walzprofil über die ganze Höhe mit ein und derselben Formel zu rechnen, jedoch wird der dadurch entstehende Fehler nicht groß; denn die hierfür formal notwendige Abänderung der Formeln (6.35) und (6.36) bzw. des Verlaufes der entsprechenden Kurven von Abb. 6.11 ist praktisch unwesentlich.

[2] Der Index „1" soll die Abhängigkeit von der dimensionslosen Größe ξ kennzeichnen.

Das Fortschreiten der Plastizierung läßt sich auch durch

$$\zeta_1(0) = \pm \frac{h}{2}\left(1 + \frac{1}{c} - \frac{q l^2}{2 c \sigma_F W_y}\right)^{1/2}$$

ausdrücken. Die Traglast q_T wird für $\zeta_1(0) = 0$ erreicht und beträgt

$$q_T = \frac{2(1 + c)\,\sigma_F W_y}{l^2}, \tag{7.5}$$

während sich die elastische Grenzlast mit $\zeta_1(0) = \pm h/2$ zu

$$q_e = \frac{2 \sigma_F W_y}{l^2} = \frac{q_T}{1 + c} \tag{7.6}$$

ergibt. Für $q_e \leq q \leq q_T$ kommt aus (7.4) mit der Abkürzung

$$\varkappa = \frac{q_T}{q} = \frac{q_e(1 + c)}{q} > 1 \tag{7.7}$$

als Gleichung für die Grenzkurve

$$\zeta_1(\xi) = \pm \frac{h}{2}\left\{\left(1 + \frac{1}{c}\right)\left[1 - \frac{1}{\varkappa}(1 - \xi)^2\right]\right\}^{1/2}. \tag{7.8}$$

Diejenige Grenzkurve, bei der die Tragfähigkeit des Balkens erreicht ist, erhalten wir aus (7.8) mit $q = q_T$, das heißt mit $\varkappa = 1$, zu

$$\zeta_{1T}(\xi) = \pm \frac{h}{2}\left[\left(1 + \frac{1}{c}\right)(2\xi - \xi^2)\right]^{1/2}.$$

Sie gilt für $0 \leq \xi \leq \xi_T$. Mit $\zeta_{1T}(\xi_T) = \pm h/2$ folgt hieraus

$$\xi = \xi_T = 1 - \sqrt{\frac{1}{1 + c}}.$$

ξ_T gibt die Ausdehnung des plastischen Gebietes längs des Balkens an.

In Abb. 7.1 ist der Verlauf der Grenzkurve $\zeta_{1T}(\xi)$ bzw. $\zeta_T(x)$ bei Erreichen der Traglast für einen Rechteckquerschnitt eingetragen. Das plastische Gebiet ist schraffiert. Die für ein Normalprofil gültige Grenzkurve ist strichpunktiert eingetragen.

Nun setzen wir (7.8) in (7.1), was mit $\zeta_1(\xi) = \zeta(x)$ und $\dfrac{d^2 w}{d\xi^2} = l^2 \dfrac{d^2 w}{dx^2}$

$= \dfrac{l^2 \sigma_F}{E \zeta(\xi)}$ auf die Differentialgleichung

$$\frac{d^2 w}{d\xi^2} = -\frac{2 \sigma_F l^2}{E h}\left\{\left(1 + \frac{1}{c}\right)\left[1 - \frac{1}{\varkappa}(1 - \xi)^2\right]\right\}^{-1/2} \tag{7.9}$$

führt[1]. Ihre Integration unter Berücksichtigung der Randbedingung $w'(0) = 0$ liefert

$$\frac{dw}{d\xi} = -\frac{2\sigma_F l^2}{Eh}\left(\frac{\varkappa c}{1+c}\right)^{1/2}\left(\arccos\frac{1-\xi}{\sqrt{\varkappa}} - \arccos\frac{1}{\sqrt{\varkappa}}\right). \qquad (7.10)$$

Nach nochmaliger Integration unter Berücksichtigung der Randbedingung $w(0) = 0$ ergibt sich schließlich die *Biegelinie*

$$w(\xi) = \frac{2\,\sigma_F l^2}{Eh}\left(\frac{\varkappa c}{1+c}\right)^{1/2}\left[(1-\xi)\left(\arccos\frac{1-\xi}{\sqrt{\varkappa}} - \arccos\frac{1}{\sqrt{\varkappa}}\right)\right.$$

$$\left. -\sqrt{\varkappa - (1-\xi)^2} + \sqrt{\varkappa - 1}\right] \qquad (7.11)$$

für den Bereich $0 < \xi < \bar{\xi}$, das heißt bis zu demjenigen $\bar{\xi}$, für das $\zeta_1(\bar{\xi}) = \pm h/2$ wird. Aus (7.8) erhalten wir als Bestimmungsgleichung für $\bar{\xi}$

$$\left(1+\frac{1}{c}\right)\left[1-\frac{1}{\varkappa}(1-\bar{\xi})^2\right] = 1$$

und daraus für die Grenze des plastischen Gebietes[2]

$$\bar{\xi} = 1 - \sqrt{\frac{\varkappa}{1+c}}. \qquad (7.12)$$

Für $\xi > \bar{\xi}$ gilt die Differentialgleichung der elastischen Linie, so daß die Biegelinie für den gesamten Balken bestimmt werden kann. Wir begnügen uns mit der Berechnung der größten Durchbiegung am Trägerende

$$w(1) = w(\bar{\xi}) + \frac{dw}{d\xi}\bigg|_{\xi=\bar{\xi}}(1-\bar{\xi}) - \frac{q\,l^4(1-\bar{\xi})^4}{8EI_y}.$$

Wenn wir hierin das letzte Glied mit (7.5) und (7.12) umformen in

$$\frac{q\,l^4}{4E\,W_y h}\left(\frac{q_T}{q}\right)^2\frac{1}{(1+c)^2} = \frac{l^2\sigma_F\varkappa}{2Eh(1+c)}$$

und (7.10) und (7.11) mit $\xi = \bar{\xi}$ einsetzen, erhalten wir nach kurzer Zwischenrechnung den *Biegepfeil*

$$f = |w(1)| = -w(1) = \frac{2\sigma_F l^2}{Eh}\left[\frac{\varkappa}{1+c}\left(c+\frac{1}{4}\right) - \sqrt{\frac{c\varkappa(\varkappa-1)}{1+c}}\right]. \qquad (7.13)$$

Für $\varkappa = 1 + c$ ist nach (7.6) die elastische Grenzlast erreicht, für die der zugehörige rein elastische Biegepfeil

$$f_e = \frac{\sigma_F l^2}{2Eh} \qquad (7.14)$$

---

[1] Die Wahl des negativen Vorzeichens ergibt sich daraus, daß die Krümmung für den speziellen Belastungsfall in dem gewählten Koordinatensystem negativ ist.

[2] Für $\varkappa = 1$ geht $\bar{\xi}$ in ξ_T über.

beträgt. Es ist zweckmäßig, beide Biegepfeile aufeinander zu beziehen, so daß ihr Verhältnis

$$\frac{f}{f_e} = 4\left[\frac{\varkappa}{1+c}\left(c + \frac{1}{4}\right) - \sqrt{\frac{c\varkappa(\varkappa - 1)}{1+c}}\right] \tag{7.15}$$

den Einfluß der fortschreitenden Plastizierung auf die Größenordnung der Durchbiegungen besser erkennen läßt.

Aufschlußreich ist noch die *Krümmung der Biegelinie an der Einspannstelle* $\xi = 0$, die wir aus (7.9) zu

$$k(0) = \frac{1}{R(0)} = \frac{2\,|\varepsilon_R|}{h} = \frac{1}{l^2}\frac{d^2w}{d\xi^2}\Big|_{\xi=0} = -\frac{2\sigma_F}{Eh}\left(1 + \frac{1}{c}\right)^{-1/2}\left(1 - \frac{1}{\varkappa}\right)^{-1/2} \tag{7.16}$$

berechnen. Wenn wir sie auf die Krümmung

$$k_e = k(0)\big|_{\varkappa=1+c} = -\frac{2\sigma_F}{Eh}$$

unter der elastischen Grenzlast q_e beziehen, läßt

$$\frac{k}{k_e} = \frac{\varepsilon_R}{\varepsilon_{Re}} = \left(1 + \frac{1}{c}\right)^{-1/2}\left(1 - \frac{1}{\varkappa}\right)^{-1/2} \tag{7.17}$$

den Einfluß der fortschreitenden Plastizierung auf die Balkenkrümmung und damit nach (6.1) auch auf die Dehnungen ε_R der Randfasern erkennen.

Sobald die Traglast q_T mit $\varkappa = 1$ erreicht ist, wird $R(0) = 0$. Dabei bleibt $w'(0) = 0$ und das entsprechende Verhältnis

$$\frac{f_T}{f_e} = \frac{4c+1}{1+c}$$

der Biegepfeile bleibt endlich; dies läßt sich aber nur durch die Hypothese realisieren, daß sich an der Einspannstelle ein *Fließgelenk* ausbilden kann, in dem Krümmung und Dehnungen theoretisch gegen unendlich gehen. In Wirklichkeit sind solche Gelenke nicht punktförmig konzentriert, sondern haben eine Längsausdehnung (vgl. z. B. Abb. 7.1 und 7.4).

In Abb. 7.2 sind über den auf die entsprechenden elastischen Werte bezogenen Biegepfeilen und Krümmungen an der Einspannstelle nach (7.15) und (7.17) für Rechteckquerschnitte ($c = 0,5$) und Normalprofile ($c = 0,175$) die Lastverhältnisse

$$\frac{q}{q_e} = \frac{1+c}{\varkappa}$$

aufgetragen. Während die Biegepfeile anfangs nur wenig von der in den plastischen Bereich hinein extrapolierten linearen Kennlinie des elastischen Verhaltens abweichen, wachsen Krümmungen und Dehnungen an der Einspannstelle schon bei Beginn der Plastizierung sehr viel stärker an.

Die Frage, welche Krümmungen bzw. Dehnungen man zulassen kann, ohne daß ein örtliches Versagen an der Einspannstelle eintritt und damit die Rechnung unrealistisch wird, hängt vom verwendeten Werkstoff und den Konstruktionsrichtlinien ab. Bei unlegiertem Baustahl wird man z. B. vielleicht das Zehnfache der elastischen Grenzdehnung als zulässiges Maß für das Überstehen des „Katastrophenfalles" zugrunde legen können. Man wird dann sinngemäß mit einem etwas herabgesetzten q_T bzw. m_T rechnen müssen (vgl. hierzu die am Schluß von 6.4.1 gemachten Bemerkungen sowie 8.1.1).

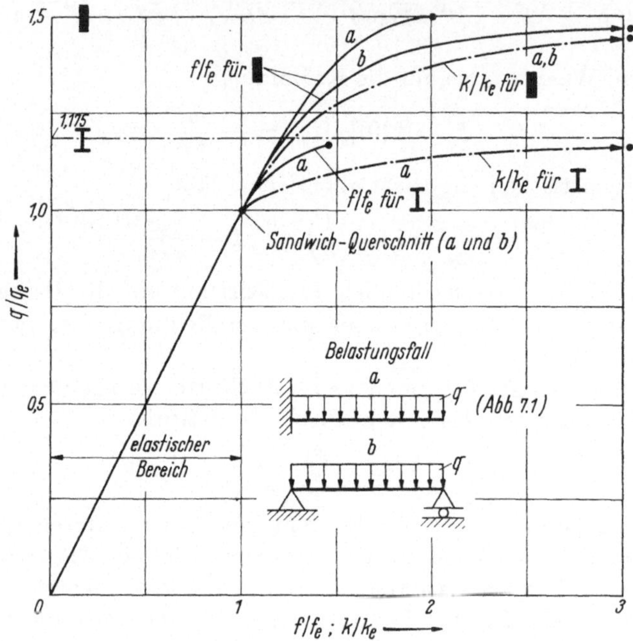

Abb. 7.2. Lastverhältnis q/q_e über Biegepfeilverhältnis f/f_e (————) und Krümmungsverhältnis k/k_e (— · — · —) für Belastungsfälle a und b. ($\bullet$ = Zusammenbruch.)

Zum Vergleich sind in Abb. 7.2 noch die Kurven für Biegepfeil und Krümmung an der Einspannstelle eines *an den Enden gelenkig gelagerten, gleichmäßig belasteten Balkens mit Rechteckquerschnitt* eingezeichnet. Die Rechnung für diesen Belastungsfall findet man in PRAGER und HODGE [7]. Die Kurve der bezogenen Krümmungen k/k_e ist genau dieselbe wie beim Kragträger. Während die Durchbiegungen des Kragträgers bei Erreichen der Traglast jedoch nur doppelt so groß werden wie bei Erreichen der elastischen Grenzlast, gehen sie beim frei aufgelagerten Balken theoretisch gegen unendlich. Auch dieses Beispiel zeigt die Berechtigung für eine gewisse Herabsetzung von m_T.

7.1.2 Balken mit Einzellast (Abb. 7.3). Die Rechnung, deren Ergebnisse auch für einen an den Enden gelenkig gelagerten Balken von der

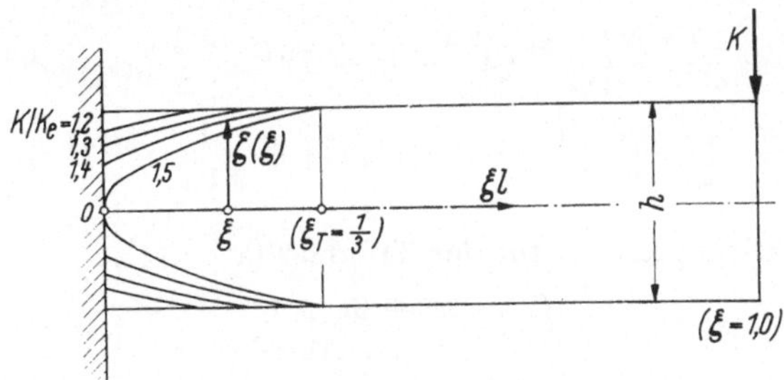

Abb. 7.3. Grenzen zwischen elastischem Gebiet und plastischen Gebieten bei fortschreitender Plastizierung ($K/K_e = 1{,}2$; $1{,}3$; $1{,}4$; $1{,}5$).

Länge $2\,l$ mit der Einzellast $2\,K$ in der Mitte gelten, geht genauso vor sich wie unter 7.1.1. Wir erhalten mit $M(x) = -K(l - x)$ nach (7.3)

$$\zeta_1(\xi) = \pm \frac{h}{2} \left[1 + \frac{1}{c} - \frac{Kl}{c\sigma_F W_y}(1 - \xi) \right]^{1/2}.$$

Aus $\zeta(0) = \pm h/2$ folgt

$$T = \frac{\sigma_F W_y}{l}(1 + c) = K_e(1 + c),$$

so daß wir mit $\varkappa = T/K$

$$\zeta_1(\xi) = \pm \frac{h}{2}\left(1 + \frac{1}{c}\right)^{1/2}\left(1 - \frac{1 - \xi}{\varkappa}\right)^{1/2}$$

schreiben können. Speziell ist

$$\zeta_{1T}(\xi) = \pm \frac{h}{2}\left(1 + \frac{1}{c}\right)^{1/2}\sqrt{\xi} \quad \text{und} \quad \xi_T = \frac{c}{1 + c}.$$

In Abb. 7.3 sind die Grenzkurven $\zeta_1(\xi)$ für verschieden weit fortgeschrittenen Plastizierungszustand für den Rechteckquerschnitt eingetragen.

Aus der Differentialgleichung der Biegelinie im elastisch-plastischen Gebiet

$$\frac{d^2 w}{d\xi^2} = \frac{l^2 \sigma_F}{E\zeta(\xi)} = -\frac{2l^2\sigma_F \sqrt{\varkappa}}{Eh}\left(1 + \frac{1}{c}\right)^{-1/2}(\varkappa - 1 + \xi)^{-1/2}$$

folgt nach zweimaliger Integration und Anpassung an die Randbedingungen $w(0) = w'(0) = 0$ die Biegelinie für den Bereich $0 < \xi < \bar{\xi}$

$$w(\xi) = -\frac{4l^2\sigma_F \sqrt{\varkappa}}{Eh}\left(1 + \frac{1}{c}\right)^{-1/2}$$

$$\times \left[\frac{2}{3}(\varkappa - 1 + \xi)^{3/2} - (\varkappa - 1)^{1/2}\xi - \frac{2}{3}(\varkappa - 1)^{3/2} \right].$$

Das Verhältnis des Biegepfeils f unter der Einzellast zum Biegepfeil f_e bei Erreichen der elastischen Grenzlast K_E errechnen wir schließlich zu

$$\frac{f}{f_e} = 4\sqrt{\varkappa}\left(1 + \frac{1}{c}\right)^{-1/2}\left\{\left(\frac{\varkappa c}{1+c}\right)^{3/2} - (\varkappa - 1)^{3/2} - \frac{3}{2}(\varkappa - 1)^{1/2}\left(1 - \frac{\varkappa}{1+c}\right)\right.$$

$$\left. + \frac{3}{2}\frac{\varkappa}{1+c}\left[\left(\frac{\varkappa c}{1+c}\right)^{1/2} - (\varkappa - 1)^{1/2}\right] + \frac{1}{4\sqrt{c}}\varkappa^{3/2}(1+c)^{-3/2}\right\}$$

und das der Biegepfeile unter der Traglast ($\varkappa = 1$) zu

$$\frac{f_T}{f_e} = \frac{4c^2 + 6c + 1}{(1+c)^2}.$$

Von einer Auftragung der Kurven wie in Abb. 7.2 können wir hier absehen, da sich ihr Verlauf kaum vom Verlauf für die gleichmäßige Belastung unterscheidet. Nur die Durchbiegungen bei Erreichen der Traglast sind etwas größer; so errechnen wir hier $f_T/f_e = 2{,}22$ für den Rechteckquerschnitt und $1{,}57$ für Normalprofile.

7.1.3 Einfach statisch unbestimmt gelagerter Balken (Abb. 7.4). Will man die Biegelinie für statisch unbestimmte Balken mit Hilfe der Differentialgleichungen bestimmen, so kommt zu den schon unter 7.1 erwähnten Schwierigkeiten hinzu, daß die Zahl der Bereiche, für die verschiedene Gleichungen mit ihren an den Bereichsgrenzen durch

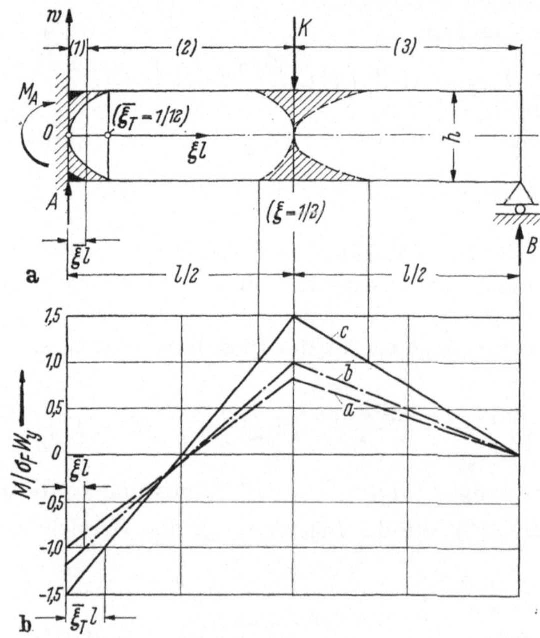

Abb. 7.4a u. b. a Plastizierte Bereiche bei Erreichen der Traglast, b Momentenkurven, wenn erreicht sind: *a* elastisches Grenzmoment in *A*, *b* Grenzmoment unter *K*, *c* Traglast.

Wahl der Integrationskonstanten aneinander anzupassenden Lösungen gelten, mit dem Grade der statischen Unbestimmtheit wächst. Die Bereichsgrenzen sind obendrein mit dem Fortschreiten der Belastung veränderlich und lassen sich im allgemeinen nur mit großem Rechenaufwand feststellen. Wir dürfen außerdem keinen Gebrauch von der Superposition von Teillösungen wie in der Elastizitätslehre machen, sondern müssen alle Veränderungen beim Fortschreiten der Belastung in ihrer richtigen Reihenfolge nacheinander ermitteln. Diese Aufgabe ist im allgemeinen schon für einfache Last- und Lagerungsfälle nicht mehr geschlossen lösbar und führt u. a. auf transzendente Gleichungen zur Bestimmung der Bereichsgrenzen. Wir haben daher zur Erläuterung des Grundsätzlichen ein möglichst einfaches Beispiel gewählt:

Solange noch keine Längsfaser plastiziert wurde, errechnet man für das spezielle Beispiel der Abb. 7.4 mit Hilfe der Elastizitätslehre für die beiden Bereiche (2) und (3) links und rechts von K die Biegemomente aus

$$\left.\begin{aligned}
M(\xi) &= \frac{Kl}{16}(\xi - 3) \quad \text{für} \quad 0 \leq \xi \leq \frac{1}{2}, \\
M(\xi) &= \frac{5}{16} Kl(1 - \xi) \quad \text{für} \quad \frac{1}{2} \leq \xi \leq 1.
\end{aligned}\right\} \tag{7.18}$$

Das größte Biegemoment

$$M(0) = M_A = -\frac{3}{16} Kl$$

herrscht an der Einspannstelle. Überschreitet der Betrag von M dort den des Grenzmomentes $M_e = -\sigma_F W_y$ (bzw. erreicht die Last die elastische Grenzlast $K_e = 16\sigma_F W_y/3l$), so beginnt sich ein plastischer Bereich auszubilden.

Das Moment unter der Last wird dabei

$$M\left(\frac{1}{2}\right) = \frac{K_e l}{16}\left(\frac{1}{2} - 3\right) = -0{,}835\,\sigma_F W_y.$$

Die zugehörige Momentenlinie ist in Abb. 7.4b gestrichelt eingetragen (Kurve a).

Zur Bestimmung der Grenzflächen zwischen plastischen Gebieten und dem noch elastisch gebliebenen Bereich berechnen wir zunächst mit der Momentengleichgewichtsbedingung $A = K/2 - M_A/l$ des ganzen Balkens den Momentenverlauf nahe der Einspannung

$$M(\xi) = A\xi l + M_A = \left(\frac{Kl}{2} - M_A\right)\xi + M_A. \tag{7.19}$$

Das setzen wir in die Gl. (7.3) ein und erhalten mit

$$\alpha = 1 + \frac{1}{c}\left(1 + \frac{M_A}{\sigma_F W_y}\right), \qquad \beta = \frac{1}{c\,\sigma_F W_y}\left(\frac{Kl}{2} - M_A\right) \tag{7.20}$$

als Gleichung für die *Grenzflächen*

$$\zeta_1(\xi) = \pm \frac{h}{2}(\alpha + \beta\xi)^{1/2}. \tag{7.21}$$

Dies gilt im Bereich $|\zeta_1(\xi)| \leq h/2$ bzw. solange $\alpha + \beta\xi \leq 1$ ist. Mit

$$K = 2B - \frac{2M_A}{l} = 2B + \frac{2}{l}\left[1 + c(1-\alpha)\right]\sigma_F W_y \tag{7.22}$$

und (7.20) erhalten wir die *Ausdehnung des plastischen Bereiches* aus

$$\bar{\xi} = \frac{1-\alpha}{\beta} = \frac{M_A + \sigma_F W_y}{M_A - \frac{Kl}{2}} = \frac{c(1-\alpha)}{2 + 2c(1-\alpha) + \frac{Bl}{\sigma_F W_y}}. \tag{7.23}$$

Für den Bereich $0 \leq \xi \leq \bar{\xi}$ gilt die Differentialgleichung (7.1), d. h.

$$\frac{d^2 w_1}{d\xi^2} = l^2 \frac{d^2 w_1}{dx^2} = -\frac{2\sigma_F l^2}{Eh}(\alpha + \beta\xi)^{-1/2},$$

deren zweimalige Integration unter Berücksichtigung der Randbedingungen $w_1'(0) = 0$ und $w_1(0) = 0$ nacheinander

$$\frac{dw_1}{d\xi} = w_1'(\xi) = -\frac{4\sigma_F l^2}{Eh\beta}\left[(\alpha + \beta\xi)^{1/2} - \sqrt{\alpha}\right] \tag{7.24}$$

und

$$w_1(\xi) = -\frac{4\sigma_F l^2}{Eh\beta}\left\{\frac{2}{3\beta}\left[(\alpha + \beta\xi)^{3/2} - \alpha^{3/2}\right] - \sqrt{\alpha}\,\xi\right\} \tag{7.25}$$

liefert.

Für die Bereiche $\bar{\xi} \leq \xi \leq 1/2$ und $1/2 \leq \xi \leq 1$ ist sodann je eine Differentialgleichung für die elastischen Linien $w_2(\xi)$ und $w_3(\xi)$ zu integrieren. Zur Bestimmung der insgesamt vier Integrationskonstanten und des noch unbekannten M_A bzw. α stehen uns je zwei Übergangsbedingungen an den Stellen $\xi = \bar{\xi}$ und $\xi = 1/2$ sowie die Bedingung $w(1) = 0$ zur Verfügung. Diese Rechnungen liefern im einzelnen:

$$E I_y w_2'(\xi) = \frac{1}{2} l^3 \xi (2B - K) - \frac{1}{2} l^3 \xi^2 (B - K) + C_1,$$

$$E I_y w_2(\xi) = \frac{1}{4} l^3 \xi^2 (2B - K) - \frac{1}{6} l^3 \xi^3 (B - K) + C_1 \xi + C_2,$$

$$E I_y w_3'(\xi) = \frac{1}{2} B l^3 (2\xi - \xi^2) + C_3,$$

$$E I_y w_3(\xi) = \frac{1}{6} B l^3 (3\xi^2 - \xi^3) - C_3(1 - \xi) - \frac{1}{3} B l^3.$$

In der letzten Gleichung wurde bereits $w_3(1) = 0$ berücksichtigt. Die Übergangsbedingungen $w_2(1/2) = w_3(1/2)$ und $w_2'(1/2) = w_3'(1/2)$ an der Stelle des Lastangriffs liefern hieraus

$$C_1 = C_3 + \frac{Kl^2}{8} \quad \text{und} \quad C_2 = -C_3 - \frac{Kl^3}{48} - \frac{Bl^3}{3},$$

während die Übergangsbedingungen $w_1(\bar{\xi}) = w_2(\bar{\xi})$ und $w_1'(\bar{\xi}) = w_2'(\bar{\xi})$ an der Grenze des plastischen Gebietes (1) mit $I_y = (1/2)\, h\, W_y$ und (7.24), (7.25) in die beiden Gleichungen

$$-\frac{4\sigma_F}{\beta}\left\{\frac{2}{3\beta}\left[(\alpha + \beta\bar{\xi})^{3/2} - \alpha^{3/2}\right] - \sqrt{\alpha}\,\bar{\xi}\right\}$$

$$= \frac{l}{W_y}\left[\frac{1}{2}\,\bar{\xi}^2(2B - K) - \frac{\bar{\xi}^3}{3}(B - K) + \frac{2C_1}{l^3}\,\bar{\xi} + \frac{2C_2}{l^3}\right]$$

$$-\frac{4\sigma_F}{\beta}\left[(\alpha + \beta\bar{\xi})^{1/2} - \sqrt{\alpha}\right] = \frac{l}{W_y}\left[\bar{\xi}(2B - K) - \bar{\xi}^2(B - K) + \frac{K}{4} + \frac{2C_3}{l^3}\right]$$

übergehen. In die erste Gleichung setzen wir die Ausdrücke für C_1 und C_2 von oben sowie C_3 aus der zweiten Gleichung ein, was wegen $\alpha + \beta\bar{\xi} = 1$ nach (7.23) zunächst auf

$$\bar{\xi}\left(1 - \sqrt{\alpha}\right) - \bar{\xi}^2\left[1 - \frac{2(1 - \alpha^{3/2})}{3(1 - \alpha)}\right]$$

$$= \frac{(1 - \alpha)l}{4\sigma_F W_y}\left[B\left(\frac{2}{3} - 2\bar{\xi} + 2\bar{\xi}^2 - \frac{2}{3}\bar{\xi}^3\right) + K\left(-\frac{5}{24} + \bar{\xi} - \frac{3}{2}\bar{\xi}^2 + \frac{2}{3}\bar{\xi}^3\right)\right]$$

führt. Hierin setzen wir $K(\alpha)$ und $\bar{\xi}(\alpha)$ nach (7.22) und (7.23) ein und erhalten transzendente Gleichungen für α mit B als Parameter. Wir wollen jetzt dasjenige α bestimmen, für welches das Moment unter der Last K gerade das elastische Grenzmoment $\sigma_F W_y$ erreicht; nur bis zu diesem Moment $M(1/2) = Bl/2 = \sigma_F W_y$ gilt die vorstehende Rechnung. Nach Zwischenrechnungen ergibt sich hierfür die transzendente Gleichung

$$\frac{1}{48}\left[1 - 5c(1 - \alpha)\right] - \frac{c}{2[4 + 2c(1 - \alpha)]}\left[\left(1 - \sqrt{\alpha}\right)^2 - c(1 - \alpha)^2\right]$$

$$+ \frac{c^2}{[4 + 2c(1 - \alpha)]^2}\left[\frac{1}{3} - \alpha + \frac{2}{3}\alpha^{3/2} - \frac{5}{4}(1 - \alpha)^2 - \frac{3c}{4}(1 - \alpha)^3\right]$$

$$+ \frac{c^3(1 - \alpha)^3\,[2 + c(1 - \alpha)]}{3[4 + 2c(1 - \alpha)]^3} = 0. \tag{7.26}$$

Für den *Rechteckquerschnitt* mit $c = 1/2$ entsteht hieraus das Polynom 4. Grades in $\sqrt{\alpha}$

$$\alpha^2 - 8\alpha^{3/2} - 4\alpha + 60\sqrt{\alpha} - 41 = 0$$

mit den Nullstellen

$$\sqrt{\alpha_1} = 7{,}577, \quad \sqrt{\alpha_2} = 2{,}458, \quad \sqrt{\alpha_3} = 0{,}7815, \quad \sqrt{\alpha_4} = -2{,}817.$$

Nach (7.20) folgt $\alpha = 3 + 2M_A/\sigma_F W_y$ für $c = 1/2$. Wegen $M_A \leq -\sigma_F W_y$ muß hier $\alpha \leq 1$ sein, so daß nur $\alpha_3 = 0{,}611$ als Lösung in Frage kommt. Damit folgt $\bar{\xi} = 0{,}0444$ und $K = 6{,}39\,\sigma_F W_y/l = 1{,}19\,K_e$. In Abb. 7.4a ist die zugehörige plastische Zone dunkel markiert, in Abb. 7.4b ist die Momentenlinie strichpunktiert (Kurve *b*) eingezeichnet.

Die Biegelinie läßt sich jetzt für die drei Abschnitte ohne weiteres hinschreiben. Wir verzichten hierauf und errechnen nur den Betrag der *Durchbiegung unter der Last K*

$$f = \left| w_3\left(\tfrac{1}{2}\right)\right| = 0{,}114\,\frac{\sigma_F l^2}{E h} = 1{,}18\,f_e,$$

der um 18% größer ist als der der Durchbiegung unter der elastischen Grenzlast K_e.

Bei weiterer Laststeigerung beginnt sich der Balken auch in der Umgebung von $\xi = 1/2$ zu plastizieren. Die vorstehende Rechnung gilt dann nicht mehr und müßte erneut für zwei elastische und drei plastische Gebiete durchgeführt werden. Wir können auf diese sehr umständlichen Rechnungen ohne weiteres verzichten, wenn es uns gelingt, die Durchbiegung unter der Traglast abzuschätzen.

Dazu errechnen wir zunächst die Traglast aus einer einfachen statischen Betrachtung: Da die Beträge der Biegemomente an der Einspannstelle und unter der Last bei Erreichen der Traglast T gleich dem bekannten Traglastmoment sind, gilt hier nach (7.2) — mit $\zeta = 0$ —

$$M\left(\tfrac{1}{2}\right) = -\,M_A = M_T = (1 + c)\,M_e = (1 + c)\,\sigma_F W_y.$$

Die Momentengleichung (7.19)

$$M\left(\tfrac{1}{2}\right) = A\,\frac{l}{2} + M_A = \left(\frac{T l}{2} - M_A\right)\frac{1}{2} + M_A$$

liefert hiermit sofort die *Traglast*

$$T = -\,\frac{6 M_A}{l} = \frac{6}{l}\,(1 + c)\,\sigma_F W_y \tag{7.27}$$

und weiter für die prozentuale *Tragfähigkeitsreserve* t [%] gegenüber dem Erreichen der elastischen Grenzlast $K_e = \dfrac{16}{3}\dfrac{\sigma_F W_y}{l}$

$$\frac{t}{100} = \frac{T - K_e}{K_e} = \frac{n_T}{n_e} - 1 = \frac{9}{8}\,(1 + c) - 1 = \frac{9}{8}\,\frac{M_T}{M_e} - 1 = m_u m_T - 1, \tag{7.28}$$

worin $n_e = K_e/K$ bzw. $n_t = T/K$ die Sicherheiten gegenüber dem Erreichen der elastischen Grenzlast bzw. der Traglast sind. Kurve c von Abb. 7.4 b zeigt die zugehörige Momentenverteilung.

Dieses Ergebnis ist für alle Balkentragwerke von hervorragender allgemeiner praktischer Bedeutung: Einmal ist die Berechnung außerordentlich einfach, wenn man die Stellen der vollen Plastizierung bzw. den Bruchmechanismus kennt, weil man nicht — wie in der Elastizitätslehre — die Verformungen einzuführen braucht.

Zum anderen stellen wir fest, daß die Tragfähigkeitsreserve sich aus zwei Anteilen zusammensetzt: Aus dem von der Querschnittsform abhängigen Überlastungsfaktor m_T und einem von der Umlagerung der Momentenverteilung — beim vorliegenden Beispiel von Kurve a in Kurve c der Abb. 7.4b — herrührenden Faktor m_u, der hier speziell gleich 9/8 ist. Der Faktor m_u gibt an, um wieviel besser das statisch unbestimmte Tragwerk bei Erreichen der Traglast infolge der dann optimalen Biegemomentenverteilung ausgenutzt ist als unter der elastischen Grenzlast; für statisch bestimmt gelagerte Balken ist $m_u = 1$.

Hier gilt wieder sinngemäß das unter 5.3.1 und 5.4 über die *Sicherheit von Tragwerken* Gesagte. Nach (7.28) ist das Verhältnis n_T/n_e maßgebend für die Beurteilung der Unterschiede zwischen dem klassischen Rechenverfahren der Elastizitätslehre und dem Traglastverfahren: Während beispielsweise jeder beliebig belastete, statisch bestimmt gelagerte Sandwich-Balken wegen $T = K_e$, also $n_e = n_T$, überhaupt keine Tragfähigkeitsreserve hat[1], wird sie für den wie in Abb. 7.4 statisch unbestimmt gelagerten Balken mit Rechteckquerschnitt $t = 69\%$ und mit Normal-I-Querschnitt $t = 32\%$. Bei anderen Belastungsfällen und Querschnitten können die Diskrepanzen noch wesentlich größer werden; so wird beispielsweise für einen beidseitig eingespannten Balken mit gleichmäßig verteilter Belastung $m_u = 4/3$ und für Kreisquerschnitt nach (6.31) $m_T = 16/3\pi$, so daß aus (7.28) eine Tragfähigkeitsreserve von $t = 126\%$ folgt.

Bei der Dimensionierung nach der Elastizitätslehre gibt es Balken, die wohl gegen Erreichen der elastischen Grenzlast dieselbe, gegen den Zusammenbruch dagegen mehr als doppelt so große Sicherheit haben als andere. Nach dem Traglastverfahren dimensioniert man dagegen sinnvoller und wirtschaftlicher, da man allen Teilen dieselbe Sicherheit gegen den Zusammenbruch geben kann.

Nun zurück zur *Abschätzung der Durchbiegung unter der Traglast T*: Wir setzen hierfür voraus, daß die Ausdehnung der plastischen Gebiete in Balkenlängsrichtung in der Umgebung der Stellen größter Biegemomente so klein ist, daß wir dort in erster Näherung Fließgelenke annehmen dürfen[2]. Das erste Fließgelenk bildet sich an der Einspannung; dort bleibt das Moment $M_A = -M_T = -(1 + c)\,\sigma_F W_y$ bei weiterer Laststeigerung erhalten. Unmittelbar vor Erreichen der Traglast hat sich das zweite Fließgelenk unter der Last $K \approx T$ gerade noch

---

[1] Vgl. hierzu auch Abb. 7.2.

[2] Diese Näherung ist um so besser, je weiter der Werkstoff von der Nulllinie entfernt an den Querschnittsrändern konzentriert ist. Für idealisierte Sandwich-Querschnitte stimmt sie mit der Wirklichkeit überein.

9*

nicht ausgebildet, so daß wir es nach dieser Näherung einfach mit einem beidseitig gelenkig gelagerten, vollkommen elastischen Balken zu tun haben, der links mit dem Moment $- M_T$ und in der Mitte mit T belastet ist. Wir berechnen für ihn die Durchbiegung unter der Last mit (7.27) zu

$$f_T = \frac{1}{48 E I_y} (T l^3 - 3 M_T l^2) = \frac{(1 + c)\sigma_F l^2}{8 E h} = \frac{9}{7} (1 + c) f_e .$$

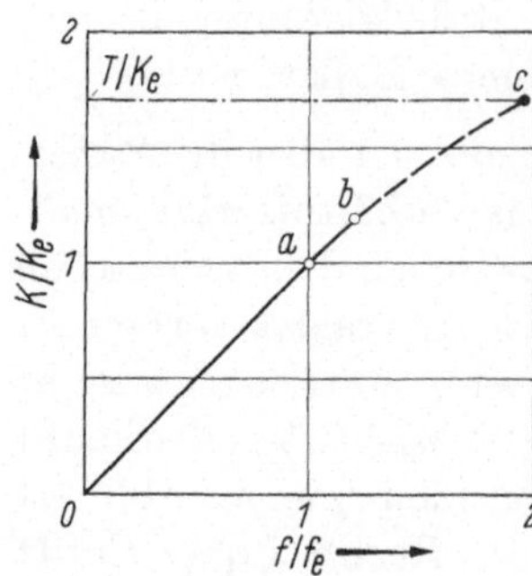

Abb. 7.5. Lastverhältnis K/K_e über Biegepfeilverhältnis f/f_e für die Momentenverteilungen a bis c des Balkens nach Abb. 7.4.

In Abb. 7.5 ist die Belastung über der Durchbiegung für den Rechteckquerschnitt aufgetragen; die markierten Punkte entsprechen den Belastungszuständen der Abb. 7.4b.

Diese Abschätzung liefert eine etwas zu kleine Durchbiegung unter der Traglast; nur für $c = 0$ stimmt die Rechnung genau. In den meisten Fällen werden die Durchbiegungen unter der Traglast nicht außergewöhnlich groß (vgl. die verschiedenen Beispiele, allerdings auch den Ausnahmefall 8.1.4).

7.2 Energieprinzipien in Anwendung auf die Balkenbiegung

7.2.1 Ergänzungsenergie und Prinzip der virtuellen Kräfte. Wir können hier mit Vorteil das Prinzip der virtuellen Kräfte in der Form (4.3) oder (4.7) sowie die daraus folgenden Sätze von ENGESSER (4.11) oder vom Extremum der inneren Ergänzungsenergie (4.12) verwenden. Wir berechnen zuerst die Ergänzungsenergie für den einachsigen Spannungszustand im Balken:

Die *spezifische Ergänzungsenergie pro Volumeneinheit* läßt sich hier durch

$$u^* = \int_0^\sigma \varepsilon(\bar{\sigma}) \, d\bar{\sigma} \tag{7.29}$$

definieren, wenn wir Spannungen *und* Stauchungen auch im Druckbereich positiv rechnen.

Wir wollen im folgenden voraussetzen, daß

1. die Belastung in einer Längssymmetrieebene erfolgt,
2. der Querschnitt doppeltsymmetrisch und
3. die Spannungs-Dehnungs-Linie eine ungerade Funktion ist.

Dann brauchen wir nur die Energie für die obere Balkenhälfte zu berechnen und mit zwei zu multiplizieren, um die gesamte Ergänzungsenergie zu erhalten. Es kommt nun noch auf das Werkstoffverhalten an:

a) Für das *Dehnungs-Spannungs-Gesetz* (3.12) schreiben wir hier

$$\varepsilon(\sigma) = \frac{|\sigma|}{E} + B\left(\frac{|\sigma|}{E}\right)^n > 0, \tag{7.30}$$

so daß (7.29) die spezifische Ergänzungsenergie

$$u^* = \frac{\sigma^2}{2E}\left[1 + \frac{2B}{n+1}\left(\frac{|\sigma|}{E}\right)^{n-1}\right] \tag{7.31}$$

liefert. Hierin müßten wir σ durch das Biegemoment $M(x)$ ausdrücken und über den ganzen Balken integrieren. Das gelingt aber wegen des für doppeltsymmetrische Querschnitte von der Höhe h geltenden Zusammenhanges

$$M(x) = 2 \int\limits_{z=0}^{h/2} \sigma(x, z)\, b(z)\, z\, dz$$

nicht, da σ im allgemeinen auch von z abhängt.

Nur für den *idealisierten Sandwich-Querschnitt* von der Höhe h mit der Querschnittsfläche $F = 2bt$ und dem Trägheitsmoment $I = bth^2/2$ läßt sich u^* leicht berechnen:
Mit

$$\sigma = \frac{Mh}{2I} = \frac{M}{bth} \tag{7.32}$$

erhalten wir als *Ergänzungsenergie pro Längeneinheit des Balkens mit Sandwich-Querschnitt*

$$\bar{u}^* = 2u^*bt = \frac{4I}{h^2}\, u^* = \frac{M^2}{2EI}\left[1 + \frac{2B}{n+1}\left(\frac{|M|h}{2EI}\right)^{n-1}\right]. \tag{7.33}$$

Diese Formel können wir auch als Näherung für I-Querschnitte verwenden. Für elastischen Werkstoff ($B = 0$) geht sie in die aus der Elastizitätslehre bekannte Form über.

Die gesamte Ergänzungsenergie U^* des Balkens folgt schließlich durch Integration über die Balkenlänge. Da diese sowieso im allgemeinen numerisch ausgeführt werden muß, läßt sich auch ein längs des Balkens veränderliches Trägheitsmoment ohne weiteres berücksichtigen.

b) Für *idealplastischen Werkstoff* sind zwei Bereiche zu unterscheiden: Für die noch elastisch gebliebenen Bereiche $0 \leq z \leq \zeta$ erhalten wir mit $\varepsilon(z) = \varepsilon_0 z/z_0 = 2z\varepsilon_0/h$ nach (6.1) und $\sigma(z) = \sigma_F \varepsilon(z)/\varepsilon_F$ als spezifische Ergänzungsenergie

$$u_e^* = \frac{1}{2}\,\sigma(z)\,\varepsilon(z) = \frac{1}{2}\,\frac{\sigma_F}{\varepsilon_F}\,\varepsilon^2(z) = \frac{2\sigma_F \varepsilon_0^2}{\varepsilon_F h^2}\, z^2,$$

während für die schon plastizierten Bereiche unabhängig von der Größe der Gesamtdehnung $\varepsilon = \varepsilon^p + \varepsilon_F$

$$u_P^* = \frac{1}{2}\,\sigma_F \varepsilon_F$$

gilt (vgl. z. B. Abb. 1.1a). Durch Integration gewinnen wir die *Ergänzungsenergie pro Längeneinheit eines Balkens mit Rechteckquerschnitt*

$$\bar{u}^* = 2b \int\limits_0^\zeta u_e^* \, dz + 2b \int\limits_\zeta^{h/2} u_P^* \, dz = \frac{4\sigma_F \varepsilon_0^2 b}{3\varepsilon_F h^2}\zeta^3 + \sigma_F \varepsilon_F b\left(\frac{h}{2} - \zeta\right)$$

oder mit $\zeta(x) = \dfrac{h}{2}\dfrac{\varepsilon_F}{\varepsilon_0}$

$$\bar{u}^* = \frac{1}{2}\sigma_F \varepsilon_F h b\left[1 - \frac{4}{3h}\zeta(x)\right] \qquad \text{(kpm/m)}. \qquad (7.34)$$

Die gesamte Ergänzungsenergie U^* folgt hieraus nach Einsetzen des für den speziellen Belastungsfall gültigen $\zeta(x)$ und durch Integration über die teilweise plastizierten Bereiche des Balkens.

Mit dem so berechneten U^* kann weiter nach Vorschrift (4.11) oder (4.12) verfahren werden.

In manchen Fällen läßt sich das *Prinzip der virtuellen Kräfte* unmittelbar zur Berechnung von Verschiebungen heranziehen (vgl. hierzu 4.1.2). Wir bringen dafür an der Stelle der zu berechnenden Verschiebung f eine verallgemeinerte virtuelle Änderung $\delta K = 1$ des Systems der Belastungskräfte an, die für sich allein statisch möglich sein, das heißt zusammen mit den durch sie hervorgerufenen virtuellen Auflagerreaktionen die Gleichgewichtsbedingungen erfüllen muß. δK kann eine Kraft oder ein Moment sein und entsprechend f eine Verschiebung oder ein Winkel. An dem als virtueller Verschiebungszustand aufgefaßten wirklichen Verschiebungszustand f leistet δK die virtuelle Arbeit $\delta A_{(a)}^* = \delta K \cdot f = f$. Nach (4.4) muß diese gleich der nur durch δK im Balken erzeugten Ergänzungsenergie δU^* sein, so daß die Verschiebung unmittelbar aus

$$f = \delta U^* = \int\limits_{(l)} \tilde{M}(x)\, d\varphi = -\int\limits_{(l)} \frac{\varepsilon(x,z)}{z}\tilde{M}(x)\, dx = -l\int\limits_{(l)} \frac{\varepsilon(\xi,z)}{z}\tilde{M}(\xi)\, d\xi$$

$$(7.35)$$

folgt. Hierin ist $\tilde{M}(x)$ das durch δK im Balken erzeugte virtuelle Biegemoment und $d\varphi = -\varepsilon(z)\, dx/z$ die wirkliche Änderung des Biegewinkels; sie wird positiv gerechnet, wenn die Dehnung $\varepsilon(z)$ der Faser in der Höhe $z > 0$ negativ ist (vgl. Abb. 6.1). Die Integration erfolgt über die Balkenlänge.

Ein einfaches *Beispiel* möge das Grundsätzliche erläutern: Für eine Hälfte des durch zwei konstante Endmomente M_0 belasteten Balkens mit I-Querschnitt nach Abb. 7.6 folgt aus (7.33) näherungsweise

$$U^* \approx \int\limits_0^l \bar{u}^* \, dx = \frac{M_0^2 l}{2EI}\left[1 + \frac{2B}{n+1}\left(\frac{M_0 h}{2EI}\right)^{n-1}\right],$$

womit sich nach dem Satz von ENGESSER der Biegewinkel am Auflager

$$\alpha = \frac{\partial U^*}{\partial M_0} = \frac{M_0 l}{E I}\left[1 + B\left(\frac{M_0 h}{2 E I}\right)^{n-1}\right]$$

ergibt.

Zur Bestimmung der Durchbiegung in Balkenmitte wenden wir das Prinzip der virtuellen Kräfte an und berechnen dazu zunächst die Ergänzungsenergie U^*, die durch das virtuelle Biegemoment $\tilde{M}(x)$ $= x/2$ infolge der in Balkenmitte angebrachten virtuellen Kraft $\delta K = 1$ im ganzen Balken aufgespeichert wird (Abb. 7.6b). Dann liefert (7.35) nach Einsetzen von (7.30) und (7.32) mit $M(x) = M_0$ und $z = -h/2$ als Durchsenkung in Balkenmitte

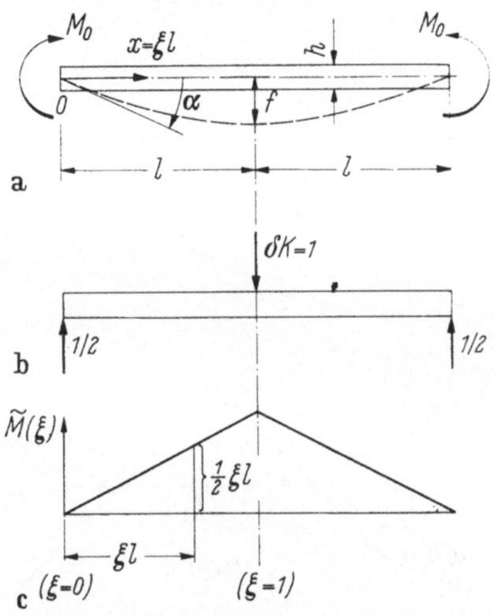

Abb. 7.6 a–c. Beispiel zur Erläuterung der Energieprinzipien.

$$f = \frac{2}{h}\int_0^l \varepsilon_u\, x\, dx$$

$$= \frac{2}{h}\int_0^l \left[\frac{\sigma}{E} + B\left(\frac{\sigma}{E}\right)^n\right] x\, dx$$

$$= \frac{M_0 l^2}{2 E I}\left[1 + B\left(\frac{M_0 h}{2 E I}\right)^{n-1}\right]$$

$$= \alpha\,\frac{l}{2}.$$

ε_u ist die hier stets positive Dehnung der unteren Randfaser.

Genauso hätten wir auch den Biegewinkel α am Auflager errechnen können: Wenn wir am linken Auflager das virtuelle Endmoment $\delta K = 1$ anbringen, wird das virtuelle Biegemoment $\tilde{M}(x) = 1 - \frac{x}{2 l}$, und aus

$$\delta A^*_{(a)} = \alpha\,\delta K = \alpha = \delta U^* = \int_{(2l)} \tilde{M}(x)\, d\varphi = 2\int_0^{2l} \frac{\varepsilon_u}{h}\left(1 - \frac{x}{2 l}\right) dx = \frac{2 l}{h}\,\varepsilon_u$$

folgt nach Einsetzen von (7.30) und (7.32) wieder der oben errechnete Winkel α.

An zwei weiteren Beispielen soll nun die Brauchbarkeit der Energiemethoden in ihrer Anwendung auf statisch unbestimmt gelagerte Balken gezeigt werden.

7.2.2 Beidseitig eingespannter Balken mit Einzellast (Abb. 7.7). In diesem Fall können wir sofort die statisch unbestimmten Einspannmomente $M_A < 0$ bestimmen, indem wir die Symmetrie der Belastung ausnutzen: Da das Biegemoment $M(l) > 0$ in Balkenmitte für jeden Belastungszustand und jedes Werkstoffgesetz aus Symmetriegründen gleich dem negativen Einspannmoment $M_A = -M(l)$ ist, folgt aus

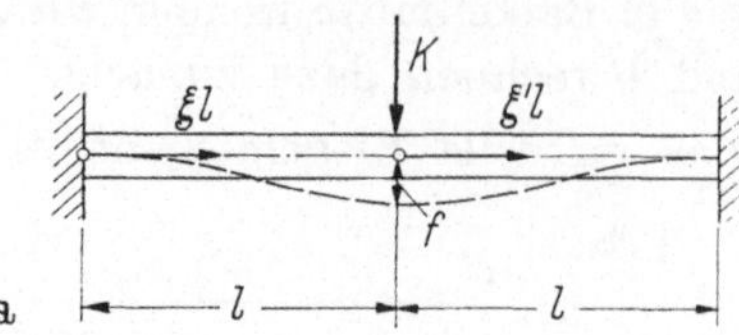

dem Momentengleichgewicht für eine Balkenhälfte nach Abb. 7.7b

$$\frac{K}{2}\, l + M_A - M(l)$$
$$= \frac{K}{2}\, l + 2M_A = 0$$

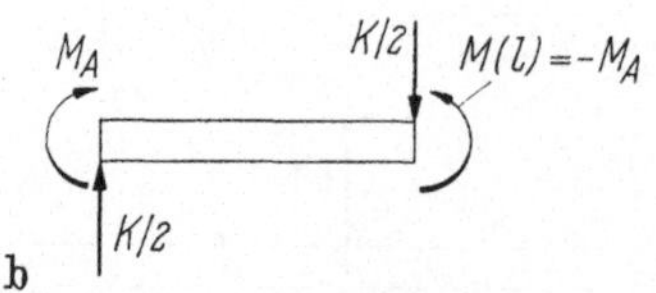

das Einspannmoment $M_A = -Kl/4$ und das Biegemoment an der Stelle $x = \xi l$

$$M(\xi) = \frac{Kl}{2}\left(\xi - \frac{1}{2}\right),$$

das in Abb. 7.7c aufgetragen ist. Bei der weiteren Behandlung kommt es auf den Balkenquerschnitt und das Werkstoffverhalten an.

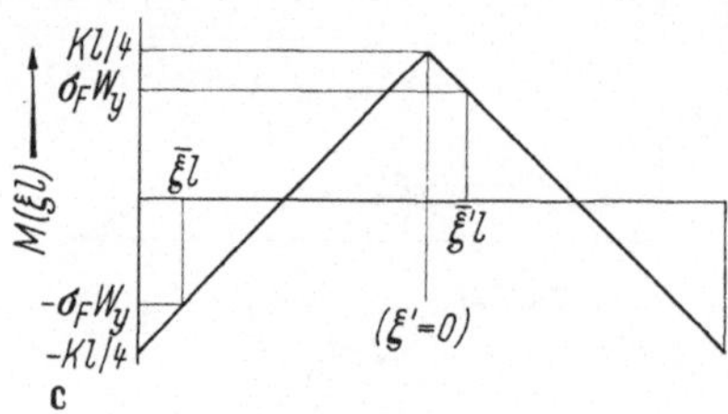

Abb. 7.7 a–c. Beidseitig eingespannter Balken mit Einzellast.

7.2.2.1   *Rechteckquerschnitt und idealplastischer Werkstoff.* Die Traglast T ist erreicht, wenn die Momente an den Einspannungen und in Balkenmitte den Betrag

$$\frac{Tl}{4} = \frac{3}{2}\,|M_e| = \frac{3}{2}\,\sigma_F W_y = \frac{1}{4}\,\sigma_F b h^2$$

annehmen. Als dimensionslose Lastkennzahl haben wir hier

$$\varkappa = \frac{T}{K} = -\frac{6 M_e}{Kl} = \frac{6\sigma_F W_y}{Kl} = \frac{\sigma_F b h^2}{Kl}\,.$$

Die Grenzkurven zwischen elastischen und plastischen Bereichen[1] lassen sich nach (7.3) darstellen durch

$$\zeta_1(\xi) = \frac{\sqrt{3}}{2}\left[1 + \frac{2}{\varkappa}\left(\xi - \frac{1}{2}\right)\right]^{1/2} h\,.$$

---

[1] Wegen der Symmetrie braucht hier nur *ein* plastischer Bereich — beispielsweise an der Einspannung — betrachtet zu werden. Hier gilt übrigens das gleiche wie beim Beispiel 7.1.2, wenn wir K durch $2K$ und l durch $2l$ ersetzen; der statisch unbestimmte Lastfall kann also durch einen Kragträger von der Länge $l/2$ mit der Einzellast $K/2$ am Ende ersetzt werden.

Dies gilt bis zu demjenigen $\xi = \bar{\xi}$, wo das elastische Grenzmoment $M_e = -\sigma_F W_y$ erreicht ist. Die Gleichung für das Biegemoment lautet dann

$$M(\bar{\xi}) = M_e = \frac{Kl}{2}\left(\bar{\xi} - \frac{1}{2}\right)$$

und liefert

$$\bar{\xi} = \frac{1}{2} + \frac{2 M_e}{Kl} = \frac{1}{2} - \frac{\varkappa}{3}.$$

Wir wollen die Durchsenkung unter der Last K zunächst mit dem Satz von ENGESSER bestimmen und errechnen uns dazu die Ergänzungsenergie. Für die vier teilweise plastizierten Balkenbereiche zusammen folgt mit (7.34) sowie mit den vorstehenden Beziehungen nach Integration und Zwischenrechnungen

$$U_1^* = 4l \int_0^{\bar{\xi}} \bar{u}^*(\xi)\,d\xi = 2\sigma_F \varepsilon_F bhl \int_0^{\bar{\xi}} \left\{1 - \frac{2}{\sqrt{3}}\left[1 + \frac{2}{\varkappa}\left(\xi - \frac{1}{2}\right)\right]^{1/2}\right\} d\xi$$

$$= \frac{12 M_e^2 l}{E I_y}\left[\frac{1}{4} - \frac{11}{54}\varkappa + \frac{\varkappa}{3\sqrt{3}}\left(1 - \frac{1}{\varkappa}\right)^{3/2}\right].$$

Für die vollkommen elastisch gebliebenen Balkenbereiche gilt insgesamt

$$U_2^* = 4\frac{l}{2 E I_y} \int_{\bar{\xi}}^{1/2} M^2(\xi)\,d\xi = \frac{K^2 l^3}{2 E I_y} \int_{\bar{\xi}}^{1/2} \left(\xi - \frac{1}{2}\right)^2 d\xi = \frac{2}{9}\frac{M_e^2 l}{E I_y}\varkappa.$$

Die Durchbiegung in Balkenmitte folgt schließlich mit (4.11) nach einiger Rechnung aus

$$f = \frac{\partial U^*}{\partial K} = -\frac{l}{6 M_e}\frac{\partial(U_1^* + U_2^*)}{\partial\left(\dfrac{1}{\varkappa}\right)}$$

$$= \frac{2\sigma_F l^2}{E h}\left[\frac{10}{27}\varkappa^2 - \frac{2\varkappa^2}{3\sqrt{3}}\left(1 - \frac{1}{\varkappa}\right)^{3/2} - \frac{\varkappa}{\sqrt{3}}\left(1 - \frac{1}{\varkappa}\right)^{1/2}\right].$$

Das Verhältnis von f zur Durchbiegung $f_e = f(3/2) = \dfrac{\sigma_F W_y l^2}{6 E I_y}$ bei Erreichen der elastischen Grenzlast K_e

$$\frac{f}{f_e} = \frac{20}{9}\varkappa^2 - \frac{4\varkappa^2}{\sqrt{3}}\left(1 - \frac{1}{\varkappa}\right)^{3/2} - \frac{6\varkappa}{\sqrt{3}}\left(1 - \frac{1}{\varkappa}\right)^{1/2}$$

stimmt mit dem unter 7.1.2 errechneten Verhältnis für $c = 1/2$ überein.

Auf dasselbe Beispiel wenden wir jetzt unmittelbar das *Prinzip der virtuellen Kräfte* an. Wir führen ein virtuelles Kräftesystem mit $\delta K = 1$ in Balkenmitte ein, von dem wir nur zu fordern brauchen, daß es mit den entsprechenden Auflagerreaktionen ein Gleichgewichtssystem bildet. Da das virtuelle Kräftesystem die wirklichen Randbedingungen nicht zu erfüllen braucht, lassen wir δK einfach wie in Abb. 7.6b am frei aufgelagerten Balken wirken, so daß als virtuelles Biegemoment für die linke Balkenhälfte wieder $\tilde{M}(\xi) = \xi l/2$ kommt. Bei der Anwendung von (7.35) unterscheiden wir drei Integrationsbereiche (vgl. Abb. 7.7c):

1. Zwei teilweise plastizierte Bereiche an den Balkenenden $0 \leq \xi \leq \bar{\xi} = \frac{1}{2} - \frac{\varkappa}{3}$, für die wir $z = \zeta(x) = \zeta_1(\xi)$ und $\varepsilon(\xi, \zeta_1) = \varepsilon_F = \sigma_F/E$ setzen,

2. zwei elastische Bereiche $\bar{\xi} \leq \xi \leq 1 - \bar{\xi}$, für die wir für die wirkliche Dehnung

$$\varepsilon_u = \frac{\sigma_u}{E} = \frac{M(\xi)h}{2EI_y} = \frac{Khl}{4EI_y}\left(\xi - \frac{1}{2}\right)$$

der unteren Randfaser $z = -h/2$ einsetzen,

3. zwei teilweise plastizierte Bereiche $0 \leq \xi' \leq \bar{\xi}' = \bar{\xi}$ beiderseits der Balkenmitte, für die wir ξ' von der Balkenmitte aus rechnen und $z = \zeta_1(\xi') = \zeta_1(\xi)$, $\varepsilon(\xi, \zeta_1) = -\varepsilon_F = -\sigma_F/E$ sowie $\tilde{M}(\xi') = \frac{l}{2}\left(\frac{1}{2} - \xi'\right)$ setzen.

Dies führen wir alles in (7.35) ein, so daß wir aus

$$f = \delta U^* = -\frac{2\sigma_F l^2}{\sqrt{3}\,Eh} \int\limits_0^{\bar{\xi}} \frac{\xi\,d\xi}{\left[1 + \frac{2}{\varkappa}\left(\xi - \frac{1}{2}\right)\right]^{1/2}}$$

$$+ \frac{Kl^3}{2EI_y} \int\limits_{\bar{\xi}}^{1-\bar{\xi}} \left(\xi - \frac{1}{2}\right)\xi\,d\xi + \frac{2\sigma_F l^2}{\sqrt{3}\,Eh} \int\limits_0^{\bar{\xi}} \frac{(1 - \xi)\,d\xi}{\left[1 + \frac{2}{\varkappa}\left(\xi - \frac{1}{2}\right)\right]^{1/2}}$$

nach Integration und einigen Zwischenrechnungen in der Tat wieder das vorige Ergebnis erhalten.

7.2.2.2 I-Querschnitt und verfestigender Werkstoff. Wir ersetzen den I-Querschnitt wieder durch einen idealisierten Sandwich-Querschnitt. Bei der Anwendung des Prinzips der virtuellen Kräfte, d. h. bei der Integration über eine Balkenhälfte von $\xi = 0$ bis $\xi = 1$ nach (7.35) haben wir zu beachten, daß z. B. die Spannung im unteren Gurt $(z = -h/2)$

$$\sigma(\xi) = \frac{M(\xi)h}{2I_y} = \frac{Khl}{4I_y}\left(\xi - \frac{1}{2}\right)$$

und damit auch die Dehnung ε_u ihr Vorzeichen einmal wechselt. Im zweiten Glied des Spannungs-Dehnungs-Gesetzes (3.12) setzen wir für negative Dehnungen ε_u (also im Bereich $0 \leq \xi \leq 1/2$) den Betrag der

Spannung ein, so daß insgesamt dort

$$\varepsilon_u = \frac{\sigma}{E} - B\left(\frac{|\sigma|}{E}\right)^n < 0$$

ist. Damit und mit $\tilde{M}(\xi) = \xi l/2$ wird

$$f = \delta U^* = 2l \int_0^1 \frac{2\varepsilon_u}{h}\,\tilde{M}(\xi)\,d\xi = \frac{2l^2}{h} \int_0^1 \varepsilon_u \xi\,d\xi$$

$$= \frac{2l^2}{h}\left[\frac{1}{E}\int_0^1 \sigma(\xi)\xi\,d\xi - B\int_0^{1/2}\left(\frac{|\sigma|}{E}\right)^n \xi\,d\xi + B\int_{1/2}^1\left(\frac{\sigma}{E}\right)^n \xi\,d\xi\right]$$

$$= \frac{Kl^3}{24EI_y}\left\{1 + 12B\left(\frac{Khl}{4EI_y}\right)^{n-1}\left[\int_{1/2}^1\left(\xi - \frac{1}{2}\right)^n \xi\,d\xi - \int_0^{1/2}\left(\frac{1}{2} - \xi\right)^n \xi\,d\xi\right]\right\}.$$

Mit den Substitutionen $\xi - \frac{1}{2} = s$ im ersten und $\frac{1}{2} - \xi = t$ im zweiten Integral erhalten wir

$$f = \frac{Kl^3}{24EI_y}\left[1 + \frac{12B}{(n+1)2^{n+1}}\left(\frac{Klh}{4EI_y}\right)^{n-1}\right].$$

Die numerische Auswertung wurde für den Werkstoff nach Abb. 3.7 mit den Konstanten $E = 7{,}6 \cdot 10^3$ kp/mm², $n = 14{,}32$, $B = 4{,}886 \cdot 10^{34{,}96}$ und für ein Breitflanschprofil mit $b = h = 300$ mm und $I_y = 25\,760$ cm⁴ durchgeführt.

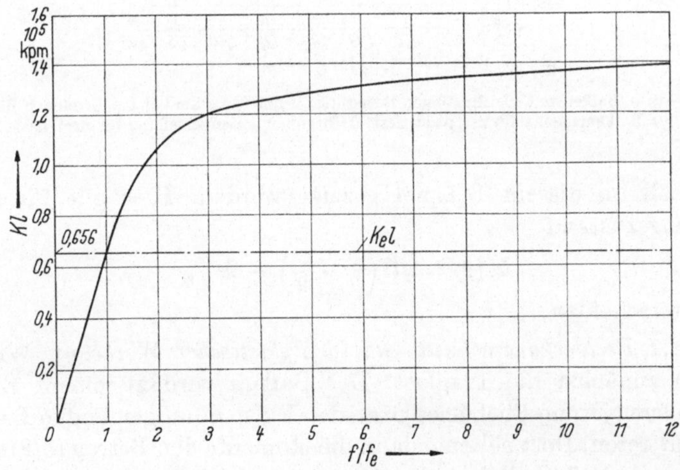

Abb. 7.8. Belastungsgröße Kl über Biegepfeilverhältnis f/f_e für eingespannten Balken mit Einzellast nach Abb. 7.7 und Breitflanschprofil I 30; verfestigender Werkstoff (AlMg-Legierung).

Die Belastungsgröße Kl ist in Abb. 7.8 über dem Verhältnis des Biegepfeiles f zu seinem Wert f_e unter der elastischen Grenzlast K_e aufgetragen. Dabei wurde als elastische Grenzlast K_e diejenige Last K gewählt, bei der die bleibende Durchsenkung $f_p = 0,2 \cdot 10^{-3} f_e$ erreicht ist. Für $Kl < K_e l = 0,656 \cdot 10^5$ kpm ist keine Abweichung vom linearen elastischen Verhalten zu erkennen.

7.2.3 Beidseitig eingespannter Balken mit gleichmäßiger Belastung (Abb. 7.9). Wie man das statisch unbestimmte Einspannmoment M_A mit Hilfe des Satzes vom Minimum der Ergänzungsenergie bestimmen

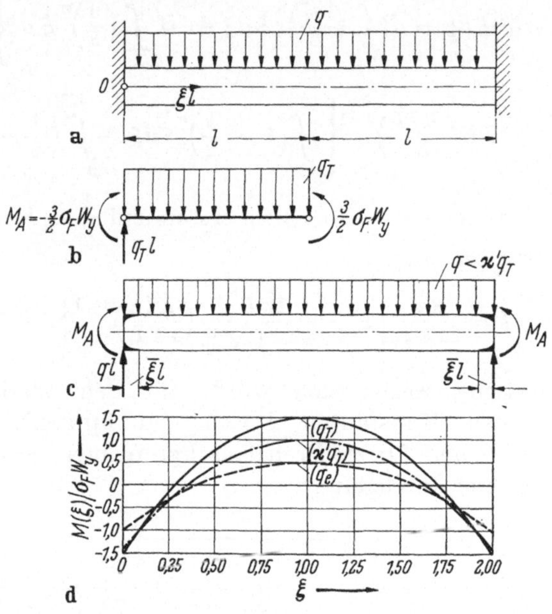

Abb. 7.9a—d. a Balken mit gleichmäßiger Belastung, b linker Balkenteil bei Erreichen der Traglast q_T, c nur Balkenenden teilweise plastiziert, d Biegemomentenverteilung für drei Lastzustände.

kann, soll an diesem Beispiel gezeigt werden. Hier gilt für jeden Belastungszustand

$$M(\xi) = q l^2 \left(\xi - \frac{\xi^2}{2}\right) + M_A.$$

Wir unterscheiden:

7.2.3.1 Rechteckquerschnitt und idealplastischer Werkstoff. Wir berechnen zunächst die Traglast. Der Balken wird zu einem Bruchmechanismus, wenn Fließgelenke an den Einspannungen und in Balkenmitte auftreten. Dort nehmen dann die Momente den Betrag $(3/2)\sigma_F W_y$ an. Nach Abb. 7.9b liefert das Momentengleichgewicht an der dann kinematisch bestimmten linken Balkenhälfte bezüglich des linken Auflagers unmittelbar die Tragbelastung $q_T = 6\sigma_F W_y/l^2$, so daß für die dimensionslose Lastkennzahl $\varkappa$

$$\frac{1}{2} \le \varkappa = \frac{q}{q_T} = \frac{q l^2}{6\sigma_F W_y} \le 1$$

gilt.

Die Berechnung der Durchbiegung nach Überschreiten der elastischen Grenzbelastung $q_e = q_T/2$ muß in zwei Schritten erfolgen. Dabei ist jeweils zunächst das Einspannmoment M_A zu berechnen.

Zuerst werden die beiden Balkenenden teilweise plastiziert. Solange noch Abb. 7.9c gilt, haben wir für die Grenzkurve zwischen elastischen und plastischen Bereichen nach (7.3)

$$\zeta_1(\xi) = \frac{\sqrt{3}}{2}\left[1 + \frac{2 M(\xi)}{3\sigma_F W_y}\right]^{1/2} h = \frac{\sqrt{3}}{2}\left[1 + 4\varkappa\left(\xi - \frac{\xi^2}{2} + \frac{M_A}{q l^2}\right)\right]^{1/2} h.$$

Dies gilt bis zu demjenigen $\xi = \bar{\xi}$, wo

$$M(\bar{\xi}) = M_e = -\sigma_F W_y = q l^2\left(\bar{\xi} - \frac{\bar{\xi}^2}{2}\right) + M_A$$

wird, also bis zu

$$\bar{\xi} = 1 - \left(1 + \frac{2 M_A}{q l^2} + \frac{1}{3\varkappa}\right)^{1/2}.$$

Für die Bestimmung der Ergänzungsenergie haben wir die beiden teilweise plastizierten Bereiche an den Balkenenden ($0 \le \xi \le \bar{\xi}$) und die elastischen Bereiche ($\bar{\xi} \le \xi \le 1$) zu unterscheiden und erhalten mit (7.34)

$$U^* = 2l\int_0^{\bar{\xi}} \bar{u}^*(\xi)\,d\xi + \frac{l}{E I_v}\int_{\bar{\xi}}^1 M^2(\xi)\,d\xi$$

$$= \frac{\sigma_F^2}{E} b h l \int_0^{\bar{\xi}}\left\{1 - \frac{2}{\sqrt{3}}\left[1 + 4\varkappa\left(\xi - \frac{\xi^2}{2} + \frac{M_A}{q l^2}\right)\right]^{1/2}\right\} d\xi$$

$$+ \frac{q^2 l^5}{E I_v}\int_{\bar{\xi}}^1\left(\xi - \frac{\xi^2}{2} + \frac{M_A}{q l^2}\right)^2 d\xi$$

$$= \frac{\sigma_F^2}{E} b h l \int_0^{\bar{\xi}(M_A)} F_1(\xi, M_A)\,d\xi + \frac{q^2 l^5}{E I_v}\int_{\bar{\xi}(M_A)}^1 F_2(\xi, M_A)\,d\xi\,.$$

Bei der Anwendung des Satzes vom Extremum der Ergänzungsenergie (4.12) zur Ermittlung von M_A müssen wir beachten, daß die Integrationsgrenzen von M_A abhängen, so daß wir bei der Differentiation von U nach M_A die erweiterte LEIBNIZ-Regel anzuwenden haben. Aus

$$\frac{\partial U^*}{\partial M_A} = \frac{\sigma_F^2}{E}\, b\,h\,l\left[\int_0^{\bar{\xi}} \frac{\partial F_1}{\partial M_A}\, d\xi + F_1(\bar{\xi}, M_A)\frac{d\bar{\xi}}{dM_A}\right]$$

$$+ \frac{q^2 l^5}{E I_y}\left[\int_{\bar{\xi}}^1 \frac{\partial F_2}{\partial M_A}\, d\xi - F_2(\bar{\xi}, M_A)\frac{d\bar{\xi}}{dM_A}\right] = 0$$

erhalten wir schließlich nach längerer Rechnung die transzendente Gleichung für das Verhältnis $\mu = -\dfrac{2 M_A}{3\sigma_F W_y} \leq 1$ des Momentes M_A an der Einspannstelle zum vollplastischen Moment $-\dfrac{3}{2}\sigma_F W_y$

$$\frac{2}{3}\arccos\left[-\left(1 - \frac{\mu}{2\varkappa} + \frac{1}{2\varkappa}\right)^{-1/2}\right] - \frac{2}{3}\arccos\left[-\left(\frac{1 - \dfrac{\mu}{2\varkappa} + \dfrac{1}{3\varkappa}}{1 - \dfrac{\mu}{2\varkappa} + \dfrac{1}{2\varkappa}}\right)^{1/2}\right]$$

$$- 2\sqrt{\frac{2\varkappa}{3}}\left(2\varkappa - \frac{3}{2}\mu - 3\varkappa\bar{\xi}^2 + \varkappa\bar{\xi}^3 + \frac{3}{2}\mu\bar{\xi}\right) = 0$$

mit

$$\bar{\xi} = 1 - \left(1 - \frac{\mu}{2\varkappa} + \frac{1}{3\varkappa}\right)^{1/2}.$$

Diese Gleichung für $\mu = \mu(\varkappa)$ gilt, solange der Mittelbereich voll elastisch, d. h. solange

$$M(1) = q l^2\left(1 - \frac{1}{2}\right) + M_A = \frac{q l^2}{2} + M_A < \sigma_F W_y$$

bleibt. Die Gültigkeitsgrenze der Rechnung ist demnach erreicht für

$$\mu' = -\frac{2 M_A'}{3\sigma_F W_y} = \frac{q l^2}{3\sigma_F W_y} - \frac{2}{3} = 2\varkappa' - \frac{2}{3}$$

bzw.

$$\bar{\xi}' = 1 - \sqrt{\frac{2}{3\varkappa'}}.$$

Setzen wir das in die vorstehende Gleichung, so erhalten wir $\varkappa' = 0,805$; $\bar{\xi}' = 0,09$; $\mu' = 0,943$ und $M_A' = -1,42\,\sigma_F W_y$. Für $\varkappa > \varkappa'$ ist die Rechnung mit einem teilweise plastizierten Mittelbereich zu wiederholen. In Abb. 7.9d sind die dimensionslosen Momentenverteilungen

$$\frac{M(\xi)}{\sigma_F W_y} = 6\varkappa\left(\xi - \frac{\xi^2}{2}\right) - \frac{3}{2}\mu$$

für die drei Lastfälle q_e, $\varkappa' q_T$ und q_T eingezeichnet. Die Umlagerung der Momentenverteilung bei fortschreitender Plastizierung im Sinne einer immer besser werdenden Ausnutzung des Balkens ist deutlich erkennbar. Der hiervon herrührende Anteil an der Tragfähigkeitsreserve beträgt $m_u = 4/3$; vgl. auch 7.1.3.

Nachdem so die statisch Unbestimmte M_A und die Ergänzungs-energie $U^*(\varkappa)$ mit $M_A/q\,l^2 = -\mu(\varkappa)/4\varkappa$ als Funktion der Lastkennzahl $\varkappa$ bekannt sind, kann die Durchbiegung des Balkens ähnlich wie in 7.2.2.1 berechnet werden.

7.2.3.2 I-Querschnitt und verfestigender Werkstoff. Nach (7.33) ist die Ergänzungsenergie pro Längeneinheit des Balkens

$$\bar{u}^* = \frac{1}{E\,I_y}\left[\frac{1}{2}\,M^2(\xi) + \frac{B}{n+1}\left(\frac{h}{2\,E\,I_y}\right)^{n-1}|M(\xi)|^{n+1}\right].$$

Hierin ist im Bereich $0 \le \xi \le \tilde{\xi}$

$$|M(\xi)| = -M(\xi) = -q\,l^2\left(\xi - \frac{\xi^2}{2} + \frac{M_A}{q\,l^2}\right)$$

und im Bereich $\tilde{\xi} \le \xi \le 1$ $\quad |M(\xi)| = M(\xi)$ zu setzen, wobei $\tilde{\xi}$ aus

$$M(\tilde{\xi}) = q\,l^2\left(\tilde{\xi} - \frac{\tilde{\xi}^2}{2}\right) + M_A = 0$$

zu

$$\tilde{\xi} = 1 - \left(1 + \frac{2\,M_A}{q\,l^2}\right)^{1/2}$$

folgt. Also wird

$$U^* = l\int\limits_{(l)}\bar{u}^*\,d\xi = \frac{q^2 l^5}{E\,I_y}\left\{\int\limits_0^1\left(\xi - \frac{\xi^2}{2} + \frac{M_A}{q\,l^2}\right)^2 d\xi\right.$$

$$+ \frac{2\,B}{n+1}\left(\frac{q\,h\,l^2}{2\,E\,I_y}\right)^{n-1}\left.\left[\int\limits_0^{\tilde{\xi}}\left(\frac{\xi^2}{2} - \xi - \frac{M_A}{q\,l^2}\right)^{n+1} d\xi + \int\limits_{\tilde{\xi}}^1\left(\xi - \frac{\xi^2}{2} + \frac{M_A}{q\,l^2}\right)^{n+1} d\xi\right]\right\}.$$

Beim Differenzieren von U^* nach dem statisch unbestimmten Einspannmoment M_A haben wir an sich wieder die LEIBNIZ-Regel zu beachten, da die Integrationsgrenzen von M_A abhängen. Die Zusatzglieder verschwinden hier aber, da die Integranden für $\xi = \tilde{\xi}$ Null werden. Aus $\partial U^*/\partial M_A = 0$ folgt so schließlich als Gleichung für das Einspannmoment $M_A = M_A(q)$

$$1 + \frac{3\,M_A}{q\,l^2} + 3\,B\left(\frac{q\,h\,l^2}{2\,E\,I_y}\right)^{n-1}$$

$$\times\left[\int\limits_{\tilde{\xi}}^1\left(\xi - \frac{\xi^2}{2} + \frac{M_A}{q\,l^2}\right)^n d\xi - \int\limits_0^{\tilde{\xi}}\left(\frac{\xi^2}{2} - \xi - \frac{M_A}{q\,l^2}\right)^n d\xi\right] = 0.$$

Für elastischen Werkstoff ($B = 0$) wird $M_A = -q\,l^2/3$.

Nun können wir wie unter 7.2.2.2 fortfahren und nach (7.35) mit $\tilde{M}(\xi) = \xi\,l/2$ und

$$\sigma(\xi) = \frac{M(\xi)h}{2\,I_y} = \frac{q\,l^2 h}{2\,I_y}\left(\xi - \frac{\xi^2}{2} + \frac{M_A}{q\,l^2}\right)$$

die Durchbiegung in Balkenmitte berechnen:

$$f = \frac{2\,l^2}{h}\left[\int_0^1 \frac{\sigma}{E}\,\xi\,d\xi - B\int_0^{\tilde{\xi}}\left(\frac{|\sigma|}{E}\right)^n \xi\,d\xi + B\int_{\tilde{\xi}}^1 \left(\frac{\sigma}{E}\right)^n \xi\,d\xi\right]$$

$$= \frac{q\,l^4}{E\,I_y}\left\{\frac{5}{24} + \frac{M_A}{2\,q\,l^2}\right.$$

$$\left. + B\left(\frac{h\,q\,l^2}{2\,E\,I_y}\right)^{n-1}\left[\int_{\tilde{\xi}}^1\left(\xi - \frac{\xi^2}{2} + \frac{M_A}{q\,l^2}\right)^n \xi\,d\xi - \int_0^{\tilde{\xi}}\left(\frac{\xi^2}{2} - \xi - \frac{M_A}{q\,l^2}\right)^n \xi\,d\xi\right]\right\}.$$

Die Rechnung wurde numerisch mit denselben Zahlenwerten wie unter 7.2.2.2 durchgeführt. Die Belastungsgröße $q\,l^2$ ist in Abb. 7.10 über dem

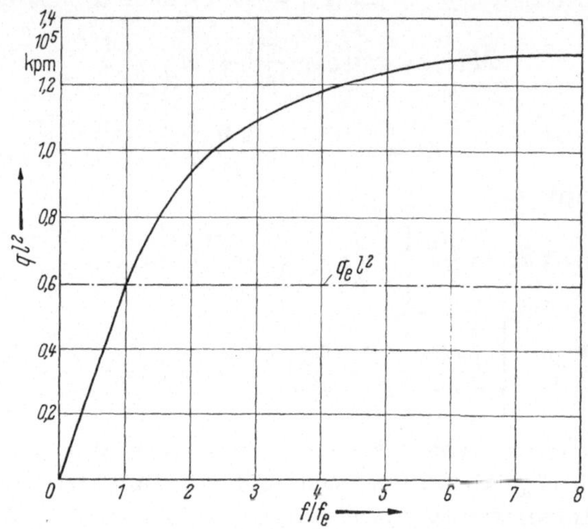

Abb. 7.10. Belastungsgröße $q\,l^2$ über Biegepfeilverhältnis f/f_e für eingespannten Balken mit gleichmäßiger Belastung nach Abb. 7.9a (gleiche Daten wie für Beispiel 7.2.2.2 und Abb. 7.8).

Biegepfeilverhältnis f/f_e aufgetragen. Die elastische Grenzlast q_e wurde so signiert, daß bei ihr die bleibende Durchsenkung $f_p = 0,2 \cdot 10^{-3} f_e$ beträgt.

§ 8. Traglasttheorie für Balken- und Rahmentragwerke

8.1 Vorbetrachtungen

8.1.1 Die Fließgelenk-Hypothese. Um die in 4.5 abgehandelten allgemeinen Sätze auf die Berechnung der Tragbelastung statisch unbestimmter Balken- und Rahmenkonstruktionen anwenden zu können, muß gewährleistet sein, daß die früher gemachten Voraussetzungen auch in Wirklichkeit wenigstens annähernd erfüllt sind. Das gilt insbesondere für die Hypothese, daß sich dort *Fließgelenke* ausbilden, wo das Fließmoment $M_F = M_T$ erreicht ist[1]. Die Konzeption des Fließgelenkes findet sich zum ersten Mal in einer Arbeit des Ungarn KAZINCZY aus dem Jahre 1914 [58].

Um die Traglasttheorie für die Berechnung in der Praxis nutzbar zu machen, postulieren wir hier nochmals ausdrücklich, daß

a) die Fließgelenke als „idealisierte Gelenke“ in diskreten Punkten an Stellen größter Momentenbeträge konzentriert sein sollen,

b) die Fließmomente M_{jT} in den Gelenken konstant bleiben sollen und daß

c) die Dissipationsenergie in den Gelenken beschränkt bleiben soll.

Wir müssen uns darüber im klaren sein, daß Forderung a) in Wirklichkeit nur näherungsweise erfüllt werden kann, da sie bei Balken von endlicher Höhe h unendlich große Dehnungen zur Folge haben würde und damit in Widerspruch zur Forderung c) stünde. In Wirklichkeit breitet sich das „Fließgelenk“ über eine gewisse Länge des Balkens aus, was wir auch schon am Schluß von Abschn. 7.1.1 feststellten, so daß dann Forderung c) erfüllt wird. Die relative Verdrehung der am Gelenk anschließenden Tragwerksteile zueinander darf ein bestimmtes Maß nicht überschreiten, damit nicht Forderung b) dadurch verletzt wird, daß das Fließmoment infolge örtlichen Versagens an Stellen zu großer Dehnung absinkt, und damit das gesamte Tragwerk vorzeitig versagt. Die Frage, welche Verdrehung man noch zulassen kann, wird man durch Versuche oder Abschätzung klären können (vgl. 8.1.4).

Weiter muß man hinsichtlich Forderung b) beachten, daß Träger aus Walzprofilen — z. B. I-Träger — im Bereich von Fließgelenken örtlich kippen oder ausbeulen können, wenn die Krümmung dort einen bestimmten Betrag überschreitet, so daß schließlich das im Gelenk übertragene Fließmoment wieder absinken und damit Forderung b) verletzt würde. Um in Zweifelsfällen ganz sicher zu sein, daß kein derartiges Versagen auftreten kann, lassen sich geeignete konstruktive Maßnahmen treffen: Zum Beispiel kann man durch Anordnung seitlicher Aussteifungen im Bereich des Fließgelenkes sicherstellen, daß der Träger nicht seitlich ausweichen kann.

Zahlreiche Versuche haben gezeigt, daß trotz aller dieser Einwände die idealisierende Fließgelenk-Hypothese im allgemeinen doch eine durchaus brauchbare Näherung für das wirkliche Verhalten von Stahl-

---

[1] M_F ist identisch mit dem in § 6 errechneten Traglastmoment M_T des betreffenden Querschnitts. Es wird hier Fließmoment genannt, weil es nur das Fließen im Querschnitt, im allgemeinen aber nicht den Zusammenbruch des ganzen Tragwerkes angibt.

trägern — wenigstens im Bereich kleinerer Deformationen — darstellt. Man darf sie auch in der Praxis den Berechnungen ohne weiteres zugrunde legen, wenn man sich über ihre Grenzen im klaren ist. Über Versuchsergebnisse kann man sich zum Beispiel bei BAKER, HORNE und HEYMAN [14] informieren.

Für das Weitere nehmen wir die Fließmomente als bekannt an; sie lassen sich nach 6.4 für verschiedene Querschnitte berechnen. Hierbei ist zu beachten, daß das Fließmoment durch die Einwirkung von Längskräften (vgl. 6.4.2.2) und/oder Querkräften (vgl. 10) bzw. Torsionsmomenten (vgl. 11.4.3) beeinflußt werden kann. Außerdem kann es gegebenenfalls nötig werden, den Einfluß der Verformungen des Tragwerks zu berücksichtigen (vgl. 8.4).

Im Folgenden kann nur eine einführende Übersicht über das Grundsätzliche der Bestimmung der Traglast vorgegebener Balken- und Rahmentragwerke mit einigen erläuternden Beispielen gegeben werden. Eine ins einzelne gehende Besprechung der verschiedenen Berechnungsmethoden sowie die Behandlung des Entwurfsproblems — also die Auswahl des optimalen, d. h. leichtesten und damit billigsten Tragwerkes für vorgeschriebene Lasten und Abmessungen — gehen über den Rahmen dieses Buches hinaus. Hierüber kann man sich im übrigen eingehend z. B. bei BAKER, HORNE und HEYMAN [14], BEEDLE [15], NEAL [20] oder HODGE [2] unterrichten.

8.1.2 Grundlegende Sätze. Wir wollen zuerst noch einige zusätzliche allgemeine Aussagen über den Zusammenbruch des Tragwerks machen, der durch die Bildung von hinreichend vielen Fließgelenken zustande kommt. Wir unterscheiden hierbei *zwei Fälle*:

a) Die Lage der möglichen Fließgelenke ist von vornherein bekannt. Beispielsweise können sich Fließgelenke an Einspannungen von Balken, an Ecken und biegesteifen Knoten von Rahmen sowie unter Einzellasten bilden.

b) Die Lage eines Fließgelenkes muß erst durch Rechnung ermittelt werden, wenn es beispielsweise in einem kontinuierlich belasteten Feld eines Tragwerkes entsteht.

Eine allgemeine Betrachtung über die Zahl der Fließgelenke und der möglichen Mechanismen folgt unter 8.2.1.

Der wirklich eintretende Bruchmechanismus ist im allgemeinen kinematisch bestimmt und hat einen Freiheitsgrad, so daß sich die Gesamtverformung des Tragwerks nach dem Zusammenbruch durch eine einzige Verschiebung ausdrücken läßt. (Über Ausnahmefälle vgl. Satz 3 von 8.2.3 sowie Beispiel 2 von 8.2.4.)

Die statischen Zustände des Tragwerks unmittelbar vor und nach dem Zusammenbruch unterscheiden sich praktisch nicht voneinander;

denn kurz vor dem Zusammenbruch herrschten schon in allen Fließgelenkstellen die Fließmomente M_{jT} bis auf eine einzige Gelenkstelle k,
wo M_{kT} noch nicht ganz erreicht war. Der Zusammenbruch tritt unter
der Gruppe der Traglasten T_i ein, sobald M_{kT} auch dort erreicht wird.
Hieraus folgt:

*Satz 1. Wird ein Balken- oder Rahmentragwerk zu einem Mechanis-
mus, so verformen sich die einzelnen Glieder der dabei entstehenden sog.*
„Gelenkkette" nicht mehr weiter, son-
dern drehen sich als starre — leicht
vorgekrümmte — Stäbe um die Fließ-
gelenke.

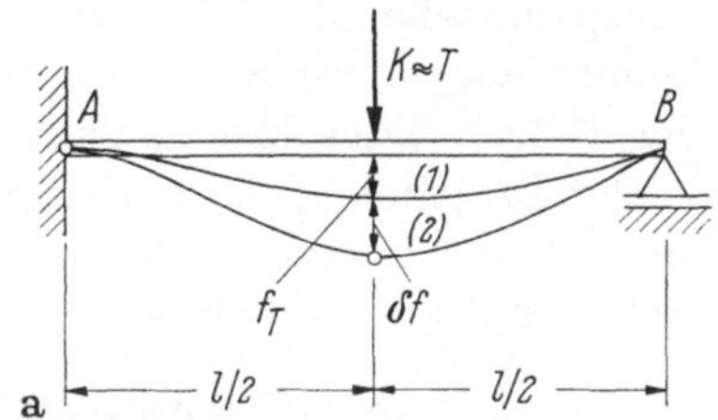

Wir könnten diesen Satz auch
so formulieren:

Satz 1a. Die Differenzen zwischen
den Biegelinien unmittelbar vor und
nach dem Zusammenbruch ergeben
Geraden (vgl. z. B. Abb. 8.1 b).

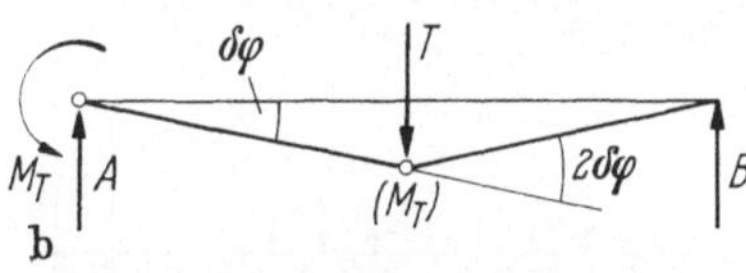

Dieser Satz gilt nur solange die
Verformungen so klein sind, daß
bei Ansatz der Gleichgewichtsbedingungen nicht die Änderung der geometrischen Konfiguration berücksichtigt werden muß.

Abb. 8.1 a u. b.   Beispiel 1: a Biegelinien (1)
kurz vor, (2) kurz nach Erreichen der Traglast
T, b Gelenkmechanismus mit Fließgelenken o.

Nach dem Prinzip der virtuellen Verschiebungen (4.1) entsprechend
(4.22) gilt dann für die gesamte Gelenkkette beim Zusammenbruch die
Grundgleichung der Traglasttheorie für Balkentragwerke

$$\delta A_{(e)} = S\, T_i\, \delta u_i - \sum_{j=1}^{N} M_{jT}\, \delta\varphi_j = 0 \tag{8.1}$$

mit den Verschiebungen δu_i der Angriffspunkte der Traglasten T_i
sowie mit den Fließmomenten $M_{jT} > 0$ und den zugehörigen virtuellen
Winkelverdrehungen $\delta\varphi_j > 0$. Auf die Vorzeichen in der zweiten
Summe braucht nicht besonders geachtet zu werden, da alle Sum-
manden positiv sein müssen. Die erste Summe umfaßt im Fall verteilter
Belastungen auch Integrale.

Sämtliche δu_i und $\delta\varphi_j$ können durch eine einzige Verschiebung ausgedrückt werden; zufolge Satz 1a werden die entsprechenden Bezie-
hungen denkbar einfach.

Die $\delta\varphi_j$ könnten im übrigen auch gleich den Differenzwinkeln gesetzt werden, die beim Zusammenbruch gegenüber den Tangenten an
die Biegelinie in den Fließgelenkpunkten wirklich entstehen.

10*

8.1.3 Zwei erläuternde Beispiele

Beispiel 1. Wir behandeln zuerst den Balken nach 7.1.3 als ein Beispiel, bei dem die Lage der Fließgelenke von vornherein bekannt ist (Fall a von 8.1.2). In Abb. 8.1a sind die Biegelinien (1) und (2) für die Momentenverteilung (c) des Trägers nach Abb. 7.4 unmittelbar vor und nach dem vollständigen Zusammenbruch überhöht eingezeichnet. Das erste Fließgelenk hatte sich mit dem Fließmoment M_T an der Einspannstelle A ausgebildet, unmittelbar beim Zusammenbruch kommt noch unter K ein Gelenk mit dem Moment M_T hinzu, wodurch der Balken zum Mechanismus wird. Abb. 8.1b zeigt die Differenz beider Biegelinien, die nach Satz 1a von 8.1.2 Geraden ergeben. Drükken wir alle virtuellen Verschiebungen durch die Verdrehung $\delta\varphi$ am Auflager A aus, so liefert (8.1)

$$T\,\frac{l}{2}\,\delta\varphi - M_T\,\delta\varphi - M_T\,2\,\delta\varphi = 0$$

sofort die früher schon berechnete Traglast $T = 6\,M_T/l$; vgl. (7.27).

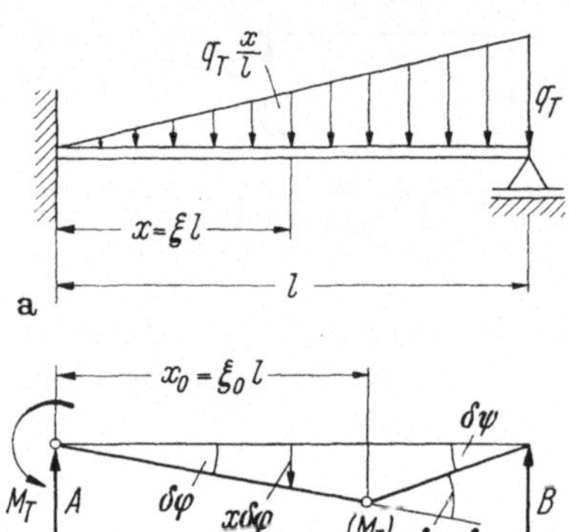

Abb. 8.2a u. b. Beispiel 2: a Balken mit Dreiecksbelastung (Traglast q_T), b Gelenkmechanismus mit Fließgelenken O.

Beispiel 2. Der einseitig eingespannte Balken mit Dreiecksbelastung nach Abb. 8.2 ist ein Beispiel für ein Tragwerk, bei dem nur die Zahl, aber nicht die Lage aller Fließgelenke von vornherein bekannt ist (Fall b von 8.1.2). Der Zusammenbruch unter der Tragbelastung q_T tritt ein, wenn sich an der Einspannstelle und an einer noch zu bestimmenden Stelle $x = x_0$ im Feld Fließgelenke gebildet haben (vgl. Abb. 8.2b). Wir haben hier also die beiden Unbekannten q_T und ξ_0 zu bestimmen. Hierfür gibt es verschiedene Möglichkeiten:

1. *Wir verwenden das Prinzip der virtuellen Verschiebungen.* Für den Bruchmechanismus nach Abb. 8.2b liefert (8.1) zunächst

$$\delta A_{(e)} = \int_0^{x_0} q_T\,\frac{x}{l}\,dx\,x\,\delta\varphi + \int_{x_0}^{l} q_T\,\frac{x}{l}\,dx\,(l-x)\,\delta\psi - M_T\,\delta\varphi - M_T\,(\delta\varphi + \delta\psi) = 0$$

oder nach Einführung der dimensionslosen Veränderlichen $\xi = x/l$

$$q_T\,l^2\left[\delta\varphi \int_0^{\xi_0} \xi^2\,d\xi + \delta\psi \int_{\xi_0}^{1} \xi(1-\xi)\,d\xi\right] - 2\,M_T\,\delta\varphi - M_T\,\delta\psi = 0,$$

woraus schließlich nach Integration und unter Beachtung der geometrischen Beziehung $\delta\psi = \dfrac{x_0}{l - x_0}\,\delta\varphi$

$$\frac{q_T l^2}{M_T} = \frac{6(2 - \xi_0)}{\xi_0(1 - \xi_0^2)} \tag{a}$$

folgt. Da der Zusammenbruch unter der kleinsten möglichen Belastung erfolgt, können wir aus $dq_T/d\xi_0 = 0$ die zusätzliche Gleichung

$$\xi_0^3 - 3\xi_0^2 + 1 = 0 \tag{b}$$

für ξ_0 gewinnen. Von ihren Wurzeln kommt hier nur $\xi_0 = 0{,}653$ in Frage. Damit folgt aus (a)

$$q_T = 21{,}55\ M_T/l^2. \tag{c}$$

2. *Wir verwenden den Satz* (4.23) *der Traglasttheorie*, nach dem die Traglastgruppe zu einem statisch zulässigen und kinematisch möglichen Mechanismus gehört. Wir können also die Gleichgewichtsbedingungen mit bekannten Kräften und Momenten ansetzen. Hierbei machen wir von der Tatsache Gebrauch, daß das Feldmoment im Fließgelenk $\xi = \xi_0$ seinen maximalen Wert M_T annimmt.

Aus dem Momentengleichgewicht für den ganzen Balken folgt die Auflagerkraft $A = M_T/l + q_T l/6$ und damit das Biegemoment an der Stelle ξ

$$M(\xi) = -M_T + A\,\xi l - q_T\,\xi\,\frac{\xi l}{2}\,\frac{\xi l}{3} = -M_T(1 - \xi) + \frac{q_T l^2}{6}\,\xi(1 - \xi^2). \tag{d}$$

Nun gilt für $\xi = \xi_0$ erstens

$$M(\xi_0) = -M_T(1 - \xi_0) + \frac{q_T l^2}{6}\,\xi_0(1 - \xi_0^2) = M_T,$$

woraus wieder (a) folgt, und aus

$$\frac{dM}{d\xi} = M_T + \frac{q_T l^2}{6}\,(1 - 3\xi^2) = 0,$$

zweitens

$$\frac{q_T l^2}{M_T} = \frac{6}{3\xi_0^2 - 1} \tag{e}$$

kommt. Durch Kombination von (a) und (e) erhalten wir wieder die kubische Gleichung (b) zur Bestimmung von ξ_0.

Wir könnten schließlich auch an Stelle der Gleichgewichtsbedingungen das Prinzip der virtuellen Verschiebungen für einen der beiden Balkenteile allein ansetzen. Dann ist beispielsweise M_T für den linken Balkenteil als äußeres Moment aufzufassen, das nur am virtuellen Winkel $\delta\varphi$ wirkt. Da die Querkraft im Fließgelenk wegen $dM/dx = 0$ für $x = x_0$ verschwindet, liefert (4.1)

$$\delta A_{(e)} = \left[q_T l^2 \int_0^{\xi_0} \xi^2\, d\xi - 2 M_T \right] \delta\varphi = 0$$

und hieraus

$$\frac{q_T l^2}{M_T} = \frac{6}{\xi_0^3} \tag{f}$$

als zusätzliche Beziehung zur Bestimmung von ξ_0. Tatsächlich ergibt die Kombination von (f) mit (a) oder mit (e) wieder die kubische Gl. (b).

3. Schließlich wollen wir noch eine *Eingrenzung der Traglast* mit Hilfe des Satzes (4.23) der Traglasttheorie vornehmen. Eine obere Schranke für q_T erhalten wir für einen kinematisch möglichen Bruchmechanismus mit beliebigem x_0. Die Rechnung verläuft zunächst genauso wie unter 1. Gleichung (a) liefert dann für einen geschätzten Wert von ξ_0 eine obere Schranke für q_T. Beispielsweise folgt für $\xi_0 = 0,6$ als obere Schranke $\tilde{q}_T = 21,87\, M_T/l^2$.

Der zugehörige Bruchmechanismus ist statisch unzulässig, da das maximale Feldmoment größer als das Fließmoment wird; denn beispielsweise liefert (d) mit dem speziellen $\tilde{q}_T$ das Biegemoment

$$M(\xi) = -M_T(1 + 3,646\xi^3 - 4,646\xi)$$

und aus $dM/d\xi = 0$ folgt die Stelle $\tilde{\xi} = 0,651$ des maximalen Feldmomentes. Dieses wird $M(\tilde{\xi}) = 1,03\, M_T$, ist also nicht mehr statisch zulässig.

Einen statisch möglichen und sicheren, jedoch dann kinematisch nicht mehr möglichen Zustand — und damit eine untere Schranke für q_T — erhalten wir, indem wir q_T und somit auch den Schnittlastenzustand durch $M(\tilde{\xi})/M_T = 1,03$ dividieren. Dann liegt q_T zwischen den Grenzen

$$21,20\, \frac{M_T}{l^2} < q_T < 21,87\, \frac{M_T}{l^2}\,,$$

was durch den genauen Wert (c) bestätigt wird.

Dieses Verfahren der Eingrenzung bringt beim vorliegenden Beispiel noch keine nennenswerte Einsparung an Rechenaufwand gegenüber dem direkten Vorgehen nach 1. oder 2. Es gewinnt aber für kompliziertere Tragwerke an Bedeutung; siehe hierzu 8.2.4.

8.1.4 Ein Paradoxon der Traglasttheorie. Stüssi und Kollbrunner [*78*] haben in einer Arbeit aus dem Jahre 1935 an Hand von theoretischen und experimentellen Untersuchungen an Trägern nach Abb. 8.3 darauf aufmerksam gemacht, daß bei der Anwendung des Traglastverfahrens gewisse Widersprüche auftreten können.

Das Mittelfeld des vierfach gelenkig gelagerten Trägers habe die konstante Länge $2l$, die Seitenfelder haben die Länge λl. Der zweifach statisch unbestimmte Träger wird zu einer sog. *Gelenkkette*, wenn sich Fließgelenke in den drei Punkten B, C und D gebildeten haben.

Die Gelenkkette ist in Abb. 8.3a gestrichelt eingezeichnet. Das Prinzip der virtuellen Verschiebungen

$$\delta A_{(e)} = T\,l\,\delta\varphi - 2\,M_T\,\delta\varphi - M_T\,2\,\delta\varphi = 0$$

liefert dann die Traglast $T = 4\,M_T/l$. Die zugehörige Momentenlinie zeigt Abb. 8.3b.

Aus der Tatsache, daß die Traglast T unabhängig von λ ist, könnte man ganz allgemein folgern, daß man die Traglasttheorie grundsätzlich

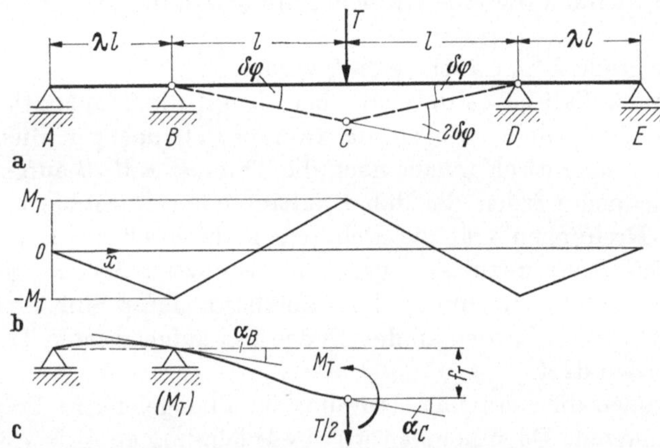

Abb. 8.3a–c. a Durchlaufträger mit Traglast. Hierfür: b Momentenverteilung, c Durchbiegung.

überhaupt nicht anwenden dürfe; denn offenbar werde aus dem Durchlaufträger für große λ praktisch ein an den Enden frei gelagerter Balken, für den andererseits aber das Prinzip der virtuellen Verschiebungen nur die halbe Traglast $T = 2\,M_T/l$ liefere.

Das in dieser Feststellung liegende Paradoxon wurde zuerst von SYMONDS und NEAL [79b] dadurch aufgeklärt, daß sie die Durchbiegungen des Trägers untersuchten. Wir berechnen für einen idealisierten Sandwich-Querschnitt die Durchbiegung f_T in Trägermitte bei Erreichen der Traglast einfach aus der elastischen Durchbiegung des statisch bestimmten Kragträgers nach Abb. 8.3c, der die Hälfte des ganzen Trägers unmittelbar vor dem Zusammenbruch darstellt. Die Gelenke bei B und D bilden sich nämlich für alle λ erst beim Zusammenbruch, wie man leicht nachweist. Daher ist die Biegelinie zwischen A und C noch bis zum Zusammenbruch elastisch. Wir erhalten mit dem Biegewinkel $\alpha_B = M_T\lambda l/(3EI_y)$ am Auflager B den Biegepfeil in Trägermitte

$$f_T = \alpha_B l + \frac{T\,l^3}{2\cdot 3EI_y} - \frac{M_T l^2}{2EI_y} = \frac{M_T l^2}{6EI_y}(2\lambda + 1).$$

Dividieren wir das durch den Biegepfeil

$$f_e = \frac{M_T l^2}{6 E I_y} \frac{3 + 4\lambda}{3 + 2\lambda}$$

bei Erreichen der elastischen Grenzlast — bzw. des Fließmomentes in Trägermitte —, so entnehmen wir aus

$$\frac{f_T}{f_e} = 1 + \frac{4\lambda(1 + \lambda)}{3 + 4\lambda},$$

daß der Biegepfeil f_T bei Erreichen der Traglast

a) für kleine λ dieselbe Größenordnung wie der Biegepfeil f_e hat[1], hingegen

b) für große $\lambda \gg 1$ auch $f_T \gg f_e$ wird.

Im ersten Fall ist es durchaus berechtigt, die Traglasttheorie der Berechnung zugrunde zulegen, im zweiten Fall dagegen nicht mehr. Zwar kann theoretisch immer noch die Traglast $4 M_T/l$ aufgenommen werden, jedoch werden die dabei auftretenden Durchbiegungen, die relativen Drehungen und die Dehnungen im Fließgelenk von einem bestimmten λ an unzulässig groß; im Grenzfall $\lambda \to \infty$ geht auch $f_T \to \infty$, so daß die Rechnung dann überhaupt ihren Sinn verliert und nicht als Grenzfall für den an den Enden frei aufgelagerten Träger aufgefaßt werden darf.

Wir wollen die maximale Dehnung im Fließgelenk in Trägermitte grob abschätzen: Dazu nehmen wir (in Anlehnung an Abb. 7.3) an, das Fließgelenk habe in Wirklichkeit eine Ausdehnung von $0,1 l$ nach beiden Seiten von C. Die relative Drehung im Gelenk nach dessen Bildung berechnen wir mit den oben berechneten Werten α_B und T zu

$$2\alpha_C = 2\left(\alpha_B + \frac{T l^2}{2 \cdot 2 E I_y} - \frac{M_T l}{E I_y}\right) = 2\alpha_B = \frac{2 M_T l \lambda}{3 E I_y}.$$

Für den Sandwich-Querschnitt[2] setzen wir nach (7.32) $M_T = \sigma_F b t h$ sowie $I_y = b t h^2/2$ ein, so daß wir

$$\alpha_C = \frac{2}{3} \frac{\sigma_F l}{E h} \lambda$$

bzw.

$$R = \frac{0,1 l}{\alpha_C} = \frac{3 E h}{20 \sigma_F l}$$

und hiermit weiter die Dehnung der Gurte

$$\varepsilon = \frac{h}{2 R} = \frac{10 \sigma_F \lambda}{3 E} = \frac{10}{3} \varepsilon_F \lambda$$

---

[1] Im Grenzfall $\lambda = 0$ ist $f_T = f_e$ für den in B und D eingespannten Träger.

[2] Die Annahme eines Sandwich-Querschnitts ist natürlich nur für unsere grobe Abschätzung geeignet; in Wirklichkeit gibt es bei ihm kein Fließgebiet von endlicher Ausdehnung.

erhalten. Wenn wir die schon am Schluß von 7.1.1 erwähnte Annahme zugrunde legen, daß ε etwa das zehnfache der elastischen Grenzdehnung ε_F — also bei Baustahl etwa 1% — erreichen darf, bevor die Gültigkeit der Rechnung in Frage gestellt wird, so muß im vorliegenden Fall $\lambda < 3$ bleiben. Für $\lambda = 3$ wird $f_T = 4{,}2 f_e$.

Wir ziehen aus diesem Paradoxon verallgemeinernd die Folgerung, daß man in der Tat die Traglasttheorie nicht kritiklos auf alle Lastfälle anwenden darf, ohne daß man in Zweifelsfällen z. B. die Verdrehungen in den Fließgelenken abgeschätzt hat.

8.2 Ausbau der Theorie

8.2.1 Anzahl der Grundmechanismen und Fließgelenke. Bei komplizierteren, n-fach statisch unbestimmten Konstruktionen kann man den wirklich eintretenden Bruchmechanismus meist nicht mehr so einfach erkennen wie bei den bisher behandelten Beispielen. Dann ist es nützlich, sich mit gewissen *Abzählbedingungen*, die wir jetzt herleiten wollen, eine *erste Orientierung* zu verschaffen.

Wir führen folgende Bezeichnungen ein:

$m =$ Zahl der möglichen, voneinander unabhängigen sog. Grundmechanismen,

$n =$ Zahl der statisch unbestimmten Größen,

$p =$ Zahl der möglichen Fließgelenke,

$q =$ Zahl der beim Zusammenbruch wirklich auftretenden Fließgelenke.

Wir definieren: *Grundmechanismus* heiße ein Mechanismus, der durch keine lineare Kombination aus anderen Grundmechanismen gewonnen werden kann. *Kombinierter Mechanismus* heiße ein Mechanismus, der durch lineare Kombination aus anderen (Grund- oder kombinierten) Mechanismen gewonnen werden kann. Für m mögliche Grundmechanismen liefert das Prinzip der virtuellen Verschiebungen ebenso viele voneinander unabhängige Beziehungen zwischen Belastungen und Schnittmomenten an Stellen möglicher Fließgelenke oder zwischen den Schnittmomenten allein. Das gilt für jeden beliebigen, auch für den noch völlig oder teilweise elastischen Zustand.

Ganz allgemein läßt sich die Beanspruchung eines Tragwerks in einem beliebigen Belastungszustand durch Angabe von p Werten der Biegemomente M_j an denjenigen p Stellen eindeutig beschreiben, wo möglicherweise Fließgelenke auftreten könnten; über die möglichen Fließgelenkstellen vgl. die in 8.1.2 gegebenen Erläuterungen. Mit diesen p Werten ist nämlich der Verlauf der Biegemomentenkurven festgelegt, wobei die Momente M_j im allgemeinen die Fließmomente M_{jT} nicht in allen möglichen Gelenkstellen erreichen.

Da zu den m noch weitere n voneinander unabhängige Beziehungen für die n statisch unbestimmten Größen hinzukommen, haben wir insgesamt $p = m + n$ voneinander unabhängige Beziehungen zur Bestimmung des Momentenverlaufs in einem Tragwerk. Oder anders ausgedrückt: Es gibt

$$m = p - n \tag{8.2}$$

voneinander unabhängige Grundmechanismen. Ein statisch bestimmtes Tragwerk ($n = 0$) hat hiernach ebenso viele Grundmechanismen wie Fließgelenke, was auch unmittelbar einleuchtet[1].

Die Anzahl der überhaupt möglichen Mechanismen ist dagegen im allgemeinen größer als m. Diese sind dann aber voneinander abhängig, da wir die die Anzahl m überschreitenden Mechanismen und die entsprechenden Gleichungen durch Kombination aus den Grundmechanismen gewinnen können, was nachstehende Beispiele veranschaulichen werden.

Welchen Mechanismus wir als Grundmechanismus wählen, ist an sich gleichgültig. Es empfiehlt sich, hierfür möglichst einfache Mechanismen auszuwählen. Bei Durchlaufträgern gibt es nur den einfachen Balkenmechanismus (vgl. Abb. 8.4). Bei Rechteckrahmen unterscheiden wir dagegen drei verschiedene *Typen von Grundmechanismen* (vgl. Abb. 8.8):

a) *Balken-Mechanismen*, bei denen einzelne Abschnitte des Tragwerks als Balken versagen,

b) *Rahmen-Mechanismen*, bei denen das ganze Rahmentragwerk oder Teile desselben beim Zusammenbruch eine Seitenverschiebung erfahren, sowie

c) *Knoten-Mechanismen* mit drei oder mehr Fließgelenken unmittelbar an Anschlußstellen aller Träger an einem Knoten.

Während das Prinzip der virtuellen Verschiebungen für die Grundmechanismen a) und b) voneinander unabhängige Beziehungen zwischen Belastungen und Schnittmomenten ergibt, liefert es für Knoten-Mechanismen c) je eine Beziehung nur zwischen den Schnittmomenten an den Anschlußstellen, weil die äußeren Lasten dann keine virtuelle Arbeit leisten. Die Knoten-Mechanismen c) können daher auch nicht als Bruchmechanismen auftreten, sondern dienen nur zur Bildung kombinierter Mechanismen[2].

---

[1] Man könnte (8.2) auch so begründen: Für ein statisch bestimmtes Tragwerk ist $p = m$, da jedem möglichen Fließgelenk ein Mechanismus entspricht. Zu jeder hinzutretenden statisch unbestimmten Größe gehört eine zusätzliche Stelle, wo möglicherweise ein Fließgelenk auftreten kann, während die Zahl der möglichen Mechanismen gleich bleibt. Somit erhöht sich die Zahl der möglichen Fließgelenke auf $p = m + n$.

[2] Nur wenn im Knoten ein äußeres Lastmoment angreift, könnte der Knoten-Mechanismus zum Bruchmechanismus werden.

Wieviele Fließgelenke treten nun wirklich in einem n-fach statisch unbestimmten Tragwerk bei dessen Zusammenbruch auf? Mit $q = n + 1 \leq p$ Gelenken wird das Tragwerk zu einem sog. *vollständigen Bruchmechanismus*. Diese Bedingung ist aber nur hinreichend, nicht notwendig für den Zusammenbruch. Im sog. *Fall des unvollständigen Versagens* kann sich nämlich ein Bruchmechanismus schon mit weniger $(q < n + 1)$ Gelenken in einem Teil des Tragwerkes ausbilden. Es bleiben dann beim Zusammenbruch noch

$$r = n + 1 - q \tag{8.3}$$

statisch unbestimmte Größen übrig, so daß ein Teil des Tragwerkes unversehrt bleibt und über eine weitere Tragfähigkeitsreserve verfügt, die natürlich nicht mehr genutzt werden kann. Es ist klar, daß man diesen Fall beim Entwurf möglichst zu vermeiden sucht (vgl. auch 5.4).

8.2.2 Kombination von Grundmechanismen. Bei diesem zuerst von SYMONDS und NEAL [*79a*] verwendeten Verfahren zur Berechnung der Gruppe der Traglasten T_i bzw. zu deren Eingrenzung nach (4.23) ist es zweckmäßig in folgenden *Einzelschritten* vorzugehen:

1. Berechnung der im allgemeinen statisch unzulässigen Lastgruppen $V_i = t\,T_i$ (mit $t \geq 1$) für die Grundmechanismen mit Hilfe des Prinzips der virtuellen Verschiebungen entsprechend (8.1)

$$S\,V_i\,\delta u_i = t\,S\,T_i\,\delta u_i = \sum_{j=1}^{N} M_{jT}\,\delta\varphi_j. \tag{8.4}$$

Da alle Lasten proportional anwachsen, ergibt sich für jeden Mechanismus ein einziger Lastwert t.

2. Kontrolle mit Hilfe der Gleichgewichtsbedingungen[1], ob die Lastgruppe mit den bisher gewonnenen kleinsten V_i statisch zulässig ist. Überschreiten die Momentenbeträge $|M_j| \leq M_{jT}$ nirgendwo im Tragwerk das Fließmoment, so ist die Gruppe der $V_i = T_i$ schon die Traglastgruppe ($t = 1$). Die Kontrolle kann unterbleiben, falls vermutlich $t > 1$ ist.

3. Falls man vermutet oder nach Schritt 2 festgestellt hat, daß $t > 1$ ist: Bildung kombinierter Mechanismen aus Grundmechanismen mit möglichst kleinem t und Berechnung der zugehörigen Lastgruppen mit Hilfe von (8.4). Damit t weiter abnehmen kann, müssen diese Grundmechanismen so ausgewählt werden, daß bei ihrer Kombination die Arbeit der äußeren Kräfte möglichst stark, die der Fließgelenkmomente möglichst wenig zunimmt. Anschließend wieder Kontrolle wie bei Schritt 2.

---

[1] Vgl. hierzu weitere allgemeine Erläuterungen, die unter 8.2.4 an Hand des dortigen Beispiels 2 gemacht werden.

4. Evtl. Bildung weiterer Kombinationen zwischen den so gefundenen Mechanismen und Behandlung wie nach 3.

5. Überschreitet die nach 2 berechnete Momentenverteilung $|M_j| = \mu M_{jT}$ an der ungünstigsten Stelle die statisch zulässige Momentenverteilung M_{jT} um den Faktor $\mu > 1$, so erhält man nach Division durch μ den statisch sicheren, jedoch kinematisch nicht möglichen Zustand V_i/μ. Damit wird die *Eingrenzung für die Traglast*

$$V_i/\mu < T_i < V_i \quad \text{oder} \quad 1 < t < \mu. \tag{8.5}$$

Je weniger μ von Eins abweicht, um so besser ist diese Eingrenzung. Reicht sie nicht aus, so sind die Schritte 3 bzw. 4 zu wiederholen.

Wenn man bei diesem Verfahren auch „probieren" muß, so kann man doch bei recht komplizierten Tragwerken nach einiger Erfahrung schon mit verhältnismäßig geringem Rechenaufwand zum Ziel gelangen, wie nachstehende Beispiele zeigen sollen.

8.2.3 Durchlaufträger. Für sämtliche Durchlaufträger, auf welche die Belastungen — seien sie als Einzellasten oder verteilt aufgebracht — einsinnig, also beispielsweise nach unten wie in Abb. 8.4 bis 8.6 wirken, gilt folgender allgemeine

Satz 1. Für einsinnig belastete Durchlaufträger sind kombinierte Mechanismen, die über zwei oder mehrere benachbarte Felder reichen, statisch nicht möglich[1].

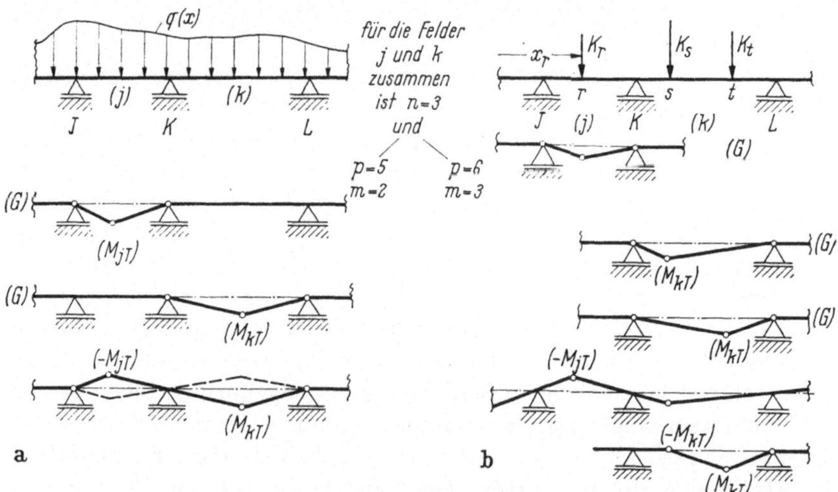

Abb. 8.4a u. b. Durchlaufträger: a mit kontinuierlicher Belastung $q(x)$, b mit Einzellasten, (G) = Grundmechanismen. Für die anderen Mechanismen gibt es keine statisch mögliche Momentenverteilung.

---

[1] Statisch möglich heiße ein Mechanismus, für den es eine im Sinne der Definitionen von 4.5 statisch mögliche Schnittlastenverteilung gibt.

Die Richtigkeit dieses Satzes läßt sich für zwei beliebige Felder j und k eines Durchlaufträgers nach Abb. 8.4 wie folgt begründen: Die Fließmomente müßten für den kinematisch möglichen, aus den beiden „Balkenmechanismen" der Felder j und k nach Abb. 8.4a kombinierten Mechanismus (Abb. 8.4a ganz unten) verschiedenes Vorzeichen haben. Das steht aber in Widerspruch zu der allgemein gültigen Beziehung $d^2 M/dx^2 = -q(x)$, nach der die Biegemomente in *jedem* Feld mit positivem $q(x)$ (Abb. 8.4a) ein relatives Maximum erreichen. Der über zwei Felder reichende kombinierte Mechanismus ist demnach statisch nicht möglich, weil für ihn $M_j = -M_{jT}$ zum Minimum werden müßte; entsprechendes gilt auch für den gestrichelten sowie für jeden anderen, über weitere Felder reichenden Mechanismus.

Bei Einzellasten folgt dasselbe daraus, daß für den Anstieg der Momentenlinie, z. B. im Feld j von Abb. 8.4b, links von der Gelenkstelle $dM/dx = Q(x_r)$ und rechts von ihr $dM/dx = Q(x_r) - K_r$ ist, so daß die Momentenlinie — unabhängig von Größe und Vorzeichen von $Q(x_r)$ — an der Stelle x_r einen nach unten offenen, abgeknickten Verlauf hat. Dort kann das Moment also nicht seinen kleinsten Wert $-M_{jT}$ annehmen, wie es beim vorletzten Mechanismus von Abb. 8.4b sein müßte.

Für *Felder mit mehreren Einzellasten* gilt

Satz 2. In einem n-fach ($n = 1$ oder $n = 2$) statisch unbestimmten, durch k Einzellasten einsinnig belasteten Feld eines Durchlaufträgers sind nur diejenigen $m = p - n = k + n - n = k$ Grundmechanismen statisch möglich, welche über das ganze Feld reichen. Die Kombination solcher Grundmechanismen gibt nur ausnahmsweise statisch mögliche Mechanismen.

Wir begründen Satz 2 an Hand von Abb. 8.4b: Der ganz unten eingezeichnete Mechanismus ist statisch nicht möglich, weil für ihn das Biegemoment im linken Gelenk des Feldes den Kleinstwert $-M_{kT}$ annehmen müßte. Ferner ergibt die Kombination der beiden Grundmechanismen von Abb. 8.4b keinen kinematisch bestimmten Mechanismus, da er zwei voneinander unabhängige virtuelle Verschiebungen aufweist. Er wäre auch nur dann möglich, wenn die Kräfte K_s und K_t in einem solchen Verhältnis zueinander stünden, daß beide Grundmechanismen gleichzeitig auftreten könnten. Dann ergäbe aber schon ein einziger Grundmechanismus die Traglast des Feldes.

Wir können beide Sätze zusammenfassen zum

Satz 3. Im allgemeinen wird nur ein einziges Feld eines Durchlaufträgers versagen, falls nicht die Fließmomente der Felder oder die Belastungen in einem bestimmten Verhältnis zueinander stehen. Das Versagen erfolgt in diesem speziellen Fall mit mehr als einem Freiheitsgrad.

Bei verteilten Belastungen muß man die Stelle x_0 des Fließgelenks für jedes Feld aus $dM/dx = 0$ für $x = x_0$ ermitteln; dabei kann die statisch bestimmte Momentenverteilung für den Mechanismus nur insofern von den angrenzenden Feldern abhängig werden, als gegebenenfalls deren Fließmomente in die Rechnung eingehen, sofern diese kleiner als das Fließmoment des untersuchten Feldes sind.

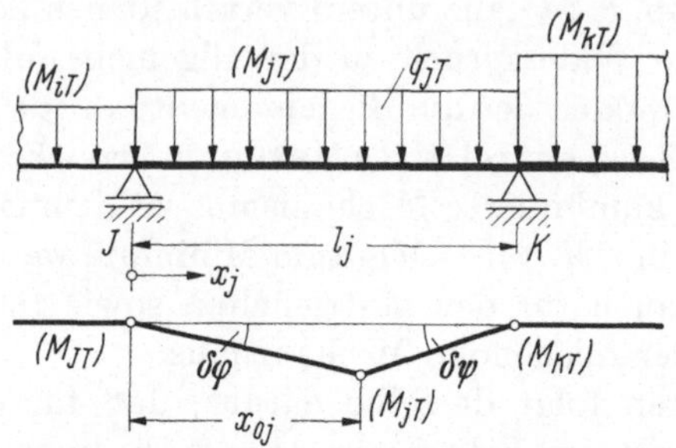

Abb. 8.5. Gleichmäßig belastetes Feld j eines Durchlaufträgers.

Für den Zusammenbruch eines *gleichmäßig belasteten Feldes* eines Durchlaufträgers nach Abb. 8.5 liefert das Prinzip der virtuellen Verschiebungen

$$q_{jT}\left[x_{0j}\frac{x_{0j}}{2}\,\delta\varphi + (l_j - x_{0j})\frac{l_j - x_{0j}}{2}\,\delta\psi\right] - M_{JT}\,\delta\varphi$$
$$- M_{jT}(\delta\varphi + \delta\psi) - M_{KT}\,\delta\psi = 0.$$

Für M_{JT} bzw. M_{KT} sind die jeweils kleinsten Fließmomente der angrenzenden Felder einzusetzen.

Nach Einsetzen der geometrischen Beziehung $x_{0j}\,\delta\varphi = (l_j - x_{0j})\,\delta\psi$ und des dimensionslosen Abstandes $\xi_{0j} = x_{0j}/l_j$ des Fließgelenkes vom linken Auflager erhalten wir die Tragbelastung

$$q_{jT} = \frac{2}{l_j^2}\frac{M_{JT}(1 - \xi_{0j}) + M_{jT} + M_{KT}\xi_{0j}}{\xi_{0j}(1 - \xi_{0j})}. \tag{8.6}$$

Aus der Beziehung

$$\frac{dq_{jT}}{d\xi_{0j}} = \frac{dq_{jT}}{dM_j}\cdot\frac{dM_j}{d\xi_{0j}} = 0$$

folgt wegen $dq_{jT}/dM_j \neq 0$, daß das maximale Moment (M_{jT}) im Feld j an derjenigen Stelle ξ_{0j} auftritt, welche sich aus der Bedingung $dq_{jT}/d\xi_{0j} = 0$ ergibt. Wir erhalten so

$$\xi_{0j} = \frac{M_{JT} + M_{jT}}{M_{KT} - M_{JT}}\left(\sqrt{\frac{M_{jT} + M_{KT}}{M_{JT} + M_{jT}}} - 1\right). \tag{8.7}$$

Für Träger mit durchgehend gleichem Fließmoment $M_{JT} = M_{KT} = M_{jT}$ wird $\xi_{0j} = 1/2$. Man bekommt schon eine gute Näherung, wenn man auch für ungleiche Fließmomente $\xi_{0j} = 1/2$ setzt (vgl. dazu das nachfolgende Beispiel).

Bei Beachtung dieser grundsätzlichen Überlegungen wird die Berechnung der Traglast für Durchlaufträger außerordentlich einfach, da man nur jedes Feld für sich allein zu untersuchen braucht und auch bei hochgradig statisch unbestimmten Trägern eine übersehbare Zahl möglicher Mechanismen hat.

Ein *Zahlenbeispiel* möge das veranschaulichen: Die vorgegebenen Fließmomente sind für die vier Felder des $n = 4$ fach statisch unbestimmten Trägers in Abb. 8.6 eingetragen. Insgesamt gibt es fünf mög-

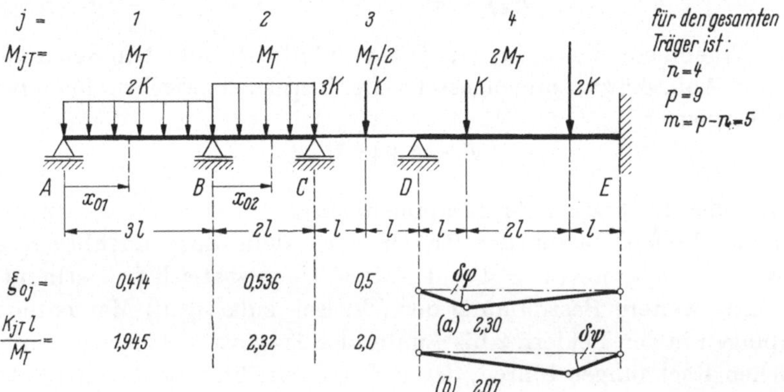

Abb. 8.6. Beispiel für Durchlaufträger.

liche Mechanismen, von denen je einer in den Feldern *1* bis *3* und zwei im Feld *4* vorkommen können. Für die Felder *1* und *2* liefert (8.7) mit $M_A = 0$, $M_{BT} = M_{1T} = M_T$ und $M_{CT} = M_{3T} = M_T/2$ sowie mit $l_1 = 3l$ und $l_2 = 2l$ die Stellen der Fließgelenke $\xi_{01} = \sqrt{2} - 1$ und $\xi_{02} = 4\left(1 - \sqrt{3/4}\right)$. Das setzen wir in (8.6) ein und erhalten die Lasten beim Zusammenbruch der einzelnen Felder

$$K_{1T} = \frac{3}{2}\, q_{1T}l = \frac{1 + \xi_{01}}{3\,\xi_{01}(1 - \xi_{01})}\, \frac{M_T}{l} = 1{,}945\,\frac{M_T}{l}$$

und

$$K_{2T} = \frac{2}{3}\, q_{2T}l = \frac{4 - \xi_{02}}{6\,\xi_{02}(1 - \xi_{02})}\, \frac{M_T}{l} = 2{,}32\,\frac{M_T}{l}\,.$$

Wenn man in erster Näherung $\xi_{0j} = 1/2$ setzt, erhält man aus (8.6) sofort die recht guten Näherungswerte $K_{1T} = 2\,M_T/l$ und $K_{2T} = 2{,}33\,M_T/l$.

Mit dem Prinzip der virtuellen Verschiebungen bestimmen wir nun die entsprechenden Lasten für die Felder mit Einzellasten: Damit sich im dritten Feld Fließgelenke bei C, D und unter K bilden können, müßten dort die Fließmomente $M_T/2$ wirken. $K_{3T}l\,\delta\varphi = 4 \cdot \frac{1}{2}\,M_T\,\delta\varphi$ liefert dann sofort

$$K_{3T} = 2\,M_T/l\,.$$

Für den ersten möglichen Mechanismus (*a*) des Feldes *4* (Gelenk unter der Last K) folgt mit $M_D = M_T/2$

$$K_{4T}^{(a)}l\,\delta\varphi + 2\,K_{4T}^{(a)}l\frac{\delta\varphi}{3} = \frac{M_T}{2}\,\delta\varphi + 2\,M_T\left(\delta\varphi + \frac{\delta\varphi}{3}\right) + 2\,M_T\frac{\delta\varphi}{3}$$

und daraus sofort

$$K_{4T}^{(a)} = \frac{23}{10}\frac{M_T}{l}.$$

Für den zweiten Mechanismus (b) von Feld 4 folgt ähnlich

$$K_{4T}^{(b)} = \frac{29}{14}\frac{M_T}{l} = 2{,}07\frac{M_T}{l}.$$

Die Ergebnisse dieser in der Tat verblüffend einfachen Rechnungen sind in Abb. 8.6 zusammengestellt. Der Vergleich zwischen ihnen liefert die Traglast

$$T = 1{,}945\,M_T/l,$$

unter der das erste Feld zusammenbricht. Da sich nur $q = 2$ Fließgelenke bilden, bleibt der Träger nach dem Zusammenbruch entsprechend (8.3) noch $r = 4 + 1 - 2 = 3$ fach statisch unbestimmt.

Eine weitere Bestimmung der (statisch zulässigen) Momentenverteilungen in den Feldern 2 bis 4 unter der Traglast T würde zu umfangreichen Rechnungen führen, deren Ergebnisse hier nicht von Interesse sind.

Beim vorstehenden Beispiel sind die einzelnen Felder schon recht gut dimensioniert, da sich die K_{jT} nicht allzusehr voneinander unterscheiden. Eine entsprechende Korrektur der Fließmomente M_{jT} mit dem Ziel einer optimalen Ausnutzung des Trägers für die vorgegebene Belastung wäre einfach zu bewerkstelligen.

8.2.4 Rechteckrahmen. Während wir bei Durchlaufträgern dank der in 8.2.3 abgeleiteten Sätze sehr einfach zum Ziele gelangen können, gibt es für Rahmentragwerke im allgemeinen keine solchen Vereinfachungsmöglichkeiten mehr. Wir wollen das in 8.2.1 und 8.2.2 Ausgeführte an Hand von zwei Beispielen erläutern.

Beispiel 1. Einfacher Rechteckrahmen nach Abb. 8.7. An den vier Eckpunkten des Rahmens sowie an einer noch zu bestimmenden Stelle $x = x_0$ im Riegel können Fließgelenke auftreten. Die Stellen dieser $p = 5$ möglichen Fließgelenke sind in Abb. 8.7a durch kurze Striche gekennzeichnet. Da der Rahmen $n = 3$ fach statisch unbestimmt ist, sind nach (8.2) $m = 5 - 3 = 2$ Grundmechanismen möglich. Nach 8.2.1 kommen hierfür die beiden in Abb. 8.7b und c dargestellten Mechanismen in Frage (Balkenmechanismus mit Fließgelenk an der Stelle $x_0 = l/2$ sowie Rahmenmechanismus). Das Prinzip der virtuellen Verschiebungen liefert für sie aus

$$2K_1\frac{l}{4}\,\delta\varphi - 4M_T\,\delta\varphi = 0$$

und

$$K_2 l\,\delta\varphi - 6M_T\,\delta\varphi = 0$$

die in Abb. 8.7b und c eingetragenen Kräfte. Wir kontrollieren entsprechend dem in 8.2.2 erläuterten Schritt 2 zunächst, ob die zu K_2 gehörige Momentenverteilung statisch zulässig ist: Nach Abb. 8.7d wird das Biegemoment an der Stelle x

$$M_2(x) = A_2 x + M_T - \frac{12\,M_T}{l^2}\,\frac{x^2}{2}\,.$$

Aus dem bekannten Moment am rechten oberen Eckpunkt

$$M_2(l) = A_2 l + M_T - 6\,M_T = -\,M_T$$

folgt $A_2 = 4\,M_T/l$ und hiermit schließlich aus

$$\frac{dM_2}{dx} = A_2 - \frac{12\,M_T}{l^2}\,x = 0$$

diejenige Stelle $\bar{x} = l/3$, wo das Moment zum Maximum $M_2(\bar{x}) = 5\,M_T/3$ $= \mu\,M_T$ wird. Der Rahmenmechanismus ist daher statisch nicht zulässig; noch weniger ist es der Balkenmechanismus, da $K_1 > K_2$ erst recht nicht erreicht werden kann.

Nach Division von M_2 durch $\mu = 5/3$ entsprechend Schritt 5 kommen wir zu einer statisch möglichen und sicheren, jedoch kinematisch nicht mehr möglichen Momentenverteilung.

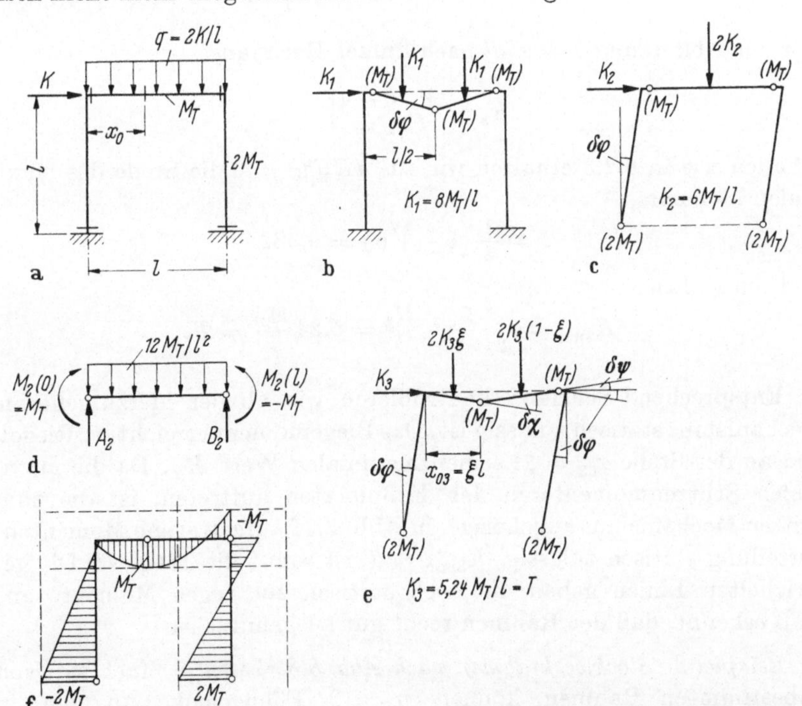

Abb. 8.7a–f. Zur Traglastberechnung für einen Rechteckrahmen. a Belastungsfall, b und c Grundmechanismen, d Gleichgewicht am Riegel für Mechanismus c, e kombinierter Mechanismus (Bruchmechanismus), f Biegemomente beim Zusammenbruch.

Die hiernach — entsprechend (8.5) — erfolgte Eingrenzung der Traglast

$$3,6 < Tl/M_T < 6$$

reicht noch nicht aus. Wir kombinieren daher entsprechend Schritt 3 die beiden Grundmechanismen zu einem Mechanismus mit 4 Fließgelenken nach Abb. 8.7e. Dieser Mechanismus führt ebenso wie der Rahmenmechanismus nach Abb. 8.7c zum vollständigen Versagen, da nach (8.3) $r = 0$ ist.

Zunächst wollen wir die Lage $x = x_{03}$ des Fließgelenkes im Riegel bestimmen. Mit den aus Abb. 8.7e abzulesenden geometrischen Beziehungen

$$\delta\psi = \frac{x_{03}}{l - x_{03}}\,\delta\varphi, \qquad \delta\chi = \delta\varphi + \delta\psi$$

liefert das Prinzip der virtuellen Verschiebungen

$$K_3 l\,\delta\varphi + 2K_3\frac{\xi^2}{2}\,l\,\delta\varphi + 2K_3\frac{1}{2}(1-\xi)^2 l\,\delta\psi - 2\cdot 2M_T\,\delta\varphi$$

$$- M_T\,\delta\chi - M_T(\delta\varphi + \delta\psi) = 0$$

mit der Abkürzung $\xi = x_{03}/l$ nach kurzer Rechnung

$$K_3 = \frac{M_T}{l}\,\frac{6 - 4\xi}{1 - \xi^2}.$$

Ähnlich wie in 8.2.3 erhalten wir aus $dK_3/d\xi = 0$ die Stelle des maximalen Momentes

$$\xi = \frac{1}{2}\left(3 - \sqrt{5}\right) = 0,382$$

und schließlich

$$K_{3\text{min}} = \frac{4}{3 - \sqrt{5}}\,\frac{M_T}{l} = 5,24\frac{M_T}{l} = T.$$

Entsprechend Schritt 2 kontrollieren wir, ob der hierzu gehörige Mechanismus statisch zulässig ist. Das Biegemoment erreicht im Riegelfeld an der Stelle $x_{03} = \xi l$ seinen maximalen Wert M_T. Da die maximalen Stützenmomente in den Fußpunkten auftreten, ist die zum dritten Mechanismus zugehörige, in Abb. 8.7f aufgetragene Momentenverteilung statisch zulässig. $K_{3\text{min}} = T$ ist somit die Traglast. Die gestrichelten Linien geben die noch statisch zulässigen Momente an; man erkennt, daß der Rahmen recht gut ausgenutzt ist.

Beispiel 2. Stockwerkrahmen nach Abb. 8.8. Im $n = 6$fach statisch unbestimmten Rahmen können $p = 12$ Fließgelenke an den in Abb. 8.8a durch kurze Striche gekennzeichneten Stellen a bis m auftreten. Es gibt also $m = 6$ Grundmechanismen — und zwar je zwei

Balken-, Knoten- und Rahmenmechanismen[1] —, die in Abb. 8.8b mit den zugehörigen, aus dem Prinzip der virtuellen Verschiebungen berechneten Kräften eingetragen sind.

Um entsprechend Schritt 2 von 8.2.2 möglichst einfach feststellen zu können, ob einem Mechanismus eine statisch zulässige Biegemomentenverteilung zugeordnet ist — und damit der wirkliche Bruchmechanismus aufgefunden ist —, wenden wir das Prinzip der virtuellen Verschiebungen auf solche Verschiebungszustände an, die mit Grundmechanismen übereinstimmen. Dabei fassen wir jetzt die Gelenkstellen nicht mehr a priori als Fließgelenke auf, sondern nur als diskrete Stellen virtueller Verdrehungen, so daß analog (8.1) das Prinzip der virtuellen Verschiebungen hier

$$S\,K_i\,\delta u_i - \sum_{j=1}^{p} M_j\,\delta\varphi_j = 0 \qquad (8.8)$$

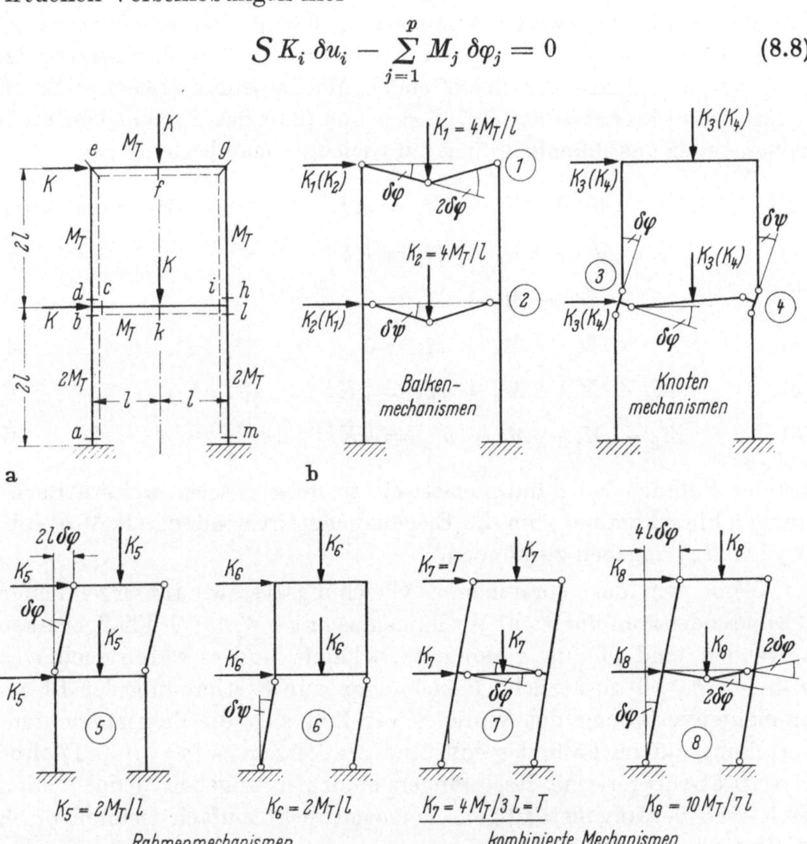

Abb. 8.8 a u. b. Zur Traglastberechnung für einen Stockwerkrahmen.

---

[1] Hier liegt übrigens insofern ein Sonderfall vor, als die Balken- bzw. Rahmenmechanismen (sofern überhaupt die Kräfte $K_1 = K_2$ und $K_5 = K_6$ erreicht werden) zwei Freiheitsgrade (jeweils $\delta\varphi$ und $\delta\psi$) haben!

11*

lautet. Es liefert uns m Gleichgewichtsbeziehungen zwischen den Belastungen und den Schnittmomenten M_j (mit $|M_j| \leq M_{jT}$) an p Stellen möglicher Fließgelenke, die sowohl für Mechanismen als auch für den noch völlig oder teilweise elastischen Zustand $K_i < T_i$ des Rahmens gelten.

Hierbei müssen wir jetzt auf das Vorzeichen der Momente achten, da die virtuelle Arbeit an Stellen virtueller Verdrehungen nicht mehr automatisch negativ wird wie entsprechend (8.1) in Fließgelenken. Die Momente wollen wir positiv rechnen, wenn sie in den in Abb. 8.8a durch Strichelung gekennzeichneten Fasern der Rahmenteile Zugspannungen hervorrufen; alle virtuellen Verschiebungen wollen wir positiv rechnen. Die Vorzeichenregel ist dann ganz einfach: Da alle Summanden in der zweiten Summe von (8.8) positiv sein müssen, ist das Biegemoment mit demselben Vorzeichen in (8.8) einzusetzen, das man aus der Skizze des betreffenden Mechanismus abliest. Für die sechs Grundmechanismen ergibt sich aus (8.8) das System von sechs voneinander unabhängigen linearen Gleichgewichtsbeziehungen:

$$(1) \qquad -M_e + 2M_f - M_g = Kl \qquad\qquad \text{Mechanismus 1}$$

$$(2) \qquad -M_c + 2M_k - M_i = Kl \qquad\qquad\qquad\;\; \text{,,} \qquad 2$$

$$(3) \qquad -M_b + M_c + M_d = 0 \qquad\qquad\qquad\;\; \text{,,} \qquad 3$$

$$(4) \qquad -M_i - M_h + M_l = 0 \qquad\qquad\qquad\;\; \text{,,} \qquad 4$$

$$(5) \qquad -M_d + M_e - M_g + M_h = 2Kl \qquad\quad\; \text{,,} \qquad 5$$

$$(6) \qquad -M_a + M_b - M_l + M_m = 4Kl. \qquad\; \text{,,} \qquad 6$$

Ist der Rahmen vollständig elastisch, so müssen sechs weitere Beziehungen hinzukommen, um die Biegemomentenverteilung (12 Momente M_a bis M_m) angeben zu können.

Wenn wir das vorstehende Gleichungssystem auf irgendeinen (Grund- oder kombinierten) Mechanismus mit $q \leq n + 1$ Fließgelenken anwenden, sind in ihm q Momente bekannt, und es wären noch $r = n + 1 - q \geq 0$ zusätzliche Beziehungen zur Bestimmung der Biegemomentenverteilung notwendig. Zwar läßt sich die Biegemomentenverteilung nur im Falle des vollständigen Versagens ($q = n + 1$) ohne elastizitätstheoretische Rechnungen eindeutig angeben, jedoch kann man auch bei unvollständigem Versagen recht einfach feststellen, ob sie statisch zulässig ist.

Unvollständiges Versagen könnte bei einem der Grundmechanismen eintreten. Von diesen kommen nur Mechanismus 5 oder 6 in Frage, da diesen die Last $K_5 = K_6 = 2M_T/l$ zugeordnet ist, die kleiner als die den unvollständigen Mechanismen 1 und 2 zugeordnete Last ist.

Für den *Mechanismus* 5 mit $q = 4$ Gelenken haben wir beispielsweise $M_d = -M_T$; $M_e = M_T$; $M_g = -M_T$ und $M_h = M_T$ zu setzen. Da die Gleichung (5) hiermit und mit $K_5 = 2M_T/l$ identisch erfüllt wird, bleiben noch fünf Gleichungen für $12 - 4 = 8$ Momente. Es müßten also noch drei zusätzliche Gleichungen für $r = 6 + 1 - 4 = 3$ statisch Unbestimmte aufgestellt werden, die hier aber nicht interessieren. Nach Einsetzen der bekannten Fließmomente erhalten wir

$$(1) \qquad\qquad M_f = M_T$$

$$(2) \qquad\qquad -M_c + 2M_k - M_i = 2M_T$$

$$(3) \qquad\qquad M_b = M_c - M_T$$

$$(4) \qquad\qquad M_l = M_i + M_T$$

$$(6) \qquad -M_a + M_b - M_l + M_m = 8M_T.$$

Um festzustellen, ob die zugehörige Momentenverteilung statisch zulässig ist, setzen wir z. B. (3) und (4) in (6) ein. Da die linke Seite der so entstehenden Gleichung

$$-M_a + M_c - M_i + M_m = 10M_T \qquad\qquad (*)$$

nach Einsetzen der Fließmomente $M_a = -2M_T$; $M_c = M_T$; $M_i = -M_T$ und $M_m = 2M_T$ höchstens gleich $6M_T$ werden kann, ist die Momentenverteilung mit $\mu = 5/3$ statisch nicht zulässig. Sie wird es erst wieder, wenn wir entsprechend Schritt 5 von 8.2.2 die Belastung auf $K_5/\mu = 6M_T/5l$ herabsetzen, da damit auch die rechte Seite von (*) gleich $6M_T$ wird; auch die Gln. (1) bis (4) führen dann nämlich auf statisch zulässige Momentenverteilungen, wie man leicht nachrechnet. Da Fließmomente hiernach nur in den Punkten a, c, i und m auftreten und der Mechanismus 5 wegen der Herabsetzung der Belastung nicht mehr kinematisch möglich ist, kommt kein Mechanismus zustande, so daß der Rahmen unter der Last K_5/μ noch nicht versagt. Wir haben so die Eingrenzung

$$1{,}2 < Tl/M_T < 2$$

für die Traglast T gewonnen.

Da diese Abschätzung nicht ausreicht, müssen wir nun Grundmechanismen zu kombinierten Mechanismen zusammensetzen. Wenn wir uns dabei nach den bei der Erläuterung des Schrittes 3 in 8.2.2 gemachten allgemeinen Hinweisen richten, liegt es nahe, die Grundmechanismen 3 bis 6 zum Mechanismus 7 mit $q = 6$ Gelenken zusammenzusetzen, für den wir $K_7 = 4M_T/3l$ errechnen. Dieser Mechanismus kommt übrigens auch zustande, wenn wir zu den unter der

Last K_5/μ auftretenden Fließgelenken noch Gelenke an den Stellen e und g hinzufügen. Die hiermit gewonnene Eingrenzung

$$1{,}2 < Tl/M_T \leq 1{,}333$$

ist schon recht gut.

Nachdem wir weiter die Kombinationen des Mechanismus 7 mit den Balkenmechanismen 1 und 2 durchgeführt und dabei festgestellt haben, daß die zugehörigen Kräfte wieder größer als K_7 werden (vgl. z. B. Mechanismus 8 in Abb. 8.8), prüfen wir, ob die zum Mechanismus 7 zugehörige Momentenverteilung statisch zulässig ist. Wir setzen in die Gleichgewichtsbeziehungen für die Grundmechanismen die Fließmomente $M_a = -2M_T$; $M_c = M_T$; $M_e = M_T$; $M_g = -M_T$; $M_i = -M_T$; $M_m = 2M_T$ ein und erhalten

$$(1), (2) \qquad M_f = M_k = K_7 \frac{l}{2} = \frac{2}{3} M_T$$

$$(3) \qquad M_d = M_b - M_T$$

$$(4) \qquad M_h = M_l + M_T$$

$$(5) \qquad M_h = M_d - 2M_T + 2K_7 l = M_d + \frac{2}{3} M_T$$

$$(6) \qquad M_b = 4Kl - 4M_T + M_l = M_l^1 + \frac{4}{3} M_T.$$

Da der Mechanismus 7 (wegen $q = 6$) $r = 6 + 1 - 6 = 1$fach statisch unbestimmt ist, können die vier Gln. (3) bis (6) nicht zur eindeutigen Bestimmung der vier noch unbekannten Momente M_b, M_d, M_h und M_l ausreichen. In der Tat sind sie nicht voneinander unabhängig: Setzen wir nämlich (6) in (3) ein, so folgt

$$(3)' \qquad M_d = M_l + \frac{1}{3} M_T.$$

Das in (5) gesetzt, ergibt aber wieder (4). Es bleiben also nur die drei Gln. (3)′, (4) und (6) zur Bestimmung der vier unbekannten Momente. Diese sind statisch zulässig, wenn sie innerhalb der durch die Fließmomente gegebenen Grenzen

$$-M_T \leq M_d = M_l + \frac{1}{3} M_T \leq M_T$$

$$-M_T \leq M_h = M_l + M_T \leq M_T$$

$$-2M_T \leq M_b = M_l + \frac{4}{3} M_T \leq 2M_T$$

$$-2M_T \leq M_l \leq 2M_T$$

liegen. Als statisch Unbestimmte wählen wir das Moment M_l und bringen die vier Ungleichungen in die Form

$$- \frac{4}{3} M_T \leq M_l \leq \frac{2}{3} M_T$$

$$- 2 M_T \leq M_l \leq 0$$

$$- \frac{10}{3} M_T \leq M_l \leq \frac{2}{3} M_T$$

$$- 2 M_T \leq M_l \leq 2 M_T .$$

M_l muß innerhalb der Grenzen $-4M_T/3 \leq M_l \leq 0$ liegen, um sämtlichen Ungleichungen zu genügen. Bei der Berechnung von M_l können wir im vorliegenden Fall — ohne auf die elastischen Gleichungen zurückgreifen zu müssen — die Tatsache benutzen, daß beide Pfosten mit gleichen Horizontalkräften und gleichen Momenten an den Anschlußstellen belastet sind. Die Gleichgewichtsbedingung für den unteren Teil des rechten Pfostens liefert dann ganz einfach nach Abb. 8.9b $M_l = -2M_T/3$. Die Momentenverteilung ist also statisch zulässig und der Mechanismus 7 mit der *Traglast*

$$K_7 = \frac{4 M_T}{3l} = T$$

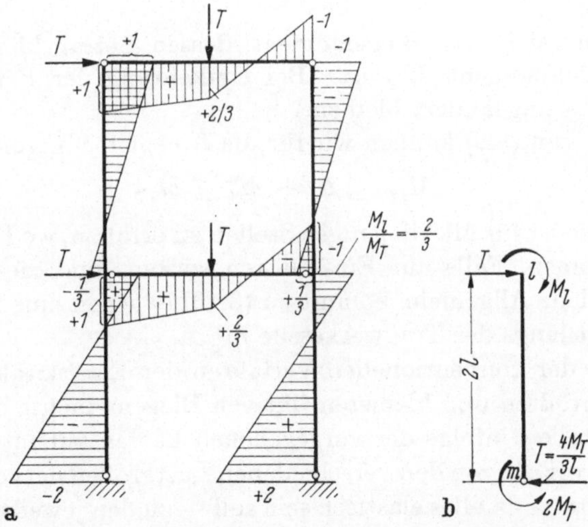

Abb. 8.9a u. b. a Biegemomente beim Zusammenbruch des Stockwerkrahmens nach Abb. 8.8 als Vielfaches von M_T, b zur Berechnung von M_l.

ist der Bruchmechanismus. Der zugehörige Momentenverlauf, der sich mit dem eben errechneten M_l aus (1), (2), (4), (6) und (3)′ ergibt, ist in Abb. 8.9a aufgetragen.

8.3 Veränderliche Belastungen und Einspielen

8.3.1 Die Einspielsätze für Biegungstragwerke. Wir wollen die bisherige Voraussetzung (proportionale Belastungen) aufgeben und annehmen, daß die Belastungen vorgeschriebene Grenzwerte nach einem bestimmten Belastungsprogramm beliebig oft und in beliebiger Reihenfolge annehmen können. Dieses Belastungsprogramm soll so langsam ablaufen, daß die kinetischen Wirkungen vernachlässigt werden können. Aus dem für dieses Problem unter 4.7 in allgemeiner Fassung dargestellten Einspielsatz von MELAN wollen wir zwei Folgesätze für Balken- und Rahmentragwerke ableiten.

Entsprechend (4.30) muß für das Biegemoment an jeder Stelle j eines solchen Biegungstragwerkes

$$M_j = R_j + M_j^e = M_j^{(s)} \qquad (8.9)$$

gelten, damit Einspielen eintreten kann und das Tragwerk nicht durch progressive oder alternierende Plastizierung zerstört wird. Wir setzen hierbei Biegung um Symmetrieachsen doppeltsymmetrischer Querschnitte voraus. In (8.9) bedeuten

R_j ein fiktives Restmoment im Querschnitt j,

M_j^e ein fiktives Biegemoment, welches die äußeren Belastungen in einem vollständig elastischen Tragwerk hervorrufen würden,

$M_j^{(s)}$ ein „sicheres" Biegemoment, dessen Betrag kleiner als das Fließmoment M_{jT} ist. (Bei Umkehrung der Belastung soll M_{jT} ungeändert bleiben.)

An Stelle von (8.9) können wir für die Einspielbedingung auch

$$-M_{jT} \leq R_j + M_j^e \leq M_{jT} \qquad (8.10)$$

schreiben[1]. Sie ist für alle diejenigen Stellen zu erfüllen, wo Fließgelenke auftreten können. Falls nur Einzellasten wirken, sind dies bekannte, diskrete Stellen. Allgemein kommt zu (8.10) dagegen eine funktionale Abhängigkeit längs der Tragwerksteile hinzu.

Mit Hilfe der konventionellen Verfahren der Elastizitätslehre können wir die größten und kleinsten fiktiven Biegemomente ausrechnen, die an der Stelle j infolge der vorgegebenen Lasten auftreten können; dabei dürfen wir die von den verschiedenen Lastgrößen hervorgerufenen Biegemomente — da alles elastisch sein soll — zu den jeweils ungünstigsten Kombinationen superponieren. Wir nennen

M_j^+ das größte fiktive Biegemoment, das in j auftreten kann,

M_j^- das kleinste fiktive Biegemoment, das in j auftreten kann.

---

[1] Strenggenommen, dürften in (8.10) nur Ungleichheitszeichen stehen, da nach Definition $\left| M_j^{(s)} \right| < \left| M_{jT} \right|$ ist. Die Gleichheitszeichen werden als Grenzfall zugelassen.

Nun spalten wir (8.10) in zwei Teile auf, indem wir für die obere Grenze M_j^+, für die untere M_j^- einsetzen, und erhalten den

Satz 1. Ein Biegungstragwerk spielt sich ein, wenn an allen Stellen j

$$R_j + M_j^+ \leq M_{jT} \quad \text{und} \quad R_j + M_j^- \geq - M_{jT} \tag{8.11}$$

erfüllt ist.

Dieser Satz ist nur eine notwendige Bedingung für das Einspielen eines Biegungstragwerks; es muß außerdem Satz 2 erfüllt sein (vgl. (8.13)).

Wenn wir feststellen, daß (8.11) nicht erfüllt ist, wissen wir nur, *daß* das Tragwerk nach Erreichen einer bestimmten Dissipationsenergie versagen wird, wir können jedoch ohne zusätzliche Untersuchungen weder etwas über die dabei auftretenden Deformationen noch über den Typ des Versagens (alternierend oder progressiv) aussagen.

Für die Beantwortung der ersten Frage wären ähnliche umfangreiche Rechnungen notwendig, wie sie unter 5.3.3 für das Modell eines einfach statisch unbestimmten Tragwerkes durchgeführt wurden.

Für die Beantwortung der zweiten Frage läßt sich aus Satz 1 ein weiterer Satz gewinnen. Hierfür fassen wir (8.11) zusammen zu

$$- M_{jT} - M_j^- \leq R_j \leq M_{jT} - M_j^+ ,$$

woraus weiter

$$M_j^+ - M_j^- \leq 2 M_{jT} \tag{8.12}$$

folgt. Das heißt: Die Differenz zwischen größtem und kleinstem Biegemoment muß kleiner oder gleich der Differenz zwischen den Momenten M_{jT} sein, unter denen sich ein Fließgelenk bilden kann.

Für den idealen Sandwich-Querschnitt würde die Erfüllung von (8.12) bedeuten, daß sich bei alternierenden Belastungen weder plastische Verformungen noch Fließgelenke einstellen können. Anders dagegen bei einem wirklichen Querschnitt: Obwohl sich bei Erfüllung von (8.9) keine Fließgelenke ausbilden, können doch die Außenfasern solcher Querschnitte alternierend plastiziert werden, so daß es in ihren Außenbereichen zu plastischen Hysteresen vom Typ der Abb. 3.11 kommen kann, die nach verhältnismäßig kleiner Lastwechselzahl eine unzulässig große Dissipationsenergie und damit Versagen bei behinderter alternierender Plastizierung zur Folge haben.

Um dies zu vermeiden, muß dafür gesorgt werden, daß die Momentendifferenz auf der linken Seite von (8.12) innerhalb des durch die elastischen Grenzmomente $M_{je} = M_{jT}/m_{jT}$ gegebenen, vollständig elastischen Bereiches bleibt. In (8.12) ist also noch der in 6.4.1 berechnete plastische Formfaktor m_{jT} hinzuzufügen. Wir fassen diese Überlegungen zusammen zum

Satz 2. Ein Biegungstragwerk wird nicht durch alternierende Plastizierung zerstört, wenn

$$M_j^+ - M_j^- \leq \frac{2\,M_{jT}}{m_{jT}} \qquad (8.13)$$

erfüllt ist.

Für I-Träger steht beispielsweise auf der rechten Seite $1{,}70\,M_{jT}$, für Rechteckquerschnitte $4\,M_{jT}/3$. Die Erfüllung *beider* Gln. (8.11) und (8.13) ist die notwendige und hinreichende Bedingung für das Einspielen.

Die *praktische Berechnung* erfolgt hiernach in folgenden Einzelschritten:

1. Die Momente M_j^+ und M_j^- werden nach einem der konventionellen Verfahren der Elastizitätslehre errechnet.

2. Mit der größten im Tragwerk auftretenden Momentendifferenz $M_j^+ - M_j^-$, die eine Funktion der Belastung ist, wird aus (8.13) die *Einspiellast E_a* berechnet, oberhalb der das Tragwerk infolge alternierender Plastizierung versagt.

3. Für $m = p - n$ Grundmechanismen werden mit dem Prinzip der virtuellen Verschiebungen (8.8) m voneinander unabhängige Beziehungen zwischen den p Restmomenten R_j

$$\sum R_j\,\delta\varphi_j = 0 \qquad (8.14)$$

aufgestellt, in denen die äußeren Belastungen nicht auftreten. (Man beachte hierbei die im Anschluß an (8.8) eingeführte Vorzeichenregel.)

4. Die Ungleichungen (8.11) sind unter Berücksichtigung von (8.14) sukzessive auszuwerten. Da das schon bei einfacheren Tragwerken zu umfangreichen Rechnungen führt, benutzen wir besser ein Probierverfahren, das dem unter 8.2.2 beschriebenen Verfahren zur Traglastberechnung ähnelt. Wir gehen hierbei von einem „*Mechanismus für progressives Versagen*" aus, bei dem die Gesamtverformung von Schritt zu Schritt derart zunehmen soll, daß die Fließmomente in seinen q Gelenken zwar nicht alle gleichzeitig, aber im Verlaufe des Belastungsprogramms doch immer wieder (und zwar immer im selben Sinne) erreicht werden.

Wenn ein solcher Mechanismus vollständig ist, gilt nach (8.3) $r = n + 1 - q = 0$. Für die $q = n + 1$ Gelenke treten an Stelle der $2q$ Ungleichungen (8.11) die q Gleichungen

$$R_j + M_j^+ = M_{jT} \quad oder \quad R_j + M_j^- = -\,M_{jT}\,. \qquad (8.15)$$

Für die Auswahl zwischen beiden Gleichungen ist jeweils das Vorzeichen des Momentes maßgebend. Zusammen mit den m Gleichungen (8.14) haben wir $q + m = n + 1 + p - n = p + 1$ Gleichungen zur Bestimmung der p Restmomente und der Belastung zur Verfügung.

5. Kontrolle, ob die Bedingungen (8.11) für alle Querschnitte erfüllt sind. Ist das der Fall, dann ist der angenommene Mechanismus schon der richtige, und die unter 4 berechnete Belastung ist die *Einspiellast* E_p, oberhalb der Versagen durch progressive Plastizierung eintritt. Wird das Fließmoment dagegen an einer oder mehreren Stellen überschritten, so ist Schritt 4 mit anderen Mechanismen zu wiederholen, bis die Kontrolle 5 stimmt. Auch eine Eingrenzung läßt sich auf diese Weise für E_p angeben. Die Analogie zu dem unter 8.2.2 beschriebenen Probierverfahren ist evident.

6. Aus dem Vergleich der Traglast T mit den beiden Einspiellasten E_a und $E_p \leq T$ stellen wir schließlich fest, in welcher Weise das Tragwerk versagen wird.

Das nachstehende Beispiel diene zur Erläuterung dieses Verfahrens.

8.3.2 Rechteckrahmen. Der dreifach statisch unbestimmte Rahmen mit durchweg gleichen Fließmomenten M_T und Trägheitsmomenten nach Abb. 8.10a sei durch eine Horizontalkraft αK und eine Vertikal-

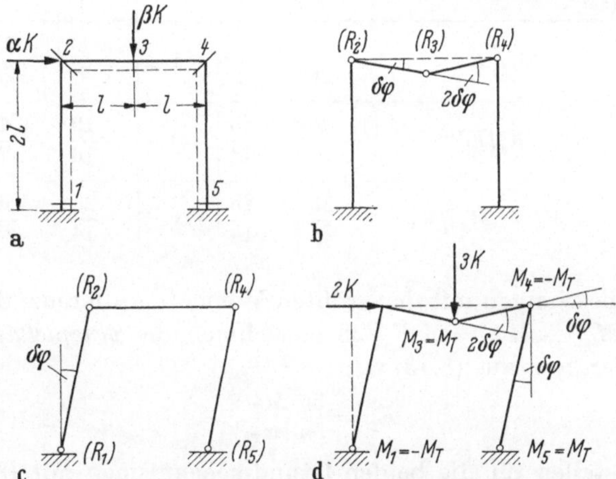

Abb. 8.10a–d. a Rahmen mit variablen Belastungen, b und c Grundmechanismen, d Traglastmechanismus, zugleich Mechanismus progressiven Versagens für Lastfälle (a) und (b).

kraft βK belastet, wobei sich die Lastparameter α und β zwischen vorgegebenen Grenzen verändern sollen. Wir gehen in der Reihenfolge der unter 8.3.1 erläuterten Schritte vor:

1. Wir berechnen zunächst die fiktiven Biegemomente M_j^e an den fünf Stellen, wo Fließgelenke möglich sind, zu

$$\left.\begin{aligned}
M_1^e &= \left(-\frac{4}{7}\alpha + \frac{\beta}{12}\right)Kl, & M_2^e &= \left(\frac{3}{7}\alpha - \frac{\beta}{6}\right)Kl, & M_3^e &= \frac{\beta}{3}Kl, \\
M_4^e &= -\left(\frac{3}{7}\alpha + \frac{\beta}{6}\right)Kl, & M_5^e &= \left(\frac{4}{7}\alpha + \frac{\beta}{12}\right)Kl.
\end{aligned}\right\} \tag{a}$$

Für die weitere Rechnung müssen die Lastgrenzen vorgegeben sein. Wir wählen drei spezielle Fälle für die Bereiche der Lastparameter: *Lastfall (a) mit* $-1 \leq \alpha \leq +2$ *und* $0 \leq \beta \leq +3$.

Der Tab. 1 sind die aus den Gln. (a) errechneten Momente M_j^e für die Bereichsgrenzen und ihre größten und kleinsten Werte M_j^+ und M_j^- in den fünf Querschnitten zu entnehmen.

Tabelle 1

	α	β	Querschnitt $j =$				
			1	2	3	4	5
$\dfrac{M_j^e}{Kl}$ für	-1	0	$\dfrac{4}{7}$	$-\dfrac{3}{7}$	0	$\dfrac{3}{7}$	$-\dfrac{4}{7}$
	0	3	$\dfrac{1}{4}$	$-\dfrac{1}{2}$	1	$-\dfrac{1}{2}$	$\dfrac{1}{4}$
	2	0	$-\dfrac{8}{7}$	$\dfrac{6}{7}$	0	$-\dfrac{6}{7}$	$\dfrac{8}{7}$
M_j^+/Kl			$\dfrac{23}{28}$	$\dfrac{6}{7}$	1	$\dfrac{3}{7}$	$\dfrac{39}{28}$
M_j^-/Kl			$-\dfrac{8}{7}$	$-\dfrac{13}{14}$	0	$-\dfrac{19}{14}$	$-\dfrac{4}{7}$
$\left(M_j^+ - M_j^-\right)/Kl$			$\dfrac{55}{28}$	$\dfrac{25}{14}$	1	$\dfrac{25}{14}$	$\dfrac{55}{28}$

2. Wir bestimmen mit der größten Momentendifferenz, die wir aus Tab. 1 zu $M_j^+ - M_j^- = 55\,Kl/28$ entnehmen, die *Einspiellast für alternierendes Versagen* aus (8.13) zu

$$E_a = \frac{56}{55}\,\frac{M_T}{l m_T}\,.$$

3. Wir stellen für die beiden Grundmechanismen mit (8.14) nach Abb. 8.10b und c die Gleichungen

$$R_2 - 2R_3 + R_4 = 0,$$

$$R_1 - R_2 + R_4 - R_5 = 0$$

für die Restmomente auf.

4. Zunächst ermitteln wir nach dem in 8.2.4 beschriebenen Verfahren für $\alpha = 2$ und $\beta = 3$ die Traglast

$$T = \frac{6}{7}\,\frac{M_T}{l} = 0{,}857\,\frac{M_T}{l}$$

mit dem aus den beiden Grundmechanismen kombinierten Bruchmechanismus nach Abb. 8.10d.

Wir probieren, ob dieser Bruchmechanismus auch als Mechanismus für progressives Versagen in Frage kommt, indem wir in (8.15) die in Abb. 8.10d eingetragenen Momente einsetzen. Mit den aus der Tabelle entnommenen Werten für M_j^+ bzw. M_j^- erhalten wir die Gleichungen

$$R_1 - \frac{8}{7} K l = - M_T, \qquad R_3 + K l = M_T,$$

$$R_4 - \frac{19}{14} K l = - M_T, \qquad R_5 + \frac{39}{28} K l = M_T,$$

welche zusammen mit den aus 3. gewonnenen beiden Gleichungen ausreichen, um K und fünf Restmomente zu berechnen. Wir erhalten $K = \frac{24}{29} M_T/l < T$ und die in Tab. 2 eingetragenen Restmomente R_j.

5. Wir prüfen nach, ob K evtl. schon die Einspiellast für progressives Versagen ist. In Tab. 2 stellen wir hierfür die Größen $R_j + M_j^+$ und $R_j + M_j^-$ mit den nach 4. bekannten R_j und den aus Tab. 1 entnommenen M_j^+ und M_j^- zusammen.

Tabelle 2

	Querschnitt $j =$				
	1	2	3	4	5
R_j/M_T	$-0{,}0542$	$0{,}2218$	$0{,}1725$	$0{,}1232$	$-0{,}1527$
$(R_j + M_j^+)/M_T$	$0{,}626$	$0{,}931$	$1{,}0$	$0{,}478$	$1{,}0$
$(R_j + M_j^-)/M_T$	$-1{,}0$	$-0{,}547$	$0{,}1725$	$-1{,}0$	$-0{,}626$

Da die 10 Bedingungen (8.11) erfüllt sind, ist

$$E_p = K = \frac{24}{29} \frac{M_T}{l} = 0{,}827 \frac{M_T}{l} = 0{,}965\, T$$

in der Tat die *Einspiellast* E_p, oberhalb der progressives Versagen eintreten kann. Aus diesem Beispiel dürfen wir nicht etwa entnehmen, daß die Mechanismen für Bruch und progressives Versagen immer übereinstimmen. Das ist hier nur zufällig so (vgl. dagegen Lastfall (c)).

6. Wir prüfen, ob E_p wirklich erreicht werden kann. Das hängt von der Größe der Einspiellast E_a für alternierendes Versagen ab. Diese wird nach 2 für

I-Normal-Querschnitte $\quad (m_T = 1{,}175) \quad E_a = 0{,}865\, M_T/l > T > E_p,$

Rechteck-Querschnitte $\quad (m_T = 1{,}5) \quad E_a = 0{,}679\, M_T/l < E_p.$

Beim I-Querschnitt tritt kurz vor Erreichen der Traglast $(K = 0{,}965\, T)$ Versagen durch progressive, beim Rechteckquerschnitt für alle $K > 0{,}793\, T$ Versagen durch alternierende Plastizierung ein.

Die gleiche Rechnung wurde für zwei weitere Lastfälle durchgeführt:

Lastfall (b) mit $-1 \leq \alpha \leq +1$ *und* $0 \leq \beta \leq +2$,

Lastfall (c) mit $0 \leq \alpha \leq +1$ *und* $0 \leq \beta \leq +1$.

Alle Ergebnisse sind in Tab. 3 zusammengestellt. Der jeweils eintretende Mechanismus und der Typ des Versagens sind angegeben, die maßgebenden (kleinsten) Einspiellasten $E_{\min}$ sind durch Einrahmung besonders hervorgehoben.

Tabelle 3

Lastfall	Querschnitt	Traglast $\dfrac{Tl}{M_T}$	Mechanismus beim Versagen wie in Abb.	Einspiellasten		Typ des Versagens	$\dfrac{E_{\min}}{T}$
				progressiv $\dfrac{E_p l}{M_T} =$	alternierend $\dfrac{E_a l}{M_T} =$		
(a) $-1 \leq \alpha \leq 2$ $0 \leq \beta \leq 3$	N. P. I	} 0,857	} 8.10 d)	$\boxed{0,828}$	0,865	progr.	0,965
	Rechteck			0,828	$\boxed{0,679}$	altern.	0,793
(b) $-1 \leq \alpha \leq 1$ $0 \leq \beta \leq 2$	N. P. I	} 1,500	} 8.10 d)	1,400	$\boxed{1,298}$	altern.	0,865
	Rechteck			1,400	$\boxed{1,018}$	altern.	0,679
(c) $0 \leq \alpha \leq 1$ $0 \leq \beta \leq 1$	N. P. I	} 2,000	} 8.10 c)	$\boxed{1,778}$	2,595	progr.	0,889
	Rechteck			$\boxed{1,778}$	2,036	progr.	0,889

Aus der letzten Spalte dieser Tabelle, in der das Verhältnis der jeweils kleinsten Einspiellast zur Traglast eingetragen ist, entnehmen wir, daß ein Versagen durch progressive oder alternierende Plastizierung in manchen Fällen schon erheblich unterhalb der Traglast eintreten kann. Dieses Versagen kann schon dicht oberhalb der für die ungünstigste Lastkombination errechneten elastischen Grenzlast erfolgen. Wir entnehmen der Tabelle weiter, daß die Tendenz zur alternierenden Plastizierung am größten ist, wenn die Vorzeichenwechsel der Belastungen am ausgeprägtesten sind wie in Lastfall (b). Wenn alle Belastungen zwischen gleichen positiven und negativen Werten wechseln, ist E_a gleich der elastischen Grenzlast K_e. Wenn die Belastungen (wie beim Lastfall (c)) ihr Vorzeichen dagegen beibehalten, tritt nur progressive Plastizierung ein.

Die Berechnung der *Deformationen des Tragwerks bei progressiver Plastizierung* setzt die Kenntnis des Belastungsprogramms voraus und ist sehr mühselig, da auch die elastischen Deformationsanteile mit berücksichtigt werden müssen. Wir wollen uns hier damit begnügen, die Tendenz dieser Deformationen an Hand der Prinzipskizze Abb. 8.11 allgemein zu erläutern[1].

Dort ist über der Zahl der Lastwechsel die für den jeweiligen Mechanismus progressiven Versagens maßgebende Deformationsgröße φ mit der Belastung K als Parameter aufgetragen. Für $K = E_p$ hat sich die Deformation nach verhältnismäßig wenigen Lastwechseln durch asymptotische Annäherung an den konstanten Wert φ_E (für $K < E_p$

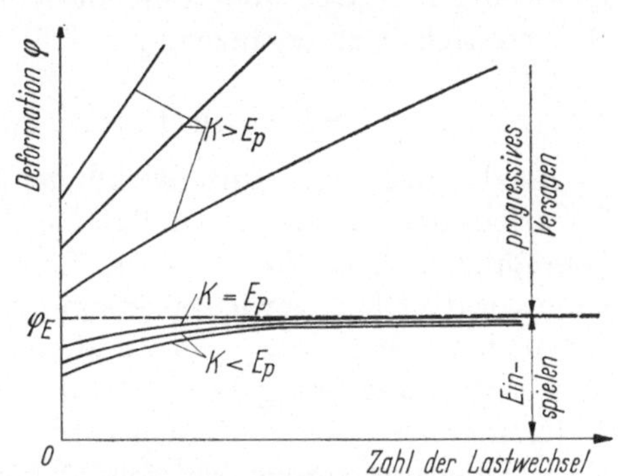

Abb. 8.11. Einspielen und progressives Versagen.

an einen entsprechend geringeren Wert $\varphi < \varphi_E$) „eingespielt". Für $K > E_p$ nimmt sie dagegen unbeschränkt zu (Versagen durch progressive Plastizierung).

Nun noch einige *allgemeine Bemerkungen zur praktischen Bedeutung der vorstehenden Untersuchungen über das Einspielen*: Es mag auf den ersten Blick scheinen, als ob es unzulässig sei, das Traglastverfahren überhaupt bei variablen Belastungen als Entwurfsgrundlage zu verwenden, da die Einspiellast $E_p \leq T$ im allgemeinen kleiner als die Traglast ist und diese nur in Ausnahmefällen erreicht, und da auch E_a erheblich kleiner sein kann als T. Hierbei ist aber zu bedenken, daß

1. die Betriebslasten nur in Ausnahmefällen die elastischen Grenzlasten überschreiten und mit der Sicherheit gegen den Zusammenbruch auch meist eine hinreichende Sicherheit gegen progressives oder alternierendes Versagen besteht,

2. ein Belastungszyklus für progressives oder alternierendes Versagen erst durchlaufen ist, wenn sämtliche Betriebslasten ihre ungünstigsten Grenzwerte erreicht haben,

3. erst nach einer größeren Zahl solcher Zyklen Versagen durch unzulässig große Dissipationsleistung eintritt,

4. die Wahrscheinlichkeit progressiven oder alternierenden Versagens kleiner ist als die des Zusammenbruches unter der Traglast, wie HORNE [54] nachgewiesen hat.

---

[1] Durchgerechnete Einzelbeispiele findet man z. B. bei BAKER et al. [14], HODGE [2] und NEAL [20].

Das Traglastverfahren kommt daher in *allen* Fällen als Entwurfsverfahren durchaus in Betracht. Bei alternierenden Belastungen ist es evtl. durch die nachträgliche Berechnung der Einspiellasten, bei hoher Lastfrequenz durch die konventionellen Untersuchungen über die Dauerfestigkeit zu ergänzen.

8.4 Traglasttheorie zweiter Ordnung

Bei den bisherigen Untersuchungen hatten wir im allgemeinen keine Rücksicht darauf genommen, daß die Verformung des Tragwerkes seine Tragfähigkeit beeinflussen kann. Solch Einfluß tritt in Erscheinung, wenn wir die Gleichgewichtsbedingungen am verformten Tragwerk ansetzen, bzw. wenn wir — mit anderen Worten — von einer „Theorie zweiter Ordnung" ausgehen[1]. Praktische Bedeutung erhält diese Theorie immer dann, wenn wir den Einfluß der Längskräfte nicht mehr in erster Näherung vernachlässigen dürfen.

Die Längskräfte beeinflussen das Tragverhalten in zweierlei Weise: Erstens verändern sie die Fließmomente auch bei unveränderter Geometrie des Tragwerkes, was wir in 6.4.2.2 untersuchten. Zweitens ändern sie die Traglast dadurch, daß sie bei der Änderung der Geometrie des ganzen Tragwerkes und/oder seiner Teile zusätzliche Biegemomente hervorrufen; diese Einflüsse, deren Behandlung wir uns nun zuwenden wollen, können sehr groß werden, so daß es dann erforderlich wird, bei der Bestimmung der Traglast ganz anders vorzugehen als bisher. In der Praxis tritt dieses Problem beispielsweise bei Stockwerkrahmen mit einer größeren Zahl von Geschossen auf.

Wir unterscheiden zwei Fälle: *Erstens den einzelnen Balken*, dessen Tragfähigkeit im Verbande eines Tragwerkes herabgesetzt wird, wenn die Längskräfte nennenswerte zusätzliche Biegemomente an den Durchbiegungen erzeugen. *Zweitens das Tragwerk als Ganzes*, wenn seine Verformungen so groß sind, daß sie einen wesentlichen Einfluß auf die Traglast haben. Der erste Fall läßt sich näherungsweise verhältnismäßig einfach behandeln, der zweite führt dagegen zu sehr umfangreichen Rechnungen. Beide Fälle treten im allgemeinen zusammen auf.

Hier sei vorweg ausdrücklich darauf hingewiesen, daß es sich in beiden Fällen nicht um Stabilitätsprobleme mit „Verzweigungen des Gleichgewichtes", sondern um Spannungsprobleme handelt[2].

8.4.1 Der Biegebalken mit Längskräften. Abb. 8.12 zeigt einen aus einem Tragwerk herausgeschnittenen Balken, an dessen Enden *bekannte* Schnittlasten wirken sollen, für die wir in erster Näherung die

---

[1] Einen hiervon völlig verschiedenen Einfluß der Verformungen auf die Tragfähigkeit hatten wir in 8.1.4 (Paradoxon der Traglasttheorie) kennengelernt.

[2] Das Stabilitätsproblem für den Stab wird in § 14 behandelt.

für den unverformten Zustand des Gesamttragwerkes berechneten Werte einsetzen können. Die Endmomente beziehen wir mit den dimensionslosen Faktoren m_l und m_r auf das Traglastmoment M_T des Balkens, die Längskraft[1] mit dem Faktor n auf dessen Traglast $K_T = \sigma_F F$.

Die dimensionslosen Beiwerte m_l, $m_r = \mu m_l$ und n sind an sich frei wählbar, jedoch besteht zwischen ihnen eine von der Querschnittsform abhängige, nach 6.4.2.2 bestimmbare Grenzbeziehung, die nicht

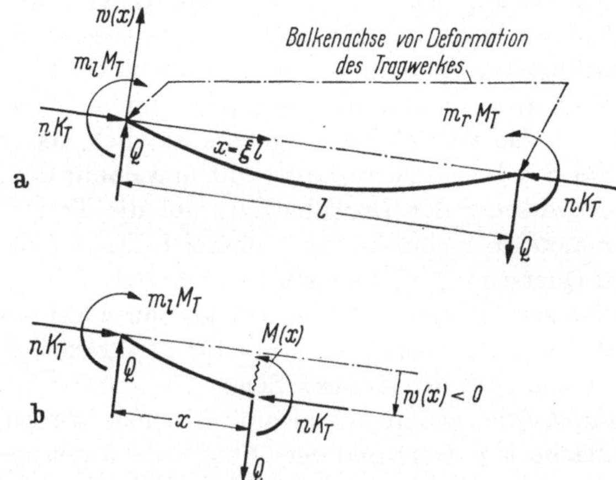

Abb. 8.12. a u. b. Biegebalken mit vorgegebenen Längskräften und Endmomenten.

verletzt werden darf, wenn die Tragfähigkeit des Balkens nicht schon ohne Berücksichtigung seiner Durchbiegung überschritten werden soll (vgl. auch Abb. 6.15). Wir wollen im folgenden die Abänderung dieser Beziehung durch den Einfluß der Durchbiegung des Balkens untersuchen.

Solange der ganze Balken noch elastisch ist, gilt

$$E I w''(x) = M(x) = Q x + m_l M_T - n K_T w(x). \qquad (8.16)$$

Mit den Abkürzungen

$$\mu = \frac{m_r}{m_l} \quad \text{und} \quad \lambda^2 = \frac{n K_T}{E I}$$

sowie mit

$$Q = \frac{M_T}{l} (m_r - m_l) = \frac{m_l M_T}{l} (\mu - 1)$$

lautet die Differentialgleichung der Biegelinie

$$w''(x) + \lambda^2 w(x) = \frac{m_l M_T}{E I} \left(1 + \frac{\mu - 1}{l} x\right). \qquad (8.17)$$

---

[1] Längskräfte und -spannungen werden hier als Druck positiv gerechnet.

Ihre den Randbedingungen $w(0) = 0$ und $w(l) = 0$ angepaßte Lösung liefert die *Biegelinie*

$$w(x) = \frac{m_l M_T}{n K_T}\left(1 + \frac{\mu - 1}{l}\, x - \cos \lambda x + \frac{\cos \lambda l - \mu}{\sin \lambda l}\sin \lambda x\right) \qquad (8.18)$$

und das *Biegemoment*

$$M(x) = m_l M_T \left(\cos \lambda x - \frac{\cos \lambda l - \mu}{\sin \lambda l}\sin \lambda x\right). \qquad (8.19)$$

Für die Berechnung der Tragfähigkeit[1] von Balken mit realen Querschnitten ist dieses Ergebnis zu ergänzen. Für diese müßten die Gleichungen allerdings ganz anders — nämlich für verschiedene Bereiche — aufgestellt werden, was zu langwierigen Rechnungen führen würde.

Trotzdem ist das vorstehende Ergebnis nützlich, da es ohne Einschränkung für Sandwich-Querschnitte gilt und damit die Möglichkeit bietet, die Einwirkung der Durchbiegung auf die Tragfähigkeit von Balken mit realen Querschnitten abzuschätzen. Da sich dieser Einfluß bei Sandwich-Querschnitten, die nach Erreichen der Fließgrenze keine Tragfähigkeitsreserven mehr haben, stärker auswirkt als bei realen Querschnitten, ist diese Abschätzung gut für die Praxis geeignet; ihre Ergebnisse bleiben „auf der sicheren Seite".

Für *Sandwich-Querschnitte* aus idealplastischem Werkstoff mit der Querschnittsfläche F je Gurt und der „Steg"höhe h gilt speziell

$$I = \frac{1}{2}\, F h^2, \qquad M_T = h\sigma_F F, \qquad K_T = 2\sigma_F F. \qquad (8.20)$$

Wir führen die Abkürzungen ein:

$$\left.\begin{aligned} s &= l\sqrt{\frac{2F}{I}} = \frac{2l}{h} \qquad \text{(Schlankheitsgrad)}, \\[2mm] r &= \sqrt{\frac{\sigma_F}{E}}, \qquad \xi = \frac{x}{l}, \qquad \lambda = \frac{2}{h}\sqrt{\frac{n\sigma_F}{E}} = \frac{2r}{h}\sqrt{n}. \end{aligned}\right\} \qquad (8.21)$$

Die Gln. (8.18) und (8.19) gehen damit über in

$$w(\xi) = \frac{h m_l}{2n}\left[1 + (\mu - 1)\,\xi - \cos rs\sqrt{n}\,\xi + \frac{\cos rs\sqrt{n} - \mu}{\sin rs\sqrt{n}}\sin rs\sqrt{n}\,\xi\right],$$

$$\qquad (8.22)$$

$$M(\xi) = m_l h\sigma_F F\left[\cos rs\sqrt{n}\,\xi - \frac{\cos rs\sqrt{n} - \mu}{\sin rs\sqrt{n}}\sin rs\sqrt{n}\,\xi\right]. \qquad (8.23)$$

---

[1] Unter Trägfähigkeit verstehen wir hier im Sinne des Bisherigen die Belastbarkeit unter Berücksichtigung der Plastizierung des Querschnittes. Daß ein hinreichend schlanker Balken bei Erreichen der Stabilitätsgrenze (z. B. bei $\lambda l = \pi$) versagt, wenn er noch vollständig elastisch ist, interessiert hier nicht. Über den Zusammenhang des Nachfolgenden mit dem Problem der Stabknickung im verfestigenden Werkstoffbereich vgl. 14.1.

Den Schnittlasten $nK_T = 2n\sigma_F F$ und $M(\xi)$ (Abb. 8.12b) sind die Druckkräfte $\sigma_0 F$ und $\sigma_u F$ in den Gurten des Sandwich-Querschnitts äquivalent (Abb. 8.13). Es gilt

$$\left.\begin{array}{r}\sigma_0(\xi) \\ \sigma_u(\xi)\end{array}\right\} = \frac{n\,K_T}{2\,F} \pm \frac{M(\xi)}{F\,h}$$

$$= \sigma_F\left[n \pm m_l\left(\cos rs\sqrt{n}\,\xi - \frac{\cos rs\sqrt{n} - \mu}{\sin rs\sqrt{n}}\sin rs\sqrt{n}\,\xi\right)\right]. \quad (8.24)$$

Aus $d\sigma_0/d\xi = 0$ erhalten wir diejenige Stelle

$$\bar{x} = \bar{\xi}l = \frac{l}{rs\sqrt{n}}\arctan\frac{\mu - \cos rs\sqrt{n}}{\sin rs\sqrt{n}}, \quad (8.25)$$

an der die Spannung im oberen Gurt ihren maximalen Wert σ_F erreicht. Nach (8.24) wird dann die Spannung im unteren Gurt $\sigma_u = \sigma_F(2n - 1)$, und die Tragfähigkeit des Balkens ist schon erschöpft; denn bei einer Vergrößerung von n und/oder m_l müßte nach (8.24) $\sigma_0(\bar{\xi}) > \sigma_F$ werden, was nicht möglich ist.

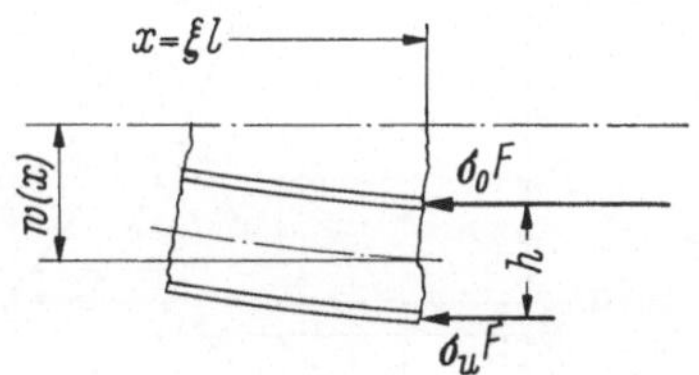

Abb. 8.13. Druckkräfte in Sandwich-Balken.

Setzen wir nun $\bar{\xi}$ in $\sigma_0(\bar{\xi}) = \sigma_F$ nach (8.24) ein, so erhalten wir denjenigen Momentenbeiwert

$$\bar{m}_l = (1 - n)\cos rs\sqrt{n}\,\bar{\xi} = (1 - n)\cos\arctan\frac{\mu - \cos rs\sqrt{n}}{\sin rs\sqrt{n}}, \quad (8.26)$$

bei dem die Tragfähigkeitsgrenze für vorgegebene Werte von μ und r (mit s als Parameter) erreicht ist. Damit können wir auch die Durchbiegung aus (8.22) berechnen.

Nähert sich das Argument der im Nenner des letzten Gliedes von (8.22) und (8.23) stehenden sin-Funktion dem Wert π, dann wachsen Durchbiegungen und Biegemomente sehr stark an, bis sie bei Erreichen des *kritischen Längskraftfaktors*

$$n_{\mathrm{krit}} = \frac{\pi^2}{r^2 s^2} \quad (8.27)$$

— wenigstens theoretisch — gegen Unendlich gehen. Vorher hat der Stab natürlich schon bei einem kleineren $n < n_{\mathrm{krit}}$ die Tragfähigkeitsgrenze (8.26) erreicht. (8.27) entspricht der kritischen Eulerlast des zentrisch gedrückten Knickstabes.

Wir führen die Rechnung für drei Grenzfälle durch:

a) Moment nur am linken Stabende ($\mu = 0$). In diesem Falle vereinfacht sich (8.25) zu

$$\bar{\xi} = 1 - \frac{\pi}{2rs\sqrt{n}}$$

und (8.26) liefert die Tragfähigkeitsgrenze

$$\overline{m}_l = \overline{m} = (1 - n)\sin rs\sqrt{n}.$$

In Abb. 8.14a ist $\overline{m}_l$ über n für Stahl mit $\sigma_F = 32\,\text{kpmm}^{-2}$ und $r = 0{,}04$ (mit s als Parameter) aufgetragen. Bei kleinen Längskräften beeinflußt die Durchbiegung die Tragfähigkeit überhaupt nicht. Ihr

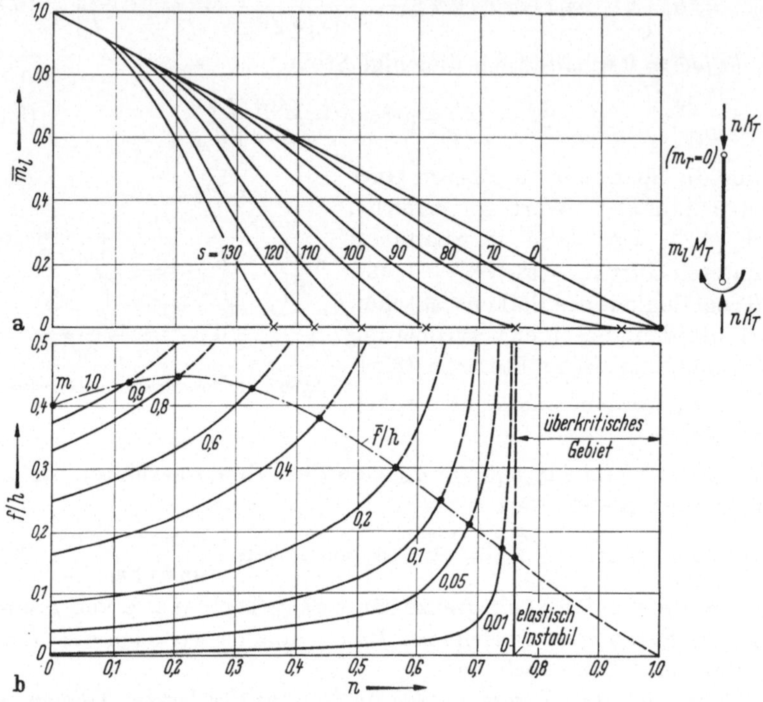

Abb. 8.14a u. b. Längsgedrückter Sandwich-Balken aus Stahl mit Biegemoment M_l an einem Ende: a Tragfähigkeitsgrenze für verschiedene Schlankheitsgrade s, b Durchbiegung f/h in Balkenmitte für $s = 90$ mit $m = m_l$ als Parameter; ($\bullet$) = Zusammenbruch; ($\times$) = elastische Instabilität.

Einfluß beginnt erst wirksam zu werden, sobald der Momentenbeiwert $\overline{m}_l$ nach vorstehender Formel von der Geraden $1 - n$ der Abb. 6.15 abzuweichen beginnt, also für alle

$$rs\sqrt{n} \geq \frac{\pi}{2}$$

bzw. beim speziellen Zahlenbeispiel für alle

$$n \geq \frac{1500}{s^2}.$$

Für kleinere n gilt die Gerade $\overline{m}_l = 1 - n$. Mit wachsendem n und s nimmt der Einfluß der Durchbiegung zu.

Der durch h dividierte Betrag der Durchbiegung in Balkenmitte

$$\frac{f}{h} = \frac{|w(1/2)|}{h} = \frac{m_l}{4n}\left(\frac{1}{\cos\dfrac{rs\,\sqrt{n}}{2}} - 1\right)$$

ist in Abb. 8.14b für den Schlankheitsgrad $s = 90$ in Abhängigkeit von n (mit m als Parameter) aufgetragen. Die Kurven gelten nur bis zum Erreichen der Tragfähigkeitsgrenze $\overline{m}_l$. Der Gültigkeitsbereich wird demnach durch die strichpunktierte Kurve

$$\frac{\overline{f}}{h} = \frac{f(n,\overline{m}_l)}{h} = \frac{1-n}{4n}\left(2\sin\frac{rs\,\sqrt{n}}{2} - \sin rs\,\sqrt{n}\right)$$

abgegrenzt.

Die Schnittpunkte beider Kurven (•) geben den Zusammenbruch an. Der kritische Lastfaktor ($\times$) ist hier nach (8.27) $n_{\mathrm{krit}} = 0{,}763$.

b) Gleich großes Moment an beiden Stabenden ($\mu = 1$). Wegen $m_l = m_r = m$ wird $\overline{\xi} = 1/2$ für alle Werte von r, s und n. (8.26) geht über in

$$\overline{m} = \overline{m}_l = (1 - n)\cos\frac{rs\,\sqrt{n}}{2}\,.$$

Zum Unterschied vom vorigen Fall gilt diese Formel für alle Argumente der cos-Funktion. Für den Biegepfeil erhalten wir

$$\frac{f}{h} = \frac{|w(1/2)|}{h} = \frac{m}{2n}\left(\frac{1}{\cos\dfrac{rs\,\sqrt{n}}{2}} - 1\right).$$

Der Gültigkeitsbereich der Kurven $f(n, m)/h$ wird durch die Kurve

$$\frac{\overline{f}}{h} = \frac{f(n,\overline{m})}{h} = \frac{1-n}{2n}\left(1 - \cos\frac{rs\,\sqrt{n}}{2}\right)$$

begrenzt. Abb. 8.15a und b zeigen das Ergebnis der Rechnungen für $s = 90$ und Stahl mit $r = 0{,}04$. Die Durchbiegung beeinflußt die Tragfähigkeit in diesem ungünstigsten Fall schon bei verhältnismäßig kleinen Längskräften recht erheblich.

c) Entgegengesetzt gleich großes Moment an den Stabenden ($\mu = -1$). Die Biegelinie ist jetzt doppelt gekrümmt. Wie wir leicht nachprüfen, gelten für sie dieselben Beziehungen wie im Fall a), jedoch mit $\xi = 2x/l$ und $s = l/h$.

Zusammenfassend stellen wir fest: Wenn n hinreichend klein ist, kann man den Einfluß der Durchbiegung des Stabes auf seine Tragfähigkeit je nach Belastungsfall und Schlankheitsgrad unter Umständen ganz vernachlässigen. Sonst kann man ihn durch Vergrößerung von M_T kompensieren.

Auf Stäbe mit realen Querschnitten sind die Ergebnisse für Sandwich-Querschnitte sinngemäß näherungsweise übertragbar, wenn man sich die Kurven der Abb. 6.15 entsprechend Abb. 8.14a und 8.15a ergänzt denkt und denselben Abminderungsfaktor für den Momentenbeiwert wählt wie für den Sandwich-Querschnitt. Aus Abb. 8.16 und Abb. 8.17 kann man diese Näherungswerte für I-Querschnitte und $r = 0,04$ entnehmen.

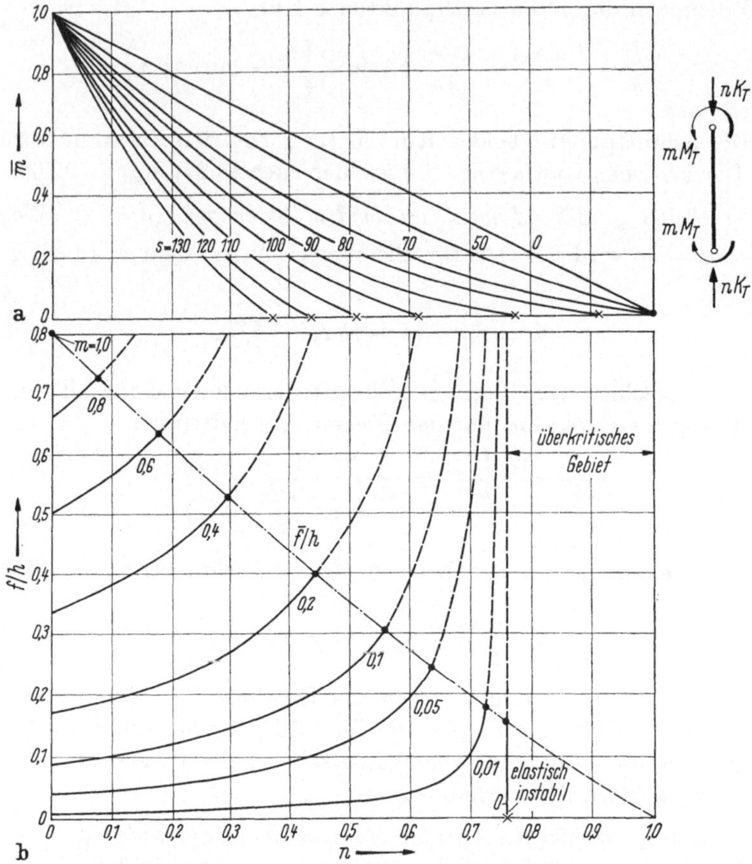

Abb. 8.15 a u. b. Wie Abb. 8.14, jedoch für zwei gleich große Endmomente M.

8.4.2 Rahmentragwerke. Die Tragfähigkeit eines Rahmens wird im allgemeinen außer durch den Einfluß der Längskräfte auf dessen Einzelteile (vgl. vorigen Abschnitt) auch infolge der Verformung des ganzen Rahmens herabgesetzt. Dabei sind nur unsymmetrische Verformungen (Seitenverschiebungen) zu berücksichtigen; verformt sich der Rahmen dagegen symmetrisch, was in der Praxis allerdings kaum vorkommt, so kommt nur der im vorigen Abschnitt behandelte Einfluß in Betracht. Da die Bruchmechanismen von Rahmentragwerken meist unsymmetrisch sind, kommt den folgenden Untersuchungen erhebliche praktische Bedeutung zu[1].

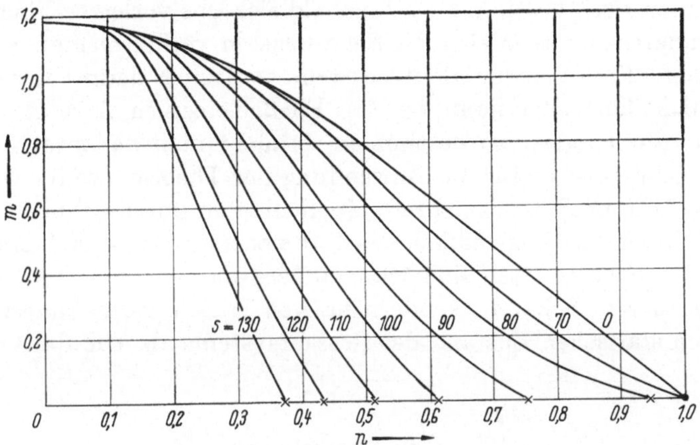

Abb. 8.16. Näherungen für die Tragfähigkeitsgrenze von längsgedrückten I-Balken aus Stahl mit Biegemoment M_l an einem Ende.

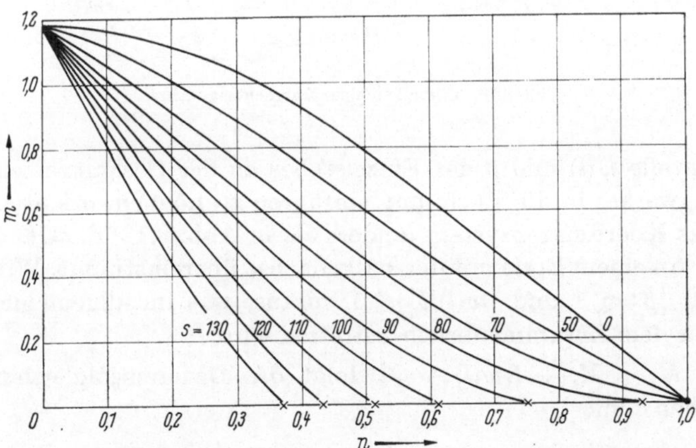

Abb. 8.17. Wie Abb. 8.16, jedoch für zwei gleich große Endmomente M.

Wir wollen diese Untersuchungen in zwei Schritten durchführen: Erstens untersuchen wir, wie die Traglast des Rahmens durch die Änderung seiner Geometrie infolge der Verformungen beeinflußt wird,

---

[1] Man vergleiche hierzu auch HORNE [18] und weitere dort angegebene Literatur.

zweitens berechnen wir getrennt davon den Einfluß der Rahmenverformungen auf die Tragfähigkeit der Einzelstäbe wie in 8.4.1.

1. Einfluß der Änderung der Geometrie des Gesamttragwerks auf dessen Tragfähigkeit. Maßgebend ist die Verformung unmittelbar vor dem Zusammenbruch. Bei ,,vollständigem" Versagen, bei dem der Rahmen statisch bestimmt wird, sobald sich das vorletzte Fließgelenk ausgebildet hat, lassen sich die Schnittlasten verhältnismäßig einfach berechnen. Eine Schwierigkeit entsteht zusätzlich dadurch, daß man meist nicht übersehen kann, welches Fließgelenk sich als letztes bildet. Um *nur* die Traglast zu bestimmen, braucht man das zwar nicht zu wissen, jedoch ist es für die Anwendung der Theorie zweiter Ordnung wichtig. Man muß dann mehrere Möglichkeiten durchrechnen.

Die an einem Einzelbalken des Rahmentragwerkes nach Abb. 8.18 wirkenden Schnittlasten sind jetzt (anders als unter 8.4.1) nicht mehr von vornherein bekannt, sondern hängen vom Verschiebungszustand und vom statischen Zustand des Gesamtsystems ab. Um die Verschie-

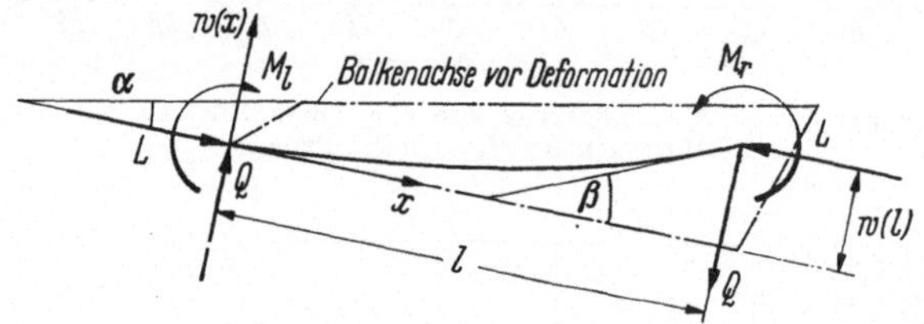

Abb. 8.18. Teilbalken eines Rahmentragwerkes.

bungsanteile $w(l)$ und β des Einzelstabes an der Gesamtverschiebung des Tragwerkes in die Rechnung einführen zu können, orientieren wir jetzt das Koordinatensystem (anders als in Abb. 8.12) derart, daß die x-Achse an einem Ende mit der Balkenachse übereinstimmt. Wir setzen $|\alpha| \ll 1$, $|\beta| \ll 1$ und $|w(l)/l| \ll 1$ voraus, was im allgemeinen auch noch vor dem Zusammenbruch zutreffen wird.

Mit $M_l = M_r^1 + Lw(l) - Ql$ folgt die Differentialgleichung der elastischen Linie

$$w''(x) + \lambda^2 w(x) = \lambda^2\left[w(l) + \frac{1}{L}(M_r + Qx - Ql)\right]$$

mit

$$\lambda^2 = \frac{L}{EI}.$$

(8.28)

Wenn wir ihre vollständige Lösung

$$w(x) = A\cos\lambda x + B\sin\lambda x + w(l) + \frac{1}{L}(M_r + Qx - Ql) \quad (8.29)$$

den Randbedingungen $w(0) = 0$ und $w'(0) = 0$ anpassen, erhalten wir die *Durchbiegung am Balkenende*

$$w(l) = \frac{1}{L}\left[Ql\left(1 - \frac{\tan \lambda l}{\lambda l}\right) + M_r\left(\frac{1}{\cos \lambda l} - 1\right)\right] \qquad (8.30)$$

und den *Biegewinkel am Balkenende*

$$\beta = w'(l) = \frac{Q}{L}\left[1 - \cos \lambda l + \tan \lambda l\left(\frac{\lambda M_r}{Q} - \sin \lambda l\right)\right]. \qquad (8.31)$$

Mit diesen für jeden Rahmenteil gültigen Gleichungen, den Gleichgewichtsbedingungen sowie den Kontinuitätsbedingungen für die Stellen, an denen keine Fließgelenke auftreten, lassen sich ausreichend viele Beziehungen aufstellen, um die Traglast nach der Theorie zweiter Ordnung in allen Fällen (auch bei unvollständigem Versagen) berechnen zu können. Die damit verbundenen Rechnungen werden allerdings recht umständlich, so daß es zweckmäßig werden kann, Näherungen einzuführen. Die zweckmäßigste Näherung hängt vom jeweiligen Einzelfall ab.

Eine erste grobe Abschätzung für den Einfluß der Gesamtverformung auf die Tragfähigkeit läßt sich aus dem Schnittpunkt derjenigen beiden Last-Verformungskurven gewinnen, die man für vollständig elastisches Verhalten und für den Bruchmechanismus erhält. Die Einzelheiten werden am nachfolgenden Beispiel erläutert (vgl. Abb. 8.20 a).

Hierdurch läßt sich allerdings das mechanische Verhalten nicht richtig wiedergeben; denn in Wirklichkeit bildet sich bei Steigerung der Belastung ein Fließgelenk nach dem anderen, wobei die Last-Verformungskurve immer weiter von der elastischen Geraden abweicht.

Eine korrekte Rechnung müßte daher alle diese Zwischenzustände nacheinander erfassen, wobei der Grad der statischen Unbestimmtheit mit jedem sich neu bildenden Fließgelenk um eins abnimmt, so daß jedesmal wieder ein neues elastisches System durchzurechnen wäre. Um hierbei auch die Verminderung der Traglast erfassen zu können, müssen wir die Theorie 2. Ordnung verwenden, nach der wir — in einer Iterationsrechnung — die Schnittlasten am verformten Tragwerk anzusetzen und den Einfluß der Längskräfte auf die Durchbiegung der Einzelstäbe zu berücksichtigen haben.

Als *Beispiel* soll der Rechteckrahmen nach Abb. 8.10 mit der Horizontallast $2K$, der Vertikallast $3K$ und überall gleichen Querschnitten dienen. In 8.3.2 hatten wir für ihn nach der Theorie 1. Ordnung die Traglast $T = 0{,}857\, M_T/l$ errechnet; der zugehörige Bruchmechanismus ist nochmals in Abb. 8.19a dargestellt. Als charakteristische Verformung wählen wir die Horizontalverschiebung u des Riegels. Wir führen drei verschiedene Rechnungen durch:

a) Zur ersten Orientierung wollen wir die Gleichgewichtsbedingungen für *endliche Verschiebungen des Bruchmechanismus* aufstellen. Dieser Fall hat insofern nur hypothetischen Charakter, als ein spezieller

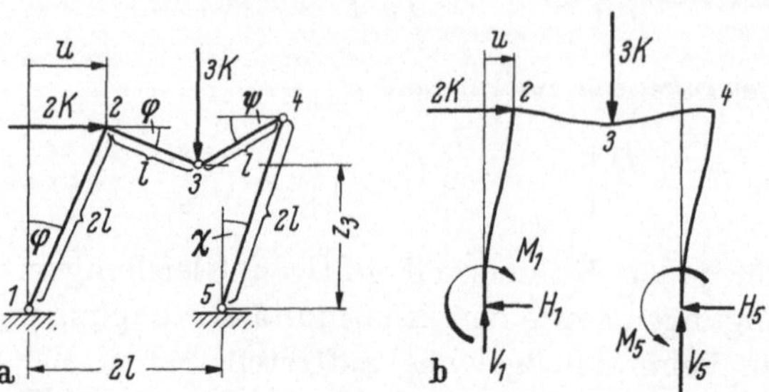

Abb. 8.19a u. b. Zur ersten Abschätzung des Einflusses der Verformungen eines Rechteckrahmens auf seine Tragfähigkeit: a Bruchmechanismus, b elastisch verformter Rahmen.

Rahmen nur bei einer bestimmten Belastung kurz *vor* dem Zusammenbruch in diesem Gleichgewichts-Zustand sein kann. Trotzdem erweist sich dieser Fall als sehr nützlich. Die Einzelbalken werden hierbei als starr angenommen.

Zwischen den drei Winkeln φ, ψ und χ bestehen nach Abb. 8.19a die beiden Beziehungen

$$\sin \varphi - 2 \cos \varphi = \sin \psi - 2 \cos \chi,$$

$$2 \sin \varphi + \cos \varphi = 2 + 2 \sin \chi - \cos \psi,$$

so daß sich alle virtuellen Verschiebungen durch den Winkel φ ausdrücken lassen. Wenn wir für kleine Winkel $\sin \varphi \approx \varphi$ und $\cos \varphi \approx 1 - \frac{1}{2} \varphi^2$ usw. setzen, folgt in erster Näherung

$$\varphi^2 + \varphi \approx \psi + \chi^2, \quad \varphi^2 - 4\varphi \approx -\psi^2 - 4\chi$$

und weiter nach einigen Zwischenrechnungen

$$u \approx 2l\varphi, \quad |\delta z_3| \approx (2\varphi + 1)\, l\, \delta\varphi, \quad \delta\psi \approx \frac{1 + 2\varphi^2}{1 - \varphi^2}\, \delta\varphi, \quad \delta\chi \approx \frac{1 - \varphi - \varphi^2}{1 - \varphi^2}\, \delta\varphi.$$

Das Prinzip der virtuellen Verschiebungen

$$2K\, \delta u + 3K\, |\delta z_3| - M_T\, [\delta\varphi + (\delta\varphi + \delta\psi) + (\delta\psi + \delta\chi) + \delta\chi] = 0$$

liefert mit $\hat{u} = u/l$ den dimensionslosen Belastungswert

$$k = \frac{\vert K l}{M_T} \approx \frac{24 - 4\hat{u}}{(4 - \hat{u}^2)\,(7 + 3\hat{u})} \leq \frac{T l}{M_T} = 0{,}857.$$

In dem in Frage kommenden Verformungsbereich genügt sogar schon die für $\hat{u}^2 \ll 1$ gültige erste Näherung

$$k \approx \frac{6 - \hat{u}}{7 + 3\hat{u}}.$$

In Abb. 8.20a sind diese Gleichgewichtszustände in Kurve m dargestellt.

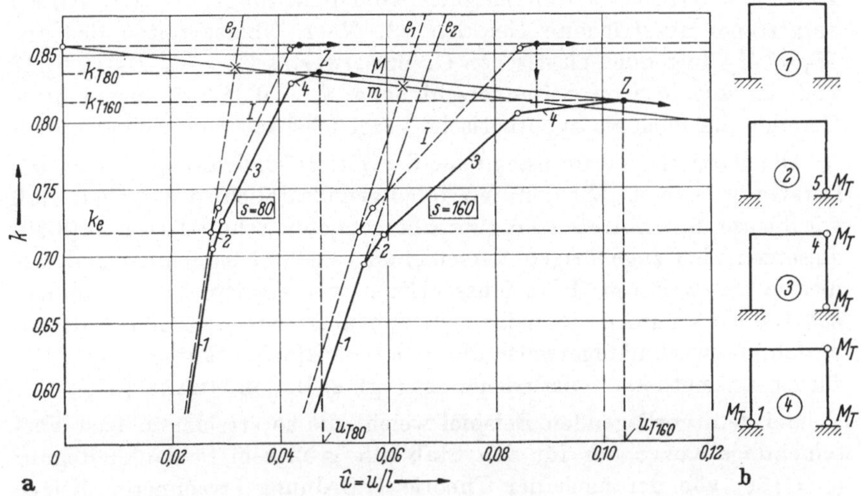

Abb. 8.20a u. b. a Kraft-Seitenverschiebungskurve für Rahmen nach Abb. 8.19 mit den Schlankheitsgraden $s = 80$ und $s = 160$. Hypothetische Abschätzungskurven: e_1, e_2 unbeschränkt elastisch, m Mechanismus, b Fortschreitende Fließgelenkbildung bei Belastungssteigerung
Mechanisches Verhalten (mit Fließgelenkbildung nach b): I nach Theorie 1. Ordnung; *ausgezogen*: Nach Theorie 2. Ordnung; Z = Zusammenbruch.

b) Wir bestimmen die Beziehung zwischen Belastung und Seitenverschiebung für den (oberhalb der elastischen Grenzlast wiederum hypothetischen) Fall, daß sich der Rahmen *unbeschränkt elastisch* verhält.

Nach der *Theorie 1. Ordnung* errechnen wir die Auflagerreaktionen (vgl. 8.3.2 sowie Abb. 8.19b)

$$H_1 = \frac{5}{8} K, \quad V_1 = \frac{9}{14} K, \quad M_1 = -\frac{25}{28} K l,$$

$$H_5 = \frac{11}{8} K, \quad V_5 = \frac{33}{14} K, \quad M_5 = \frac{39}{28} K l$$

sowie die Schnittmomente

$$M_2 = \frac{10}{28} K l, \quad M_3 = K l, \quad M_4 = -\frac{38}{28} K l.$$

Damit ist die Momentenverteilung bekannt, und die dimensionslose Seitenverschiebung wird

$$\hat{u} = \frac{u}{l} = \frac{1}{E I l} \left[\frac{H_1 (2l)^3}{3} - \frac{M_2 (2l)^2}{2} \right] = \frac{20 K l^2}{21 E I} = \frac{10}{21} \frac{K l}{M_T} s r^2 = 0,476 k s r^2.$$

Die letzte Form gilt für Sandwich-Querschnitte mit den Abkürzungen nach (8.20) und (8.21) und dem Schlankheitsgrad von Stütze und Riegel $s = 4l/h$.

Die Seitenverschiebungen $\hat{u}$ sind in Abb. 8.20 für Stahl mit $\sigma_F/E = r^2 = 10^{-3}$ ($\sigma_F = 21\,\mathrm{kpmm^{-2}}$) und die beiden Schlankheitsgrade $s = 80;\ 160$ in Abhängigkeit vom Belastungswert $k = Kl/M_T$ aufgetragen (gestrichelte Geraden e_1). Nach Überschreiten des aus $M_5 = M_T$ folgenden elastischen Grenzlastwertes $k_e = K_e l/M_T = 0{,}718$ und der zugehörigen Seitenverschiebung $\hat{u}_e = 0{,}342\,s r^2$ dürfen diese Geraden nur noch als hypothetische Vergleichsbasis angesehen werden.

Die elastische Verformung nach der *Theorie 2. Ordnung* müssen wir iterativ errechnen. Wir könnten dabei grundsätzlich so vorgehen, daß wir die am unverformten Tragwerk berechneten Schnittlasten in (8.30) einsetzen, den zugehörigen Verschiebungszustand berechnen und mit diesem in weiteren Iterationsschritten verbesserte Verschiebungszustände bestimmen. Es zeigt sich nun aber, daß diesem Iterationsverfahren zweckmäßigerweise die in der Baustatik bekannte sog. „Deformationsmethode" vorzuziehen ist (vgl. z. B. Teichmann [*35*]).

Bei dem vorliegenden Beispiel weicht die so errechnete Last-Verschiebungs-Kurve nur für den Stab mit größerem Schlankheitsgrad ($s = 160$) von der nach der Theorie 1. Ordnung errechneten Kurve etwas ab, während beide Kurven für $s = 80$ nahezu übereinstimmen. In Abb. 8.20 ist daher auch nur die strichpunktierte Kurve e_2 für $s = 160$ eingezeichnet. Diese geringen Unterschiede kann man sicherlich nicht als typisch betrachten, da hier der Einfluß der Längskräfte noch verhältnismäßig gering ist.

c) Nun untersuchen wir — wie eingangs angedeutet — das mechanische Verhalten des Rahmens in allen Einzelheiten vom Beginn der Bildung des ersten Fließgelenks bis zum Zusammenbruch. Die Rechnungen, die sowohl nach der Theorie 1. Ordnung als auch nach der Theorie 2. Ordnung durchgeführt wurden, sollen hier nicht wiedergegeben werden. Die Rechnung nach der Theorie 1. Ordnung ist verhältnismäßig einfach, während sich die Rechnung nach der Theorie 2. Ordnung genauso bewerkstelligen läßt wie unter b) auseinandergesetzt wurde. Sie ergibt, daß sich die Fließgelenke nacheinander in den Punkten 5, 4, 1 und 3 bilden. In Abb. 8.20b sind die zugehörigen nacheinander durchgerechneten elastischen Systeme *1* bis *4* dargestellt.

Die nach der Theorie 1. Ordnung berechneten Last-Verformungskurven sind in Abb. 8.20 gestrichelt eingezeichnet (Kurven *I*). Der Zusammenbruch erfolgt bei der Traglast T. Eine Abminderung durch den Längskrafteinfluß kann natürlich infolge der der Theorie 1. Ordnung zugrunde liegenden Voraussetzungen nicht eintreten.

Das wirkliche mechanische Verhalten entnehmen wir den nach der Theorie 2. Ordnung berechneten, ausgezogenen Kurven. An den einzelnen, durch Punkte ∘ voneinander abgegrenzten Kurvenabschnitten sind die Nummern der zugehörigen elastischen Systeme nach Abb. 8.20b vermerkt. Der Zusammenbruch (Punkte Z) erfolgt dicht oberhalb der Kurve m des Mechanismus. Das erklärt sich daraus, daß die geometrische Konfiguration des wirklichen Bruchmechanismus (Kurve M) elastisch durchgebogene Stäbe enthält, während der Berechnung der Kurve m starre Stäbe zugrunde gelegt wurden.

Beim Zusammenbruch ist die wirkliche Traglast infolge des Einflusses der Änderung der Geometrie um etwa 2% für $s = 80$ und um etwa 4% für $s = 160$ kleiner als T. Dieser Einfluß ist zwar hier noch nicht bedeutend, würde aber für die unteren Pfosten mehrstöckiger Rahmen beträchtlich größer sein.

Schließlich erkennen wir, daß durch die eingangs erwähnte erste Abschätzung die Abminderung der Traglast im vorliegenden Fall sehr gut durch die Schnittpunkte $\times$ der Kurven e_1 mit der Kurve m angenähert werden kann. Wir dürfen diese Feststellung zwar nicht ohne weiteres verallgemeinern, können uns aber mit der ersten Abschätzung immerhin schon eine ungefähre Vorstellung von der Größenordnung der Traglastabminderung machen. Grundsätzlich könnten wir eine noch bessere Abschätzung erhalten, wenn wir die Gesamtverformung des statisch bestimmten Systems vor Bildung des letzten Fließgelenkes (im Beispiel: System 4) nach der Theorie 1. Ordnung berechnen und für diese Verformung die zugehörige Traglast der Kurve m für den Bruchmechanismus entnehmen (Kreuz $+$ in Abb. 8.20a).

2. Zusätzlicher Einfluß der Längskräfte auf die Tragfähigkeit der Einzelbalken. Beim ersten Schritt unserer Untersuchungen hatten wir diesen Einfluß außer acht gelassen; wir hatten einfach mit vorgegebenen Werten von M_T in den Fließgelenken gerechnet. In Wirklichkeit können diese Werte jedoch nicht ganz erreicht werden, da die Tragfähigkeit der Einzelbalken durch die Längskräfte und evtl. zusätzlich durch die Biegemomente, die von ihnen bei der Durchbiegung der Einzelbalken hervorgerufen werden, herabgesetzt wird (vgl. 8.4.1).

Wir wollen den Rechnungsgang an Hand unseres Beispiels erläutern: In der rechten Stütze wirkt z. B. die Längskraft (vgl. Abb. 8.19b)

$$N_r = V_5 - \frac{1}{2}\,\hat{u}\,H_5\,.$$

Die Gleichgewichtsbedingungen am verformten Gesamtsystem liefern

$$V_5 = \frac{1}{2\,l}\,(7\,K\,l + 3\,K\,l\,\hat{u} - 2\,M_T)\,,$$

$$H_5 = \frac{M_T}{l} - \frac{1}{2}\,\hat{u}\,V_5\,,$$

so daß

$$N_r = \frac{M_T}{2\,l}\left[\left(7 + 3\,\hat{u} + \frac{7}{4}\,\hat{u}^2 + \frac{3}{4}\,\hat{u}^3\right)k - 2 - \hat{u} - \frac{\hat{u}^2}{2}\right] \qquad (*)$$

wird. Hierin setzen wir zunächst die unter 1. berechneten bzw. aus Abb. 8.20a zu entnehmenden Traglast- bzw. Verschiebungswerte k_T bzw. $\hat{u}_T$ ein und erhalten mit (8.20) den Längskraftbeiwert für die rechte Stütze

$$n = \frac{N_r}{K_T} = \frac{N_r\,h}{M_T}$$

und damit den Momentenbeiwert $\overline{m}_l$ nach (8.26). Da hier speziell der Fall c) von 8.4.1 — Balken mit gleichsinnig wirkenden Momenten an den Enden — vorliegt, bei dem $n < 1500/s^2$ ist, gilt

$$\overline{m}_l = 1 - n.$$

Das heißt, die Tragfähigkeit der rechten Stütze wird nur durch reine Längskraftwirkung und nicht zusätzlich durch ihre eigene Durchbiegung beeinflußt.

Die Zahlenrechnung ergibt z. B. $\overline{m}_l = 0,953$ für $s = 80$; das heißt, die Fließmomente in den Rahmenecken 4 und 5 werden auf $M_F = 0,953\,M_T$ herabgesetzt. Entsprechend verfahren wir für die linke Stütze und den Riegel, in denen die Fließmomente nicht so stark vermindert werden wie in der rechten Stütze. Die wirklichen Fließmomente $M_{jF} = m_j M_{jT}$ werden etwas größer sein als die so berechneten, weil wir in (*) die noch nicht abgeminderten Werte k_T und $\hat{u}_T$ eingesetzt hatten. Wir bleiben also mit unserer Rechnung auf der sicheren Seite.

Nun müßten wir eigentlich die ganze unter 1. durchgeführte Rechnung mit abgeminderten, voneinander verschiedenen Werten M_{jF} wiederholen. Wir bleiben mit einer Abschätzung auf der sicheren Seite, wenn wir für sämtliche Fließgelenke *denselben* kleinsten im gesamten Tragwerk vorkommenden Momentenbeiwert $\overline{m}_l$ nehmen und mit ihm gleichzeitig alle Kurven der Abb. 8.20a abmindern. Bei der praktischen Durchführung solcher Rechnungen würde man allerdings besser von vornherein mit entsprechend verminderten angenäherten Fließmomenten M_{jF} rechnen.

Insgesamt wird die Traglast T bei unserem Beispiel sowohl für $s = 80$ als auch für $s = 160$ um etwa 7% reduziert. Wenn man bedenkt, daß die Längskräfte hier nicht besonders groß sind, ist diese Reduktion nicht unerheblich und darf nicht außer acht gelassen werden.

Wenn auch dieses Einzelbeispiel nicht als repräsentativ für alle Rahmentrag-

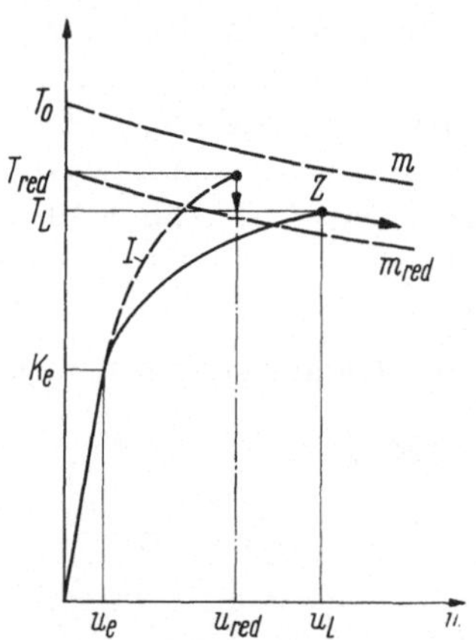

Abb. 8.21. Qualitative Kraftverschiebungskurven von Rahmentragwerken.

werke angesehen werden darf, so läßt es doch ein verhältnismäßig einfach durchzuführendes *Abschätzungsverfahren* mit folgenden Einzelschritten zur Bestimmung der Traglast geeignet erscheinen — wenigstens solange keine außergewöhnlich großen Längskräfte wirken (vgl. die schematische Darstellung in Abb. 8.21):

1. Reduzierung aller Fließmomente um den Faktor $\bar{m}_l$, der für den am stärksten durch Längskraftwirkung beeinflußten Einzelbalken abgeschätzt wurde,

2. Berechnung einer reduzierten Traglast $T_{\text{red}} = \bar{m}_l T_0$, wobei T_0 die Traglast ohne Längskrafteinfluß ist,

3. Berechnung des Mechanismus (Kurve m_{red}),

4. Sukzessive Berechnung des mechanischen Verhaltens bis zum Zusammenbruch bei T_{red} nach der Theorie 1. Ordnung (Kurve I),

5. Näherung für die *wirkliche Traglast* T_L unter Berücksichtigung sämtlicher Längskrafteinflüsse aus dem Schnittpunkt $(+)$ der Verformungslinie u_{red} mit der Kurve m_{red}.

In Abb. 8.21 ist auch der qualitative Verlauf der wirklichen Kraftverschiebungskurve eingetragen. Da einerseits der Punkt Z des Zusammenbruchs in Wirklichkeit meist *oberhalb* der zu ungünstig geschätzten Kurve m_{red} liegen wird, andererseits aber die ausgezogene wirkliche Kraftverschiebungskurve *rechts* von der Kurve I liegen muß, kann man eine brauchbare Näherung erwarten, wie sie sich in der Tat bei dem durchgerechneten Beispiel auch ergab.

III. Mehrachsige Spannungszustände

§ 9. Grundlagen

Wir schließen hier an die allgemeinen Erörterungen von § 1 an und legen dieselben Voraussetzungen wie dort zugrunde. Insbesondere nehmen wir zunächst den Werkstoff als isotropes homogenes Kontinuum an, dessen Verhalten sich im elastischen und im plastischen Bereich durch orts- und richtungsunabhängige, konstante Parameter beschreiben läßt.

Unter 9.1 und 9.2 werden einige wichtige grundlegende, vom Verhalten der Werkstoffe unabhängige Aussagen über den allgemeinen Spannungszustand und den Deformationszustand kleiner Verzerrungen zusammengestellt. Die danach folgenden Abschnitte befassen sich mit der allgemeinen Phänomenologie des plastischen Werkstoffverhaltens. Dabei werden auch Abweichungen von der ursprünglich vorausgesetzten Isotropie behandelt.

9.1 Allgemeiner Spannungszustand [1]

Der in jedem Punkt (x, y, z) des Kontinuums herrschende Spannungszustand läßt sich durch den sog. *Spannungstensor*

$$\sigma_{ij} = \begin{pmatrix} \sigma_{11} & \sigma_{12} & \sigma_{13} \\ \sigma_{21} & \sigma_{22} & \sigma_{23} \\ \sigma_{31} & \sigma_{32} & \sigma_{33} \end{pmatrix} \tag{9.1}$$

ausdrücken, bei dem die skalaren Spannungsgrößen σ_{ij} in Matrizenform angeordnet sind[2]. Die Schreibweise σ_{ij} will besagen, daß die Indices i und j je für sich die drei den Koordinatenrichtungen x, y, z entsprechenden Werte 1, 2, 3 annehmen können. Die in der Hauptdiagonalen der Matrix stehenden Größen sind die Normalspannungen (in der Technik meist mit $\sigma_{11} = \sigma_x$; $\sigma_{22} = \sigma_y$; $\sigma_{33} = \sigma_z$ bezeichnet), die Größen mit den gemischten Indizes sind die Schubspannungen (z. B. $\sigma_{12} = \tau_{xy}$ usw.). Wegen des BOLTZMANN-*Axioms* von der Gleichheit der einander zugeordneten Schubspannungen ist der *Spannungstensor* σ_{ij}

---

[1] Man vergleiche hierzu z. B. SZABÓ [*13*] sowie Anhang (A 6 bis A 8).
[2] Vgl. hierzu Fußnote [1] auf S. 343.

symmetrisch zur Hauptdiagonale der Matrix, das heißt es gilt

$$\sigma_{ij} = \sigma_{ji}. \tag{9.2}$$

Den Spannungstensor können wir als eine Verallgemeinerung des Spannungsvektors auffassen: Beispielsweise ordnet der Spannungsvektor s_2 in der Schnittebene (1,3) des Tetraeders der Abb. 9.1 den drei Koordinatenrichtungen 1, 2, 3 die drei skalaren Spannungsgrößen σ_{21}, σ_{22}, σ_{23} zu. Analog hierzu ordnet der Spannungstensor denselben Richtungen die drei Vektoren

$$s_1 = (\sigma_{11};\, \sigma_{12};\, \sigma_{13}), \quad s_2 = (\sigma_{21};\, \sigma_{22};\, \sigma_{23}),$$
$$s_3 = (\sigma_{31};\, \sigma_{32};\, \sigma_{33})$$

zu. Wegen dieser Analogie unterscheidet man zwischen einer (koordinateninvarianten) skalaren Größe als Tensor nullter Stufe, einem Vektor als Tensor erster Stufe sowie Tensoren zweiter und höherer Stufe.

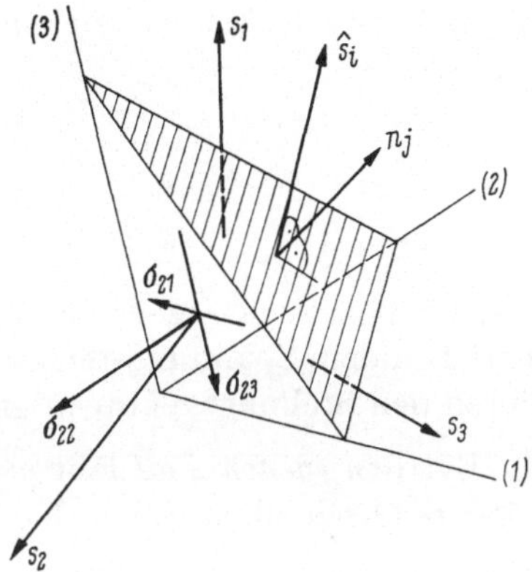

Abb. 9.1. Zur Definition des Spannungszustandes.

Der Spannungszustand läßt sich besonders einfach darstellen, wenn wir die Koordinatenrichtungen als „*Hauptachsen*" derart wählen, daß nur Normalspannungen — die sog. *Hauptspannungen* σ_I, σ_II, σ_III — in den Schnittflächen wirken. Der Spannungstensor nimmt dann die Form

$$\sigma_{ij} = \begin{pmatrix} \sigma_\mathrm{I} & 0 & 0 \\ 0 & \sigma_\mathrm{II} & 0 \\ 0 & 0 & \sigma_\mathrm{III} \end{pmatrix} \tag{9.3}$$

an. Die Hauptspannungen errechnet man aus der charakteristischen Gleichung des Tensors (vgl. (17) mit (18) von Anhang A 6).

Wohl läßt sich jeder Tensor 2. Stufe als Matrix schreiben, aber umgekehrt ist nicht jede Matrix ein Tensor. Sie ist es nur dann, wenn sich das System von Skalaren, welches den Tensor repräsentiert, beim Übergang auf ein anderes Koordinatensystem auf ganz bestimmte Weise transformiert. Dieses Transformationsgesetz — Gl. (11) von A 6 — definiert gleichzeitig den Tensor; es wird aus der Forderung gewonnen, daß seine Vektoren koordinateninvariant sein sollen. Man kann ganz allgemein zeigen, daß die Matrix der Spannungen σ_{ij} in der Tat in diesem Sinne ein Tensor[1] ist, der entsprechend (10) von A 6 durch das Transformationsgesetz

$$\hat{s}_i = \sigma_{ij} n_j \tag{9.4}$$

eine Beziehung zwischen dem Einheitsvektor $n_j = (n_1; n_2; n_3)$ in Richtung der äußeren Normalen einer beliebigen Schnittfläche (in Abb. 9.1 schraffiert) und dem Spannungsvektor $\hat{s}_i = (\hat{s}_1; \hat{s}_2; \hat{s}_3)$ in dieser Schnittfläche herstellt. Ausgeschrieben lautet (9.4)

$$\left.\begin{aligned}
\hat{s}_1 &= \sigma_{11} n_1 + \sigma_{12} n_2 + \sigma_{13} n, \\
\hat{s}_2 &= \sigma_{21} n_1 + \sigma_{22} n_2 + \sigma_{23} n, \\
\hat{s}_3 &= \sigma_{31} n_1 + \sigma_{32} n_2 + \sigma_{33} n_3.
\end{aligned}\right\} \tag{9.4a}$$

Wir können auch sagen: (9.4) bzw. (9.4a) stellt den Zusammenhang zwischen dem Spannungstensor σ_{ij} und dem Spannungsvektor $\hat{s}_i$ in der durch den Stellungsvektor n_j gekennzeichneten Schnittfläche her.

Für den *ebenen Fall* läßt sich das Transformationsgesetz (9.4) besonders anschaulich durch den MOHRschen *Spannungskreis* darstellen:

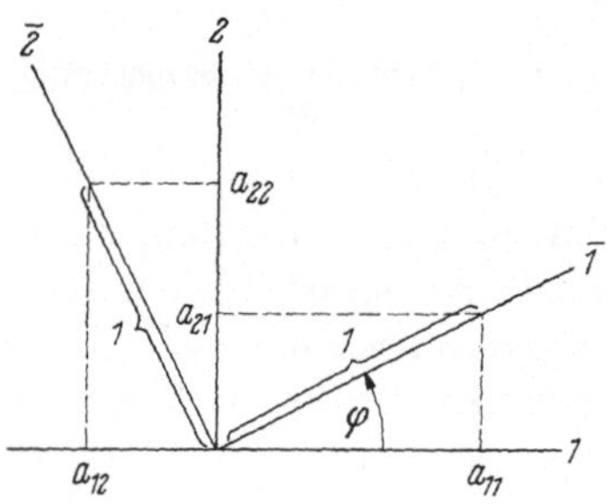

Abb. 9.2. Richtungskosinus zwischen 1,2- und $\bar{1},\bar{2}$-System.

Mit den Richtungskosinus zwischen den beiden Koordinatensystemen (vgl. Abb. 9.2)

$$a_{11} = a_{22} = \cos\varphi, \qquad a_{12} = -\sin\varphi,$$
$$a_{21} = \sin\varphi$$

erhalten wir — entsprechend (11) von A 6 — die Komponenten des auf das $\bar{1},\bar{2}$-System bezogenen Spannungstensors

$$\bar{\sigma}_{hk} = a_{ih}\, a_{jk}\, \sigma_{ij}$$

einfach durch Ausführung der Matrizenmultiplikation auf der rechten Seite bzw. durch wiederholte Anwendung der Summationsvereinbarung für $i, j = 1, 2$. So folgt für die Normalspannung in der $\bar{1}$-Richtung ($h = k = 1$) unter Beachtung der Symmetrie des Spannungstensors $\sigma_{ij} = \sigma_{ji}$

$$\bar{\sigma}_{11} = a_{i1} a_{j1} \sigma_{ij} = a_{11} a_{j1} \sigma_{1j} + a_{21} a_{j1} \sigma_{2j}$$

$$= a_{11}(a_{11}\sigma_{11} + a_{21}\sigma_{12}) + a_{21}(a_{11}\sigma_{21} + a_{21}\sigma_{22})$$

$$= \sigma_{11} \cos^2\varphi + \sigma_{12} \sin 2\varphi + \sigma_{22} \sin^2\varphi$$

---

[1] Zum Beweis vgl. Anhang (A 7).

und entsprechend für die Schubspannung

$$\bar{\sigma}_{12} = \frac{1}{2}\,(\sigma_{22} - \sigma_{11})\sin 2\varphi + \sigma_{12}\cos 2\varphi\,.$$

Diese Komponenten des auf das $\bar{1},\bar{2}$-System bezogenen ebenen Tensors $\bar{\sigma}_{hk}$ leitet man in der Festigkeitslehre üblicherweise durch Ansetzen der Gleichgewichtsbedingungen am Element — entsprechend Abb. 9.1 — her. Ihr Zusammenhang mit den Komponenten σ_{ij} im 1,2-System läßt sich in bekannter Weise durch den MOHRschen Spannungskreis darstellen (vgl. z. B. SZABÓ [13]). Die Darstellung des allgemeinen Spannungszustandes durch MOHRsche Spannungskreise ist dagegen weniger anschaulich.

In der Plastizitätstheorie kommt dem sog. *Spannungsdeviator* besondere Bedeutung zu: Da Fließen und Verfestigung der Metalle — wie zahlreiche Versuche zeigten — nahezu unabhängig von einem allseitig gleichen sog. hydrostatischen Spannungszustand erfolgen (vgl. auch 3.3), spaltet man vom Spannungstensor den *hydrostatischen Spannungszustand*

$$\sigma = \frac{1}{3}\,\sigma_{ii} \equiv \frac{1}{3}\,(\sigma_{11} + \sigma_{22} + \sigma_{33}) = \frac{1}{3}\,I_1 = \frac{1}{3}\,(\sigma_{\mathrm{I}} + \sigma_{\mathrm{II}} + \sigma_{\mathrm{III}}) \qquad (9.5)$$

ab und rechnet mit dem *Spannungsdeviator*, d. h. dem um den „Kugeltensor" $\sigma\delta_{ij}$ verminderten Spannungstensor (vgl. auch (19) von A 6)

$$\sigma'_{ij} = \sigma_{ij} - \sigma\,\delta_{ij} = \begin{pmatrix} \sigma'_{11} & \sigma_{12} & \sigma_{13} \\ \sigma_{21} & \sigma'_{22} & \sigma_{23} \\ \sigma_{31} & \sigma_{32} & \sigma'_{33} \end{pmatrix} \qquad (9.6)$$

mit

$$\left.\begin{aligned} \sigma'_{11} &= \sigma_{11} - \sigma = \frac{1}{3}\,(2\sigma_{11} - \sigma_{22} - \sigma_{33}), \\ \sigma'_{22} &= \sigma_{22} - \sigma = \frac{1}{3}\,(2\sigma_{22} - \sigma_{11} - \sigma_{33}), \\ \sigma'_{33} &= \sigma_{33} - \sigma = \frac{1}{3}\,(2\sigma_{33} - \sigma_{11} - \sigma_{22}). \end{aligned}\right\} \qquad (9.7)$$

Bei Transformation auf Hauptspannungen σ_{I}, σ_{II} und σ_{III} läßt sich der Spannungsdeviator mit σ nach (9.5) sowie mit (9.7) durch die Matrix

$$\sigma'_{ij} = \begin{pmatrix} \sigma_{\mathrm{I}} - \sigma & 0 & 0 \\ 0 & \sigma_{\mathrm{II}} - \sigma & 0 \\ 0 & 0 & \sigma_{\mathrm{III}} - \sigma \end{pmatrix} = \begin{pmatrix} \sigma'_{\mathrm{I}} & 0 & 0 \\ 0 & \sigma'_{\mathrm{II}} & 0 \\ 0 & 0 & \sigma'_{\mathrm{III}} \end{pmatrix} \qquad (9.8)$$

darstellen. Seine Hauptachsen stimmen mit den Hauptachsen des vollständigen Tensors überein. Nach (22) von A 6 werden die *Invarianten*

13*

des Spannungsdeviators

$$I_1' = \sigma_{11}' + \sigma_{22}' + \sigma_{33}' = \sigma_I' + \sigma_{II}' + \sigma_{III}' = 0,$$

$$I_2' = \frac{1}{2}\,\sigma_{ij}'\sigma_{ij}' = \frac{1}{2}\,(\sigma_{11}'^2 + \sigma_{22}'^2 + \sigma_{33}'^2) + \sigma_{12}^2 + \sigma_{13}^2 + \sigma_{23}^2$$

$$= \frac{1}{6}\,[(\sigma_{11} - \sigma_{22})^2 + (\sigma_{11} - \sigma_{33})^2 + (\sigma_{22} - \sigma_{33})^2]$$

$$+ \sigma_{12}^2 + \sigma_{13}^2 + \sigma_{23}^2$$

$$= \frac{1}{2}\,(\sigma_I'^2 + \sigma_{II}'^2 + \sigma_{III}'^2)$$

$$= \frac{1}{6}\,[(\sigma_I - \sigma_{II})^2 + (\sigma_I - \sigma_{III})^2 + (\sigma_{II} - \sigma_{III})^2],$$

$$I_3' = \mathrm{Det}\,|\sigma_{ij}'| = \sigma_I'\sigma_{II}'\sigma_{III}' = \frac{1}{3}\,\sigma_{ij}\sigma_{jk}\sigma_{ki}.$$

$$(9.9)$$

Hier sei schon auf ein geometrisches Äquivalent der Aufteilung des Spannungstensors in den hydrostatischen Anteil σ und den Spannungsdeviator σ_{ij}' verwiesen (vgl. 9.3).

Die *zweite Deviator-Invariante* I_2' ist von größter Bedeutung für die Plastizitätstheorie. Wir können mit ihr nämlich einen sehr einfachen Zusammenhang zwischen dem allgemeinen und dem einachsigen Spannungszustand herstellen sowie ein einfaches Fließ- oder Verfestigungsgesetz einführen, wenn wir annehmen, daß nur sie allein für das Werkstoffverhalten maßgebend sein und I_3' keinen Einfluß haben soll: Diese Hypothese ist nämlich identisch mit dem v. MISES-*Gesetz* (1.3). Dies folgt daraus, daß wir I_2' einmal durch den allgemeinen Spannungszustand nach (9.9), zum anderen aber auch durch die *einachsige sog. Vergleichsspannung* σ_V (bzw. die *Fließspannung* σ_F), also nach (9.9) durch

$$I_2' = \frac{1}{3}\,\sigma_V^2 \quad \text{bzw.} \quad I_2' = \frac{1}{3}\,\sigma_F^2 \tag{9.10}$$

ausdrücken können.

Wir können I_2' auch physikalisch interpretieren: Wie im Anhang (A 8) gezeigt wird, ist

$$I_2' = \frac{3}{2}\,\tau_0^2 \tag{9.11}$$

dem Quadrat der sog. *Oktaeder-Schubspannung* τ_0 proportional; τ_0 sind diejenigen Schubspannungen, die in den Seitenflächen eines Oktaeders wirken, dessen Eckpunkte auf den Hauptachsen liegen (vgl. Abb. A 8.1). Wir fassen die Formeln (9.9), (9.10) und (9.11) für I_2' nochmals zusammen:

$$\sigma_V = \sqrt{3\,I_2'} = \frac{3}{\sqrt{2}}\,\tau_0$$

$$= \frac{1}{\sqrt{2}}\,[(\sigma_I - \sigma_{II})^2 + (\sigma_I - \sigma_{III})^2 + (\sigma_{II} - \sigma_{III})^2]^{1/2}. \tag{9.12}$$

Auf die spätere Interpretation von I_2' durch die sog. Gestaltänderungs-
energie wird hier schon hingewiesen (vgl. (9.54)).

Unter Benutzung der im Anhang (A 6) erläuterten abgekürzten
Schreibweise für Differentiationsprozesse lassen sich die *Differentialgleichungen für das Gleichgewicht des Kontinuums* (ohne Berücksichtigung von Massenkräften) sehr kurz durch

$$\sigma_{ij,j} = 0 \tag{9.13}$$

darstellen. In der Tat gibt das beim Ausschreiben beispielsweise in
x_1-Richtung ($i = 1$) die bekannte Gleichgewichtsbedingung

$$\sigma_{1j,j} \equiv \frac{\partial \sigma_{11}}{\partial x_1} + \frac{\partial \sigma_{12}}{\partial x_2} + \frac{\partial \sigma_{13}}{\partial x_3} = 0,$$

sowie zwei weitere Gleichungen in x_2- und x_3-Richtung.

Die *Randbedingungen* an der Oberfläche des durch q_i kp/cm² belasteten Körpers lauten schließlich

$$\sigma_{ij} n_j = q_i. \tag{9.14}$$

9.2 Verzerrungszustand

Um die Formänderung eines Körpers beschreiben zu können,
müssen wir zunächst die Lageänderungen seiner einzelnen materiellen
Punkte gegenüber einem vorgegebenen Ausgangszustand ermitteln.
Hierbei wollen wir — im Sinne unserer allgemeinen Voraussetzungen —
annehmen, daß alle Verschiebungs- und Verzerrungsgrößen klein sein
sollen.

Wir betrachten in Abb. 9.3 zwei dicht benachbarte Punkte P_0 und
P mit den Koordinaten x_i^0 und x_i in ein und demselben Koordinatensystem. Bei einer Deformation des Kör-
pers verschieben sie sich um die kleinen
Strecken (Vektoren)

$$u_i^0 = u_i^0(x_1, x_2, x_3) = (u_1^0;\, u_2^0;\, u_3^0)$$

und $\quad u_i = u_i(x_1, x_2, x_3) = (u_1;\, u_2;\, u_3)$

nach P_0' bzw. P'. Wenn der Abstand Δx_i
$= x_i - x_i^0$ zwischen den beiden Punkten
hinreichend klein ist, können wir die Verschiebung u_i des *Punktes P* durch die
Verschiebung u_i^0 von P_0 ausdrücken, indem wir in der TAYLOR-Reihe die Glieder
höherer Ordnung vernachlässigen. Für
die Verschiebungskoordinate[1] u_1 in Richtung von x_1 gilt also

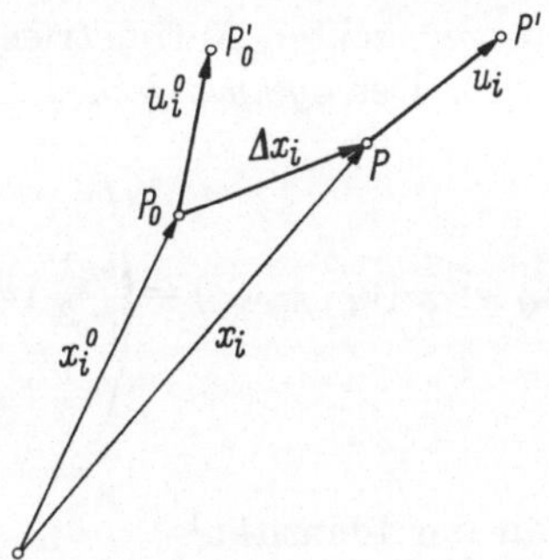

Abb. 9.3. Deformation der Umgebung
von P_0.

$$u_1 = u_1^0 + \left(\frac{\partial u_1}{\partial x_1}\right)_0 \Delta x_1 + \left(\frac{\partial u_1}{\partial x_2}\right)_0 \Delta x_2 + \left(\frac{\partial u_1}{\partial x_3}\right)_0 \Delta x_3.$$

---

[1] Man mache sich das auch an Hand von Abb. 9.4 klar!

Wir fassen das mit zwei weiteren Gleichungen für die beiden Koordinaten u_2 und u_3 zusammen zur Gleichung für den *Verschiebungsvektor*

$$u_i = u_i^0 + u_{i,j}^0 \Delta x_j. \tag{9.15}$$

Der Anteil u_i^0 stellt die Translationsverschiebung des starren Körpers dar, die hier nicht interessiert.

Maßgebend für die Formänderungen in jedem Punkt des Kontinuums sind dann die *Verschiebungsänderungen* $u_{i,j}$ *pro Längeneinheit*, die (unter Fortlassung des Index ^{0}) durch die Matrix

$$u_{i,j} = \begin{pmatrix} u_{1,1} & u_{1,2} & u_{1,3} \\ u_{2,1} & u_{2,2} & u_{2,3} \\ u_{3,1} & u_{3,2} & u_{3,3} \end{pmatrix} \tag{9.16}$$

repräsentiert werden. Dieser Matrix entspricht der im allgemeinen nicht symmetrische Tensor der Verschiebungsänderungen. Wir führen nun ein:

1. Den *antisymmetrischen Tensor*

$$\omega_{ij} = \frac{1}{2}(u_{i,j} - u_{j,i}) = \frac{1}{2}\begin{pmatrix} 0 & (u_{1,2} - u_{2,1}) & (u_{1,3} - u_{3,1}) \\ (u_{2,1} - u_{1,2}) & 0 & (u_{2,3} - u_{3,2}) \\ (u_{3,1} - u_{1,3}) & (u_{3,2} - u_{2,3}) & 0 \end{pmatrix}$$

$$= \begin{pmatrix} 0 & \omega_{12} & \omega_{13} \\ \omega_{21} & 0 & \omega_{23} \\ \omega_{31} & \omega_{32} & 0 \end{pmatrix} \tag{9.17}$$

mit der durch

$$\omega_{12} = -\omega_{21}, \quad \omega_{13} = -\omega_{31}, \quad \omega_{32} = -\omega_{23}$$

ausgedrückten Antimetrieeigenschaft.

2. Den *symmetrischen sog. Verzerrungstensor*

$$\varepsilon_{ij} = \frac{1}{2}(u_{i,j} + u_{j,i}) = \begin{pmatrix} u_{1,1} & \frac{1}{2}(u_{1,2} + u_{2,1}) & \frac{1}{2}(u_{1,3} + u_{3,1}) \\ \frac{1}{2}(u_{2,1} + u_{1,2}) & u_{2,2} & \frac{1}{2}(u_{2,3} + u_{3,2}) \\ \frac{1}{2}(u_{3,1} + u_{1,3}) & \frac{1}{2}(u_{3,2} + u_{2,3}) & u_{3,3} \end{pmatrix}. \tag{9.18}$$

Mit der Identität[1]

$$u_{i,j} = \omega_{ij} + \varepsilon_{ij} \tag{9.19}$$

können wir dann $u_{i,j}$ in zwei Anteile aufspalten, die ganz verschiedene physikalische Bedeutung haben:

---

[1] Von ihrer Richtigkeit können wir uns auch überzeugen, indem wir die einander entsprechenden Koordinaten von (9.17) und (9.18) addieren und mit (9.16) vergleichen.

Der antisymmetrische Tensor (9.17) stellt eine Rotation der Materie — wie bei einem starren Körper — in unmittelbarer Umgebung von P_0 um eine durch P_0 gehende Achse mit dem Drehwinkel-Vektor

$$\vec{\omega} = - (\omega_{23},\ \omega_{31},\ \omega_{12}) \tag{9.20}$$

dar. Nach der EULERschen Formel ist die Verschiebung von P in bezug auf P_0 mit $\Delta\mathfrak{x} = (\Delta x_1;\ \Delta x_2;\ \Delta x_3)$ in symbolischer Vektor-Schreibweise

$$\vec{\omega} \times \Delta\mathfrak{x} = [(\omega_{12}\Delta x_2 - \omega_{31}\Delta x_3),\ (\omega_{23}\Delta x_3 - \omega_{12}\Delta x_1),\ (\omega_{31}\Delta x_1 - \omega_{23}\Delta x_2)].$$

Genau denselben Vektor erhalten wir aber auch aus der Tensor-Operation $\omega_{ij}\,\Delta x_j$. Für einen antisymmetrischen Tensor gilt also

$$\omega_{ij}\Delta x_j = \vec{\omega} \times \Delta\mathfrak{x}.$$

Die Koordinaten von $\vec{\omega}$ sind die Tensorkoordinaten. Für die Verschiebung von P schreiben wir hiermit und nach (9.15)

$$u_i = u_i^0 + \omega_{ij}\Delta x_j + \varepsilon_{ij}\Delta x_j. \tag{9.21}$$

Die beiden ersten Anteile des Verschiebungsvektors rühren von der Bewegung der Umgebung von P_0 wie bei einem starren Körper her (Translation plus Rotation), so daß das dritte Glied die Deformation der Umgebung von P_0 beschreibt. Dementsprechend nennen wir ε_{ij} Verzerrungstensor[1].

Diese allgemeinen Überlegungen veranschaulichen wir uns noch an Hand von Abb. 9.4, in der die Umgebung des Punktes $P_0(x_i^0)$ in der x_1, x_2-Ebene dargestellt ist. $P(x_i)$ ist ein Punkt mit den Abständen Δx_1 und Δx_2 von P_0, der eine Verschiebung mit den Koordinaten

$$u_1 = u_1^0 + u_{1,1}\Delta x_1 + u_{1,2}\Delta x_2,$$
$$u_2 = u_2^0 + u_{2,1}\Delta x_1 + u_{2,2}\Delta x_2$$

erfährt. Wir lesen das unmittelbar aus Abb. 9.4 ab und

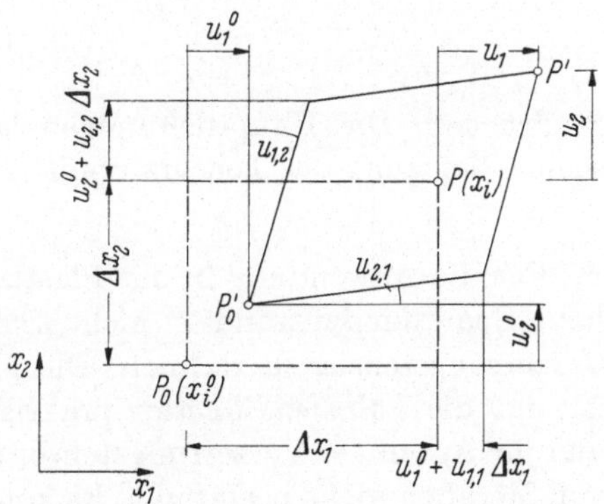

Abb. 9.4. Anschauliche Deutung für die Deformation der Umgebung von P_0.

stellen im übrigen die Übereinstimmung mit (9.15) fest. Weiter entnehmen wir aus Abb. 9.4, daß u_1^0 und u_2^0 reine Translationsverschie-

---

[1] Der Beweis, daß sich ε_{ij} gemäß (12) von A 6 transformiert und damit Tensorcharakter hat, wird in A 7 b) gegeben.

bungen sind und daß der Winkel

$$\omega_{21} = \frac{1}{2}\,(u_{2,1} - u_{1,2}) = -\,\omega_{12}$$

— als 3-Koordinate von (9.20) — eine Drehung des materiellen Teilchens $\Delta x_1\,\Delta y_1$ entgegen dem Uhrzeigersinn um die x_3-Achse bedeutet.

Schließlich lesen wir aus Abb. 9.4 ab, daß die Verformung des Teilchens $\Delta x_1\,\Delta y_1$ aus einer Verlängerung seiner Kanten um $u_{1,1}\,\Delta x_1$ und $u_{2,2}\,\Delta x_2$ sowie aus der Änderung der ursprünglich rechten Winkel um den Gleitwinkel $\gamma_{12} = u_{1,2} + u_{2,1}$ besteht. Aus dem Verzerrungstensor (9.20) entnehmen wir andererseits die Dehnungen $u_{1,1}$ und $u_{2,2}$ sowie die halbe Größe $\gamma_{12}/2$ der Gleitung.

Im Verzerrungstensor ε_{ij} sind also die Koordinaten mit $i = j$ die Dehnungen, während die (symmetrischen) Koordinaten mit $i \neq j$ die halben Änderungen der rechten Winkel $\varepsilon_{ij} = \varepsilon_{ji} = \gamma_{ij}/2$ vorstellen.

Auf den Verzerrungstensor können wir alle für den Spannungstensor angestellten Überlegungen sinngemäß übertragen. So können wir ε_{ij} auf Hauptachsen beziehen und — entsprechend (9.3) — durch die drei *Hauptdehnungen* ε_{I}, $\varepsilon_{\mathrm{II}}$, $\varepsilon_{\mathrm{III}}$ bzw. durch

$$\varepsilon_{ij} = \begin{pmatrix} \varepsilon_{\mathrm{I}} & 0 & 0 \\ 0 & \varepsilon_{\mathrm{II}} & 0 \\ 0 & 0 & \varepsilon_{\mathrm{III}} \end{pmatrix} \tag{9.22}$$

ausdrücken. Die Hauptdehnungen lassen sich aus der charakteristischen Gleichung des Tensors ermitteln (vgl. (17) mit (18) von Anhang A 6).

Für die Anwendung in der Plastizitätstheorie ist es — ähnlich wie beim Spannungszustand — nicht zweckmäßig, mit dem vollständigen Verzerrungstensor zu rechnen. Die physikalische Begründung hierfür ist, daß die *Volumendilatation* praktisch eine elastische Eigenschaft ist und ihr Anteil am Verzerrungstensor das Fließen und die Verfestigung von Metallen nicht beeinflußt. Es kommt hierfür nur auf die „Gestaltänderung" an. Darum ziehen wir von ε_{ij} die *mittlere Dehnung*

$$\hat{e} = \frac{1}{3}\,\varepsilon_{ii} \equiv \frac{1}{3}\,(\varepsilon_{11} + \varepsilon_{22} + \varepsilon_{33}) = \frac{1}{3}\,(\varepsilon_{\mathrm{I}} + \varepsilon_{\mathrm{II}} + \varepsilon_{\mathrm{III}}) = \frac{1}{3}\,e \tag{9.23}$$

ab, die (bis auf den Zahlenfaktor 1/3) mit der mit (3.1) eingeführten *Volumendilatation* übereinstimmt, und rechnen hinfort mit dem *Ver-*

zerrungsdeviator — analog (9.6) bis (9.8) —

$$\varepsilon'_{ij} = \varepsilon_{ij} - \hat{e}\,\delta_{ij} = \begin{pmatrix} \varepsilon_{11} - \hat{e} & \varepsilon_{12} & \varepsilon_{13} \\ \varepsilon_{21} & \varepsilon_{22} - \hat{e} & \varepsilon_{23} \\ \varepsilon_{31} & e_{32} & \varepsilon_{33} - \hat{e} \end{pmatrix}$$

bzw.

$$\varepsilon'_{ij} = \begin{pmatrix} \varepsilon_{\mathrm{I}} - \hat{e} & 0 & 0 \\ 0 & \varepsilon_{\mathrm{II}} - \hat{e} & 0 \\ 0 & 0 & \varepsilon_{\mathrm{III}} - \hat{e} \end{pmatrix} = \begin{pmatrix} \varepsilon'_{\mathrm{I}} & 0 & 0 \\ 0 & \varepsilon'_{\mathrm{II}} & 0 \\ 0 & 0 & \varepsilon'_{\mathrm{III}} \end{pmatrix} \tag{9.24}$$

mit den *Deviator-Hauptdehnungen*

$$\varepsilon'_{\mathrm{I}} = \varepsilon_{\mathrm{I}} - \hat{e} = \frac{1}{3}\,(2\,\varepsilon_{\mathrm{I}} - \varepsilon_{\mathrm{II}} - \varepsilon_{\mathrm{III}}),$$

$$\varepsilon'_{\mathrm{II}} = \varepsilon_{\mathrm{II}} - \hat{e} = \frac{1}{3}\,(2\,\varepsilon_{\mathrm{II}} - \varepsilon_{\mathrm{I}} - \varepsilon_{\mathrm{III}}), \tag{9.25}$$

$$\varepsilon'_{\mathrm{III}} = \varepsilon_{\mathrm{III}} - \hat{e} = \frac{1}{3}\,(2\,\varepsilon_{\mathrm{III}} - \varepsilon_{\mathrm{I}} - \varepsilon_{\mathrm{II}}),$$

die um $\hat{e}$ kleiner sind als die Hauptdehnungen des vollständigen Verzerrungstensors (9.22). Deviator und vollständiger Verzerrungstensor haben dieselben Hauptrichtungen. *Der Deviator gibt die reine Gestaltänderung des Kontinuums an.*

Die *Invarianten des Verzerrungsdeviators* sind

$$J'_1 = \varepsilon'_{11} + \varepsilon'_{22} + \varepsilon'_{33} = \varepsilon'_{\mathrm{I}} + \varepsilon'_{\mathrm{II}} + \varepsilon'_{\mathrm{III}} = 0,$$

$$J'_2 = \frac{1}{2}\,\varepsilon'_{ij}\,\varepsilon'_{ij} = \frac{1}{2}\,(\varepsilon'^2_{11} + \varepsilon'^2_{22} + \varepsilon'^2_{33}) + \varepsilon^2_{12} + \varepsilon^2_{13} + \varepsilon^2_{23}$$

$$= \frac{1}{6}\,[(\varepsilon_{11} - \varepsilon_{22})^2 + (\varepsilon_{11} - \varepsilon_{33})^2 + (\varepsilon_{22} - \varepsilon_{33})^2]$$

$$\quad + \varepsilon^2_{12} + \varepsilon^2_{13} + \varepsilon^2_{23}$$

$$= \frac{1}{2}\,(\varepsilon'^2_{\mathrm{I}} + \varepsilon'^2_{\mathrm{II}} + \varepsilon'^2_{\mathrm{III}}) \tag{9.26}$$

$$= \frac{1}{6}\,[(\varepsilon_{\mathrm{I}} - \varepsilon_{\mathrm{II}})^2 + (\varepsilon_{\mathrm{I}} - \varepsilon_{\mathrm{III}})^2 + (\varepsilon_{\mathrm{II}} - \varepsilon_{\mathrm{III}})^2],$$

$$J'_3 = \mathrm{Det}\,|\varepsilon'_{ij}| = \varepsilon'_{\mathrm{I}}\varepsilon'_{\mathrm{II}}\varepsilon'_{\mathrm{III}} = \frac{1}{3}\,\varepsilon_{ij}\varepsilon_{jk}\varepsilon_{ki}.$$

Ähnlich wie die Invariante I'_2 des Spannungsdeviators ist auch die Invariante J'_2 des Verzerrungsdeviators von besonderer Bedeutung. Man kann mit ihr einen einfachen Zusammenhang zwischen dem allgemeinen Verzerrungszustand und der Dehnung im einachsigen Zustand (z. B. im Zugversuch) herstellen: Wenden wir (9.26) einmal auf den allgemeinen Verzerrungszustand und dann auf die *einachsige sog.* *Vergleichsdehnung* ε_V an, so wird analog zu (9.12)

$$\varepsilon_V = \frac{2}{\sqrt{3}}\,\sqrt{J'_2} = \frac{\gamma_0}{\sqrt{2}} = \frac{\sqrt{2}}{3}\,[(\varepsilon_{\mathrm{I}} - \varepsilon_{\mathrm{II}})^2 + (\varepsilon_{\mathrm{I}} - \varepsilon_{\mathrm{III}})^2 + (\varepsilon_{\mathrm{II}} - \varepsilon_{\mathrm{III}})^2]^{1/2}. \tag{9.27}$$

Zwischen J_2' und der Winkeländerung γ_0 zwischen den Normalen der Oktaederflächen und diesen selbst besteht der für die physikalische Deutung von J_2' wichtige Zusammenhang

$$J_2' = \frac{3}{8}\,\gamma_0^2 \tag{9.28}$$

(zur Herleitung vgl. Anhang (A 8)).

Für die Anwendungen ist noch die *Aufteilung des Verzerrungstensors in elastischen und plastischen Anteil* besonders wichtig. Unter Berücksichtigung des im Zusammenhang mit (9.23) Gesagten setzen wir den plastischen Anteil der Volumendilatation Null, so daß wir mit $\hat{e}^p = 0$ oder

$$\varepsilon_{ii}^p = 0 \qquad \text{bzw.} \qquad \varepsilon_{ij}^p = \varepsilon_{ij}'^p \tag{9.29}$$

und (9.24) den Verzerrungstensor folgendermaßen aufteilen können

$$\varepsilon_{ij} = \varepsilon_{ij}^e + \varepsilon_{ij}^p = \varepsilon_{ij}'^e + \hat{e}\,\delta_{ij} + \varepsilon_{ij}'^p\,. \tag{9.30}$$

Bleibende Verzerrungen treten also nur als reine Gestaltänderungen des Kontinuums in Erscheinung.

Sämtliche Gleichungen von 9.2 gelten natürlich ebenso für Verzerrungsdifferentiale $d\varepsilon_{ij}$.

9.3 Fließbedingungen

9.3.1 Isotrope Werkstoffe.
Der Leser sei auf die Einleitung (insbesondere 1.3) verwiesen, wo schon über die Konzeption und Entwicklung einer Fließbedingung berichtet wurde, durch die die Grenzen des elastischen Verhaltens für den allgemeinen Spannungszustand festgelegt werden sollen[1]. Wir wollen jene Betrachtungen jetzt verallgemeinern und ergänzen.

Das experimentell bestätigte Phänomen, nach dem ein hydrostatischer Spannungszustand das Fließen praktisch nicht beeinflußt (vgl. 3.3), ist mathematisch erfaßbar durch die Forderung, daß das Fließen nur eine Funktion des Spannungsdeviators (9.6) sein soll. Da nun die Hauptspannungsrichtungen des Deviators bei einem isotropen Werkstoff keinen Einfluß auf das Fließen haben, ist hiermit gleichwertig die Forderung, daß das Fließen nur von den Invarianten (9.9) des Deviators abhängen soll. Wegen $I_1' = 0$ läßt sich daher als *allgemeine Fließbedingung für isotrope Werkstoffe*

$$f(I_2', I_3') = 0 \tag{9.31}$$

angeben.

---

[1] Über die Fließ- und Verfestigungsgesetze, die nach Überschreiten dieser Grenzen gelten, s. 9.4.

Weiteres können wir mit allgemeinen Überlegungen zunächst noch nicht aussagen. Um den zur Lösung konkreter Probleme notwendigen mathematischen Aufwand möglichst klein zu halten, liegt es allerdings nahe, diese Funktion so einfach wie möglich zu wählen. Das können wir einmal dadurch erreichen, daß wir auf die Abhängigkeit von I_3' verzichten, ohne uns um die physikalische Bedeutung dieser Einschränkung zu kümmern. Wie wir in 9.1 feststellten, führt diese Annahme auf die *Fließbedingung nach* HUBER *und* v. MISES (meist kurz „MISES-Fließbedingung" genannt)

$$I_2' = \frac{1}{3}\,\sigma_F^2$$

oder

$$
\left.
\begin{aligned}
6\,I_2' &= 3\,\sigma_{ij}'\sigma_{ij}' = 3\,(\sigma_{\mathrm{I}}'^2 + \sigma_{\mathrm{II}}'^2 + \sigma_{\mathrm{III}}'^2) \\
&= (\sigma_{\mathrm{I}} - \sigma_{\mathrm{II}})^2 + (\sigma_{\mathrm{I}} - \sigma_{\mathrm{III}})^2 + (\sigma_{\mathrm{II}} - \sigma_{\mathrm{III}})^2 = 2\,\sigma_F^2 \\[4pt]
\text{oder}& \\
(\sigma_{11} &- \sigma_{22})^2 + (\sigma_{11} - \sigma_{33})^2 + (\sigma_{22} - \sigma_{33})^2 \\
&\qquad\qquad + 6\,(\sigma_{12}^2 + \sigma_{13}^2 + \sigma_{23}^2) = 2\,\sigma_F^2.
\end{aligned}
\right\} \quad (9.32)
$$

Zu den verschiedenen Formen der Fließbedingung vgl. (1.3), (9.9), (9.10) und (9.12).

Andererseits lassen sich aus der folgenden *geometrischen Darstellung des Spannungszustandes* noch einige allgemeine an die Funktion f zu stellende Forderungen ableiten: Wir denken uns hierzu den in einem Punkt des Körpers durch die Hauptspannungen σ_{I}, σ_{II}, σ_{III} repräsentierten Spannungszustand nach Abb. 9.5 durch den „*Spannungsbildvektor*"

$$s_i = (\sigma_{\mathrm{I}};\ \sigma_{\mathrm{II}};\ \sigma_{\mathrm{III}})$$

dargestellt, dessen Spitze zum „Spannungsbildpunkt" P weist. Seine physikalische Deutung: Er stimmt bis auf den Betrag mit demjenigen Spannungsvektor überein, der in den Seiten-

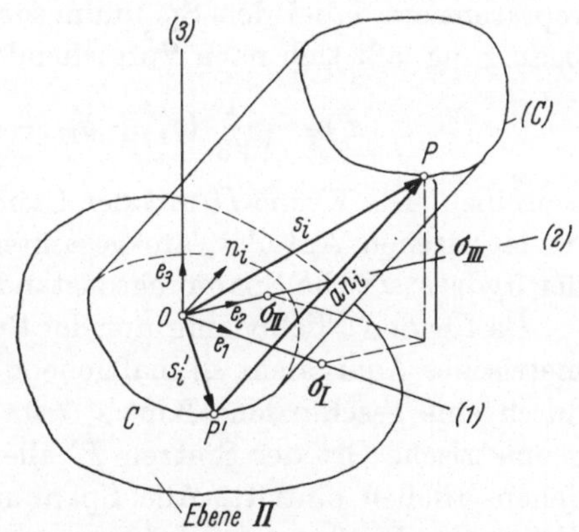

Abb. 9.5. Geometrische Darstellung des Fließens für allgemeinen Spannungszustand.

flächen eines Oktaeders wirkt, dessen Spitzen auf den Hauptspannungsachsen liegen (vgl. Anhang (A 8) und Abb. A 8.1) Wir zerlegen $s_i = s_i' + a\,n_i$ nach Abb. 9.5 in zwei Komponenten, von denen wir fordern, daß die Komponente s_i' in einer Ebene Π mit dem Stellungsvektor

$n_i = (1; 1; 1)\,\dfrac{1}{\sqrt{3}}$ liegen soll. Wir haben dann mit den Einheitsvektoren e_i in den i-Richtungen

$$s_i' = s_i - a\,n_i = \left(\sigma_\mathrm{I} - \frac{a}{\sqrt{3}}\right) e_1 + \left(\sigma_\mathrm{II} - \frac{a}{\sqrt{3}}\right) e_2 + \left(\sigma_\mathrm{III} - \frac{a}{\sqrt{3}}\right) e_3$$

sowie die Orthogonalitätsbedingung

$$s_i' n_i = \left[\left(\sigma_\mathrm{I} - \frac{a}{\sqrt{3}}\right) + \left(\sigma_\mathrm{II} - \frac{a}{\sqrt{3}}\right) + \left(\sigma_\mathrm{III} - \frac{a}{\sqrt{3}}\right)\right] \frac{1}{\sqrt{3}} = 0$$

oder

$$\sigma_\mathrm{I} + \sigma_\mathrm{II} + \sigma_\mathrm{III} - \sqrt{3}\,a = 0.$$

Da nach (9.5) die Summe der drei Hauptspannungen gleich der dreifachen hydrostatischen Spannung $\sigma = \dfrac{1}{3}\,(\sigma_\mathrm{I} + \sigma_\mathrm{II} + \sigma_\mathrm{III})$ ist, repräsentiert der Vektor $a\,n_i$ mit dem Betrag $a = \sqrt{3}\,\sigma$ den hydrostatischen Spannungszustand.

Die Aufteilung des Spannungsbildvektors s_i ist daher äquivalent zur Aufteilung des Spannungstensors in Kugeltensor und Spannungsdeviator. Der Vektor

$$s_i' = (\sigma_\mathrm{I} - \sigma)\, e_1 + (\sigma_\mathrm{II} - \sigma)\, e_2 + (\sigma_\mathrm{III} - \sigma)\, e_3$$
$$= \sigma_\mathrm{I}'\, e_1 + \sigma_\mathrm{II}'\, e_2 + \sigma_\mathrm{III}'\, e_3 \tag{9.33}$$

repräsentiert dabei den Spannungsdeviator. Für die Orthogonalitätsbedingung läßt sich nach Vorstehendem und mit (9.9) auch

$$s_i' n_i = \frac{1}{\sqrt{3}}\,(\sigma_\mathrm{I}' + \sigma_\mathrm{II}' + \sigma_\mathrm{III}') = \frac{1}{\sqrt{3}}\,I_1' = 0$$

schreiben. Die Ebene $\varPi$ mit der Gleichung $I_1' = 0$ enthält also nur den deviatorischen Anteil s_i' am gesamten Spannungsbildvektor, für den der hydrostatische Spannungszustand verschwindet.

Da für den Fließbeginn nur der Spannungsdeviator (bzw. sein geometrisches Äquivalent s_i') maßgebend ist, läßt sich die Fließbedingung durch eine geschlossene Kurve C in der $\varPi$-Ebene darstellen, die der geometrische Ort der Spitzen P' aller derjenigen Vektoren s_i' ist, bei denen Fließen eintritt. Alle Spannungsbildpunkte P', die innerhalb dieser sog. *Fließgrenzkurve* C liegen, repräsentieren dagegen elastische Spannungszustände. Auf den Spannungsbildpunkt P, der auf der Fließgrenzfläche liegt (einem Zylinder mit Erzeugenden senkrecht zur $\varPi$-Ebene und mit der Schnittkurve (C) kommt es dabei nicht an.

Nun können wir weiter aus (9.9) erkennen, daß die Invarianten des Spannungsdeviators für isotropen Werkstoff ungeändert bleiben, wenn seine Hauptspannungen σ_I' usw. miteinander vertauscht werden.

Daher muß die Fließgrenzkurve C in der Π-Ebene, die in Abb. 9.6 mit den auf sie projizierten und durch (σ_I') usw. gekennzeichneten Deviator-Hauptspannungsrichtungen dargestellt ist, symmetrisch zu diesen Richtungen sein (z. B. muß Symmetrie zur (σ_I')-Richtung herrschen, wenn (σ_{II}') und (σ_{III}') vertauscht werden).

Wir beschränken uns auf Werkstoffe, für die dieselbe Fließbedingung für positive und negative Hauptspannungen gilt; das heißt, die Kurve C soll auch noch symmetrisch zu den in Abb. 9.6 gestrichelten Geraden sein, die auf den Deviator-Hauptspannungsrichtungen senkrecht stehen. Weiter sollen die Fließbedingungen so normiert sein, daß sie für einachsige Spannungszustände mit-

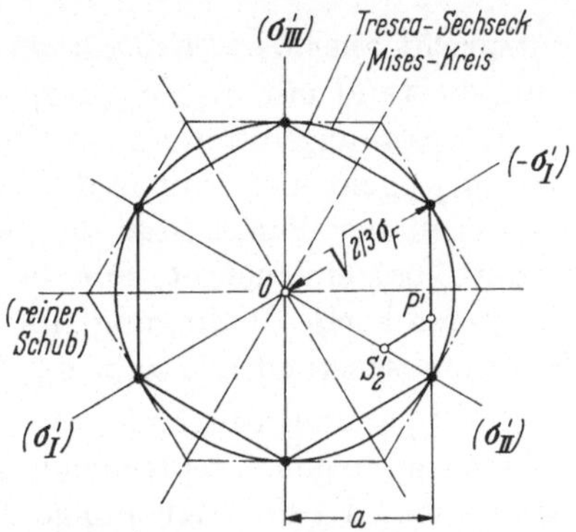

Abb. 9.6. Π-Ebene der Abb. 9.5 mit Fließgrenzkurven gleicher Normalspannungen für isotrope Werkstoffe ohne BAUSCHINGER-Effekt.

einander übereinstimmen. Diese Normierung empfiehlt sich, weil man fast immer auf Ergebnisse reiner Zugversuche angewiesen ist.

Alle Fließgrenzkurven, die die vorstehenden, an isotropen Werkstoff gestellten Forderungen erfüllen, müssen durch die in Abb. 9.6 durch ● markierten sechs Punkte hindurchgehen. Das tut z. B. der Kreis, für den $|s_i'| = $ konst bzw. wegen (9.33)

$$\sigma_I'^2 + \sigma_{II}'^2 + \sigma_{III}'^2 = \text{konst}$$

ist. Die Konstante folgt daraus, daß dies auch für den einachsigen Spannungszustand σ_F gelten muß, so daß nach (9.9)

$$\sigma_I'^2 + \sigma_{II}'^2 + \sigma_{III}'^2 = \frac{2}{3}\,\sigma_F^2$$

wird. Aus dem Vergleich mit (9.32) folgt sofort, daß der Kreis mit dem Radius $\sqrt{2/3}\,\sigma_F$ als Fließgrenzkurve die MISES-*Bedingung* (9.32) darstellt; man nennt ihn auch MISES-Kreis.

Daneben gibt es beliebig viele andere Fließgrenzkurven, die alle vorstehenden Forderungen erfüllen. So erhalten wir beispielsweise für das dem Kreis einbeschriebene Sechseck mit den Projektionen $\overline{O\,S_2'} = \sqrt{2/3}\,\sigma_{II}'$ und $\overline{S_2'\,P'} = -\sqrt{2/3}\,\sigma_I'$ von σ_{II}' und $-\sigma_I'$ auf die Π-Ebene (Abb. 9.6) den Abstand

$$a = \frac{\sqrt{3}}{2}\left(\overline{O\,S_2'} + \overline{S_2'\,P'}\right) = \frac{1}{\sqrt{2}}\,(\sigma_{II}' - \sigma_I') = \frac{\sqrt{3}}{2}\sqrt{\frac{2}{3}}\,\sigma_F = \frac{\sigma_F}{\sqrt{2}},$$

welchen die zur (σ'_{III})-Achse parallele Seite des Sechsecks von dieser Achse hat. Das unter Berücksichtigung von (9.8) folgende Ergebnis

$$\sigma'_{II} - \sigma'_{I} = \sigma_{II} - \sigma_{I} = \sigma_F \qquad (9.34)$$

entspricht aber der *Fließbedingung* (1.1) *nach* Tresca, falls ein Spannungszustand mit $\sigma_{II} > \sigma_{III} > \sigma_{I}$ vorliegt, bzw. falls $\sigma_{II} - \sigma_{I}$ die größte Hauptspannungsdifferenz ist. Die mittlere Hauptspannung (hier σ'_{III} bzw. σ_{III}) geht nicht mit in die Fließbedingung ein, was nach Abb. 9.6 — wegen der Parallelität der Sechseckseite zur σ'_{III}-Achse — auch unmittelbar einleuchtet. Für die gegenüberliegende Sechseckseite gilt die vorstehende Bedingung mit umgekehrtem Vorzeichen für einen Spannungszustand mit $\sigma_{I} > \sigma_{III} > \sigma_{II}$.

Für Spannungszustände mit anderen maximalen Hauptspannungsdifferenzen folgen entsprechende Fließbedingungen nach Vertauschung der Indices. Ist die Reihenfolge der Größen der Hauptspannungen von vornherein für das spezielle Problem bekannt, so kann man unmittelbar die der Gl. (9.34) entsprechende Fließbedingung verwenden, die oft eine mathematisch einfachere Behandlung spezieller Probleme zuläßt als die Mises-Bedingung (9.32). Kennt man diese Reihenfolge jedoch nicht, dann muß man von der *allgemeinen Fließbedingung nach* Tresca

$$[(\sigma_{I} - \sigma_{II})^2 - \sigma_F^2]\,[(\sigma_{II} - \sigma_{III})^2 - \sigma_F^2]\,[(\sigma_{III} - \sigma_{I})^2 - \sigma_F^2] = 0 \qquad (9.35)$$

ausgehen. Es ist einleuchtend, daß die mathematische Behandlung dann wesentlich komplizierter wird, als wenn man (9.34) verwenden kann. Auch wenn man (9.34) oder (9.35) durch die Deviator-Invarianten I'_2 und I'_3 ausdrückt, erhält man einen komplizierten Ausdruck, der sich als Fließbedingung schlecht eignet.

Eine andere Fließgrenzkurve, welche die vorhin erwähnten Symmetriebedingungen erfüllt, wäre ein dem Mises-Kreis umschriebenes Sechseck (strichpunktiert in Abb. 9.6), das allerdings nicht verwendet wird. Später — unter 9.4.1.2 — werden wir sehen, daß eine Fließgrenzkurve an jeder Stelle *konvex* sein muß. Solche Kurven können aber nur innerhalb der beiden Sechsecke von Abb. 9.6 liegen.

Wir fassen das Vorstehende zusammen zu folgendem *Satz*:

Als Grenzkurven für nicht vom hydrostatischen Spannungszustand und vom Vorzeichen der Hauptspannungen abhängiges Fließen isotroper Werkstoffe sind nur konvexe Kurven möglich, die in der Ebene $I'_1 = 0$ innerhalb der beiden Sechsecke der Abb. 9.6 liegen und die symmetrisch sind zu den Deviator-Hauptspannungsrichtungen sowie zu Geraden, die orthogonal zu ihnen liegen.

Wir stellen an Hand von Abb. 9.6 fest, daß der Mises-Kreis diese Forderungen in der Tat im Mittel recht gut erfüllt. Da er obendrein mit Versuchsergebnissen für viele in der Praxis verwendete Werkstoffe besser übereinstimmt als das TRESCA-Sechseck, wird er meist als Fließgrenzkurve verwendet. Die TRESCA-Bedingung benutzt man in der Form (9.34), um den Rechenaufwand herabzusetzen. Die größte Abweichung zwischen beiden Gesetzen erhalten wir für die maximalen Hauptspannungsdifferenzen (reiner Schub), für die die Spannungsbildpunkte in Abb. 9.6 auf den zu den Deviator-Hauptspannungsrichtungen orthogonalen Geraden liegen. Für den Spannungszustand $\sigma_I = -\sigma_{II}$; $\sigma_{III} = 0$ (horizontale Gerade der Abb. 9.6) tritt beispielsweise das Fließen nach der MISES-Bedingung (9.32) bei $\sigma_I = \pm \sigma_F/\sqrt{3}$ und nach der TRESCA-Bedingung (9.34) bei $\sigma_I = \pm \sigma_F/\sqrt{2}$ ein. Der Unterschied zwischen beiden Werten beträgt 15,5%. Für alle anderen Spannungszustände sind die Unterschiede kleiner, für die einachsigen Spannungszustände stimmen beide Bedingungen miteinander überein.

Man könnte die Fließbedingungen auch so normieren, daß sie für reinen Schub miteinander übereinstimmen. Alle bisherigen Überlegungen lassen sich hierauf sinngemäß übertragen. Die Fließgrenzkurven müßten dann innerhalb der beiden Sechsecke nach Abb. 9.7 liegen und dieselben Anforderungen an die Symmetrie erfüllen wie die Kurven für gleiche einachsige Spannungszustände.

Nun noch eine Spezialisierung: Den *zweiachsigen Spannungszustand* stellt man geometrisch meist nicht in der Π-Ebene $I_1' = 0$ dar, sondern man verwendet die Hauptspannungsrichtungen als Koordinatenachse und projiziert — wie in Abb. 9.8 für $\sigma_{III} = 0$ gezeigt — die Fließgrenzkurve auf die Ebene der beiden Hauptspannungen. In der (σ_I, σ_{II})-Ebene wird z. B. aus dem MISES-Kreis eine Ellipse

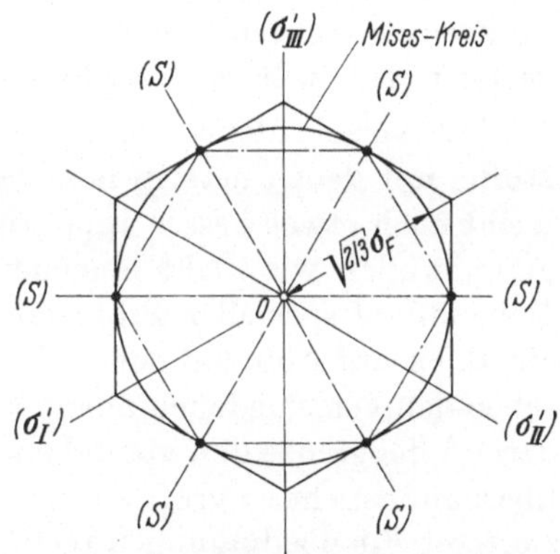

Abb. 9.7. Π-Ebene der Abb. 9.5 mit Fließgrenzkurven gleicher Schubspannungen ($\overline{SS}$ = Geraden mit reinem Schubspannungszustand).

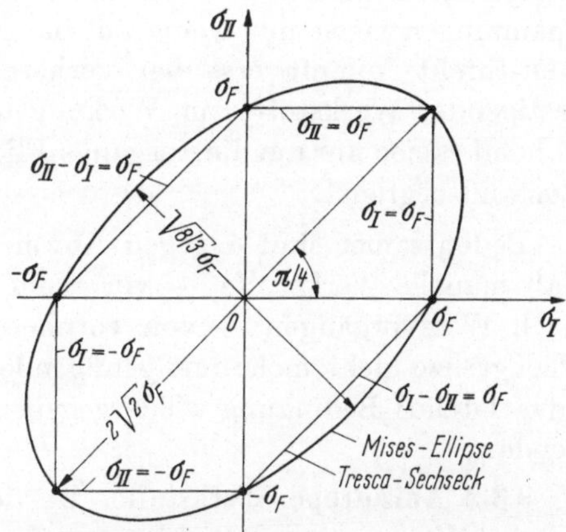

Abb. 9.8. Fließgrenzkurve des zweiachsigen Spannungszustandes in der (σ_I, σ_{II})-Ebene.

mit der Gleichung

$$\sigma_I^2 + \sigma_{II}^2 - \sigma_I \sigma_{II} = \sigma_F^2 \tag{9.36}$$

mit den Halbachsen $2\sqrt{2}\,\sigma_F$ und $\sqrt{8/3}\,\sigma_F$, die unter $\pi/4$ und $3\pi/4$ gegen die σ_I-Achse geneigt sind. Das in der Π-Ebene gleichseitige TRESCA-Sechseck wird durch seine Projektion auf die Hauptspannungsebene in ein der MISES-Ellipse einbeschriebenes, gestrecktes Sechseck verzerrt, an dessen Seiten die für den jeweiligen Spannungszustand maßgebenden Fließbedingungen eingetragen sind. Wenn man die TRESCA-Bedingung zur Vereinfachung der Rechnung bei zweiachsigen Spannungszuständen verwenden will, kann man sie den Versuchsergebnissen im Mittel besser anpassen, indem man das Fließ-Sechseck etwas „aufweitet“ und mit einer vergrößerten Fließspannung $\varkappa \sigma_F$ mit $\varkappa > 1$ rechnet (vgl. z. B. das strichpunktierte Sechseck in Abb. 13.2).

Auf verschiedene weitere Fließbedingungen für isotrope Werkstoffe, mit denen man in manchen Fällen die Versuchsergebnisse vielleicht noch etwas besser approximieren kann als mit der MISES-Bedingung, wollen wir nicht eingehen, da sie sich für die mathematische Behandlung spezieller Probleme meist wenig eignen. Außerdem zeigt ein Blick auf Abb. 9.6 oder 9.7, daß die maximalen Unterschiede zwischen den verschiedenen möglichen Fließbedingungen bei Werkstoffen, deren Fließgrenze den vorstehend eingeführten Idealisierungen genügt, überhaupt nicht so groß werden *können*, daß sie den Aufwand komplizierterer Fließbedingungen rechtfertigen.

Wie steht es nun mit den Abweichungen des Werkstoffverhaltens von diesen Idealisierungen? Bei den für die technischen Anwendungen in Frage kommenden Werkstoffen wirken sich der hydrostatische Spannungszustand praktisch überhaupt nicht und das Vorzeichen der Hauptspannungen meist nur wenig auf die Fließgrenze aus. Der BAUSCHINGER-Effekt kommt erst bei vorhergegangenen Verformungen verfestigender Werkstoffe zur Wirkung und wird in 9.4 behandelt; hier handelt es sich nur um die Ausgangs-Fließbedingung, die den elastischen Zustand begrenzt.

Bedeutsamer sind dagegen Abweichungen, die daraus resultieren, daß manche Werkstoffe — vor allem im bearbeiteten Zustand, z. B. nach Walzvorgängen — von vornherein so anisotrop sind, daß ihre Fließgrenze nicht mehr mit genügender Genauigkeit durch die MISES- oder TRESCA-Bedingung wiedergegeben werden kann. Hierzu das Folgende:

9.3.2 Anisotrope Werkstoffe. Da der Fließbeginn bei anisotropen Werkstoffen von den Richtungen der Deviator-Hauptspannung abhängt, läßt sich die Fließbedingung nur durch den Spannungsdeviator selbst, d. h. in ganz allgemeiner Form nur durch

$$f_1(\sigma'_{ij}) = 0 \tag{9.37}$$

jedoch nicht mehr — wie nach (9.31) — durch dessen Invarianten darstellen.

Für die technischen Anwendungen von besonderer Bedeutung sind Anisotropie-Zustände mit drei orthogonalen Symmetrieebenen, deren Schnittgeraden die sog. Anisotropie-Hauptachsen sind. Hierfür hat zuerst HILL [1] eine Spezialisierung von (9.37) vorgeschlagen, indem er von der Forderung ausging, daß die Fließbedingung für den Spezialfall der Isotropie in die MISES-Bedingung übergehen soll. Wenn wir die Anisotropie-Hauptachsen (1,2,3) als Bezugssystem für den Spannungszustand wählen, lautet die HILL*sche Bedingung für den Fließbeginn orthogonal-anisotroper Werkstoffe*

$$a_1(\sigma_{11} - \sigma_{22})^2 + a_2(\sigma_{11} - \sigma_{33})^2 + a_3(\sigma_{22} - \sigma_{33})^2$$
$$+ 6(b_1\sigma_{12}^2 + b_2\sigma_{13}^2 + b_3\sigma_{23}^2) = 2\sigma_F^2. \tag{9.38}$$

Ein Vergleich mit (9.32) zeigt, daß alle sechs dimensionslosen Anisotropieparameter für den Fall der Isotropie gleich eins werden müssen, wenn σ_F als Vergleichs-Fließspannung eines einachsigen isotropen Werkstoffes eingeführt wird; σ_F dient nur zur Normierung und kann beliebig groß gewählt werden.

Über die Zulässigkeit der HILL-Bedingung als Hypothese zur Beschreibung des Fließbeginns können wiederum nur Versuche entscheiden. Da der allgemeine Spannungszustand sich versuchstechnisch nicht erfassen läßt, ist man darauf angewiesen, die Gültigkeit von (9.38) an Hand von Versuchen mit speziellen Spannungszuständen zu überprüfen.

Beispielsweise lautet die HILL-Bedingung (9.38) für den *ebenen Spannungszustand* (in der (1,2)-Ebene)

$$(a_1 + a_2)\,\sigma_{11}^2 - 2a_1\sigma_{11}\sigma_{22} + (a_1 + a_3)\,\sigma_{22}^2 + 6b_1\sigma_{12}^2 = 2\sigma_F^2$$

bzw. nach Einführung neuer Anisotropieparameter α_{11} und α_{22}

$$\alpha_{11}\sigma_{11}^2 - a_1\sigma_{11}\sigma_{22} + \alpha_{22}\sigma_{22}^2 + 3b_1\sigma_{12}^2 = \sigma_F^2. \tag{9.39}$$

Auch α_{11} und α_{22} werden im isotropen Fall gleich eins.

Man kann die vier Parameter zum Beispiel aus der Messung der Fließspannungen σ_φ von Zug- (oder Druck-) Probestreifen gewinnen, die nach Abb. 9.9 aus einem Blech unter verschiedenen Winkeln φ zur Anisotropie-Hauptrichtung 1 (z. B. Walzrichtung) herausgeschnitten wurden. Für den Spannungszustand gelten dann die Transformationsformeln

$$\sigma_{11} = \sigma_\varphi \cos^2\varphi, \quad \sigma_{22} = \sigma_\varphi \sin^2\varphi, \quad \sigma_{12} = \sigma_\varphi \sin\varphi \cos\varphi.$$

Wir setzen sie in (9.39) und erhalten

$$\sigma_\varphi = [\alpha_{11} \cos^4 \varphi + (3b_1 - a_1) \sin^2 \varphi \cos^2 \varphi + \alpha_{22} \sin^4\varphi]^{-1/2} \sigma_F. \qquad (9.40)$$

Aus den Proben in 1- und 2-Richtung ($\varphi = 0$, $\pi/2$) erhält man sofort mit den entsprechenden Fließspannungen σ_0 und $\sigma_{\pi/2}$ die beiden Parameter

$$\alpha_{11} = \left(\frac{\sigma_F}{\sigma_0}\right)^2, \quad \alpha_{22} = \left(\frac{\sigma_F}{\sigma_{\pi/2}}\right)^2.$$

Die Parameter a_1 und b_1 gewinnt man aus (9.40) mit Hilfe der Versuchsergebnisse von zwei weiteren, unter geeigneten Winkeln φ herausgeschnittenen Proben. Die Brauchbarkeit der Hill-Bedingung läßt

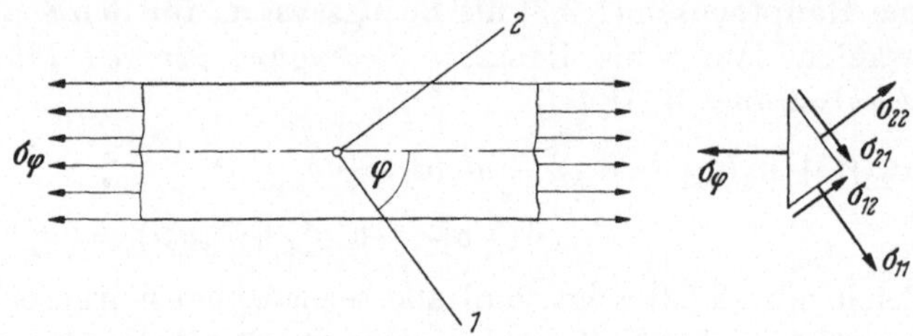

Abb. 9.9. Ebener Spannungszustand in einer unter dem Winkel φ zur Anisotropie-Hauptrichtung orientierten Zug-Probe.

sich leicht überprüfen, indem man die Abhängigkeit der Fließspannung σ_φ vom Winkel φ durch weitere Messungen genauer ermittelt und mit der Kurve nach (9.40) vergleicht.

9.4 Verzerrungs-Spannungs-Gesetze. Verfestigungshypothesen

9.4.1 Isotrope Werkstoffe

9.4.1.1 Elastischer Werkstoffbereich. Die Hookeschen Verzerrungs-Spannungs-Gesetze für den isotropen Werkstoff im elastischen Bereich können wir in der Tensorform

$$\varepsilon_{ij}^e = \frac{1}{E}\left[(1 + v)\,\sigma_{ij} - v\,\delta_{ij}\sigma_{kk}\right] \qquad (9.41)$$

zusammenfassen, wobei $\sigma_{kk} = \sigma_{11} + \sigma_{22} + \sigma_{33} = 3\sigma$ der hydrostatische Spannungszustand ist — vgl. (9.5) —[1]. Es ist für das Folgende zweck-

---

[1] Beispielsweise geht (9.41) für $i, j = 1$ in das bekannte Gesetz für die Dehnung in 1-Richtung

$$\varepsilon_{11}^e = \frac{1}{E}\left[(1 + v)\,\sigma_{11} - v\,(\sigma_{11} + \sigma_{22} + \sigma_{33})\right] = \frac{1}{E}\left[\sigma_{11} - v\,(\sigma_{22} + \sigma_{33})\right]$$

und für $i = 1$, $j = 2$ in das Gesetz für die Gleitung in der 1,2-Ebene

$$\varepsilon_{12}^e = \frac{1 + v}{E}\,\sigma_{12} = \frac{\sigma_{12}}{2G} = \frac{\gamma_{12}}{2}$$

über. Die vier weiteren entsprechenden Gesetze für die anderen Koordinatenrichtungen sind ebenso in (9.41) enthalten.

mäßig, in (9.41) den Gleitmodul $G = E/2(1 + \nu)$ einzuführen und den Spannungstensor

$$\sigma_{ij} = \sigma'_{ij} + \sigma \delta_{ij} \qquad (9.42)$$

in Deviator und Kugeltensor aufzuspalten. Daraus folgt

$$\varepsilon^e_{ij} = \frac{1 + \nu}{E} \left(\sigma'_{ij} + \sigma \delta_{ij} \right) - \frac{3\nu}{E} \sigma \delta_{ij}$$

und weiter, wenn wir das mit ε^e_{ij} nach (9.30) gleichsetzen,

$$\varepsilon^e_{ij} = \frac{\sigma'_{ij}}{2G} + \frac{1 - 2\nu}{E} \sigma \delta_{ij} = \varepsilon'^e_{ij} + \hat{e} \delta_{ij}. \qquad (9.43)$$

Dieser Vergleich mit (9.30) zeigt uns, daß wir das Verzerrungs-Spannungs-Gesetz in einen deviatorischen Anteil

$$\varepsilon'^e_{ij} = \frac{\sigma'_{ij}}{2G} \qquad (9.44)$$

und einen Kugeltensor-Anteil $\hat{e} \delta_{ij}$ mit der mittleren Dehnung

$$\hat{e} = \frac{1}{3} \varepsilon_{ii} = \frac{1 - 2\nu}{E} \sigma = \frac{\sigma}{3K} \qquad (9.45)$$

— der Spur des Tensors — aufspalten können. Hierbei wird die Größe $\dfrac{E}{3(1 - 2\nu)} = K$ als *Kompressionsmodul* bezeichnet.

9.4.1.2 Fließ- bzw. Verfestigungsbereich des Werkstoffes. Während das HOOKEsche Verzerrungs-Spannungs-Gesetz (9.41) für den allgemeinen Spannungszustand nach Einführung der Querkontraktionszahl ν zwangsläufig aus dem Gesetz für den einachsigen Zustand folgt, ist es wesentlich schwieriger, entsprechende Gesetze für den Fließ- bzw. Verfestigungsbereich zu formulieren. In der Einleitung (1.3 und 1.4) hatten wir bereits die ersten Ansätze hierzu von DE SAINT VENANT-LEVY-V. MISES, PRANDTL-REUSZ und HENCKY kennengelernt, die auch heute noch für die Anwendungen sehr wichtig sind. In der Zwischenzeit ist dieses Problem von zahlreichen Forschern so gründlich durchgearbeitet worden, daß es uns heute möglich ist, im folgenden Verzerrungs-Spannungs-Gesetze zu postulieren, die nur noch auf wenigen allgemeinen Voraussetzungen beruhen[1].

Es ist für das Folgende zweckmäßig, sich den jeweiligen Spannungszustand im Kontinuum durch einen Spannungsbildpunkt P mit den Koordinaten σ_{ij} bzw. durch einen Vektor zu diesem Punkt hin in einem neundimensionalen Spannungsraum σ_{ij} repräsentiert zu denken. Unter

---

[1] Der Leser sei auf die Arbeiten von CLAVUOT und ZIEGLER [*41*], NAGHDI [*67*], KOITER [*19*], DRUCKER [*45a*], OLSZAK, MRÓZ und PERZYNA [*21*] und die in ihnen angegebene Literatur über dieses Problem hingewiesen.

14*

Berücksichtigung der Symmetrieeigenschaft von σ_{ij} kann man ihn auch als Vektor in einem sechsdimensionalen Unterraum auffassen[1].

Alle Spannungszustände, unter denen der Werkstoff erstmalig zu fließen bzw. sich zu verfestigen beginnt, sind dann durch Spannungsbildpunkte auf der „*ursprünglichen Fließhyperfläche*" gegeben, die eine geschlossene Fläche ist und durch die Funktion

$$F(\sigma_{ij}) = k_F^2 = \text{const} \qquad (9.46)$$

dargestellt werden kann. Diese Form ist allgemeiner als die MISES-Bedingung (9.32), da sie keine Symmetriebedingungen zu erfüllen braucht. Der Parameter k_F stellt die Beziehung zu irgendeinem einachsigen Vergleichszustand her.

Zur Veranschaulichung ist in Abb. 9.10 die auf eine beliebige ebene, geschlossene Kurve reduzierte Funktion (9.46) für den zweiachsigen Spannungszustand σ_{11}, σ_{22} dargestellt. Ein spezieller Spannungszustand wird durch irgendeinen Spannungsbildpunkt P_F auf ihr repräsentiert. Die Fließfläche (9.46) entspricht der ursprünglichen Fließgrenze σ_F des einachsigen Spannungszustandes; sie teilt den Spannungsraum in einen im Innern liegenden elastischen und einen außerhalb liegenden plastischen Bereich. Bei einem ideal-

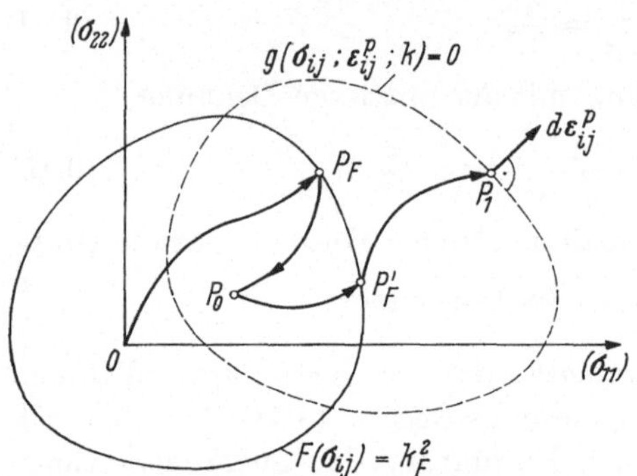

Abb. 9.10. Urprüngliche Fließhyperfläche $F = k_F{}^2$ und Verfestigungshyperfläche $g = 0$, dargestellt für zweiachsigen Spannungszustand.

plastischen Werkstoff bleibt sie unverändert. Wird dagegen ein verfestigender Werkstoff in den plastischen Bereich hinein belastet, so deformiert und verschiebt sie sich in zunächst beliebiger Weise. Für den speziellen Fall der Abb. 9.10 geht sie z. B. in die gestrichelte Form über, wobei, ausgehend von P_F, nach einer Spannungsumlagerung im elastischen Bereich längs $P_F P_0 P_F'$ schließlich die Verfestigung längs $P_F' P_1$ eintritt. Die Analogie zum einachsigen Fall ist evident (vgl. z. B. Abb. 4.6, wo P_F' mit P_F identisch ist).

Der jeweilige spezielle Verfestigungszustand läßt sich durch eine skalare *Verfestigungsfunktion*

$$g(\sigma_{ij}\,;\,\varepsilon_{ij}^p\,;\,k) = 0 \qquad (9.47)$$

---

[1] Die Darstellung im dreidimensionalen Raum der Hauptspannungen nach Abb. 9.5 war eine Spezialisierung für den Fließbeginn.

beschreiben, die im allgemeinen in komplizierter Weise vom jeweiligen Spannungszustand σ_{ij}, dem zugehörigen plastischen Verzerrungszustand ε_{ij}^p sowie über einen Verfestigungsparameter k auch noch von den vorhergehenden Belastungs- und Verzerrungszuständen während der Verfestigung (d. h. von der „Verfestigungsgeschichte") abhängen kann. Mit der Funktion g lassen sich grundsätzlich Anisotropieeigenschaften und BAUSCHINGER-Effekte erfassen. Sie stellt wiederum eine geschlossene Hyperfläche im Spannungsraum dar, in deren Innerem ($g < 0$) nur elastische Zustände herrschen können. Aus ihrem totalen Differential[1]

$$dg = \frac{\partial g}{\partial \sigma_{ij}}\, d\sigma_{ij} + \frac{\partial g}{\partial \varepsilon_{ij}^p}\, d\varepsilon_{ij}^p + \frac{\partial g}{\partial k}\, dk$$

können wir sofort ganz allgemein gültige Definitionen gewinnen:

Von der Verfestigungshyperfläche $g = 0$ ausgehend, führen alle Änderungen des Spannungszustandes, für die $dg < 0$ ist, ins Innere der Fläche, d. h. zu elastischen Zuständen $g < 0$. Da für diese $d\varepsilon_{ij}^p = 0$ und — weil die Verfestigungsgeschichte dieselbe bleibt — auch $dk = 0$ gilt, ist $dg = (\partial g/\partial \sigma_{ij})\, d\sigma_{ij} < 0$ das Kriterium für die Entlastung. Die entsprechenden Spannungsänderungsvektoren $d\sigma_{ij}$ weisen in das Innere der Fläche $g = 0$.

Im Gegensatz zum einachsigen Spannungszustand, bei dem es entweder nur Entlastungen oder mit plastischen Verzerrungen verbundene Belastungen gibt, können hier auch noch Veränderungen des Spannungszustandes erfolgen, die weder in den elastischen Bereich zurückführen noch von plastischen Verzerrungsänderungen begleitet sind. Der Spannungsbildpunkt wandert dann auf der Verfestigungsfläche ($dg = 0$). Solche „*Spannungsumlagerungen*" (auch „*neutrale Spannungsänderungen*" genannt) werden wegen $d\varepsilon_{ij}^p = 0$ und $dk = 0$ durch $dg = \dfrac{\partial g}{\partial \sigma_{ij}}\, d\sigma_{ij} = 0$ beschrieben. Da das skalare Produkt der Vektoren $\partial g/\partial \sigma_{ij}$ und $d\sigma_{ij}$ verschwindet und $d\sigma_{ij}$ in der Verfestigungshyperfläche liegt, weist $\partial g/\partial \sigma_{ij}$ in Richtung ihrer äußeren Normalen.

Spannungsänderungsvektoren $d\sigma_{ij}$, die nach außen weisen und mit plastischen Verzerrungsänderungen $d\varepsilon_{ij}^p$ verbunden sind, stellen Belastungen dar. Das skalare Produkt $(\partial g/\partial \sigma_{ij})\, d\sigma_{ij} > 0$ der Vektoren $\partial g/\partial \sigma_{ij}$ und $d\sigma_{ij}$ ist dann positiv, da $\partial g/\partial \sigma_{ij}$ (in Richtung der äußeren Normalen zur Fläche $g = 0$) mit allen nach außen weisenden $d\sigma_{ij}$ einen spitzen Winkel einschließt.

---

[1] Bei der Differentiation beachten wir die Summationsvereinbarung (vgl. Anhang (A 6)).

Zusammengefaßt gilt also für verfestigenden Werkstoff

$$g = 0 \quad \text{und} \quad \frac{\partial g}{\partial \sigma_{ij}} d\sigma_{ij} \begin{cases} < 0 & \text{bei Entlastung} \\ = 0 & \text{bei Spannungsumlagerung} \\ > 0 & \text{bei Belastung} \end{cases} \qquad (9.48)$$

Für idealplastischen Werkstoff gibt es nur Spannungsumlagerungen und Entlastungen.

Wir wollen hinfort *stabiles Werkstoffverhalten* voraussetzen. Die in 4.6 behandelten Kriterien von DRUCKER für die Werkstoffstabilität führen dann zu allgemeinen Konsequenzen für die Verzerrungs-Spannungsgesetze und die Form der Verfestigungshyperfläche. Die Forderung nach Stabilität im Kleinen für einen Belastungszyklus (Belastung in den plastischen Bereich hinein und anschließende Entlastung) wird durch das Kriterium (4.27), d. h. durch

$$d\varepsilon_{ij}^p \, d\sigma_{ij} > 0 \qquad (9.49)$$

erfüllt. Vergleichen wir das mit (9.48), dann folgt sofort, daß sich die *plastischen Verzerrungsänderungen* durch

$$d\varepsilon_{ij}^p = \frac{\partial g}{\partial \sigma_{ij}} d\lambda \qquad (9.50)$$

ausdrücken lassen, wobei $d\lambda > 0$ ein nichtnegativer skalarer Koeffizient ist. Für Spannungsumlagerungen gilt $d\lambda = 0$, während $d\lambda < 0$ hier keinen Sinn hat. Wir hatten oben festgestellt, daß der Vektor $\partial g/\partial \sigma_{ij}$ in Richtung der äußeren Normalen der Verfestigungshyperfläche weist. Wegen (9.50) tut das auch der Vektor $d\varepsilon_{ij}^p$ der plastischen Verzerrungsänderungen (Abb. 9.10). Bei idealplastischem Werkstoff, bei dem $d\lambda$ unbestimmt bleibt, steht $d\varepsilon_{ij}^p$ senkrecht auf der Fließhyperfläche $F(\sigma_{ij}) = k_F^2$.

Eine weitere Konsequenz für die Form der Hyperfläche ergibt sich aus dem Stabilitätskriterium (4.28) bei beginnender plastischer Verformung, d. h. aus

$$(\sigma_{ij} - \sigma_{ij}^0) \, d\varepsilon_{ij}^p > 0. \qquad (9.51)$$

σ_{ij}^0 bezeichnet dabei einen in einem beliebigen Punkt P_0' im Innern der Verfestigungshyperfläche herrschenden Ausgangs-Spannungszustand, der durch irgendwelche vorhergehenden Be- und Entlastungen erreicht wurde. Von diesem Punkt aus wird nun auf beliebigem, z. B. in Abb. 9.11a strichpunktiert eingezeichnetem Wege belastet, bis die Hyperfläche in P_1 wieder erreicht ist (man vergleiche hiermit den entsprechenden Belastungsweg im einachsigen Fall der Abb. 4.6). Weil $d\varepsilon_{ij}^p$ in Richtung der äußeren Flächennormalen weist und das skalare Produkt aus den Vektoren $\sigma_{ij} - \sigma_{ij}^0$ und $d\varepsilon_{ij}^p$ positiv ist, muß der Winkel zwischen ihnen kleiner als $\pi/2$ sein. Das geht also nur, wenn die Hyperfläche überall konvex ist; im konkaven Bereich einer Fläche würde diese Bedingung nämlich bei gewissen Ausgangs-Spannungszuständen (z. B. Punkt P_0' der Abb. 9.11b) verletzt werden. Alle vorstehenden Überlegungen gelten genauso für die ursprüngliche Fließhyperfläche.

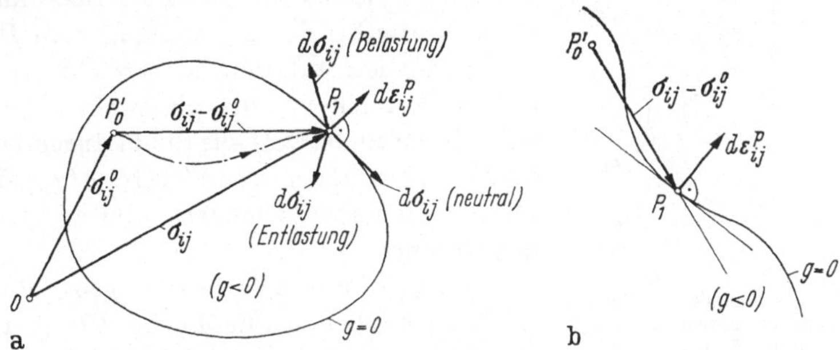

Abb. 9.11a u. b. Zum Beweis, daß die Verfestigungshyperfläche $g = 0$ konvex sein muß. Stabilitätskriterium (9.51) ist bei a erfüllt, b nicht erfüllt.

Die bisherigen Ergebnisse (Gl. (9.50) für die plastischen Verzerrungsänderungen $d\varepsilon_{ij}^p$, deren Orthogonalität zu den Fließ- und Verfestigungshyperflächen sowie Konvexität dieser Flächen) gelten ganz allgemein, sofern die Hyperflächen regulär sind. Haben sie dagegen singuläre Stellen (wie z. B. das TRESCA-Sechseck), dann gelten besondere Überlegungen, auf die wir im Rahmen dieses Buches nicht eingehen können; der Leser sei in diesem Zusammenhang auf die eingangs zitierte Spezialliteratur verwiesen.

Mit der allgemeinen Verfestigungsfunktion (9.47) läßt sich natürlich für die Anwendungen nur wenig anfangen. Man hat daher zusätzliche *Verfestigungshypothesen* aufgestellt, um zu einfacheren Verzerrungs-Spannungs-Gesetzen zu kommen. Die wichtigsten werden im folgenden behandelt:

1. Isotrope Verfestigung. Wenn man annimmt, daß $g(\sigma_{ij})$ nur vom Spannungszustand σ_{ij} abhängt und die Verfestigungsgeschichte durch einen nicht mehr von g abhängigen Parameter k^2 berücksichtigt wird, dann stellt

$$g(\sigma_{ij}) = k^2 \tag{9.52}$$

die Verfestigungshyperfläche dar. Bei ihr kommt es nicht mehr darauf an, auf welchem Belastungswege sie erreicht wurde, da sie affin zur ursprünglichen Fließhyperfläche $F(\sigma_{ij}) = k_F^2$ ist (vgl. Abb. 9.12a). Aus demselben Grunde lassen sich durch sie auch keine BAUSCHINGER-Effekte ausdrücken, was für Anwendungsfälle, bei denen Entlastungen vorkommen, zu unzulässig großen Abweichungen von der Wirklichkeit führen kann. Trotzdem ist sie die in der Praxis heute am meisten

verwendete Verfestigungshypothese. Falls die ursprüngliche Fließhyperfläche F isotrop ist, was wir hier zunächst voraussetzen, liefert g
das Gesetz der sog. *isotropen Verfestigung*.

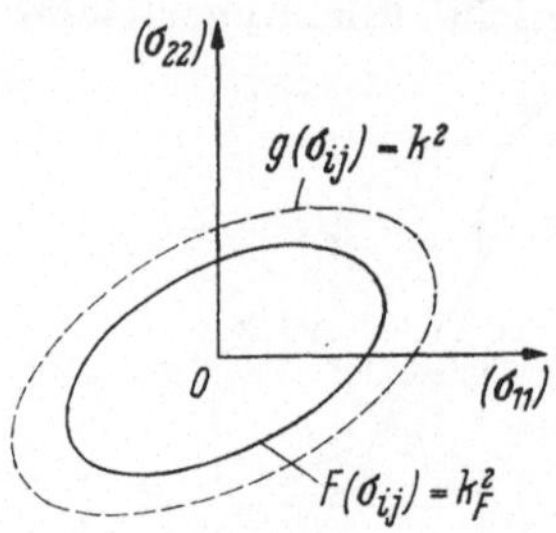

Abb. 9.12. Isotrope Verfestigung
mit zur ursprünglichen Fließgrenzfläche F affiner Verfestigungsfläche g.

Die Funktion $g(\sigma_{ij})$ wird auch *plastisches
Potential* genannt, da sie einen Spannungszustand angibt, der unabhängig vom Belastungsweg ist, auf dem er erreicht wurde;
mit ihr können wir die plastischen Verzerrungsänderungen $d\varepsilon_{ij}^p$ aus (9.50) durch Differenzieren gewinnen, wenn wir für $g(\sigma_{ij})$ einen
brauchbaren Ansatz machen und $d\lambda$ bestimmen können.

Da $g(\sigma_{ij})$ für den Verfestigungsbeginn mit
der ursprünglichen Fließfläche $F(\sigma_{ij})$ übereinstimmen muß, bietet sich hierfür beispiels-
weise die MISES-*Bedingung* (9.32) an. Für diesen Spezialfall erhalten wir

mit $g(\sigma_{ij}) = I_2' = \frac{1}{2}\,\sigma_{ij}'\sigma_{ij}'$ und wegen der Symmetrie von $\sigma_{ij}' = \sigma_{ij} - \sigma\,\delta_{ij}$

$$\frac{\partial g}{\partial \sigma_{ij}} = \frac{1}{2}\,\frac{\partial}{\partial \sigma_{ij}}\,(\sigma_{ij}')^2 = \sigma_{ij}'\,\frac{\partial \sigma_{kl}'}{\partial \sigma_{kl}} = \sigma_{ij}'$$

und damit aus (9.50) das *differentielle Gesetz für die plastischen Verzerrungsanteile* (vgl. auch 1.3).

$$d\varepsilon_{ij}^p = \sigma_{ij}'\,d\lambda. \tag{9.53}$$

Wir wollen dieses Ergebnis mit einem einachsigen Vergleichszustand
in Beziehung setzen, um $d\lambda$ bestimmen zu können. Als Vergleichsbasis
soll die *plastische Dissipationsarbeit* dienen. Die von den Spannungen
σ_{ij} an den plastischen Verzerrungsänderungen $d\varepsilon_{ij}^p$ geleistete spezifische
Arbeit wird, wenn wir nacheinander $d\varepsilon_{ii}^p = 0$ (nach (9.29)) sowie (9.53),
(9.9) und (9.10) einführen,

$$dA^p = \sigma_{ij}\,d\varepsilon_{ij}^p = (\sigma_{ij}' + \sigma\,\delta_{ij})\,d\varepsilon_{ij}^p = \sigma_{ij}'\,d\varepsilon_{ij}^p = \sigma_{ij}'\sigma_{ij}'\,d\lambda = 2\,I_2'\,d\lambda = \frac{2}{3}\,\sigma_V^2\,d\lambda.$$

$$\tag{9.54}$$

Die plastische Dissipationsarbeit dA^p ist reine *Gestaltänderungsarbeit*,
da der plastische Verzerrungstensor $\varepsilon_{ij}^p = \varepsilon_{ij}'^p$ nur den Deviatoranteil
enthält, welcher die Gestaltänderung des Kontinuums beschreibt
(vgl. 9.2).

Bei einem einachsigen Zustand $\sigma_V(\varepsilon_V^p)$ wird von der Spannung σ_V
an der plastischen Dehnungsänderung $d\varepsilon_V^p$ die spezifische Arbeit $\sigma_V d\varepsilon_V^p$
geleistet. Einen einachsigen Zustand wollen wir als *einen zum all-
gemeinen Zustand äquivalenten Vergleichszustand* postulieren, wenn

durch ihn dieselbe Dissipationsarbeit geleistet wird wie im allgemeinen Fall. Der Vergleich mit (9.54) ergibt

$$2\,I_2'\,d\lambda = \frac{2}{3}\,\sigma_V^2\,d\lambda = \sigma_V\,d\varepsilon_V^p\,.$$

Dann läßt sich der Koeffizient

$$d\lambda = \frac{3}{2}\,\frac{d\varepsilon_V^p}{\sigma_V} = \frac{3}{2}\,\frac{d\sigma_V}{T_p(\sigma_V)\sigma_V} \tag{9.55}$$

durch den einachsigen Vergleichszustand ausdrücken; $T_p = \dfrac{d\sigma_V}{d\varepsilon_V^p}$ = $\tan\beta_p$ ist darin der plastische Tangentenmodul des einachsigen Vergleichszustandes[1] (vgl. Anhang (A 2)).

Es bleibt noch übrig, σ_V und $d\varepsilon_V^p$ mit den entsprechenden Größen des allgemeinen Zustandes in Beziehung zu setzen. Für die Vergleichsspannung σ_V haben wir hierfür z. B. die MISES-*Bedingung* (9.32), in der wir σ_F durch σ_V ersetzen müssen. Das heißt, es gilt

$$\sigma_V = \left(\frac{3}{2}\,\sigma_{ij}'\,\sigma_{ij}'\right)^{1/2} \tag{9.56}$$

bzw. eine der anderen Formen von (9.32).

Schließlich ergibt die Hypothese von der Gleichheit der Dissipationsarbeiten mit (9.54) aus

$$\sigma_{ij}'\,d\varepsilon_{ij}^p = \sigma_V\,d\varepsilon_V^p$$

nach Einsetzen von (9.53) und (9.55) den Zusammenhang zwischen der *Änderung der plastischen Vergleichsdehnung*

$$d\varepsilon_V^p = \left(\frac{2}{3}\,d\varepsilon_{ij}^p\,d\varepsilon_{ij}^p\right)^{1/2} \tag{9.57}$$

und der Änderung $d\varepsilon_{ij}^p$ des allgemeinen plastischen Verzerrungszustandes[2]. Dieser Zusammenhang ist — bis auf einen Zahlenfaktor —

---

[1] T_p darf nicht mit dem Tangentenmodul T des einachsigen Vergleichszustandes $\sigma_V(\varepsilon_V)$ nach Abb. 1.4 verwechselt werden, bei dem die Spannung σ_V zur Gesamtdehnung $\varepsilon_V = \varepsilon_V^e + \varepsilon_V^p$ in Beziehung gesetzt wird.

[2] Die gesamte plastische Vergleichsdehnung nach (9.57) ist gleich der um den elastischen Anteil σ_{11}/E verminderten logarithmischen Dehnung beim Zugversuch. Beispielsweise erhalten wir in 1-Richtung mit $d\varepsilon_{22}^p = d\varepsilon_{33}^p = -d\varepsilon_{11}^p/2$ bei der Integration über den Belastungsweg

$$\int d\varepsilon_V^p = \sqrt{\frac{2}{3}}\int\left[(d\varepsilon_{11}^p)^2 + 2\left(\frac{1}{2}\,d\varepsilon_{11}^p\right)^2\right]^{1/2} = \int d\varepsilon_{11}^p = \int_{l_0}^{l_1}\frac{dl}{l} - \frac{\sigma_{11}}{E} = \ln\frac{l_1}{l_0} - \frac{\sigma_{11}}{E}\,.$$

Ähnlich erhalten wir aus (9.56) als Vergleichsspannung $\sigma_V = \sigma_{11}$ die zugehörige Zugspannung. Die dem Vergleichszustand zugrunde liegende Hypothese ist also auch für den ganzen Belastungsweg physikalisch sinnvoll.

der gleiche wie der Zusammenhang (9.56) zwischen dem Vergleichsspannungszustand σ_V und dem allgemeinen deviatorischen Spannungszustand σ_{ij}'. Wir können schließlich mit (9.56) und (9.57) den Koeffizienten

$$d\lambda = \frac{3}{2}\,\frac{d\sigma_V}{T_p(\sigma_V)\,\sigma_V} = \left(\frac{d\varepsilon_{ij}^p\,d\varepsilon_{ij}^p}{\sigma_{kl}'\,\sigma_{kl}'}\right)^{1/2} \tag{9.58}$$

durch den allgemeinen plastischen Spannungs-Verzerrungszustand ausdrücken.

Kombinieren wir entsprechend (9.29) und (9.30) die Gesetze (9.44) und (9.45) für die elastischen Verzerrungsanteile mit dem Gesetz (9.53) für die plastischen Anteile — unter Beachtung von (9.58) —, so folgen die *differentiellen Verzerrungs-Spannungs-Gesetze von* PRANDTL-REUSZ *für den isotrop verfestigenden Werkstoff*

$$\left.\begin{aligned}
d\varepsilon_{ij}' &= d\varepsilon_{ij}'^{e} + d\varepsilon_{ij}^p = \frac{d\sigma_{ij}'}{2G} + \frac{3}{2}\,\frac{\sigma_{ij}'}{T_p(\sigma_V)\sigma_V}\,d\sigma_V \quad \text{für } d\sigma_V > 0, \\[2mm]
d\varepsilon_{ii} &= \frac{1-2\nu}{E}\,d\sigma_{ii} \qquad\qquad\qquad\qquad\qquad \text{für } d\sigma_V \lessgtr 0.
\end{aligned}\right\} \tag{9.59}$$

Die erste Zeile gilt nur für Belastung ($d\sigma_V > 0$). Bei Entlastungen fällt in ihr der zweite Term weg, so daß nur das elastische Verzerrungs-Spannungsgesetz bleibt, das nach Integration wieder auf (9.44) zurückführt. Eine einfache Integration der vollständigen Gesetze (9.59) ist dagegen nur in dem Ausnahmefall der sog. „radialen Belastung" möglich, in dem das Verhältnis der Hauptspannungen unverändert bleibt (vgl. Beweis im Anhang (A 1)).

Da bei *idealplastischem Werkstoff* mit $d\sigma_V = 0$ wegen $\sigma_V = \sigma_F$ $=$ const auch $T_p = 0$ wird, bleibt $d\varepsilon_{ij}^p$ unbestimmt. Für diesen Fall verwenden wir zweckmäßigerweise die erste Form von (9.55) für $d\lambda$, so daß die PRANDTL-REUSZ-*Gesetze für den idealplastischen Werkstoff*

$$\left.\begin{aligned}
d\varepsilon_{ij}' &= \frac{d\sigma_{ij}'}{2G} + \frac{3}{2}\,\frac{\sigma_{ij}'}{\sigma_F}\,d\varepsilon_V^p, \\[2mm]
d\varepsilon_{ii} &= \frac{1-2\nu}{E}\,d\sigma_{ii}
\end{aligned}\right\} \tag{9.60}$$

lauten.

Den PRANDTL-REUSZ-Gesetzen liegt als Verfestigungsgesetz die MISES-Bedingung zugrunde. Es ist natürlich ohne weiteres möglich, auch von anderen Verfestigungsgesetzen auszugehen. Allerdings würde beispielsweise die TRESCA-Fließbedingung (9.35) als Verfestigungsgesetz (dann mit σ_V geschrieben) zwar die Forderungen an eine Verfestigungsfunktion erfüllen, jedoch kommt man mit ihr im allgemeinen Fall zu sehr umständlichen analytischen Ausdrücken. Man bedient sich dann besser einer geometrischen Darstellung ähnlich wie in

Abb. 9.12. In Sonderfällen kann die Verwendung eines TRESCA-Verfestigungsgesetzes dagegen unter Umständen vorteilhaft sein.

Die isotropen Verfestigungsgesetze kann man immer dann als gute Näherungen zugrunde legen, wenn man es mit Belastungswegen zu tun hat, die im ersten Quadranten eines zweidimensionalen bzw. im ersten Oktanten eines dreidimensionalen Spannungsraumes liegen. Kommt dagegen bei Belastungsumkehr der BAUSCHINGER-Effekt zur Wirkung, dann versagen diese Gesetze, da jeder — auch der ursprünglich isotrope — Werkstoff bei der Verfestigung anisotrop wird.

2. *Kinematische Verfestigung.* PRAGER [22] hat 1955 ein einfaches kinematisches Modell für einen zweiachsigen Spannungszustand vorgeschlagen, mit dem man den bei jeder Verfestigung auftretenden BAUSCHINGER-Effekt berücksichtigen kann. Nach PRAGER denkt man sich die Fließgrenzkurve als einen starren Rahmen, der nur translatorisch in der σ_{11}, σ_{22}-Ebene verschieblich sein soll. Den Spannungsbildpunkt denkt man sich als einen kleinen glatten, zylindrischen Zapfen im Innern dieses Rahmens. Berührt der Zapfen den Rahmen nicht, so ist der Spannungszustand elastisch. Der Rahmen (und damit die Fließgrenzkurve, die zugleich die Verfestigungskurve ist) beginnt sich zu verschieben, sobald der Zapfen — bei der entsprechenden Verschiebung des Spannungsbildpunktes P — gegen ihn drückt. Da Zapfen und Rahmen absolut glatt sein sollen, weist diese Verschiebung des ganzen Rahmens immer in

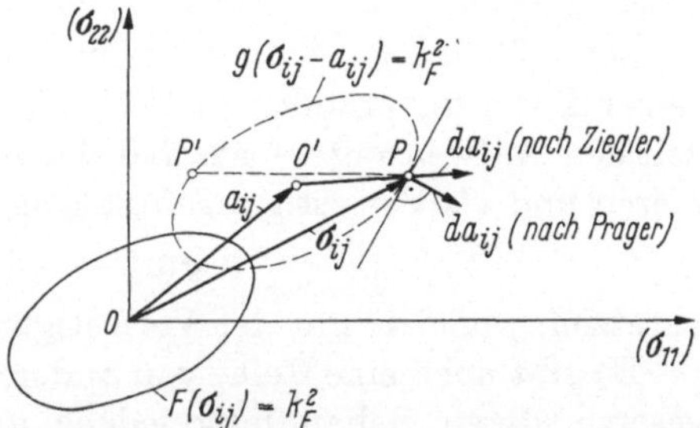

Abb. 9.13. Verfestigung durch Translation der ursprünglichen Fließgrenzfläche nach Verfestigungsregeln von PRAGER bzw. ZIEGLER.

Richtung der äußeren Normalen der Verfestigungskurve an der jeweiligen Stelle des Spannungsbildpunktes. Abb. 9.13 zeigt die derart von ihrer ausgezogen gezeichneten Ausgangslage in die gestrichelte Lage verschobene Verfestigungskurve. In der Verallgemeinerung lautet die Gleichung für die entsprechende Verfestigungsfläche im neundimensionalen Spannungsraum der σ_{ij}

$$g(\sigma_{ij} - a_{ij}) = k_F^2 = \text{const},\qquad(9.61)$$

wobei a_{ij} die Koordinaten des Mittelpunktes $0'$ der verschobenen Fläche sind. Da $d\varepsilon_{ij}^p$ immer in Richtung der äußeren Normalen der Verfestigungsfläche weist, lautet die PRAGERsche *Verfestigungsregel* für die Translation dieser Fläche

$$da_{ij} = c\, d\varepsilon_{ij}^p.\qquad(9.62)$$

Man entnimmt unmittelbar aus Abb. 9.13, daß man mit dieser Verfestigungsregel den BAUSCHINGER-Effekt genauso berücksichtigen kann wie beim einachsigen Spannungszustand: Nach Umkehr der Spannung σ_{11} im Punkte P wandert der Spannungsbildpunkt (bzw. der Zapfen) z. B. bei konstant gehaltenem σ_{22} auf der horizontalen gestrichelten Geraden durch den elastischen Bereich hindurch und kommt im Punkte P' wieder zum Eingriff mit der Verfestigungsfläche (Rahmen), wo bei weiterer Abnahme von σ_{11} wieder die Verfestigung mit entsprechender Verschiebung der gestrichelten Fläche in Richtung ihrer Normalen in P' beginnt (vgl. auch Abb. 3.11 für den einachsigen Zustand).

Man kann sich die Translation der Verfestigungsfläche auch noch auf andere Weise zustande kommend denken. So hat beispielsweise ZIEGLER [*84*] für die Translationsrichtung des Rahmens die Richtung des Vektors vom Mittelpunkt $0'$ der verschobenen Verfestigungsfläche zum Spannungsbildpunkt P angenommen. Die ZIEGLER*sche Verfestigungsregel* lautet

$$da_{ij} = (\sigma_{ij} - a_{ij})\, d\mu. \tag{9.63}$$

Schließlich kann man die reine translatorische Verschiebung der in seiner Form unveränderten Verfestigungsfläche noch mit ihrer gleichzeitigen Aufweitung — wie bei der isotropen Verfestigung — kombinieren und als Verfestigungsfunktion

$$g\,(\sigma_{ij} - a_{ij}) = k^2 \tag{9.64}$$

ansetzen, wobei k^2 mit der Verfestigung zunimmt.

Es gibt noch eine Reihe von anderen Vorschlägen für Verfestigungsgesetze, deren Behandlung jedoch über den Rahmen dieses Buches hinausgeht. Auch ist die Bestätigung solcher Gesetze durch Versuche noch nicht so weit gediehen, daß man sich für ein ganz bestimmtes Gesetz als allgemeingültig eindeutig entscheiden kann. Hier sind diese Dinge nur kurz angeschnitten worden, um zu zeigen, in welcher Richtung die weitere Entwicklung der Grundlagen der Plastizitätstheorie vielleicht gehen wird.

9.4.1.3 Finite Verzerrungs-Spannungs-Gesetze. Alle im vorstehenden Abschnitt auf Grund allgemeiner Überlegungen abgeleiteten Verzerrungs-Spannungs-Gesetze sind vom differentiellen Typ. Sie sind in sich widerspruchsfrei und können grundsätzlich durch zweckmäßige Wahl eines Verfestigungsgesetzes der Wirklichkeit angepaßt werden. Bei der Verwendung von „finiten Gesetzen" ist jedoch Vorsicht geboten, da diese in sich nicht widerspruchsfrei sind.

Beispielsweise stellt das HENCKY-Gesetz (1.6) bzw. (1.7) eine Erweiterung des HOOKEschen Gesetzes dar, insofern als für die plastischen Verzerrungsanteile an Stelle von E der veränderliche Plastizitätsmodul

Φ eingeführt wird. Berücksichtigt man die Volumenkonstanz, so lautet es entsprechend (1.6) mit (9.44) in Tensorschreibweise

$$\varepsilon'_{ij} = \varepsilon'^{e}_{ij} + \varepsilon^{p}_{ij} = \left(\frac{1}{2G} + \frac{1}{2\Phi}\right)\sigma'_{ij}. \tag{9.65}$$

Nach HENCKY ist also der Tensor ε^{p}_{ij} der plastischen Deformationen — und nicht der Tensor $d\varepsilon^{p}_{ij}$ ihrer Änderungen wie im PRANDTL-REUSZ-Gesetz — dem Spannungsdeviator proportional. Aus (9.65) kommt durch Differenzieren

$$d\varepsilon^{p}_{ij} = \frac{1}{2\Phi}\,d\sigma'_{ij} + \frac{1}{2}\,d\left(\frac{1}{\Phi}\right)\sigma'_{ij}. \tag{9.66}$$

Wir entnehmen dem Anhang (A 2), daß $d(1/\Phi)$ proportional $d\lambda$ ist. Aus einem Vergleich von (9.66) mit (9.50) oder (9.53) erkennen wir, daß das nach HENCKY berechnete $d\varepsilon^{p}_{ij}$ einen zusätzlichen Term $\dfrac{1}{2\Phi}\,d\sigma'_{ij}$ enthält, das heißt nicht mehr die allgemeinen Bedingungen für eine Verfestigungsfunktion erfüllt. Mit dem HENCKY-Gesetz kann man daher weder neutrale Spannungsänderungen ($d\lambda = 0$) beschreiben, noch die „Verfestigungsgeschichte" berücksichtigen. An dem in 1.4 behandelten Beispiel sahen wir, wie sich dies auswirken kann. Wir werden daher im folgenden keine finiten Gesetze verwenden.

9.4.2 Anisotrope Werkstoffe. Wir haben zu unterscheiden zwischen den in 9.4.1.2 behandelten Werkstoffen, die im unbelasteten Zustand isotrop sind und erst durch die Verfestigung anisotrop werden, und Werkstoffen, die von vornherein anisotrop sind.

Für den *elastischen Bereich* anisotroper Werkstoffe tritt an Stelle des HOOKEschen Gesetzes (9.41) dessen allgemeine Form

$$\sigma^{e}_{ij} = C_{ijkl}\,\varepsilon^{e}_{kl}. \tag{9.67}$$

Bei inhomogenem Werkstoff ist der Tensor vierter Stufe C_{ijkl} eine Funktion des Ortes. Bei homogenem Werkstoff ist er dagegen koordinatenunabhängig; seine 36 Komponenten sind dann die elastischen Konstanten, deren Zahl sich wegen der Symmetrieeigenschaften von σ_{ij} und ε^{e}_{kl} auf 21 reduziert. Die Zahl der elastischen Konstanten läßt sich für spezielle Anisotropieeigenschaften weiter reduzieren. Näheres hierüber lese man z. B. bei WIEDEMANN [83] nach. Bei isotropen Werkstoffen läßt sich (9.67) auf die einfachere Form (9.41) bringen, die nur noch die beiden Konstanten E und ν enthält. Eine Aufspaltung des HOOKEschen Gesetzes in deviatorischen und Kugeltensor-Anteil ist nur im isotropen Fall möglich.

Für den *Fließ- und Verfestigungsbereich* gelten die im Abschn. 9.4.1.2 abgeleiteten allgemeinen Gesetzmäßigkeiten auch dann, wenn der Werkstoff von vornherein anisotrop ist; nur muß man eine andere Verfestigungshypothese einführen. Es ist naheliegend, die Existenz eines plastischen Potentials $g(\sigma_{ij}) = k^2$ vorauszusetzen. Da $g(\sigma_{ij})$ affin zur ursprünglichen (anisotropen) Fließhyperfläche ist, liefert es ein Gesetz für eine anisotrope Verfestigung, mit dem man allerdings keine BAUSCHINGER-Effekte erfassen kann.

Wählen wir beispielsweise für die ursprüngliche Fließhyperfläche die HILL-Bedingung (9.38), so läßt sich die zugehörige *anisotrope Verfestigungshyperfläche eines orthogonal-anisotropen Werkstoffes* durch

$$g(\sigma_{ij}) = \frac{1}{6}\left[a_1(\sigma_{11} - \sigma_{22})^2 + a_2(\sigma_{11} - \sigma_{33})^2 + a_3(\sigma_{22} - \sigma_{33})^2\right] +$$
$$+ b_1\sigma_{12}^2 + b_2\sigma_{13}^2 + b_3\sigma_{23}^2 = \frac{\sigma_V^2}{3} \tag{9.68}$$

mit einer zur Normierung eingeführten einachsigen Vergleichsspannung σ_V darstellen. Die Anisotropieparameter werden im allgemeinen vom jeweiligen Verfestigungszustand abhängen; wir wollen sie hier aber als dieselben Materialkonstanten wie in 9.3.2 annehmen.

Nach (9.50) lauten dann die differentiellen Gesetze für die plastischen Verzerrungsanteile[1]

$$\left.\begin{aligned}
d\varepsilon_{11}^p &= \frac{1}{3}\left[a_1(\sigma_{11} - \sigma_{22}) + a_2(\sigma_{11} - \sigma_{33})\right] d\lambda, \\[4pt]
d\varepsilon_{22}^p &= \frac{1}{3}\left[a_1(\sigma_{22} - \sigma_{11}) + a_3(\sigma_{22} - \sigma_{33})\right] d\lambda, \\[4pt]
d\varepsilon_{33}^p &= \frac{1}{3}\left[a_2(\sigma_{33} - \sigma_{11}) + a_3(\sigma_{33} - \sigma_{22})\right] d\lambda, \\[4pt]
d\varepsilon_{12}^p &= b_1\sigma_{12}\, d\lambda, \quad d\varepsilon_{13}^p = b_2\sigma_{13}\, d\lambda, \quad d\varepsilon_{23}^p = b_3\sigma_{23}\, d\lambda.
\end{aligned}\right\} \tag{9.69}$$

Für den isotropen Fall, bei dem sämtliche Anisotropieparameter gleich eins sind, gehen sie in (9.53) über.

Zum Vergleich mit dem einachsigen Zustand σ_V, ε_V^p ziehen wir wie im isotropen Fall die plastische Dissipationsarbeit heran. Entsprechend (9.54) haben wir mit (9.50)

$$dA^p = \sigma_{ij}\, d\varepsilon_{ij}^p = \sigma_{ij}\frac{\partial g}{\partial \sigma_{ij}}\, d\lambda.$$

Nun ist $g(\varkappa\sigma_{ij}) = \varkappa^2 g(\sigma_{ij})$ mit einem beliebigen Faktor $\varkappa$ nach (9.68) eine homogen-quadratische Funktion, so daß für den allgemeinen Spannungszustand nach dem Satz von EULER und wegen (9.68)

$$dA^p = 2g(\sigma_{ij})\, d\lambda = \left\{\frac{1}{3}\left[a_1(\sigma_{11} - \sigma_{22})^2 + \cdots\right] + 2b_1\sigma_{12}^2 + \cdots\right\} d\lambda$$
$$= \frac{2}{3}\sigma_V^2\, d\lambda \tag{9.70}$$

---

[1] Bei der Ausführung der Differentiationen $\partial g/\partial\sigma_{ij}$ sind die Schubspannungen σ_{ij} und σ_{ji} getrennt zu behandeln, so daß z. B. $\partial g/\partial\sigma_{12} = b_1\sigma_{12}$ ist.

und andererseits für den Vergleichszustand $dA^p = \sigma_V\, d\varepsilon_V^p$ gilt. Nach Gleichsetzen wird

$$d\lambda = \frac{3}{2}\frac{d\varepsilon_V^p}{\sigma_V} = \frac{3}{2}\frac{d\sigma_V}{T_p(\sigma_V)\,\sigma_V} \tag{9.71}$$

wie im isotropen Fall (vgl. (9.55)).

In (9.70) drücken wir die Spannungen durch die Verzerrungen aus, indem wir aus (9.69)

$$\sigma_{11} - \sigma_{22} = \frac{3}{A\,d\lambda}\,(a_3\, d\varepsilon_{11}^p - a_2\, d\varepsilon_{22}^p),$$

$$\sigma_{11} - \sigma_{33} = \frac{3}{A\,d\lambda}\,(a_3\, d\varepsilon_{11}^p - a_1\, d\varepsilon_{33}^p),$$

$$\sigma_{22} - \sigma_{33} = \frac{3}{A\,d\lambda}\,(a_2\, d\varepsilon_{22}^p - a_1\, d\varepsilon_{33}^p)$$

(mit $A = a_1 a_2 + a_1 a_3 + a_2 a_3$ zur Abkürzung) berechnen. Das in (9.70) eingesetzt ergibt

$$dA^p = \frac{3}{A^2\,d\lambda}\,[a_1\,(a_3\, d\varepsilon_{11}^p - a_2\, d\varepsilon_{22}^p)^2 + a_2\,(a_3\, d\varepsilon_{11}^p - a_1\, d\varepsilon_{33}^p)^2 +$$

$$+ a_3\,(a_2\, d\varepsilon_{22}^p - a_1\, d\varepsilon_{33}^p)^2] + \frac{1}{d\lambda}\left(\frac{d\varepsilon_{12}^{p2}}{b_1} + \frac{d\varepsilon_{13}^{p2}}{b_2} + \frac{d\varepsilon_{23}^{p2}}{b_3}\right) = \sigma_V\, d\varepsilon_V^p.$$

Hierin führen wir $d\lambda$ nach (9.71) ein und erhalten schließlich als Änderung der *plastischen Vergleichsdehnung*

$$d\varepsilon_V^p = \sqrt{2}\left\{\frac{1}{A^2}\,[a_1\,(a_3\, d\varepsilon_{11}^p - a_2\, d\varepsilon_{22}^p)^2 + a_2\,(a_3\, d\varepsilon_{11}^p - a_1\, d\varepsilon_{33}^p)^2\right.$$

$$\left. + a_3\,(a_2\, d\varepsilon_{22}^p - a_1\, d\varepsilon_{33}^p)^2] + \frac{1}{3}\left(\frac{d\varepsilon_{12}^{p2}}{b_1} + \frac{d\varepsilon_{13}^{p2}}{b_2} + \frac{d\varepsilon_{23}^{p2}}{b_3}\right)\right\}^{1/2}. \tag{9.72}$$

Im isotropen Fall (sämtliche Parameter gleich eins) geht das in (9.57) über. Für die einachsige Vergleichsspannung gilt (9.68), so daß wir schließlich $d\lambda$ nach (9.71) durch den allgemeinen plastischen Spannungs-Verzerrungszustand ausdrücken können.

§ 10. Der Biegebalken mit Querkräften

Wir beziehen uns auf 6.1 und behalten nur noch die dort gemachten Voraussetzungen 3 und 4 bei. Außerdem wollen wir uns auf die Biegung doppeltsymmetrischer Querschnitte (speziell: Rechteck und I-Querschnitt) beschränken und idealplastisches Werkstoffverhalten mit gleichem Betrag σ_F der Fließspannung bei Zug und Druck voraussetzen. Aus den für diese Spezialfälle gewonnenen Ergebnissen können wir qualitative Rückschlüsse auf andere praktisch wichtige Fälle oder auf verfestigenden Werkstoff ziehen. Allerdings muß immer gewährleistet sein, daß die Lastebene durch den Schubmittelpunkt des Querschnitts hindurchgeht; andernfalls ist das unter 11.4.3 über Biegung und Torsion Gesagte zu beachten.

Den Querkrafteinfluß auf die Tragfähigkeit von Biegebalken haben verschiedene Autoren mit Hilfe des Traglastverfahrens behandelt (vgl. HODGE [2] und die dort zitierten Literaturstellen). Dabei hat man die untere Schranke durch Einführung eines statisch zulässigen *Schnitt-lasten*-Zustandes und die obere Schranke durch Einführung eines kinematisch zulässigen Verschiebungsfeldes in der Balkenlängsebene bestimmt. Wir wollen anders vorgehen und einen statisch zulässigen *Spannungs*zustand zugrunde legen, der die Gleichgewichts- und Randbedingungen erfüllen muß. Wir werden dabei einen Spannungszustand finden, der außerdem auch die Fließbedingung im ganzen Querschnittsbereich fast genau erfüllt, so daß wir schließlich die Traglast mit sehr guter Näherung angeben können.

Den Einfluß der Querkräfte auf die Tragfähigkeit können wir also — wenigstens bei den gewählten Beispielen — durch eine statische Betrachtungsweise bestimmen, das heißt: Gleichgewichts- und Fließbedingungen lassen sich näherungsweise erfüllen, ohne daß wir die Verformungen in die Rechnung einzubeziehen brauchen.

Wir können die Problemstellung im Sinne der Traglasttheorie so formulieren: Wir suchen denjenigen Schnittlastenzustand — Biegemoment und Querkraft —, der einen Querschnitt an einer bestimmten Stelle des Balkens möglichst weitgehend unter Erfüllung der Gleichgewichtsbedingungen plastiziert. Im Sinne der Definitionen von 4.5 liefert ein solcher statisch zulässiger Schnittlastenzustand eine untere Schranke für die Traglast bzw. diese selbst, falls überall in einem Querschnitt die Fließspannung erreicht und dabei ein kinematisch möglicher Verformungszustand erzeugt wird. Hierbei müssen wir allerdings die verschiedenen Querschnitte von vornherein getrennt behandeln.

10.1 Balken mit Rechteckquerschnitt

Abb. 10.1a und b zeigt den Balken im Längs- und Querschnitt mit den an der Stelle $\bar{x}$ (s. u.) wirkenden Schnittlasten, deren positiven

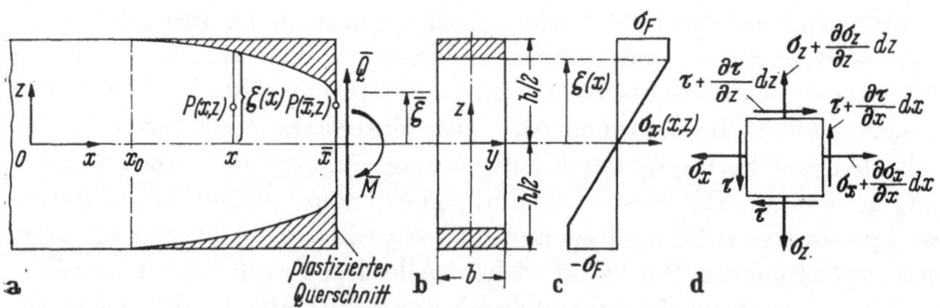

Abb. 10.1a—d. Balkenabschnitt (Rechteckquerschnitt) unter Querkrafteinfluß: a Längsschnitt, b Querschnitt an der Stelle x, c angenommene Normalspannungsverteilung im Querschnitt x, d ebener Spannungszustand an der Stelle $P(x, z)$.

Richtungssinn wir hier zweckmäßigerweise umgekehrt wie bei der sonst üblichen Festsetzung wählen wollen. Wir nehmen an, daß in ihm ein ebener — von y unabhängiger — Spannungszustand herrscht, der in Abb. 10.1d für ein Balkenelement an der Stelle $P(x, z)$ mit der in der Technik üblichen Bezeichnungsweise dargestellt ist. Wir setzen also

$$\sigma_{11} = \sigma_x, \quad \sigma_{22} = \sigma_y = 0, \quad \sigma_{33} = \sigma_z, \quad \sigma_{12} = \sigma_{23} = 0, \quad \sigma_{13} = \sigma_{31} = \tau.$$

Die Annahme eines ebenen Spannungszustandes kann nur zu einer Näherungslösung führen. In Wirklichkeit herrscht noch ein Sekundärspannungszustand σ_y, τ_{xy}, τ_{yz}, den wir vernachlässigen. Er wird für Querschnitte, deren Breite b höchstens dieselbe Größenordnung wie ihre Höhe h hat, keine große Rolle spielen, da er an den Rändern $y = \pm b/2$ verschwinden muß (vgl. hierzu die Bemerkungen unter 6.1). Anders als bei reiner Biegung ohne Querkräfte nach § 6 tritt hier die Spannung σ_z (auch bei Balken ohne Streckenlast) auf, die wir keineswegs vernachlässigen dürfen.

Die Tragfähigkeit des Balkens ist erreicht, wenn über die ganze Querschnittsfläche an einer — vom Belastungszustand abhängigen — bestimmten Stelle $\bar{x}$ eine der Fließbedingungen (9.32) oder (9.35) erfüllt ist, und wenn sich dort ein kinematisch möglicher Verzerrungszustand einstellen kann.

Es muß also für alle $P(\bar{x}, z)$ im vollplastizierten Querschnitt — vgl. Abb. 10.1a — z. B. nach v. Mises

$$(\bar{\sigma}_x - \bar{\sigma}_z)^2 + \bar{\sigma}_x^2 + \bar{\sigma}_z^2 + 6\bar{\tau}^2 = 2\sigma_F^2$$

bzw.

$$\bar{\sigma}_x^2 - \bar{\sigma}_x\bar{\sigma}_z + \bar{\sigma}_z^2 + 3\bar{\tau}^2 = \sigma_F^2 \qquad (10.1)$$

gelten[1]. Für alle anderen Stellen $x \neq \bar{x}$ darf dagegen (10.1) nicht über die ganze Querschnittsfläche gelten.

Außerdem müssen an allen Stellen $P(x, z)$ die beiden Gleichgewichtsbedingungen — vgl. (9.13) —

$$\frac{\partial \sigma_x}{\partial x} = -\frac{\partial \tau}{\partial z}, \qquad \frac{\partial \sigma_z}{\partial z} = -\frac{\partial \tau}{\partial x} \qquad (10.2)$$

erfüllt sein. Als Randbedingungen haben wir für alle x

$$\tau\left(x, \pm \frac{h}{2}\right) = \sigma_z\left(x, \pm \frac{h}{2}\right) = 0$$

---

[1] Die Tresca-Fließbedingung (9.35) würde mit $\bar{\sigma}_x^2 - 2\bar{\sigma}_x\bar{\sigma}_z + \bar{\sigma}_z^2 + 4\bar{\tau}^2 = \sigma_F^2$ zu etwas anderen Zahlenwerten führen. Ihre Verwendung würde hier keine rechnerischen Vorteile bringen. Alle Größen an der Stelle $\bar{x}$ bezeichnen wir mit einem Querstrich.

und damit wegen (10.1) speziell an der Stelle $\bar{x}$

$$\bar{\sigma}_x\left(\bar{x}, \frac{h}{2}\right) = \sigma_F \quad \text{und} \quad \bar{\sigma}_x\left(\bar{x}, -\frac{h}{2}\right) = -\sigma_F.$$

Aus Symmetriegründen muß ferner über die ganze Balkenlänge $\sigma_x(x, 0) = 0$ gelten.

Um dieses Randwertproblem näherungsweise zu lösen, nehmen wir an, daß es auch hier (für $x_0 < x < \bar{x}$) ähnlich wie bei der Biegung ohne Querkräfte durch Grenzflächen $z = \pm\,\zeta(x)$ abgetrennte Bereiche gibt, in dem die Normalspannungen σ_x linear von z abhängen. (Abb. 10.1a). Aus Symmetriegründen brauchen wir nur den oberen Balkenteil ($z > 0$) zu betrachten. Wir setzen also (Abb. 10.1c)

$$\sigma_x\big(\zeta(x), z\big) = \left\{ \begin{array}{ll} \sigma_F & \text{für} \quad z \geq \zeta(x), \\[2ex] \sigma_F\, \dfrac{z}{\zeta(x)} & \text{für} \quad z \leq \zeta(x). \end{array} \right\} \tag{10.3}$$

Für den Außenbereich $z \geq \zeta$ liefert hiermit die erste Gleichgewichtsbedingung (10.2) $\partial\tau/\partial z = 0$. Die Lösung $\tau(x, z) = 0$ erfüllt die Gleichgewichtsbedingung und die Randbedingung.

Für den Innenbereich ($z \leq \zeta(x)$) ergibt sich mit $\zeta'(x) = \dfrac{d\zeta}{dx}$

$$\frac{\partial\tau}{\partial z} = -\,\sigma_F\,\frac{\partial}{\partial x}\left(\frac{z}{\zeta(x)}\right) = \sigma_F z\,\frac{\zeta'}{\zeta^2}\,,$$

was nach Integration auf

$$\tau(\zeta(x), z) = \frac{\sigma_F}{2}\,z^2\,\frac{\zeta'}{\zeta^2} + f(x)$$

führt. Aus der Bedingung $\tau(x, \zeta) = 0$ folgt $f(x) = -\dfrac{\sigma_F}{2}\,\zeta'(x)$ und damit die im Innenbereich parabolische Schubspannungsverteilung

$$\tau(\zeta(x), z) = \frac{\sigma_F}{2}\,\zeta'\left(\frac{z^2}{\zeta^2} - 1\right). \tag{10.4}$$

Die zweite Gleichgewichtsbedingung (10.2) sowie die Randbedingung für σ_z wird im Außenbereich durch $\sigma_z(x, z) = 0$ erfüllt. Außerdem ist dann auch für alle $x_0 \leq x \leq \bar{x}$ und $z \geq \zeta$ die Fließbedingung (10.1) mit $\sigma_x = \sigma_F$ erfüllt; die Außenbereiche werden also nur durch Längsspannungen plastiziert.

Weiter liefert die zweite Gleichgewichtsbedingung (10.2) mit (10.4)

$$\frac{\partial\sigma_z}{\partial z} = -\frac{\sigma_F}{2}\left[-2z^2\,\frac{\zeta'^2}{\zeta^3} - \zeta''\left(1 - \frac{z^2}{\zeta^2}\right)\right]$$

und nach Integration

$$\sigma_z = \frac{\sigma_F}{2}\left[\frac{2}{3}\,z^3\,\frac{\zeta'^2}{\zeta^3} + \zeta''\left(z - \frac{z^3}{3\zeta^2}\right)\right] + g(x).$$

An der Bereichsgrenze muß $\sigma_z(x, \zeta) = 0$ sein, woraus

$$g(x) = -\frac{\sigma_F}{3}(\zeta'^2 + \zeta\zeta'')$$

und damit

$$\sigma_z(\zeta(x), z) = -\frac{\sigma_F}{3}\left[\zeta'^2\left(1 - \frac{z^3}{\zeta^3}\right) + \zeta\zeta'' + \frac{1}{2}\zeta''\left(\frac{z^3}{\zeta^2} - 3z\right)\right] \quad (10.5)$$

folgt.

Nun führen wir die Gleichungen für die Äquivalenz der Wirkung von Schnittlasten und Spannungen ein: Für das Moment gilt wie früher (6.22)

$$M\big(\zeta(x)\big) = M_e\, m\big(\zeta(x)\big) = \frac{1}{6}\sigma_F b h^2\left(\frac{3}{2} - 2\frac{\zeta^2}{h^2}\right) \quad (10.6)$$

und daraus für die Bereichsgrenze

$$\zeta(x) = \frac{h}{2}\sqrt{3 - 2\,m(x)}\;. \quad (10.7)$$

Durch Quadrieren und Differenzieren erhalten wir

$$2\zeta\zeta' = -\frac{h^2}{2}\frac{dm}{dx} = -\frac{h^2}{2M_e}\frac{dM}{dx} = -\frac{h^2}{2M_e}Q(x) \quad (10.8)$$

sowie

$$\zeta\zeta'' + \zeta'^2 = -\frac{h^2}{4M_e}\frac{dQ}{dx} = -\frac{h^2}{4M_e}p(x) \quad (10.9)$$

mit der Querkraft $Q(x)$ und der kontinuierlichen Belastung $p(x)$.

Alle vorstehenden Beziehungen gelten auch für den Querschnitt $x = \bar{x}$. An der Stelle $x = \bar{x}$, $z = 0$ gilt dann nach (10.4) und (10.5) mit der Bereichsgrenze $\zeta(\bar{x}) = \bar{\zeta}$

$$\bar{\tau} = \tau(\bar{x}, 0) = -\frac{\sigma_F}{2}\bar{\zeta}', \quad \bar{\sigma}_z = \sigma_z(\bar{x}, 0) = -\frac{\sigma_F}{3}(\bar{\zeta}'^2 + \bar{\zeta}\bar{\zeta}'').$$

Wir fordern nun, daß der Innenbereich des Querschnitts $\bar{x}$ mindestens an der Stelle $z = 0$ voll plastiziert sein soll. Nach (10.1) soll dort also mit $\sigma_x(\bar{x}, 0) = 0$

$$\bar{\sigma}_z^2 + 3\bar{\tau}^2 = \sigma_F^2$$

gelten, so daß die Differentialgleichung

$$(\bar{\zeta}'^2 + \bar{\zeta}\bar{\zeta}'')^2 + \frac{27}{4}\bar{\zeta}'^2 = 9$$

für $\bar{\zeta}(x)$ folgt. Wegen (10.9) können wir aus ihr unmittelbar

$$\bar{\zeta}' = -\left(\frac{4}{3} - \frac{h^4}{108 M_e^2}p^2\right)^{1/2} \quad (10.10)$$

15*

bestimmen[1]. Falls nur Einzelkräfte wirken ($p = 0$), ist

$$\bar{\zeta}' = -\frac{2}{\sqrt{3}}. \tag{10.10a}$$

Dies gilt natürlich nur für den Querschnitt $\bar{x}$; für alle anderen Querschnitte x folgt $\zeta(x)$ aus (10.7).

Wir wollen der Einfachheit halber im folgenden $p(x) = 0$ annehmen. Mit $\bar{\zeta}'^2 + \bar{\zeta}\bar{\zeta}'' = 0$ und $\bar{\zeta}' = -2/\sqrt{3}$ liefert (10.5) hierfür

$$\bar{\sigma}_z(\bar{\zeta}, z) = -\frac{2}{3}\,\sigma_F\left(\frac{z}{\bar{\zeta}} - \frac{z^3}{\bar{\zeta}^3}\right). \tag{10.11}$$

Diese Formel für die vertikale Druckspannung gilt auch im unteren Balkenbereich $-\bar{\zeta} \leq z \leq 0$. Man prüft leicht nach, daß die Äquivalenzgleichung

$$\int_{-\bar{\zeta}}^{\bar{\zeta}} \bar{\sigma}_z(\bar{\zeta}, z)\,dz = 0$$

erfüllt ist.

Für die Schubspannung ergibt sich schließlich aus (10.4) mit $\bar{\zeta}'$ nach (10.10a)

$$\bar{\tau}(\bar{\zeta}, z) = \frac{\sigma_F}{\sqrt{3}}\left(1 - \frac{z^2}{\bar{\zeta}^2}\right). \tag{10.12}$$

Die Spannungen $\bar{\sigma}_x$, $\bar{\sigma}_z$ und $\bar{\tau}$ nach (10.3), (10.11) und (10.12) sind in Abb. 10.2a in dimensionsloser Form aufgetragen.

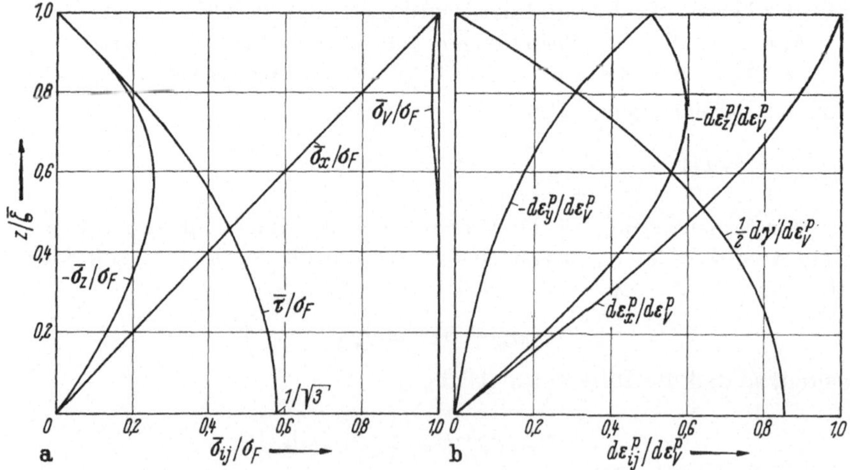

Abb. 10.2a u. b. Spannungszustand (a) und Verzerrungszustand (b) im Mittelbereich des praktisch voll plastizierten Querschnitts $\bar{x}$ der Abb. 10.1.

---

[1] Wir müssen hier das Minuszeichen der Wurzel nehmen, damit $\bar{\tau}$ den nach (10.4) festgelegten positiven Sinn hat.

Unter diesem Spannungszustand wird die ganze Querschnittsfläche praktisch vollständig plastiziert, wie die Berechnung einer Vergleichsspannung zeigt, für die wir entsprechend (10.1)

$$\bar\sigma_V = (\bar\sigma_x^2 - \bar\sigma_x\bar\sigma_z + \bar\sigma_z^2 + 3\bar\tau^2)^{1/2} = \frac{\sigma_F}{3}\left(9 + \frac{z^2}{\bar\zeta^2} - 5\frac{z^4}{\bar\zeta^4} + 4\frac{z^6}{\bar\zeta^6}\right)^{1/2} \quad (10.13)$$

erhalten. In der Tat beträgt die maximale Abweichung der Vergleichsspannung von σ_F nur etwa 2%.

Nun gilt noch die Äquivalenz zwischen Querkraft und Schubspannungsverteilung, d. h. mit (10.12) und $\tau = 0$ für $z > \bar\zeta$

$$\overline{Q} = 2b\int_0^{\bar\zeta} \bar\tau(\bar\zeta, z)\, dz = \frac{2b\sigma_F}{\sqrt{3}}\int_0^{\bar\zeta}\left(1 - \frac{z^2}{\bar\zeta^2}\right) dz = \frac{4}{3\sqrt{3}}\, b\sigma_F\bar\zeta. \quad (10.14)$$

Dies machen wir dimensionslos, indem wir als Bezugsgröße die Querkraft

$$Q^* = \frac{2}{3\sqrt{3}}\, b\sigma_F h \quad (10.15)$$

für $\bar\zeta = h/2$ und damit als *Lastfaktor der Querkraft*

$$\bar q = \frac{\overline{Q}}{Q^*} = 2\frac{\bar\zeta}{h} \leq 1 \quad (10.16)$$

einführen. (10.7) liefert hiermit die in Abb. 10.3 aufgetragene *Einflußkurve*

$$\bar m = \frac{3}{2} - \frac{1}{2}\bar q^2, \quad (10.17)$$

aus der wir entnehmen, wie der maximal mögliche, statisch zulässige Querkraftfaktor $\bar q$ den Überlastungsfaktor $\bar m$ des Biegemomentes an der Stelle $\bar x$ beeinflußt.

Wir untersuchen noch den Verzerrungszustand an der Stelle $\bar x$: Dazu berechnen wir mit den Hauptspannungen

$$\bar\sigma_{\mathrm{I,III}} = \frac{1}{2}(\bar\sigma_x + \bar\sigma_z)$$

$$\pm\left[\left(\frac{\bar\sigma_x - \bar\sigma_z}{2}\right)^2 + \bar\tau^2\right]^{1/2},$$

$$\sigma_{\mathrm{II}} = 0$$

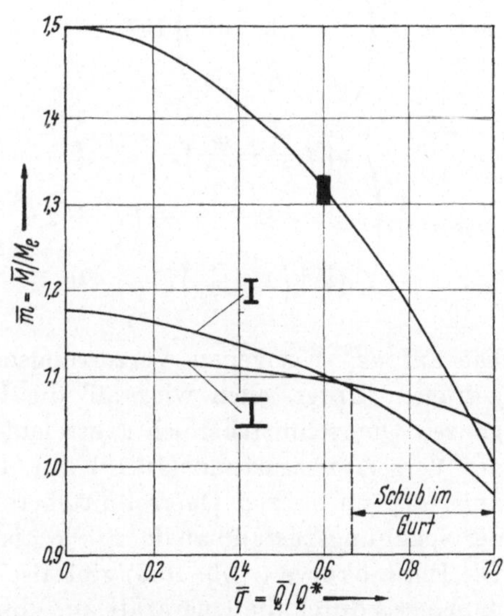

Abb. 10.3. Einflußkurven zwischen Querkraft und Biegemoment für Rechteck- und I-Querschnitte (mit Q^* für Rechteck nach (10.15), für I nach (10.20)).

zunächst den hydrostatischen Spannungszustand

$$\bar{\sigma} = \frac{1}{3}\,(\bar{\sigma}_\mathrm{I} + \bar{\sigma}_\mathrm{III}) = \frac{1}{3}\,(\bar{\sigma}_x + \bar{\sigma}_z)$$

und damit den Spannungsdeviator nach (9.6)

$$\bar{\sigma}'_{ij} = \begin{pmatrix} \bar{\sigma}_x - \bar{\sigma} & 0 & \bar{\tau} \\ 0 & -\bar{\sigma} & 0 \\ \bar{\tau} & 0 & \bar{\sigma}_z - \bar{\sigma} \end{pmatrix} = \frac{1}{3}\begin{pmatrix} 2\bar{\sigma}_x - \bar{\sigma}_z & 0 & 3\bar{\tau} \\ 0 & -(\bar{\sigma}_x + \bar{\sigma}_z) & 0 \\ 3\bar{\tau} & 0 & 2\bar{\sigma}_z - \bar{\sigma}_x \end{pmatrix}.$$

Hier setzen wir die Spannungen nach (10.3), (10.11) und (10.12) ein und erhalten nach (9.53) bzw. (9.60) den plastischen Verzerrungszustand

$$d\varepsilon^p_{ij} = \bar{\sigma}'_{ij}\,d\lambda = \frac{3}{2}\,\frac{\bar{\sigma}'_{ij}}{\sigma_F}\,d\varepsilon^p_V = \begin{pmatrix} d\varepsilon^p_x & 0 & \frac{1}{2}\,d\gamma^p \\ 0 & d\varepsilon^p_y & 0 \\ \frac{1}{2}\,d\gamma^p & 0 & d\varepsilon^p_z \end{pmatrix},$$

(wobei die Verzerrungsanteile auch in der für das Beispiel gewählten Schreibweise angegeben sind) und weiter

$$\begin{aligned}
d\varepsilon^p_{ij} &= \frac{1}{2}\begin{pmatrix} 2 & 0 & 0 \\ 0 & -1 & 0 \\ 0 & 0 & -1 \end{pmatrix} d\varepsilon^p_V && \text{für } \ z > \bar{\zeta}, \\[2ex]
d\varepsilon^p_{ij} &= \frac{1}{6}\begin{pmatrix} 2\left(4\dfrac{z}{\bar{\zeta}} - \dfrac{z^3}{\bar{\zeta}^3}\right) & 0 & 3\sqrt{3}\left(1 - \dfrac{z^2}{\bar{\zeta}^2}\right) \\ 0 & -\left(\dfrac{z}{\bar{\zeta}} + 2\dfrac{z^3}{\bar{\zeta}^3}\right) & 0 \\ 3\sqrt{3}\left(1 - \dfrac{z^2}{\bar{\zeta}^2}\right) & 0 & -\left(7\dfrac{z}{\bar{\zeta}} - 4\dfrac{z^3}{\bar{\zeta}^3}\right) \end{pmatrix} d\varepsilon^p_V && \text{für } \ z < \bar{\zeta}.
\end{aligned} \qquad (10.18)$$

Die auf $d\varepsilon^p_V$ bezogenen Verzerrungsanteile sind in Abb. 10.2b aufgetragen. Unterstellen wir, daß die Fließspannung σ_F praktisch im ganzen Querschnittsbereich $\bar{x}$ erreicht ist (vgl. Abb. 10.2a), dann ist der Verzerrungszustand (10.18) mit der willkürlichen Vergleichsdehnung $d\varepsilon^p_V$ im ganzen Querschnittsbereich $\bar{x}$ kinematisch möglich und der Spannungszustand an der Stelle $\bar{x}$ ist praktisch der Traglastzustand. Die Einflußkurve (Abb. 10.3) gibt also die Herabsetzung des Traglastmomentes durch die Querkraft an. Von einer eventuellen Behinderung der Verzerrungen $d\varepsilon^p_y$ und $d\varepsilon^p_z$ an Einspannstellen wollen wir hier absehen.

Um die praktische Bedeutung der vorstehenden Rechnungen beurteilen zu können, müssen wir den jeweiligen Belastungszustand des Balkens kennen. Wir wollen das am *Beispiel* eines Balkens von der Länge $2l$ nach Abb. 10.4 untersuchen. Den Koordinatenursprung legen wir an die Grenze des vollständig elastischen Bereiches $(x_0 = 0)$ und erhalten mit (10.6) und (10.14)

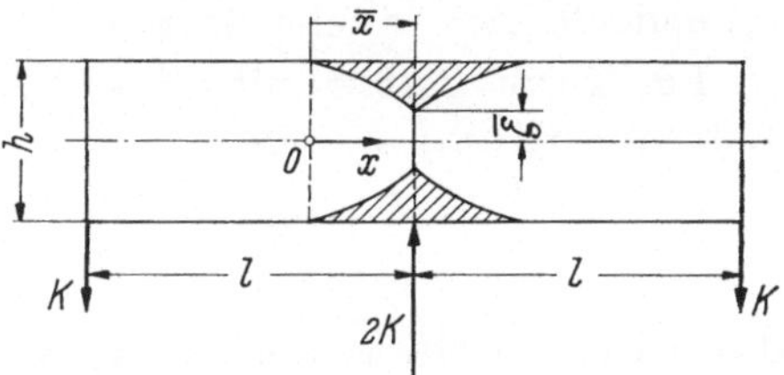

Abb. 10.4. Biegebalken $(l/h = 2)$ mit Fließbereich an der Tragfähigkeitsgrenze.

$$M(\bar{x}) = Kl = \bar{Q}l = \frac{4}{3\sqrt{3}}\, b\sigma_F \bar{\zeta}l = \frac{1}{6}\,\sigma_F b h^2\left(\frac{3}{2} - 2\,\frac{\bar{\zeta}^2}{h^2}\right).$$

Diese quadratische Gleichung für $\bar{q} = 2\bar{\zeta}/h$ (vgl. (10.16)) hat die Wurzel

$$\bar{q} = 2\frac{\bar{\zeta}}{h} = \frac{4}{\sqrt{3}}\frac{l}{h}\left[\left(1 + \frac{9}{16}\frac{h^2}{l^2}\right)^{1/2} - 1\right]. \tag{a}$$

Das setzen wir in (10.17) ein und erhalten den Momenten-Überlastungsfaktor

$$\bar{m} = \frac{3}{2} - 2\left(\frac{\bar{\zeta}}{h}\right)^2 = \frac{16}{3}\left(\frac{l}{h}\right)^2\left[\left(1 + \frac{9}{16}\frac{h^2}{l^2}\right)^{1/2} - 1\right], \tag{b}$$

bei dem der Querschnitt $\bar{x}$ nahezu vollständig plastiziert ist. Für größere $l/h > 1$ gilt näherungsweise

$$\bar{m} \approx \frac{3}{2}\left[1 - \frac{9}{64}\left(\frac{h}{l}\right)^2\right]. \tag{c}$$

Für sehr große $l/h \gg 1$ gibt das denselben Faktor $\bar{m} \approx 3/2$ wie bei der reinen Biegung ohne Querkräfte; das heißt, für schlanke Balken (etwa $l/h > 3$) können wir den Schubeinfluß ganz vernachlässigen.

Die Ausdehnung $\bar{x}$ des teilweise plastizierten Bereiches ergibt sich aus

$$M(0) = Q(l - \bar{x}) = M_e = \frac{1}{6}\,\sigma_F b h^2.$$

Setzen wir hierin $Q = \bar{Q}$ aus (10.14) mit $\bar{\zeta}/h$ nach (a) ein, dann folgt

$$\frac{\bar{x}}{h} = \frac{l}{h}\left[1 - \frac{3}{16\left[\left(1 + \frac{9}{16}\frac{h^2}{l^2}\right)^{1/2} - 1\right]}\left(\frac{h}{l}\right)^2\right]. \tag{d}$$

Da $\bar{x}/h \geq 0$ bzw. $2\bar{\zeta}/h \leq 1$ bleiben muß, gelten alle vorstehenden Formeln nur für $l/h \geq \sqrt{3}/4$. Der Wert von l/h für die Grenze des Gültigkeitsbereiches der Rechnung folgt z. B. durch Nullsetzen von (d); für ihn ist nach (b) $\bar{m} = m_e = 1$. Die Beeinflussung der Tragfähigkeit durch die Querkraft wird durch $\overline{m}$ nach (b) angegeben und ist in Abb. 10.5 aufgetragen. In diesem Diagramm ist auch $\overline{q} = 2\zeta/h$ nach (a) und $\overline{x}/h$ nach (d) eingetragen.

Für *kurze Balken* mit $l/h \leq \sqrt{3}/4$ erreicht das Biegemoment in Balkenmitte ($x = \overline{x} = 0$)

$$M(0) = Ql = \frac{1}{6}\,\sigma_0(0)\,bh^2 \tag{e}$$

das elastische Grenzmoment M_e nicht mehr, da die Längsspannung $\sigma_0(0) \leq \sigma_F$ in den Randfasern kleiner als die Fließspannung bleibt. Aus der linearen Längsspannungsverteilung für alle x,

$$\sigma_x(x, z) = \sigma_0(x)\frac{2z}{h}\,, \tag{f}$$

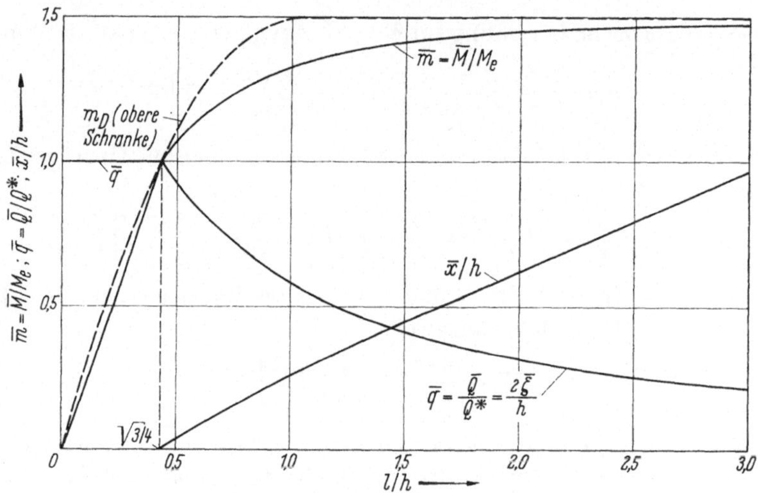

Abb. 10.5. Momenten-Überlastungsfaktor $\overline{m}$, Querkraftfaktor $\overline{q}$ und Ausdehnung $\overline{x}/h$ des plastischen Bereiches in Abhängigkeit vom Längenverhältnis l/h für Balken mit Rechteckquerschnitt und Belastungsfall nach Abb. 10.4.

liefert die Integration der ersten Gleichgewichtsbedingung (10.2)

$$\tau(x, z) = C - \frac{d}{dx}\sigma_0(x)\frac{z^2}{h}\,,$$

wobei die Integrationskonstante C aus der Bedingung folgt, daß die Schub-Fließspannung $\tau_F = \sigma_F/\sqrt{3}$ nirgends überschritten werden darf. Mit $\sigma_0(x) = \dfrac{6}{bh^2}\,M(x)$ wird

$$\tau(x, z) = \frac{\sigma_F}{\sqrt{3}} - \frac{d}{dx}M(x)\frac{6z^2}{bh^3} = \frac{\sigma_F}{\sqrt{3}} - \frac{6Q(x)z^2}{bh^3}$$

und damit für $x = 0$ die statisch zulässige Schubspannung

$$\tau(0, z) = \frac{\sigma_F}{\sqrt{3}} - 6Q\,\frac{z^2}{b\,h^3}\,.$$

Hiermit liefert die Äquivalenzbedingung

$$Q = 2b \int\limits_0^{h/2} \tau(0, z)\, dz,$$

die für alle $l/h \leq \sqrt{3}/4$ von m unabhängige statisch zulässige Querkraft

$$Q = \frac{2}{3\sqrt{3}}\, b\sigma_F h = Q^* \qquad \text{bzw.} \qquad q = 1 \tag{g}$$

(vgl. (10.15)), die Schubspannungsverteilung

$$\tau(0, z) = \frac{\sigma_F}{\sqrt{3}}\left(1 - 4\,\frac{z^2}{h^2}\right) = \frac{3Q}{2bh}\left(1 - 4\,\frac{z^2}{h^2}\right) \tag{h}$$

und schließlich aus (e) und (g) die maximale Biegespannung

$$\sigma_0(0) = \frac{6Q}{bh}\,\frac{l}{h} = \frac{4\sigma_F}{\sqrt{3}}\,\frac{l}{h}\,. \tag{i}$$

Da Q über die Balkenlänge konstant ist, hängt τ nicht von x ab, so daß nach der zweiten Gl. (10.2) $\sigma_z = 0$ wird.

Die Spannungen nach (f) und (h) führen nicht zur vollständigen Plastizierung des gesamten Querschnitts. Da sie demnach eine sichere Spannungsverteilung im Sinne von 4.5 ergeben, ist

$$m = \frac{M(0)}{M_e} = \frac{\sigma_0(0)}{\sigma_F} = \frac{4}{\sqrt{3}}\,\frac{l}{h} \tag{k}$$

mit $q = 1$ eine *untere Schranke* für die Tragfähigkeit für alle $l/h \leq \sqrt{3}/4$.

Eine *obere Schranke für* m kann man für ein angenommenes kinematisch mögliches Verzerrungsfeld erhalten, wobei die statischen Bedingungen nicht erfüllt zu sein brauchen. Eine solche Rechnung hat DRUCKER [45c] für ein einfaches Verschiebungsfeld vorgenommen. Nach Umrechnung auf die hier verwendeten Bezeichnungen erhält er als obere Schranke für die Tragfähigkeit

$$m_D = \frac{3}{2}\left(2\,\frac{h}{l} - 1\right)\left(\frac{l}{h}\right)^2 \qquad \text{für} \quad l/h \leq 1,$$

$$m_D = \frac{3}{2} \qquad \text{für} \quad l/h \geq 1.$$

In Abb. 10.5 ist dieses Ergebnis in einer gestrichelten Kurve dargestellt. Im Bereich kleiner l/h liegt sie nur wenig über der unteren Schranke nach (k); für $l/h \geq \sqrt{3}/4$ ergibt sie dagegen eine (bis 13%) zu große Tragfähigkeit gegenüber der ausgezogenen Einflußkurve nach (b), welche praktisch für den Zusammenbruch maßgeblich ist.

10.2 Balken mit I-Querschnitt

Wir haben zwei Fälle zu unterscheiden:

Fall 1. Wenn der *Einfluß der Querkraft verhältnismäßig klein* ist, kann sich die Spannungsverteilung im gefährdeten Querschnitt so ausbilden, daß nur durch Normalspannungen $\sigma_x = \sigma_F$ plastizierte Querschnittsbereiche in den Steg hineinreichen und Schubspannungen nur im Innenbereich $\bar{\zeta} \leq h_s/2$ auftreten (vgl. Abb. 10.6 und Abb. 6.10). Die Rechnung, die sinngemäß wie unter 10.1 vor sich geht, wollen wir mit den für Normal- und Breitflanschprofile geltenden Zahlenwerten durchführen.

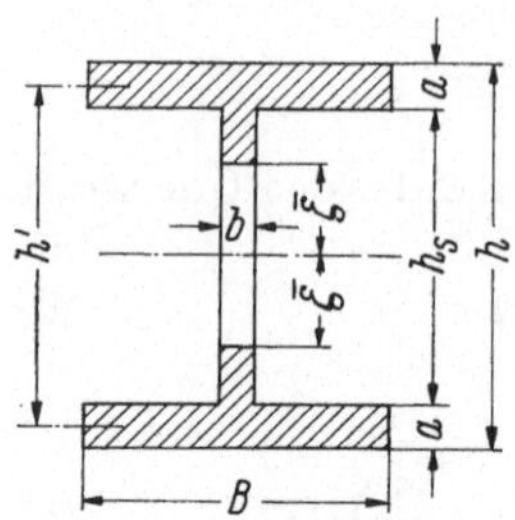

Abb. 10.6. I-Träger. Abmessungen und Fließbereich für kleine Querkräfte.

Für den Momenten-Überlastungsfaktor gilt (6.34). Wenn wir $\bar{\zeta}$ auf die Steghöhe h_s (im Mittel $h_s = 0{,}892\,h$ für Normal-I-Profile und $h_s = 0{,}86\,h$ für Breitflanschprofile) beziehen, dann gilt für *Normalprofile* an Stelle von (6.35)

$$\bar{m} = 1{,}175 - 0{,}422\left(\frac{\bar{\zeta}}{h_s}\right)^2 \tag{10.19a}$$

und für *Breitflanschprofile* an Stelle von (6.36)

$$\bar{m} = 1{,}123 - 0{,}175\left(\frac{\bar{\zeta}}{h_s}\right)^2. \tag{10.19b}$$

Als Bezugsgröße für die Querkraft verwenden wir an Stelle von (10.15) die in sehr kurzen Balken maximal etwa erreichbare Querkraft

$$Q^* = \frac{1}{\sqrt{3}}\, b\,\sigma_F h_s = \frac{Q}{q}, \tag{10.20}$$

bei der die Schubfließspannung $\sigma_F/\sqrt{3}$ überall im Steg voll erreicht wird. Die Schubspannungen τ_{xz} in den Gurten tragen praktisch nicht mit zur Querkraft bei. Da im Bereich $-\bar{\zeta} \leq z \leq \bar{\zeta}$ des Steges derselbe Spannungszustand wie im rechteckigen Querschnitt herrscht, folgt mit (10.14) und (10.20) der Querkraftfaktor

$$\bar{q} = \frac{\bar{Q}}{Q^*} = \frac{4}{3}\,\frac{\bar{\zeta}}{h_s}. \tag{10.21}$$

Wir setzen (10.21) in (10.19) bzw. (10.20) ein und erhalten als *Einflußkurven* zwischen Querkraft und Biegemoment

$$\bar{m} = \alpha - \beta\bar{q}^2. \tag{10.22}$$

Als Zahlenwerte gelten:

	α	β
für Normalprofile	1,175	0,237
für Breitflanschprofile	1,123	0,098

Die Kurven sind nur für $\bar\zeta/h_s \leq 1/2$ bzw. wegen (10.21) für $\bar q \leq 2/3$ gültig. Sie sind in Abb. 10.3 aufgetragen. Die Spannungen und Verzerrungen in diesem Bereich kann man aus Abb. 10.2 entnehmen.

Fall 2. Für $\bar q > \cdot 2/3$ werden die Verhältnisse komplizierter, da wir nun auch die Schubspannungen im Gurt berücksichtigen müssen. Um zu einer Näherungslösung zu kommen, unterteilen wir den Querschnitt nach Abb. 10.7 in den Steg, die Anschlußteile zu den Gurtseitenteilen

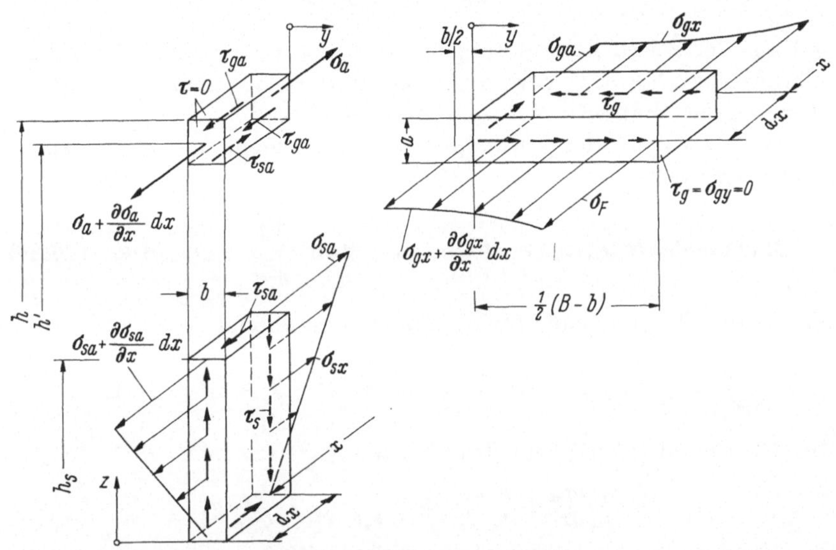

Abb. 10.7. I-Träger. Spannungszustand.

und die Gurtseitenteile. Wir nehmen an, daß die Spannungen über die Dicken von Steg und Gurt und über die Grenzflächen der Anschlußteile konstant sind. Außerdem vernachlässigen wir die Schubspannungen in z-Richtung in den Gurten und Anschlußteilen als klein gegenüber τ_s .

Es sind folgende Gleichgewichtsbedingungen zu erfüllen:

Steg (vgl. (10.2)):
$$\frac{\partial\sigma_{sx}}{\partial x} + \frac{\partial\tau_s}{\partial z} = 0, \qquad \frac{\partial\sigma_{sz}}{\partial z} + \frac{\partial\tau_s}{\partial x} = 0, \tag{10.23}$$

Anschlußteile:
$$\frac{d\sigma_a}{dx} = \frac{\tau_{sa}}{a} - \frac{2\tau_{ga}}{b}, \tag{10.24}$$

Gurtseiten:
$$\frac{\partial\sigma_{gy}}{\partial y} + \frac{\partial\tau_g}{\partial x} = 0, \qquad \frac{\partial\sigma_{gx}}{\partial x} + \frac{\partial\tau_g}{\partial y} = 0. \tag{10.25}$$

Da σ_{sa} die Fließgrenze für $q > 2/3$ nicht erreicht, gilt für die *Längsspannung im Steg*

$$\sigma_{sx}(x, z) = \sigma_{sa}(x)\frac{2z}{h_s}. \tag{10.26}$$

Für die Gurtseiten wählen wir die lineare Schubspannungsverteilung

$$\tau_g(x, y) = \tau_{ga}(x)\left(1 - \frac{2y}{B - b}\right),\tag{10.27}$$

welche die Randbedingungen $\tau_g(x, 0) = \tau_{ga}(x)$ und $\tau_g\left(x, \frac{1}{2}(B-b)\right) = 0$ erfüllt. Aus der zweiten Gl. (10.25) folgt damit

$$\frac{\partial \sigma_{gx}}{\partial x} = \frac{2\tau_{ga}(x)}{B - b}\tag{10.28}$$

und aus der ersten kommt (wegen $Q = $ const und $\tau_g = \tau_g(y)$ für Einzelkräfte) $\partial\sigma_{gy}/\partial y = 0$ bzw. $\sigma_{gy} = $ const über die ganze Gurtbreite; da σ_{gy} an den Rändern Null sein muß, ist überall $\sigma_{gy} = 0$.

Die Äquivalenz der Wirkung von Biegemoment und Normalspannungen erfordert

$$M(x) = \frac{1}{6}\, b h_s^2\, \sigma_{sa}(x) + a b h'\, \sigma_a(x) + 2 a h' \int\limits_{y=0}^{\frac{1}{2}(B-b)} \sigma_{gx}(x, y)\, dy \tag{10.29}$$

oder — da $\partial\sigma_{gx}/\partial x$ nach (10.28) nur von x abhängt —

$$\frac{dM}{dx} = \frac{1}{6}\, b h_s^2\, \frac{d\sigma_{sa}}{dx} + a b h'\, \frac{d\sigma_a}{dx} + a h'\, \frac{\partial\sigma_{gx}}{\partial x}\,(B - b) = Q(x).$$

Mit (10.28) und (10.20) geht das über in

$$\frac{1}{6}\frac{h_s}{a}\frac{d\sigma_{sa}}{dx} + \frac{h'}{h_s}\frac{d\sigma_a}{dx} + 2\frac{h'}{h_s b}\tau_{ga} = \frac{\sigma_F}{\sqrt{3}\,a}\, q.$$

Mit (10.24) folgt weiter

$$\frac{d\sigma_{sa}}{dx} = \frac{6}{h_s}\left(\frac{\sigma_F}{\sqrt{3}}\, q - \frac{h'}{h_s}\tau_{sa}\right).$$

Hiermit ergibt die erste Gl. (10.23) mit (10.26)

$$\frac{\partial\tau_s}{\partial z} = -\frac{2z}{h_s}\frac{d\sigma_{sa}}{dx}$$

und nach Integration

$$\tau_s(x, z) = -\frac{1}{h_s}\frac{d\sigma_{sa}}{dx}\, z^2 + f(x) = -\frac{6z^2}{h_s^2}\left(\frac{\sigma_F}{\sqrt{3}}\, q - \frac{h'}{h_s}\tau_{sa}\right) + f(x).$$

Alle vorstehenden Gleichungen gelten für jede Stelle x. *Für den gefährdeten Querschnitt* $\bar{x}$ müssen nun die Fließbedingungen erfüllt sein. Daher soll mindestens in der Balkenachse $\tau_s(\bar{x},\, 0) = \bar{\tau}_s(0) = f(\bar{x}) = \sigma_F/\sqrt{3}$ gelten, so daß wir

$$\bar{\tau}_{sa} = \bar{\tau}_s\left(\frac{h}{2}\right) = \frac{\sigma_F}{\sqrt{3}}\,\frac{3\bar{q} - 2}{3\dfrac{h'}{h_s} - 2}\tag{10.30}$$

und schließlich die *Schubspannung im Steg*

$$\bar{\tau}_s(z) = \frac{\sigma_F}{\sqrt{3}}\left[1 + \left(\frac{3\bar{q}-2}{3-2\dfrac{h_s}{h'}} - \bar{q}\right)\frac{6z^2}{h_s^2}\right] \tag{10.31}$$

erhalten.

Im Anschlußteil und am Gurtrand $y = 0$ herrscht bei voller Plastizierung etwa derselbe Spannungszustand, da die am Übergang zum Steg wirkende Schubspannung $\bar{\tau}_{sa}$ für das Fließen des Anschlußteils unberücksichtigt bleiben kann. Wir setzen also $\bar{\sigma}_{ga}(x) \approx \bar{\sigma}_a(x)$ und näherungsweise auch $\partial\bar{\sigma}_{gx}/\partial x \approx d\bar{\sigma}_a/dx$. Dann liefert (10.24) und (10.28) mit (10.30)

$$\bar{\tau}_{ga} = \frac{b}{2a}\left(1 - \frac{b}{B}\right)\bar{\tau}_{sa} = \frac{\sigma_F b}{2\sqrt{3}a}\left(1 - \frac{b}{B}\right)\frac{3\bar{q}-2}{3\dfrac{h'}{h_s}-2}$$

und mit (10.27) die *Schubspannung im Gurt*

$$\bar{\tau}_g(y) = \frac{\sigma_F b}{2\sqrt{3}a}\left(1 - \frac{b}{B}\right)\frac{3\bar{q}-2}{3\dfrac{h'}{h_s}-2}\left(1 - \frac{2y}{B-b}\right). \tag{10.32}$$

Die *Längsspannung im Steg* berechnen wir aus der Fließbedingung für die Längsfasern an Stegoberkante

$$\bar{\sigma}_{sa}^2 + 3\bar{\tau}_{sa}^2 = \sigma_F^2$$

mit (10.26) und (10.30) zu

$$\bar{\sigma}_{sx}(\bar{x}, z) = \sigma_{sa}(\bar{x})\frac{2z}{h_s} = (\sigma_F^2 - 3\bar{\tau}_{sa}^2)^{1/2}\frac{2z}{h_s} = \sigma_F\left[1 - \left(\frac{3\bar{q}-2}{3\dfrac{h'}{h_s}-2}\right)^2\right]^{1/2}\frac{2z}{h_s}.$$

$$\tag{10.33}$$

Man kann mit Hilfe der ersten Gleichgewichtsbedingung (10.23) und mit (10.30) zeigen, daß im ganzen Steg $\bar{\sigma}_{sz} = 0$ ist, da es für $z = h_s$ annähernd Null sein muß. Mit (10.32) liefert schließlich die Fließbedingung mit $\sigma_{gy} = 0$ für den Gurt

$$\bar{\sigma}_{gx}^2 + 3\bar{\tau}_g^2 = \sigma_F^2$$

als *Längsspannung im Gurt*

$$\left.\begin{aligned}
\bar{\sigma}_{gx}(\bar{x}, y) &= (\sigma_F^2 - 3\bar{\tau}_g^2)^{1/2} = \sigma_F\left[1 - C\left(1 - \frac{2y}{B-b}\right)^2\right]^{1/2}\\
\text{mit}\quad C &= \frac{1}{4}\left[\frac{b}{a}\left(1 - \frac{b}{B}\right)\frac{3\bar{q}-2}{3\dfrac{h'}{h_s}-2}\right]^2.
\end{aligned}\right\} \tag{10.34}$$

Damit ist die Spannungsverteilung bestimmt. Die charakteristischen Spannungen an den Übergangsstellen zu den Anschlußteilen

$(y = 0;\ z = \pm h_s/2;$ vgl. auch Abb. 10.7) sind in Abb. 10.8 für den in Frage kommenden Bereich $\bar{q} > 2/3$ für Normalprofile aufgetragen. Wir

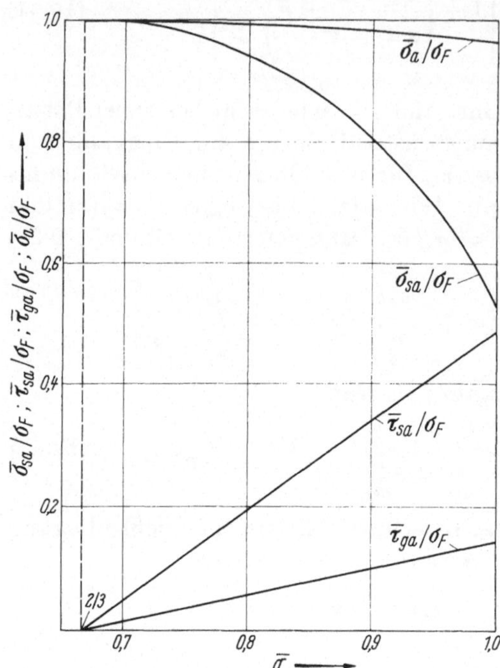

Abb. 10.8. Spannungen im voll plastizierten I-Querschnitt in Abhängigkeit vom Querkraftfaktor $\bar{q}$ (vgl. Abb. 10.7).

entnehmen dem Diagramm, daß die Längsspannungen in den Gurten kaum durch die Schubspannungen $\bar{\tau}_g$ beeinflußt werden.

Die Berechnung einer Vergleichsspannung $\sigma_V = (\bar{\sigma}_x^2 + 3\bar{\tau}_s^2)^{1/2} \approx \sigma_F$ für den Steg (die um weniger als 1% von σ_F abweicht) zeigt schließlich, daß der Steg praktisch voll plastiziert wird; für die Gurte hatten wir das schon durch (10.34) sichergestellt. Mit dem berechneten Spannungszustand können wir daher die richtige Einflußkurve für die Tragfähigkeit ermitteln.

Dazu setzen wir zunächst die errechneten Spannungen $\bar{\sigma}_{sa} = \bar{\sigma}_{sx}(h_s/2)$ und $\bar{\sigma}_{gx}(0) = \bar{\sigma}_a$ nach (10.33) und (10.34) in (10.29) ein. Aus

$$\overline{M}(\bar{x}) = \frac{1}{6}\, b h_s^2\, \sigma_F \left[1 - \left(\frac{3\bar{q} - 2}{3\dfrac{h'}{h_s} - 2}\right)^2\right]^{1/2}$$

$$+\, a h' \sigma_F \left\{ b\sqrt{1 - C} + 2 \int\limits_{y=0}^{\frac{1}{2}(B-b)} \left[1 - C\left(1 - \frac{2y}{B - b}\right)^2\right]^{1/2} dy\right\}$$

erhalten wir nach Integration

$$\overline{M}(\bar{x}) = \frac{1}{6}\, b h_s^2 \sigma_F \left[1 - \left(\frac{3\bar{q} - 2}{3\dfrac{h'}{h_s} - 2}\right)^2\right]^{1/2}$$

$$+\, a h' \sigma_F \left\{ b\sqrt{1 - C} + \frac{B - b}{2\sqrt{C}}\left[\sqrt{C}\sqrt{1 - C} + \arcsin\sqrt{C}\right]\right\}.$$

Das elastische Grenzmoment, bei dem die Randfaser $z = h_s/2 + a$ zu fließen beginnt, berechnen wir zu

$$M_e = \sigma_F \left[\frac{1}{6} b h_s^2 \frac{h_s}{h_s + 2a} + a h_s B \right]. \qquad (10.35)$$

Die Einflußkurve für die Einwirkung der Querkräfte auf die Tragfähigkeit gewinnen wir dann aus

$$\bar{m} = \frac{\bar{M}(\bar{x})}{M_e}$$

$$= \frac{\left[1 - \left(\frac{3\bar{q} - 2}{3\frac{h'}{h_s} - 2} \right)^2 \right]^{1/2} + 6\frac{a h'}{h_s^2}\sqrt{1 - C} + \frac{3 a h'(B - b)}{\sqrt{C}\, b h_s^2}\left[\sqrt{C}\,\sqrt{1 - C} + \arcsin\sqrt{C} \right]}{\frac{h_s}{h_s + 2a} + 6\frac{a B}{h_s b}}$$

$$(10.36)$$

mit $C(\bar{q})$ nach (10.34). Sie ist in Abb. 10.3 für Normal- und Breitflanschprofile über $\bar{q}$ aufgetragen. Der Querkrafteinfluß ist in diesem Diagramm zwar weniger ausgeprägt als beim Rechteckquerschnitt, jedoch kann seine Auswirkung für den jeweiligen Belastungsfall größer werden als beim Rechteckquerschnitt, wie das folgende *Beispiel* (Balken mit Einzellast in der Mitte wie unter 10.1 nach Abb. 10.4) zeigt.

Für $\bar{q} < 2/3$ (Schubspannung nur im Steg) gilt ähnlich wie unter 10.1

$$M(\bar{x}) = \bar{Q}l = \frac{4}{3\sqrt{3}} b \sigma_F \zeta l = \sigma_F a B h' + \frac{1}{6}\sigma_F b h_s^2 \left(\frac{3}{2} - 2\frac{\bar{\zeta}^2}{h_s^2} \right)$$

und hieraus mit (10.21)

$$\bar{q} = \frac{\bar{Q}}{Q^*} = \frac{4}{3}\frac{\bar{\zeta}}{h_s} = \frac{8}{3\sqrt{3}}\frac{l}{h_s}\left\{ \left[1 + \frac{9}{16}\left(\frac{h_s}{l} \right)^2 \left(1 + 4\frac{a B h'}{b h_s^2} \right) \right]^{1/2} - 1 \right\} \qquad (10.37)$$

als Funktion von l/h_s. Damit liefert (10.22) die Einflußkurve

$$\bar{m} = \alpha - \beta \bar{q}^2 (l/h_s). \qquad (10.38)$$

Die Zahlenrechnung wurde für Normal- und Breitflanschprofile durchgeführt; die auf die ganze Balkenhöhe $h = h_s \left(1 + \frac{2a}{h_s} \right)$ umgerechneten Ergebnisse sind in Abb. 10.9 aufgetragen.

Für $\bar{q} > 2/3$ erhalten wir mit (10.20) und (10.35)

$$\bar{M}(\bar{x}) = \bar{Q}l = \frac{\sigma_F}{\sqrt{3}}\bar{q} b h_s l = \bar{m}M_e = \bar{m}\sigma_F \left[\frac{1}{6} b h_s^2 \frac{h_s}{h_s + 2a} + a h' B \frac{h_s}{h_s + a} \right]$$

bzw.

$$\bar{m} = \frac{6\bar{q}}{\sqrt{3}\left[\frac{h_s}{h_s + 2a} + 6\frac{a B}{b h_s} \right]}\frac{l}{h_s}. \qquad (10.39)$$

Hieraus und aus (10.36) läßt sich $\bar{m}$ und $\bar{q} > 2/3$ für vorgegebene l/h_s ausrechnen. Wenn $\bar{q} = 1$ erreicht ist, nimmt schließlich $\bar{m}$ linear bis auf Null ab. Aus Abb. 10.9 sind die Ergebnisse der Zahlenrechnung zu entnehmen.

Aus der Zusammenstellung der Ergebnisse für den Balken auf zwei Stützen in Abb. 10.10 entnehmen wir, daß der plastische Formfaktor

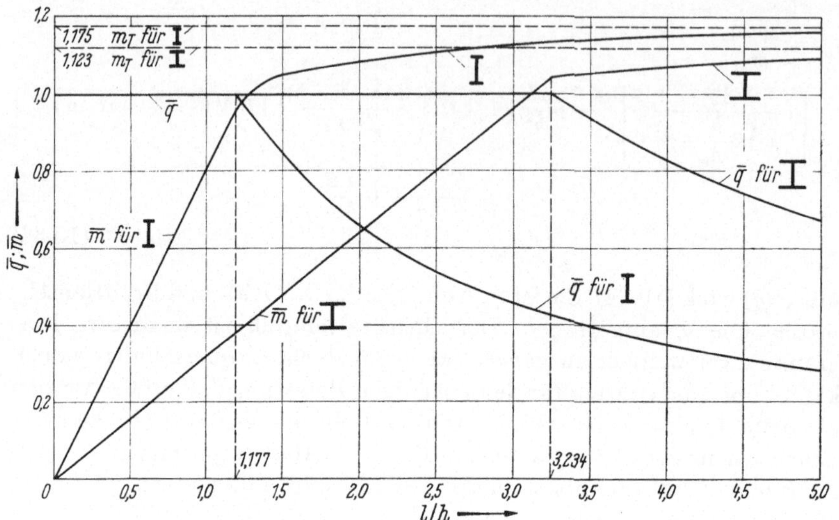

Abb. 10.9. Momentenüberlastungsfaktor $\bar{m}$ und Querkraftfaktor $\bar{q}$ in Abhängigkeit vom Längenverhältnis l/h für Balken mit I-Querschnitten und Belastungsfall nach Abb. 10.4.

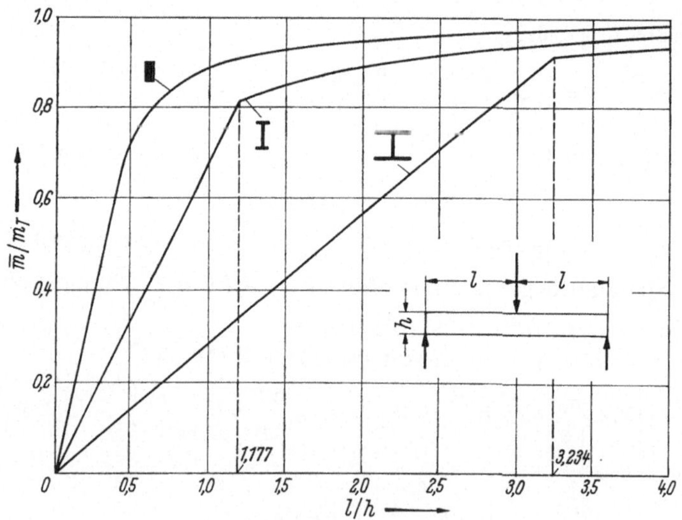

Abb. 10.10. Abminderung des Traglastfaktors m_T für Belastungsfall nach Abb. 10.4.

m_T ($=\overline{m}$ für $h_s/l \to 0$) bei Berücksichtigung des Querkrafteinflusses durch einen kleineren Faktor $\overline{m}$ zu ersetzen ist. Bei verhältnismäßig kurzen Balken wird die Tragfähigkeit erheblich vermindert, was man bei Anwendung des Traglastverfahrens durch eine entsprechende Herabsetzung des Fließmomentes M_T berücksichtigen muß. Besonders stark tritt der Querkrafteinfluß bei Breitflanschprofilen in Erscheinung. Beispielsweise wird die Tragfähigkeit eines I-Balkens mit $L = 2\,l = 5\,h$ bereits um etwa 25% herabgesetzt! (Vgl. auch 8.1.1!)

§ 11. Torsion von Stäben[1]

11.1 Erweiterung der Theorie von de Saint-Vénant

11.1.1 Allgemeingültige Beziehungen. Wir wollen zunächst das Problem der reinen Torsion eines prismatischen Stabes mit einfach berandetem Querschnitt von beliebiger Umrißform (Kurve $(\mathfrak{C})$ der Abb. 11.1) behandeln, durch den ein konstantes Torsionsmoment M übertragen wird. ϑ sei der Torsionswinkel, l die Stablänge, $D = \vartheta/l = \vartheta(x)/x$ die Drillung und x die Koordinate in Richtung der Stabachse. An den Enden des Stabes soll M so eingeleitet werden, daß die freie Verwölbung der Querschnitte längs x nicht behindert wird, so daß keine Längsspannungen auftreten ($\sigma_x = 0$).

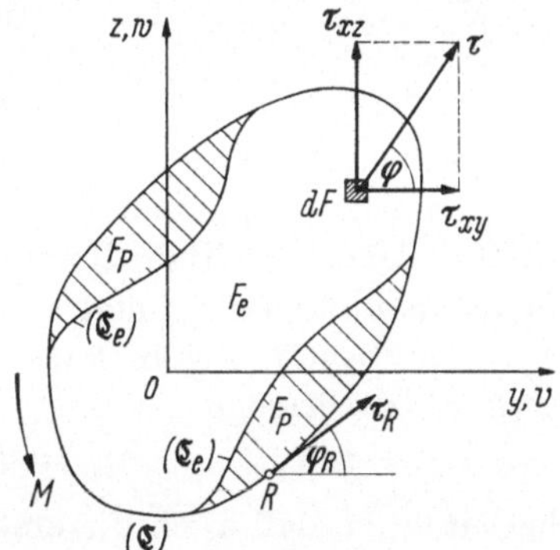

Abb. 11.1 Zu den Grundgleichungen des Torsionsproblems (plastizierte Bereiche F_p gestrichelt).

Unter diesen Voraussetzungen wirken in der Querschnittsebene (y, z-Ebene) als einzige Spannungen nur Schubspannungen τ_{xy} und τ_{xz}. Weiter setzen wir $\sigma_y = \sigma_z = 0$ voraus.

Unabhängig davon, ob der Querschnitt noch ganz elastisch oder zum Teil (in Abb. 11.1 schraffiert) bzw. vollständig plastiziert ist, läßt sich für den ganzen Querschnittsbereich die *Theorie von* DE SAINT-VENANT [75a] in folgender erweiterter Form verwenden.

Für die *Verschiebungen* soll gelten

$$u = u(y, z; D), \quad v = -Dxz, \quad w = Dxy. \tag{11.1}$$

Anders als bei der rein elastischen Torsion, bei der man nach DE SAINT-VENANT für die Verwölbung $u = D\varphi(y, z)$ ansetzt, können wir

---

[1] Vgl. u. a. die Bücher von HILL [1], NADAI [5b], PRAGER und HODGE [7], SOKOLOWSKIJ [8] und SZABÓ [13].

im allgemeinen Fall nicht mehr erwarten, daß die Verwölbung proportional zur Drillung D ist. Über elastische Torsion lese man z. B. bei SZABÓ [13] nach.

Aus dem Ansatz (11.1) für die Verschiebungen folgen die *Verzerrungen*[1]

$$\left.\begin{aligned}
&\varepsilon_x = u_{,x} = 0, \ \ \varepsilon_y = v_{,y} = 0, \ \ \varepsilon_z = w_{,z} = 0, \\
&2\varepsilon_{xy} = \gamma_{xy} = u_{,y} + v_{,x} = u_{,y} - Dz, \\
&2\varepsilon_{xz} = \gamma_{xz} = u_{,z} + w_{,x} = u_{,z} + Dy, \\
&2\varepsilon_{yz} = \gamma_{yz} = v_{,z} + w_{,y} = -Dx + Dx = 0.
\end{aligned}\right\} \qquad (11.2)$$

Außer den beiden Gleitungen γ_{xy} und γ_{xz}, für die wir nach Elimination der Verwölbungsfunktion u die *Verträglichkeitsbedingung*

$$\gamma_{xy,z} - \gamma_{xz,y} = -2D \qquad (11.3)$$

erhalten, verschwinden alle anderen Verzerrungen identisch.

Mit $\ \sigma_x = \sigma_y = \sigma_z = 0$ · lauten die Gleichgewichtsbedingungen

$$\tau_{xy,y} + \tau_{xz,z} = 0, \ \ \ \tau_{xy,x} + \tau_{yz,z} = 0, \ \ \ \tau_{xz,x} + \tau_{yz,y} = 0. \quad (11.4)$$

Da nach (11.2) $\gamma_{yz} = 0$ ist, wird auch $\tau_{yz} = 0$. Bei der reinen Torsion sind daher τ_{xy} und τ_{xz} die einzigen Spannungen. Die zweite und dritte Gleichgewichtsbedingung läßt sich durch Ansätze, in denen die Schubspannungen τ_{xy} und τ_{xz} nicht von x abhängen, identisch erfüllen. Die Schubspannungen kann man dann aus einer *Torsionsfunktion* $\Phi(y, z; D)$ vermöge

$$\tau_{xy} = \Phi_{,z}, \ \ \ \tau_{xz} = -\Phi_{,y} \qquad (11.5)$$

herleiten, so daß auch die erste Gleichgewichtsbedingung (11.4) erfüllt ist.

Durch partielle Integration gewinnt man das *Torsionsmoment*

$$M = S\,(\tau_{xz}y - \tau_{xy}z)\,dF = 2\,S\,\Phi(y, z; D)\,dF. \qquad (11.6)$$

Die Torsionsfunktion ist so zu wählen, daß die Randbedingung für den Schubspannungsvektor erfüllt wird, der überall die beispielsweise in Parameterform $y = y(t)$, $z = z(t)$ vorgegebene Randkurve ($\mathfrak{C}$) tangieren muß. Auf dem Rande muß also (vgl. Abb. 11.1)

$$\tan \varphi_R = \frac{dz}{dy} = \frac{dz/dt}{dy/dt} = \frac{\tau_{xz}}{\tau_{xy}} \qquad (11.7)$$

oder mit (11.5)

$$\Phi_{,y}\,dy + \Phi_{,z}\,dz = d\Phi = 0,$$

---

[1] Bei der abkürzenden Schreibweise der Differentiationsprozesse ist im folgenden ein Komma (z. B. $\partial u/\partial x \equiv u_{,x}$) gesetzt, um eine Verwechslung mit den Koordinatenrichtungen zu vermeiden.

das heißt

$$\Phi = \text{const auf } (\mathfrak{C}) \tag{11.8}$$

gelten.

Für Querschnitte mit einer geschlossenen Randkurve $(\mathfrak{C})$ können wir

$$\Phi = 0 \text{ auf } (\mathfrak{C}) \tag{11.9}$$

setzen, da wir zur Berechnung der Schubspannungen nach (11.5) nur die ersten Ableitungen von Φ benötigen. Bei Querschnitten mit mehrfachen Bereichen (Hohlquerschnitte) können wir nur auf einem Rand $\Phi = 0$ setzen und müssen die Konstanten für die anderen Ränder gesondert bestimmen.

Für die Grenzen zwischen Bereichen mit verschiedenem Werkstoffverhalten müssen wir besondere Überlegungen anstellen (vgl. 11.2).

11.1.2 Hohlquerschnitte. Wir behandeln zunächst einen Querschnitt mit zwei Randkurven $\mathfrak{C}$ und $\mathfrak{C}'$ nach Abb. 11.2. Für das Torsionsmoment erhalten wir mit (11.5)

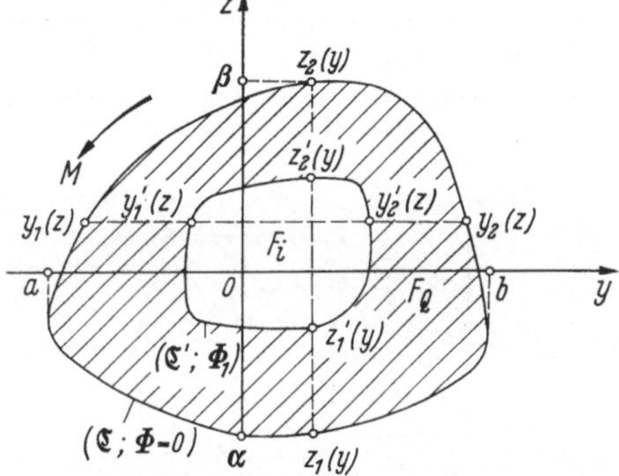

Abb. 11.2. Tordierter Hohlquerschnitt.

$$M = S\,(\tau_{xz}\,y - \tau_{xy}\,z)\,dF = -\iint (y\Phi_{,y} + z\Phi_{,z})\,dy\,dz.$$

Der erste Term wird durch partielle Integration in

$$\int dz \int y\Phi_{,y}\,dy = \int\limits_{z=\alpha}^{\beta} dz\,\Big[y\Phi - \int \Phi\,dy\Big]_{y_1(z)}^{y_1'(z)} + \int\limits_{z=\alpha}^{\beta} dz\,\Big[y\Phi - \int \Phi\,dy\Big]_{y_2'(z)}^{y_2(z)}$$

$$= \int\limits_{z=\alpha}^{\beta} \big[y_1'(z)\,\Phi(y_1',z) - y_1(z)\,\Phi(y_1,z)\big]\,dz - \int\limits_{z=\alpha}^{\beta} dz \int\limits_{y_1}^{y_1'} \Phi\,dy$$

$$+ \int\limits_{z=\alpha}^{\beta} \big[y_2(z)\,\Phi(y_2,z) - y_2'(z)\,\Phi(y_2',z)\big]\,dz - \int\limits_{z=\alpha}^{\beta} dz \int\limits_{y_2'}^{y_2} \Phi\,dy$$

überführt[1]. Auf dem Außenrand setzen wir $\Phi(y_1, z) = \Phi(y_2, z) = \Phi_0 = 0$, auf dem Innenrand $\Phi(y_1', z) = \Phi(y_2', z) = \Phi_1 = \text{const}$. Das zweite und vierte Integral sind zusammen gleich dem über die Ringfläche F_Q (materielle Querschnittsfläche) erstreckten Integral $S\,\Phi\,dF$. Wenn wir den zweiten Term genauso umformen, kommt schließlich

$$M = \int\limits_{z=\alpha}^{\beta} \big[y_2'(z) - y_1'(z)\big]\,\Phi_1\,dz + \int\limits_{y=a}^{b} \big[z_2'(y) - z_1'(y)\big]\,\Phi_1\,dy + 2\,S\,\Phi\,dF.$$

---

[1] In den vollen Querschnittsbereichen setzen wir $y_1'(z) = y_2'(z) = 0$.

16*

Das *Torsionsmoment* wird also

$$M = 2\left[\Phi_1 F_i + \underset{F_Q}{S}\,\Phi\,dF\right].\tag{11.10}$$

In solchen Fällen, in denen man von vornherein klar sehen kann, daß die innere Randkurve $\mathfrak{C}'$ eine Linie $\Phi_1 = \text{const}$ des zugehörigen Vollquerschnitts ist (z. B. bei symmetrischen Querschnitten), ist es

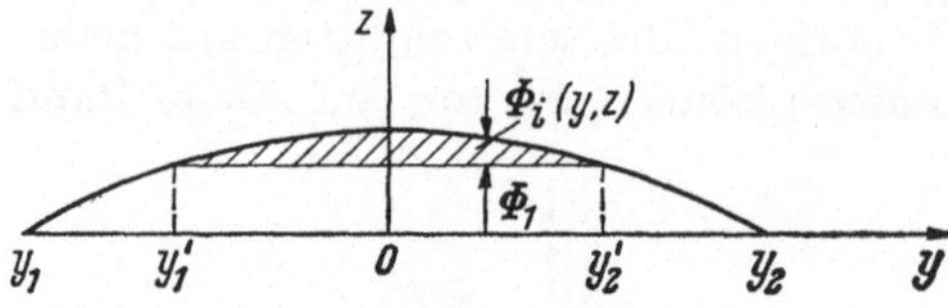

Abb. 11.3. Torsionsfunktion $\Phi = \Phi_1 + \Phi_i$ eines symmetrischen Hohlquerschnitts.

zweckmäßig, die Torsionsfunktion im Innenbereich F_i durch $\Phi(y,\,z) = \Phi_1 + \Phi_i(y,\,z)$ darzustellen, wobei Φ_i auf dem Innenrand Null ist (vgl. Abb. 11.3). In diesem Sonderfall gilt

$$M = 2\left[\underset{F_{\text{ges}}}{S}\,\Phi\,dF - \underset{F_i}{S}\,\Phi_i\,dF\right].\tag{11.11}$$

Wir haben also von dem für den Vollquerschnitt errechneten Moment das Moment des fiktiven Querschnitts mit der Innenfläche F_i abzuziehen.

Die Erweiterung auf mehrfach zusammenhängende Bereiche nach Abb. 11.4 ist einleuchtend: An Stelle von (11.10) erhalten wir für das Torsionsmoment

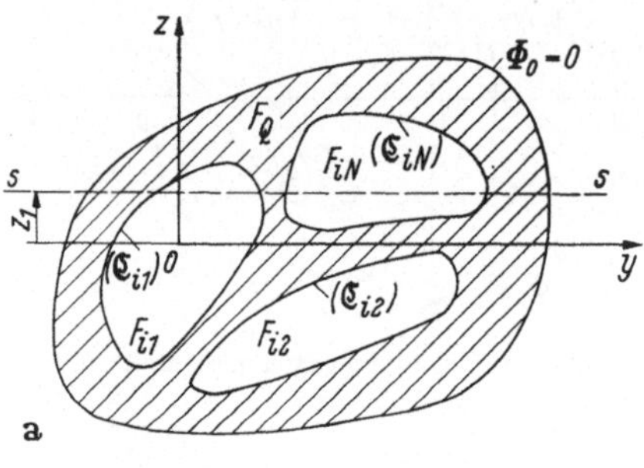

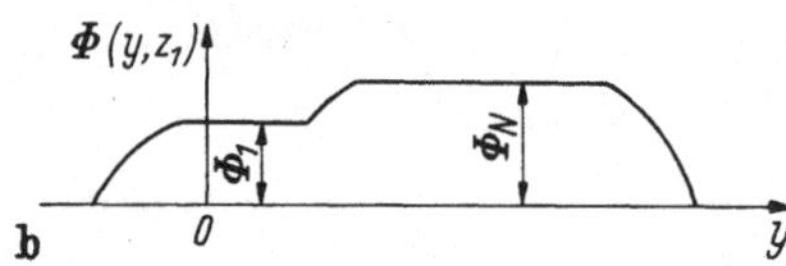

Abb. 11.4 a u. b. Hohlquerschnitt mit N Öffnungen.

$$M = 2\left[\sum_{n=1}^{N}\Phi_n F_{in} + \underset{F_Q}{S}\,\Phi\,dF\right]\tag{11.12}$$

mit konstanten Werten Φ_n.

Wir können übrigens auch unmittelbar (11.6) verwenden, wenn wir die zusätzliche Vorschrift beachten, daß die Torsionsfunktion $\Phi(y,\,z)$ im Bereich der Ausschnitte konstante Werte Φ_n annehmen soll.

Soweit gilt alles unabhängig vom Werkstoffverhalten. Bei der weiteren Behandlung des Torsionsproblems muß das jeweils gültige Werkstoffgesetz eingeführt werden.

11.1.3 Verschiedene Werkstoffgesetze. Wir behandeln drei spezielle Fälle:

a) *Für isotrop verfestigenden Werkstoff* liefert das Werkstoff-Gesetz (9.59) von PRANDTL-REUSZ mit (11.2) und

$$d\lambda = \frac{3}{2}\,\frac{d\sigma_V}{T_p(\sigma_V)\,\sigma_V}$$

und, wenn wir beachten, daß D maßgebend für das Fortschreiten der Deformation ist,

$$\left.\begin{aligned}
d\varepsilon_{xy} &= \frac{1}{2}\,d\gamma_{xy} = \frac{1}{2}\,(u_{,yD} - z)\,dD = \frac{d\tau_{xy}}{2G} + \tau_{xy}\,d\lambda\,,\\[2mm]
d\varepsilon_{xz} &= \frac{1}{2}\,d\gamma_{xz} = \frac{1}{2}\,(u_{,zD} + y)\,dD = \frac{d\tau_{xz}}{2G} + \tau_{xz}\,d\lambda\,.
\end{aligned}\right\} \qquad (11.13)$$

Das formen wir durch Einführung einer durch

$$f(\sigma_V) = \exp \int\limits_0^{\sigma_V} \frac{3G}{T_p(\sigma_V)\,\sigma_V}\,d\sigma_V \qquad (11.14)$$

definierten Funktion $f(\sigma_V)$ um. Mit

$$d(\ln f) = \frac{df}{f} = \frac{3G}{T_p(\sigma_V)\,\sigma_V}$$

können wir dann für (11.13)

$$u_{,yD} - z = \frac{1}{Gf}\,(f\tau_{xy})_{,D}\,,$$

$$u_{,zD} + y = \frac{1}{Gf}\,(f\tau_{xz})_{,D}$$

schreiben und erhalten schließlich nach Differentiation der ersten Gleichung nach z, der zweiten nach y und nach Subtraktion unter Berücksichtigung von (11.5) die Differentialgleichung

$$\left[\frac{1}{f}\,(f\Phi_{,y})_{,D}\right]_{,y} + \left[\frac{1}{f}\,(f\Phi_{,z})_{,D}\right]_{,z} = -2G \qquad (11.15)$$

für $\Phi(y, z; D)$, die auf PRAGER [70] zurückgeht. In ihr haben wir $f(\sigma_V)$ nach (11.14) als eine durch die isotrope Verfestigungsfunktion (9.32), also (z. B. nach v. MISES) durch

$$\sigma_V = \sqrt{3}\,(\tau_{xy}^2 + \tau_{xz}^2)^{1/2} = \sqrt{3}\,(\Phi_{,y}^2 + \Phi_{,z}^2)^{1/2} = \sqrt{3}\,|\mathrm{grad}\,\Phi| \qquad (11.16)$$

vorgegebene Funktion von $|\mathrm{grad}\,\Phi|$ und damit als Funktion von y, z und D anzusehen. Auf dem Rande des Querschnitts muß (11.9) erfüllt sein.

Wenn die Torsionsfunktion Φ hieraus bestimmt ist, könnte man grundsätzlich nach (11.6) das Torsionsmoment $M(D)$ als Funktion der Drillung D ausrechnen. Zur Durchführung dieser Rechnungen müßte man numerische Methoden heranziehen, worauf wir hier nicht eingehen wollen.

Für den *Kreisquerschnitt* vom Radius a kommen wir auf direktem Wege schneller zum Ziel: Mit der Gleitung $\gamma(r) = rD$ erhalten wir

$$M = 2\pi \int\limits_{r=0}^{a} \tau(r)\,r^2\,dr = \frac{2\pi}{D^3} \int\limits_{\gamma=0}^{aD} \tau(\gamma)\gamma^2\,d\gamma, \qquad (11.17)$$

da die Schubspannungsvektoren konzentrische Kreise tangieren. Für $\tau(\gamma)$ setzen wir ein experimentell ermitteltes Gesetz ein, z. B. entsprechend (3.11)

$$\tau(\gamma) = \tau_F' \tanh \frac{G\gamma}{\tau_F'}.$$

Als Ergebnis der Integration ist in Abb. 11.5 das Torsionsmoment $M(D)$ in Abhängigkeit von der Drillung D mit $G = 2700 \text{ kpmm}^{-2}$ und $\tau_F' = 15 \text{ kpmm}^{-2}$ für $a = 100$ mm aufgetragen.

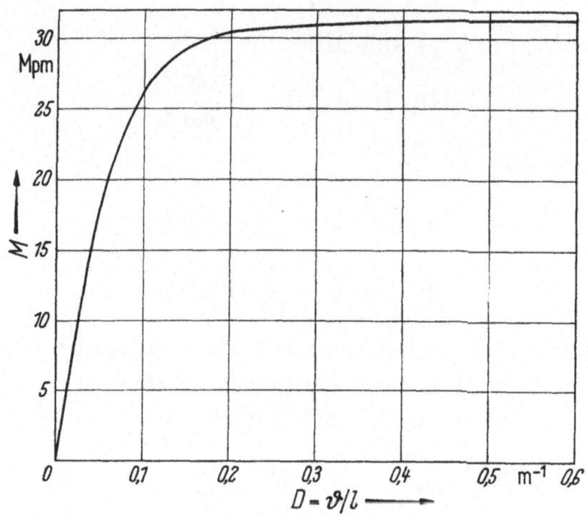

Abb. 11.5. Torsionsmoment M in Abhängigkeit von der Drillung D für Kreisquerschnitt mit $a = 100$ mm und verfestigenden Werkstoff.

b) *Der elastische Werkstoff* (z. B. innerhalb der Grenzlinien ($\mathfrak{C}_e$) von Abb. 11.1) ist ein Spezialfall von a), für den in (11.13) $d\lambda = 0$ zu setzen ist. Also folgt

$$\left.\begin{aligned} \tau_{xy} &= G\gamma_{xy} = G(u_{,y} - z)\,D, \\ \tau_{xz} &= G\gamma_{xz} = G(u_{,z} + y)\,D \end{aligned}\right\} \qquad (11.18)$$

und daraus nach Elimination von u die Verträglichkeitsbedingung (11.3) in der speziellen Form

$$\tau_{xy,z} - \tau_{xz,y} = G(\gamma_{xy,z} - \gamma_{xz,y}) = -2GD. \qquad (11.19)$$

Sie geht nach Einführung des Ansatzes (11.5) in die POISSON*sche Differentialgleichung*

$$\Phi_{,yy} + \Phi_{,zz} \equiv \Delta\Phi = -2GD \tag{11.20}$$

über, der die Torsionsfunktion $\Phi(y, z; D)$ im Innern des Querschnitts genügen muß, während sie auf dem Rande (11.9) erfüllen muß. Für eine Anzahl von nur elastisch beanspruchten Querschnitten sind Lösungen bekannt (vgl. z. B. SZABÓ [*13*], TIMOSHENKO [*36a*]). Für teilweise plastizierte Querschnitte siehe 11.2.

c) *Für idealplastischen Werkstoff* (z. B. außerhalb der Grenzlinien $(\mathfrak{C}_e)$ von Abb. 11.1) liefert (11.13) zunächst

$$\frac{d\gamma_{xy}}{d\gamma_{xz}} = \frac{\tau_{xy}}{\tau_{xz}} . \tag{11.21}$$

Das gilt von dem Augenblick an, in dem die Fließspannung in einem bestimmten Punkt des Querschnitts erreicht ist. Weil danach der resultierende Schubspannungsvektor seine Größe und Richtung beibehält, läßt sich (11.21) integrieren:

$$\gamma_{xy} = \frac{\tau_{xy}}{\tau_{xz}} \gamma_{xz} + C .$$

Die Konstante C wird Null, da bei Erreichen der Fließspannung auch (11.18) gelten muß. Demnach gilt mit (11.2) und (11.5) für *idealplastischen und elastischen Werkstoff*

$$\frac{\gamma_{xz}}{\gamma_{xy}} = \frac{u_{,z} + Dy}{u_{,y} - Dz} = \frac{\tau_{xz}}{\tau_{xy}} = -\frac{\Phi_{,y}}{\Phi_{,z}} = \tan\varphi = \frac{dz}{dy} . \tag{11.22}$$

Durch $\tan\varphi = dz/dy$ wird die Richtung der *Schubspannungstrajektorien* $y = y(t)$, $z = z(t)$ angegeben, die mit den Linien $\Phi = $ const übereinstimmen und beim Übergang von elastischen zu plastischen Bereichen stetig sind.

Die Schubspannungen müssen ferner einer der Fließbedingungen genügen: Die v. MISES-Bedingung (9.32), also hier

$$3(\tau_{xy}^2 + \tau_{xz}^2) = \sigma_F^2 ,$$

iefert mit (11.5) die Differentialgleichung

$$\Phi_{,y}^2 + \Phi_{,z}^2 = \frac{1}{3}\sigma_F^2 \tag{11.23}$$

für die Torsionsfunktion $\Phi(y, z; D)$ mit der Randbedingung (11.9).

Da die linke Seite von (11.23) das Quadrat von $|\text{grad}\,\Phi|$ ist, folgt, daß die größte Steigung der Fläche $\Phi(y, z; D)$ bezüglich der y, z-Ebene

$$|\text{grad}\,\Phi| = \frac{\sigma_F}{\sqrt{3}} = \text{const} \tag{11.24}$$

überall im plastischen Bereich F_p konstant ist. Dieses Ergebnis, wonach in idealplastischen Querschnittsbereichen nur die Fläche bekannter maximaler Steigung bestimmt werden muß, bedeutet eine außerordentliche Vereinfachung für die Lösung.

11.2 Teilweise plastizierte Querschnitte

11.2.1 Das Problem und seine Analoga. Wir gehen von einem prismatischen Stab mit einem beliebigen Vollquerschnitt (vgl. Abb. 11.1) aus und nehmen an, daß der Werkstoff in den Bereichen F_p idealplastisch und in F_e elastisch sein soll.

In den plastischen Bereichen F_p ist die Torsionsfunktion $\Phi_p(y, z)$ durch (11.24), das heißt durch

$$|\operatorname{grad} \Phi_p| = \left|\frac{d\Phi_p}{dn}\right| = \frac{\sigma_F}{\sqrt{3}} \quad \text{in } F_p \tag{11.25}$$

zusammenmit der Randbedingung (11.9) ($\Phi_p = 0$ auf der vorgegebenen Randkurve $(\mathfrak{C})$ mit der Normalen (n)) und ohne Rücksicht auf die zunächst noch unbekannten Grenzkurven $(\mathfrak{C}_e)$ zwischen den Bereichen F_p und F_e eindeutig bestimmt. Die Fläche $\Phi(y, z)$ ist dadurch besonders gekennzeichnet, daß sie die konstante Steigung $\sigma_F/\sqrt{3}$ hat.

Im elastischen Bereich F_e läßt sich $\Phi_e(y, z)$ aus der POISSONschen Differentialgleichung (11.20)

$$\Delta\Phi_e = -2GD \quad \text{in } F_e \tag{11.26}$$

mit der Randbedingung $\Phi_e = \text{const}$ auf $(\mathfrak{C}_e)$ dagegen erst bestimmen, wenn wir $(\mathfrak{C}_e)$ kennen. Die Grenzkurven $(\mathfrak{C}_e)$ lassen sich schließlich aus der Bedingung errechnen, daß der Schubspannungsvektor und damit nach (11.5) die ersten Ableitungen von Φ sowie die Verschiebungen auf $(\mathfrak{C}_e)$ stetig sein sollen.

Die Lösung dieses Problems bereitet für eine beliebige Randkurve $(\mathfrak{C})$ große mathematische Schwierigkeiten. Andererseits ermöglichen es die Gln. (11.25) und (11.26) für die Torsionsfunktion, die folgenden *Analogiebetrachtungen* zur Lösung des Problems heranzuziehen.

Ist das Torsionsmoment so klein, daß der *ganze Querschnitt elastisch* bleibt, dann ist das bekannte *Membrananalogon* von PRANDTL [72a] von Nutzen, das darauf beruht, daß das Randwertproblem einer mit konstanter Spannung s gespannten und unter dem Überdruck p stehenden dünnen Membran (oder Seifenhaut)

$$\Delta w = -\frac{p}{s} = \text{const}, \quad w = 0 \text{ auf } \mathfrak{C} \tag{11.27}$$

mit dem Randwertproblem (11.26) der elastischen Torsion mathematisch übereinstimmt (vgl. z. B. SzABÓ [13]). Ihre mit $2GDs/p$ multiplizierte Auslenkung $w(y, z)$ ist also gleich der Torsionsfunktion $\Phi_e(y, z)$. Wegen (11.5) ist

$$|\operatorname{grad} \Phi_e| = (\tau_{xy}^2 + \tau_{xz}^2)^{1/2} = \tau(y, z) = \frac{2GD s}{p}\, |\operatorname{grad} w| \qquad (11.28)$$

die Neigung der Fläche $\Phi_e(y, z)$ im elastischen Bereich bzw. — bis auf die Konstante — die der Membran. Sie wird auf dem Querschnittsrand $(\mathfrak{C})$ am größten. Sobald sie irgendwo auf $(\mathfrak{C})$ den Anstieg $|\operatorname{grad} \Phi_p| = \sigma_F/\sqrt{3}$ des plastischen Spannungsdaches erreicht, beginnt der Werkstoff dort zu fließen.

Um die *plastische Torsionsfunktion* Φ_p zu bestimmen, denke man sich über der Querschnittsfläche ein „Dach" mit der vorgegebenen konstanten Neigung $\sigma_F/\sqrt{3}$ errichtet, die nicht überschritten werden darf (vgl. Abb. 11.6). Die von der Grundfläche aus gemessene Ordinate bis zur „Dachhaut" ist nach (11.24) die Torsionsfunktion $\Phi_p(y, z)$; sie ist also gleich dem $\sigma_F/\sqrt{3}$fachen, entlang (n) gemessenen Abstand des zugehörigen Punktes $P(x, y)$ vom „nächstgelegenen" Rand aus.

Die Schubspannungstrajektorien $\mathfrak{T}$ stimmen nach (11.22) mit den Linien $\Phi = \text{const}$ überein, sind also orthogonal zu den Normalen (n). Da diese im plastischen Bereich Geraden sind, verlaufen die Schubspannungstrajektorien parallel zum Rande $(\mathfrak{C})$.

Von vorspringenden Ecken des Querschnitts (z. B. E in Abb. 11.6) gehen Unstetigkeitslinien (u) der Schubspannungen unter dem halben Öffnungswinkel der Ecke aus; die Span-

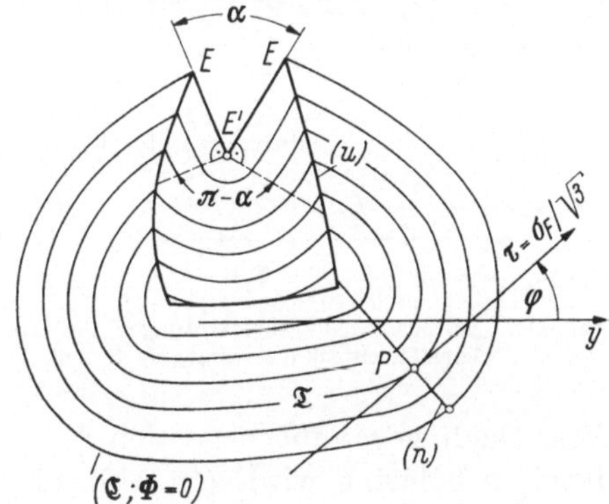

Abb. 11.6. Schubspannungstrajektorien $(\mathfrak{T})$ mit Unstetigkeitslinien (u).

nungsfläche hat einen Grat. Solchen Unstetigkeiten kommt allerdings keine physikalische Realität zu. Wie die nachfolgende Diskussion des elastisch-plastischen Zustandes zeigt, ist die Ausbildung eines Grates nämlich mit einer unendlich großen Drillung verbunden. In Wirklichkeit bleiben daher bei endlichen Drillungen immer schmale elastische Streifen entlang der Grate stehen, in denen und an deren Grenzen zu den plastischen Bereichen die Schubspannungen stetig sind.

Von einer einspringenden Ecke (z. B. E' in Abb. 11.6) mit dem Öffnungswinkel α geht ein „Fächer" von Normalen mit dem Öffnungswinkel $\pi - \alpha$ aus. Die Schubspannungstrajektorien sind im Bereich solcher Fächer Kreise um E'.

Für einen *vollständig plastizierten Querschnitt* läßt sich das *Traglastmoment* M_T nach (11.6) als das doppelte Volumen unter der „Dachfläche" ermitteln, wenn wir die schmalen elastischen Restbereiche entlang von Unstetigkeitslinien vernachlässigen. Da es hierbei nur auf die Querschnittsform und die Dachneigung ankommt, ist diese Aufgabe statisch bestimmt und einfach zu lösen. Dabei bleibt D unbestimmt, da der Werkstoff bei Erreichen von M_T unbehindert fließt. Unter 11.3 findet man verschiedene Beispiele.

Ein „Dach" ergibt sich auch, wenn man über der Querschnittsfläche losen Sand aufhäuft. Mit Hilfe dieses sogenannten „*Sandhügelanalogons*", das auf NADAI [66] zurückgeht, kann man das Traglastmoment komplizierter Querschnitte leicht experimentell aus dem Volumen des Sandhügels ermitteln.

Den *elastisch-plastischen Zustand des Querschnitts* kann man experimentell durch eine *Kombination beider Analoga* darstellen. Man verwendet zur Konstruktion der „Dachhaut" konstanter Neigung der plastischen Torsionsfunktion Φ_p durchsichtiges Material und für die elastische Torsionsfunktion Φ_e eine Gummimembran (G), die über dem Rand $(\mathfrak{C})$ der Querschnittsfläche gespannt und von der

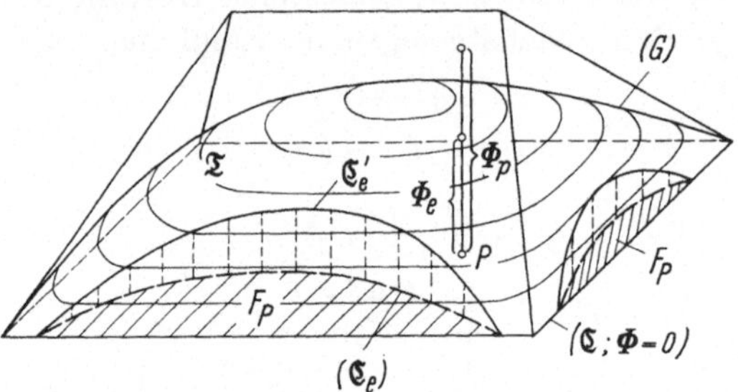

Abb. 11.7. Zu den Analogiebetrachtungen des Torsionsproblems (Rechteckquerschnitt als Beispiel).

dem Dach gegenüberliegenden Seite durch den gleichmäßigen Überdruck p belastet wird. (In Abb. 11.7 für einen Rechteckquerschnitt skizziert.)

Bei kleinen Drücken — dem rein elastischen Zustand entsprechend — kann sich die Membran ungehindert verformen, bis ihre Neigung schließlich irgendwo auf dem Rand $(\mathfrak{C})$ mit der Dachneigung übereinstimmt. Aus dem für diesen Zustand experimentell ermittelten Volumen V_e unter der Membran läßt sich das elastische Grenzmoment

$$M_e = \frac{4GD_e s}{p} V_e \qquad (11.29)$$

ausrechnen. D_e ist die elastische Grenzdrillung.

Bei weiterer Steigerung von p legt sich die Membran von innen an die Dachhaut an, und die Projektionen der Grenzkurven $(\mathfrak{C}'_e)$ der sich so bildenden Kontaktflächen auf die Grundfläche sind die Grenzkurven $(\mathfrak{C}_e)$ zwischen elastischen und plastischen Bereichen. Die Abhängigkeit des Torsionsmomentes $M(D)$ von der Drillung erhält man durch Aufmessung des Volumens unter der Gummimembran.

Da die Membran die Dachhaut in den Grenzkurven $(\mathfrak{C}'_e)$ tangiert, sind $\Phi, \Phi_{,y}$ und $\Phi_{,z}$ stetig auf $(\mathfrak{C}'_e)$, und damit ist nach (11.5) auch τ_{xy} und τ_{xz} stetig auf $(\mathfrak{C}_e)$, es gilt also

$$\tau^e_{xy} = \tau^p_{xy} \quad \text{und} \quad \tau^e_{xz} = \tau^p_{xz} \quad \text{auf } (\mathfrak{C}_e). \tag{11.30}$$

wobei die Indizes e bzw. p die an $(\mathfrak{C}_e)$ angrenzenden elastischen bzw. plastischen Bereiche kennzeichnen. Diese Feststellung steht in Übereinstimmung mit den im Anschluß an (11.22) gemachten Bemerkungen.

Das Traglastmoment M_T wäre erreicht, wenn sich die Gummimembran ganz an die Dachhaut anlegen würde. Allerdings müßte die Membran dazu an den in jedem Querschnitt vorhandenen Unstetigkeitslinien der Neigung der Dachhaut eine unendlich große Krümmung haben, was nach (11.27) $p/s \to \infty$ erfordert. Da andererseits grad Φ_e nach (11.28) einen vorgegebenen endlichen Wert hat, müßte für $M \to M_T$ auch $D \to \infty$ gehen. Jeder tordierte Querschnitt wird also schon kurz vor Erreichen des Traglastmomentes M_T versagen.

11.2.2 Rechnerische Lösung. Verwölbung. Für die Schubspannungen in idealplastischen Bereichen machen wir den Ansatz

$$\tau_{xy} = \Phi_{,z} = \frac{\sigma_F}{\sqrt{3}} \cos \varphi(y, z), \quad \tau_{xz} = -\Phi_{,y} = \frac{\sigma_F}{\sqrt{3}} \sin \varphi(y, z), \tag{11.31}$$

der der Bedingung (11.22) und der Differentialgleichung (11.23) genügt. Die erste Gleichgewichtsbedingung (11.4) liefert damit

$$-\varphi_{,y} \sin \varphi + \varphi_{,z} \cos \varphi = \frac{d\varphi}{dn} = 0, \tag{11.32}$$

das heißt die Ableitung von φ längs der Normalen (n) zu den Schubspannungstrajektorien $\mathfrak{T}$ (vgl. Abb. 11.8). Die Normalen sind also Geraden, die auf den Linien $\Phi = \text{const}$ senkrecht stehen und unter dem Winkel $\varphi + \pi/2$ zur y-Achse gerichtet sind. Sie sind die Charakteristiken der partiellen Differentialgleichung (11.32); für sie gilt

$$\frac{dz}{dy} = -\cot \varphi,$$

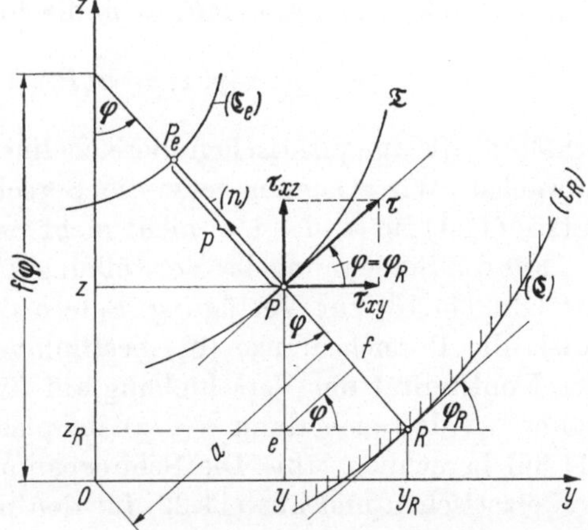

Abb. 11.8. Zur rechnerischen Behandlung des Torsionsproblems für elastisch-plastischen Zustand.

woraus nach Integration

$$z + y \cot \varphi = f(\varphi) \tag{11.33}$$

mit einer willkürlichen Funktion $f(\varphi)$ folgt. Da dies auch für den Rand $y(t_R) = y_R$, $z(t_R) = z_R$ des Querschnitts gelten muß, läßt sich $f(\varphi)$ aus den vorgegebenen Randwerten bestimmen, so daß wir die Gleichung der Normalen

$$(y - y_R) \cos \varphi + (z - z_R) \sin \varphi = 0 \tag{11.34}$$

erhalten. Dies läßt sich auch unmittelbar an Abb. 11.8 verifizieren.

Für den plastischen Bereich läßt sich das Problem grundsätzlich ohne Kenntnis der elastisch-plastischen Grenzkurve $(\mathfrak{C}_e)$ lösen; das entsprechende Analogon ist die Errichtung eines Daches unter der Neigung $\sigma_F/\sqrt{3}$ in Richtung der Normalen (n).

Zur Lösung des statisch unbestimmten Problems des teilweise plastizierten Querschnitts müssen wir dessen *Verwölbung* in die Rechnung einbeziehen. Mit (11.22) geht (11.32) im plastischen Bereich über in

$$u_{,y} \sin \varphi - u_{,z} \cos \varphi = D(y \cos \varphi + z \sin \varphi).$$

Links steht die Ableitung $u_{,n}$ der Verwölbung längs der Normalenrichtung (n), rechts steht in der Klammer der Abstand a der Normalen vom Bezugspunkt 0, was wir leicht an Hand von Abb. 11.8 nachprüfen. Wir schreiben also kürzer

$$u_{,n} = Da, \tag{11.35}$$

woraus wir nach Integration längs (n) zwischen einem beliebigen Punkt $P(y, z)$ im plastischen Gebiet und der elastisch-plastischen Grenzlinie $(\mathfrak{C}_e)$ — Punkt P_e — mit $\overline{PP_e} = p$ die Verwölbung

$$u(y, z) = u(P_e) + Dap \tag{11.36}$$

erhalten, die im plastischen Bereich linear längs jeder Normalen (n) anwächst. Wir erkennen jetzt die Berechtigung des allgemeinen Ansatzes (11.1) für u, das i. a. nicht mehr proportional zu D ist.

Für die Berechnung der Verwölbung u im elastischen Bereich stehen die Gln. (11.18) zur Verfügung. Sofern die elastischen Verwölbungen sowie die Bereichsgrenze $(\mathfrak{C}_e)$ bestimmt werden können, sind wegen der Kontinuität der Verschiebung auf $(\mathfrak{C}_e)$ auch die Werte $u(P_e)$ bekannt, so daß sich dann $u(y, z)$ im plastischen Bereich einfach aus (11.36) berechnen läßt. Die Schubspannungen folgen aus (11.18) für den elastischen und aus (11.22) für den plastischen Bereich, und man kann schließlich das Torsionsmoment nach (11.6) durch Integration über die verschiedenen Bereiche berechnen. Die Schwierigkeit liegt dabei in der Bestimmung der Grenzkurve $(\mathfrak{C}_e)$. Wir wollen uns hier mit diesem Problem, für das bisher nur wenige spezielle Lösungen bekannt sind, nicht weiter befassen.

Nur den *Kreisquerschnitt* (Abb. 11.9) wollen wir noch behandeln, für den es eine einfache Lösung gibt. Solange der Querschnitt vollständig elastisch ist, gilt die auf Polarkoordinaten transformierte Torsionsfunktion

$$\Phi(r) = -\frac{1}{2}\,GDr^2,$$

so daß

$$\tau(r) = -\frac{d\Phi}{dr} = GDr$$

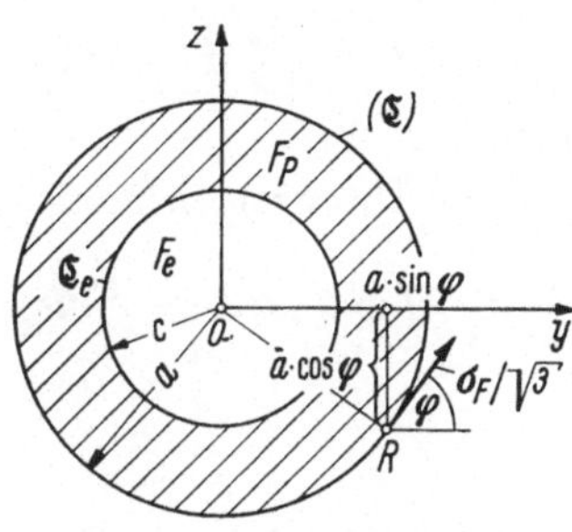

Abb. 11.9. Elastisch-idealplastischer Zustand des Kreisquerschnitts.

und

$$M = -4\pi \int_{r=0}^{a} \Phi(r)\, r\, dr = \frac{\pi}{2}\,GDa^4 = \frac{\pi}{2}\,\frac{\tau(r)}{r}\,a^4$$

ist, während die Verwölbung in (11.18) verschwindet, da wegen der Symmetrie in (11.35) $a = 0$, also $u = \text{const} = 0$ ist. Bei Beginn der Plastizierung $(c = a)$ wird das elastische Grenzmoment mit $\tau(a) = \sigma_F/\sqrt{3}$

$$M_e = \frac{\sigma_F}{2\sqrt{3}}\,\pi a^3$$

und die Drillung

$$D_e = \frac{\sigma_F}{\sqrt{3}\,Ga}\,.$$

Wenn wir die Randkurve $(\mathfrak{C})$ in der Parameterform

$$y_R = a\sin\varphi, \quad z_R = -a\cos\varphi$$

schreiben, folgt aus (11.34) für den plastischen Bereich des teilweise plastizierten Querschnitts

$$\tan\varphi = -\frac{y}{z}\,.$$

Das heißt, die Charakteristiken sind die Radien, und die Grenzkurve $(\mathfrak{C}_e)$ ist ein Kreis. Daher verwölbt sich der Kreisquerschnitt wegen $u(P_e) = p = 0$ nach (11.36) auch im plastischen Bereich nicht.

Für den elastischen Bereich F_e erweitern wir die Torsionsfunktion $\Phi(r)$ des vollständig elastischen Querschnitts um eine Konstante C

$$\Phi_e(r) = -\frac{1}{2}\,GDr^2 + C,$$

während im plastischen Bereich die Höhe bis zur „Dachhaut‘‘

$$\Phi_p(r) = \frac{\sigma_F}{\sqrt{3}}\,(a - r)$$

die Bedingungen $\Phi_p(a) = 0$ und $|\operatorname{grad}\Phi_p| = |d\Phi_p/dr| = \sigma_F/\sqrt{3}$ erfüllt.

Die Konstante C bestimmen wir aus den Stetigkeitsbedingungen $\Phi_e(c) = \Phi_p(c)$ und $[d\Phi_e/dr]_c = [d\Phi_p/dr]_c$ auf der Bereichsgrenze $(\mathfrak{C}_e)$, die

$$C = \frac{\sigma_F}{\sqrt[1]{3}}(a - c) + \frac{1}{2}GDc^2 \quad \text{und} \quad c = \frac{\sigma_F}{\sqrt{3GD}} = a\frac{D_e}{D}$$

liefern.

Die Integration nach (11.6) ergibt schließlich das Torsionsmoment

$$M = 2\left(\underset{F_e}{S}\,\Phi_e\,dF + \underset{F_p}{S}\,\Phi_p\,dF\right) = \frac{2\pi}{3\sqrt{3}}\,\sigma_F a^3\left[1 - \frac{1}{4}\left(\frac{c}{a}\right)^3\right]$$

$$= \frac{2\pi}{3\sqrt{3}}\,\sigma_F a^3\left[1 - \frac{1}{4}\left(\frac{D_e}{D}\right)^3\right] \tag{11.37}$$

und den Überlastungsfaktor

$$m = \frac{M}{M_e} = \frac{4}{3}\left[1 - \frac{1}{4}\left(\frac{D_e}{D}\right)^3\right]. \tag{11.38}$$

Die Auftragung von m über dem Verhältnis D/D_e der Drillung zu ihrem Wert D_e bei Beginn der Plastizierung in Abb. 11.10 läßt er-

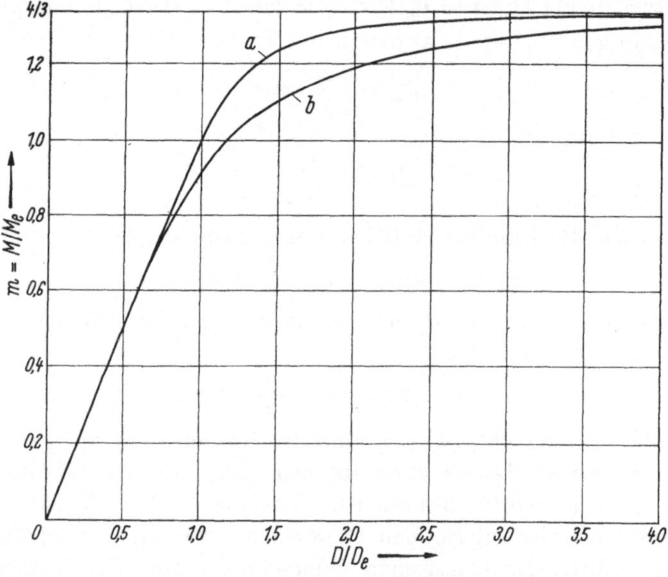

Abb. 11.10. Torsionsmomentenverhältnis M/M_e über Drillungsverhältnis D/D_e (a ohne Vorbelastung, b nach vorhergehender voller Plastizierung durch M_T im umgekehrten Drehsinn von M; vgl. 11.5).

kennen, daß die volle Plastizierung praktisch schon bei verhältnismäßig kleinen Drillungen ($D \approx 3\,D_e$) erreicht ist. Theoretisch wird das volle Traglastmoment $M_T = 4\,M_e/3$ allerdings erst für $D = \infty$ erreicht. Dieser asymptotischen Annäherung entspricht im Analogon die vollständige Ausfüllung der Grate der Dachhaut durch die Gummimembran (vgl. 11.2.1).

Es sei hier noch auf eine inverse Lösungsmethode von SOKOLOVSKIJ [8] hingewiesen, der die Torsionsfunktion im elastischen Bereich sowie dessen Grenzkurve ($\mathfrak{C}_e$) als bekannt vorausgesetzt und damit die Schubspannungen und den äußeren Umriß ($\mathfrak{C}$) des Querschnitts berechnet hat. Allerdings gelingt die Lösung nur für den speziellen Fall, daß die Grenzkurve ($\mathfrak{C}_e$) eine Ellipse ist, da sie dann auch für verschiedene Werte der Drillungen eine Ellipse bleibt. Der Querschnittsrand wird ein Oval.

11.3 Tragfähigkeit tordierter Stäbe

Unbeschadet der Feststellung, daß das Traglastmoment M_T praktisch bei keinem Querschnitt ganz erreicht werden kann, legen es doch die Ergebnisse für den Kreisquerschnitt nahe, M_T als praktische Grenze der Tragfähigkeit bei Torsion anzunehmen; denn die sich in Abb. 11.10 ausdrückende Tendenz des Deformationsverhaltens wird man auch etwa bei anderen Querschnitten erwarten können. Die Rechnung wird dann sehr einfach.

11.3.1 Einfachberandete Querschnitte. Wir bestimmen $M_T = 2\,V$ einfach aus dem doppelten Volumen V unter dem Spannungsdach mit der Neigung $\sigma_F/\sqrt{3}$. Der Traglastfaktor ist dann $m_T = 2\,V/M_e$, wobei M_e aus der Elastizitätstheorie als dasjenige Torsionsmoment zu übernehmen ist, unter dem die maximale Schubspannung gleich $\sigma_F/\sqrt{3}$ wird. Nachstehend die Ergebnisse für verschiedene Querschnitte:

a) *Rechteck* mit den Seitenlängen b und $a < b$. Wir erhalten als Traglastmoment

$$M_T = \frac{\sigma_F}{6\sqrt{3}}\, a^2(3b - a) \tag{11.39}$$

und speziell für das *sehr schmale Rechteck* ($b \gg a$)

$$M_T \approx \frac{\sigma_F}{2\sqrt{3}}\, a^2 b. \tag{11.39a}$$

Nach SZABÓ [*13*] erhält man die exakte Lösung für den vollständig elastischen Querschnitt durch Entwicklung der Torsionsfunktion in eine Reihe. Eine genügend genaue Näherung ergibt sich, wenn man nur das erste Glied der Reihe berücksichtigt. Die so angenäherte maximale Schubspannung in der Mitte der längeren Seite b

$$\tau_{\max} \approx \frac{3 M_e}{a^2 b}\; \frac{\cosh\dfrac{\pi b}{2a} - \dfrac{8}{\pi^2}}{\cosh\dfrac{\pi b}{2a} - \dfrac{192}{\pi^5}\dfrac{a}{b}\sinh\dfrac{\pi b}{2a}}$$

setzen wir gleich der Fließschubspannung $\sigma_F/\sqrt{3}$, so daß wir M_e und schließlich den Traglastfaktor

$$m_T = \frac{M_T}{M_e} = \frac{1}{2}\left(3 - \frac{a}{b}\right)\frac{\cosh\dfrac{\pi b}{2a} - \dfrac{8}{\pi^2}}{\cosh\dfrac{\pi b}{2a} - \dfrac{192}{\pi^5}\dfrac{a}{b}\sinh\dfrac{\pi b}{2a}} \tag{11.40}$$

errechnen können, der in Abb. 11.11 über dem Seitenverhältnis a/b aufgetragen ist. Für das sehr schmale Rechteck wird $m_T = 1,5$, für

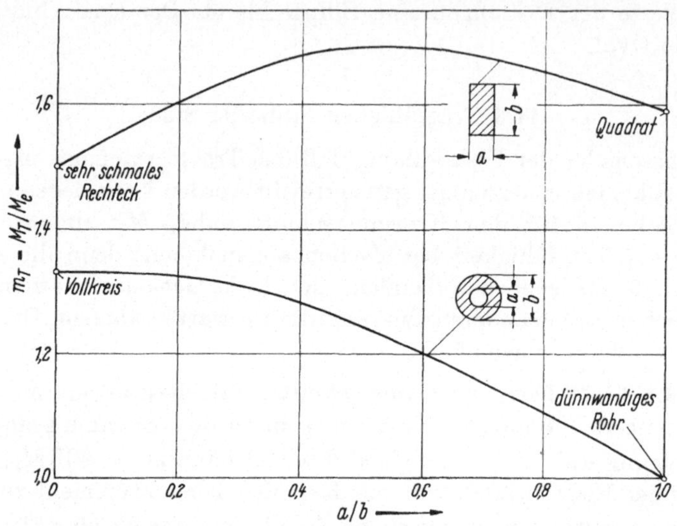

Abb. 11.11. Traglastfaktoren m_T für Rechteckquerschnitt und Kreisringquerschnitt in Abhängigkeit von deren Abmessungen.

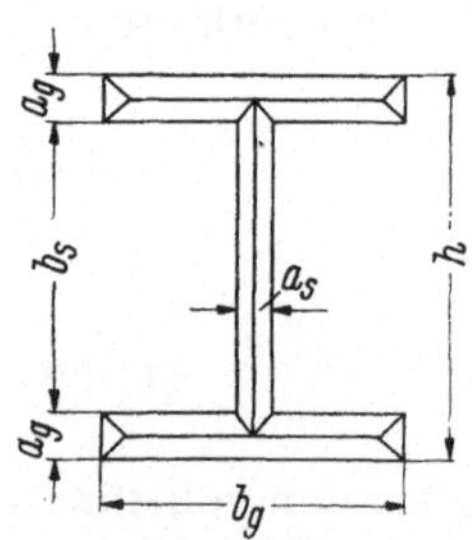

Abb. 11.12. „Spannungsdach" für vollplastizierten I-Querschnitt.

das Quadrat wird $m_T = 1,585$. Die Ergebnisse können wir sinngemäß auf Walzprofilquerschnitte übertragen:

b) *Walzprofilquerschnitte* denken wir uns aus einzelnen Rechtecken zusammengesetzt. Beispielsweise errechnen wir für einen I-*Träger* mit Abmessungen nach Abb. 11.12 das Traglastmoment

$$M_T = \frac{\sigma_F h^3}{6\sqrt{3}}\left[2\frac{a_g^2}{h^2}\left(3\frac{b_g}{h} - \frac{a_g}{h}\right) + \left(\frac{a_s}{h}\right)^2\left(\frac{3b_s}{h} + \frac{a_s}{h}\right)\right]. \tag{11.41}$$

Die maximale Schubspannung in der Mitte des Gurt-Rechtecks wird bei Erreichen des elastischen Grenzmomentes

$$\tau_{\max} = G D_e a_g\left(1 - \frac{8}{\pi^2 \cosh\dfrac{\pi b_g}{2a_g}}\right) = \frac{\sigma_F}{\sqrt{3}},$$

falls $a_s < a_g$ ist. Andernfalls fließt der Steg zuerst. Führen wir hierin die zugehörige Drillung des gesamten Querschnitts bei Erreichen des elastischen Grenzmomentes mit den Torsionssteifigkeiten I_{ts} bzw. I_{tg} für Steg bzw. Gurt

$$D_e = \frac{M_e}{G\,I_t} = \frac{M_e}{G(I_{ts} + 2\,I_{tg})}$$

$$= \frac{M_e}{G\left[\dfrac{1}{3}\,a_s^3 b_s\left(1 - \dfrac{192}{\pi^5}\,\dfrac{a_s}{b_s}\tanh\dfrac{\pi b_s}{2\,a_s}\right) + \dfrac{2}{3}\,a_g^3 b_g\left(1 - \dfrac{192}{\pi^5}\,\dfrac{a_g}{b_g}\tanh\dfrac{\pi b_g}{2\,a_g}\right)\right]}$$

ein und setzen weiter die tanh-Ausdrücke wegen $\pi b/2a \gg 1$ näherungsweise gleich 1 sowie $\tau_{\max} \approx G D_e a_g$, dann erhalten wir den Traglastfaktor

$$m_T = \frac{M_T}{M_e} = \frac{\left(\dfrac{a_g}{h}\right)^2\left(3\,\dfrac{b_g}{h} - \dfrac{a_g}{h}\right) + \dfrac{1}{2}\left(\dfrac{a_s}{h}\right)^2\left(\dfrac{3b_s}{h} + \dfrac{a_s}{h}\right)}{\left(1 - \dfrac{192}{\pi^5}\,\dfrac{a_s}{b_s}\right)\left(\dfrac{a_s}{h}\right)^3\dfrac{b_s}{a_g} + 2\left(1 - \dfrac{192}{\pi^5}\,\dfrac{a_g}{b_g}\right)\left(\dfrac{a_g}{h}\right)^2\dfrac{b_g}{h}} . \tag{11.42}$$

Für Normalprofile errechnen wir $m_T = 1{,}77$, für Breitflanschprofile wird $m_T = 1{,}64$. Daß m_T über den für vergleichbare schmale Rechteckquerschnitte gültigen Werten liegt, hat seinen Grund darin, daß die Fließschubspannung im Steg erst erreicht wird, wenn die Gurte schon teilweise plastiziert sind. Für Profile mit gleicher Dicke a aller k Einzelrechtecke kann man m_T dagegen einfach aus dem Diagramm Abb. 11.11 entnehmen, indem man a/b durch $a\Big/\sum\limits_{i=1}^{k} b_i$ ersetzt. Für eine erste Näherung kann man $m_T \approx 1{,}5$ setzen.

c) *Gleichseitiges Dreieck* mit der Seitenlänge a. Das Traglastmoment wird

$$M_T = \frac{a^3}{12\,\sqrt{3}}\,\sigma_F . \tag{11.43}$$

Nach SZABÓ [*13*] gilt

$$\tau_{\max} = 20\,\frac{M_e}{a^3} = \frac{\sigma_F}{\sqrt{3}} ,$$

so daß der Traglastfaktor

$$m_T = \frac{M_T}{M_e} = \frac{5}{3} \tag{11.44}$$

wird.

11.3.2 Hohlquerschnitte

a) *Kreisringquerschnitt* mit Innenradius a und Außenradius b. Unter Verwendung der Lösung

$$M_T = \frac{4}{3}\,M_e = \frac{2\sigma_F}{3\,\sqrt{3}}\,\pi b^3$$

für den Vollkreis vom Radius b erhalten wir nach (11.11) unter Ausnutzung der Symmetrie unmittelbar

$$M_T = \frac{2\sigma_F}{3\sqrt{3}}\,\pi b^3\left[1 - \left(\frac{a}{b}\right)^3\right].\tag{11.45}$$

Mit dem elastischen Grenzmoment

$$M_e = \frac{\sigma_F}{\sqrt{3}}\,\frac{I_p}{b} = \frac{\sigma_F\,\pi}{2\sqrt{3}}\,b^3\left[1 - \left(\frac{a}{b}\right)^4\right]$$

wird der Traglastfaktor

$$m_T = \frac{M_T}{M_e} = \frac{4}{3}\,\frac{1 - \left(\dfrac{a}{b}\right)^3}{1 - \left(\dfrac{a}{b}\right)^4},\tag{11.46}$$

der in Abb. 11.11 über dem Verhältnis a/b aufgetragen ist. Für das dünnwandige Rohr ($a \approx b$) wird $m_T \approx 1$.

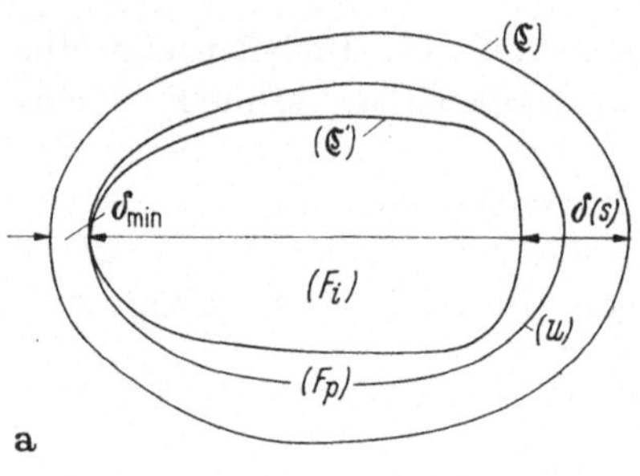

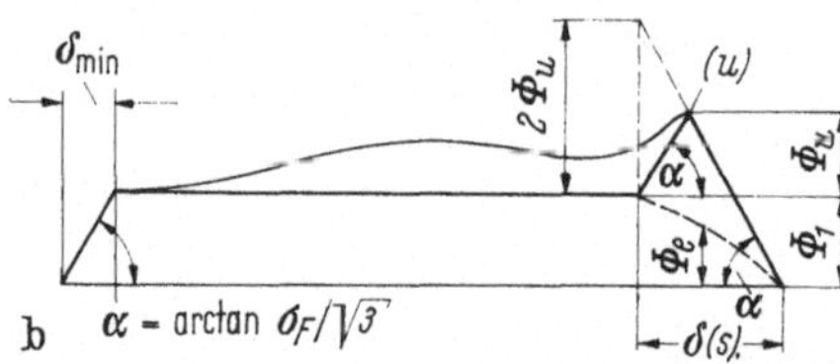

Abb. 11.13a u. b. Dünnwandiger Hohlquerschnitt: a vollplastischer Zustand mit Unstetigkeitslinie (u), b Torsionsfunktion für Zustand a; gestrichelt: teilweise plastizierter Zustand.

b) *Dünnwandige Hohlquerschnitte* (Abb. 11.13). Maßgebend für den Fließbeginn ist die Fließschubspannung an der schmalsten Stelle des Querschnitts ($\delta = \delta_{min}$), da dort der aus Gleichgewichtsgründen über den Umfang des elastischen Querschnitts konstante Schubfluß $\tau\delta = \sigma_F\delta_{min}/\sqrt{3}$ bei Erreichen des elastischen Grenzmomentes

$$M_e = \frac{2}{\sqrt{3}}\,\sigma_F\,\delta_{min}\,F_m$$

nicht überschritten werden kann. F_m ist dabei nach der BREDTschen Formel die bis zur Mittellinie der materiellen Querschnittsfläche gemessene gesamte Innenfläche. Der Querschnitt hat noch eine Tragfähigkeitsreserve, da alle Stellen mit $\delta(s) > \delta_{min}$ für $M = M_e$ vollelastisch sind. Das Torsionsmoment kann noch soweit gesteigert werden, bis überall auf dem Umfang die plastische Torsionsfunktion Φ_p (mit konstanter Neigung $\sigma_F/\sqrt{3}$) erreicht ist. Dabei ist zu beachten, daß die Torsionsfunktion auf dem Innenrand den konstanten Wert $\Phi_1 = \sigma_F\,\delta_{min}/\sqrt{3}$ und für alle $\delta(s) > \delta_{min}$ eine Unstetigkeitslinie (u) in der Höhe

$$\Phi_u = \Phi_p - \Phi_1 = \frac{1}{2}\left(\frac{\delta(s)}{\delta_{\min}} - 1\right)\Phi_1$$

über der Ebene Φ_1 hat. Von (u) aus fällt das „Dach" bis auf $\Phi_p = \Phi_1$ am Innenrand und $\Phi_p = 0$ am Außenrand ab.

Nach (11.10) und Abb. 11.13 ergibt sich das Traglastmoment

$$M_T = 2\left[\Phi_1 F_i + \underset{F_Q}{S}\,\Phi_p\,dF\right]$$

$$= 2\left\{\Phi_1 F_i + \frac{1}{2}\oint\left[(\Phi_1 + 2\Phi_u(s))\,\delta(s) - \Phi_u(s)\,(\delta(s) - \delta_{\min})\right]ds\right\}$$

$$= 2\Phi_1 F_i + \Phi_1\oint \delta(s)\left[1 + \frac{1}{2}\frac{\delta(s)}{\delta_{\min}} - \frac{1}{2}\frac{\delta_{\min}}{\delta(s)}\right]ds.$$

Der erste Anteil des Umlaufintegrals ist die voll plastizierte Querschnittsfläche $F_p = F_Q$, die wir mit F_i zur Fläche $F_m = F_i + F_Q/2$ zusammenfassen. Mit $\Phi_1 = \sigma_F\,\delta_{\min}/\sqrt{3}$ folgt dann

$$M_T = \frac{\sigma_F}{\sqrt{3}}\,\delta_{\min}\left[2F_m + \frac{1}{2}\oint \delta(s)\left(\frac{\delta(s)}{\delta_{\min}} - \frac{\delta_{\min}}{\delta(s)}\right)ds\right], \qquad (11.47)$$

und der Traglastfaktor wird

$$m_T = \frac{M_T}{M_e} = 1 + \frac{1}{4F_m}\oint \delta(s)\left(\frac{\delta(s)}{\delta_{\min}} - \frac{\delta_{\min}}{\delta(s)}\right)ds \geq 1. \qquad (11.48)$$

Für konstante Wandstärke ist $m_T = 1$. Falls $\delta_s/\sqrt{F_m} \ll 1$ hinreichend klein und δ_s nicht allzusehr von $\delta_{\min}$ verschieden ist, brauchen wir in erster Näherung das Umlaufintegral nicht zu berücksichtigen und können $m_T \approx 1$ setzen. Für einen Kastenquerschnitt mit den Abmessungen nach Abb. 11.14 rechnen wir dagegen beispielsweise $m_T = 1{,}187$ aus.

Hier sei noch angemerkt, daß der Schubfluß im plastizierten Querschnitt nicht mehr über den Umfang konstant ist. Trotzdem herrscht Gleichgewicht der Schubkräfte über die Wandstärke, wenn wir beachten, daß die Schubspannungen zwischen Unstetigkeitslinie (u) und Innenrand $(\mathfrak{C}')$ die entgegengesetzte Richtung haben wie zwischen (u) und Außenrand $(\mathfrak{C})$.

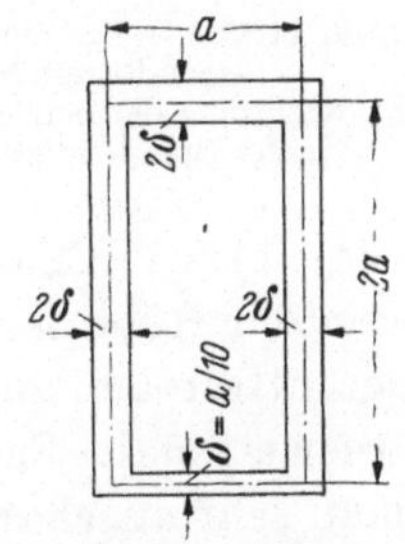

Abb. 11.14. Tordierter Kastenquerschnitt ($m_T = 1{,}187$).

Für einen *dünnwandigen Hohlquerschnitt mit N an seinen Außenrand angrenzenden Öffnungen* im voll plastizierten Zustand nach Abb. 11.15 sind die N Konstanten von (11.12)

$$\Phi_n = \frac{\sigma_F}{\sqrt{3}}\,\delta_{n_{\min}},$$

17*

und das Traglastmoment ist näherungsweise

$$M_T = \frac{2\sigma_F}{\sqrt{3}} \sum_{n=1}^{N} \delta_{n_{\min}} F_{m_n},$$ (11.49)

wobei $\delta_{n_{\min}}$ die kleinste äußere Wandstärke der n-ten Öffnung und F_{m_n} ihre bis zu der in Abb. 11.15 gestrichelten Mittellinie gemessene Fläche ist. Dies gilt allerdings nur, sofern die Wandstärke der Innenstege groß genug ist. Es muß nämlich (vgl. Abb. 11.15b)

$$\left| \Phi_n - \Phi_{n+1} \right| = \frac{\sigma_F}{\sqrt{3}} \left| \delta_{n_{\min}} - \delta_{(n+1)_{\min}} \right| \leq \frac{\sigma_F}{\sqrt{3}} \delta_{n,n+1}$$

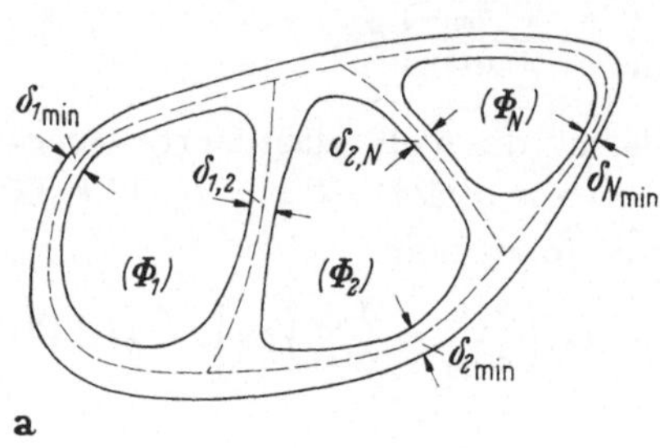

a

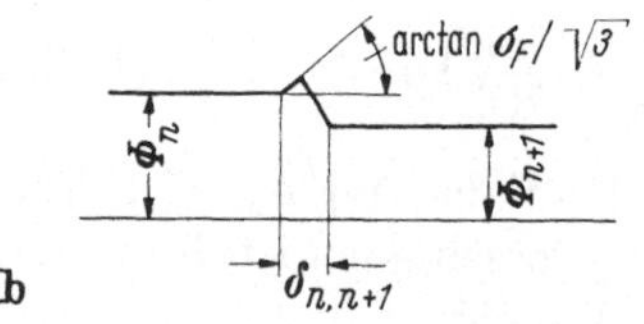

b

Abb. 11.15.a u. b. Dünnwandiger Hohlquerschnitt mit N Öffnungen: a Abgrenzung der Bereiche, b Torsionsfunktion an der Grenze zwischen zwei Bereichen.

sein; das heißt, alle Wandstärken $\delta_{n,n+1}$ zwischen den Öffnungen müssen den Bedingungen

$$\delta_{n,n+1} \geq \left| \delta_{n_{\min}} - \delta_{(n+1)_{\min}} \right|$$

genügen, wobei alle aneinander angrenzenden Öffnungen miteinander zu vergleichen sind. Sind diese Bedingungen irgendwo verletzt, dann muß man die Innenwandstärken zur Ermittlung der Φ_n entsprechend mit heranziehen.

c) *Allgemeine Hohlquerschnitte* (z. B. nach Abb. 11.2; aber auch mit mehreren Öffnungen nach Abb. 11.4) lassen sich am einfachsten experimentell mit Hilfe des Sandhügelanalogons untersuchen (vgl. 11.2.1). Man muß dann nur über den Innenrändern ($\mathfrak{C}'$) Zylinder von der Höhe Φ_n derart anordnen, daß der Sand an den engsten Querschnittsstellen nur *eine* Böschungsfläche (bzw. keinen Grat) hat. Durch Auswiegen des Sandes kann man M_T bestimmen. Bei NADAI [5b] findet man sehr anschauliche Fotos von derartigen Versuchen.

11.4 Einfluß von Längsspannungen

11.4.1 Allgemeines. Die gegenseitige Beeinflussung von Längs- und Torsions-Spannungszuständen läßt sich grundsätzlich durch die Ermittlung von oberen und unteren Schranken für die Traglast behandeln (vgl. z. B. HODGE [2]). Wir wollen hier anders vorgehen und das zugehörige Spannungsproblem untersuchen.

Zum reinen Torsions-Schubspannungszustand τ_{xy}, τ_{xz} (vgl. 11.1.2) soll eine von x unabhängige Längsspannung $\sigma_x(y, z)$ hinzutreten. Da dieser Spannungszustand den Gleichgewichtsbedingungen (11.4) genügt, behält das unter 11.1 Gesagte seine Gültigkeit. Nur müssen wir jetzt $u = u(x, y, z; D)$ ansetzen und (11.5) für idealplastischen Werkstoff in die MISES-Bedingung

$$\sigma_x^2 + 3(\tau_{xy}^2 + \tau_{xz}^2) = \sigma_F^2$$

einsetzen, so daß an Stelle von (11.23) die Randwertaufgabe

$$\Phi_{,y}^2 + \Phi_{,z}^2 = \frac{1}{3}\,[\sigma_F^2 - \sigma_x^2(y, z)] = F^2(y, z) \quad \text{mit } \Phi = 0 \text{ auf } (\mathfrak{C}) \quad (11.50)$$

tritt. Wir haben gewissermaßen einen inhomogenen Werkstoff, dessen Fließspannung durch den Einfluß von σ_x herabgesetzt ist.

Der Anstieg der Torsionsfunktions-Fläche

$$|\operatorname{grad} \Phi| = \frac{1}{\sqrt{3}}\,[\sigma_F^2 - \sigma_x^2(y, z)]^{1/2} = F(y, z) \qquad (11.51)$$

ist (anders als bei der reinen Torsion) im allgemeinen nicht konstant.

Wir erweitern die unter 11.2.2 abgeleiteten Beziehungen, indem wir für die Schubspannungen an Stelle von (11.31)

$$\tau_{xy} = \Phi_{,z} = F(y, z) \cos\varphi(y, z), \quad \tau_{xz} = -\Phi_{,y} = F(y, z) \sin\varphi(y, z) \quad (11.52)$$

ansetzen, womit (11.22) sowie (11.51) erfüllt sind. Aus der ersten Gleichgewichtsbedingung (11.4) liefert dieser Ansatz

$$F_{,y} \cos\varphi - F\varphi_{,y} \sin\varphi + F_{,z} \sin\varphi + F\varphi_{,z} \cos\varphi = 0. \quad (11.53)$$

Beachten wir, daß für die Ableitungen längs der Normalen (n) bzw. der Schubspannungstrajektorien (t)

$$\frac{\partial}{\partial n} = -\sin\varphi \frac{\partial}{\partial y} + \cos\varphi \frac{\partial}{\partial z}$$

bzw.

$$\frac{\partial}{\partial t} = \cos\varphi \frac{\partial}{\partial y} + \sin\varphi \frac{\partial}{\partial z}$$

gilt, dann geht (11.53) über in die Differentialgleichung

$$\varphi_{,n} + \frac{1}{F}\,F_{,t} = 0 \qquad (11.54)$$

für $\varphi(y, z)$, wobei $F(y, z)$ vorgegeben sein soll. Für die Charakteristiken von (11.53) gilt auch hier (vgl. (11.33))

$$z + y \cot\varphi = f(\varphi), \qquad (11.55)$$

jedoch läßt sich die Gleichung der Normalen (n) nicht mehr in der Form (11.34) angeben, da $\varphi(y, z)$ und $f(\varphi)$ entlang (n) veränderlich sind. Wir müssen also (11.54) vom Rande aus, wo

$$f(\varphi_R) = z_R + y_R \cot\varphi_R \qquad (11.56)$$

bekannt ist, entlang (n) fortschreitend integrieren. So läßt sich ein Netz von Schubspannungstrajektorien gewinnen. Wir verifizieren (11.55) und (11.56) auch an Hand von Abb. 11.16.

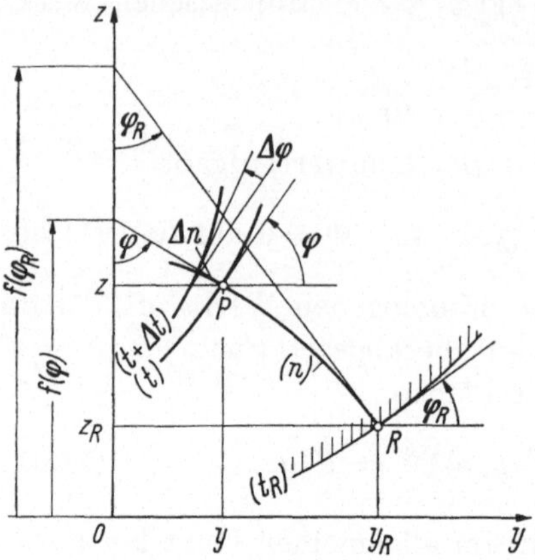

Abb. 11.16. Zur Randwertaufgabe „Torsion und Längsspannungen".

11.4.2 Torsion und Längskräfte. Die Längsspannung $\sigma_x = N/F$ sei als konstant über den Querschnitt vorgegeben. Wir definieren $N_e = \sigma_F F = N_T$ als elastische Grenzlast (zugleich Traglast) für den Fall, daß nur die Längskraft wirkt; ferner M_e als elastisches Grenzmoment, das bei alleinigem Wirken eines Torsionsmomentes auftritt. Weiter seien $N_F = n_F N_e = n_F \sigma_F F$ und $M_F = m_F M_e$ die Werte von Längskraft und Torsionsmoment, unter denen der Querschnitt bei zusammengesetzter Beanspruchung voll plastiziert ist. In diesem Spezialfall ist nach (11.51)

$$|\text{grad } \Phi| = \frac{\sigma_F}{\sqrt{3}} \left[1 - \left(\frac{\sigma_x}{\sigma_F}\right)^2 \right]^{1/2} = \frac{\sigma_F}{\sqrt{3}} (1 - n_F^2)^{1/2} \qquad (11.57)$$

konstant, und $M_F = 2V_F$ ist gleich dem doppelten Volumen unter dem „Φ-Dach" mit dem konstanten Anstieg $\frac{\sigma_F}{\sqrt{3}} (1 - n_F^2)^{1/2}$.

Kennt man nach 11.3 das plastische Traglast-Torsionsmoment M_T (ohne Längskraft), so ist auch

$$M_F = M_T (1 - n_F^2)^{1/2}$$

und damit die Einflußkurve

$$m_F = m_F(n_F) = \frac{M_F}{M_e} = \frac{M_T}{M_e} (1 - n_F^2)^{1/2} = m_T (1 - n_F^2)^{1/2} \qquad (11.58)$$

zwischen Längskraftfaktor $n_F = N_F/N_e = N_F/N_T$ und Torsionsfaktor m_F bekannt. Aus Abb. 11.17, in der $m_F/m_T = M_F/M_T = (1 - n_F^2)^{1/2}$ aufgetragen ist (Kurve a), entnehmen wir den Einfluß der Längskraft auf das Torsionsmoment, der für sämtliche Querschnitte gleich ist.

11.4.3 Torsion und Biegung. Wir nehmen die Verteilung der Biegespannungen über die Höhe eines doppeltsymmetrischen Querschnitts nach Abb. 11.18 als vorgegeben an und wollen dasjenige Torsionsmoment M_F bestimmen, das zusammen mit dem entsprechend vorgegebenen Biegemoment M_{BF} zur vollen Plastizierung des Querschnitts führt. Mit M_{Be} bezeichnen wir das elastische Grenzmoment bei reiner Biegung. Für die Biegespannungen setzen wir

a) $\quad \sigma_x(z) = \sigma_R \dfrac{2z}{h}$, wenn $M_{BF} \leq M_{Be}$, also $\sigma_R \leq \sigma_F$ ist,

b) $\quad \sigma_x(z) = \begin{cases} \sigma_F \dfrac{z}{\zeta} & \text{für } z \leq \zeta \\ \pm \sigma_F & \text{für } z \geq \zeta \end{cases}$, wenn $M_{BF} \geq M_{Be}$ ist. $\qquad (11.59)$

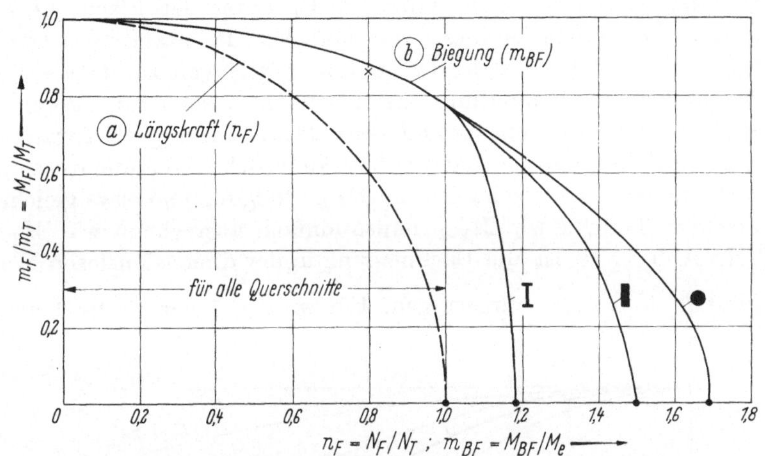

Abb. 11.17. Abminderung des Traglastmomentes M_T infolge von Längsspannungen. (Kurve a: Einwirkung einer Längskraft $N_F < N_T$, Näherungskurven b: Einwirkung eines Biegemomentes $M_{BF} < M_{BT}$; $(\times)$ = genauer Wert; $(\bullet)$ = reiner Zug bzw. reine Biegung).

Im Fall a) werden bei voller Plastizierung Schubspannungen im ganzen Querschnitt, im Fall b) nur innerhalb der Grenzkurve $(\mathfrak{C}_b)$ herrschen. Wenn wir (11.59) in (11.50) einsetzen und den Biegemomenten-Einflußfaktor $m_{BF} = M_{BF}/M_{Be}$ einführen, lautet die *Randwertaufgabe*

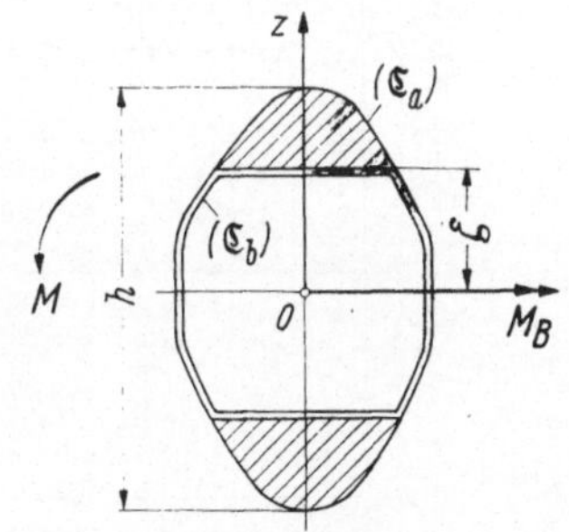

$$\Phi_{,y}^2 + \Phi_{,z}^2 = \begin{cases} \dfrac{\sigma_F^2}{3}\left[1 - \left(m_{BF}\dfrac{2z}{h}\right)^2\right] = F_a^2(z) \\ \dfrac{\sigma_F^2}{3}\left[1 - \left(\dfrac{z}{\zeta(m_{BF})}\right)^2\right] = F_b^2(z) \end{cases}$$

mit $\Phi = 0$ auf $(\mathfrak{C}_a)$ im Fall a),

mit $\Phi = 0$ auf $(\mathfrak{C}_b)$ im Fall b). $\qquad (11.60)$

Abb. 11.18. Querschnitt mit Torsionsmoment M und Biegemoment M_B.

Im Fall a) ist $\sigma_R = m_{BF}\sigma_F$ eingesetzt, im Fall b) können wir die Grenze $\zeta(m_{BF})$ des Bereiches $(\mathfrak{C}_b)$, in dem ein mehrachsiger Spannungszustand herrscht, nach 6.4.1 für den jeweiligen Querschnitt in Abhängigkeit von m_{BF} ausdrücken. Die Neigung der Fläche $\Phi(y, z)$

$$|\mathrm{grad}\,\Phi| = \begin{cases} \dfrac{\sigma_F}{\sqrt{3}}\, F_a(z) & \text{für } m_{BF} \leq 1, \\[2mm] \dfrac{\sigma_F}{\sqrt{3}}\, F_b(z) & \text{für } m_{BF} \geq 1 \end{cases} \qquad (11.61)$$

hängt nur von z ab.

Um $M_F = 2\,V_F$ aus dem Volumen V_F unter der Fläche $\Phi(y, z)$ berechnen zu können, müßten wir zunächst das Randwertproblem (11.60) lösen. Wir können jedoch unabhängig davon zu einer ersten, für die praktische Anwendung ausreichenden Abschätzung kommen, wenn wir die Dachneigung $|\mathrm{grad}\,\Phi|$ aus (11.61) mit m_{BF} als Parameter ausrechnen. Wenn wir das Dach mit veränderlicher Neigung durch ein Dach mit konstanter, geschätzter mittlerer Neigung und etwa gleichem V_F ersetzen, können wir M_F genauso einfach ausrechnen wie M_T in 11.3. In Abb. 11.19 ist die Dachneigung in der dimensionslosen Form $\dfrac{\sqrt{3}}{\sigma_F}\,|\mathrm{grad}\,\Phi|$ über $2z/h$ aufgetragen. Für $m_{BF} \leq 1$ gelten die Kurven

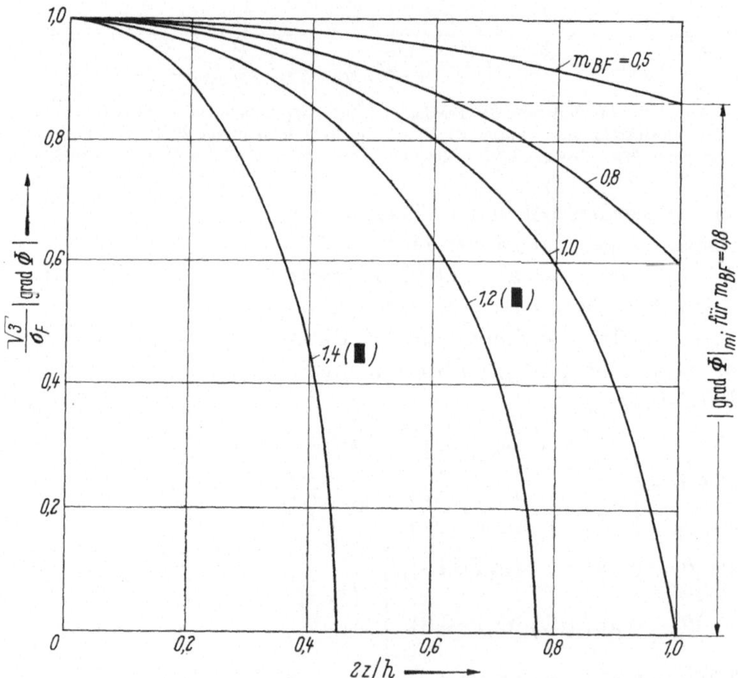

Abb. 11.19. Neigung des „Spannungsdaches" in tordierten Querschnitten mit Biegemoment $M_{BF} = m_{BF}\,M_e$ bei voller Plastizierung in Abhängigkeit von der Entfernung z von der neutralen Faser.

für alle Querschnitte, für $m_{BF} \geq 1$ sind sie verschieden, da die Funktionen $\zeta(m_{BF})$ von der Querschnittsform abhängen.

Mit einer für ein bestimmtes m_{BF} aus Abb. 11.19 schätzungsweise entnommenen mittleren Neigung $\dfrac{\sqrt{3}}{\sigma_F}\,|\mathrm{grad}\,\Phi|_{mi}$ und der maximalen Neigung $\dfrac{\sqrt{3}}{\sigma_F}\,|\mathrm{grad}\,\Phi(0)|$, die das Dach bei alleinigem Wirken des Torsionsmomentes $M_T = m_T M_e$ hat, können wir

$$M_F = m_F M_e = \frac{|\mathrm{grad}\,\Phi|_{mi}}{|\mathrm{grad}\,\Phi(0)|}\, m_T M_e \tag{11.62}$$

in erster Näherung als das gesuchte Torsionsmoment ansehen, das zusammen mit M_{BF} zur vollständigen Plastizierung des Querschnittes führt. In Abb. 11.17 ist das in dieser Weise für verschiedene Querschnitte ermittelte Verhältnis

$$\frac{m_F}{m_T} = \frac{M_F}{M_T} = \frac{|\mathrm{grad}\,\Phi|_{mi}}{|\mathrm{grad}\,\Phi(0)|}$$

als Maß für den Einfluß der Biegung auf die Torsion aufgetragen (Kurven b).

Für eine *genauere Bestimmung des Einflußfaktors* m_F müssen wir die Schubspannungsverteilung kennen. Dazu haben wir zunächst die unter 11.4.1 beschriebene Integration längs (n) durchzuführen. Diese Aufgabe läßt sich hier geschlossen lösen: Wir setzen die Funktion $F_a(y, z)$ von (11.60) in (11.54) ein. Mit

$$F_{a,t} = \sin\varphi\,\frac{dF_a}{dz} = -\left(\frac{4\sigma_F^2}{3h^2}\,m_{BF}^2\,\sin\varphi\right)\frac{z}{F_a(z)}$$

erhalten wir

$$\varphi_{,n} = -\frac{1}{F_a}\,F_{a,t} = \frac{z\sin\varphi}{\mu^2 - z^2} \quad \text{mit} \quad \mu = \frac{h}{2m_{BF}}. \tag{11.63}$$

Mit $dz = \cos\varphi \cdot dn$ (vgl. Abb. 11.16) formen wir dieses um in

$$\frac{d\varphi}{dz} = \frac{z\tan\varphi}{\mu^2 - z^2}. \tag{11.64}$$

Nach Trennung der Variablen und mit den Randwerten $\varphi = \varphi_R$ für $z = z_R$ ergibt die Integration

$$\sin\varphi = \left(\frac{\mu^2 - z_R^2}{\mu^2 - z^2}\right)^{1/2}\sin\varphi_R. \tag{11.65}$$

Damit wird

$$dy = -\tan\varphi\,dz = -\sin\varphi\,(1 - \sin^2\varphi)^{-1/2}\,dz$$

$$= -\left(\frac{\mu^2 - z_R^2}{\mu^2\cos^2\varphi_R + z_R^2\sin^2\varphi_R - z^2}\right)^{1/2}\sin\varphi_R\,dz,$$

woraus wir weiter mit den Randwerten $y = y_R$ für $z = z_R$ die *Gleichung der Charakteristiken* innerhalb eines Quadranten

$$y(z) = y_R + (\mu^2 - z_R^2)^{1/2} \sin \varphi_R$$
$$\times \{ \text{arcsin} \, [z_R (\mu^2 \cos^2 \varphi_R + z_R^2 \sin^2 \varphi_R)^{-1/2}]$$
$$- \text{arcsin} \, [z (\mu^2 \cos^2 \varphi_R + z_R^2 \sin^2 \varphi_R)^{-1/2}] \} \qquad (11.66)$$

gewinnen. Sie gilt für alle doppeltsymmetrischen Querschnitte im Bereich $0 \leq |z_R| \leq h/2$. Für $m_{BF} > 1$ müßte für den inneren Bereich $(\mathfrak{C}_b)$ von Abb. 11.18, wo ja auch nur Torsions-Schubspannungen wirken, eine neue Rechnung nach (11.60b) durchgeführt werden.

Das Feld der Schubspannungstrajektorien $\mathfrak{T}$ läßt sich mit der Bedingung aufbauen, daß die Trajektorien die Charakteristiken im rechten Winkel kreuzen. Die Größe der Schubspannungen folgt schließlich mit (11.51) aus (11.52), wobei wir die Werte von $\cos \varphi(y, z)$ grundsätzlich aus (11.66) mit (11.65) berechnen oder — einfacher — direkt aus dem Feld der Charakteristiken entnehmen können. Das Torsionsmoment können wir dann entsprechend (11.6) durch numerische Rechnung genau genug aus

$$M_F = S \, (\tau_{xz} y - \tau_{xy} z) \, \Delta y \, \Delta z \qquad (11.67)$$

gewinnen, wenn wir die Unterteilung des Querschnitts in $\Delta F = \Delta y \Delta z$ hinreichend eng wählen.

Zur Erläuterung diene das Beispiel eines *Rechteckquerschnitts* von der Höhe h mit $m_{BF} = 0{,}8$. Es gibt hier je zwei Scharen von Charakteristiken, die von den Rändern $y = \pm b/2$ bzw. $z = \pm h/2$ ausgehen. Setzen wir in (11.66) die Randwerte $y_R = b/2$; $\sin \varphi_R = 1$ für den rechten Rand ein, dann erhalten wir mit der neuen Variablen $\eta = b/2 - y$ das Feld der vom rechten Rand ausgehenden Charakteristiken

$$\frac{\eta}{h} = \left[\left(\frac{1}{2 m_{BF}} \right)^2 - \left(\frac{z_R}{h} \right)^2 \right]^{1/2} \left(\frac{\pi}{2} - \text{arcsin} \, \frac{z}{z_R} \right). \qquad (11.68)$$

Es ist in Abb. 11.20 dargestellt. Nach oben wird es begrenzt durch die vom oberen Eckpunkt $\eta = 0$, $z = h/2$ ausgehende Charakteristik n_0.

Das Feld der von den Rändern $z = \pm h/2$ ausgehenden Charakteristiken besteht wegen $\varphi_R = 0$ nach (11.66) einfach aus den Geraden $y = y_R$.

Die Unstetigkeitslinie (u) der Schubspannungen, welche die beiden Charakteristikenfelder voneinander abgrenzt, läßt sich schließlich auf numerischem Wege unter Benutzung von (11.51) als diejenige Linie ermitteln, auf der die Torsionsfunktion Φ in beiden Feldern dieselbe Größe hat.

In Abb. 11.21a und b sind die auf diesem Wege gewonnenen Felder der Charakteristiken und Schubspannungstrajektorien für $b/h = 1,2$ und $b/h = 0,5$ durch spiegelbildliches Aneinanderfügen entsprechender Ausschnitte aus Abb. 11.20 gegenübergestellt. In Abb. 11.17 ist der zugehörige, in beiden Fällen gleiche Wert $m_F/m_T = 0,86$ durch ein Kreuz ($\times$) hervorgehoben. Das eingangs beschriebene Näherungsverfahren wird hierdurch gut bestätigt.

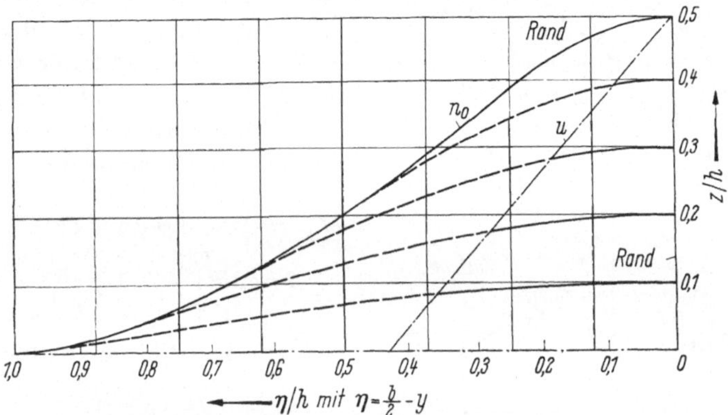

Abb. 11.20. Feld der Charakteristiken (n) für tordierten Rechteckquerschnitt. Gestrichelte Zweige haben keine physikalische Bedeutung. (u) = Unstetigkeitslinie der Schubspannungen.

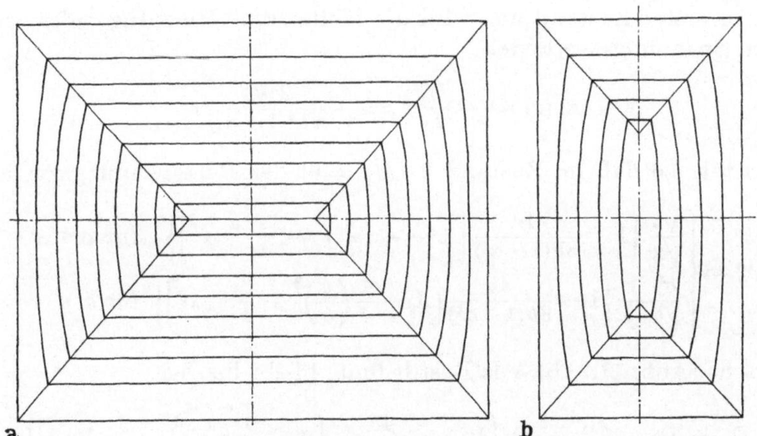

Abb. 11.21 a u. b. Feld der Schubspannungstrajektorien in tordierten Rechteckquerschnitten: a mit Seitenverhältnis $b/h = 1,2$, b mit $b/h = 0,5$.

11.5 Restspannungen

Der Leser sei auf 6.5 verwiesen, wo die Restspannungen in einem Biegebalken berechnet wurden, der nach vorhergehender (teilweiser)

Plastizierung vollständig entlastet und anschließend wieder belastet wird. Die dort angestellten Betrachtungen übertragen wir sinngemäß auf das Torsionsproblem.

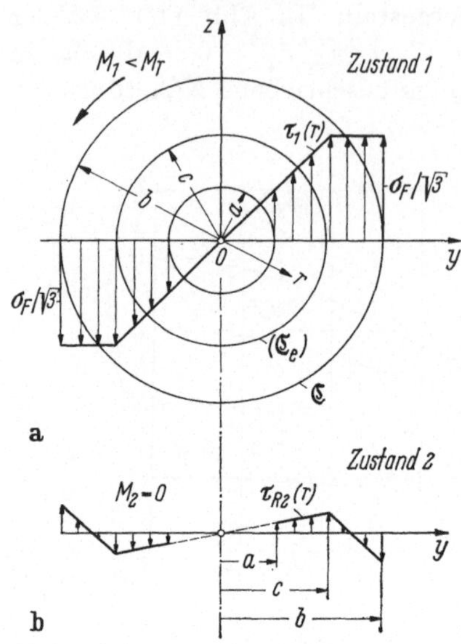

Abb. 11.22 a u. b. Zur Berechnung des Restspannungszustandes einer Hohlwelle.

Zur rechnerischen Vereinfachung nehmen wir idealplastisches Werkstoffverhalten an und untersuchen als Beispiel eine *Hohlwelle* nach Abb. 11.22, die in ihrem Außenbereich $c \leq r \leq b$ plastiziert ist (Zustand 1). Mit der vorgegebenen Spannungsverteilung und der Abkürzung $\alpha = a/b$ rechnen wir als Torsionsmoment

$$M_1 = 2\pi \int_{r=a}^{b} \tau(r)\, r^2\, dr$$

$$= \frac{2\pi \sigma_F b^3}{3\sqrt{3}} \left[1 - \frac{1}{4}\left(\frac{c}{b}\right)^3 - \frac{3}{4}\frac{a}{c}\alpha^3\right]$$

aus. Die zugehörige Drillung ist

$$D_1 = \frac{\sigma_F}{\sqrt{3}\, c\, G},$$

da für sie nur der elastische Kernquerschnitt maßgebend ist. Von diesem ersten Zustand aus wird die Welle durch Hinzufügen des negativen Spannungszustandes

$$\tau_2(r) = -\frac{M_1}{I_p}\, r = -\frac{2 M_1}{\pi b^4 (1 - \alpha^4)}\, r$$

entlastet, so daß im Zustand 2 ($M_2 = 0$) der Restspannungszustand

$$\tau_{R2}(r) = \begin{cases} \dfrac{\sigma_F}{\sqrt{3}} \left\{1 - \dfrac{4r}{3b(1-\alpha^4)}\left[1 - \dfrac{1}{4}\left(\dfrac{c}{b}\right)^3 - \dfrac{3}{4}\dfrac{a}{c}\alpha^3\right]\right\} & \text{für } c \leq r \leq b, \\[3ex] \dfrac{\sigma_F}{\sqrt{3}}\dfrac{r}{c}\left\{1 - \dfrac{4c}{3b(1-\alpha^4)}\left[1 - \dfrac{1}{4}\left(\dfrac{c}{b}\right)^3 - \dfrac{3}{4}\dfrac{a}{c}\alpha^3\right]\right\} & \text{für } a \leq r \leq c \end{cases}$$

herrscht (Abb. 11.21 b). Als Restdrillung bleibt hierbei

$$D_2 = D_1 - \frac{M_1}{G I_p} = D_1 \left\{1 - \frac{4c}{3b(1-\alpha^4)}\left[1 - \frac{1}{4}\left(\frac{c}{b}\right)^3 - \frac{3}{4}\frac{a}{c}\alpha^3\right]\right\}$$

bestehen. Für $\alpha = 0$ erhalten wir die entsprechenden Werte des vollen Kreisquerschnitts, während für $c = 0$ die Welle im Zustand 1 voll plastiziert wurde. Dabei bleibt D_1 unbestimmt.

Im Anschluß an den Zustand 2 fügen wir nun ein zu M_1 entgegengesetztes Moment M_3 hinzu. Der Einfachheit halber nehmen wir jetzt einen *Vollkreisquerschnitt* und anfänglich volle Plastizierung an ($\alpha = c = 0$; $M_1 = M_T$), gehen also vom Restspannungszustand

$$\tau_{R2}(r) = \frac{\sigma_F}{\sqrt{3}}\left(1 - \frac{4r}{3b}\right)$$

aus (Abb. 11.23a). Die Spannung am Außenrand kann soweit erhöht werden, bis der Spannungszustand

$$\tau_3(r) = \frac{\sigma_F}{\sqrt{3}}\left(1 - 2\frac{r}{b}\right)$$

unter dem Torsionsmoment

$$M_3 = 2\pi \int\limits_{r=0}^{b} \tau_3(r)\, r^2\, dr$$

$$= -\frac{\pi}{3\sqrt{3}}\,\sigma_F b^3 = -\frac{2}{3}\,M_e = -\frac{M_T}{2}$$

erreicht ist (Abb. 11.23b). Bei weiterer Steigerung von M wird der Querschnitt im Bereich $c \le r \le b$ wieder plastiziert (Zustand 4 nach Abb. 11.23c).

Definieren wir als Bezugsdrillung $D_2 = 0$ im Zustand 2, so gehört zum Zustand 1 die Drillung $D_1 = 4 D_e/3$, da Zustand 2 (mit $M_2 = 0$) durch elastische Entlastung aus Zustand 1 (mit $M_1 = M_T = 4\,M_T/3$) hervorgegangen ist. Für alle rein elastischen Zwischenzustände zwischen 1 und 3 sowie für den elastischen Bereich $r \le c$ im Zustand 4 gilt dann mit $\gamma = rD$ und $D_e = \dfrac{\sigma_F}{\sqrt{3}\,G b}$

$$\tau(r) = \frac{\sigma_F}{\sqrt{3}} - G\left[|\gamma(r)| + \gamma_1(r)\right]$$

$$= \frac{\sigma_F}{\sqrt{3}} - Gr\left[|D| + \frac{4}{3} D_e\right] = \frac{\sigma_F}{\sqrt{3}}\left[1 - \frac{r}{b}\left(\frac{|D|}{D_e} + \frac{4}{3}\right)\right].$$

Setzen wir für Zustand 4 speziell $r = c$ und $\tau = -\sigma_F/\sqrt{3}$, dann folgt die Grenze des elastischen Bereiches

$$c = \frac{2b}{\dfrac{|D|}{D_e} + \dfrac{4}{3}},$$

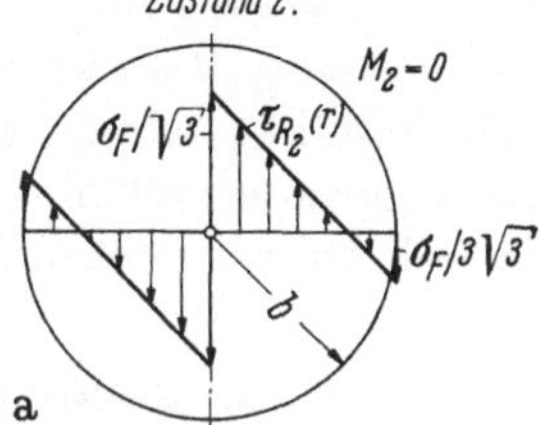

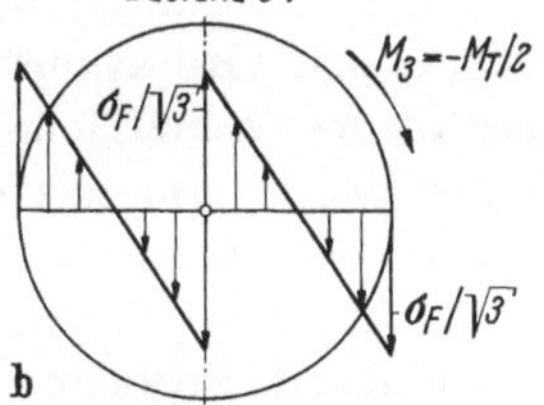

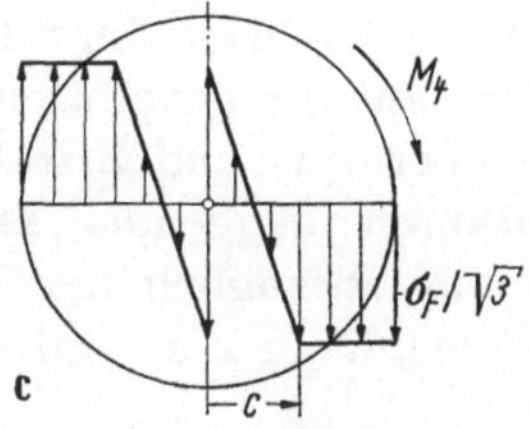

Abb. 11.23 a—c. Schubspannungszustände im Vollkreisquerschnitt nach Belastung mit M_T, anschließender Entlastung (Zustand *2*) und Wiederbelastung im umgekehrten Drehsinn (Zustände *3* und *4*).

und damit erhalten wir für das Moment $M_4 < 0$ im Zustand 4 die Kennzahl

$$m_4 = \frac{|M_4|}{M_e} = \frac{2\pi}{M_e}\left|\int_{r=0}^{b} \tau_4(r)\, r^2\, dr\right| = \frac{4}{3}\left[1 - \frac{4}{\left(\frac{|D|}{D_e} + \frac{4}{3}\right)^3}\right].$$

Ihre Auftragung in Abb. 11.10 (Kurve *b*) läßt erkennen, daß eine Wiederbelastung im entgegengesetzten Sinne zum anfangs aufgebrachten Moment M_T einen ungünstigen Einfluß auf das Deformationsverhalten hat. Umgekehrt wirkt eine Wiederbelastung im gleichen Sinne gewissermaßen verfestigend, wie wir am Modell eines einfach statisch unbestimmten Systems in 5.1.2 feststellten.

§ 12. Rotationssymmetrische Spannungszustände

Die Behandlung von elastisch-plastischen Spannungszuständen mit Kugel- bzw. Rotationssymmetrie wird dadurch vereinfacht, daß die Gestalt der Grenzfläche zwischen elastischem und plastischem Bereich wegen der Symmetrie des Problems von vornherein bekannt ist, so daß sich der Zustand der Plastizierung durch eine einzige Abmessung — den Radius *c* der Grenzfläche — angeben läßt. Solche (oft statisch bestimmten) Probleme sind für die Anwendungen im Kessel- und Hochdruckapparatebau sowie im Turbinenbau von Bedeutung. Allerdings müssen die im folgenden behandelten Probleme gerade im Hinblick auf die genannten Anwendungen dann erweitert werden, wenn Temperatur- und Zeitabhängigkeiten eine Rolle spielen. Die hiermit zusammenhängenden Fragen gehen über den Rahmen dieses Buches hinaus. Bezüglich der Kriechfestigkeit sei der Leser in diesem Zusammenhang z. B. auf das Buch von ODQUIST/HULT [*31*] verwiesen.

12.1 Druckbehälter als Hohlkugel

12.1.1 Spannungszustand. In der Wand einer unter innerem Überdruck *p* stehenden Hohlkugel nach Abb. 12.1 herrscht ein dreiachsiger, nur von *r* abhängiger Spannungszustand σ_r, σ_t, σ_t, für den die Gleichgewichtsbedingung

$$\frac{d\sigma_r}{dr} + \frac{2}{r}(\sigma_r - \sigma_t) = 0 \qquad (12.1)$$

erfüllt sein muß.

Der Deformationszustand läßt sich vollständig durch die Verschiebung $u(r)$ in radialer Richtung beschreiben.

Wir untersuchen den teilweise plastizierten Zustand eines Behälters aus ideal-

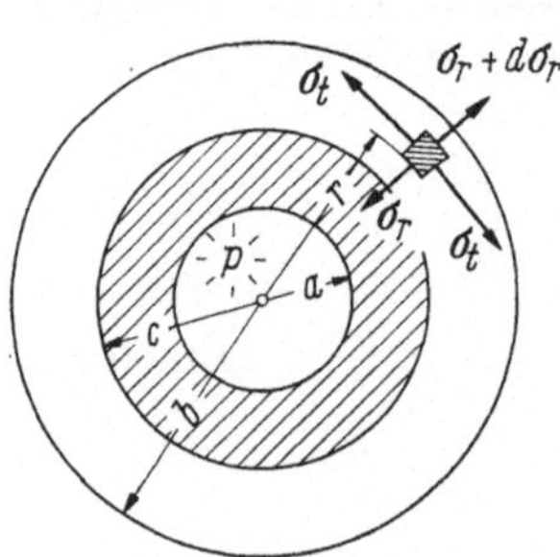

Abb. 12.1. Spannungen in Hohlkugel mit Innendruck *p*.

plastischem Werkstoff, bei dem sich im Innern der Kugelschale $(a \leq r \leq c)$ ein plastischer Bereich ausgebildet hat. Solange $c < b$ ist, verhindert der äußere, elastische Bereich das uneingeschränkte Fließen.

Im elastischen Bereich $(c \leq r \leq b)$ sind die (als klein vorausgesetzten) Dehnungen

$$\left. \begin{aligned} \varepsilon_r &= \frac{du}{dr} \equiv u'(r) = \frac{1}{E}\,(\sigma_r - 2\nu\sigma_t), \\ \varepsilon_t &= \frac{u}{r} = \frac{1}{E}\,[\sigma_t(1 - \nu) - \nu\sigma_r]. \end{aligned} \right\} \tag{12.2}$$

Hieraus errechnen wir die durch $u(r)$ ausgedrückten Spannungen

$$\left. \begin{aligned} \sigma_r &= \frac{E}{(1+\nu)(1-2\nu)}\left[(1-\nu)\,u'(r) + 2\nu\,\frac{u(r)}{r}\right], \\ \sigma_t &= \frac{E}{(1+\nu)(1-2\nu)}\left[\nu u'(r) + \frac{u(r)}{r}\right] \end{aligned} \right\} \tag{12.3}$$

und erhalten nach Einsetzen in (12.1) eine homogene EULERsche Differentialgleichung

$$u''(r) + \frac{2}{r}\,u'(r) - \frac{2}{r^2}\,u(r) = 0 \tag{12.4}$$

für die Verschiebung $u(r)$ mit dem Integral

$$u(r) = C_1 r + \frac{C_2}{r^2}. \tag{12.5}$$

Das setzen wir in (12.3) ein und erhalten

$$\left. \begin{aligned} \sigma_r &= \frac{E}{(1+\nu)(1-2\nu)}\left[(1+\nu)\,C_1 - 2(1-2\nu)\frac{C_2}{r^3}\right], \\ \sigma_t &= \frac{E}{(1+\nu)(1-2\nu)}\left[(1+\nu)\,C_1 + (1-2\nu)\frac{C_2}{r^3}\right]. \end{aligned} \right\} \tag{12.6}$$

Aus der Randbedingung $\sigma_r(b) = 0$ folgt

$$C_2 = \frac{1+\nu}{2(1-2\nu)}\,b^3 C_1. \tag{12.7}$$

Für die *vollständig elastische Hohlkugel* $(c = a)$ errechnen wir aus der Randbedingung $\sigma_r(a) = -p$ die Konstante

$$C_1 = \frac{1-2\nu}{E}\,\frac{a^3}{b^3 - a^3}\,p \tag{12.8}$$

und erhalten mit (12.7) aus (12.6) die bekannte LAMÉsche Lösung

$$\sigma_r = -\frac{a^3}{b^3 - a^3}\left(\frac{b^3}{r^3} - 1\right)p, \quad \sigma_t = \frac{a^3}{b^3 - a^3}\left(1 + \frac{b^3}{2r^3}\right)p. \tag{12.9}$$

Die Verschiebung $u(r)$ läßt sich leicht aus (12.2) berechnen.

Für die *teilweise plastizierte Hohlkugel* ($a \leq c \leq b$) gilt (12.8) nicht mehr. Zur Berechnung von C_1 verwenden wir jetzt für den Bereich $a \leq r \leq c$ die MISES-Fließbedingung (9.32), die hier

$$\sigma_t - \sigma_r = \pm \sigma_F \qquad (12.10)$$

lautet. Da stets $\sigma_t > \sigma_r$ ist, wählen wir das Pluszeichen. Auf der Grenzkugel $r = c$ zwischen beiden Bereichen muß (12.10) mit (12.6) übereinstimmen, es muß also

$$\sigma_t(c) - \sigma_r(c) = \sigma_F = \frac{3E}{2(1-2\nu)} \frac{b^3}{c^3} C_1$$

gelten, woraus mit (12.7) die beiden Konstanten

$$C_1 = \frac{2(1-2\nu)}{3E} \frac{c^3}{b^3} \sigma_F, \quad C_2 = \frac{1+\nu}{3E} c^3 \sigma_F \qquad (12.11)$$

folgen.

Damit werden die *Spannungen im elastischen Bereich* ($c \leq r \leq b$) der teilweise plastizierten Hohlkugel nach (12.6)

$$\sigma_r = -\frac{2}{3} \frac{c^3}{b^3} \left(\frac{b^3}{r^3} - 1\right) \sigma_F, \quad \sigma_t = \frac{2}{3} \frac{c^3}{b^3} \left(1 + \frac{b^3}{2r^3}\right) \sigma_F. \qquad (12.12)$$

Im plastischen Bereich ($a \leq r \leq c$) erfordert die Gleichgewichtsbedingung (12.1) mit (12.12)

$$\frac{d\sigma_r}{dr} - \frac{2}{r} \sigma_F = 0,$$

woraus nach Integration

$$\sigma_r = 2\sigma_F \ln r + C_3 \qquad (12.13)$$

folgt. Die Integrationskonstante C_3 bestimmen wir aus der Bedingung, daß die Radialspannungen auf der Grenze (Kugelfläche $r = c$) zwischen elastischem und plastischem Bereich nach (12.12) und (12.13) übereinstimmen müssen. Mit der so errechneten Konstanten

$$C_3 = -\frac{2}{3} \left(1 + 3\ln c - \frac{c^3}{b^3}\right) \sigma_F$$

erhalten wir aus (12.13) die Spannungen im plastischen Bereich ($a \leq r \leq c$) der teilweise plastizierten Hohlkugel

$$\left.\begin{aligned}
\sigma_r &= -\frac{2}{3} \left(1 + 3\ln\frac{c}{r} - \frac{c^3}{b^3}\right) \sigma_F, \\
\sigma_t &= \sigma_r + \sigma_F = \frac{2}{3} \left(\frac{1}{2} + \frac{c^3}{b^3} - 3\ln\frac{c}{r}\right) \sigma_F.
\end{aligned}\right\} \qquad (12.14)$$

Den Zusammenhang zwischen dem durch c angegebenen Zustand der Plastizierung und dem Innendruck p liefert schließlich die Randbedingung $\sigma_r(a) = -p$ aus (12.14)

$$p = \frac{2}{3} \left(1 + 3\ln\frac{c}{a} - \frac{c^3}{b^3}\right) \sigma_F. \qquad (12.15)$$

Der elastische Grenzzustand ist für $c = a$ unter dem Innendruck

$$p_e = \frac{2}{3}\left(1 - \frac{a^3}{b^3}\right)\sigma_F \tag{12.16}$$

und der Zusammenbruch ist für $c = b$ unter

$$p_T = 2\sigma_F \ln\frac{b}{a} \tag{12.17}$$

erreicht. Wie wir unten noch näher auseinandersetzen werden, ist der Zusammenbruch in diesem Falle mit einer Instabilität verbunden.

Eine gute Vorstellung vom Fortschreiten der Plastizierung mit steigendem Innendruck erhalten wir, wenn wir die Dicke $c - a$ des plastizierten Bereiches auf die Wandstärke $b - a$ der Kugel beziehen und in (12.15) die *dimensionslose Dicke des plastizierten Bereichs*

$$\zeta = \frac{c - a}{b - a} \tag{12.18}$$

als Maß für den Plastizierungszustand einführen. ζ kann dann als Funktion von p dargestellt werden. In Abb. 12.2 ist ζ über dem Druckverhältnis p/σ_F mit b/a als Parameter aufgetragen. Der Beginn der

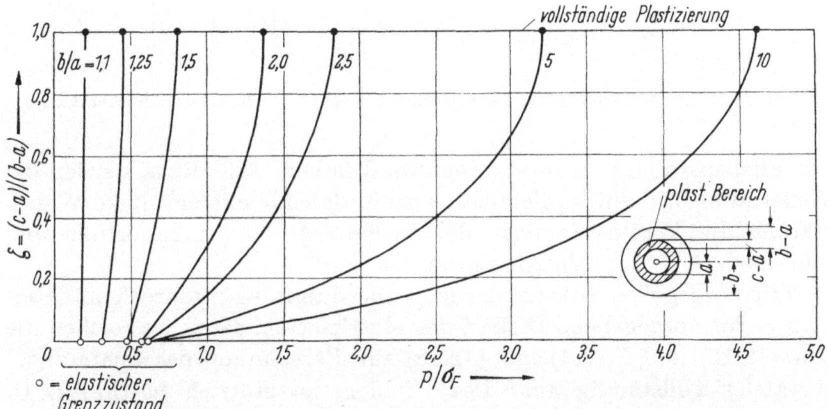

Abb. 12.2. Dimensionslose Dicke ζ des plastizierten Bereiches für Hohlkugel aus idealplastischem Werkstoff in Abhängigkeit vom inneren Überdruck p mit b/a als Parameter.

Plastizierung ist durch ○, der vollständig plastizierte Zustand durch ● gekennzeichnet. Bei dickwandigen Hohlkugeln nimmt die Dicke der plastizierten Schicht nach Überschreiten des elastischen Grenzdrucks p_e verhältnismäßig langsam zu.

Der *Traglastfaktor* wird schließlich

$$\bar{p}_T = \frac{p_T}{p_e} = \frac{3}{1 - \dfrac{a^3}{b^3}}\ln\frac{b}{a}. \tag{12.19}$$

Aus der Auftragung von $\bar{p}_T$ über b/a in Abb. 12.3 entnehmen wir ebenso wie aus Abb. 12.2, daß dickwandige Hohlkugeln (großes b/a) noch eine erhebliche Tragfähigkeitsreserve gegenüber dem Erreichen

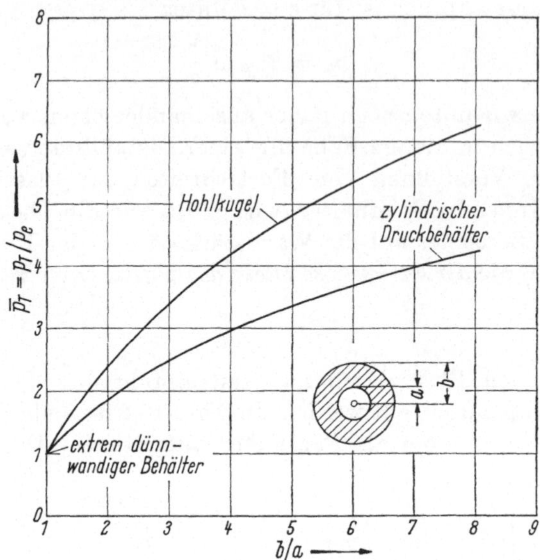

Abb. 12.3. Traglastfaktor p_T/p_e in Abhängigkeit von b/a für Hohlkugel und Druckbehälter.

der Fließspannung an ihrer Innenwand haben. Allerdings werden die Verformungen dann schließlich so groß, daß für extrem dicke Wandstärken die Voraussetzungen der Rechnung nicht mehr erfüllt sind (vgl. auch den nächsten Abschnitt.

Für vorgegebenen Innendruck p und damit — entsprechend Abb. 12.2 — für vorgegebene Dicke ζ des plastizierten Bereiches reichen die Gln. (12.12) und (12.14) mit (12.18) zur Berechnung des Spannungszustandes vollständig aus: Das Problem ist statisch bestimmt. In Abb. 12.4 sind die dimensionslosen Spannungen σ_r/p und σ_t/p über dem Verhältnis $(r - a)/(b - a)$ des jeweiligen Abstandes des Radius r von der Innenwand zur Wandstärke für eine Hohlkugel mit $b/a = 2,5$ und mit ζ als Parameter aufgetragen.

Wir stellen eine beträchtliche Umlagerung beider Spannungskurven mit fortschreitender Plastizierung fest. Die beiden Grenzfälle (elastische Grenzlast und vollständige Plastizierung) sind besonders hervorgehoben durch die strichpunktierten Kurven E und die dick ausgezogenen Kurven T.

12.1.2 Aufweitung der Hohlkugel. Die vorstehende Rechnung bleibt unvollständig, wenn man die Aufweitung der Hohlkugel nicht kennt, die — wie wir ausrechnen werden — für große Wandstärken beim Zusammenbruch große Werte annimmt.

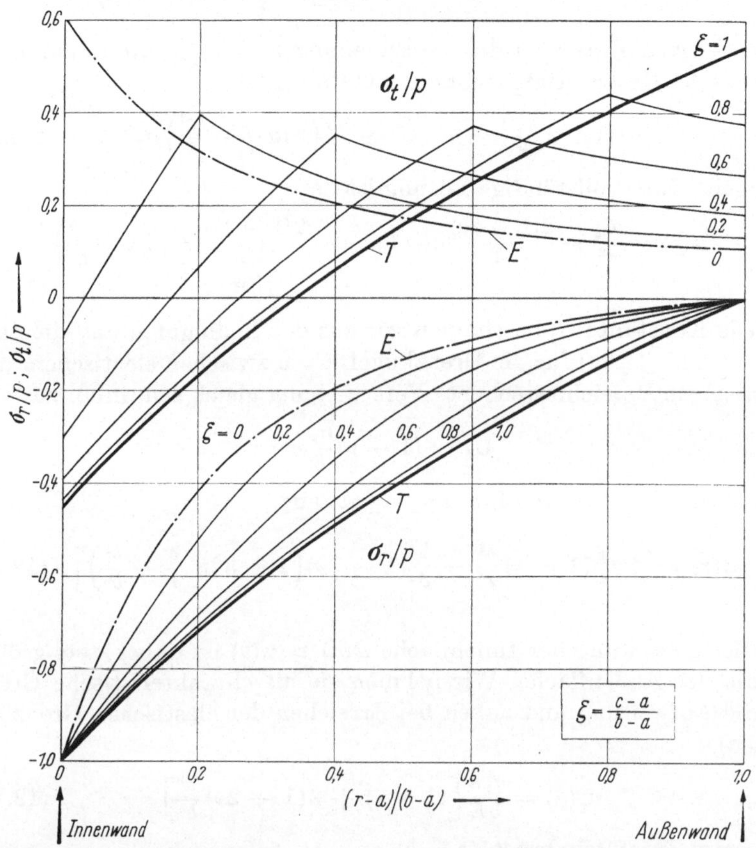

Abb. 12.4. Umlagerung der Spannungen σ_r und σ_t in der Wand einer Hohlkugel bei fortschreitender Plastizierung von elastischer Grenzlast aus (strichpunktierte Kurven E) über teilweise Plastizierung (dünn ausgezogene Kurven) bis zum Zusammenbruch (dick ausgezogene Kurven T); $b/a = 2{,}5$.

Im elastischen Bereich ($c \leq r \leq b$) der teilweise plastizierten Hohlkugel können wir die Verschiebung $u(r)$ unmittelbar aus (12.5) mit den Konstanten C_1 und C_2 nach (12.11) hinschreiben:

$$u(r) = \frac{\sigma_F c^3}{3E}\left[2(1-2\nu)\frac{r}{b^3}+\frac{1+\nu}{r^2}\right] \quad \text{(für } c \leq r \leq b). \qquad (12.20)$$

Im plastischen Bereich ($a \leq r \leq c$) kommen wir mit der Kompressibilitätsgleichung (9.60) in der integrierten Form

$$\varepsilon_{ii} = \frac{1-2\nu}{E}\,\sigma_{ii}$$

18*

zum Ziel, die für kleine Verzerrungen gilt und hier mit (12.14) in

$$\varepsilon_r + 2\varepsilon_t = \frac{1-2\nu}{E}\,(\sigma_r + 2\sigma_t) = -\frac{2(1-2\nu)}{3E}\Big(9\ln\frac{c}{r} - 3\frac{c^3}{b^3}\Big)\sigma_F \qquad (12.21)$$

bzw. — nach Einsetzen der Verschiebung $u(r)$ — in die inhomogene EULERsche Differentialgleichung 1. Ordnung

$$u'(r) + 2\frac{u(r)}{r} = -\frac{2(1-2\nu)}{E}\Big(3\ln\frac{c}{r} - \frac{c^3}{b^3}\Big)\sigma_F \qquad (12.22)$$

übergeht. Ihre vollständige Lösung ist

$$u(r) = \frac{C_4}{r^2} - \frac{2(1-2\nu)}{E}\,\sigma_F r \ln\frac{c}{r} - \frac{2(1-2\nu)}{3E}\,\sigma_F r\Big(1 - \frac{c^3}{b^3}\Big)$$
$$\text{(für } a \leq r \leq c). \qquad (12.23)$$

Die Konstante C_4 bestimmen wir aus der Bedingung, daß die nach (12.20) und (12.23) für die Grenzkugel $r = c$ zwischen elastischem und plastischem Bereich errechnete Verschiebung gleich sein muß, zu

$$C_4 = (1 - \nu)\frac{\sigma_F}{E}\,c^3,$$

so daß die Verschiebung für $a \leq r \leq c$ aus

$$u(r) = \frac{\sigma_F}{E}\,r\Big[(1-\nu)\frac{c^3}{r^3} - \frac{2}{3}(1-2\nu)\Big(1 + 3\ln\frac{c}{r} - \frac{c^3}{b^3}\Big)\Big] \qquad (12.24)$$

folgt.

Die Aufweitung der Innenfläche $u(a) > u(b)$ ist dabei stets größer als die der Außenfläche. Wir nehmen sie als charakteristische Größe für die Aufweitung und haben bei Erreichen der elastischen Grenzlast $(c = a)$

$$u_e(a) = \frac{\sigma_F a}{3E}\Big[(1 + \nu) + 2(1 - 2\nu)\frac{a^3}{b^3}\Big] \qquad (12.25)$$

und beim Zusammenbruch $(c = b)$

$$u_T(a) = \frac{\sigma_F a}{E}\Big[(1 - \nu)\frac{b^3}{a^3} - 2(1 - 2\nu)\ln\frac{b}{a}\Big]. \qquad (12.26)$$

Die dimensionslose Größe

$$\frac{u(a)}{u_e(a)} = 3\,\frac{(1-\nu)\dfrac{c^3}{a^3} - (1-2\nu)\dfrac{p}{\sigma_F}}{1 + \nu + 2(1-2\nu)\dfrac{a^3}{b^3}} \qquad (12.27)$$

gibt die fortschreitende Aufweitung der Hohlkugel in Abhängigkeit vom Innendruck p an, wenn wir den Zusammenhang (12.15) zwischen c und p berücksichtigen. In Abb. 12.5 ist der auf den elastischen Grenzdruck p_e (vgl. (12.16)) bezogene Innendruck p über $u(a)/u_e(a)$ mit dem Verhältnis b/a als Parameter aufgetragen. Durch $\bullet$ ist der Zusammenbruch für das jeweilige b/a gekennzeichnet. Die gestrichelte Kurve e verbindet diese Punkte. Bei dickwandigen Rohren (großes b/a) werden die Aufweitungen zwar recht groß, trotzdem bleiben sie nach (12.26) noch in der Größenordnung von $< 10\,a\sigma_F/E$, falls kein extremer Fall vorliegt[1].

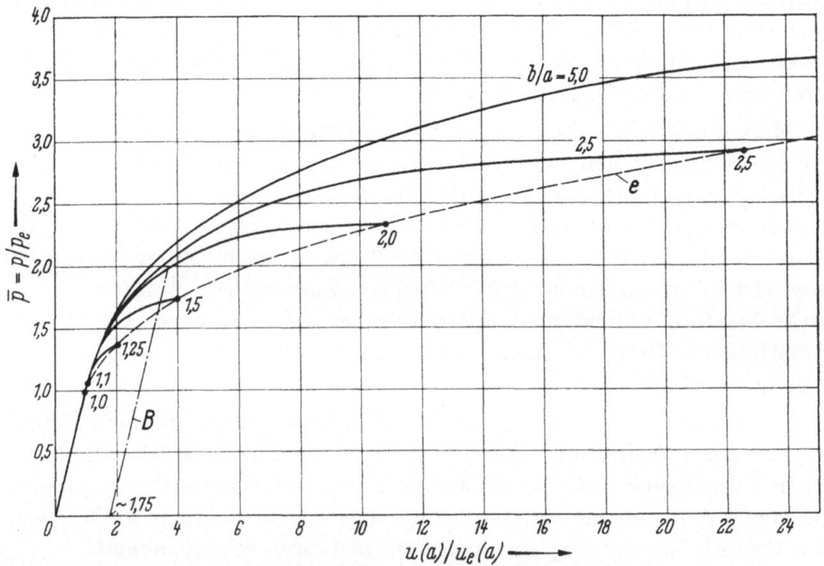

Abb. 12.5. Dimensionsloser Überlastungsdruck p/p_e über Verhältnis der Innenwand-Aufweitung von Hohlkugeln verschiedener Wandstärken zu ihrem Wert beim elastischen Grenzdruck p_e; • = Zusammenbruch.

Wenn wir aus (12.15)

$$\frac{dp}{dc} = \frac{2\sigma_F}{c}\left(1 - \frac{c^3}{b^3}\right)$$

bilden, erkennen wir, daß der Innendruck $p_T = 2\sigma_F \ln b/a$ beim Zusammenbruch $(c = b)$ ein Maximum erreicht; denn zur Aufrechterhaltung des Gleichgewichtes beim uneingeschränkten Fließen (überall $\sigma_t - \sigma_r = \sigma_F$ in der Wand) müßte er wieder absinken, da wegen $u(b) < u(a)$ der Quotient b/a immer kleiner wird.

Da die vorstehende Rechnung nur für kleine Verzerrungen gilt, ist sie nicht auf extreme Fälle $(b/a \gg 1)$ und sehr große Aufweitungen beim uneingeschränkten Fließen anwendbar[1]. Für solche Fälle müßte man die Rechnung unter Berücksichtigung der Veränderung der Radien

---

[1] Für $b/a = 5$ wird dagegen beispielsweise $u_T(a) = 199\,u_e(a) = 86,2\,a\sigma_F/E$, das heißt die Aufweitung der Innenwand unter der Traglast hat schon die Größenordnung von 10% des Innenradius erreicht.

a und *b* durchführen. Für verfestigenden Werkstoff kann man schließlich die Spannungen auch nicht mehr unabhängig von den Verzerrungen berechnen. Für weiterführende Untersuchungen sei der Leser auf das Buch von HILL [1] verwiesen.

Trotz dieser Einschränkungen läßt sich unsere Rechnung durchaus auch als Grundlage für die Konstruktion von Hochdruckbehältern aus verfestigenden Werkstoffen verwenden, da bei diesen die p/p_e-Werte größer werden als bei idealplastischem Werkstoff, so daß unsere Ergebnisse immer „auf der sicheren Seite" bleiben.

Man kann schließlich aus der Rechnung eine wichtige Folgerung für die Praxis ziehen: Die große Tragfähigkeitsreserve dickwandiger Behälter legt es nahe, sie vor Inbetriebnahme einmalig mit dem Druck $\hat{p} > p_e$ zu überlasten. Der sich nach Fortnahme dieser Überlast in der Wand ausbildende Restspannungszustand — d. h. Zustand (12.12) bzw. (12.14) minus einem rein elastischen Zustand (12.9) mit $p = \hat{p}$ — wirkt insofern verfestigend auf den ganzen Behälter, als dieser sich unter höheren Betriebsdrücken p als im Ausgangszustand ($\hat{p} > p > p_e$) elastisch verhält.

Aus Abb. 12.5 entnehmen wir beispielsweise, daß man einen Behälter mit $b/a = 2$ durchaus um 100% überlasten und damit den elastischen Grenzdruck auf $2 p_e$ erhöhen könnte, wobei man allerdings eine bleibende Aufweitung $u(a) \approx 1{,}75 u_e(a)$ in Kauf nehmen müßte. Für den Betrieb ist dann die strichpunktierte Kurve B maßgebend.

Die Ergebnisse nach Abb. 12.5 sind ein besonders gutes Beispiel dafür, wie man mit Hilfe der Plastizitätstheorie die sparsamste Dimensionierung für verschiedene Abmessungen bei gleicher Sicherheit gegen Zusammenbruch finden kann. Eine nur nach der Elastizitätstheorie durchgeführte Dimensionierung mit einer in konventioneller Weise auf die Elastizitätsgrenze oder die Bruchspannung bezogenen Sicherheitszahl würde dagegen zu einer um so größeren Materialvergeudung führen, je dickwandiger der Behälter ist. Oder umgekehrt: Je dünnwandiger der Behälter ist, desto kleiner würde seine effektive Sicherheit gegen den Zusammenbruch sein.

12.2 Zylindrische Hochdruckbehälter

werden für zahlreiche industrielle Zwecke verwendet. Es ist daher erklärlich, daß sich viele Autoren mit dieser Frage befaßt haben. Am eingehendsten wird sie bei HILL [1] behandelt, wo man auch viele Literaturhinweise findet.

12.2.1 Allgemeines. Die mathematischen Schwierigkeiten sind größer als bei der Kugelschale. Das liegt einmal daran, daß neben den

Spannungen σ_r bzw. σ_t in radialer bzw. tangentialer Richtung[1] auch noch Spannungen σ_z in Längsrichtung (z-Richtung) eines geschlossenen Behälters auftreten. Zwar kommen in der Gleichgewichtsbedingung

$$\frac{d\sigma_r}{dr} + \frac{1}{r}\,(\sigma_r - \sigma_t) = 0 \tag{12.28}$$

nur die Spannungen σ_r und σ_t — wie in (12.1) bei der Kugelschale — vor, jedoch enthält die v. MISES-Fließbedingung (9.32) auch σ_z und läßt sich daher nicht in die einfache Form (12.10) wie bei der Kugelschale bringen. Zum anderen werden die radialen Verschiebungen u an den Zylinderenden durch die Böden behindert, was zu zusätzlichen Biegespannungen in der Zylinderwand führt.

Näherungslösungen lassen sich mit verschiedenen vereinfachenden Annahmen herstellen. Bei allen Näherungen vernachlässigt man die Biegespannungen. Wir wollen das auch tun, so daß unsere Ergebnisse dann, streng genommen, nur für einen sehr langen Behälter gelten. Manche Autoren setzen einen ebenen Spannungszustand ($\sigma_z = 0$), andere einen ebenen Deformationszustand ($\varepsilon_z = 0$) voraus. Beides gibt jedoch die Verhältnisse für den in der Praxis hauptsächlich interessierenden *Fall des geschlossenen Behälters*, der Gegenstand unserer Untersuchung sein soll, nicht richtig wieder.

Vielfach verwendet man die TRESCA-Fließbedingung (9.34), d. h. hier $\sigma_t - \sigma_r = \sigma_F$. Da die Längsspannung σ_z — wie die Rechnung später bestätigt — immer die mittlere Hauptspannung ist, kann man damit, ähnlich wie unter 12.1 bei der Hohlkugel, eine statisch bestimmte Lösung herstellen und σ_r, σ_t sowie die Verschiebung $u(b)$ der Außenwand berechnen.

Die Schwierigkeiten beginnen dann bei der Berechnung der Längsspannungen σ_z und Längsdehnungen ε_z, für die man die Spannungs-Verzerrungs-Gesetze heranziehen muß. Mit den PRANDTL-REUSZ-Gesetzen läßt sich keine geschlossene Lösung herstellen, sondern man erhält ein System von nichtlinearen partiellen Differentialgleichungen, das nur eine numerische Integration zuläßt (vgl. HILL, LEE and TUPPER [*51*]). Die finiten Gesetze führen bei gleichzeitiger Annahme eines im elastischen und plastischen Bereich inkompressiblen Werkstoffs ($\nu = 1/2$) zwar zu einer geschlossenen Lösung (vgl. SZABÓ [*13*]), jedoch geben diese Rechnungsannahmen wiederum das wirkliche Werkstoffverhalten nicht genau wieder.

12.2.2 Spannungszustand. Für das Folgende verwenden wir eine Näherungsannahme, die sowohl das Werkstoffverhalten als auch das vorgegebene Problem realistisch erfaßt und zu einer Näherungslösung in geschlossener Form führt.

---

[1] Wir verwenden im folgenden die gleichen Bezeichnungen wie in Abb. 12.1.

Wir setzen idealplastischen Werkstoff voraus und bringen die v. MISES-Fließbedingung (9.32) in die Form

$$(\sigma_r - \sigma_t)^2 + (\sigma_r - \sigma_z)^2 + (\sigma_t - \sigma_z)^2$$

$$= \frac{3}{2}\,(\sigma_t - \sigma_r)^2 + 2\left[\sigma_z - \frac{1}{2}\,(\sigma_r + \sigma_t)\right]^2 = 2\sigma_F^2. \qquad (12.29)$$

Nun machen wir für die Längsspannung den Näherungsansatz

$$\sigma_z = \frac{1}{2}\,(\sigma_r + \sigma_t). \qquad (12.30)$$

Mit anderen Worten: Wir gehen von einer modifizierten Fließbedingung

$$\sigma_t - \sigma_r = \frac{2}{\sqrt{3}}\,\sigma_F \qquad (12.31)$$

aus. Dieser zunächst recht willkürlich erscheinende Ansatz verspricht aus drei Gründen eine optimale Näherungslösung:

a) Er gibt das Fließverhalten sicherlich besser wieder als die TRESCA-Bedingung, da (12.31) die Tangente an die MISES-Ellipse im Punkte $\sigma_t = -\sigma_r = \sigma_F/2$ im zweiten Quadranten[1] von Abb. 9.8 ist, so daß er diese in dem in Frage kommenden Spannungsbereich recht gut annähert.

b) Er stellt eine realistische Behandlung des Problems „geschlossene Behälter" dar: Setzen wir nämlich aus der Gleichgewichtsbedingung (12.28)

$$\sigma_t = \sigma_r + r\,\frac{d\sigma_r}{dr}$$

in (12.30) ein, so erhalten wir die durch die Wand übertragene Längskraft

$$N = 2\pi \int\limits_{r=a}^{b} \sigma_z r\,dr = \pi \int\limits_{r=a}^{b} (\sigma_r + \sigma_t)\,r\,dr = \pi \int\limits_{r=a}^{b} \left(2r\sigma_r + r^2\frac{d\sigma_r}{dr}\right) dr$$

$$= \pi \int\limits_{r=a}^{b} \frac{d}{dr}\,(r^2\sigma_r)\,dr = \pi\,[r^2\sigma_r]_a^b = \pi a^2 p,$$

da $\sigma_r(b) = 0$ und $\sigma_r(a) = -p$ ist. Die Längskraft ist also gleich dem resultierenden Bodendruck in einem geschlossenen, unter dem Innendruck p stehenden Behälter.

c) Er stimmt mit der genauen Lösung von HILL et al. [51] für den teilweise plastizierten Zustand um so besser überein, je größer die Dehnungen sind. Für den vollständig elastischen Behälter liefert er die genaue Lösung.

---

[1] In Abb. 9.8 hat man sich die Hauptspannungen $\sigma_I = \sigma_t$ und $\sigma_{II} = \sigma_r$ eingetragen zu denken.

Wir können nun ähnlich wie unter 12.1 vorgehen:

Im elastischen Bereich erhalten wir mit $\varepsilon_r = du/dr$ und $\varepsilon_t = u/r$ die Spannungen

$$\left. \begin{aligned}
\sigma_r &= \frac{E}{(1+\nu)(1-2\nu)}\left[(1-\nu)\,u'(r) + \nu\frac{u(r)}{r} + \nu\varepsilon_z\right], \\
\sigma_t &= \frac{E}{(1+\nu)(1-2\nu)}\left[\nu u'(r) + (1-\nu)\frac{u(r)}{r} + \nu\varepsilon_z\right], \\
\sigma_z &= \frac{1}{2}(\sigma_r + \sigma_t) = \frac{E}{2(1+\nu)(1-2\nu)}\left[u'(r) + \frac{u(r)}{r} + 2\nu\varepsilon_z\right].
\end{aligned} \right\} \tag{12.32}$$

Einsetzen in die Gleichgewichtsbedingung (12.28) liefert die Differentialgleichung

$$u''(r) + \frac{u'(r)}{r} - \frac{u(r)}{r^2} = 0 \tag{12.33}$$

für die Verschiebung $u(r)$ mit dem Integral

$$u(r) = C_1 r + \frac{C_2}{r}. \tag{12.34}$$

Für die Dehnung in Längsrichtung gilt allgemein

$$\varepsilon_z = \frac{1}{E}\left[\sigma_z - \nu(\sigma_r + \sigma_t)\right] = \frac{1-2\nu}{E}\,\sigma_z.$$

Hierin setzen wir σ_z aus der letzten Gl. (12.32) und verwenden (12.34), was die konstante Längsdehnung

$$\varepsilon_z = C_1 \tag{12.35}$$

liefert. Der Spannungszustand wird also im elastischen Bereich nach (12.32) mit (12.34) und (12.35) durch

$$\left. \begin{aligned}
\sigma_r &= \frac{E}{(1+\nu)(1-2\nu)}\left[(1+\nu)\,C_1 - (1-2\nu)\frac{C_2}{r^2}\right], \\
\sigma_t &= \frac{E}{(1+\nu)(1-2\nu)}\left[(1+\nu)\,C_1 + (1-2\nu)\frac{C_2}{r^2}\right], \\
\sigma_z &= \frac{E}{1-2\nu}\,C_1
\end{aligned} \right\} \tag{12.36}$$

beschrieben. Die Längsspannungen sind konstant. Die Randbedingung $\sigma_r(b) = 0$ liefert

$$C_2 = \frac{1+\nu}{1-2\nu}\,b^2 C_1. \tag{12.37}$$

Nun unterscheiden wir:

Für den *vollständig elastischen Behälter* liefert die Randbedingung $\sigma_r(a) = -p$ die Konstante

$$C_1 = \frac{1-2\nu}{E}\frac{a^2}{b^2 - a^2}\,p. \tag{12.38}$$

Damit und mit (12.37) folgt der Spannungszustand aus (12.36)

$$\sigma_r = -\frac{a^2}{b^2 - a^2}\left(\frac{b^2}{r^2} - 1\right)p, \quad \sigma_t = \frac{a^2}{b^2 - a^2}\left(1 + \frac{b^2}{r^2}\right)p, \quad \sigma_z = \frac{a^2}{b^2 - a^2}\,p.$$

$$(12.39)$$

Die Radialverschiebung wird nach (12.34)

$$u(r) = \frac{pa^2}{E(b^2 - a^2)}\left[(1 - 2\nu)\,r + (1 + \nu)\frac{b^2}{r}\right].\qquad (12.40)$$

Für die Radialspannungen im *teilweise plastizierten Behälter* muß an der Grenze $r = c$ zwischen elastischem und plastischem Bereich sowohl (12.31) als auch (12.32) gelten, das heißt

$$\sigma_t(c) - \sigma_r(c) = \frac{2E}{1 + \nu}\frac{C_2}{c^2} = \frac{2}{\sqrt{3}}\,\sigma_F.\qquad (12.41)$$

Nach (12.37) ist dann auch die Konstante

$$C_1 = \varepsilon_z = \frac{1 - 2\nu}{\sqrt{3}\,E}\,\frac{c^2}{b^2}\,\sigma_F\qquad (12.42)$$

bekannt, so daß wir aus (12.36) den *Spannungszustand im elastischen Bereich* $(c \leq r \leq b)$

$$\sigma_r = -\frac{\sigma_F c^2}{\sqrt{3}\,b^2}\left(\frac{b^2}{r^2} - 1\right), \quad \sigma_t = \frac{\sigma_F c^2}{\sqrt{3}\,b^2}\left(1 + \frac{b^2}{r^2}\right), \quad \sigma_z = \frac{\sigma_F}{\sqrt{3}}\frac{c^2}{b^2}\quad (12.43)$$

und aus (12.34) die Radialverschiebung

$$u(r) = \frac{\sigma_F c^2}{\sqrt{3}\,E}\left[(1 - 2\nu)\frac{r}{b^2} + \frac{1 + \nu}{r}\right]\qquad (12.44)$$

erhalten.

Im *plastischen Bereich* $(a \leq r \leq c)$ liefert die Gleichgewichtsbedingung (12.28) mit der Fließbedingung (12.31)

$$\frac{d\sigma_r}{dr} - \frac{2\sigma_F}{\sqrt{3}}\frac{1}{r} = 0,$$

woraus sich nach Integration

$$\sigma_r = \frac{2\sigma_F}{\sqrt{3}}\ln r + C_3\qquad (12.45)$$

ergibt. Für $r = c$ muß (12.45) mit $\sigma_r(c)$ nach (12.43) übereinstimmen. Daraus folgt die Konstante C_3 und schließlich der Spannungszustand

$$\left.\begin{aligned}
\sigma_r &= -\frac{\sigma_F}{\sqrt{3}}\left(1 + 2\ln\frac{c}{r} - \frac{c^2}{b^2}\right), \\[2mm]
\sigma_t &= \sigma_r + \frac{2}{\sqrt{3}}\,\sigma_F = \frac{\sigma_F}{\sqrt{3}}\left(1 + \frac{c^2}{b^2} - 2\ln\frac{c}{r}\right), \\[2mm]
\sigma_z &= \frac{1}{2}(\sigma_r + \sigma_t) = \frac{\sigma_F}{\sqrt{3}}\left(\frac{c^2}{b^2} - 2\ln\frac{c}{r}\right).
\end{aligned}\right\}\qquad (12.46)$$

Für den *Innendruck* gilt

$$p = -\sigma_r(a) = \frac{\sigma_F}{\sqrt{3}}\left(1 + 2\ln\frac{c}{a} - \frac{c^2}{b^2}\right). \qquad (12.47)$$

Im elastischen Grenzzustand $(c = a)$ ist der Druck

$$p_e = \frac{\sigma_F}{\sqrt{3}}\left(1 - \frac{a^2}{b^2}\right) \qquad (12.48)$$

und beim Zusammenbruch $(c = b)$ ist

$$p_T = \frac{2\sigma_F}{\sqrt{3}}\ln\frac{b}{a}. \qquad (12.49)$$

Für die Darstellung der Ergebnisse wurde — wie bei der Hohlkugel unter 12.1 — die dimensionslose Dicke $\zeta = (c - a)/(b - a)$ des plastizierten Bereiches entsprechend (12.18) gewählt. Das Fortschreiten der Plastizierung der Behälterwand mit steigendem Innendruck ist aus Abb. 12.6 zu entnehmen. Die dabei auftretende Umlagerung des Span-

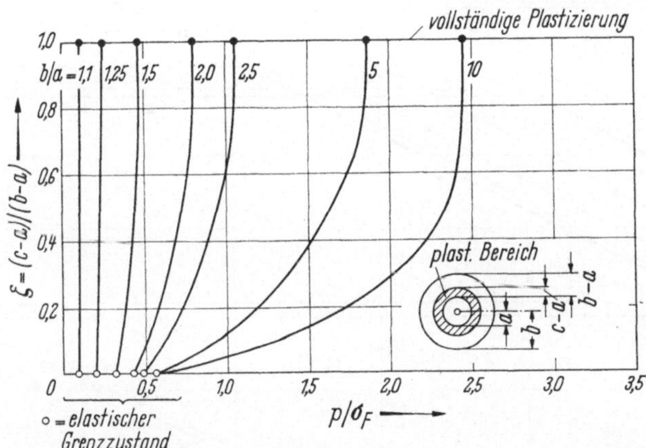

Abb. 12.6. Dimensionslose Dicke ζ des plastizierten Bereichs für zylindrische Druckbehälter abhängig vom Innendruck p (vgl. entsprechende Abb. 12.2 für Hohlkugel).

nungszustandes zeigt Abb. 12.7, und zwar für einen verhältnismäßig dünnwandigen Behälter mit $b/a = 1{,}1$ (Abb. 12.7a) und einen sehr dickwandigen Behälter mit $b/a = 2{,}5$ (Abb. 12.7b). Die strichpunktierten Kurven E gelten für den elastischen Grenzzustand ($\zeta = 0$), die Kurven T für den Zusammenbruch ($\zeta = 1$). Die Umlagerung der Tangentialspannungen σ_t ist für beide Wandstärken gleich stark ausgeprägt wie bei der Hohlkugel. Der Verlauf der Radialspannungen σ_r wird beim dünnwandigen Rohr praktisch durch die Plastizierung nicht beeinflußt. Schließlich ist in beiden Fällen eine starke Umlagerung der Längsspannungen σ_z festzustellen.

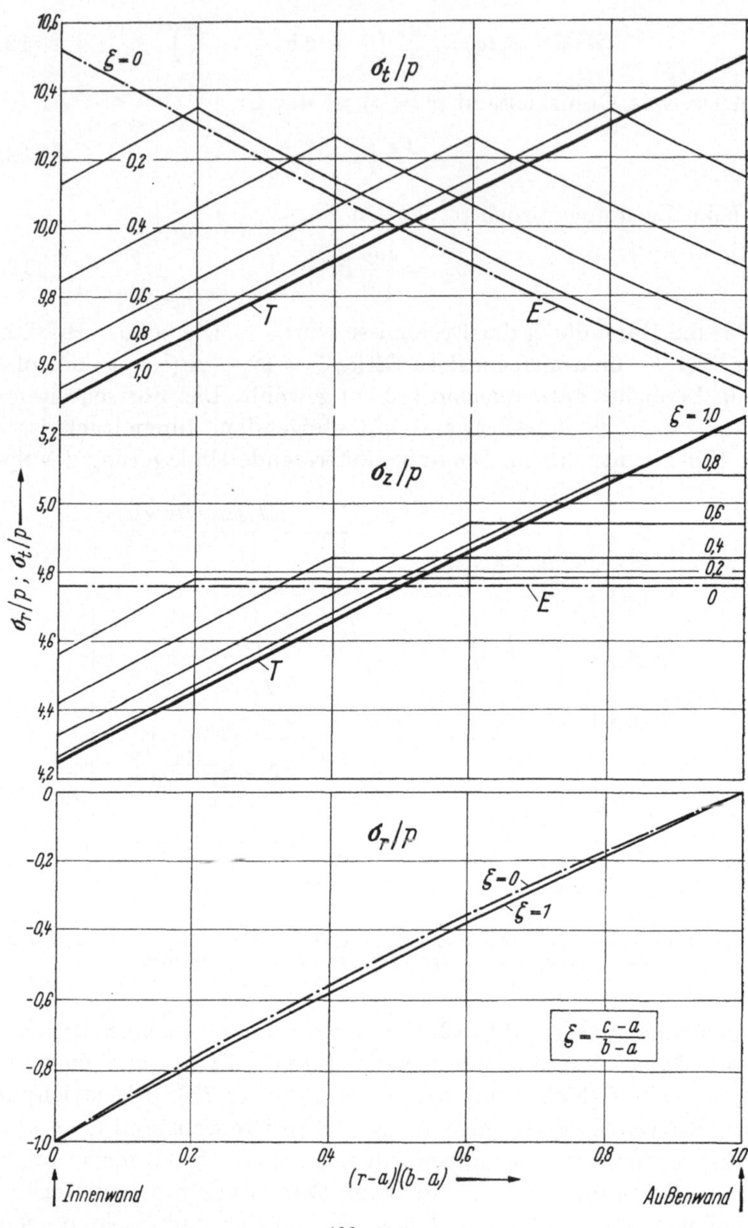

Abb. 12.7 a

Abb. 12.7 a u. b. Spannungsumlagerung in der Wand von Druckbehältern mit fortschreitender Plastizierung (E = elastischer Grenzzustand; T = Spannungsverlauf beim Zusammenbruch): a für $b/a = 1{,}1$, b für $b/a = 2{,}5$ (vgl. entsprechende Abb. 12.4 für Hohlkugel).

$\xi=0$
σ_t/p
0,2
0,4
0,6
0,8
1,0
T
E
σ_z/p
E
$\xi=0$
0,2
0,4
0,6
0,8
1,0
T
σ_r/p
E
T
$\xi=0$
0,2
0,4
0,6
0,8
1,0
$\xi = \dfrac{c-a}{b-a}$
$(r-a)/(b-a)$
Innenwand
Außenwand

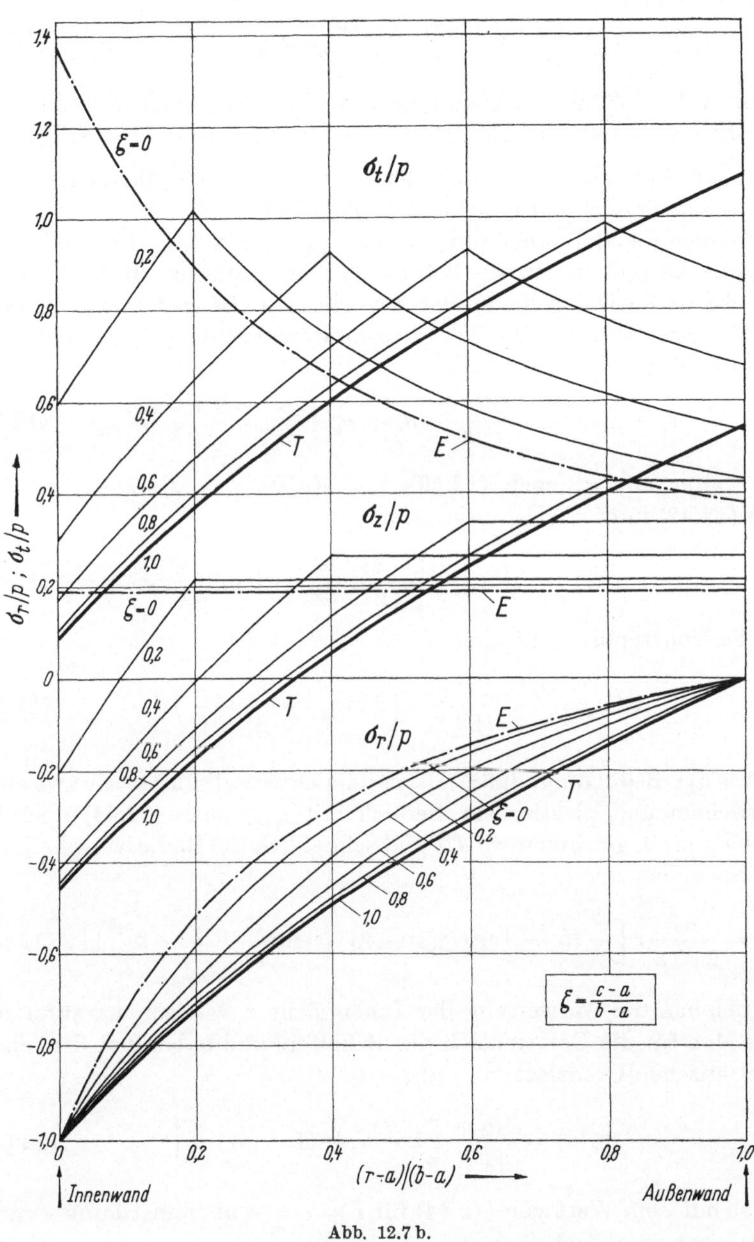

Abb. 12.7 b.

Der *Traglastfaktor*

$$\bar{p}_T = \frac{p_T}{p_e} = \frac{2b^2}{b^2 - a^2} \ln \frac{b}{a} \qquad (12.50)$$

ist in Abb. 12.3 über b/a aufgetragen. Die Tragfähigkeitsreserve ist zwar kleiner als bei der Hohlkugel, aber immer noch beträchtlich.

12.2.3 Aufweitung des Behälters. Die Radialverschiebung $u(r)$ im elastischen Bereich entnehmen wir aus (12.44).

Solange die Behälterwand teilweise plastiziert ist, wird die Längsdehnung im plastischen Bereich durch den elastischen Bereich behindert, so daß wir für beide Bereiche dieselbe Längsdehnung ε_z nach (12.42) setzen können. Die Kompressibilitätsgleichung (9.60) geht dann mit (12.30) in

$$\varepsilon_r + \varepsilon_t + \varepsilon_z = \frac{1 - 2\nu}{E} (\sigma_r + \sigma_t + \sigma_z) = \frac{3(1 - 2\nu)}{E} \sigma_z \qquad (12.51)$$

und weiter mit σ_z nach (12.46), $\varepsilon_r = du/dr$, $\varepsilon_t = u/r$ sowie $\varepsilon_z = C_1$ nach (12.42) in die Differentialgleichung

$$u'(r) + \frac{u(r)}{r} = \frac{2(1 - 2\nu)}{\sqrt{3}\,E} \left(\frac{c^2}{b^2} - 3 \ln \frac{c}{r} \right) \sigma_F \qquad (12.52)$$

mit der vollständigen Lösung

$$u(r) = \frac{C_4}{r} - \frac{1 - 2\nu}{\sqrt{3}\,E} r \left(3 \ln \frac{c}{r} + \frac{3}{2} - \frac{c^2}{b^2} \right) \sigma_F \qquad (12.53)$$

über.

Aus der Bedingung, daß $u(r)$ auf dem Grenzzylinder $r = c$ zwischen elastischem und plastischem Bereich mit $u(c)$ nach (12.44) übereinstimmen muß, gewinnen wir C_4 und schließlich die Radialverschiebung im plastischen Bereich

$$u(r) = \frac{\sigma_F}{2\sqrt{3}\,E} r \left[\frac{c^2}{r^2} (5 - 4\nu) - (1 - 2\nu) \left(6 \ln \frac{c}{r} + 3 - 2 \frac{c^2}{b^2} \right) \right]. \qquad (12.54)$$

Wir nehmen die Aufweitung der Innenfläche $r = a$ als charakteristisches Maß für die Deformation des Behälters und haben bei Erreichen der elastischen Grenzlast ($c = a$)

$$u_e(a) = \frac{\sigma_F a}{\sqrt{3}\,E} \left[1 + \nu + (1 - 2\nu) \frac{a^2}{b^2} \right] \qquad (12.55)$$

— was mit dem Wert von (12.44) für $r = c = a$ übereinstimmt — und beim Zusammenbruch ($c = b$)

$$u_T(a) = \frac{\sigma_F a}{2\sqrt{3}\,E} \left[(5 - 4\nu) \frac{b^2}{a^2} - (1 - 2\nu) \left(1 + 6 \ln \frac{b}{a} \right) \right]. \qquad (12.56)$$

Die dimensionslose Größe

$$\frac{u(a)}{u_e(a)} = \frac{\dfrac{c^2}{a^2}(5-4\nu) - (1-2\nu)\left(6\ln\dfrac{c}{a} + 3 - 2\dfrac{c^2}{b^2}\right)}{2\left[1 + \nu + (1-2\nu)\dfrac{a^2}{b^2}\right]} \tag{12.57}$$

gibt die fortschreitende Aufweitung in Abhängigkeit von c bzw.
— unter Verwendung von (12.50) — vom Überlastungsfaktor $\bar{p} = p/p_e$
an. In Abb. 12.8 ist $\bar{p}$ über $u(a)/u_e(a)$ mit b/a als Parameter aufgetragen.

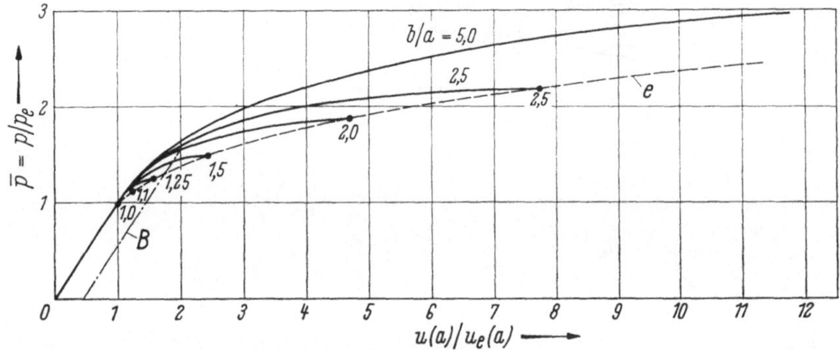

Abb. 12.8. Überlastungsdruckfaktor p/p_e aufgetragen über dimensionsloser Innenwand-Aufweitung für Druckbehälter verschiedener Wandstärken; • = Zusammenbruch (entsprechend Abb. 12.5 für Hohlkugel).

Die Tendenz der Kurven ist dieselbe wie bei der Hohlkugel (vgl. Abb. 12.5). Auch die am Schluß von 12.1.2 gemachten allgemeinen Bemerkungen lassen sich sinngemäß auf zylindrische Druckbehälter übertragen.

12.3 Spannungszustand in rotierenden Turbinenscheiben

Wenn wir den Spannungszustand in Turbinenscheiben mit Hilfe der Plastizitätstheorie untersuchen wollen, müssen wir uns von vornherein darüber im klaren sein, daß die sehr hohen Arbeitstemperaturen in modernen Dampf- und Gasturbinen eine Erweiterung der Rechnung notwendig machen, weil Temperatur- und Kriecheinflüsse berücksichtigt werden müssen. Die mit unserer Rechnung ermittelte Spannungsverteilung gilt aber auch in diesen Fällen für kurzzeitige Überlastung bei überhöhter Drehzahl, falls wir mit annähernd konstanter Temperatur in der ganzen Scheibe rechnen können; wir brauchen dann nur einen entsprechend verminderten Wert von σ_F einzuführen. Auf eine Berechnung der Verformungen wollen wir verzichten, da man hierfür doch meist das Kriechen berücksichtigen müßte, um die Verhältnisse realistisch zu erfassen.

Wir behandeln eine mit konstanter Winkelgeschwindigkeit ω rotierende Turbinenscheibe von veränderlicher Dicke $h(r)$ nach Abb. 12.9, in der die an einem Scheibenelement wirkenden Kräfte (bis auf

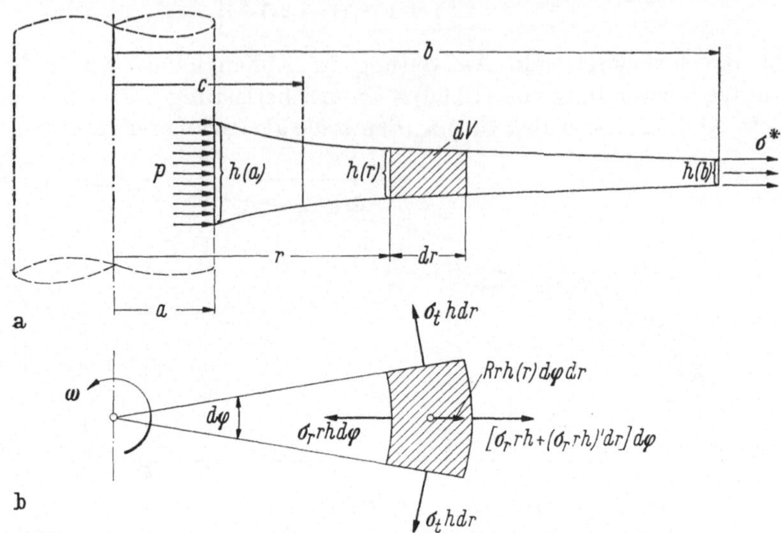

Abb. 12.9a u. b. a Rotierende Turbinenscheibe mit Schrumpfspannungen p und Radialspannung σ^* am Umfang, b Kräfte am Volumenelement der Scheibe.

kleine Größen höherer Ordnung) eingetragen sind. Die Scheibe sei auf eine Welle vom Radius a aufgeschrumpft, so daß auf ihrem Innenrand Schrumpfspannungen p wirken. Am Außenrand werden Radialspannungen σ^* vom Schaufelkranz auf die Scheibe übertragen. Beide Spannungen muß man berücksichtigen, da sie den Spannungszustand vom Beginn des Fließens bis zur vollen Plastizierung der Scheibe wesentlich beeinflussen. Auch die Berücksichtigung der veränderlichen Scheibendicke ist unbedingt notwendig, da man für Scheiben mit konstanter Dicke völlig andere Ergebnisse erhält. Um die Verhältnisse realistisch darstellen zu können, muß man das Problem so allgemein behandeln, was nach Kenntnis des Verfassers bisher noch nicht geschehen ist.

Außer den Spannungen σ_r und σ_t wirkt — im Sinne des D'ALEMBERT-schen Prinzips — die Volumenkraft $R = \varrho \omega^2 r$ (mit der spezifischen Masse ϱ), so daß die „Gleichgewichtsbedingung"

$$(\sigma_r r h)' - \sigma_t h + \varrho \omega^2 r^2 h = 0$$

oder

$$\frac{r}{h}(\sigma_r h)' + \sigma_r - \sigma_t + \varrho \omega^2 r^2 = 0 \tag{12.58}$$

liefert.

Wir können zu einer geschlossenen Lösung des Problems kommen, wenn wir für das *Scheibenprofil* das hyperbolische Gesetz

$$h(r) = h(a)\left(\frac{r}{a}\right)^{-m} \qquad \text{mit} \qquad m = \frac{\log\dfrac{h(a)}{h(b)}}{\log\dfrac{b}{a}} \qquad (12.59)$$

ansetzen, durch das sich viele in der Praxis verwendete Scheibenformen gut annähern lassen. Die Gleichgewichtsbedingung (12.58) geht damit über in

$$r\sigma_r' + (1 - m)\,\sigma_r - \sigma_t + \varrho\,\omega^2 r^2 = 0. \qquad (12.60)$$

Für konstante Scheibendicke ist $m = 0$ zu setzen.

Zur Berechnung der *Spannungen im elastischen Bereich* führen wir zweckmäßigerweise eine Funktion $\Phi(r)$ ein, für die

$$\sigma_r = \frac{\Phi}{r}, \qquad \sigma_t = \Phi' - \frac{m}{r}\,\Phi + \varrho\,\omega^2 r^2 \qquad (12.61)$$

gelten muß, damit (12.60) erfüllt ist. Setzen wir (12.61) in die Gleichungen für die Dehnungen

$$\varepsilon_r = u' = \frac{1}{E}(\sigma_r - \nu\sigma_t), \qquad \varepsilon_t = \frac{u}{r} = \frac{1}{E}(\sigma_t - \nu\sigma_r)$$

und das Ergebnis sodann in die Verträglichkeitsbedingung

$$\varepsilon_t - \varepsilon_r + r\varepsilon_t' = 0$$

ein, so erhalten wir schließlich die inhomogene Differentialgleichung

$$\Phi''(r) + \frac{1 - m}{r}\,\Phi'(r) - \frac{1 + \nu m}{r^2}\,\Phi(r) = -(3 + \nu)\,\varrho\,\omega^2 r \qquad (12.62)$$

für die Spannungsfunktion. Die Lösung der homogenen Gleichung lautet

$$\Phi_h(r) = C_1 r^{\alpha_1} + C_2 r^{\alpha_2} \quad \text{mit} \quad \left.\begin{matrix}\alpha_1\\\alpha_2\end{matrix}\right\} = \frac{m}{2} \pm \left[\left(\frac{m}{2}\right)^2 + 1 + \nu m\right]^{1/2}. \qquad (12.63)$$

Falls $m \neq 8/(3 + \nu)$ ist, hat (12.62) das partikulare Integral

$$\Phi_p(r) = -N\varrho\,\omega^2 r^3 \quad \text{mit} \quad N = \frac{3 + \nu}{8 - (3 + \nu)\,m}. \qquad (12.64)$$

Den speziellen Fall $m = 8/(3 + \nu)$, für den man sich ein partikulares Integral durch Variation der Konstanten C_1 und C_2 verschaffen kann, wollen wir nicht weiter behandeln.

Mit der vollständigen Lösung $\Phi(r) = \Phi_h(r) + \Phi_p(r)$ der inhomogenen Gleichung folgen dann aus (12.61) die Spannungen

$$\left.\begin{aligned}
\sigma_r &= C_1 r^{\alpha_1 - 1} + C_2 r^{\alpha_2 - 1} - N\varrho\,\omega^2 r^2,\\
\sigma_t &= C_1(\alpha_1 - m)\,r^{\alpha_1 - 1} + C_2(\alpha_2 - m)\,r^{\alpha_2 - 1}\\
&\quad - [(3 - m)\,N - 1]\,\varrho\,\omega^2 r^2.
\end{aligned}\right\} \qquad (12.65)$$

Wir wollen die Konstanten für den *vollständig elastischen Zustand* berechnen. Die am Innenrand $r = a$ in radialer Richtung wirkende Schrumpfspannung hat die Größe $\sigma_r(a) = -p$. Wir können sie mit Hilfe der elastischen Gleichungen zur Schrumpfspannung $p_0 > p$ in der ruhenden Scheibe in Beziehung setzen, worauf wir hier nicht eingehen wollen.

Am Außenrand wird vom Schaufelkranz die Spannung $\sigma_r(b) = \sigma^* > 0$ übertragen, die wir gleichfalls als bekannt voraussetzen wollen. Sie nimmt proportional mit ω^2 zu, wenn der Schaufelkranz keine zusätzlichen Tangentialspannungen überträgt.

Aus diesen Randbedingungen errechnen wir mit N nach (12.64) sowie mit α_1 und α_2 nach (12.63) und $\beta = b/a$ die Konstanten

$$\left.\begin{aligned}
C_1 &= \frac{b^{1-\alpha_1}}{\beta^{1-\alpha_1} - \beta^{1-\alpha_2}} \left[N \varrho \, \omega^2 a^2 - p - \beta^{1-\alpha_2}(N \varrho \, \omega^2 b^2 + \sigma^*)\right], \\
C_2 &= \frac{b^{1-\alpha_2}}{\beta^{1-\alpha_1} - \beta^{1-\alpha_2}} \left[\beta^{1-\alpha_1}(N \varrho \, \omega^2 b^2 + \sigma^*) + p - N \varrho \, \omega^2 a^2\right].
\end{aligned}\right\} \quad (12.66)$$

Sie gelten solange, bis die Scheibe am Innenrand bei der Winkelgeschwindigkeit $\omega = \omega_e$ zu fließen beginnt. Die zugehörigen Spannungen am Innen- bzw. Außenrand nennen wir p_e bzw. σ_e^*. Nach (12.65) ist damit der elastische Spannungszustand vollständig bestimmt.

Nun zur Berechnung von ω_e: Als Fließbedingung verwenden wir die für die weiteren Rechnungen einfachere TRESCA-Bedingung, die wir an die mit der Wirklichkeit besser übereinstimmende MISES-Bedingung dadurch anpassen, daß wir sie in die Form

$$\left.\begin{aligned}
\sigma_t - \sigma_r &= \varkappa \sigma_F \quad &\text{für } \sigma_r < 0 \\
\sigma_t &= \varkappa \sigma_F \quad &\text{für } \sigma_r > 0
\end{aligned}\right\} \quad (12.67)$$

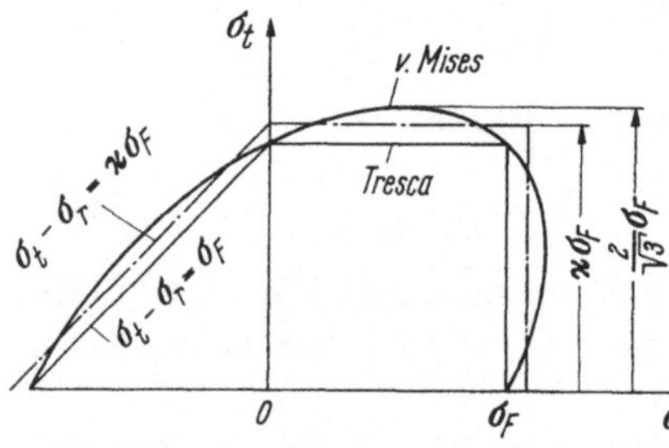

Abb. 12.10. Zu den speziellen Fließbedingungen für eine Turbinenscheibe (vgl. auch Abb. 9.8).

mit $\varkappa \approx 1{,}08$ bringen. In Abb. 12.10 ist diese Fließgrenzkurve durch strichpunktierte Geraden dargestellt (vgl. auch 9.3.1). Besonders vorteilhaft erweist sie sich für die Behandlung von Spannungszuständen mit $\sigma_t > \sigma_r \geq 0$, wie sie im Mittelbereich der Scheibe herrschen. Die Bedingung $\sigma_t = \varkappa \sigma_F$ können wir auch für eine angenäherte Behandlung des voll plastizierten Zustandes verwenden (s. u.).

Am Innenrand der Scheibe folgt aus (12.67)

$$\sigma_t(a) = \varkappa \sigma_F - p_e. \tag{12.68}$$

Das setzen wir — mit den Konstanten nach (12.66) — in (12.65) ein und erhalten nach einigen Zwischenrechnungen als dimensionsloses Maß für die Drehzahl bei Erreichen der elastischen Grenzbelastung

$$\Omega_e = \frac{\omega_e^2 \varrho a^2}{\sigma_F} = \frac{\varkappa - (1 + k_1)\,\bar{p}_e - k_2 s_e}{1 + N(k_2\beta^2 + m - k_1 - 3)}$$

mit

$$k_1 = \frac{(m - \alpha_2)\,\beta^{1-\alpha_2} + (\alpha_1 - m)\,\beta^{1-\alpha_1}}{\beta^{1-\alpha_2} - \beta^{1-\alpha_1}}, \quad k_2 = \frac{(\alpha_1 - \alpha_2)\,\beta^{2-\alpha_1-\alpha_2}}{\beta^{1-\alpha_2} - \beta^{1-\alpha_1}},$$

$$\bar{p}_e = \frac{p_e}{\sigma_F}, \quad s_e = \frac{\sigma_e^*}{\sigma_F}. \tag{12.69}$$

Darin sind die Konstanten m, α_1, α_2, β und N entsprechend (12.59), (12.63) und (12.64) aus den bekannten Daten des speziellen Problems einzusetzen.

Setzen wir Ω_e in die Gleichungen für die Integrationskonstanten (12.66) und diese wiederum in (12.65) ein, dann erhalten wir nach einigen Zwischenrechnungen den Spannungszustand bei Erreichen der elastischen Grenzbelastung

$$\frac{\sigma_{re}}{\sigma_F} = \frac{1}{\beta^{1-\alpha_2} - \beta^{1-\alpha_1}} \left\{ \beta^{1-\alpha_2} [N\Omega_e - \bar{p}_e - \beta^{1-\alpha_1}(N\Omega_e\beta^2 + s_e)]\left(\frac{r}{a}\right)^{\alpha_2-1} \right.$$

$$\left. - \beta^{1-\alpha_1}[N\Omega_e - \bar{p}_e - \beta^{1-\alpha_2}(N\Omega_e\beta^2 + s_e)]\left(\frac{r}{a}\right)^{\alpha_1-1} \right\}$$

$$- N\Omega_e\left(\frac{r}{a}\right)^2,$$

$$\frac{\sigma_{te}}{\sigma_F} = \frac{1}{\beta^{1-\alpha_2} - \beta^{1-\alpha_1}} \left\{ (\alpha_2 - m)\,\beta^{1-\alpha_2}[N\Omega_e - \bar{p}_e \right.$$

$$- \beta^{1-\alpha_1}(N\Omega_e\beta^2 + s_e)]\left(\frac{r}{a}\right)^{\alpha_2-1}$$

$$- ((\alpha_1 - m)\,\beta^{1-\alpha_1})[N\Omega_e - \bar{p}_e$$

$$\left. - \beta^{1-\alpha_2}(N\Omega_e\beta^2 + s_e)]\left(\frac{r}{a}\right)^{\alpha_1-1} \right\}$$

$$+ [1 - N(3 - m)]\Omega_e\left(\frac{r}{a}\right)^2. \tag{12.70}$$

Zahlenbeispiel. Um die Verhältnisse bei Scheiben mit konstanter und veränderlicher Dicke miteinander vergleichen zu können, wurden folgende gemeinsame Daten angenommen: Stahl mit $\sigma_F = 35$ kpmm^{-2}, $\nu = 0{,}3$ und $\varkappa = 1{,}08$; $\beta = b/a = 6$; $a = 100$ mm; $\bar{p}_e = 0{,}1$; $s_e = 0{,}4$. Die Werte von $\bar{p}_e$ und s_e wurden in einer gesonderten Rechnung auf Grund plausibler Annahmen für die Schrumpfspannung p_0 in der ruhenden Scheibe und für die Radialspannung am Außenrand bestimmt. Für die Scheibe mit veränderlicher Dicke wurde $h(a) = 4h(b)$ gewählt.

19*

Die Spannungsverteilung ist über dem Scheibenradius für die jeweilige Drehzahl

$$n_e = \frac{1}{2\,\pi a}\sqrt{\frac{\sigma_F\,\Omega_e}{\varrho}} \qquad \text{bei Fließbeginn am Innenradius}$$

in den strichpunktierten Kurven der Abb. 12.11 (Scheibe mit veränderlicher Dicke) und Abb. 12.12 (Scheibe mit konstanter Dicke) aufgetragen.

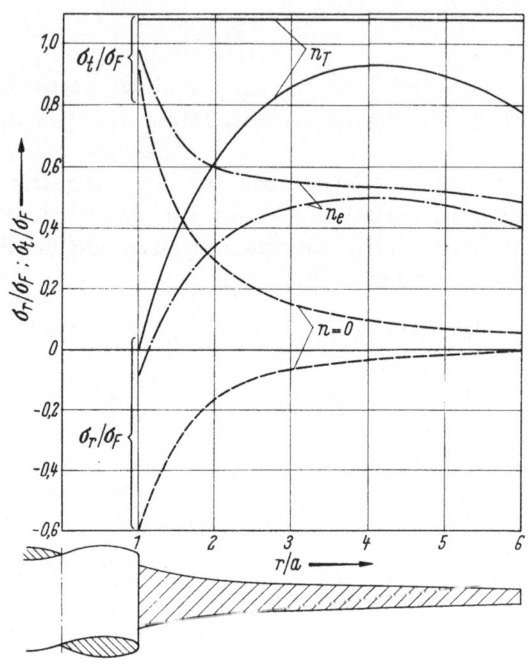

Abb. 12.11. Spannungen σ_r und σ_t in Turbinenscheibe aus Stahl mit veränderlicher Dicke ($h(a)$ = 4$h(b)$, a = 100 mm und b/a = 6) für Drehzahlen n = 0; n_e = 3262 U/min; n_T = 4534 U/min.

An dem großen Unterschied der Drehzahlen bei Fließbeginn am Innenradius

$$n_e = 3262 \text{ U/min} \quad \text{für die Scheibe veränderlicher Dicke,}$$
$$n_e = 829 \text{ U/min} \quad \text{für die Scheibe konstanter Dicke}$$

erkennen wir, daß die Rechnung für eine Scheibe konstanter Dicke nicht als Näherung für eine Scheibe veränderlicher Dicke dienen kann. Die gestrichelten Kurven zeigen zum Vergleich die Spannungsverteilung in der ruhenden Scheibe.

Zur Berechnung des *Spannungszustandes bei fortschreitender Plastizierung* müßte man folgende vier Zonen unterscheiden (vgl. Abb. 12.13):

1. Den elastischen Mittelbereich der Welle $(0 \leq r \leq a)$, den man näherungsweise als Scheibe von der Dicke $h(a)$ rechnen kann,

2. den plastizierten Scheibenbereich $(a \leq r \leq d)$, in dem $\sigma_r \leq 0$ und die erste Fließbedingung (12.67) zu verwenden ist,

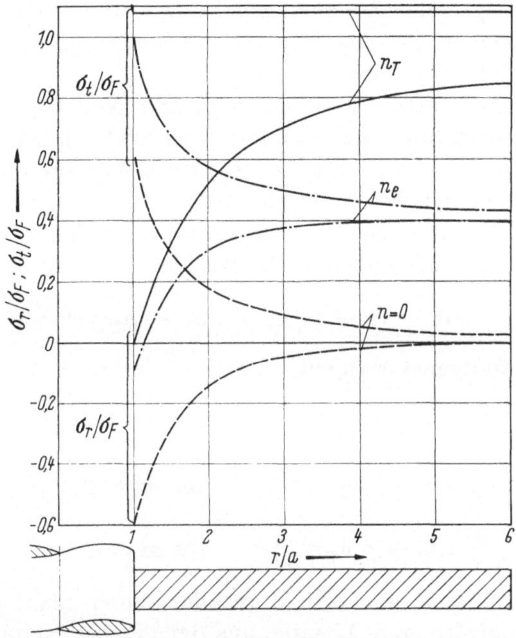

Abb. 12.12. Wie 12.11, jedoch für Scheibe konstanter Dicke bei Drehzahlen $n = 0$; $n_e = 829$ U/min; $n_T = 1212$ U/min.

3. den plastizierten Scheibenbereich $(d \leq r \leq c)$, in dem $\sigma_r \geq 0$ ist und wegen $\sigma_t > \sigma_r$ die zweite Fließbedingung (12.67) gilt,

4. den elastischen Außenbereich $(c \leq r \leq b)$.

Da die hiermit verbundenen Rechnungen, bei denen man auch die Spannungs-Verzerrungsgesetze heranziehen müßte, sehr umständlich werden, wollen wir uns mit der Behandlung des *vollständig plastizierten Zustandes der Scheibe* begnügen und die zugehörige Drehzahl ω_T berechnen. Wir nehmen hierfür vereinfachend $\sigma_r(a) = -p = 0$ an, so daß wir im ganzen Bereich der Scheibe dieselbe Fließbedingung $\sigma_t = \varkappa \sigma_F$ verwen-

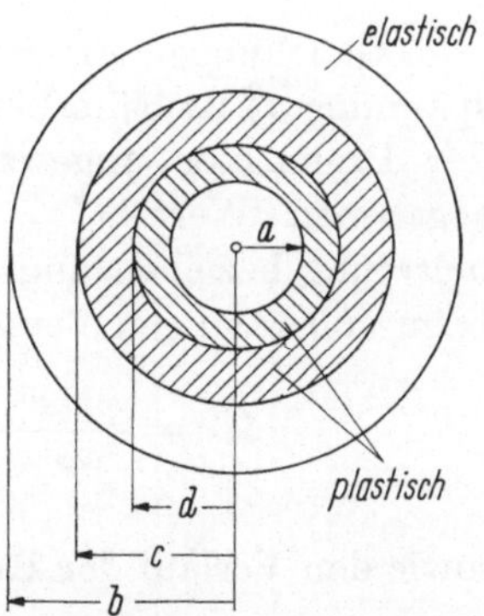

Abb. 12.13. Turbinenscheibe nach Überschreiten der elastischen Grenzdrehzahl n_e mit plastischen Bereichen, in denen verschiedene Fließbedingungen gelten (für $r = c$ ist $\sigma_r = 0$).

den können. Die Berechtigung dieser Annahme wurde durch eine genauere Rechnung für verschiedene Werte von $p < p_e$ überprüft, bei der zwei Fließbereiche 2. und 3. mit unterschiedlichen Fließbedingungen berücksichtigt werden mußten. Es ergab sich dabei für das gewählte spezielle Zahlenbeispiel, daß die Drehzahl bei vollständigem Versagen für eine Schrumpfspannung $p_e = 0{,}1\sigma_F$ um nur 2% größer als für $p = 0$ ist.

In Wirklichkeit wird p_T zwischen p_e und Null liegen, so daß wir mit der Näherungsannahme $p = 0$ — was auch plausibel ist — eine etwas zu kleine Drehzahl für vollständiges Versagen erhalten; das heißt, wir bleiben mit der Rechnung auf der sicheren Seite.

Mit der Fließbedingung $\sigma_t = \varkappa \sigma_F$ geht die Gleichgewichtsbedingung (12.60) über in die inhomogene Differentialgleichung erster Ordnung

$$r\sigma_r' + (1 - m)\,\sigma_r = \varkappa\sigma_F - \varrho\,\omega_T^2 r^2 \tag{12.71}$$

mit den vollständigen Lösungen

$$
\begin{aligned}
\sigma_r &= D_1 r^{m-1} + \frac{\varkappa\sigma_F}{1 - m} - \frac{\varrho\,\omega_T^2 r^2}{3 - m} && \text{für } m \neq 1;\ m \neq 3,\\[2mm]
\sigma_r &= D_2 + \varkappa\sigma_F \ln r - \frac{1}{2}\varrho\,\omega_T^2 r^2 && \text{für } m = 1,\\[2mm]
\sigma_r &= D_3 r^2 - \frac{1}{2}\varkappa\sigma_F - \varrho\,\omega_T^2 r^2 \ln r && \text{für } m = 3.
\end{aligned}
\tag{12.72}
$$

Da die Ausnahmefälle $m = 1;\, 3$ im allgemeinen nicht interessieren, verfolgen wir nur die erste Lösung, aus der uns die Randbedingungen

$$\sigma_r(a) = 0 \quad\text{und}\quad \sigma_r(b) = \sigma_T^* = \sigma_e^*\left(\frac{\omega_T}{\omega_e}\right)^2 = s_e\frac{\Omega_T}{\Omega_e}\sigma_F \tag{12.73}$$

zwei Gleichungen zur Bestimmung von ω_T und C_3 liefern. Die Randspannung σ_T^* ist beim Versagen der Scheibe im Verhältnis der Quadrate der Drehzahlen angewachsen; wir können sie daher auf den vorgegebenen Wert $\sigma_e^* = s_e\sigma_F$ bei Erreichen der elastischen Grenzbelastung beziehen und erhalten schließlich als Maß für die Drehzahl beim vollständigen Versagen mit $\beta = b/a$

$$\Omega_T = \frac{\omega_T^2\varrho\,a^2}{\sigma_F} = \frac{(3 - m)\,\varkappa\left(\beta^{m-1} - 1\right)}{(m - 1)\left[\beta^2 + (3 - m)\dfrac{s_e}{\Omega_e} - \beta^{m-1}\right]} \tag{12.74}$$

sowie den Verlauf der Radialspannung

$$\frac{\sigma_{rT}}{\sigma_F} = \left(\frac{\varkappa}{m - 1} + \frac{\Omega_T}{3 - m}\right)\left(\frac{r}{a}\right)^{m-1} - \frac{\Omega_e}{3 - m}\left(\frac{r}{a}\right)^2 - \frac{\varkappa}{m - 1}. \tag{12.75}$$

Die Werte von m und Ω_e sind hierin nach (12.59) und (12.69) einzusetzen.

Für das gewählte Zahlenbeispiel — Werte s. oben — ist der Verlauf der Radialspannungen in Abb. 12.11 (bzw. in Abb. 12.12 für die Scheibe mit konstanter Dicke) aufgetragen.

Die zugehörigen Drehzahlen betragen für die Scheibe mit veränderlicher Dicke $n_T = 4534$ U/min und für $m = 0$ (konstante Scheibendicke) $n_T = 1212$ U/min.

Die Drehzahl wächst auf das $n_T/n_e = (\Omega_T/\Omega_e)^{1/2}$-fache gegenüber ihrem Wert bei Erreichen der elastischen Grenzbelastung an, bis vollständiges Versagen eintritt. Für die Scheibe veränderlicher Dicke ergibt sich $n_T/n_e = 1{,}39$ und für die Scheibe konstanter Dicke $n_T/n_e = 1{,}46$.

§ 13. Biegung von Platten

In ihrer im Jahre 1963 erschienenen Monographie haben SAWCZUK und JAEGER [23] das Problem der Grenztragfähigkeit von Platten in einer vorwiegend auf die Bedürfnisse des konstruktiven Ingenieurs zugeschnittenen Form an Hand zahlreicher Einzelbeispiele so eingehend behandelt, daß wir uns hier auf eine kurze zusammenfassende Erörterung über die Bestimmung der elastischen Grenzlast und der Traglast von Kreisplatten und beliebig berandeten Platten beschränken wollen. Der am Problem der Plattenbiegung interessierte Leser sei darüber hinaus auf die Bücher von HODGE [2] und [17a] sowie auf zahlreiche Literaturangaben in den drei genannten Büchern verwiesen.

13.1 Rotationssymmetrisch belastete Kreisplatten

13.1.1 Allgemeines. Wir legen die üblichen Voraussetzungen der technischen Plattenbiegetheorie zugrunde:

Kleine Plattendicke h verglichen mit den übrigen Plattenabmessungen,
kleine Durchbiegungen w im Vergleich zur Plattendicke,
BERNOULLI-NAVIER-Hypothese vom Ebenbleiben der Querschnitte im elastischen und plastischen Zustand,
gleiches Werkstoffverhalten im Zug- und Druckbereich,
Vernachlässigung des Einflusses der Änderung der Geometrie der Platte (d. h. keine Berücksichtigung eines Membraneffektes).

Den Einfluß der Schubspannung auf die Plastizierung wollen wir nicht berücksichtigen. Der Werkstoff soll sich idealplastisch verhalten. Die Belastung $p(r)$ soll rotationssymmetrisch verteilt sein.

Unabhängig von dem Zustand, in dem sich der Werkstoff befindet, gelten unter diesen Voraussetzungen folgende allgemeine Beziehungen (vgl. hierzu Abb. 13.1):

a) Die Gleichungen für die Äquivalenz der statischen Wirkung von Schnittlasten und Spannungen

$$M_r(r) = -\int_{-h/2}^{+h/2} \sigma_r(r,z)\, z\, dz, \qquad M_t(r) = -\int_{-h/2}^{+h/2} \sigma_t(r,z)\, z\, dz,$$
$$Q(r) = -\int_{-h/2}^{+h/2} \tau_{rz}(r,z)\, dz. \tag{13.1}$$

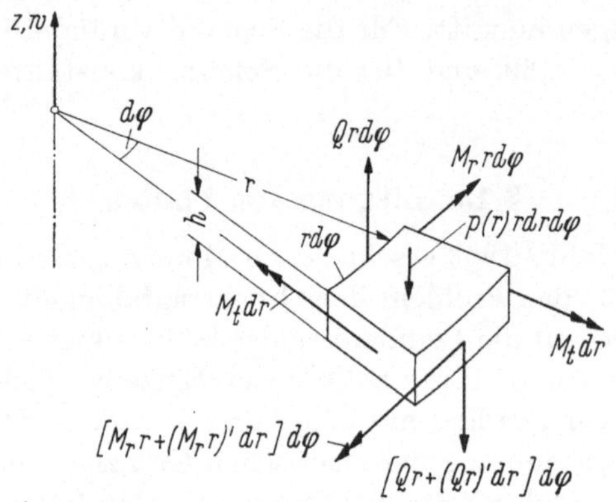

Abb. 13.1. Schnittlasten am Volumenelement einer Kreisplatte.

b) Die Gleichgewichtsbedingungen am Plattenelement

$$(Qr)' + p(r) = 0 \qquad \text{bzw.} \qquad Qr = -\int_0^r p(r)\, r\, dr \tag{13.2}$$

$$(M_r r)' - M_t - Qr = 0, \tag{13.3}$$

die wir zusammenfassen können zu

$$(M_r r)' - M_t = -\int_0^r p(r)\, r\, dr. \tag{13.4}$$

c) Die Beziehungen zwischen den Hauptkrümmungen der Platte in radialer bzw. tangentialer Richtung, den zugehörigen Dehnungen und der Durchbiegung $w(r)$

$$k_r(r) = -\frac{\varepsilon_r(r,z)}{z} = w''(r), \qquad k_t(r) = -\frac{\varepsilon_t(r,z)}{z} = \frac{w'(r)}{r}. \tag{13.5}$$

13.1.2 Elastische Grenzlast. Da der Spannungszustand in rotationssymmetrisch belasteten Kreisplatten nur von der Koordinate r abhängt, läßt sich die elastische Grenzlast grundsätzlich einfach berechnen.

Wir gehen dazu von der bekannten Differentialgleichung der Durchbiegung der Plattenmittelfläche

$$\Delta\Delta w = w^{(4)}(r) + \frac{2}{r}\,w^{(3)}(r) - \frac{w''(r)}{r^2} + \frac{w'(r)}{r^3} = -\frac{p(r)}{N}$$

mit

$$N = \frac{E\,h^3}{12(1-v^2)}$$

(13.6)

aus (vgl. z. B. SzABÓ [13]). Sie hat mit dem partikularen Integral $w_p(r)$ die vollständige Lösung

$$w(r) = C_1 + C_2 \ln r + C_3 r^2 + C_4 r^2 \ln r + w_p(r). \qquad (13.7)$$

Nach Anpassung an die Randbedingungen des speziellen Problems können wir die Spannungen in bekannter Weise berechnen, indem wir (13.7) in (13.5) einsetzen, die elastischen Dehnungs-Spannungsbeziehungen einführen und diese nach σ_r und σ_t auflösen.

Da für die Berechnung der elastischen Grenzlast nur die maximalen Spannungswerte für ein bestimmtes r maßgebend sind (die an der Plattenoberseite und -unterseite gleiche Beträge haben), können wir gleich von den Spannungen an der Plattenoberseite

$$\sigma_{r0} = \sigma_r\left(r, \frac{h}{2}\right) = -\frac{Eh}{2(1-v^2)}\left(w'' + \frac{v}{r}\,w'\right),$$

$$\sigma_{t0} = \sigma_t\left(r, \frac{h}{2}\right) = -\frac{Eh}{2(1-v)^2}\left(\frac{w'}{r} + v\,w''\right)$$

(13.8)

ausgehen und eine Vergleichsspannung für den zweiachsigen Spannungszustand bilden, z. B. nach v. Mises

$$\sigma_V(r) = \pm\,(\sigma_r^2 - \sigma_r\sigma_t + \sigma_t^2)^{1/2}, \qquad (13.9)$$

wobei $|\sigma_V| \le \sigma_F$ sein muß.

Die elastische Grenzlast ist erreicht, wenn die Vergleichsspannnung σ_V auf irgendeinem Radius $\hat{r}$ ihren größten Betrag σ_F annimmt. Bei manchen Belastungsfällen läßt sich der Radius $\hat{r}$ unmittelbar angeben, bei anderen muß man ihn aus $d\sigma_V/dr = 0$ ausrechnen.

Zwei Beispiele von Platten mit konstanter Belastung $p = const$ im ganzen Bereich $0 \le r \le a$ sollen zur Erläuterung dienen. Für das partikulare Integral in (13.7) finden wir für konstantes p

$$w_p(r) = -\frac{p r^4}{64 N}. \qquad (13.10)$$

Die Konstanten C_2 und C_4 sind gleich Null zu setzen, da $w(0)$ endlich bleiben muß.

Beispiel 1. Am Außenrand frei aufliegende Platte. Mit den Randbedingungen $w(a) = 0$ und $\sigma_r(a, z) = 0$, das heißt nach (13.8) mit

$$w''(a) + \frac{v}{a}\, w'(a) = 0 \quad \text{erhalten wir}$$

$$w(r) = -\frac{p}{64N}\left(r^4 + \frac{5+v}{1+v}\,a^4 - \frac{2(3+v)}{1+v}\,a^2 r^2\right)$$

und damit aus (13.8)

$$\sigma_{r0} = -\frac{3(3+v)}{8}\left(1 - \frac{r^2}{a^2}\right)\left(\frac{a}{h}\right)^2 p,$$

$$\sigma_{t0} = -\frac{3}{8}\left[3 + v - (1 + 3v)\frac{r^2}{a^2}\right]\left(\frac{a}{h}\right)^2 p.$$

Wir sehen, daß beide Druckspannungen in Plattenmitte einander gleich sind und dort ihren größten Wert erreichen. Die Fließspannung wird daher zuerst im Punkt $\hat{r} = 0$ erreicht, wenn — nach TRESCA *und* v. MISES —

$$\sigma_{r0}(0) = \sigma_{t0}(0) = -\sigma_F$$

wird. Die elastische Grenzlast ist dann

$$p_e = \frac{8}{3(3+v)}\left(\frac{h}{a}\right)^2 \sigma_F.$$

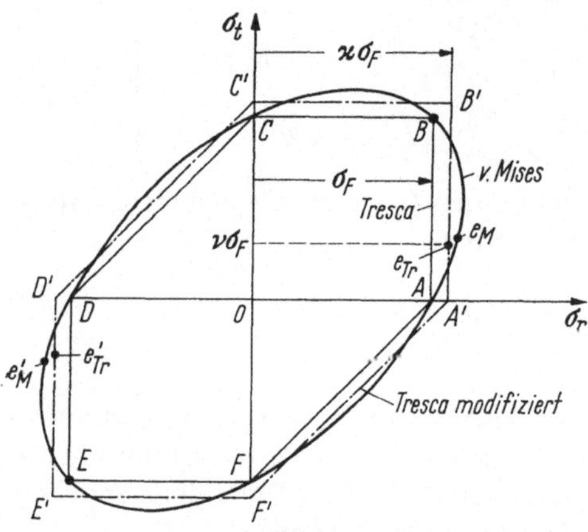

Abb. 13.2. Spezielle Fließbedingungen für Kreisplatten. E und B = Fließbeginn in frei aufliegender Platte; e_M bzw. e_{Tr} und e_M' bzw. e_{Tr}' = Fließbeginn in eingespannter Platte nach v. MISES bzw. TRESCA (vgl. auch Abb. 9.8).

In den Fließgrenzkurven für den zweiachsigen Spannungszustand (Abb. 13.2) ist E der zugehörige Punkt des Fließbeginns der Plattenoberseite, während gleichzeitig für das Fließen unter dem Zugspannungszustand an der Plattenunterseite Punkt B maßgebend ist.

Beispiel 2. Am Rand eingespannte Platte. Die Randbedingungen $w(a)=0$ und $w'(a) = 0$ liefern uns in diesem Fall die Lösung

$$w(r) = -\frac{p a^4}{64N}\left(1 - \frac{r^2}{a^2}\right)^2$$

und damit aus (13.8) die Spannungen an der Plattenoberseite

$$\sigma_{r0} = -\frac{3}{8}\left[1 + v - (3 + v)\frac{r^2}{a^2}\right]\left(\frac{a}{h}\right)^2 p,$$

$$\sigma_{t0} = -\frac{3}{8}\left[1 + v - (1 + 3v)\frac{r^2}{a^2}\right]\left(\frac{a}{h}\right)^2 p.$$

Die Zugspannungen an der Einspannstelle $r = a$

$$\sigma_{r0}(a) = \frac{3}{4}\left(\frac{a}{h}\right)^2 p, \qquad \sigma_{t0}(a) = \frac{3}{4}\, \nu \left(\frac{a}{h}\right)^2 p$$

(bzw. die dem Betrage nach gleich großen Druckspannungen an der Plattenunterseite) sind maßgebend für den Fließbeginn, da beide voneinander unabhängig dort ihr Maximum erreichen. Da $\sigma_{r0}(a) \neq \sigma_{t0}(a)$ ist, erhalten wir je nach der gewählten Fließbedingung verschiedene elastische Grenzlasten: Nach v. MISES folgt aus

$$\sigma_r^2 - \sigma_r \sigma_t + \sigma_t^2 = \left(\frac{3 p_e a^2}{4 h^2}\right)^2 (1 - \nu + \nu^2) = \sigma_F^2$$

die elastische Grenzlast

$$p_e = \frac{4}{3}\left(\frac{h}{a}\right)^2 (1 - \nu + \nu^2)^{-1/2}\, \sigma_F.$$

Um die TRESCA-Bedingung den Versuchsergebnissen und damit auch der MISES-Bedingung besser anzupassen, legen wir ein um $\varkappa > 1$ „aufgeweitetes" Fließsechseck — also hier speziell $\sigma_{r0} = \pm \varkappa \sigma_F$ (Strecken $A'B'$ bzw. $D'E'$ der Abb. 13.2) — zugrunde und erhalten

$$p_e = \frac{4}{3}\left(\frac{h}{a}\right)^2 \varkappa \sigma_F.$$

Nach v. MISES wird p_e für $\nu = 0{,}3$ und $\varkappa = 1{,}08$ um etwa 4% größer als nach der modifizierten TRESCA-Bedingung. Die zugehörigen Fließpunkte (e_M und e_{Tr}) sind in Abb. 13.2 besonders gekennzeichnet.

13.1.3 Traglast und Fließmechanismus. Wie am Schluß von 13.2.3 ausgeführt wird, versagen Platten im allgemeinen bei der unter den Voraussetzungen von 13.1.1 errechneten Traglast noch nicht vollständig. Trotzdem ist die Traglast von großer praktischer Bedeutung. Bei Kreisplatten können wir zu einer im Sinne der Traglasttheorie (vgl. 4.5) vollständigen Lösung gelangen. Bei beliebig berandeten Platten kann man im allgemeinen nur Näherungslösungen erhalten.

Anders als bei Balkentragwerken ist das Fließen nicht auf diskrete Bereiche beschränkt, zwischen denen das Tragwerk im Zustand des voll ausgebildeten Fließens starr ist, da selbst bei verschwindender radialer Krümmung $k_r = 0$ nach (13.5) im allgemeinen eine tangentiale Krümmung $k_t \neq 0$ auftritt, falls nicht $w'(r) = 0$ ist. Mit anderen Worten: Die Platte fließt überall dort, wo $w'(r) \neq 0$ ist.

Als Maß für die Verformung im Zustand des Fließens führen wir die Durchbiegungsgeschwindigkeit $\dot{w}(r)$ ein und verwenden zu ihrer Berechnung aus (13.5) die allgemeine Beziehung (9.50), nach der die plastischen Verzerrungsänderungen — hier sinngemäß die Dehnungsgeschwindigkeiten[1] $\dot{\varepsilon}_r$ und $\dot{\varepsilon}_t$ — senkrecht zur Fließgrenzkurve gerichtet sind. Typisch für die Durchbiegungsgeschwindigkeitsfelder ist das Auftreten von Unstetigkeiten der Geschwindigkeit $\dot{w}'(r)$ in radialer Richtung auf diskreten Radien r, auf denen gleichzeitig die Krümmungen bzw. die Krümmungsgeschwindigkeiten $\dot{w}''(r)$ unendlich groß werden. Man bezeichnet diese Unstetigkeiten als *Fließgelenklinien*, was aber — im Gegensatz zum Fließgelenk des Balkentragwerkes — nicht heißen soll, daß der Plattenwerkstoff nur auf diesen Linien bzw. in ihrer unmittelbaren Umgebung fließt.

Die Platte ist voll plastiziert, wenn auf jedem Radius r ein statisch zulässiger, bezüglich z konstanter Spannungszustand mit $\sigma_{r0}(r)$ bzw. $\sigma_{t0}(r)$ oberhalb sowie $-\sigma_{r0}(r)$ bzw. $-\sigma_{t0}(r)$ unterhalb der Plattenmittelfläche herrscht, und wenn dieser Spannungszustand im ganzen Plattenbereich außerdem einer der Fließbedingungen genügt.

Daß der Spannungszustand auf jeder Seite der Plattenmittelfläche konstant sein muß, folgt daraus, daß die Dehnungsgeschwindigkeiten $\dot{\varepsilon}_r$ und $\dot{\varepsilon}_t$ jeweils konstante Richtung (nicht Größe!) haben und ihre Vektoren senkrecht auf der Fließgrenzkurve stehen. Das ist nach der Mises-Ellipse (Abb. 13.2) nur für einen ganz bestimmten, über die halbe Plattendicke konstanten Spannungszustand σ_{r0}, σ_{t0} möglich.

Wenn sich unabhängig von diesem statisch zulässigen Spannungszustand ein kinematisch mögliches Geschwindigkeitsfeld berechnen läßt, ist die vollständige Lösung gefunden.

Entsprechend (13.1) sind die Momente

$$M_r(r) = -2\sigma_{r0}(r) \int_0^{h/2} z\,dz = -\frac{\sigma_{r0}(r)h^2}{4}, \quad M_t(r) = -\frac{\sigma_{t0}(r)h^2}{4}. \qquad (13.11)$$

Indem wir sie auf das Fließmoment

$$M_F = \frac{\sigma_F h^2}{4} \qquad (13.12)$$

beziehen, erhalten wir die dimensionslosen Momentenwerte

$$m_r(r) = \frac{M_r(r)}{M_F} = -\frac{\sigma_{r0}(r)}{\sigma_F}, \quad m_t(r) = \frac{M_t(r)}{M_F} = -\frac{\sigma_{t0}(r)}{\sigma_F}, \qquad (13.13)$$

mit denen wir die Gleichgewichtsbedingung (13.4) in die Form

$$(m_r r)' - m_t = -\frac{1}{M_F} \int_0^r p_T(r)\,r\,dr \qquad (13.14)$$

bringen können.

---

[1] In $\dot{\varepsilon}_r = d\varepsilon_r/dt$ usw. bedeutet t entweder die Zeit oder irgendeinen anderen Parameter, mit dem man das Fortschreiten des Bruchmechanismus bei vollständiger Plastizierung kennzeichnen kann.

Die MISES-Bedingung

$$\sigma_{r0}^2 - \sigma_{r0}\sigma_{t0} + \sigma_{t0}^2 = \sigma_F^2$$

(Ellipse in Abb.13.2 als Fließgrenzkurve) geht mit (13.13) über in die Ellipsengleichung

$$m_r^2 - m_r m_t + m_t^2 = 1. \tag{13.15}$$

Die modifizierte TRESCA-Bedingung (strichpunktiertes Sechseck in Abb. 13.2 als Fließgrenzkurve) läßt sich explizit nur für jede Sechseck-

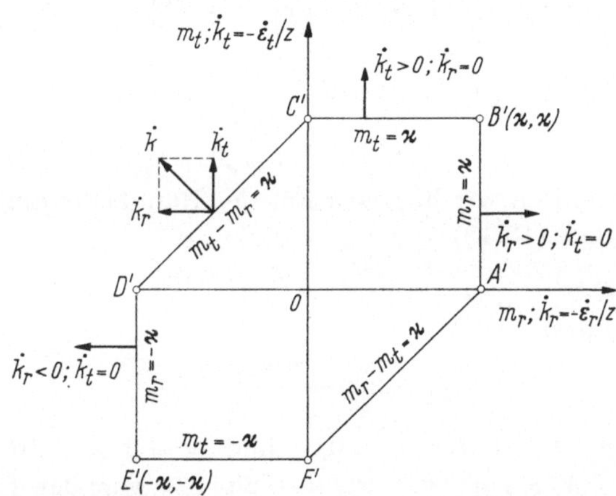

Abb. 13.3. Modifizierte TRESCA-Fließbedingung für Kreisplatten. Krümmungs- bzw. Verzerrungsgeschwindigkeiten $\dot{k}$ bzw. $\dot{\varepsilon}$ sind senkrecht zum Fließgrenz-Sechseck gerichtet.

seite gesondert angeben. In Abb. 13.3 sind die Fließbedingungen an den jeweils in Frage kommenden Sechseckseiten eingetragen.

Wenn wir von der MISES-Fließbedingung ausgehen wollen, setzen wir m_t aus (13.15) in (13.14) ein und erhalten die nichtlineare Differentialgleichung

$$(m_r r)' - \frac{1}{2}\left[m_r \pm (4 - 3m_r^2)^{1/2}\right] = -\frac{1}{M_F}\int_0^r p_T(r)\, r\, dr, \tag{13.16}$$

aus der sich m_r und — unter Verwendung der Randbedingungen — die Traglast p_T durch numerische Integration gewinnen läßt. HOPKINS und WANG [53] fanden so für die am Rand frei aufliegende Platte mit konstanter Belastung p die Traglast $p_T = 6{,}52\, M_T/a^2$ und für die eingespannte Platte $p_T = 12{,}5\, M_T/a^2$.

Entsprechend müssen wir verfahren, wenn wir von der TRESCA-Fließbedingung ausgehen. Wir haben dann zwar verschiedene Spannungsgebiete (entsprechend den verschiedenen Sechseckseiten) zu unterscheiden, können dafür aber zu geschlossenen Lösungen kommen. Wir erläutern das an Hand der Beispiele des vorigen Abschn. 13.1.2.

Beispiel 1. Am Rand frei aufliegende Platte. Bei der elastischen Lösung sind die Biegemomente im ganzen Plattenbereich positiv, und es ist $M_t = M_r$ für $r = 0$, wie wir leicht erkennen, wenn wir die in Beispiel 1 von 13.1.2 berechneten Spannungen in (13.1) einsetzen. Wir nehmen dies auch für den plastizierten Plattenzustand an und haben dann als maßgebende Fließbedingung $m_t = \varkappa$ (Sechseckseite $B'C'$ in Abb. 13.3). Aus (13.14) ergibt sich damit für $p = \text{const}$

$$m_r = \frac{1}{r} \left\{ \int_0^r \left[\varkappa - \frac{1}{M_F} \int_0^r p_T(r)\, r\, dr \right] dr + C_1 \right\} = \varkappa - \frac{p_T r^2}{6 M_F} + \frac{C_1}{r}.$$

Da $m_r(0)$ endlich sein muß, wird $C_1 = 0$ und

$$m_r = \varkappa - \frac{p_T r^2}{6 M_F}.$$

Als *Traglast* erhalten wir hiernach mit der Randbedingung $m_r(a) = 0$ und mit M_F nach (13.12)

$$p_T = 6\varkappa \frac{M_F}{a^2} = \frac{3}{2} \varkappa \left(\frac{h}{a}\right)^2 \sigma_F$$

und als *Traglastfaktor*

$$\bar{p}_T = \frac{p_T}{p_e} = \frac{9(3 + \nu)\varkappa}{16}$$

(z. B. wird $\bar{p}_T = 2{,}0$ für $\nu = 0{,}3$ und $\varkappa = 1{,}08$). Für $\varkappa = 1{,}08$ weicht $p_T = 6{,}48\, M_F/a^2$ um weniger als 1% von der Lösung nach v. MISES ab.

Da die Dehnungsgeschwindigkeitsvektoren $\dot{\varepsilon}$ senkrecht zur Fließgrenzkurve gerichtet sein müssen, ist für die hier maßgebende Seite $A'B'$ des Fließsechsecks (Abb. 13.3) $\dot{\varepsilon}_t > 0$ und $\dot{\varepsilon}_r = 0$. Damit folgt aus (13.5) $\dot{w}''(r) = 0$, also $\dot{w}'(r) = \text{const} = C_2$. Das Feld der Durchbiegungsgeschwindigkeiten wird durch

$$\dot{w}(r) = C_2 r + C_3$$

beschrieben. In Plattenmitte hat die Durchbiegungsgeschwindigkeit die (unbestimmt bleibende) Größe $-\dot{w}_0$, während am Rande $\dot{w}(a) = 0$ sein muß. Damit ist ein kinematisch mögliches Feld der Durchbiegungsgeschwindigkeiten

$$\dot{w}(r) = -\dot{w}_0 \left(1 - \frac{r}{a}\right)$$

gefunden, das heißt die Platte verformt sich nach dem Zusammenbruch in eine konische Fläche mit einer einzigen Unstetigkeitsstelle an der Spitze $r = 0$.

Beispiel 2. Am Rand eingespannte Platte. Wie bei der elastischen Platte nehmen wir zwei durch den Kreis $r = c$ getrennte Bereiche an, in denen m_r verschiedenes Vorzeichen hat, so daß verschiedene Fließbedingungen gelten. Im inneren Bereich 1 $(0 \leq r \leq c)$, in dem sich die Einspannung weniger stark auswirkt, werden ähnliche Verhältnisse wie bei der frei aufliegenden Platte herrschen, so daß wir dort $m_{t1} = \varkappa$ als Fließbedingung verwenden und wie beim vorigen Beispiel

$$m_{r1} = \varkappa - \frac{p_T r^2}{6 M_F}$$

erhalten. Mit wachsendem r bewegt sich der Spannungspunkt nach Abb. 13.3 von B' (für $r = 0$) ausgehend entlang $B'C'$, bis bei C' (für $r = c$) das Moment m_{r1} sein Vorzeichen wechselt und im äußeren Bereich 2 ($c \leq r \leq a$) die Fließbedingung $m_{t2} - m_{r2} = \varkappa$ zu verwenden ist. Wir führen sie in (13.14) ein und erhalten aus

$$m'_{r2} = \frac{\varkappa}{r} - \frac{1}{r M_F} \int_0^r p_T(r)\, r\, dr$$

durch Integration für $p = \text{const}$

$$m_{r2}(r) = \varkappa \ln r - \frac{p_T r^2}{4 M_F} + C_1 .$$

Die Stetigkeitsbedingung $m_{r2}(c) = m_{r1}(c) = 0$ im Übergangskreis $r = c$ zwischen beiden Bereichen liefert C_1 und damit die Biegemomente

$$m_{r2}(r) = \varkappa \left(\ln \frac{r}{c} + \frac{3}{2} - \frac{3}{2} \frac{r^2}{c^2} \right),$$

$$m_{t2}(r) = \varkappa + m_{r2}(r) = \varkappa \left(\ln \frac{r}{c} + \frac{5}{2} - \frac{3}{2} \frac{r^2}{c^2} \right).$$

Wegen der Einspannung muß am Außenrande $m_{t2}(a) = 0$ sein, woraus die transzendente Gleichung

$$2 \ln \frac{c}{a} + 3 \left(\frac{a}{c} \right)^2 - 5 = 0$$

folgt, aus der wir $c = 0{,}73\, a$ berechnen. Setzen wir das in

$$m_{r1}(c) = \varkappa - \frac{p_T c^2}{6 M_T} = 0$$

ein, dann erhalten wir als *Traglast*

$$p_T = 11{,}26 \varkappa \frac{M_F}{a^2} = 2{,}815 \varkappa \left(\frac{h}{a} \right)^2 \sigma_F$$

(z. B. $p_T = 12{,}15\, M_F/a^2$ für $\varkappa = 1{,}08$) und als *Traglastfaktor*

$$\bar{p}_T = \frac{p_T}{p_e} = 2{,}11 .$$

Die Lösung nach v. MISES liefert dagegen den Traglastfaktor

$$\bar{p}_T = 2{,}34\, (1 - v + v^2)^{1/2},$$

d. h. $\bar{p}_T = 2{,}08$ für $v = 0{,}3$, was mit dem nach TRESCA errechneten Wert gut übereinstimmt.

Nun zur Bestimmung des Feldes der *Durchbiegungsgeschwindigkeiten*. Im Bereich 1 gilt wie im Beispiel 1

$$\dot{w}_1(r) = C_2 r - \dot{w}_0 .$$

Im Bereich 2 folgt aus der Bedingung, daß die resultierenden Deh-
nungs- und Krümmungsgeschwindigkeitsvektoren senkrecht zur Fließ-
kurve $m_t - m_r = \varkappa$ gerichtet sein müssen, $\dot{k}_r = -\dot{k}_t$, das heißt nach
(13.5) die Differentialgleichung

$$\dot{w}_2''(r) + \frac{1}{r}\,\dot{w}_2'(r) = 0$$

für $\dot{w}_2$, aus der sich nach Integration

$$\dot{w}_2(r) = C_3 \ln r + C_4$$

und mit der Auflagerbedingung $\dot{w}(a) = 0$ am Rande die Konstante
$C_4 = -C_3 \ln a$, und damit

$$\dot{w}_2(r) = C_3 \ln \frac{r}{a}$$

ergibt. Die Stetigkeitsbedingungen im Übergangskreis $w_1(c) = w_2(c)$
und $w_1'(c) = w_2'(c)$ liefern

$$C_2 c - \dot{w}_0 = C_3 \ln \frac{c}{a} ,$$

$$C_2 = \frac{C_3}{c} ,$$

woraus wir die Konstanten C_2 und C_3 und schließlich das Geschwindigkeitsfeld

$$\dot{w}_1(r) = -\dot{w}_0 \left[1 - \frac{1}{\dfrac{c}{a}\left(1 - \ln \dfrac{c}{a}\right)}\,\frac{r}{a} \right] \quad \text{für } 0 \leq r \leq c,$$

$$\dot{w}_2(r) = -\dot{w}_0 \frac{\ln \dfrac{r}{a}}{\ln \dfrac{c}{a} - 1} \quad \text{für } c \leq r \leq a$$

erhalten. Am Rande ($r = a$) ist die Biegewinkelgeschwindigkeit

$$\dot{w}_2'(a) = -\frac{\dot{w}_0}{a\left(\ln \dfrac{c}{a} - 1\right)} .$$

Das heißt: Das Geschwindigkeitsfeld wird dadurch kinematisch möglich, daß sich am Rande ein Fließgelenkkreis ausbildet.

13.2 Beliebig berandete Platten

13.2.1 Elastische Grenzlast. Die Bestimmung der elastischen Grenzlast für beliebig berandete Platten wird dadurch erschwert, daß man — anders als bei der Kreisplatte — nicht mehr einfach übersehen kann, an welcher Stelle der Platte die elastische Vergleichsspannung ihren maximalen Wert σ_F erreicht.

Nach MYSZKOWSKI [65] kann man (unter denselben Voraussetzungen wie unter 13.1.2) die elastische Grenzlast grundsätzlich immer bestimmen, wenn man die den jeweiligen Randbedingungen angepaßte Lösung der Differentialgleichung

$$\Delta\Delta w = -\frac{p(x, y)}{N} = -\frac{\varkappa f(x, y)}{N} \tag{13.17}$$

— mit N wie in (13.6) — der Plattenmittelfläche kennt. Hierin soll die vorgegebene Form $f(x, y)$ der Belastung durch $f(x, y)_{\max} = 1\ \mathrm{kpmm}^{-2}$ normiert sein. Der dimensionslose Faktor $\varkappa$ ist so zu bestimmen, daß $p = p_e$ wird.

Entsprechend der MISES-Bedingung für den ebenen Spannungszustand σ_x, σ_y, τ_{xy} führen wir die Vergleichsspannung

$$\sigma_V = \pm (\sigma_x^2 - \sigma_x \sigma_y + \sigma_y^2 + 3\tau_{xy}^2)^{1/2} \tag{13.18}$$

ein. Solange $|\sigma_V| < \sigma_F$ ist, ist die Platte vollständig elastisch. Unter der elastischen Grenzlast

$$p_e(x, y) = \varkappa_e f(x, y) \tag{13.19}$$

erreicht $|\sigma_V|$ mindestens an einer Stelle $(x_0; y_0; \pm h/2)$ der Plattenoberseite bzw. -unterseite die Fließspannung σ_F.

Setzen wir die bekannten Gleichungen für die Spannungen (vgl. z. B. SZABÓ [13])

$$\left.\begin{aligned}
\sigma_x &= -\frac{Ez}{1 - \nu^2}(w_{,xx} + \nu w_{,yy}), \quad \sigma_y = -\frac{Ez}{1 - \nu^2}(w_{,yy} + \nu w_{,xx}), \\
\tau_{xy} &= -\frac{Ez}{1 + \nu} w_{,xy}
\end{aligned}\right\} \tag{13.20}$$

in (13.18) ein, dann erhalten wir für die Vergleichsspannung auf der Plattenoberseite bzw. -unterseite

$$\left.\begin{aligned}
\sigma_V^2 &= \frac{E^2 h^2}{4(1 - \nu^2)^2}\, \varphi(x, y) \\
\text{mit} & \\
\varphi(x, y) &= (1 - \nu + \nu^2)(w_{,xx}^2 + w_{,yy}^2) + (4\nu - 1 - \nu^2)\, w_{,xx} w_{,yy} \\
&\quad + 3(1 - \nu^2)\, w_{,xy}^2.
\end{aligned}\right\} \tag{13.21}$$

Wegen der Linearität von (13.17) sind die Durchbiegung w und alle ihre Ableitungen proportional zu $\varkappa$. Damit läßt sich φ in der Form

$\varphi = \varkappa^2\,\bar{\varphi}$ darstellen, wobei $\bar{\varphi}$ von $\varkappa$ unabhängig ist. Für $\varkappa = \varkappa_e$ erreicht $\varphi(x, y)$ sein Maximum $\varphi_0 = \varphi(x_0, y_0)$. Damit und mit $\sigma_V = \sigma_F$ folgt aus (13.21) die Bestimmungsgleichung für den elastischen Grenzlastfaktor $\varkappa_e$

$$\sigma_V^2 = \sigma_F^2 = \frac{E^2 h^2}{4\,(1 - v^2)^2}\,\varphi_0 = \frac{E^2 h^2}{4\,(1 - v^2)^2}\,\varkappa_e^2\,\bar{\varphi}_0. \tag{13.22}$$

Das von der gegebenen Belastungsfunktion $f(x, y)$ abhängige Maximum $\bar{\varphi}_0(x_0, y_0)$ muß im allgemeinen auf numerischem Wege ermittelt werden.

Als *Beispiel* behandeln wir die *an den Rändern frei aufliegende Rechteckplatte* mit dem Seitenverhältnis $\alpha = a/b$ und der durch eine FOURIERreihe gegebenen Belastung

$$f(x, y) = \sum_{i=1}^{\infty} \sum_{j=1}^{\infty} c_{ij} \sin \frac{i\pi x}{a} \sin \frac{j\pi y}{b} \tag{13.23}$$

mit

$$c_{ij} = \frac{4}{ab} \int_0^a \int_0^b f(x, y) \sin \frac{i\pi x}{a} \sin \frac{j\pi y}{b}\, dx\, dy.$$

Setzen wir die den NAVIERschen Randbedingungen angepaßte bekannte Lösung von (13.17)

$$w(x, y) = \frac{\varkappa}{\pi^4 N} \sum_{i=1}^{\infty} \sum_{j=1}^{\infty} \frac{c_{ij}}{\left(\dfrac{i^2}{a^2} + \dfrac{j^2}{b^2}\right)} \sin \frac{i\pi x}{a} \sin \frac{j\pi y}{b} \tag{13.24}$$

in (13.21) ein, so folgt

$$\varphi(x, y) = \frac{\varkappa^2 a^4}{\pi^4 N^2}\,\Phi(x, y) = \varkappa^2\,\bar{\varphi} \tag{13.25}$$

mit

$$
\begin{aligned}
\Phi(x, y) = (1 - v + v^2) &\left\{ \left[\sum_{i=1}^{\infty} \sum_{j=1}^{\infty} \frac{i^2 c_{ij} \sin \dfrac{i\pi x}{a} \sin \dfrac{j\pi y}{b}}{(i^2 + \alpha^2 j^2)^2} \right]^2 \right.\\
&+ \left. \alpha^4 \left[\sum_{i=1}^{\infty} \sum_{j=1}^{\infty} \frac{j^2 c_{ij} \sin \dfrac{i\pi x}{a} \sin \dfrac{j\pi y}{b}}{(i^2 + \alpha^2 j^2)^2} \right]^2 \right\}\\
+ \alpha^2(4v - 1 - v^2) &\left[\sum_{i=1}^{\infty} \sum_{j=1}^{\infty} \frac{i^2 c_{ij} \sin \dfrac{i\pi x}{a} \sin \dfrac{j\pi y}{b}}{(i^2 + \alpha^2 j^2)^2} \right]\\
\times &\left[\sum_{i=1}^{\infty} \sum_{j=1}^{\infty} \frac{j^2 c_{ij} \sin \dfrac{i\pi x}{a} \sin \dfrac{j\pi y}{b}}{(i^2 + \alpha^2 j^2)^2} \right]\\
+ 3\alpha^2(1 - v^2) &\left[\sum_{i=1}^{\infty} \sum_{j=1}^{\infty} \frac{ij c_{ij} \cos \dfrac{i\pi x}{a} \cos \dfrac{j\pi y}{b}}{(i^2 + \alpha^2 j^2)^2} \right].
\end{aligned}
\tag{13.26}
$$

Hieraus haben wir — auf numerischem Wege — das Maximum $\Phi_0(x_0,y_0)$ zu bilden und erhalten nach (13.25)

$$\varphi_0(x_0,\, y_0) = \frac{\varkappa_e^2 a^4}{\pi^4\, N^2}\, \Phi_0(x_0,\, y_0)$$

und weiter aus (13.22) den elastischen Grenzlastfaktor

$$\varkappa_e = \frac{\pi^2\sigma_F}{6\sqrt{\Phi_0}}\left(\frac{h}{a}\right)^2. \tag{13.27}$$

Für konstante Belastung $p(x,\,y) = \text{const}$, $f(x,\,y) = 1\ \text{kp/cm}^2$ und $\nu = 0{,}3$ sind die Ergebnisse einer solchen Rechnung in Abb. 13.4 für

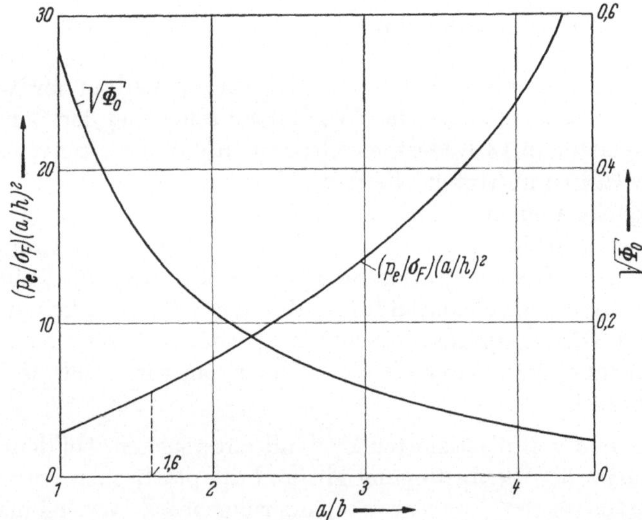

Abb. 13.4. Dimensionslose elastische Grenzlast p_e und Funktion $\sqrt{\Phi_0}$ für gleichmäßig belastete, an ihren Rändern frei aufliegende Rechteckplatte in Abhängigkeit vom Seitenverhältnis a/b.

verschiedene Seitenverhältnisse $\alpha = a/b$ aufgetragen. Wegen $f = 1$ ist hier nach (13.19) $\varkappa_e = p_e$. Es ergibt sich dabei, daß Platten mit einem Seitenverhältnis $1 \le \alpha < 1{,}6$ zuerst in den Ecken und mit $\alpha > 1{,}6$ zuerst in der Mitte plastiziert werden. In Platten mit $\alpha = 1{,}6$ wird σ_F gleichzeitig in der Mitte und in den Ecken erreicht.

13.2.2 Grundgleichung der Traglasttheorie für Platten. Zur Bestimmung des Gleichgewichtszustandes der voll plastizierten Platte wollen wir uns des Prinzips der virtuellen Verschiebungen (4.1) bedienen, das wir hier zur Vereinfachung der Schreibweise in der Leistungsform

$$\dot{A}_{(e)} = \dot{A}_{(a)} + \dot{A}_{(i)} = S\,K_i\dot{u}_i - S\,Q_j\dot{q}_j = 0 \tag{13.28}$$

verwenden. Dabei sind $\dot{u}_i = \delta u_i/\delta t$ bzw. $\dot{q}_i = \delta q_i/\delta t$ virtuelle Geschwindigkeiten. Wir wollen die beiden Leistungsanteile durch die speziellen Größen des Plattenproblems ausdrücken.

20*

Die Leistung der äußeren Belastung $p_T(x, y)$ (gleich der Traglast im voll plastizierten Zustand) ist

$$\dot{A}_{(a)} = S\, p_T(x, y)\, \dot{w}(x, y)\, dF \qquad (13.29)$$

mit der virtuellen Durchbiegungsgeschwindigkeit $\dot{w}$. Die Dissipationsleistung, welche die Schnittlasten (Momente M_x, M_y, M_{xy} pro Längeneinheit) an den virtuellen Geschwindigkeiten $\dot{k}_x$, $\dot{k}_y$, $\dot{k}_{xy}$ aufbringen, mit denen sich die Krümmungen der Plattenmittelfläche ändern, beträgt

$$\dot{A}_{(i)1} = -S_{(F)}(M_x \dot{k}_x + M_y \dot{k}_y + M_{xy} \dot{k}_{xy})\, dF. \qquad (13.30)$$

Dies gilt allerdings nur in Bereichen mit stetigem Verlauf der Neigungswinkel der Plattenmittelfläche. Wir hatten schon bei der Behandlung der Kreisplatten in 13.1.3 festgestellt, daß im voll plastizierten Zustand *Fließgelenklinien* auftreten, die dadurch gekennzeichnet sind, daß auf ihnen die Neigung der Platte in Richtung der Normalen zur Fließgelenklinie unstetig ist und damit die zugehörige Krümmung gegen unendlich geht. Die Integration in (13.30) ist also über alle Teilbereiche F_i der Plattenfläche F auszuführen, die durch Unstetigkeitslinien begrenzt sind. Die Dissipationsleistung $A_{(i)2}$ entlang dieser Unstetigkeitslinien berechnen wir später gesondert, nachdem wir (13.30) weiter umgeformt haben.

Da wir den voll plastizierten Zustand untersuchen, bei dem überall in der Platte die Fließbedingung gilt und die plastischen Verzerrungsänderungen $d\varepsilon_{ij}^p$ bzw. $\dot{\varepsilon}_{ij}^p$ nach dem PRANDTL-REUSZ-Gesetz (9.60) mit den Deviatorspannungen verknüpft sind, brauchen wir den elastischen Zustand hier nicht mehr zu berücksichtigen. Den Index p an den Deformationsgrößen lassen wir hinfort der Einfachheit halber fort.

Für die Schnittmomente nach Abb. 13.5 gilt bei idealplastischem Werkstoff — ähnlich wie bei der Kreisplatte; vgl. (13.11) bis (13.13) — im voll plastizierten Zustand

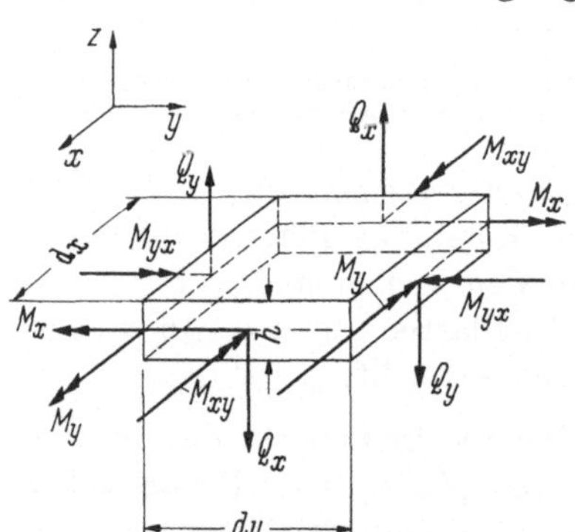

Abb. 13.5. Schnittlasten am Volumenelement einer Rechteckplatte.

$$\left.\begin{array}{ll} M_x = -\sigma_x \dfrac{h^2}{4} = m_x M_F, & M_y = -\sigma_y \dfrac{h^2}{4} = m_y M_F, \\[2ex] M_{xy} = -\tau_{xy} \dfrac{h^2}{4} = m_{xy} M_F, & M_F = \dfrac{\sigma_F h^2}{4}. \end{array}\right\} \qquad (13.31)$$

Der Spannungszustand σ_x, σ_y, τ_{xy} ist für jede Stelle (x, y) der Platte oberhalb bzw. — mit umgekehrtem Vorzeichen — unterhalb der Mittelfläche konstant. Die Begründung hierfür ist dieselbe wie in 13.1.3 für die Kreisplatte.

Das virtuelle Verschiebungs-Geschwindigkeitsfeld in der Platte wird durch

$$\dot{u} = -z\dot{w}_{,x}, \quad \dot{v} = -z\dot{w}_{,y}, \quad \dot{w}, \tag{13.32}$$

das Verzerrungs-Geschwindigkeitsfeld wird durch

$$\left. \begin{array}{c} \dot{\varepsilon}_x = \dot{u}_{,x} = -z\dot{w}_{,xx}, \quad \dot{\varepsilon}_y = \dot{u}_{,y} = -z\dot{w}_{,yy}, \\[2mm] \dot{\gamma}_{xy} = \dot{u}_{,y} + \dot{v}_{,x} = -2z\dot{w}_{,xy} \end{array} \right\} \tag{13.33}$$

beschrieben.

Die virtuellen Krümmungsgeschwindigkeiten hängen daher — ähnlich wie nach (13.5) — über

$$\dot{k}_x = -\frac{\dot{\varepsilon}_x}{z} = \dot{w}_{,xx}, \quad \dot{k}_y = -\frac{\dot{\varepsilon}_y}{z} = \dot{w}_{,yy}, \quad \dot{k}_{xy} = -\frac{\dot{\gamma}_{xy}}{z} = 2\dot{w}_{,xy} \tag{13.34}$$

mit den virtuellen Verzerrungs-Geschwindigkeiten $\dot{\varepsilon}_x$, $\dot{\varepsilon}_y$, $\dot{\gamma}_{xy}$ bzw. mit der Durchbiegungsgeschwindigkeit $\dot{w}$ zusammen. $\dot{k}_{xy}$ ist die Torsionsgeschwindigkeit der Fläche bezüglich des xy-Systems; sie verschwindet, wenn $\dot{k}_x$ und $\dot{k}_y$ Hauptkrümmungen sind.

Aus dem PRANDTL-REUSZ-Gesetz[1] (9.60) entnehmen wir mit den Deviatorspannungen nach (9.7)

$$\left. \begin{array}{c} \dot{\varepsilon}_x = \sigma'_x\dot{\lambda} = \frac{1}{3}(2\sigma_x - \sigma_y)\dot{\lambda}, \quad \dot{\varepsilon}_y = \sigma'_y\dot{\lambda} = \frac{1}{3}(2\sigma_y - \sigma_x)\dot{\lambda}, \\[2mm] \dot{\gamma}_{xy} = 2\tau_{xy}\dot{\lambda}. \end{array} \right\} \tag{13.35}$$

Das gilt für jede Stelle z. Da die Spannungen für $z > 0$ bzw. $z < 0$ jeweils konstant sind und $\dot{\varepsilon}_x$ sich nach Voraussetzung — bzw. nach (13.33) — linear mit z ändert, tut das auch $\dot{\lambda}$. Wir können also (13.35) für irgendein spezielles $\dot{\lambda}$, z. B. für $\dot{\lambda}(h/2) = \dot{\lambda}_0$ verwenden und erhalten aus (13.34) mit (13.31) und (13.35) für $z = h/2$

$$\left. \begin{array}{c} \dot{k}_x = \frac{2}{3h}(2m_x - m_y)\dot{\lambda}_0\sigma_F, \quad \dot{k}_y = \frac{2}{3h}(2m_y - m_x)\dot{\lambda}_0\sigma_F, \\[2mm] \dot{k}_{xy} = \frac{4}{h}m_{xy}\dot{\lambda}_0\sigma_F \end{array} \right\} \tag{13.36}$$

und weiter, wenn wir nach m_x usw. auflösen,

$$\left. \begin{array}{c} m_x = \frac{h}{2\dot{\lambda}_0\sigma_F}(2\dot{k}_x + \dot{k}_y), \quad m_y = \frac{h}{2\dot{\lambda}_0\sigma_F}(2\dot{k}_y + \dot{k}_x), \\[2mm] m_{xy} = \frac{h}{4\dot{\lambda}_0\sigma_F}\dot{k}_{xy}. \end{array} \right\} \tag{13.37}$$

---

[1] Wir beachten dabei, daß $\dot{\varepsilon}_{ij} = \dot{\gamma}_{ij}/2$ für $i \neq j$ gleich der *halben* Gleitung ist (vgl. 9.2).

Hiermit und mit (13.31) läßt sich die Dissipationsleistung (13.30) durch die Krümmungsgeschwindigkeiten ausdrücken:

$$\dot{A}_{(i)1} = - S \frac{h^3}{8\dot{\lambda}_0}\left(\dot{k}_x^2 + \dot{k}_y^2 + \dot{k}_x\dot{k}_y + \frac{1}{4}\dot{k}_{xy}^2\right) dF. \tag{13.38}$$

Die bisher noch nicht benutzte MISES-Fließbedingung, für die wir hier unter Berücksichtigung von (13.31)

$$m_x^2 - m_x m_y + m_y^2 + 3m_{xy}^2 = 1 \tag{13.39}$$

schreiben können, dient dazu, $\dot{\lambda}_0$ aus (13.38) zu eliminieren:
Durch Einsetzen von (13.37) in (13.39) kommt nach Zwischenrechnungen

$$\dot{\lambda}_0 = \frac{\sqrt{3}}{2}\frac{h}{\sigma_F}\left(\dot{k}_x^2 + \dot{k}_y^2 + \dot{k}_x\dot{k}_y + \frac{1}{4}\dot{k}_{xy}^2\right)^{1/2} \tag{13.40}$$

und damit aus (13.38) mit M_F nach (13.31) und wegen (13.34)

$$\left.\begin{aligned}
\dot{A}_{(i)1} &= - \frac{M_F}{\sqrt{3}} S \left(\dot{k}_x^2 + \dot{k}_y^2 + \dot{k}_x\dot{k}_y + \frac{1}{4}\dot{k}_{xy}^2\right)^{1/2}\\
&= - \frac{M_F}{\sqrt{3}} S \left(\dot{w}_{,xx}^2 + \dot{w}_{,yy}^2 + \dot{w}_{,xx}\dot{w}_{,yy} + \dot{w}_{,xy}^2\right)^{1/2}.
\end{aligned}\right\} \tag{13.41}$$

Die Integration ist über alle Teilbereiche auszuführen, in denen $\dot{w}$ mitsamt seiner beiden ersten Ableitungen stetig ist. Auf den Grenzlinien s zwischen diesen Bereichen — den *Fließgelenklinien* — ist $\dot{w}_{,n}$ in Richtung der Normalen n unstetig und $\dot{w}_{,nn} \to \infty$, während $\dot{w}_{,s}$ und $\dot{w}_{,ss}$ in Richtung s der Fließgelenklinie stetig sind. Da n und damit auch s Hauptkrümmungsrichtungen sind, wird die Flächentorsionsgeschwindigkeit $\dot{w}_{,ns} = 0$, und daher wird nach (13.36) auch das Drillmoment $m_{ns} = 0$.

Aus der Stetigkeitsbedingung für die Krümmungsgeschwindigkeit $\dot{k}_x = \dot{w}_{,ss}$ erhalten wir eine Beziehung zwischen den Biegemomenten m_n und m_s: Unter Beachtung von (13.36) muß unmittelbar rechts (r) bzw. links (l) von der Unstetigkeitslinie (vgl. Abb. 13.5)

$$\dot{k}_{s(r)} - \dot{k}_{s(l)} = \frac{2}{3h}\sigma_F\left[\dot{\lambda}_{0(r)}(2m_s - m_n) - \dot{\lambda}_{0(l)}(2m_s - m_n)\right] = 0 \tag{13.42}$$

gelten. Da im allgemeinen $\dot{k}_{n(r)} \neq \dot{k}_{n(l)}$ ist, ist nach (13.40) auch $\dot{\lambda}_{0(r)} \neq \dot{\lambda}_{0(l)}$, so daß für die *Momente entlang einer Fließgelenklinie*

$$m_s = \frac{1}{2}m_n, \quad m_{ns} = 0 \tag{13.43}$$

und damit nach der MISES-Fließbedingung (13.39)

$$m_n = \frac{2}{\sqrt{3}} = \frac{M_n}{M_F}, \quad m_s = \frac{1}{\sqrt{3}} = \frac{M_s}{M_F} \tag{13.44}$$

oder nach der Tresca-Fließbedingung

$$m_n = 1, \quad m_s = \frac{1}{2} \tag{13.45}$$

gilt.

Zur Dissipationsleistung $\dot{A}_{(i)1}$ kommt nun der Anteil $\dot{A}_{(i)2}$ hinzu, den das Moment M_n entlang der Fließgelenklinien s beisteuert. Der Anteil von M_s ist mit in $\dot{A}_{i(1)}$ enthalten. Nach Abb. 13.6 gilt für ein Element ds der Fließgelenklinie mit (13.44)

$$dA_{(i)2} = - M_n (\dot{\varphi}_{(r)} - \dot{\varphi}_{(l)})\, ds$$

$$= - \frac{2}{\sqrt{3}}\, M_F \dot{\varphi}\, ds,$$

wobei $\varphi = \varphi_{(r)} - \varphi_{(l)} = w_{,n(r)} - w_{,n(l)}$ die Unstetigkeit der Neigungswinkel in Richtung von n bedeutet. Wenn wir über sämtliche Fließgelenklinien integrieren, ergibt sich

$$\dot{A}_{(i)2} = - \frac{2}{\sqrt{3}}\, M_F \int\limits_{(s)} \dot{\varphi}\, ds. \tag{13.46}$$

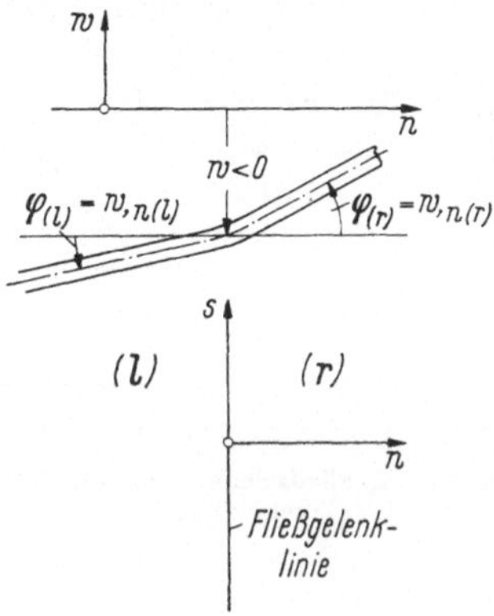

Abb. 13.6. Unstetigkeit des Neigungswinkels an die Plattenmittelfläche längs Fließgelenklinie s.

Wir fassen (13.28), (13.29), (13.41) und (13.46) zusammen: Für den voll plastizierten (Traglast)-Zustand einer beliebig berandeten, mit $p(x, y)$ belasteten Platte aus idealplastischem Werkstoff muß $\dot{A}_{(a)} + \dot{A}_{(i)1} + \dot{A}_{(i)2} = 0$ sein, das heißt es muß die *Grundgleichung der Traglasttheorie für Platten in der Energieform*

$$\underset{(F)}{S}\, p_T \dot{w}\, dF - \frac{M_F}{\sqrt{3}} \left[\underset{(F)}{S} (\dot{w}_{,xx}^2 + \dot{w}_{,yy}^2 + \dot{w}_{,xx}\dot{w}_{,yy} + \dot{w}_{,xy}^2)^{1/2}\, dF + 2 \int\limits_{(s)} \dot{\varphi}\, ds \right] = 0 \tag{13.47}$$

zusammen mit den Randbedingungen für die Durchbiegungsgeschwindigkeit $\dot{w}$ (einschließlich von Stetigkeitsbedingungen entlang der Fließgelenklinien) erfüllt sein. Das zweite Integral ist über alle Teilbereiche zwischen den Fließgelenklinien, das dritte ist über die Gesamtlänge aller Fließgelenklinien zu bilden. Bei Verwendung der Tresca-Fließbedingung tritt vor das dritte Integral $\sqrt{3}$ an Stelle von 2.

Die Einflüsse der Querkräfte und der Änderung der Geometrie sind in (13.47) nicht berücksichtigt. Vgl. hierzu die Bemerkungen auf S. 315.

13.2.3 Traglastverfahren für Platten. Fließgelenklinientheorie. Man könnte grundsätzlich die Traglast aus (13.47) unter den genannten Voraussetzungen genau bestimmen. Praktisch läßt sich das allerdings meist nicht durchführen. Man ist daher auf ein Näherungsverfahren

angewiesen, das dem Traglastverfahren für Balkentragwerke entspricht
und sich auf den Satz (4.23) der Traglasttheorie gründet: Man ermittelt
mit Hilfe einer statisch zulässigen Momentenverteilung, die den Randbedingungen genügen muß und die Fließbedingung nicht verletzen
darf, eine untere Schranke für die Traglast, bzw. nimmt ein kinematisch
zulässiges Geschwindigkeitsfeld an, mit dem man eine obere Schranke
für die Traglast berechnen kann.

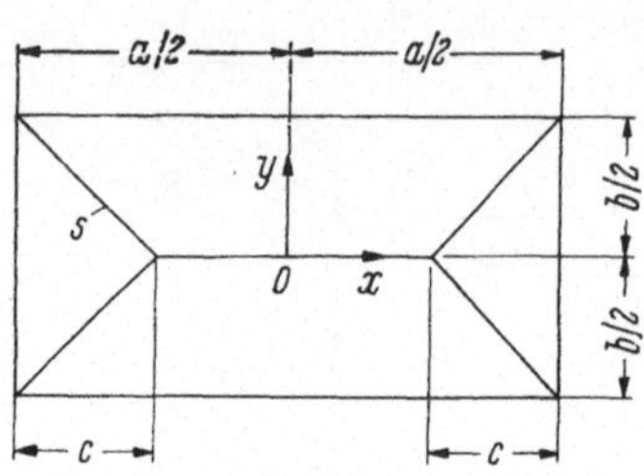

Abb. 13.7. Fließgelenklinien s für Rechteckplatte.

Wir erläutern das Grundsätzliche
des Traglastverfahrens am *Beispiel einer
Rechteckplatte mit gleichförmig verteilter
Belastung p*, die an ihren Rändern
$x = \pm a/2$ und $y = \pm b/2$ frei drehbar
aufgelagert ist (Abb. 13.7).

a) *Untere Eingrenzung der Traglast.*
Wir müssen eine statisch zulässige Momentenverteilung ansetzen, die der Mo-
menten-Gleichgewichtsbedingung

$$m_{x,xx} + 2m_{xy,xy} + m_{y,yy} = -\frac{p}{M_F} \tag{13.48}$$

und den Randbedingungen des speziellen Problems

$$m_x\left(\pm\frac{a}{2}; y\right) = 0, \quad m_y\left(x; \pm\frac{b}{2}\right) = 0 \tag{13.49}$$

genügt und nirgends die Fließbedingung (13.39) verletzen darf, die
also der Bedingung

$$m_x^2 - m_x m_y + m_y^2 + 3m_{xy}^2 \leq 1 \tag{13.50}$$

genügen muß.

Im vorliegenden Fall erweist sich hierfür die Momentenverteilung

$$m_x = 1 - c_1 x^2, \quad m_y = 1 - c_2 y^2, \quad m_{xy} = c_3 xy \tag{13.51}$$

als geeignet. Die Randbedingungen (13.49) liefern die Konstanten
$c_1 = 4/a^2$ und $c_2 = 4/b^2$, so daß wir bei dimensionsloser Schreibweise
der Koordinaten $x = \xi a/2; y = \eta b/2$

$$m_x = 1 - \xi^2, \quad m_y = 1 - \eta^2$$

erhalten. Die Gleichgewichtsbedingung (13.48) liefert die Konstante c_3
und damit nach (13.51)

$$m_{xy} = \left(\frac{b}{a} + \frac{a}{b} - \frac{pab}{8M_F}\right)\xi\eta.$$

Nun haben wir den größten Wert von p zu suchen, mit dem (13.50)
an keiner Stelle der Platte verletzt wird. Einsetzen aller Momente in
(13.50) liefert hierfür die Bedingung

$$F(\xi, \eta) = \xi^4 - \xi^2 + \eta^4 - \eta^2 - \xi^2\eta^2 + 3\left(\frac{b}{a} + \frac{a}{b} - \frac{pab}{8M_F}\right)^2 \xi^2\eta^2 \leq 0.$$
$$\tag{13.52}$$

Wenn wir das Maximum von $F(\xi, \eta)$ mit der Nebenbedingung $F(\xi, \eta) = 0$ hinsichtlich der unabhängigen Variablen ξ und η bilden, erhalten wir die Stellen $\xi = \eta = 0$ und $\xi = \pm 1$; $\eta = \pm 1$, wo die Fließbedingung gerade noch erfüllt ist. Nach Einsetzen von $\xi^2 = \eta^2 = 1$ in (13.52) folgt als untere Schranke für die Traglast

$$p_{T(u)} = 2\sigma_F \left(\frac{h}{a}\right)^2 \left(1 + \frac{1}{\sqrt{3}} \frac{a}{b} + \frac{a^2}{b^2}\right) \tag{13.53}$$

und mit (13.27) für den Traglastfaktor

$$\bar{p}_{T(u)} = \frac{p_{T(u)}}{p_e} = \frac{2\sqrt{\Phi_0}}{1{,}645}\left(1 + \frac{1}{\sqrt{3}} \frac{a}{b} + \frac{a^2}{b^2}\right) \tag{13.54}$$

In Abb. 13.8 ist $\bar{p}_{T(u)}$ über dem Seitenverhältnis a/b aufgetragen.

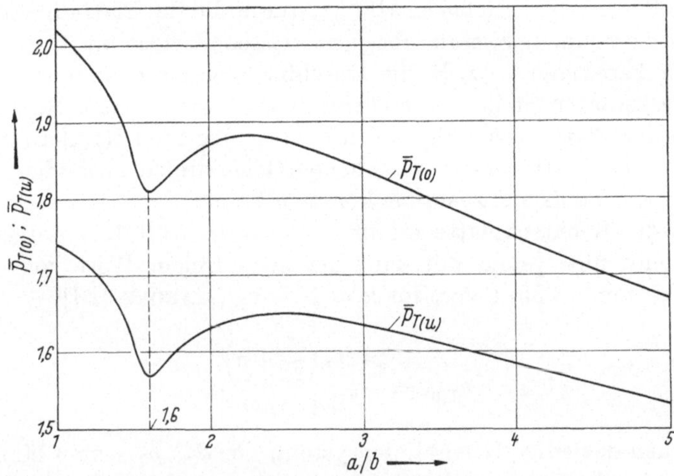

Abb. 13.8. Untere bzw. obere Eingrenzung des Traglastfaktors $\bar{p}_T = p_T/p_e$ nach (13.54) bzw. (13.56) für Rechteckplatten abhängig von deren Seitenverhältnis.

b) *Obere Eingrenzung der Traglast*. Bei der Auswahl eines kinematisch möglichen Geschwindigkeitsfeldes liegt es nahe, die Grundgleichung (13.47) der Traglasttheorie dadurch radikal zu vereinfachen, daß man das zweite Integral vollständig fortläßt und von der Gleichung

$$\underset{(F)}{S}\, p_{T(0)}\dot{w}\, dF - \varkappa M_F \int\limits_{(s)} \dot{\varphi}\, ds = 0 \tag{13.55}$$

ausgeht, um eine obere Schranke $p_{T(0)}$ für die Traglast zu berechnen. Der Faktor $\varkappa$ ist bei Verwendung der Mises-Fließbedingung gleich 2/3 und nach Tresca gleich 1.

Die Gl. (13.55) hat ihr Analogon in der Grundgleichung (8.1) der Traglasttheorie für Balkentragwerke.

Die Vernachlässigung des zweiten Integrals in der Grundgleichung (13.47) bedeutet, daß man von kinematischen Geschwindigkeitsfeldern ausgeht, bei denen in den Bereichen zwischen Fließgelenklinien alle Krümmungen Null sind und die Platte zwischen diesen Linien eben bleibt. Während beim Balken — vgl. z. B. Abb. 8.1 b —, abgesehen von kleinen Bereichen in unmittelbarer Umgebung des Gelenkes, die plastischen Krümmungen tatsächlich verschwinden, ist das bei der Platte im allgemeinen nicht der Fall, wie z. B. die Behandlung der Kreisplatte unter 13.1.3 zeigte. Trotzdem hat sich dieses Verfahren als *Fließgelenklinientheorie* zur Berechnung der oberen Schranke der Traglast von Stahlbetonplatten bewährt. Bei JAEGER [23] findet man viele Beispiele sowie Versuchsergebnisse, die die Brauchbarkeit des Verfahrens für Stahlbetonplatten bestätigen. Vgl. jedoch auch S. 315!

Das System der Fließgelenklinien, durch die die Platte in ein kinematisch bestimmtes System übergeht, dessen Verformung durch einen einzigen Parameter — z. B. die Durchbiegungsgeschwindigkeit $\dot{w}_0$ an einer bestimmten Stelle — beschrieben wird, ist von den Randbedingungen der Platte abhängig. Bei drehbar gelagerten Rändern müssen sich von den Plattenecken ausgehende Gelenklinien ausbilden, damit der Fließmechanismus zustande kommen kann.

Für die Rechteckplatte ergibt sich das in Abb. 13.7 dargestellte Fließgelenkliniensystem mit zunächst noch freiem Wert von c. Anwendung von (13.55) liefert für $\varkappa = 1$ — vgl. JAEGER [23] —

$$p_{T(0)} = \frac{24\,M_F\left(\dfrac{b^2}{2c} + a\right)}{b^2\,(3a - 2c)}. \tag{13.56}$$

Wir suchen dasjenige Gelenkliniensystem, für das $p_{T(0)}$ zum Minimum wird, und erhalten aus $dp_{T(0)}/dc = 0$ eine quadratische Gleichung, deren Lösung — in (13.56) eingesetzt — die kleinste obere Schranke für die Traglast

$$p_{T(0)} = \frac{6\sigma_F\left(\dfrac{h}{b}\right)^2}{3 + 2\left(\dfrac{b}{a}\right)^2 - 2\left(\dfrac{b}{a}\right)\left[3 + \left(\dfrac{b}{a}\right)^2\right]^{1/2}} \tag{13.57}$$

und mit (13.27) für den Traglastfaktor

$$\bar{p}_{T(0)} = \frac{p_{T(0)}}{p_e} = \frac{3,65\,\sqrt{\varPhi_0}\left(\dfrac{a}{b}\right)^2}{3 + 2\left(\dfrac{b}{a}\right)^2 - 2\left(\dfrac{b}{a}\right)\left[3 + \left(\dfrac{b}{a}\right)^2\right]^{1/2}} \tag{13.58}$$

liefert.

In Abb. 13.8 ist $\bar{p}_{T(0)}$ über a/b aufgetragen. Die obere Schranke liegt für $a/b < 2$ um etwa 16% über der unteren Schranke $\bar{p}_{T(u)}$. Die

Abweichungen der Kurven nehmen mit wachsendem a/b ab, da sie beide für $a/b \to \infty$ asymptotisch gegen den Wert $\bar{p}_T = 1{,}5$ für den beiderseits frei aufgelagerten Balken von der Länge b gehen. Beide Kurven haben ein relatives Minimum für das Seitenverhältnis $a/b = 1{,}6$, bei dem die Fließspannung σ_F unter der elastischen Grenzlast p_e gleichzeitig in den Ecken und in der Mitte der Platte erreicht wird. Für $a/b > 2{,}5$ wird der Einfluß der kürzeren Plattenränder auf die Erhöhung der Traglast gegenüber dem Balken immer geringer.

Die nach diesem Näherungsverfahren berechnete Traglast gibt den Zusammenbruch von Stahlbetonplatten tatsächlich recht genau wieder: In den von JAEGER [23] untersuchten Versuchsplatten (Rechteckplatten $224 \times 150 \times 6$ cm und quadratische Platten $150 \times 150 \times 6$ cm) bildeten sich ausgeprägte Risse im ganzen Bereich der theoretisch bestimmten Fließgelenklinien bei Durchbiegungen der Plattenmitte, die in allen Fällen kleiner — vielfach sogar erheblich kleiner — als die Plattendicke waren. Die voll ausgeprägte Rißbildung mit schnell fortschreitender Plastizierung der Bewehrungen trat bei Belastungen auf, die gut mit der errechneten Traglast übereinstimmten. Obgleich die Belastung bei schnell zunehmender Durchbiegung noch etwas über die Traglast hinaus gesteigert werden konnte, versagte die Platte praktisch bei Erreichen der oberen Schranke für die Traglast. Die Versuche wurden abgebrochen, wenn die Durchbiegungen die Größenordnung der Plattendicke erreicht hatten.

Diese für verhältnismäßig dicke Stahlbetonplatten festgestellte gute Übereinstimmung zwischen berechneter Traglast und gemessener Bruchlast läßt sich dadurch erklären, daß die Durchbiegungen bis zum Zusammenbruch so klein waren, daß sich die Einflüsse des Membraneffekts und des zweiten Integrals von (13.47) auf die Bruchlast noch wenig auswirkten. Die Verhältnisse werden völlig anders bei dünnen Platten aus homogenem Werkstoff, deren Belastung weit über die Traglast hinaus gesteigert werden kann, ohne daß der Zusammenbruch eintritt. Für solche Platten kann die Traglast höchstens als Kriterium für den Beginn größerer bleibender Durchbiegungen dienen. Zur Beschreibung des vollständigen Verhaltens dünner Platten reicht die Fließgelenklinientheorie nicht mehr aus, sondern man müßte nichtlineare Beziehungen für die Verzerrungen einführen und den Membraneffekt berücksichtigen.

IV. Stabilitätsprobleme

§ 14. Knickung von Stäben[1]

14.1 Qualitative Erläuterung des mechanischen Verhaltens

Solange ein genau zentrisch gedrückter Stab hinreichend schlank ist, ist zur Beurteilung seiner Tragfähigkeit die EULERsche Knicktheorie maßgebend. Nach der linearisierten Theorie versagt der Stab, indem er bei Erreichen der kritischen Last in eine indifferente Gleichgewichtslage übergeht (Eigenwertproblem). Nach der genaueren Rechnung kann er bei geringer Überschreitung der kritischen Last in eine stabile Gleichgewichtslage übergehen; dabei ist die Durchbiegung aber so groß, daß auch in diesem Fall das Versagen bei Erreichen der kritischen Last eintritt. In beiden Fällen ist das Versagen zunächst ein rein geometrischer Effekt. Diese Theorie gilt nur, solange die zugehörige kritische Druckspannung unterhalb der Proportionalitätsgrenze σ_P des Werkstoffs liegt.

Für einen idealplastischen Werkstoff ist das Problem des genau zentrisch gedrückten Stabes mit idealisiertem Sandwich-Querschnitt sehr einfach: Aus Abb. 8.15a kann man die kritischen Lasten $N = n N_F$ mit $n < 1$ für den vor der Auslenkung momentenfreien Stab ($m = 0$) entnehmen; das Versagen durch Instabilität ist durch Kreuze ($\times$) markiert. Je gedrungener der Stab ist, desto größer wird die kritische Last, bis für einen bestimmten Schlankheitsgrad $s = 2l/h$ ($l =$ Stablänge, $h =$ Querschnittshöhe in Biegeebene) die Fließlast ($n = 1$) erreicht ist. Stäbe mit kleinerem s knicken bei den so idealisierten Verhältnissen überhaupt nicht aus, sondern bleiben gerade, bis sie schließlich durch reinen Druck zerstört werden.

In Wirklichkeit ist das Problem allerdings aus mehreren Gründen verwickelter:

Den idealisierten Fall des genau zentrisch gedrückten geraden Stabes gibt es in der Praxis überhaupt nicht. Sämtliche zur Konstruktion verwendeten Stäbe sind im unbelasteten Zustand — wenn auch

---

[1] Vgl. auch die Werke von BLEICH [*24*], KOLLBRUNNER und MEISTER [*27b*], PFLÜGER [*32*], SZABÓ [*13*] und TIMOSHENKO [*36b*]!

oft sehr wenig — vorgekrümmt, und die Längskraft wirkt außerdem nie mathematisch genau in der Stabachse. Da dann von vornherein ein Biegemoment wirkt, ist die Knickung in der Praxis kein Stabilitätsproblem im klassischen Sinne, sondern ein Spannungsproblem (Knickbiegung).

Mit der vereinfachenden Annahme eines Sandwich-Querschnitts können wir das mechanische Verhalten von Stäben mit realen Querschnitten nicht in allen Einzelheiten qualitativ richtig beschreiben. Näheres hierüber wird am Schluß von 14.1.1 ausgeführt.

Wir müssen schließlich die Materialverfestigung berücksichtigen. Das gilt nicht nur für im eigentlichen Sinne verfestigende Werkstoffe, sondern insbesondere auch für unlegierten Stahl mit einer Werkstoffkennlinie nach Abb. 3.8, die wir bei der Behandlung von Problemen der „Theorie 1. Ordnung" ohne weiteres durch eine Kennlinie mit idealplastischem Werkstoffverhalten annähern dürfen, ohne nennenswerte Fehler zu begehen. Bei Stabilitätsproblemen kommen wir mit dieser Idealisierung jedoch nicht mehr aus, sondern müssen die Proportionalitätsgrenze σ_P berücksichtigen, die an die Stelle von σ_F tritt; oberhalb σ_F verfestigt der Stahl, bis er schließlich im eigentlichen Sinne zu fließen beginnt.

Wir wollen uns zunächst an Hand von Abb. 14.1 und 14.2 eine qualitative Übersicht über die verschiedenen Möglichkeiten für das mechanische Verhalten von Stäben verschaffen, an denen eine Längskraft N mit der Exzentrizität e angreift (Abb. 14.1a). Dabei werden wir das Last-Verformungsverhalten von Stäben aus idealplastischem und verfestigendem Werkstoff untersuchen. Als Lastgröße wählen wir die mittlere Spannung $\sigma_{mi} = N/F$, als typische Verformungsgröße die maximale Ausbiegung f der Stabachse. Wir können so die Last-Verformungs- und Spannungs-Dehnungs-Diagramme unmittelbar miteinander vergleichen[1]. Für Stäbe, die schon im unbelasteten Zustand leicht gekrümmt sind, gelten die gleichen qualitativen Überlegungen.

14.1.1 Stäbe aus idealplastischem Werkstoff. Für *Stäbe mit Sandwich-Querschnitt* können wir alles — sogar quantitativ richtig — aus unseren früheren Untersuchungen in 8.4.1 entnehmen. Die in Abb. 8.15 dargestellten Ergebnisse für den Stab mit zwei Endmomenten M lassen sich nämlich unmittelbar verwenden, wenn wir uns die zentrisch angreifenden Kräfte N um die Strecke $e = M/N$ verschoben denken. Der Parameter m in Abb. 8.15 ist dann ein Maß für die Exzentrizität e. Dabei ergeben sich zwei grundsätzlich verschiedene Last-Verformungs-

---

[1] Dabei sind natürlich die Spannungen in den einzelnen Längsfasern des *ausgebogenen* Stabes verschieden von σ_{mi}.

kurven, je nachdem ob die EULERsche Knickspannung σ_{KE} unterhalb oder oberhalb der Fließspannung σ_F liegt:

a) Fall $\sigma_{KE} < \sigma_F$ (Abb. 14.1c).

Der ursprünglich gerade Stab ($e = 0$) bleibt gerade, bis seine Gleichgewichtslage bei Erreichen der kritischen Spannung σ_{KE} (Verzweigungsgleichgewichtszustand) indifferent wird, wenn man mit der linearisier-

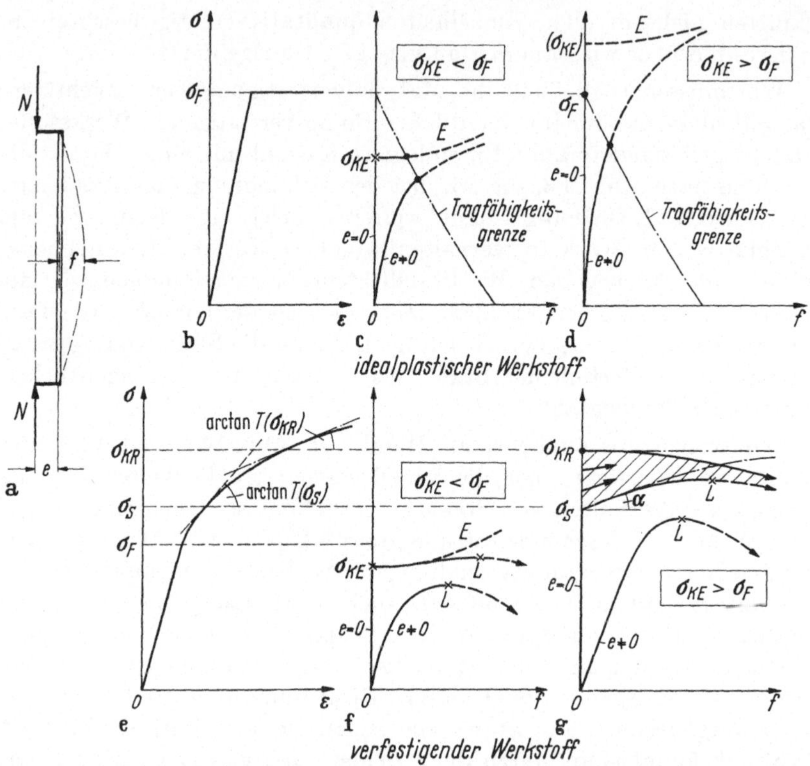

Abb. 14.1 a—g. Mechanisches Verhalten von Stäben mit exzentrischer Längskraft und σ, ε-Kurven nach b bzw. e, falls EULER-Spannung σ_{KE} unterhalb — c und f — bzw. oberhalb — d und g — der Fließgrenze σ_F liegt. σ_{KR} = ENGESSER-KÁRMÁN-Spannung; σ_S = SHANLEY-Spannung; ($\times$) = Instabilität; ($\bullet$) = Zusammenbruch bei Erreichen der Traglast.

ten Theorie rechnet. Die genauere Rechnung nach der nichtlinearisierten Biegetheorie zeigt, daß er bei geringer weiterer Laststeigerung in eine stabile, ausgebogene, durch die „EULERsche Elastika" gegebene Gleichgewichtslage übergeht. In dieser kann er nur so lange bleiben, bis die Kurve E die (strichpunktiert eingetragene) Tragfähigkeitsgrenze kreuzt. Wegen des sehr flachen Verlaufs der Kurve E bricht der Stab praktisch schon bei der mittleren Spannung $\sigma_{mi} \approx \sigma_{KE}$ zusammen[1].

---

[1] s. Seite 319.

Der exzentrisch belastete Stab $(e \neq 0)$ biegt sich dagegen von Anfang an durch (Spannungsproblem), bis die nichtlineare Last-Verformungskurve die Tragfähigkeitsgrenzkurve bei einer mittleren Spannung $\sigma_{mi} < \sigma_{KE}$ erreicht und der Stab zusammenbricht[1]. In ihrem weiteren, gestrichelt eingezeichneten (natürlich nur noch theoretisch interessierenden) Verlauf nähert sich die Last-Verformungskurve immer weiter der der EULERschen Elastika zugeordneten Kurve E.

b) *Fall* $\sigma_{KE} > \sigma_F$ *(Abb. 14.1d)*

Der ursprünglich gerade Stab $(e = 0)$ bleibt bis zum Erreichen von σ_F gerade und wird dann durch Druck (theoretisch ohne Auslenkung!) zerstört. Die EULERsche Elastika E wird zwar nicht mehr erreicht, ist aber zur Übersicht gestrichelt eingetragen.

Der exzentrisch belastete Stab $(e \neq 0)$ erreicht die Tragfähigkeitsgrenze bei einer mittleren Spannung $\sigma_{mi} < \sigma_F$.

Während beim Sandwich-Querschnitt die elastische Grenzlast zugleich die Tragfähigkeitsgrenze darstellt, müssen wir nach Abb. 14.2

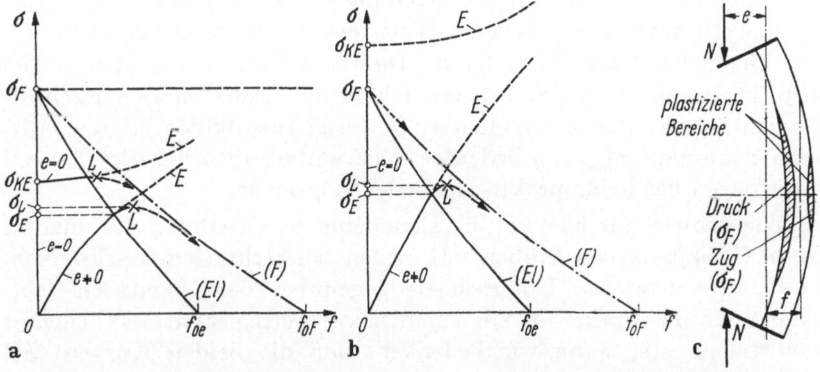

Abb. 14.2 a—c. Mechanisches Verhalten von Stäben aus idealplastischem Werkstoff mit exzentrischer Längskraft und realem Querschnitt: a $\sigma_{KE} < \sigma_F$ b $\sigma_{KE} > \sigma_F$ c teilweise plastizierter Stab z. B. bei Erreichen des Instabilitätspunktes L; E = Kurven für vollständig elastisches Verhalten.

bei *Stäben mit realen Querschnitten* zwei typische Gleichgewichts-Kennlinien für den Zusammenhang zwischen mittlerer Spannung und Auslenkung unterscheiden.

---

[1] In allen Diagrammen der Abb. 14.1 ist das Versagen durch Erreichen einer Stabilitätsgrenze (Übergang in eine benachbarte Gleichgewichtslage ohne Laststeigerung) durch ein Kreuz ($\times$) und das Versagen bei Erreichen der Tragfähigkeit durch einen Punkt (·) gekennzeichnet. Ferner sind die Auslenkungskurven nach Erreichen der Verzweigungslast nur nach einer Seite hin aufgetragen.

Die dünn ausgezogene Kennlinie (El), welche diejenige mittlere Spannung (elastische Grenzlast) angibt, bei der in der konkaven Stabrandfaser in Stabmitte gerade die Fließdruckspannung σ_F erreicht wird sowie die — in Wirklichkeit nicht erreichbare — strichpunktierte Kennlinie (F), durch welche der voll plastizierte Zustand des Mittelquerschnitts (Fließgelenk) repräsentiert wird. Wir haben schließlich auch hier wieder zu unterscheiden, ob die EULERsche Knickspannung σ_{KE} unterhalb oder oberhalb der Fließspannung σ_F liegt.

Die Diskussion des mechanischen Verhaltens geht bis zum Erreichen der elastischen Grenzlast-Kennlinie (El) bzw. der Spannung σ_E in allen Einzelheiten genauso vor sich wie beim Sandwich-Querschnitt. Während jedoch bei diesem das Erreichen der elastischen Grenzlast den sofortigen Zusammenbruch zur Folge hat (Abb. 14.1c und d), kann die Belastung des Stabes mit realem Querschnitt noch etwas gesteigert werden:

Bei der von der konkaven und schließlich unter Umständen auch von der konvexen Stabrandfaser ausgehenden Plastizierung des Stabes (vgl. Abb. 14.2c) tritt eine allerdings meist geringe Vergrößerung des Biegemomentes der Spannungsverteilung ein. Die Rechnung zeigt, daß die hiermit verbundene Tragfähigkeitsreserve erschöpft ist, bevor sich ein Fließgelenk ausbilden kann. Die Last-Verformungskurven der Abb. 14.2a und 14.2b haben nämlich in den Punkten L horizontale Tangenten, was den Zusammenbruch durch Instabilität bei der mittleren Spannung $\sigma_L > \sigma_E$ bedeutet. Der weitere (gestrichelte) Verlauf der Kurven hat keine praktische Bedeutung mehr.

Wir können uns hier auf die allgemeine Beschreibung des qualitativen Verhaltens von Stäben mit realen Querschnitten beschränken, da die quantitativen Unterschiede gegenüber dem Sandwich-Querschnitt für die Praxis im allgemeinen nur gering sind. Das leuchtet unmittelbar ein, wenn wir bedenken, daß die beiden Kurven (El) und (F) für viele Querschnitte dicht beieinander liegen. Zum Beispiel beträgt beim I-Querschnitt das Verhältnis der Durchbiegungen für reine Momentenbelastung $f_{oF}/f_{oe} = 1{,}175$, so daß der Abstand beider Kurven voneinander entsprechend gering ist. Der praktischen Berechnung könnte man also z. B. die entsprechend umgeformten Näherungskurven der Abb. 8.17 zugrunde legen.

14.1.2 Stäbe aus verfestigendem Werkstoff. Das Folgende gilt auch für unlegierte Konstruktionsstähle, bei denen im Spannungs-Dehnungs-Diagramm Abb. 14.1e für σ_F die Spannung σ_P an der Proportionalitätsgrenze zu setzen ist; es gilt sowohl für idealisierte Sandwich-Querschnitte als auch für reale Querschnitte. Wir haben wie in 14.1.1 wieder zwei Fälle zu unterscheiden:

a) *Fall $\sigma_{KE} < \sigma_F$ (Abb. 14.1f)*.

Der zentrisch belastete Stab $(e = 0)$ geht bei σ_{KE} zunächst in einen indifferenten Gleichgewichtszustand über und folgt dann unter vollständig elastischem Verhalten der ausgezogenen Kurve E, bis schließlich die örtlichen Spannungen in den Randfasern und danach in immer weiteren Längsfasern in den Verfestigungsbereich kommen. Danach wird die Last-Verformungskurve allmählich von E abweichen, so daß schließlich bei einer bestimmten (durch ein Kreuz ($\times$) bezeichneten) Auslenkung f ein labiler Gleichgewichtszustand mit $\sigma_{mi} > \sigma_{KE}$ erreicht wird. Bei größeren Werten von f wäre Gleichgewicht nur noch mit verminderter Belastung möglich (gestrichelte Kurve). Praktisch versagt der Stab schon bei Erreichen von σ_{KE}, da die Auslenkung f bei Erreichen des labilen Gleichgewichtszustandes schon unzulässig groß ist.

Der exzentrisch belastete Stab $(e \neq 0)$ biegt mit wachsender Belastung nach einer nichtlinearen Last-Verformungskurve aus, die schließlich nach Eintritt von Stabfasern in den Verfestigungsbereich vom elastischen Verhalten abweicht. Ähnlich wie beim zentrischen Lastangriff wird der Stab bei Erreichen einer labilen Gleichgewichtslage versagen.

b) *Fall $\sigma_{KE} > \sigma_F$ (Abb. 14.1g)*.

Das Verhalten des *zentrisch belasteten Stabes* $(e = 0)$ wollen wir in 14.2 genauer untersuchen. Doch sei hier schon einiges vorweggenommen. Bei diesem Fall kommt es entscheidend auf die „Belastungsgeschichte" an:

Man kann von der Hypothese ausgehen, daß der Stab so lange gerade bleibt, bis er unter einer kritischen Last eine indifferente Gleichgewichtslage — im Sinne der linearisierten klassischen Stabilitätstheorie — erreicht und bei einer kleinen Störung ohne Laststeigerung ausweicht. Die Rechnung ergibt einen EULERschen Stabilitätsfall mit einem „reduzierten" Elastizitätsmodul $E_R < E$ und einer kritischen Spannung $\sigma_{KR} < \sigma_{KE}$.

Diese Hypothese wurde zuerst von CONSIDÈRE [43] in Frankreich und von ENGESSER [46b] in Deutschland aufgestellt. Allerdings hat man zunächst noch fälschlicherweise mit dem Tangentenmodul T als reduziertem Elastizitätsmodul gerechnet (vgl. auch Abb. 1.4). Diese Knicktheorie wurde später von ENGESSER [46c] selbst und von v. KÁRMÁN [57] revidiert, da man erkannt hatte, daß eine Entlastung der Innenfasern zugelassen werden muß, wenn man von der Hypothese des indifferenten Gleichgewichtszustandes ausgehen will. Dadurch geht dann der erwähnte reduzierte Elastizitätsmodul in die Rechnung ein. Etwa vier Jahrzehnte hindurch gab es nur diese sog. ENGESSER-KÁRMÁNsche Theorie für das Knicken im Verfestigungsbereich.

Merkwürdigerweise ergaben zahlreiche Versuche immer wieder kritische Spannungen, die kleiner als σ_{KR} waren und recht gut mit den Werten übereinstimmten, die man mit dem Tangentenmodul $T < E_R$ erhielt. In der Praxis rechnete man daher meist mit dem Tangentenmodul.

Erst im Jahre 1947 gab SHANLEY [76] hierfür eine Erklärung: Man hatte bisher übersehen, daß der Stab bei Überschreiten der durch T gegebenen Spannung[1] σ_S bei einer geringen Störung unter gleichzeitiger Laststeigerung in eine ausgebogene stabile Gleichgewichtslage übergehen kann. Nach der SHANLEY-Hypothese stellt man die kleinste mögliche (zu σ_S gehörige) Last fest, bei der der Stab — bei gleichzeitiger Laststeigerung — in eine benachbarte stabile Gleichgewichtslage übergehen kann. Wir haben es hierbei also nicht mehr mit einem Stabilitätsproblem im eigentlichen Sinne zu tun, obwohl praktisch mit σ_S die Tragfähigkeit des Stabes schon erschöpft ist.

Wir wollen uns alles noch einmal an Hand von Abb. 14.1g veranschaulichen: Nach der ENGESSER-KÁRMÁN-Hypothese bleibt der Stab gerade, bis er bei σ_{KR} die Stabilitätsgrenze erreicht. Das Gleichgewicht bleibt (nach der linearisierten Theorie) indifferent für einen Werkstoff mit linearem Verfestigungsgesetz (strichpunktierte Kurven in Abb. 14.1e und Abb. 14.1g); es wird labil bei nichtlinearer Verfestigung (ausgezogene Kurve). Diese Kurven stellen jedoch nur obere Grenzen für ein ganzes Gebiet von möglichen Gleichgewichtszuständen dar (in Abb. 14.1g schraffiert), die auf Last-Verformungskurven, ausgehend von Spannungen $\sigma_{KR} > \sigma > \sigma_S$, erreicht werden können (in der Abbildung durch kurze Pfeile angedeutet).

Da sich der Stab jedoch schon nach geringem Überschreiten der Spannung σ_S bei einer kleinen Störung ausbiegen kann, ist die untere Grenze des schraffierten Bereiches praktisch maßgebend für die Beurteilung des mechanischen Verhaltens. Sie nähert sich mit wachsender Durchbiegung asymptotisch an die obere Grenze des Bereiches an. Für nichtlineare Verfestigung wird die entsprechende (ausgezogene) Last-Verformungs-Kurve bei einer bestimmten Ausbiegung f labil.

Für den *exzentrisch belasteten Stab* sind die Verhältnisse ähnlich wie im Fall a): Die Last-Verformungs-Kurve wächst nichtlinear und wird schließlich labil. Es ergibt sich, daß sich die zugehörige Spannung bei kleinen Exzentrizitäten (bzw. Vorkrümmungen) nicht sehr von der SHANLEY-Spannung σ_S unterscheidet, so daß man diese als brauchbares Maß für eine realistische Beurteilung der Knickung im Verfestigungsbereich verwenden kann. Wir erwähnten schon, daß auch Versuche dies bestätigen.

------

[1] Der Index S soll diese „SHANLEY-Hypothese" kennzeichnen.

14.2 Berechnung der Knicklast

Um die Rechnung möglichst übersichtlich zu gestalten, wählen wir einen zentrisch gedrückten Stab mit Sandwich-Querschnitt. Die allgemeine Gültigkeit wird durch diese Annahme zwar hinsichtlich des Verlaufs der Kraft-Verformungskurven und der Formel für den reduzierten Modul etwas eingeschränkt, jedoch spielt dies für die praktische Beurteilung des Problems keine große Rolle.

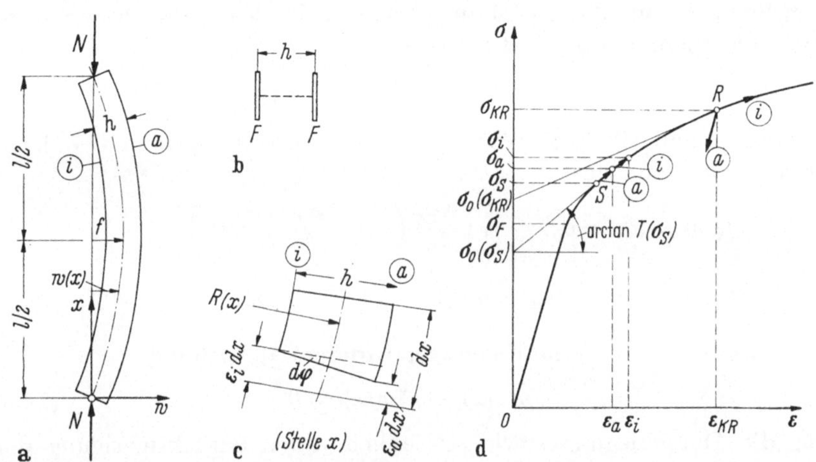

Abb. 14.3 a—d. Zur Berechnung von σ_{KR} und σ_S für Sandwich-Querschnitt. In d kennzeichnen Pfeile i bzw. a die Dehnungsänderungen des Innen- bzw. Außengurtes bei Übergang in eine benachbarte Gleichgewichtslage.

In Abb. 14.3a ist der Stab in einer geringfügig ausgebogenen Lage ($w(x) \ll h$) dargestellt. Mit den dort eingetragenen Bezeichnungen[1] sowie mit $I_y = F h^2/2$ und $W_y = F h$ gilt dann unter den üblichen Annahmen der Biegetheorie für die Spannungen in den Gurten

$$\left.\begin{array}{r} \sigma_i(x) \\ \sigma_a(x) \end{array}\right\} = \frac{N}{2F} \pm \frac{M_v(x)}{W_v} = \frac{N}{2F}\left[1 \pm \frac{2w(x)}{h}\right] \qquad (14.1)$$

und für die Stabkrümmung

$$\frac{1}{R(x)} \approx -w''(x) = \frac{\varepsilon_i(x) - \varepsilon_a(x)}{h} \gg 0. \qquad (14.2)$$

Das maßgebende Spannungs-Dehnungs-Diagramm für nichtlineare Verfestigung ist in Abb. 14.3d nochmals dargestellt.

Soweit ist alles unabhängig von der gewählten Stabilitätshypothese. Wir rechnen nun getrennt weiter:

---

[1] Wir rechnen hier Druckspannungen und Stauchungen positiv.

21*

14.2.1 Engesser-Kármán-Hypothese. Im Sinne der allgemeinen Erörterungen von 14.1.2 fragen wir nach derjenigen *konstanten* kritischen Last N_{KR} bzw. konstanten mittleren Spannung σ_{KR}, bei der der Stab in eine benachbarte Gleichgewichtslage $w(x)$ übergehen kann. Damit die Gesamtbelastung konstant bleibt, muß die Spannung im inneren Gurt auf

$$\sigma_i = \sigma_0(\sigma_{KR}) + T(\sigma_{KR})\varepsilon_i \tag{14.3}$$

(im Sinne des in Abb. 14.3d eingetragenen Pfeiles i anwachsen[1], während die Spannung im Außengurt auf

$$\sigma_a = \sigma_{KR} - E(\varepsilon_{KR} - \varepsilon_a) \tag{14.4}$$

absinken muß (Pfeil a). Wir setzen beide Spannungen in (14.1) ein und erhalten zunächst

$$\varepsilon_i = \frac{1}{T}(\sigma_i - \sigma_0) = \frac{1}{T}\left[\frac{N_{KR}}{2F}\left(1 + \frac{2w(x)}{h}\right) - \sigma_0\right],$$

$$\varepsilon_a = \varepsilon_{KR} + \frac{1}{E}(\sigma_a - \sigma_{KR}) = \frac{1}{T}\left(\frac{N_{KR}}{2F} - \sigma_0\right) - \frac{N_{KR}}{EFh}w(x)$$

und damit aus (14.2) die Eigenwert-Differentialgleichung

$$w''(x) + \lambda^2 w(x) = 0 \tag{14.5}$$

für die Durchbiegung sowie schließlich unter Berücksichtigung der Randbedingungen $w(0) = w(l) = 0$ deren ersten Eigenwert

$$\lambda_{KR}^2 = \frac{N_{KR}}{Fh^2}\left(\frac{1}{E} + \frac{1}{T}\right) = \frac{N_{KR}}{2I_y}\frac{E+T}{ET} = \frac{\pi^2}{l^2}. \tag{14.6}$$

Führen wir noch den reduzierten Knickmodul

$$T < E_R(\sigma_{KR}) = \frac{2ET(\sigma_{KR})}{E + T(\sigma_{KR})} < E \tag{14.7}$$

ein, dann wird die obere Grenze der Knicklast (ENGESSER-KÁRMÁN-Last)

$$N_{KR} = 2\sigma_{KR}F = \frac{E_R(\sigma_{KR})I_y\pi^2}{l^2} \tag{14.8}$$

und die zugehörige Knickspannung mit dem Schlankheitsgrad $s = 2l/h$

$$\sigma_{KR} = \frac{E_R(\sigma_{KR})\pi^2}{s^2}. \tag{14.9}$$

Wegen $T < E$ ist $E_R < E$ und $N_{KR} < N_{KE}$ bzw. $\sigma_{KR} < \sigma_{KE}$.

Die Auslenkung $w(x)$ bleibt nach (14.5) unbestimmt, daß heißt wir haben es genauso wie bei der elastischen Knickung mit einem Eigen-

---

[1] Wir dürfen dabei die Umgebung des Spannungspunktes durch ein lineares Gesetz approximieren, da wir bei Stabilitätsproblemen dicht benachbarte Gleichgewichtslagen aufsuchen. Wir beachten noch, daß σ_0 und T von σ_{KR} abhängen.

wertproblem zu tun. Die Formeln (14.8) und (14.9) gelten angenähert auch für I-Querschnitte. Ihre Anwendung macht (anders als bei der elastischen Knickung mit konstantem E) eine Iterationsrechnung erforderlich, da wir hier das monotone Abnehmen der $T(\sigma)$-Kurve berücksichtigen müssen. In Abb. 14.4a sind $T(\sigma)/E$ und $E_R(\sigma)/E$ für einen

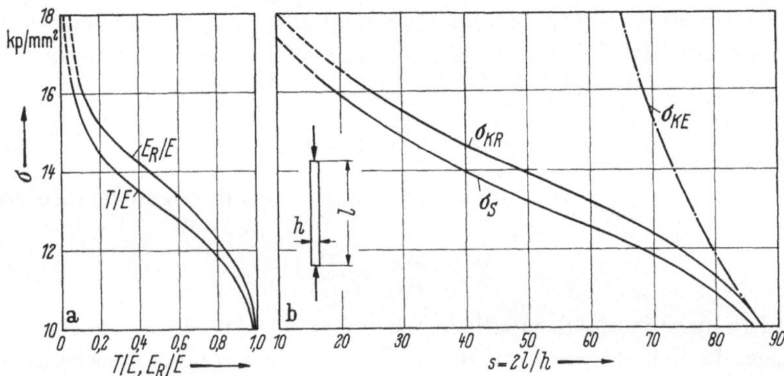

Abb. 14.4a u. b. a Tangentenmodul T/E und reduzierter Modul E_R/E für Werkstoff mit σ, ε-Kurve nach Abb. 3.7. b ENGESSER-KÁRMÁN-Spannung σ_{KR} und SHANLEY-Spannung σ_S in Abhängigkeit vom Schlankheitsgrad s für Werkstoff nach Abb. a.

Werkstoff mit einem Verfestigungsdiagramm nach Abb. 3.7 aufgetragen. Abb. 14.4b zeigt die durch Iteration aus (14.9) ermittelte Spannung σ_{KR} in Abhängigkeit vom Schlankheitsgrad s. Zum Vergleich ist auch $\sigma_{KE}(s)$ eingetragen.

14.2.2 Shanley-Hypothese. Wir fragen nach der kleinsten Last $N_S = 2\sigma_S F < N_{KR}$, bei der der Übergang des Stabes in eine benachbarte, *stabile* Gleichgewichtslage möglich ist. Da N_{KR} nach (14.8) die kleinste Last ist, bei der der Stab *ohne* Laststeigerung in die benachbarte, indifferente Lage übergehen kann, ist eine Ausbiegung unter N_S nur mit einer Laststeigerung ΔN möglich. Wir wollen voraussetzen, daß dabei alle Stabfasern belastet werden.

Die in beiden Gurten des geraden Stabes wirkenden gleich großen Spannungen σ_S vergrößern sich bei dieser Auslenkung im Innen- bzw. Außengurt auf

$$\left.\begin{aligned}\sigma_i &= \sigma_0(\sigma_S) + T(\sigma_S)\varepsilon_i,\\[4pt]\sigma_a &= \sigma_0(\sigma_S) + T(\sigma_S)\varepsilon_a\end{aligned}\right\} \tag{14.10}$$

bzw.

(Pfeile i bzw. a in Abb. 14.3d von σ_S ausgehend), so daß wir mit (14.1)

$$\left.\begin{aligned}\varepsilon_i &= \frac{1}{T}(\sigma_i - \sigma_0) = \frac{1}{T}\left[\frac{N_s + \Delta N}{2F}\left(1 + \frac{2w(x)}{h}\right) - \sigma_0\right],\\[6pt]\varepsilon_a &= \frac{1}{T}(\sigma_a - \sigma_0) = \frac{1}{T}\left[\frac{N_s + \Delta N}{2F}\left(1 - \frac{2w(x)}{h}\right) - \sigma_0\right]\end{aligned}\right\} \tag{14.11}$$

und schließlich mit (14.2) die Differentialgleichung für die Biegelinie

$$w''(x) + \frac{N_S + \Delta N}{T\,I_v}\,w(x) = 0 \tag{14.12}$$

des um $w(x)$ ausgelenkten Stabes erhalten. Durch die formale Übereinstimmung mit der Eigenwert-Differentialgleichung (14.5) dürfen
wir uns nicht täuschen lassen. Hier liegt überhaupt kein Eigenwertproblem vor, da ΔN und die Auslenkung voneinander abhängig sind.
Nur für $\Delta N = 0$ stellt (14.12), das heißt die Differentialgleichung

$$w''(x) + \lambda_S^2\, w(x) = 0 \tag{14.13}$$

mit den zugehörigen Randbedingungen formal ein Eigenwertproblem
mit dem ersten Eigenwert

$$\lambda_S^2 = \frac{N_S}{T\,I_v} = \frac{\pi^2}{l^2} \tag{14.14}$$

dar. Die mathematisch mögliche Lösung $w(x) \neq 0$ ist hier mechanisch
sinnlos, da sich $\Delta N = 0$ nur durch Entlastungsbereiche verwirklichen
läßt. Dann kommen wir aber wieder zur Eigenwertdifferentialgleichung
(14.5) zurück, die für alle $\sigma < \sigma_{KR}$ und $\Delta N = 0$ nur die Lösung
$w(x) = 0$ hat. (14.13) hat also nur die triviale Lösung $w(x) = 0$.

Wir fassen zusammen: Sobald die SHANLEY-Last (vgl. (14.14))

$$N_S = 2\sigma_S F = \frac{T(\sigma_S)\,I_v\,\pi^2}{l^2} < N_{KR} \tag{14.15}$$

bzw. die zugehörige Spannung

$$\sigma_S = \frac{T(\sigma_S)\,\pi^2}{s^2} < \sigma_{KR} \tag{14.16}$$

erreicht ist, kann der Stab bei weiterer Erhöhung der Last um ΔN in
eine ausgebogene Gleichgewichtslage übergehen. Oberhalb von N_S ist
die gerade Gleichgewichtslage instabil. Wir haben es hier mit einer
Verzweigung der Gleichgewichtslagen zu tun.

Das Ergebnis einer iterativen Auswertung von (14.16) für das vor-
genannte Zahlenbeispiel ist in Abb. 14.4b aufgetragen. Die Spannungen σ_S liegen merklich unterhalb der σ_{KR}-Kurve.

Für kleine $\Delta N > 0$ können wir den Biegepfeil f berechnen: Den
größten Wert von f erhalten wir, wenn wir die Dehnungsänderung
$\Delta\varepsilon_a(l/2) = 0$ in der Mitte des Außengurtes gleich Null setzen, so daß
dort gerade noch keine Entlastung eintritt. Dann entnehmen wir aus
(14.2)

$$\Delta\varepsilon_i = -h\,w''(l/2)$$

und daraus unter Heranziehung der Differentialgleichung (14.13), die
wir für sehr kleine ΔN an Stelle von (14.12) verwenden dürfen, und

mit (14.14)

$$\Delta N = \Delta \sigma_i F = \Delta \varepsilon_i T F$$

$$= - h T F w''(l/2) = \lambda_S^2 h T F w(l/2) = \frac{2}{h} N_S w(l/2),$$

den Biegepfeil

$$f = w(l/2) = \frac{\Delta N h}{2 N_s} = \frac{\Delta N l^2}{\pi^2 h T F} \tag{14.17}$$

sowie den Winkel

$$\alpha = \arctan \frac{\Delta N}{f} = \arctan \frac{\pi^2 h T F}{l^2}, \tag{14.18}$$

unter dem die stabile Last-Verformungskurve in ihrem Anfangsbereich unmittelbar nach Überschreiten der SHANLEY-Last (untere Grenzkurve des schraffierten Bereiches der Abb. 14.1g) geneigt ist.

Über den weiteren Verlauf dieser Kurve sowie über den Verlauf labiler Kurven innerhalb des schraffierten Bereiches der Abb. 14.1g kann sich der Leser bei PFLÜGER [*32*] informieren.

§ 15. Ausbeulen rechteckiger Platten im Verfestigungsbereich

15.1 Das Problem und seine bisherige Behandlung

Das Problem der Beulung rechteckiger Platten ist von großer praktischer Bedeutung und wurde schon häufig untersucht. In der Monographie von KOLLBRUNNER und MEISTER [*27a*] findet man eine Gesamtdarstellung mit zahlreichen Literaturhinweisen.

Die nachfolgende zusammenfassende Übersicht über die Voraussetzungen, von denen die verschiedenen Autoren bei der Bearbeitung eines speziellen Problems (der nur mit Normaldruckspannungen σ_x und σ_y in ihrer Mittelebene belasteten Rechteckplatte aus idealplastischem oder verfestigendem Material) ausgegangen sind, soll als Beispiel für die verschiedenen Behandlungsmöglichkeiten dienen und diese kritisch beurteilen (vgl. auch RECKLING [*73*]).

Für dieses spezielle Beulproblem gilt im rechtwinkligen, kartesischen (x, y)-Koordinatensystem unabhängig von den Voraussetzungen für die Materialeigenschaften und von der Definition der Stabilitätsgrenze — d. h. nach ENGESSER-KÁRMÁN oder SHANLEY wie in § 14 — die Differentialgleichung

$$f_x w_{,xxxx} + 2 f_{xy} w_{,xxyy} + f_y w_{,yyyy} = - \frac{h}{D} (\sigma_x w_{,xx} + \sigma_y w_{,yy}) \tag{15.1}$$

für die Beulfläche $w(x, y)$ der Platte. Zu ihrer Herleitung vergleiche man z. B. KOLLBRUNNER und MEISTER [*27a*]. In (15.1) bedeuten h die Plattenstärke, D die für den Verfestigungsbereich gültige, über einen geeigneten „Modul" vom Verfestigungszustand abhängige „Plattensteifigkeit". Die Koeffizienten f_x, f_{xy}, f_y hängen vom Verfestigungszustand und im allgemeinen auch noch von den Randspannungen σ_x und σ_y ab. Beult die Platte im elastischen Bereich, so gilt $f_x = f_{xy} = f_y = 1$ und $D = N = E h^3/[12(1 - \nu^2)]$.

Für den Verfestigungsbereich gibt es folgende Methoden zur Bestimmung der Koeffizienten:

a) *Annahme der Koeffizienten* auf Grund gewisser „plausibler Hypothesen" über den Einfluß der einzelnen Glieder von (15.1) auf das Zustandekommen des Ausbeulens. Die Gleichungen der Plastizitätstheorie bleiben dabei unberücksichtigt. Die Lösungen von (15.1) lassen sich dann ebenso gewinnen wie für die orthogonal-anisotrope (orthotrope) Platte aus elastischem Material, mit deren Differentialgleichung die Gl. (15.1) formal übereinstimmt. Maßgebend ist hierbei der dimensionslose Wert

$$t = \frac{T}{E} \qquad (15.2)$$

mit dem Elastizitätsmodul E und dem Tangentenmodul T. In den früheren Veröffentlichungen enthielten diese Annahmen an Stelle von T den reduzierten Modul E_R, so daß dann $t = 4T/(\sqrt{E} + \sqrt{T})^2$ galt. Da man mit ihm nur die theoretisch interessierende, obere Grenze für die Beulspannungen errechnet, wird hier der die Wirklichkeit besser wiedergebende Wert T genommen, der mit der SHANLEY-Hypothese in Einklang steht (vgl. auch § 14).

Wir stellen einige der vorgeschlagenen Annahmen in Tab. 1 zusammen:

Tabelle 1

nach	f_x	f_{xy}	f_y
TIMOSHENKO [81] 1913	t	$\sqrt{t}$	1
CHWALLA [40] 1934	t	t	t
KOLLBRUNNER [60] 1946 . . .	t	$t < t^* < 1$	1

Der von KOLLBRUNNER vorgeschlagene Näherungswert t^* wird aus Versuchen ermittelt. In allen drei Fällen ist in (15.1) die für den elastischen Plattenbereich gültige Plattensteifigkeit $D = N$ einzusetzen. Die kritische Beulspannung läßt sich nur iterativ gewinnen, was jedoch gegenüber dem elastischen Beulproblem keine grundsätzliche Erschwernis bedeutet. Dieses Verfahren ist für die konstruktive Praxis gut geeignet, wobei die von KOLLBRUNNER vorgeschlagenen Koeffizienten wegen ihrer guten Anpassung an zahlreiche Versuche vorzuziehen sind. Allerdings bleibt bei dieser Methode die Frage nach ihrem Zusammenhang mit der Plastizitätstheorie völlig offen.

b) Ermittlung der Koeffizienten nach der Plastizitätstheorie auf Grund *finiter Verzerrungs-Spannungsgesetze*. Hier sind die Arbeiten von ILYUSHIN [*56*], BIJLAARD [*38*] und STOWELL [*77*] zu nennen. Die letzten beiden Autoren verwendeten dabei schon die SHANLEY-Hypothese.

c) Ermittlung der Koeffizienten nach der Plastizitätstheorie auf Grund *differentieller Verzerrungs-Spannungsgesetze*. Bei der Plattenbeulung drehen sich im allgemeinen die Hauptspannungsachsen infolge der hinzutretenden Schubspannungen. In solchen Fällen darf man — wie in 9.4.1.3 allgemein begründet wurde — nur differentielle Verzerrungs-Spannungsgesetze verwenden. Die finiten Gesetze sind dann nicht mehr in sich widerspruchsfrei und führen zu anderen Ergebnissen als die differentiellen Gesetze. Obwohl bei Stabilitätsuntersuchungen, bei denen sowieso differentielle Änderungen der Konfiguration untersucht werden, im Gegensatz zu anderen Problemen die Handhabung der differentiellen Gesetze nicht schwieriger ist als die der finiten Gesetze, wurde das Plattenbeulproblem nach Kenntnis des Verfassers bisher nur von HANDELMAN und PRAGER [*49*], HOPKINS [*52*] und RECKLING [*73*] mit differentiellen Verzerrungs-Spannungsgesetzen behandelt.

Die bisher bekannt gewordenen Beulversuche, insbesondere die zahlreichen Versuche von KOLLBRUNNER [*60*], haben gezeigt, daß eigenartigerweise die Voraussagen der sich auf die differentiellen Verzerrungs-Spannungsgesetze gründenden Beultheorie am schlechtesten mit der Wirklichkeit übereinstimmen, während die mit den — eigentlich für das Beulproblem nicht zulässigen — finiten Gesetzen berechneten Beulspannungen recht gut durch Versuche bestätigt wurden. Diese überraschende Diskrepanz läßt sich weitgehend darauf zurückführen, daß man isotropes Werkstoffverhalten voraussetzte. In der Tat sind jedoch gewalzte Bleche von vornherein stark anisotrop, wie Versuche zeigten. Im folgenden soll das Problem nach RECKLING [*73*] unter Berücksichtigung der Walzanisotropie und unter Verwendung differentieller Verzerrungs-Spannungsgesetze theoretisch behandelt und mit Versuchsergebnissen verglichen werden.

15.2 Grundgleichungen der Beulung von Platten mit Walzanisotropie

Wir untersuchen den allgemeinen Fall, bei dem die Platte durch Randspannungen σ_x, σ_y, τ_{xy} in ihrer Ebene belastet ist. Wir setzen verfestigenden Werkstoff voraus, der sich in Richtung der Achsen des rechtwinkligen (x, y, z)-Systems (den Hauptachsen der Anisotropie) verschieden, jedoch zu ihnen symmetrisch verhält. Zur Beschreibung dieses anisotropen Verhaltens können wir die Belastungsfunktion $g(\sigma_{ij})$

nach (9.68) verwenden, für die wir hier mit etwas abgewandelten Anisotropieparametern

$$g(\sigma_{ij}) = \frac{1}{2A}\left(\alpha_x \sigma_x^2 - 2\alpha_{xy}\sigma_x\sigma_y + \alpha_y\sigma_y^2 + 2\beta\tau_{xy}^2\right) = \frac{1}{3}\sigma_V^2 \qquad (15.3)$$

schreiben.

Entsprechend (9.69) lauten die differentiellen Verzerrungs-Spannungsgesetze

$$\left.\begin{aligned}
d\varepsilon_x^p = (\alpha_x\sigma_x - \alpha_{xy}\sigma_y)\frac{d\lambda}{A}, \qquad d\varepsilon_y^p = (\alpha_y\sigma_y - \alpha_{xy}\sigma_x)\frac{d\lambda}{A}, \\
d\varepsilon_{xy}^p = \beta\tau_{xy}\frac{d\lambda}{A}
\end{aligned}\right\} \qquad (15.4)$$

mit $d\lambda$ nach (9.71), während für die Vergleichsdehnung entsprechend (9.72)

$$d\varepsilon_V^p = \frac{dA^p}{\sigma_V} = \frac{2}{3}\sigma_V\, d\lambda$$

$$= \sqrt{\frac{2A}{3}\left[\frac{\alpha_y\left(d\varepsilon_x^p\right)^2 + 2\alpha_{xy}\,d\varepsilon_x^p\,d\varepsilon_y^p + \alpha_x\left(d\varepsilon_y^p\right)^2}{\alpha_x\alpha_y - \alpha_{xy}^2} + \frac{2\left(d\varepsilon_{xy}^p\right)^2}{\beta}\right]^{1/2}} \qquad (15.5)$$

gilt.

Die vier Anisotropieparameter α_x, α_y, α_{xy}, β sowie $A = \alpha_x + \alpha_y - \alpha_{xy}$ werden im allgemeinen von σ_V abhängen. Wir nehmen aber einschränkend an, daß sie bei der Verfestigung, d. h. bei wachsendem σ_V entweder konstant bleiben oder proportional zueinander anwachsen, fordern also

$$\alpha_x = h(\sigma_V)\,\alpha_{x0}, \qquad \alpha_{xy} = h(\sigma_V)\,\alpha_{xy0} \quad \text{usw.}$$

mit durch den Index 0 gekennzeichneten konstanten Ausgangswerten; im letzten Fall könnte man an Stelle von (15.3) auch

$$\frac{1}{2A}\left(\alpha_{x0}\sigma_x^2 - 2\alpha_{xy0}\sigma_x\sigma_y + \alpha_{y0}\sigma_y^2 + 2\beta_0\tau_{xy}^2\right) = L(\sigma_V)$$

schreiben. Versuche des Verfassers, über die später berichtet werden soll, zeigten, daß diese Einschränkungen durchaus tragbar sind. Für isotropes Material wird $\alpha_x = \alpha_y = 2\alpha_{xy} = 2\beta/3 = 2A/3$.

Weiterhin werde vorausgesetzt, daß sich das Material *auch im elastischen Bereich orthogonal anisotrop* verhält, so daß der Beultheorie die elastischen Verzerrungs-Spannungsgesetze

$$\varepsilon_x^e = \frac{\sigma_x}{E_x} - \nu_x\frac{\sigma_y}{E_y}; \qquad \varepsilon_y^e = \frac{\sigma_y}{E_y} - \nu_y\frac{\sigma_x}{E_x}; \qquad \varepsilon_{xy}^e = \frac{\tau_{xy}}{2G} \qquad (15.6)$$

mit den zwischen den Materialkonstanten noch bestehenden Beziehungen

$$\bar{v} = \frac{v_x}{E_y} = \frac{v_y}{E_x}, \qquad G = \frac{E_x E_y}{E_x + (1 + 2v_y) E_y} \tag{15.7}$$

zugrunde gelegt werden.

Wir setzen bei der Herleitung der Differentialgleichungen des Beulproblems zunächst noch voraus, daß sich beim Ausbeulen Entlastungsbereiche ausbilden können, die durch die Fläche $z_0(x, y) > 0$ von den Belastungsbereichen getrennt sind, wobei z von der Plattenmittelebene aus gerechnet wird[1]. Weiter sollen die üblichen Annahmen der Theorie dünner Platten gelten. Es ergeben sich schließlich zwei nichtlineare Differentialgleichungen für die beiden Größen, welche den der Ausgangslage dicht benachbarten Gleichgewichtszustand beschreiben: Die — kleine — Ausbiegung $w(x, y)$ und die Änderung $\Phi(x, y)$ einer Spannungsfunktion, aus der die Änderungen der Normalspannungen durch Differentiation hervorgehen. Diese Gleichungen[2] lauten:

$$\frac{1}{E_y} \Phi_{,xxxx} + \left(\frac{1}{G} - 2\bar{v}\right) \Phi_{,xxyy} + \frac{1}{E_x} \Phi_{,yyyy}$$

$$= (\zeta_0 t_{xy} \psi)_{,xy} - (\zeta_0 s_y \psi)_{,xx} - (\zeta_0 s_x \psi)_{,yy}, \tag{15.8}$$

und

$$\left(\frac{1}{E_y} - a_1^2 \eta_0\right) w_{,xxxx} + 2\left[\bar{v} + 2G\left(\frac{1}{E_x E_y} - \bar{v}^2\right) - (a_1 a_2 + 2a_3^2)\, \eta_0\right] w_{,xxyy}$$

$$- 4\eta_0 a_3 (a_1 w_{,xxxy} + a_3 w_{,xyyy}) + \left(\frac{1}{E_x} - a^2 \eta_0\right) w_{,yyyy}$$

$$= \frac{12}{h^2}\left(\frac{1}{E_x E_y} - \bar{v}^2\right) (\sigma_x w_{,xx} + \sigma_y w_{,yy} + 2\tau_{xy} w_{,xy}). \tag{15.9}$$

Sie sind über die Funktion

$$\psi(x, y) = a_1 w_{,xx} + a_2 w_{,yy} + a_3 w_{,xy} \tag{15.10}$$

miteinander gekoppelt, die auf der rechten Seite von (15.8) steht.

Außerdem geht die Gleichung der zunächst noch unbekannten Trennfläche $z_0(x, y)$ über die Funktionen

$$\eta_0(x, y) = \frac{1}{4 D_{xy} G}\left(1 - \frac{z_0}{h}\right)\left(1 + \frac{2z_0}{h}\right)^2, \qquad \zeta_0(x, y) = \frac{h\left(\frac{2z_0}{h} + 1\right)^2}{16 D_{xy} G} \tag{15.11}$$

---

[1] Ebenso gut könnte auch $z_0(x, y) < 0$ vorausgesetzt werden. Dann müßten jedoch einige der nachstehenden Koeffizienten umgeschrieben werden.

[2] Auf ihre mit recht umfangreichen Rechnungen verbundene Herleitung soll hier verzichtet werden; man findet sie bei RECKLING [73].

in beide Gleichungen ein. Schließlich kommen noch folgende Ausdrücke vor:

$$\left.\begin{aligned}
s_x &= \frac{3(\alpha_x\sigma_x - \alpha_{xy}\sigma_y)}{2\sqrt{T_p(\sigma_V)}\,\sigma_V A}, \qquad
s_y = \frac{3(\alpha_y\sigma_y - \alpha_{xy}\sigma_x)}{2\sqrt{T_p(\sigma_V)}\,\sigma_V A}, \\[2mm]
t_{xy} &= \frac{3\beta\tau_{xy}}{2\sqrt{T_p(\sigma_V)}\,\sigma_V A}, \\[2mm]
a_1 &= \frac{s_x}{E_y} + s_y\bar{\nu}, \qquad
a_2 = \frac{s_y}{E_x} + s_x\bar{\nu}, \qquad
a_3 = 2t_{xy}G\left(\frac{1}{E_x E_y} - \bar{\nu}^2\right), \\[2mm]
D_{xy} &= \frac{1}{2G}\left(\frac{s_y^2}{E_x} + \frac{s_x^2}{E_y} + 2\bar{\nu}s_x s_y\right) + \left(\frac{1}{E_x E_y} - \bar{\nu}^2\right)\left(2t_{xy}^2 + \frac{1}{2G}\right),
\end{aligned}\right\} \tag{15.12}$$

In ihnen treten die Randspannungen $\sigma_x, \sigma_y, \tau_{xy}$ auf, die im allgemeinen von x und y abhängen; $T_p(\sigma_V)$ ist der plastische Tangentenmodul der einachsigen Vergleichsspannungskurve $\sigma_V(\varepsilon_V^p)$.

Zu den beiden Gln. (15.8) und (15.9) kommen noch die Bedingungen für die Auflagerung der Platte an ihren Rändern hinzu.

Es ist naheliegend, Spezialfälle dieser Gleichungen zu untersuchen: Für $z_0(x, y) = 0$ erhalten wir zwei voneinander unabhängige Gleichungen für das anisotrope elastische Materialverhalten: (15.8) ist die Scheibengleichung, (15.9) ist die Plattengleichung.

Für konstantes $z_0 = h/2$ und konstante Randspannungen vereinfachen sich die Gleichungen ebenfalls beträchtlich: Sie werden dann linear und auch voneinander unabhängig. Uns interessiert dann nur noch die Plattengleichung (15.9); für verschwindende Schubspannungen geht sie in die Form (15.1) über. Man erkennt, daß dann η_0 nach (15.11) seinen größten möglichen Wert $(2D_{xy}G)^{-1}$ und damit die linke Seite von (15.9) und schließlich auch die kritischen Spannungen ihren kleinsten möglichen Wert annehmen. Dieser Fall ist daher von besonderem praktischen Interesse. Er entspricht genau der SHANLEY-Hypothese; denn $z_0 = h/2$ heißt in der Tat, daß im ganzen Plattenbereich gerade keine Trennfläche und damit auch kein Entlastungsbereich vorkommt (vgl. auch die Überlegungen in § 14). Die Integration der Differentialgleichung ist dann prinzipiell nicht schwieriger als im isotropen Fall. Da die Randspannungen jedoch wegen (15.12) auch auf der linken Seite von (15.9) auftreten, kann man die Lösung nur auf iterativem Wege herstellen.

15.3 Integration der Beulgleichung für einen speziellen Fall

Für eine elastisch isotrope, plastisch orthotrope Platte von der Länge a, Breite b und Dicke h, die nur durch eine gleichmäßig über die Querränder verteilte Spannung σ_x belastet ist ($\sigma_y = \tau_{xy} = 0$), erhält man aus (15.9) nach einigen Zwischenrechnungen folgende Differentialgleichung — von der Form (15.1) —

$$\left[1 - \varkappa\left(\frac{1}{\alpha'} - \nu\right)^2\right] w_{,xxxx} + 2\left[1 - \varkappa\left(\frac{1}{\alpha'} - \nu\right)\left(\frac{\nu}{\alpha'} - 1\right)\right] w_{,xxyy}$$

$$+ \left[1 - \varkappa\left(\frac{\nu}{\alpha'} - 1\right)^2\right] w_{,yyyy} = -\frac{12(1 - \nu^2)}{E h^2}\, \sigma_x w_{,xx} \qquad\qquad \left.\begin{array}{c}\\[6em]\end{array}\right\} \quad (15.13)$$

mit

$$\varkappa = \frac{\dfrac{E}{T_x} - 1}{\left(1 + \dfrac{1}{\alpha'^2} - 2\dfrac{\nu}{\alpha'}\right)\left(\dfrac{E}{T_x} - 1\right) + \dfrac{1 - \nu^2}{\alpha'^2}}; \quad \alpha' = \frac{\alpha_{xy}}{\alpha_x}$$

und dem Tangentenmodul T_x in Walzrichtung (x-Richtung) [1].

Die Eigenwerte von (15.13) sind in üblicher Weise zu bestimmen. Für gelenkige Lagerung an den Rändern erhält man als *kritische Beulspannung*

$$\sigma_K = \frac{E h^2}{12(1 - \nu^2)}\left[f_x\left(\frac{m\pi}{a}\right)^2 + 2f_{xy}\left(\frac{\pi}{b}\right)^2 + f_y\left(\frac{a\pi}{m b^2}\right)^2\right], \quad (15.14)$$

wobei die Koeffizienten f_x, f_{xy} und f_y die in (15.13) in eckigen Klammern stehenden Größen sind.

Mit dem Seitenverhältnis $\mu = a/b$ folgt aus $\partial\sigma_K/\partial\mu = 0$ dasjenige Seitenverhältnis

$$\mu_0 = n\left[\frac{1 - \varkappa\left(\dfrac{1}{\alpha'} - \nu\right)^2}{1 - \varkappa\left(\dfrac{\nu}{\alpha'} - 1\right)^2}\right]^{1/4}, \qquad (15.15)$$

für welches die kritische Spannung bei bestimmter Beulenzahl n ihren *Kleinstwert*

$$\sigma_{K_{\min}} = \frac{E h^2 \pi^2}{6(1 - \nu^2)\, b^2}\left\{\left[1 - \varkappa\left(\frac{1}{\alpha'} - \nu\right)^2\right]^{1/2}\left[1 - \varkappa\left(\frac{\nu}{\alpha'} - 1\right)^2\right]^{1/2}\right.$$

$$\left. + 1 - \varkappa\left(\frac{1}{\alpha'} - \nu\right)\left(\frac{\nu}{\alpha'} - 1\right)\right\} \qquad (15.16)$$

annimmt.

Für Bleche aus der Leichtmetall-Legierung AlMg2 wurden die Werkstoffkennwerte experimentell bestimmt. Im elastischen Bereich waren die Bleche praktisch völlig isotrop ($E = 7{,}0 \cdot 10^3$ kpmm^{-2}; $\nu = 0{,}33$). Der auf E bezogene Tangentenmodul T_x/E in Walzrichtung ist in Abb. 15.1a in Abhängigkeit von σ_x aufgetragen. Der für die Ausrechnung der Beulspannung und Beulenzahlen benötigte Anisotropieparameter betrug $\alpha' = \alpha_{xy}/\alpha_x = 0{,}250$.

Mit diesen Werten wurde die kritische Beulspannung nach (15.16) berechnet und in Abb. 15.1b in Abhängigkeit vom Verhältnis b/h als

---

[1] T_x ist — zum Unterschied von T_p — der Tangentenmodul der *gesamten* $\sigma_x(\varepsilon_x)$-Kurve, wie z. B. in Abb. 14.1.e.

Kurve A (= anisotrop) aufgetragen. Die zugehörigen Beulenzahlen sind an der Kurve vermerkt. Oberhalb von etwa $\sigma = 10\ \mathrm{kpmm}^{-2}$ ist in diesem Fall praktisch die Gültigkeitsgrenze der Rechnung erreicht, da T_x/E dann so kleine Werte annimmt (vgl. auch Abb. 15.1a), daß das Material schon nahezu ohne Spannungserhöhung fließt.

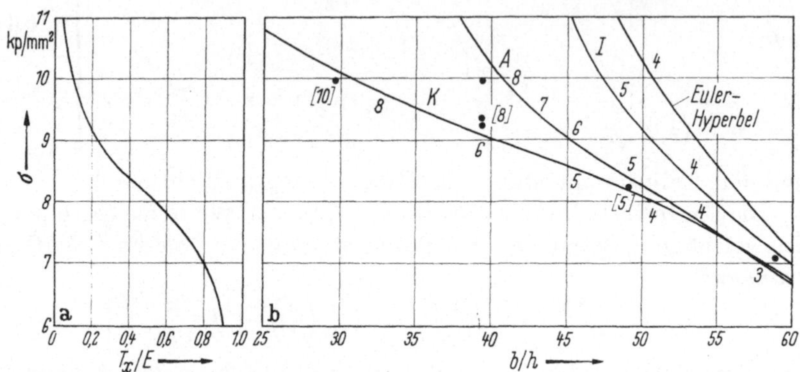

Abb. 15.1 a u. b. Zur Beulung von Rechteckplatten aus anisotropem Werkstoff: a Tangentenmodul T_x, b Beulspannungen: A nach Plastizitätstheorie gerechnet; I für isotropen Werkstoff; K Näherung nach KOLLBRUNNER. Zahlen an Kurven = Halbwellen. ($\bullet$) = nach Beulversuchen des Verfassers.

Zum Vergleich sind auch die Kurve I (= isotrop) für vollständige Isotropie nach (15.16) mit

$$\varkappa = \frac{\varepsilon - 1}{5\varepsilon - 1 - 4\nu\,(\varepsilon + \nu - 1)}, \qquad \varepsilon = \frac{E}{T_x}$$

sowie die auf empirischen Daten beruhende Kurve K nach KOLLBRUNNER eingetragen (vgl. Tab. 1). Während die Kurve I in der Tat viel zu hohe Werte liefert, stimmen die Kurven A und K für einen großen Bereich der in Frage kommenden Werte b/h fast genau überein. Hinsichtlich der Beulenzahl stimmt Kurve A mit dem Versuch besser überein als Kurve K.

Die errechneten Beulspannungen und Beulenzahlen nach Kurve A werden durch Versuche des Verfassers bestätigt, wie die in Abb. 15.1b eingetragenen Versuchspunkte ($\bullet$) mit den in eckige Klammern gesetzten Beulenzahlen erkennen lassen. Die Kurve A gibt daher wohl den physikalischen Sachverhalt am besten wieder, wenn auch dem Praktiker sicherlich zu empfehlen ist, nach Kurve K zu rechnen, da ihm ja im allgemeinen keine Angaben über die Anisotropieeigenschaften von Blechen zur Verfügung stehen werden.

Gleichzeitig rechtfertigt dieses Ergebnis implizit die differentiellen Verzerrungs-Spannungsgesetze, gegen die gerade wegen ihrer schlechten Übereinstimmung mit der Wirklichkeit im Falle des Plattenbeulproblems vielfach Einwände erhoben worden sind.

Anhang

A 1. Integration der St. Venant-Levy-Gesetze
für konstantes Hauptspannungsverhältnis

Diese Integration ist in gleicher Weise für die plastischen Anteile $d\varepsilon_I^p, \ldots$ der PRANDTL-REUSZ-Gesetze (1.4) durchführbar. Wir setzen voraus, daß sich die Hauptspannungen durch

$$\sigma_I = p(\sigma_V)\sigma_{10}, \quad \sigma_{II} = p(\sigma_V)\sigma_{20}, \quad \sigma_{III} = p(\sigma_V)\sigma_{30}$$

ausdrücken lassen, wo $\sigma_{10}, \ldots$ konstante Ausgangsspannungen sind und $p(\sigma_V)$ für verfestigendes Material einen monoton wachsenden, dimensionslosen Belastungsparameter darstellt, der von σ_V und damit auch eindeutig von der Vergleichsdehnung ε_V abhängt. Das Verhältnis der Hauptspannungen bleibt also unverändert. Dann und nur dann läßt sich mit dem für den einachsigen Vergleichszustand aus (1.2) folgenden Faktor $d\lambda = \dfrac{3}{2}\dfrac{d\varepsilon_V}{\sigma_V}$ für das ST. VENANT-LÉVY-Gesetz (1.2) in der 1-Richtung

$$d\varepsilon_I = \frac{2}{3}\left[\sigma_{10} - \frac{1}{2}(\sigma_{20} + \sigma_{30})\right] p(\sigma_V)\frac{3}{2}\frac{d\varepsilon_V}{\sigma_V} = \left[\sigma_{10} - \frac{1}{2}(\sigma_{20} + \sigma_{30})\right] q(\varepsilon_V)\, d\varepsilon_V$$

schreiben, woraus nach Integration über die der Belastung zugeordnete Vergleichsdehnung

$$\varepsilon_I = \left[\sigma_{10} - \frac{1}{2}(\sigma_{20} + \sigma_{30})\right] \int\limits_{\varepsilon_{V_0}}^{\varepsilon_V} q(\varepsilon_V)\, d\varepsilon_V$$

$$= \frac{\sigma_I - \dfrac{1}{2}(\sigma_{II} + \sigma_{III})}{p(\sigma_V)} \int\limits_{\varepsilon_{V_0}}^{\varepsilon_V} q(\varepsilon_V)\, d\varepsilon_V = \frac{1}{\Phi(\varepsilon_V)}\left[\sigma_I - \frac{1}{2}(\sigma_{II} + \sigma_{III})\right]$$

und entsprechende Gleichungen für die beiden anderen Koordinaten, also endliche Beziehungen zwischen Dehnungen und Spannungen folgen. Das sind für $\varepsilon_V = 0$ die plastischen Anteile der HENCKY-Gesetze (1.6). Wachsen die Hauptspannungen in verschiedenem Verhältnis, dann läßt sich in den Gleichungen für $d\varepsilon_I$ usw. $p(\sigma_V)$ nicht als gemeinsamer Faktor ausklammern, so daß die Integration über ε_V nicht mehr in dieser Form möglich ist. Für ideal-plastisches Material ist der Lastparameter $p(\sigma_V) = C \leq 1$ ein konstanter Faktor, der z. B. nach dem MISES-Gesetz (1.3) durch

$$C = \sqrt{2}\,\sigma_F[(\sigma_{10} - \sigma_{20})^2 + (\sigma_{20} - \sigma_{30})^2 + (\sigma_{30} - \sigma_{10})^2]^{-1/2},$$

d. h. durch den konstanten Ausgangsspannungszustand $\sigma_{10}, \ldots$ gegeben ist. Für $C < 1$ ist der Werkstoff starr (oder nach dem PRANDTL-REUSZ-Gesetz elastisch).

22*

Für $C = 1$ setzt bei gleichbleibendem Spannungszustand ungehindertes Fließen ein. Das Ergebnis der Integration von (1.2) ist dann einfach

$$\varepsilon_{\mathrm{I}} = \frac{1}{\sigma_F} \left[\sigma_{10} - \frac{1}{2} (\sigma_{20} + \sigma_{30}) \right] \varepsilon_V .$$

Während $\Phi(\varepsilon_V)$ und damit ε_{I} für verfestigenden Werkstoff eindeutig durch den Spannungszustand σ_V — bzw. den Punkt P in Abb. 1.4 — bestimmt ist, bleibt ε_V und damit ε_{I} bei idealplastischem Werkstoff unbestimmt.

A 2. Der einachsige Vergleichszustand nach Prandtl-Reusz und Hencky

Da σ_V die einzige Hauptspannung ist, müssen die plastischen Anteile nach dem PRANDTL-REUSZ-Gesetz (1.5)

$$d\varepsilon_V^p = \frac{2}{3} \sigma_V \, d\lambda \tag{1}$$

und nach dem HENCKY-Gesetz (1.7)

$$\varepsilon_V^p = \frac{\sigma_V}{\Phi(\sigma_V)} \tag{2}$$

übereinstimmen, wie in A 1 allgemein bewiesen wurde. Diese Übereinstimmung ist nicht unmittelbar aus den beiden Gesetzen (1) und (2) erkennbar, wenn man das Differential von (2)

$$d\varepsilon_V^p = \frac{1}{\Phi} \, d\sigma_V + d\left(\frac{1}{\Phi}\right) \sigma_V = \frac{d\sigma_V}{\tan \varphi} - \frac{\sigma_V \, d\varphi}{\sin^2\varphi} \tag{3}$$

mit $\Phi = \tan \varphi$ nach Gl. (1.7) bildet. Führt man jedoch den „plastischen Tangentenmodul" $T_p = \tan \beta_p$ ein, dann kann man sie geometrisch an ·Hand von

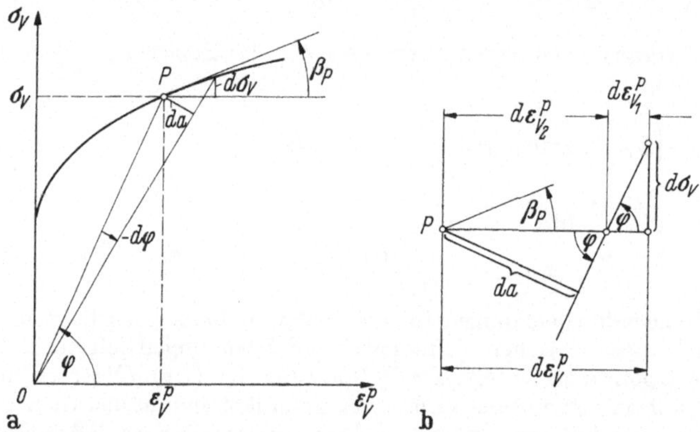

Abb. A.2.1a u. b. a Einachsiger plastischer Vergleichszustand, b Umgebung des Punktes P von Abb. a.

Abb. A 2.1a veranschaulichen, wo σ_V über dem plastischen Dehnungsanteil ε_V^p aufgetragen ist. Die Umgebung eines Spannungspunktes P ist in Abb. A 2.1b größer herausgezeichnet. Für diese Umgebung gilt

$$\cot \beta_p = \frac{d\varepsilon_V^p}{d\sigma_V} = \frac{d\varepsilon_{V_1}^p + d\varepsilon_{V_2}^p}{d\sigma_V} = \cot \varphi + \frac{da}{\sin \varphi \, d\sigma_V} . \tag{4}$$

Daraus folgt einmal das PRANDTL-REUSZ-Gesetz (1) mit

$$d\sigma_V \cot\beta_p = \frac{2}{3}\,\sigma_V\,d\lambda \quad \text{bzw.} \quad d\lambda = \frac{3}{2}\,\frac{d\sigma_V}{\sigma_V\,T_p(\sigma_V)}$$

und andererseits mit

$$da = -\,\frac{\sigma_V\,d\varphi}{\sin\varphi}$$

nach Abb. A 2.1 das HENCKY-Gesetz (3). Damit ist die Übereinstimmung beider Gesetze für den einachsigen Fall gezeigt. Aus (4), d. h. aus

$$\frac{1}{T_p} = \frac{1}{\varPhi} - \frac{\sigma_V\,d\varphi}{\sin^2\varphi\,d\sigma_V} = \frac{1}{\varPhi} + \frac{\sigma_V}{d\sigma_V}\,d\left(\frac{1}{\varPhi}\right) = \frac{1}{\varPhi} + \frac{3}{2\,T_p\,d\lambda}\,d\left(\frac{1}{\varPhi}\right)$$

ergibt sich weiter als Zusammenhang zwischen $d\lambda$ und $\varPhi$

$$d\lambda = \frac{3}{2\,(1 - T_p/\varPhi)}\,d\left(\frac{1}{\varPhi}\right). \tag{5}$$

A 3. Zur Definition der natürlichen oder logarithmischen Dehnung

Beim Zugversuch mit großen Verlängerungen kommt man mit der Definition $\varepsilon_x = du/dx$ für die Dehnung nicht mehr aus. In der *Theorie großer Verzerrungen* verwendet man meist die LAGRANGEsche Darstellung, bei der man die Koordinaten eines Punktes des Körpers in einem bestimmten Verformungszustand als abhängig von seinen Koordinaten im undeformierten Zustand angibt. In der Theorie kleiner Verzerrungen braucht man diese Unterscheidung nicht zu machen.

Für den eindimensionalen Fall des Zugversuches nach Abb. A 3.1, wo $P_0(a)$ einen Punkt vor und $P(x)$ denselben Punkt nach der Verlängerung des Stabes bezeichnet, ist also nach LAGRANGE

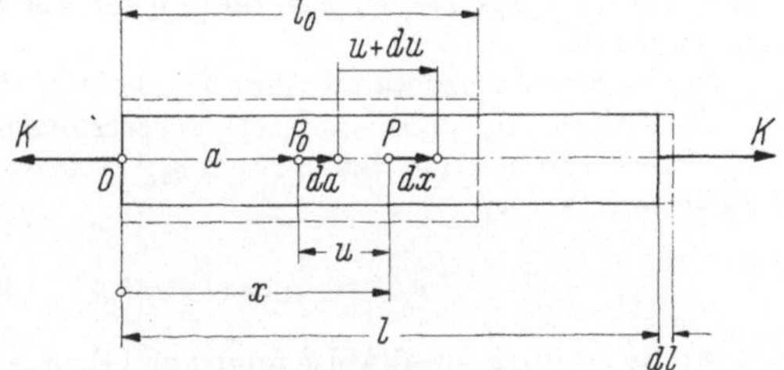

Abb. A.3.1. Große Verformung eines Zugstabes.

$$x = x(a) = a + u \tag{1}$$

zu schreiben, wobei u die Verschiebung von P_0 nach P bedeutet. Ein bei P_0 in Längsrichtung liegendes materielles Teilchen hat anfangs die Länge da und wird bei der Verschiebung nach P auf dx verlängert. Als maßgebende Größe für die Verzerrung wird die Änderung der Quadrate der Teilchenlängen, also mit (1) die Größe

$$dx^2 - da^2 = (da + du)^2 - da^2 = 2\,du\,da + (du)^2$$

eingeführt. Entsprechend würde man die Verzerrungen in den anderen Koordinatenrichtungen definieren. Durch sie lassen sich räumliche Verzerrungen am besten beschreiben. Man nennt daher

$$\eta_x = \frac{1}{2}\,\frac{dx^2 - da^2}{da^2} = \frac{du}{da} + \frac{1}{2}\left(\frac{du}{da}\right)^2 \tag{2}$$

quadratische Verzerrung in x-Richtung. Für Verzerrungen ohne Winkelverformungen — wie beim Zugversuch — könnten wir auch Dehnungen durch

$$\lambda_x = \frac{dx - da}{da} = \frac{du}{da} \tag{3}$$

usw. definieren. Aus (2) und (3) ergibt sich als Zusammenhang zwischen beiden Verzerrungsgrößen

$$\lambda_x = \sqrt{1 + 2\eta_x} - 1. \tag{4}$$

Für kleine Verschiebungen u mit kleinen Ableitungen brauchen wir a und x nicht mehr zu unterscheiden und haben nach (3) und mit der binomischen Entwicklung von (4) $\lambda_x \approx \eta_x \approx du/dx = \varepsilon_x$, d. h. Übereinstimmung der beiden Verzerrungsgrößen miteinander und mit der Dehnung ε_x.

Hier sei der Vollständigkeit halber vermerkt, daß man nach der EULERschen Darstellung die Koordinaten des Punktes $P(x)$ in der verformten Konfiguration als unabhängige Koordinaten wählt. Entsprechend erhält man mit aus der zu (1) reziproken Darstellung

$$a = a(x) = x - u$$

als quadratische Verzerrung

$$\zeta_x = \frac{1}{2} \frac{dx^2 - da^2}{dx^2} = \frac{du}{dx} - \frac{1}{2} \left(\frac{du}{dx}\right)^2. \tag{5}$$

Für kleine Verzerrungen ist wiederum $\zeta_x \approx \varepsilon_x$.

Die vorstehenden Überlegungen lassen sich ohne grundsätzliche Schwierigkeiten auf den allgemeinen Fall räumlicher Verzerrungen mit Winkelverformungen erweitern.

Für Verzerrungszustände ohne Winkelverformungen — und nur für diese — ist die Einführung eines anderen Verzerrungsmaßes sinnvoll, das man durch Logarithmieren der Größen $(1 + 2\eta_x)^{1/2}$ usw. erhält und *logarithmische oder natürliche Dehnung*

$$\varepsilon_{nx} = \frac{1}{2} \ln (1 + 2\eta_x) = \ln (1 + \lambda_x) \tag{6}$$

nennt; die zweite Schreibweise folgt aus (4). Für kleine $\lambda_x \ll 1$ ist $\varepsilon_{nx} \approx \lambda_x \approx \varepsilon_x$. Entsprechende Ausdrücke folgen für die y- und z-Richtung. Die Definition ist aus zwei Gründen vorteilhaft:

Erstens ist die Summe der logarithmischen Dehnungen von aufeinanderfolgenden Verformungsschritten gleich der gesamten logarithmischen Dehnung. Auf den Zugstab angewendet: Sofern dieser sich nicht einschnürt, sind Querschnittsfläche und damit Spannungen und Dehnungen längs des Stabes homogen verteilt. Nach (3) ist dann

$$\lambda_x = \frac{du}{da} = \frac{dl}{l}$$

mit der endlichen Verschiebung δl des Stabendes in dem durch die augenblickliche Stablänge l gekennzeichneten Versuchsstadium. Für differentiell kleine Verschiebungsschritte dl erhalten wir entsprechend (6) als Dehnungsdifferential $d\varepsilon_n = dl/l$ und weiter durch Integration über die Gesamtverschiebung $\Delta l = l_1 - l_0$ des Stabendes als gesamte logarithmische Dehnung

$$\varepsilon_n = \int_{l_0}^{l_1} \frac{dl}{l} = \ln \frac{l_1}{l_0} = \ln (1 + \varepsilon).$$

Diese Formel gibt wieder den Zusammenhang (3.7) mit der konventionellen Dehnung $\varepsilon = \Delta l/l_0$.

Zweitens läßt sich die *Volumendilatation* mit Hilfe der logarithmischen Dehnung auch für große Verformungen einfach ausdrücken: Die Kantenlänge da eines Volumenteilchens $dV = da\,db\,dc$ in a-Richtung wird auf $dx = da + du = da\,(1 + \lambda_x)$ geändert. Die Volumendilatation ist also wegen (6)

$$e = (1 + \lambda_x)\,(1 + \lambda_y)\,(1 + \lambda_z) - 1$$

bzw.

$$\ln\,(1 + e) = \ln\,(1 + \lambda_x) + \ln\,(1 + \lambda_y) + \ln\,(1 + \lambda_z) = \varepsilon_{nx} + \varepsilon_{ny} + \varepsilon_{nz}.$$

Das Gesetz der plastischen Volumenkonstanz läßt sich dann für beliebig große Verformungen einfach durch

$$\varepsilon^{p}_{nx} + \varepsilon^{p}_{ny} + \varepsilon^{p}_{nz} = 0$$

ausdrücken.

A 4. Beweis der Traglastsätze (vgl. 4.5)

1. Wäre Satz 1 falsch, dann müßte der Zusammenbruch unter den äußeren Lasten $S_i = \lambda T_i$ mit $\lambda > 1$ erfolgen. Für den tatsächlich eintretenden Bruchmechanismus gilt nach dem Prinzip der virtuellen Verschiebungen (4.22) mit den tatsächlich wirkenden äußeren Kräften T_i und Schnittlasten Q_{jF} an der Fließgrenze

$$S\,T_i\,\delta u_i - S\,Q_{jF}\,\delta q_j = 0 \tag{1}$$

als Gleichgewichtsbedingung.

Andererseits müßte auch die Gruppe der S_i mit der ihr zugeordneten Gruppe der statisch sicheren Schnittlasten $Q_j^{(s)}$ beim Eintreten des Bruches im Gleichgewicht sein. Wenn wir diese Gleichgewichtsbedingung auch mit dem Prinzip der virtuellen Verschiebungen ausdrücken wollen, dürfen wir dieselben mit den geometrischen Bedingungen im Einklang stehenden virtuellen Verschiebungen wie vorhin wählen, so daß sich nach Division durch λ und Beachtung von $S_i = \lambda T_i$

$$S\,T_i\,\delta u_i - S\,\frac{Q_j^{(s)}}{\lambda}\,\delta q_j = 0$$

ergibt, woraus nach Vergleich mit (1) — da alle δq_j willkürlich wählbar sind — die Bedingungsgleichungen

$$Q_{jF} - \frac{Q_j^{(s)}}{\lambda} = 0 \tag{2}$$

folgen. Wegen $\lambda > 1$, und da nach Voraussetzung $Q_j^{(s)} < Q_{jF}$ als sichere Schnittlast kleiner als die Schnittlast an der Fließgrenze sein muß, sind diese Gleichungen nicht erfüllbar. Damit alle $Q_j^{(s)} = \lambda Q_{jF}$ werden können, muß vielmehr $\lambda < 1$ sein. Das bedeutet aber, daß die äußeren Lasten $S_i < T_i$ kleiner als die Traglasten sein müssen. Q. e. d.

2. Wäre Satz 2 falsch, dann müßte eine Gruppe von äußeren Lasten $V_i = \mu T_i$ mit $\mu < 1$ einen Bruchmechanismus erzeugen können, der statisch unzulässig ist, bei dem also an einigen Stellen des Tragwerkes Schnittlasten $Q_j^{(u)} > Q_{jF}$ auftreten. Für den Zusammenbruch würde das Prinzip der virtuellen Verschiebungen in diesem Falle

$$S\,V_i\,\delta u_i - S\,Q_j^{(u)}\,\delta q_j = 0$$

liefern, wobei wir wieder dieselben Verschiebungen wie beim wirklich eintretenden Bruch wählen dürfen. Nach Division durch μ und Beachtung von $V_i = \mu T_i$ folgt hieraus

$$S\, T_i\, \delta u_i - S\, \frac{Q_j^{(u)}}{\mu}\, \delta q_j = 0.$$

Nach Vergleich mit (1) erhalten wir hieraus wegen der Willkürlichkeit der δq_j die Gleichungen

$$Q_{jF} - \frac{Q_j^{(u)}}{\mu} = 0. \tag{3}$$

Sie stehen im Widerspruch zu den Voraussetzungen $\mu < 1$ und $Q_j^{(u)} > Q_{jF}$. In Wirklichkeit muß also $\mu > 1$ sein, so daß die äußeren Lasten $V_i > T_i$ größer als die Traglasten sein müssen. Q. e. d.

A 5. Beweis des Einspielsatzes von Melan (vgl. 4.7)

Die in einem durch äußere, innerhalb vorgeschriebener Grenzen liegende, sonst aber beliebige Kräfte K_i belasteten System aus idealplastischem Werkstoff *wirklich auftretenden Schnittlasten* seien mit Q_j, die zugehörigen Deformationen mit ihren elastischen und plastischen Anteilen mit $q_j = Q_j/c_j + q_j^p$ bezeichnet. Ferner seien Q_j^e mit zugehörigen Verformungen $q_j^e = Q_j^e/c_j$ die durch dieselben Kräfte K_i hervorgerufenen *fiktiven Schnittlasten*, die im System auftreten würden, falls dieses sich in allen seinen Teilen elastisch verhielte; für diesen fiktiven Zustand müßten die Fließgrenzen allerdings dem Betrage nach entsprechend höher liegen als in Wirklichkeit. Es gilt also

$$\frac{1}{c_j}\,(Q_j - Q_j^e) = q_j - q_j^e - q_j^p. \tag{a}$$

Nach Entlastung vom Zustand K_i aus bleibt als wirklicher jeweiliger Restzustand

$$R_j^* = Q_j - Q_j^e \tag{b}$$

der im allgemeinen nicht mit dem fiktiven konstanten Restzustand R_j übereinstimmt, da letzterer nach dem MELANschen Kriterium (4.30) noch für alle Systemteile die zusätzliche Bedingung

$$Q_{jF}'' < R_j + Q_j^e < Q_{jF}' \tag{c}$$

mit $Q_{jF}' > 0$ bzw. $Q_{jF}'' < 0$ als oberer bzw. unterer Fließgrenze erfüllen muß.

Wir bilden nun die elastische Energie der Differenz $R_j^* - R_j$ der Restspannungszustände für das gesamte System

$$U = \frac{1}{2}\, S\, \frac{1}{c_j}\, (R_j^* - R_j)^2 \tag{d}$$

und davon die Variation, wobei wir beachten, daß der fiktive Restspannungszustand R_j nach dem MELANschen Kriterium konstant sein soll, so daß mit $\delta R_j = 0$ und (b) zunächst

$$\delta U = S\, \frac{1}{c_j}\, (R_j^* - R_j)\, \delta R_j^* = S\, \frac{1}{c_j}\, (R_j^* - R_j)\, (\delta Q_j - \delta Q_j^e)$$

und hieraus schließlich mit (a)

$$\delta U = S\, (R_j^* - R_j)\, (\delta q_j - \delta q_j^e - \delta q_j^p) \tag{e}$$

folgt. Dies läßt sich noch mit dem Prinzip der virtuellen Verschiebungen vereinfachen: Da die δq_j und δq_j^e je für sich allein und damit auch ihre Differenzen $\delta q_j - \delta q_j^e$ mit den geometrischen Bedingungen verträglich sind, können die Differenzen als virtuelle Verschiebungen gedeutet werden, und da $R_j^* - R_j$ eine mit der äußeren Kraftgruppe Null im Gleichgewicht stehende Rest-Schnittlastengruppe ist, verschwindet der erste Anteil, so daß nur

$$\delta U = -\,S\,(R_j^* - R_j)\,\delta q_j^p \tag{f}$$

bleibt. Hierin setzen wir R_j^* aus der Definition (b) und $R_j = Q_j^{(s)} - Q_j^e$ aus dem MELANschen Kriterium (4.30) ein und erhalten

$$\delta U = -\,S\,(Q_j - Q_j^{(s)})\,\delta q_j^p\,. \tag{g}$$

Der Integrand von (g) ist nicht negativ, da bei Eintreten des plastischen Fließens von idealplastischem Werkstoff wegen (c)

$$Q_j = Q_{jF}' > Q_j^{(s)} \qquad \text{für} \qquad \delta q_j^p > 0$$

und

$$Q_j = Q_{jF}'' < Q_j^{(s)} \qquad \text{für} \qquad \delta q_j^p < 0$$

gilt. (Falls kein Fließen eintritt, verschwindet das Integral wegen $\delta q_j^p = 0$).

Wir können andererseits unmittelbar aus der Definition (4.28) für stabiles Werkstoffverhalten bei beginnender plastischer Verformung schließen, daß der Integrand von (g) nichtnegativ und damit δU negativ wird, wenn wir $Q_j^{(s)}$ an Stelle von Q_{jo} in (4.28) einsetzen. Damit ist gezeigt, daß für stabilen Werkstoff $\delta U < 0$ ist, falls plastisches Fließen eintritt. Da andererseits U selbst wegen (d) begrenzt und positiv ist, kann es nur abnehmen, so daß das plastische Fließen einmal beendet sein muß, sofern das MELANsche Kriterium (4.30) erfüllt ist. Plastische Dissipationsenergie und plastisches Fließen sind also begrenzt, was wir als Bedingung für das Einspielen angegeben hatten. Anders ausgedrückt: Falls es einen durch (4.30) bzw. (c) definierten Einspielzustand R_j gibt, wird sich das Tragwerk auch tatsächlich auf diesen Zustand einspielen. Q. e. d.

A 6. Das Wichtigste über kartesische Tensoren

Der folgende kurze Abriß der Tensoralgebra soll den nicht mit der Tensorrechnung vertrauten Leser in den Stand setzen, den Abhandlungen des Kap. III zu folgen, ohne daß er auf die Spezialliteratur zurückgreifen muß. Zur Vertiefung wird der Leser auf die Werke von A. DUSCHEK und A. HOCHRAINER [25] (über Tensorrechnung) sowie von W. PRAGER [33] und R. LONG [29] (über Kontinuumsmechanik) verwiesen.

Wir führen zunächst zur Vereinfachung der Schreibweise ein:

a) Den sog. *Einheitstensor zweiter Stufe* (auch KRONECKER-Delta genannt)

$$\delta_{ij} = \begin{pmatrix} 1 & 0 & 0 \\ 0 & 1 & 0 \\ 0 & 0 & 1 \end{pmatrix} \qquad \text{oder} \qquad \delta_{ij} = \begin{cases} 1 & \text{für } i = j \\ 0 & \text{für } i \neq j \,. \end{cases} \tag{1}$$

b) Die sog. EINSTEINsche *Summationsvereinbarung*, nach der die Summenzeichen zur Vereinfachung der Schreibweise unter Beachtung folgender Vorschrift fortgelassen werden:

Ein wiederholter Buchstaben-Index soll (ohne Summenzeichen) anzeigen, daß die Summe aus den Gliedern zu bilden ist, die man erhält, wenn man dem Index die Werte 1, 2, 3 zuteilt.

Zwei wiederholte Indizes sollen anzeigen, daß man die Summe für alle Werte 1, 2, 3 beider Indizes zu bilden hat usw. Nicht wiederholte Indizes nennt man auch „stumm", da sie keine Summierungsvorschrift enthalten. Ihnen sind nacheinander die Werte 1, 2, 3 zu erteilen.

c) Das *Komma zur Abkürzung von Differentiationsoperationen*. Zur besseren Übersicht nennen wir die Koordinatenrichtungen jetzt x_1, x_2, x_3. Dann drücken wir eine durch den Operator $\partial/\partial x_i$ vorgeschriebene Differentiation nach x_i einfach dadurch aus, daß wir hinter die zu differenzierende Größe ein durch ein Komma abgetrenntes i setzen und auf diesen Buchstaben ebenfalls die Summationsvereinbarung anwenden. Also ist z. B.

$$\frac{\partial X_j}{\partial x_i} = X_{j,i} \quad \text{und} \quad \frac{\partial X_{11}}{\partial x_1} + \frac{\partial X_{12}}{\partial x_2} + \frac{\partial X_{13}}{\partial x_3} = X_{1i,i}.$$

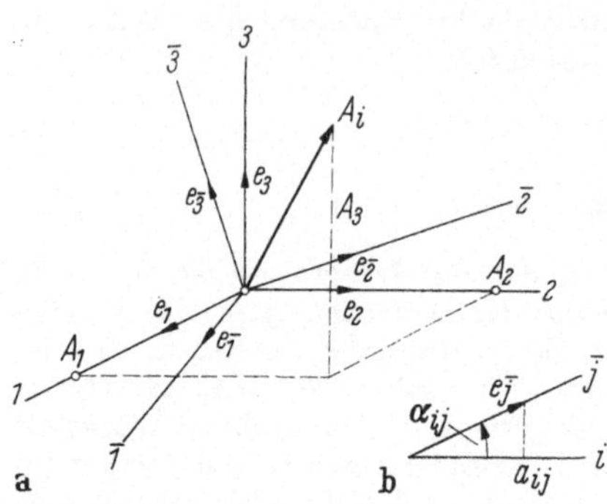

Abb. A.6.1a u. b: a Vektor $A_i = (A_1; A_2; A_3)$ im 1, 2, 3- und $\bar{1}$, $\bar{2}$, $\bar{3}$-System, b Zur Definition des Richtungskosinus $\cos \alpha_{ij} = a_{ij}$.

In 9.1 wurde schon erwähnt, welche grundlegende Bedeutung die Transformationen auf andere Koordinatensysteme für die Tensorrechnung haben. Wir beginnen deshalb damit, den *Vektor*[1] (oder „Tensor erster Stufe") der Abb. A 6.1

$$A_i = (A_1; A_2; A_3) \qquad (2)$$

vom rechtwinkligen (1, 2, 3)-System auf ein anderes rechtwinkliges ($\bar{1}$, $\bar{2}$, $\bar{3}$)-System zu transformieren, dessen Lage gegenüber dem ersten System durch die *Matrix der Richtungskosinus*

$$\cos \alpha_{ij} \equiv a_{ij} = \begin{pmatrix} a_{11} & a_{12} & a_{13} \\ a_{21} & a_{22} & a_{23} \\ a_{31} & a_{32} & a_{33} \end{pmatrix} \qquad (3)$$

festgelegt ist (mit den Winkeln α_{ij} zwischen den alten i- und den neuen $\bar{j}$-Richtungen).

Abgekürzt läßt sich für den Vektor (2) auch

$$A_i = (A_1; A_2; A_3) = \delta_{ij} A_j \qquad (4)$$

schreiben; denn ausgeschrieben lautet (4) nach der Summationskonvention

$$A_i = \delta_{i1} A_1 + \delta_{i2} A_2 + \delta_{i3} A_3.$$

Erteilt man den stummen Index i nacheinander die Werte 1, 2, 3, so erhält man unter Beachtung von (1) drei Identitäten für die Komponenten A_i.

Die *Orthogonalitätsbedingung für die Einheitsvektoren* $e_{\bar{j}}$ im neuen Koordinatensystem — deren Koordinaten im alten System die Richtungskosinus a_{ij} sind (vgl. Abb. A 6.1b) — lautet unter Beachtung von (1)

$$a_{ik} a_{il} = \delta_{kl}. \qquad (5)$$

Wir prüfen das nach, indem wir (5) ausschreiben und dabei die Summationsregeln sowie (3) beachten. So erhalten wir z. B. für $k = l = 1$

$$a_{11}^2 + a_{21}^2 + a_{31}^2 = \cos^2 \alpha_{11} + \cos^2 \alpha_{21} + \cos^2 \alpha_{31} = 1$$

sowie zwei weitere Gleichungen für $k = l = 2, 3$, welche die Vektoren $e_{\bar{j}}$ als Einheitsvektoren ausweisen. Weiter erhalten wir beispielsweise für $k = 1, l = 2$

$$\cos \alpha_{11} \cos \alpha_{12} + \cos \alpha_{21} \cos \alpha_{22} + \cos \alpha_{31} \cos \alpha_{32} = 0.$$

---

[1] Wir müßten eigentlich präziser von einem Vektor $\mathfrak{A}$ sprechen, der in einem (1, 2, 3)-Koordinatensystem durch die drei Zahlen A_i — seine drei Koordinaten — repräsentiert wird.

sowie zwei weitere Gleichungen durch zyklische Vertauschung, welche die Orthogonalität des neuen Koordinatensystems charakterisieren.

Für die *Transformation der Koordinaten A_i eines Vektors* gilt nun

$$A_i = a_{ij}\bar{A}_j, \tag{6}$$

wobei die Vektorkoordinaten im neuen System durch Querstriche gekennzeichnet sind. Die Richtigkeit der mit Hilfe der sog. *Transformationsmatrix a_{ij}* (d. h. der Matrix (2) der Richtungskosinus) nach Formel (6) hergestellten Transformation folgt einfach wieder durch Ausschreiben: z. B. gilt für $i = 1$

$$A_1 = a_{11}\bar{A}_1 + a_{12}\bar{A}_2 + a_{13}\bar{A}_3 = \cos\alpha_{11}\bar{A}_1 + \cos\alpha_{12}\bar{A}_2 + \cos\alpha_{13}\bar{A}_3.$$

Die Koordinate A_1 des Vektors A_i in 1-Richtung setzt sich in der Tat aus den Projektionen seiner Koordinaten im $\bar{1}, \bar{2}, \bar{3}$-System auf die 1-Richtung zusammen. Entsprechendes gilt für die Koordinaten A_2 und A_3. Der Vektor selbst ist also koordinateninvariant.

Durch Multiplizieren von (6) mit a_{ik} folgt weiter — wenn wir noch nacheinander (5) und (4) verwenden —

$$a_{ik}A_i = a_{ik}a_{ij}\bar{A}_j = \delta_{kj}\bar{A}_j = \bar{A}_k.$$

Das ist aber (da es auf die jeweils verwendeten Buchstaben nicht ankommt) *das zu (6) inverse Transformationsgesetz*

$$\bar{A}_i = a_{ji}A_j. \tag{7}$$

Das Vorstehende gibt uns die Möglichkeit, den Vektor als eine Größe zu definieren, die durch drei Koordinaten in einem kartesischen rechtwinkligen Koordinatensystem derart bestimmt ist, daß diese sich beim Übergang zu einem anderen entsprechenden Koordinatensystem gemäß den linearen homogenen Transformationsgesetzen (6) und (7) ändern. Auf die übliche Vektor-Symbolik können wir nach dieser Definition verzichten. Wir erledigen

1. die *Addition* (bzw. Subtraktion) zweier Vektoren durch Addition (bzw. Subtraktion) ihrer Koordinaten,

2. die *skalare Multiplikation* zweier Vektoren A_i und B_i durch Bildung des Produktes

$$A_i B_i = \bar{A}_i \bar{B}_i, \tag{8}$$

3. die *vektorielle Multiplikation* mit Hilfe des Einheitstensors 3. Stufe ε_{ijk}, der für unsere Anwendungen jedoch nicht benötigt wird.

Die Definition eines Vektors durch (6) bzw. (7) läßt sich sinngemäß auf *kartesische Tensoren zweiter Stufe* übertragen. Ein solcher Tensor ordnet den drei Koordinatenrichtungen 1, 2, 3 drei Vektoren zu, deren 3×3 Koordinaten man in der Matrix

$$A_{ij} = \begin{pmatrix} A_{11} & A_{12} & A_{13} \\ A_{21} & A_{22} & A_{23} \\ A_{31} & A_{32} & A_{33} \end{pmatrix} \tag{9}$$

zusammenfaßt[1].

---

[1] Wir bezeichnen die Gesamtheit der A_{ij} auch kurz als „Tensor". Präziser müßten wir von einem Tensor A sprechen, dem die Matrix A_{ij} der Tensorkoordinaten entspricht. Vielfach nennt man die Größen A_{ij} auch Tensorkomponenten.

Die Tensorkoordinaten A_{ij} stellen andererseits die einfachste funktionale Abhängigkeit $Y_i = f_i(X_1, X_2, X_3)$ zwischen zwei Vektoren Y_i und X_j bzw. zwischen ihren Koordinaten durch die Beziehung

$$Y_i = A_{ij} X_j \qquad (10)$$

her. Wir suchen nun ein lineares, homogenes Transformationsgesetz, das die neuen Tensorkoordinaten A_{ij} beim Übergang auf ein anderes Koordinatensystem derart ändert, daß die Beziehung (10) koordinateninvariant ist. Dazu müssen die Transformationsgesetze für Vektoren erfüllt sein. Wir wenden also (6) auf beide Seiten von (10) an. Es kommt

$$a_{ij} \overline{Y}_j = A_{ij} a_{jk} \overline{X}_k.$$

Multiplizieren mit a_{ih} und Anwendung von (5) liefert

$$a_{ih} a_{ij} \overline{Y}_j = \delta_{hj} \overline{Y}_j = A_{ij} a_{ih} a_{jk} \overline{X}_k.$$

Nach (4) steht links der Vektor $\overline{Y}_h$. Rechts steht vor $\overline{X}_k$ ein Tensor, den wir $\overline{A}_{hk}$ nennen, da wir alle Größen mit einem auf das gestrichene System bezogenen — der Gl. (10) entsprechenden — Gesetz mit Querstrichen kennzeichnen müssen.

Das Transformationsgesetz — gleichzeitig auch Definition — für einen Tensor zweiter Stufe lautet daher

$$\overline{A}_{hk} = a_{ih} a_{jk} A_{ij}. \qquad (11)$$

Es läßt sich einfach zeigen, daß auch die *inverse Transformation*

$$A_{hk} = a_{hi} a_{kj} \overline{A}_{ij} \qquad (12)$$

gilt. Nur dann, wenn sich ein System von neun Zahlen A_{ij} bei einer Änderung des Koordinatensystems nach (11) oder (12) transformiert, repräsentiert es einen Tensor, der sich durch die Matrix (9) darstellen läßt.

Für *Tensoren zweiter Stufe* gibt es ein spezielles, sog. *Hauptachsensystem* (das wir mit I, II, III indizieren) und das dadurch ausgezeichnet ist, daß für die Hauptachsen der Vektor Y_i dieselbe Richtung wie X_j hat. Mit anderen Worten: In diesem speziellen Fall soll der auf den Vektor X_j angewendete Tensor A_{ij} nicht die Richtung, sondern nur den Betrag von X_j ändern. Hierfür muß mit (10) und (4)

$$Y_i = A_{ij} X_j = \lambda X_i = \lambda \, \delta_{ij} X_j$$

oder

$$(A_{ij} - \lambda \, \delta_{ij}) X_j = 0 \qquad (13)$$

erfüllt sein. Wegen $X_j \neq 0$ muß als Bedingung dafür, daß eine nichttriviale Lösung für dieses System von homogenen linearen Gleichungen zur Bestimmung von X_j existiert, das Verschwinden der Koeffizientendeterminante

$$\text{Det}\,(A_{ij} - \lambda \, \delta_{ij}) \equiv \begin{vmatrix} A_{11} - \lambda & A_{12} & A_{13} \\ A_{21} & A_{22} - \lambda & A_{23} \\ A_{31} & A_{32} & A_{33} - \lambda \end{vmatrix} = 0 \qquad (14)$$

bzw. die Erfüllung der sog. *charakteristischen (kubischen) Gleichung des Tensors* A_{ij} mit den drei Wurzeln (*Hauptwerten* oder *Eigenwerten*)

$$\lambda_1 = A_{\mathrm{I}}, \quad \lambda_2 = A_{\mathrm{II}}, \quad \lambda_3 = A_{\mathrm{III}} \qquad (15)$$

gefordert werden. Die Tensormatrix vereinfacht sich dann zu

$$A_{ij} = \begin{pmatrix} A_{\mathrm{I}} & 0 & 0 \\ 0 & A_{\mathrm{II}} & 0 \\ 0 & 0 & A_{\mathrm{III}} \end{pmatrix}. \qquad (16)$$

Für die Mechanik sind *symmetrische Tensoren* $A_{ij} = A_{ji}$ (Spannungstensor, Verzerrungstensor, Trägheitstensor) von besonderer Bedeutung. Ihre Hauptwerte sind — wie man nachweisen kann — stets reell.

Die Ausrechnung der Determinante (14) liefert die kubische Gleichung

$$\lambda^3 - I_1\lambda^2 - I_2\lambda - I_3 = 0 \tag{17}$$

mit den drei sog. *Invarianten des Tensors*

$$\left.\begin{aligned}
I_1 &= A_{11} + A_{22} + A_{33} = A_{ii} = A_{\mathrm{I}} + A_{\mathrm{II}} + A_{\mathrm{III}}, \\
I_2 &= -(A_{11}A_{22} + A_{22}A_{33} + A_{11}A_{33}) + A_{12}^2 + A_{23}^2 + A_{13}^2 \\
&= -(A_{\mathrm{I}}A_{\mathrm{II}} + A_{\mathrm{II}}A_{\mathrm{III}} + A_{\mathrm{I}}A_{\mathrm{III}}), \\
I_3 &= \mathrm{Det}\,|A_{ij}| = A_{\mathrm{I}}A_{\mathrm{II}}A_{\mathrm{III}}.
\end{aligned}\right\} \tag{18}$$

I_1 heißt „Spur des Tensors".

Vermindern wir den Tensor A_{ij} um $\frac{1}{3}A_{kk}\,\delta_{ij} = A\,\delta_{ij}$, so erhalten wir den sog. *Deviator*[1]

$$A'_{ij} = A_{ij} - A\,\delta_{ij}, \tag{19}$$

der die Eigenschaft hat, daß seine „Spur"

$$I'_1 = A'_{ii} = A_{ii} - \frac{1}{3}A_{kk}\,\delta_{ii} = 0$$

verschwindet. Man kann (19) auch so deuten: A'_{ij} wird so gebildet, daß von jeder der drei Tensorkoordinaten A_{ii} der mittlere Wert $A = A_{kk}/3$ abgezogen wird; die restlichen Tensorkoordinaten bleiben dabei ungeändert, d. h. für $i \neq j$ gilt $A'_{ij} = A_{ij}$.

Die Hauptachsenrichtungen X_j (nicht die Hauptwerte!) des Deviators sind dieselben wie die des Tensors. Das erkennen wir, wenn wir $A_{ij} = A'_{ij} + A\delta_{ij}$ aus (19) in (13) einsetzen:

$$[A'_{ij} + (A - \lambda)\,\delta_{ij}]\,X_j = (A'_{ij} - \lambda'\delta_{ij})\,X_j = 0. \tag{20}$$

Für den Deviator gelten weiter dieselben Überlegungen wie für den Tensor: Bedingung für die Lösung von (20) ist

$$\mathrm{Det}\,(A'_{ij} - \lambda'\delta_{ij}) = 0.$$

Aus der charakteristischen Gleichung folgen mit (19) als *Hauptwerte des Deviators*

$$\left.\begin{aligned}
\lambda'_1 &= A'_{\mathrm{I}} = \frac{1}{3}\,(2A_{\mathrm{I}} - A_{\mathrm{II}} - A_{\mathrm{III}}), \\[2mm]
\lambda'_2 &= A'_{\mathrm{II}} = \frac{1}{3}\,(2A_{\mathrm{II}} - A_{\mathrm{I}} - A_{\mathrm{III}}), \\[2mm]
\lambda'_3 &= A'_{\mathrm{III}} = \frac{1}{3}\,(2A_{\mathrm{III}} - A_{\mathrm{I}} - A_{\mathrm{II}}),
\end{aligned}\right\} \tag{21}$$

---

[1] Alle auf einen Deviator bezogenen Größen werden durch einen Strich gekennzeichnet.

die um $I_1'/3$ kleiner sind als die Hauptwerte des Tensors. Die Invarianten des Deviators werden (neben $I_1' = 0$)

$$
\begin{aligned}
I_2' &= \frac{1}{2}\,(A_{11}'^2 + A_{22}'^2 + A_{33}'^2) + A_{12}'^2 + A_{13}'^2 + A_{23}'^2 = \frac{1}{2}\,(A_{ij}'A_{ij}') \\[2mm]
&= \frac{1}{2}\,(A_{\mathrm{I}}'^2 + A_{\mathrm{II}}'^2 + A_{\mathrm{III}}'^2) \\[2mm]
&= \frac{1}{6}\,[(A_{\mathrm{I}} - A_{\mathrm{II}})^2 + (A_{\mathrm{I}} - A_{\mathrm{III}})^2 + (A_{\mathrm{II}} - A_{\mathrm{III}})^2], \\[4mm]
I_3' &= \mathrm{Det}\,|A_{ij}'| = A_{\mathrm{I}}' A_{\mathrm{II}}' A_{\mathrm{III}}'.
\end{aligned}
\tag{22}
$$

A 7. Beweis
der Tensoreigenschaft von Spannungsmatrix und Verzerrungsmatrix

a) Die Spannungsmatrix. Abb. A 7.1 zeigt denselben Tetraeder wie Abb. 9.1. Ein $(\bar{1}, \bar{2}, \bar{3})$-System ist hier so orientiert, daß der Einheitsvektor $e_{\bar{1}}$ in Richtung der äußeren Normalen (n_j in Abb. 9.1) der Schnittfläche ABC mit dem Flächeninhalt $dF = 1$ weist. Auf die Seitenfläche ABP mit dem Flächeninhalt $1 \cdot \cos \alpha_{11} = a_{11}$ wird die Kraft

$$
-(\sigma_{11}e_1 + \sigma_{12}e_2 + \sigma_{13}e_3)\,a_{11} = -\sigma_{1j}e_j a_{11}
$$

durch den angrenzenden Teil des Kontinuums übertragen. Beachtet man nun, daß für den Einheitsvektor in der 1-Richtung

$$
e_1 = \cos \alpha_{11}\,e_{\bar{1}} + \cos \alpha_{12}\,e_{\bar{2}} + \cos \alpha_{13}\,e_{\bar{3}} = a_{1k}e_{\bar{k}},
$$

also allgemein $e_j = a_{jk}e_{\bar{k}}$ gilt, dann erhalten wir die auf alle drei in den Koordinatenebenen liegenden Seitenflächen wirkende Gesamtkraft

$$
-\sigma_{ij}e_j a_{i1} = -\sigma_{ij}a_{jk}e_{\bar{k}}\,a_{i1}.
$$

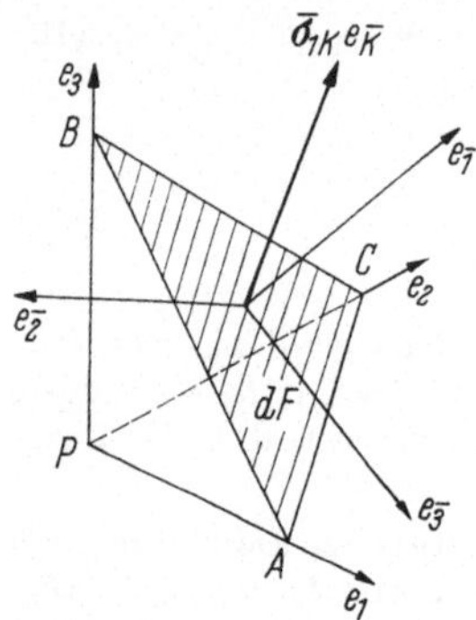

Abb. A.7.1. Zum Beweis des Tensorcharakters von σ_{ij}.

Sie muß mit der durch die Schnittfläche ABC übertragenen Kraft

$$
\bar{\sigma}_{11}e_{\bar{1}} + \bar{\sigma}_{12}e_{\bar{2}} + \bar{\sigma}_{13}e_{\bar{3}} = \bar{\sigma}_{1k}\,e_{\bar{k}}
$$

im Gleichgewicht stehen, d. h. es gilt

$$
\bar{\sigma}_{1k} - \sigma_{ij}a_{jk}a_{i1} = 0.
$$

Entsprechendes gilt für die Schnittflächen mit den Einheitsvektoren $e_{\bar{2}}$ und $e_{\bar{3}}$ und die in ihnen wirkenden Spannungen $\bar{\sigma}_{2k}\,e_{\bar{k}}$ und $\bar{\sigma}_{3k}\,e_{\bar{k}}$, so daß wir allgemein

$$
\bar{\sigma}_{hk} = a_{ih}a_{jk}\sigma_{ij}
$$

schreiben können. Das ist aber die allgemeine Definition für einen Tensor zweiter Stufe (vgl. (11) von A 6). Die Spannungsmatrix σ_{ij} hat also Tensoreigenschaften. Q. e. d.

b) Die Verzerrungsmatrix. Nach (9.18) ist die Verzerrungsmatrix

$$
\varepsilon_{hk} = \frac{1}{2}\,(u_{h,k} + u_{k,h}).
$$

Für die Verschiebungsvektoren gelten bei einer Transformation des Koordinatensystems die Formeln $u_h = a_{hi}\,\bar{u}_i$ bzw. $u_k = a_{kj}\bar{u}_j$ (entsprechend (6) von A 6). Da die Richtungskosinus a_{hi} usw. konstant sind, wird hiermit

$$\varepsilon_{hk} = \frac{1}{2}\left[(a_{hi}\,\bar{u}_i)_{,k} + (a_{kj}u_j)_{,h}\right] = \frac{1}{2}\left(a_{hi}\,\bar{u}_{i,k} + a_{kj}\,\bar{u}_{j,h}\right).$$

Nun gilt die Koordinatentransformationsformel $\bar{x}_j = a_{kj}\,x_k$, also wird $\bar{x}_{j,k} = a_{kj}$ und damit weiter

$$\bar{u}_{i,k} \equiv \frac{\partial \bar{u}_i}{\partial x_k} = \frac{\partial \bar{u}_i}{\partial \bar{x}_j}\frac{\partial \bar{x}_j}{\partial x_k} \equiv \overline{u_{i,j}}\,\bar{x}_{j,k} = \overline{u_{i,j}}\,a_{kj}$$

und entsprechend $\bar{u}_{j,h} = \overline{u_{j,i}}\,a_{hi}$. Wir haben also

$$\varepsilon_{hk} = \frac{1}{2}\left(a_{hi}\,\overline{u_{i,j}}\,a_{kj} + a_{kj}\,\overline{u_{j,i}}\,a_{hi}\right)$$

$$= \frac{1}{2}\,a_{hj}a_{kj}\left(\overline{u_{i,j}} + \overline{u_{j,i}}\right) = a_{hi}a_{kj}\,\bar{\varepsilon}_{ij}.$$

Das ist aber das inverse Transformationsgesetz (12) von A 6 für Tensoren zweiter Stufe, womit gezeigt ist, daß die Verzerrungsmatrix ε_{hk} Tensoreigenschaften hat. Q. e. d.

A 8. Physikalische Interpretation der Invarianten I_2' des Spannungsdeviators und J_2' des Verzerrungsdeviators
(vgl. auch 9.1)

In Abb. A 8.1 ist ein Volumenteilchen in Form eines Oktaeders gezeichnet, dessen Ecken so orientiert sind, daß sie auf den Hauptspannungsachsen liegen. Die Stellungsvektoren der Oktaederflächen sind

$$n_i = \left(\pm\frac{1}{\sqrt{3}};\pm\frac{1}{\sqrt{3}};\pm\frac{1}{\sqrt{3}}\right),\quad |n_i| = 1.$$

In Abb. A 8.1 ist die Seitenfläche des Oktaeders in seinem ersten Oktanten schraffiert gezeichnet; für sie sind alle Koordinaten des Stellungsvektors n_i positiv. Nach (9.4) wird der Spannungsvektor in dieser Oktaederfläche (ausgedrückt durch die Hauptspannungen)

$$\hat{s}_i = \sigma_{ij}n_j = \frac{1}{3}\,(\sigma_{\mathrm{I}};\sigma_{\mathrm{II}};\sigma_{\mathrm{III}})$$

mit der Koordinate

$$\sigma_0 = \hat{s}_i n_i = \sigma_{ij}n_j n_i = \sigma_{11}n_1^2 + \sigma_{22}n_2^2 + \sigma_{33}n_3^2$$

$$= \frac{1}{3}\,(\sigma_{\mathrm{I}} + \sigma_{\mathrm{II}} + \sigma_{\mathrm{III}}) = \sigma \qquad (1)$$

in Richtung von n_i. Dieselbe sog. *Oktaeder-Normalspannung* σ_0 wirkt auch in den anderen Seitenflächen des Oktaeders. Sie ist gleich der hydrostatischen Spannung σ.

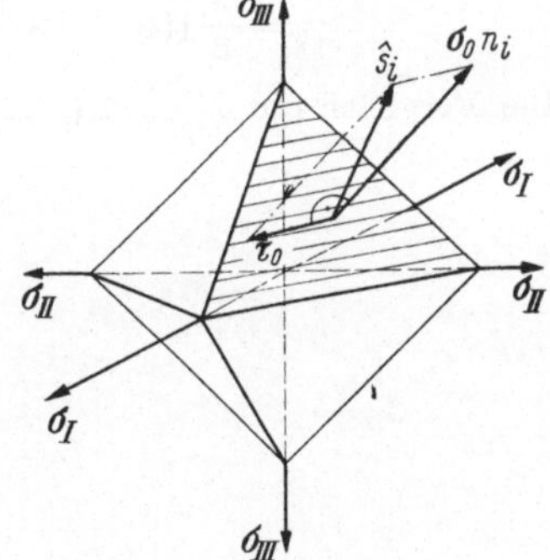

Abb. A.8.1. Oktaeder-Spannungszustand.

Die *Schubspannung τ_0 in den Oktaederflächen* errechnen wir aus $\hat{s}_i^2 = \tau_0^2 + \sigma_0^2$ zu

$$\left.\begin{aligned}
\tau_0 &= (\hat{s}_i^2 - \sigma_0^2)^{1/2} = (\sigma_{\mathrm{I}}^2 n_1^2 + \sigma_{\mathrm{II}}^2 n_2^2 + \sigma_{\mathrm{III}}^2 n_3^2 - \sigma_0^2)^{1/2}\\[4pt]
&= \frac{1}{\sqrt{3}}\,[\sigma_{\mathrm{I}}^2 + \sigma_{\mathrm{II}}^2 + \sigma_{\mathrm{III}}^2 - \frac{1}{3}\,(\sigma_{\mathrm{I}} + \sigma_{\mathrm{II}} + \sigma_{\mathrm{III}})^2]^{1/2}.
\end{aligned}\right\} \qquad (2)$$

oder nach kurzer Umformung

$$\tau_0 = \frac{1}{3}\,[(\sigma_\mathrm{I} - \sigma_\mathrm{II})^2 + (\sigma_\mathrm{I} - \sigma_\mathrm{III})^2 + (\sigma_\mathrm{II} - \sigma_\mathrm{III})^2]^{1/2}\,. \tag{3}$$

Durch Vergleich mit (9.9) folgt der Zusammenhang zwischen der Invariante I_2' und der Oktaederschubspannung τ_0

$$I_2' = \frac{3}{2}\,\tau_0^2\,. \tag{4}$$

Zu diesem Ergebnis könnten wir einfacher gelangen, wenn wir an die physikalische Bedeutung des Deviators denken, der sich vom vollständigen Spannungstensor nur durch Fehlen des hydrostatischen Tensors $\sigma\delta_{ij}$ unterscheidet, jedoch dieselbe Oktaederschubspannung wie der Spannungstensor hat. Ersetzen wir also in (2) ungestrichene durch gestrichene Spannungsgrößen, so folgt wegen $\sigma_\mathrm{I}' + \sigma_\mathrm{II}' + \sigma_\mathrm{III} = 0$ und $(\sigma_\mathrm{I}'^2 + \sigma_\mathrm{II}'^2 + \sigma_\mathrm{III}'^2) = 2\,I_2'$ nach (9.9) unmittelbar $\tau_0 = \sqrt{2/3}\,I_2'$, d. h. (4).

Die vorstehenden Überlegungen übertragen wir nun sinngemäß auf den Verzerrungszustand: Wir wählen zu seiner Charakterisierung wieder ein Volumenteilchen in Form eines Oktaeders, dessen Ecken auf den Hauptdehnungsrichtungen liegen. Entsprechend (1) wird die *Oktaeder-Dehnung* wegen (9.23)

$$\varepsilon_0 = \frac{1}{3}\,(\varepsilon_\mathrm{I} + \varepsilon_\mathrm{II} + \varepsilon_\mathrm{III}) = \hat{e} \tag{5}$$

gleich der mittleren Dehnung $\hat{e}$.

Beachten wir nun, daß im Verzerrungstensor (9.18) die halben Änderungen der rechten Winkel zwischen i- und j-Richtungen (bzw. die halben Gleitungen) stehen, so erhalten wir in sinngemäßer Übertragung des vorstehend für den Spannungstensor Entwickelten (vgl. (2) bzw. (3)) die Änderung der ursprünglich rechten Winkel zwischen den Normalen n_i der Oktaederflächen und diesen selbst, die sog. *Oktaeder-Gleitung*

$$\gamma_0 = \frac{2}{3}\,[(\varepsilon_\mathrm{I} - \varepsilon_\mathrm{II})^2 + (\varepsilon_\mathrm{I} - \varepsilon_\mathrm{III})^2 + (\varepsilon_\mathrm{II} - \varepsilon_\mathrm{III})^2]^{1/2}\,. \tag{6}$$

Der Vergleich mit J_2' nach (9.26) liefert $J_2' = 3\,\gamma_0^2/8$, d. h. (9.28).

Literaturverzeichnis

Die Bibliographie erhebt keinen Anspruch auf Vollständigkeit. Sie enthält nur Abhandlungen, auf die im Text Bezug genommen wird. Der besseren Übersicht wegen wurde sie in einzelne Abschnitte unterteilt.

I. Zusammenfassende Darstellungen und Lehrbücher der Plastizitätstheorie

[1] HILL, R.: The mathematical theory of plasticity, Oxford: Clarendon Press 1950.

[2] HODGE, P. G., Jr.: Plastic analysis of structures, New York/Toronto/London: McGraw-Hill Book Co. 1959.

[3] HOFFMANN, O., and G. SACHS: Introduction to the theory of plasticity for engineers, New York/Toronto/London: McGraw-Hill Book Co. 1953.

[4] JOHNSON, W., and P. B. MELLOR: Plasticity for mechanical engineers, London/Toronto/New York/Princeton: D. Van Nostrand Co. 1962.

[5a] NADAI, A.: Der bildsame Zustand der Werkstoffe, Berlin: Springer 1927. Engl.: Plasticity, New York/Toronto/London: McGraw-Hill Book Co. 1931.

[5b] NADAI, A.: Theory of flow and fracture of solids, 2nd Ed., New York/Toronto/London: McGraw-Hill Book Co. 1950.

[5c] NADAI, A.: Theory of flow and fracture of solids, Vol. 2, New York/Toronto/London: McGraw-Hill Book Co. 1963.

[6] PHILLIPS, A.: Introduction to plasticity, New York: The Ronald Press Co. 1956.

[7] PRAGER, W., and P. G. HODGE, Jr.: Theorie ideal plastischer Körper, Wien: Springer 1954.

[8] SOKOLOVSKIJ, V. V.: Theorie der Plastizität, Berlin: VEB Verlag Technik 1955.

II. Werke, in denen größere Abschnitte über Plastizitätstheorie enthalten sind

[9] FORD, H.: Advanced mechanics of materials, London: Longmans 1963.

[10] FREUDENTHAL, A. M.: Inelastisches Verhalten von Werkstoffen, Berlin: VEB Verlag Technik 1955.

[11] LUBAHN, J. D., and R. P. FELGAR: Plasticity and creep of metals, New York/London: John Wiley & Sons 1961.

[12] SEELY, F. B., and J. O. SMITH: Advanced mechanics of materials, 2nd Ed., London: Chapman & Hall/New York: John Wiley & Sons 1957.

[13] SZABÓ, I.: Höhere Technische Mechanik, 4. Aufl., Berlin/Göttingen/Heidelberg: Springer 1964.

III. Monographien über Einzelgebiete der Plastizitätstheorie

[14] BAKER, J. F., M. R. HORNE and J. HEYMANN: The steel skeleton, Vol. II, Plastic behaviour and design, Cambridge: University Press 1956.

[15] BEEDLE, L. S.: Plastic design of steel frames, London: Chapman & Hall/New York: John Wiley & Sons 1958.

[16] FREUDENTHAL, A. H., and H. GEIRINGER: The mathematical theories of the inelastic continuum in Handbuch der Physik, Band VI, Berlin/Göttingen/Heidelberg: Springer 1958.

[17a] HODGE, P. G., Jr.: The mathematical theory of plasticity in: Elasticity and plasticity, London: Chapman & Hall/New York: John Wiley & Sons 1958.

[17b] HODGE, P. G., Jr.: Limit analysis of rotationally symmetric plates and shells, Englewood Cliffs, N. J.: Prentice-Hall 1963.

[18] HORNE, M. R.: The stability of elastic-plastic structures in: Progress in Solid Mech., Vol. II, Amsterdam: North-Holland Publ. Co. 1961, S. 277.

[19] KOITER, W. T.: General theorems for elastic-plastic solids in: Progress in Solid Mech., Vol. I, Amsterdam: North-Holland Publ. Co. 1960, S. 165.

[20] NEAL, B. G.: The plastic methods of structural analysis, London: Chapman & Hall 1956.
Deutsche Übers.: Die Verfahren der plastischen Berechnung biegesteifer Stahlstabwerke, Berlin/Göttingen/Heidelberg: Springer 1958.

[21] OLSZAK, W., Z. MRÓZ and P. PERZYNA: Recent trends in the development of the theory of plasticity, Oxford/London/New York/Paris: Pergamon Press / Warschau: PWN 1963.

[22] PRAGER, W.: Probleme der Plastizitätstheorie, Basel und Stuttgart: Birkhäuser 1955.
Engl. Übers.: An introduction to plasticity, Reading/London: Addison-Wesley 1959.

[23] SAWCZUK, A., und TH. JAEGER: Grenztragfähigkeits-Theorie der Platten, Berlin/Göttingen/Heidelberg: Springer 1963.

IV. Im Text zitierte Werke über andere Gebiete

[24] BLEICH, F.: Buckling strength of metal structures, New York/Toronto/London: McGraw-Hill Book Co. 1952.

[25] DUSCHEK, A., und A. HOCHRAINER: Tensorrechnung in analytischer Darstellung, Wien: Springer 1960.

[26] Handbuch der Physik, hrsg. von S. FLÜGGE, Bd. VII, Teil 1, Berlin/Göttingen/Heidelberg: Springer 1958.

[27a] KOLLBRUNNER, C. F., und M. MEISTER: Ausbeulen, Berlin/Göttingen/Heidelberg: Springer 1958.

[27b] KOLLBRUNNER, C. F., und M. MEISTER: Knicken, Biegedrillknicken, Kippen, 2. Aufl., Berlin/Göttingen/Heidelberg: Springer 1961.

[28] KRÖNER, E.: Kontinuumstheorie der Versetzungen und Eigenspannungen, Berlin/Göttingen/Heidelberg: Springer 1958.

[29] LONG R. R.: Mechanics of solids and fluids, Englewood Cliffs, N. J.: Prentice Hall 1961.
Deutsche Übers.: Kontinuumsmechanik, Stuttgart: Berliner Union 1964.

[30] MARGUERRE, K.: Die Grundbegriffe der Elastizitätslehre in: Neue Festigkeitsprobleme des Ingenieurs, Berlin/Göttingen/Heidelberg: Springer 1950.

[31] ODQUIST, F. K. G., und J. HULT: Kriechfestigkeit metallischer Werkstoffe, Berlin/Göttingen/Heidelberg: Springer 1962.

[32] PFLÜGER, A.: Stabilitätsprobleme der Elastostatik, 2. Aufl., Berlin/Göttingen/Heidelberg/New York: Springer 1964.

[33] PRAGER, W.: Einführung in die Kontinuumsmechanik, Basel/Stuttgart: Birkhäuser 1961.

[34] SEEGER, A.: Theorie der Gitterfehlstellen in: Handbuch der Physik, hrsg. von S. FLÜGGE, Bd. VII, Teil 1, Berlin/Göttingen/Heidelberg: Springer 1955.

[35] TEICHMANN, A.: Statik der Baukonstruktionen III, Berlin: De Gruyter 1958.

[36a] TIMOSHENKO, S.: Theory of elasticity, New York/Toronto/London: McGraw-Hill Book Co. 1951.

[36b] TIMOSHENKO, S.: Theory of elastic stability, 2nd Ed., New York/Toronto/London: McGraw-Hill Book Co. 1961.

V. Zeitschriftenaufsätze, Konferenzberichte u. dgl. über Einzelfragen
(hauptsächlich zur Plastiziätstheorie)

[37] BAUSCHINGER, J.: Mitt. mech. Tech. Lab. München 13 (1886).

[38] BIJLAARD, P. P.: Abhandlg. d. Intern. Vereins f. Brückenbau u. Hochbau 6, Zürich 1940/41.

[39] CASTIGLIANO, A.: Trans. Acad. Sci. Turin 11 (1876) 127.

[40] CHWALLA, E.: Ing. Arch. 5 (1934) 54.

[41] CLAVUOT, C. C., und H. ZIEGLER: Ing. Arch. 28 (1959) 13.

[42] COLONNETTI, G.: J. Math. Pur. Appl. 17 (1938) 233.

[43] CONSIDÈRE, A.: Congr. intern. des procédés de construction Paris 3 (1889) 371.

[44] DRUCKER, D. C., W. PRAGER and H. J. GREENBERG: Quart. Appl. Math. 9 (1952) 381.

[45a] DRUCKER, D. C.: Proc. Symp. on Appl. Math., New York/Toronto/London: McGraw-Hill Book Co. (1958) 7.

[45b] DRUCKER, D. C.: Proc. 1st. U.S. Nat. Congr. Appl. Mech. (1951) 487.

[45c] DRUCKER, D. C.: J. Appl. Mech. 23 (1956) 509.

[46a] ENGESSER, F.: Z. Arch. u. Ing. Ver. Hann. 35 (1889) 733.

[46b] ENGESSER, F.: Z. Arch. Ing. Wesen (1889) 455.

[46c] ENGESSER, F.: Schweiz- Bauzeitg. 26 (1895) 24.

[47] GREENBERG, H. J.: Q. Appl. Math. 7 (1949) 85.

[48] HAAR, A., und TH. VON KÁRMÁN: Nachr. d. Wiss. zu Göttingen, math.-phys. Klasse (1909) 204.

[49] HANDELMANN, G. H., and W. PRAGER: NACA Techn. Note Nr. 1530 (1948).

[50] HENCKY, H.: Z. A. M. M. 4 (1924) 323.

[51] HILL, R., E. H. LEE and S. T. TUPPER: Proc. Roy. Soc. A 191 (1947) 278.

[52] HOPKINS, H. G.: Research Eng. Struc. Suppl., Vol. II of the Colston Papers (1949) 93.

[53] HOPKINS, H. G., and A. J. WANG: Journ. Mech. Phys. of Solids 3 (1955) 117.

[54] HORNE, M. R.: Proc. Intern. Assoc. of Bridge and Struct. Engng. 14 (1954) 53.

[55] HUBER, M. T.: Czasopismo techniczne 20, Lemberg (1904) 81.

[56] ILYUSHIN, A.: Prikl. Math. i. Mekh. USSR 8 (1944) 337.

[57] KÁRMÁN, TH. VON: Mitt. Forsch. Ing.wes. 81a (1910).

[58] KAZINCZY, G.: Betonszemle 2 (1914) 68.

[59] KIST, N. C.: Inaugural lecture, Delft (1917).

[60] KOLLBRUNNER, C. F.: Mitt. Inst. Baustatik E. T. H. Zürich 17, Zürich: Leemann (1946) 58.

[61] LÉVY, M.: Comptes Rendus Acad. Sci. Paris 70 (1870) 1323.

[62] MELAN, E.: Ing. Arch. 9 (1938) 116.

[63] MÉNABRÉA, M. L.-F.: Comptes Rendus Acad. Sci. Paris 46 (1858) 1056.

[64] MISES, R. VON: Göttinger Nachr. math.-phys. Klasse (1913) 582.

[65] MYSZKOWSKI, J.: Dissertation T. U. Berlin 1963.

[66] NADAI, A.: Z. A. M. M. 3 (1923) 442.

23*

[67] NAGHDI, P. M.: Proc. 2nd Symp. on Naval Struct. Mech., Oxford/London/
      New York/Paris: Pergamon Press (1960) 121.
[68] OROWAN, E.: Z. Physik 89 (1934) 605.
[69] POLANYI, M.: Z. Physik 89 (1934) 660.
[70] PRAGER, W.: Journ. Appl. Phys. 18 (1947) 375.
[71] PRAGER, W., and P. S. SYMONDS: Proc. 3rd Symp. on Appl. Math. (Ann
      Arbor 1949), New York: McGraw-Hill Book Co. (1950) 187.
[72a] PRANDTL, L.: Z. Phys. 4 (1903) 758.
[72b] PRANDTL, L.: Proc. 1st Intern. Congr. Appl. Mech., Delft (1924) 43.
[72c] PRANDTL, L.: Z. A. M. M. 8 (1928) 85.
[73] RECKLING, K.-A.: Ing. Arch. 28 (1959) 263.
[74] REUSZ, A.: Z. A. M. M. 10 (1930) 266.
[75a] SAINT-VENANT, B. DE: Mém. prés. par div. sav. á L'Ac. Sci., Sci. math.
      et phys. 14 (1856) 233.
[75b] SAINT-VENANT, B. DE: Comptes Rendus Acad. Sci. Paris 70 (1870) 473.
[76] SHANLEY, F. R.: Journ. Aeron. Sci. 14 (1947) 257.
[77] STOWELL, E. Z.: NACA Techn. Note Nr. 1556 (1946).
[78] STÜSSI, F., und C. F. KOLLBRUNNER: Bautechnik 13 (1935) 264.
[79a] SYMONDS, P. S., and B. G. NEAL: J. Franklin Inst. 252 (1951) 383.
[79b] SYMONDS, P. S., and B. G. NEAL: J. Aeronaut. Sci. 19 (1952) 15.
[80] TAYLOR, G.: Proc. Roy. Soc. London 145 (1934) 362.
[81] TIMOSHENKO, S.: Ann. ponts chaussées 4 (1913) 410.
[82] TRESCA, H.: Comptes Rendus Acad. Sci. Paris 59 (1864) 754.
[83] WIEDEMANN, J.: Dissertation TU Berlin 1962.
[84] ZIEGLER, H.: Quart. Appl. Math. 17 (1959) 55.

Sachverzeichnis

Berichtigungen

S. 125, 5. Zeile v. u.:

Angabe in der 1. Klammer statt $\left(1 \pm \dfrac{1}{c}\right)$ lies $\left(1 + \dfrac{1}{c}\right)$

S. 194, 8. Zeile v. o.:

statt $\sigma_{13}\,n$, **lies** $\sigma_{13}\,n_3$,

S. 194, 9. Zeile v. o.:

statt $\sigma_{23}\,n$, **lies** $\sigma_{23}\,n_3$,

S. 201, 2. Zeile v. u.:

hinter (9.12) **ergänze** für $\varepsilon_{VII} = \varepsilon_{VIII} = -\,\varepsilon_V/2$

S. 207, 11. Zeile v. o.:

statt (9.34) bei $\sigma_{I} = \pm\,\sigma_F/\sqrt{2}$ **lies** (9.35) bei $\sigma_{I} = \pm\,\sigma_F/2$

S. 346, 13. Zeile v. o.:

statt ABP **lies** BCP

S. 347, 10. Zeile v. o.:

statt $= \dfrac{1}{2}\,a_{hj}\,a_{kj}\,(\cdots\cdot)$ **lies** $= \dfrac{1}{2}\,a_{hi}\,a_{kj}\,(\cdots\cdot)$

S. 347, 12. Zeile v. u.:

statt $\dfrac{1}{3}\,(\sigma_I;\ \sigma_{II};\ \sigma_{III})$ **lies** $\dfrac{1}{\sqrt{3}}\,(\sigma_I;\ \sigma_{II};\ \sigma_{III})$